ASP.NET
从基础到实践

适用于3.5、4.0、4.5版本

闫睿 陈作聪 王坚宁 编著

清华大学出版社

北 京

内 容 简 介

本书由浅入深、循序渐进地介绍了如何使用 ASP.NET 4.5 和配套的 Visual Studio 2012 开发环境进行 Web 网站开发所要学习的技术、操作方法和使用技巧。全书共分 20 章，分别介绍了 ASP.NET 4.5 的基础知识、C# 编程语言基础、Web 服务器控件、主题、母版页、网站导航、数据绑定、数据控件、ADO.NET 数据库开发、XML 数据操作、LINQ 查询技术、Web 服务、ASP.NET AJAX、ASP.NET MVC 等，最后两章提供了一个完整的电子商务网站的开发实例及 10 个实用案例的解析，系统地应用了 Web 网站开发必须掌握的各种知识和技巧。

本书适合于各高等院校及社会培训机构，也是广大初、中级软件开发爱好者的自学参考书。

图书在版编目（CIP）数据

ASP.NET 从基础到实践：适用于 3.5、4.0、4.5 版本 / 闫睿，陈作聪，王坚宁编著.
—北京：清华大学出版社，2014

ISBN 978-7-302-36663-8

Ⅰ．①A… Ⅱ．①闫… ②陈… ③王… Ⅲ．①网页制作工具－程序设计 Ⅳ．①TP393.092

中国版本图书馆 CIP 数据核字（2014）第 112969 号

责任编辑：夏非彼
封面设计：王　翔
责任校对：闫秀华
责任印制：沈　露

出版发行：清华大学出版社

网　　　址：http://www.tup.com.cn，http://www.wqbook.com
地　　　址：北京清华大学学研大厦 A 座　　邮　　编：100084
社　总　机：010-62770175　　　　　　　邮　　购：010-62786544
投稿与读者服务：010-62776969，c-service@tup.tsinghua.edu.cn
质　量　反　馈：010-62772015，zhiliang@tup.tsinghua.edu.cn

印　装　者：北京鑫海金澳胶印有限公司
经　　销：全国新华书店
开　　本：190mm×260mm　　　印　　张：38.5　　　字　　数：986 千字
版　　次：2014 年 7 月第 1 版　　　　　　　　印　　次：2014 年 7 月第 1 次印刷
　　　　（附光盘 1 张）
印　　数：1～3500
定　　价：89.00 元

产品编号：057390-01

前　言

　　ASP.NET 是目前最流行的 Web 应用程序开发技术之一，在.NET Framework 4.5 版本基础上，微软也发布了 ASP.NET 4.5 的版本。随着 ASP.NET 版本的不断升级，实现了 Web 站点和页面所需要的代码量越来越少了，从而能让开发人员体验到前所未有的轻松。本书结合目前流行的 Web 应用开发实例，系统地介绍了 Web 应用开发过程中经常要用到的各种 ASP.NET 技术，并以大量实例贯穿于全书的讲解之中，最后还详细介绍了电子商务网站的开发实例及 10 个实用案例的解析，使读者在实战中能更深入地了解 Web 应用的开发。为了达到良好的教学目的，本书还专门录制了配套教学视频辅助读者学习。学习完本书后，读者应该可以具备独立开发 Web 应用程序的能力。

本书内容

　　本书分为 20 章，内容如下。

　　第 1 章，ASP.NET 4.5 开发初步：介绍了 ASP.NET 的概念、基础知识及新特性。

　　第 2 章，Visual Studio 2012 开发环境：介绍了 IIS 服务器的安装和配置、Visual Studio 2012 的安装和使用界面以及 ASP.NET 4.5 网站的配置。

　　第 3 章，C# 5.0 语言基础：介绍 C#语言中关键语法和面向对象编程知识。

　　第 4 章，ASP.NET 4.5 服务器控件：介绍了 ASP.NET 4.5 中最常用的服务器控件。

　　第 5 章，ASP.NET 4.5 高级控件：介绍了 ASP.NET 4.5 中的高级控件。

　　第 6 章，ASP.NET 4.5 基本对象：系统地介绍了 ASP.NET 4.5 内置常用对象。

　　第 7 章，ADO.NET 数据库编程：介绍了 ADO.NET 对 SQL Server 关系型数据库的访问和操作。

　　第 8 章，数据绑定：本章从最为简单的绑定到复杂数据的绑定都进行了阐述。

　　第 9 章，数据控件：介绍了最为常用的数据服务器控件的基本使用方法。

　　第 10 章，母版页和主题：介绍了母版页和主题对整体网站设计的作用。

　　第 11 章，层叠样式表：CSS 可以对页面的 HTML 标记进行统一的设计和后期维护。

　　第 12 章，网站导航：本章介绍 TreeView 控件、Menu 控件和 SiteMapPath 控件的导航功能。

　　第 13 章，LINQ 语言集成查询：本章介绍 LINQ 集成查询技术。

　　第 14 章，文件处理：本章介绍如何使用 ASP.NET 4.5 中的各种类来进行操作和读写。

　　第 15 章，XML 数据管理：如何来掌握在网站中使用 XML 技术存储和访问数据。

　　第 16 章，Web 服务：本章介绍了 Web 服务的基本原理、各种协议以及在网站中如何创建、测试和调用引用 Web 服务。

第 17 章，ASP.NET AJAX：本章介绍 ASP.NET AJAX 的结构组成到核心控件的使用，最后介绍 AJAX Control toolkit 的 ASP.NET AJAX 扩展控件包。

第 18 章，ASP.NET MVC 程序开发：本章介绍视图、控制器和模型的开发模式。

第 19 章，电子商务网站：本章详细介绍了一个综合的开发案例——电子商务网站。

第 20 章，实用案例解析：提供了 10 个典型实用案例的解析，供读者参考。

本书特点

（1）理论结合实际

本书在进行理论知识介绍的同时，每章都给出了大量案例讲解，力求让读者在理解基础知识后，就能学以致用，快速上手。在讲解每章时都配有相应的上机题，方便读者课后实践练习。

（2）源码和视频配套教学

在随书所附的光盘中，提供了每章的源文件和多媒体教学视频，整体的多媒体教学超过 20 个小时。读者可以随时观看视频进行同步学习，视频中不仅包括了基础知识的讲解还有详尽的操作步骤演示。

（3）图文并茂，步骤详细

在具体介绍 Visual Studio 2012 功能和操作的时候，本书通过图例详尽地说明了每一步功能的实现，让读者瞬间就能明了整个功能的使用方法和步骤。每一个步骤都以通俗易懂的语言进行讲述，读者只需要按照步骤操作，就可以轻松完成知识点的学习。

面向读者

本书即可以作为大中专院校计算机专业及社会培训机构的技术教材，也可作为软件开发人员和系统架构设计人员自学 ASP.NET 的参考和指导用书。

鸣谢

本书主要由闫睿、陈作聪、王坚宁编写，此外，吕平、高克臻、张云霞、张璐、许小荣、王东、王龙、张银芳、周新国、王松年、陈可汤、周艳丽、祁招娣、张秀梅、张玉兰、李爽、卿前华、王文婷等也参与了编写工作，在此，编者对他们表示衷心的感谢。

由于作者水平有限，书中错误、纰漏之处难免，欢迎广大读者、同仁批评斧正。

作　者

2014 年 1 月

目　录

第 1 章　初识 ASP.NET 4.5

ASP.NET 是 Microsoft 公司推出的基于.NET Framework 的 Web 应用开发平台，是 Web 应用开发的主流技术之一，它带给人们的是全新的技术，和由此产生的开发效率的提高，网站性能的提升。使用 ASP.NET 进行 Web 应用开发，程序结构更加清晰，开发流程更加简单，从而可以提高开发效率，缩短开发周期。ASP.NET 4.5 是在 ASP.NET 4.0 的基础之上构建的，保留了其中很多令人喜爱的功能，并增加了一些其他领域的新功能和工具。本章将介绍 ASP.NET 4.5 的相关基础知识，使读者对这一强大的 Web 编程技术有一个基本的认识。

1.1　ASP.NET Framework

ASP.NET 经过了多年的发展，受到越来越多的编程人员的青睐。在 2012 年，.NET 4.5 正式版本问世了，它的出现代表着一系列可以用来帮助我们建立丰富应用程序的技术又向前发展了一步。

1.1.1　.NET Framework 的发展

.NET Framework（.NET 框架）是微软公司于 2002 年正式发布的新一代系统、服务和编程平台。它把原有的重点从连接到互联网的单一网站或设备转移到计算机、设备和服务群组上，从而将互联网本身作为新一代操作系统的基础。这样的话，用户就能够通过控制信息的传递方式、时间和内容来得到更多的服务。

.NET 框架发展历程已经有整整 10 个年头了，已从最初的 1.0 版本发展到目前的 4.5 版本，平均每两年更新一次。下面就来回顾一下这一段不平凡的过程。

2002 年，.NET 框架 1.0 版本（完整版本号是 1.0.3705）发布，它是.NET 框架最初的版本，它同时也是 Visual Studio.NET 2002 的一部分。它给软件开发带来了很多激动人心的特性：

- 统一的类型系统，基础类库，垃圾回收和多语言支持。
- ADO.NET 1.0 开启了微软全新的数据访问技术。
- ASP.NET 1.0 变革了 ASP，提供一种全新的方式来开发 Web 应用程序。
- Windows Forms 1.0 把微软开发 Windows 桌面系统的界面统一在一起。

2003 年，.NET 框架 1.1 版本（完整版本号是 1.1.4322）发布，它是.NET 框架的首个主要升级版本，是 Visual Studio.NET 2003 的一部分，也是首个 Windows Server 2003 内置的.NET 框架版本。1.1 版本发布后，程序界开始追捧这个平台。

2005 年，.NET 框架 2.0 版本（完整版本号是 2.0.50727.42）发布，这次的变化是革命性的，是 Visual Studio.NET 2005 的一部分。2.0 版本带来的新变化如下：

- ADO.NET 2.0 加强了很多功能，提升了性能，能够更好地进行数据层的开发。
- Web 服务的性能得到提升，并且在安全性等方面都得以保证。
- 泛型和内置泛型集合的支持，和其他基础类库的扩展，可以让内部的公共类库开发更加简化。
- 全新事物机制（System.Transactions）的引入，让整个系统的事务处理更加方便。

2006 年，.NET 3.0 发布，这个版本比较特殊，它需要安装.NET 2.0 后才能运行，因此软件界普遍不把.NET 3.0 当作正式的.NET 版本。它提供了如下组件：

- WindowsCommunicationFoundation（WCF），支持面向服务的应用程序。
- WindowsWorkflowFoundation（WF），支持基于工作流的应用程序。
- WindowsPresentationFoundation（WPF），适用于不同用户界面的统一方法。
- WindowsCardSpace（WCS），是一致的数字标识用户控件。

.NET 3.0 提供的这些组件为开发企业应用程序提供了一致的基础框架，这样业务开发人员就只需要关注于业务问题的解决即可。

2007 年 11 月 19，.NET 3.5 发布，它同时是 Visual Studio.NET 2008 的一部分。.NET 3.5 带来的新特性如下：

- ASP.NET AJAX，将 AJAX 扩展包内置到.NET 3.5 里面。
- 语言改进和 LINQ，具体改进内容包括自动属性、对象初始化器、集合初始化器、扩展方法、Lambda 表达式、查询句法、匿名类型。
- LINQtoSQL 实现的数据访问改进。
- 在 ASP.NET 3.5 扩展版本中推出了 MVC 编程框架。

2010 年，.NET 4.0 版本发布，它同时是 Visual Studio.NET 2010 的一部分。.NET 4.0 带来的新特性如下：

- ASP.NET MVC 2.0 版本被集成到了 Visual Studio 2010 中作为一个项目模板出现。
- ASP.NET AJAX 4.0 的出现让 ASP.NET 在 AJAX 的运用上得到了很大的提高。
- 增加了对使用 Web 窗体进行路由的内置支持。
- Visual Studio 2010 中的网页设计器提高了 CSS 的兼容性，增加了对 HTML 和 ASP.NET 标记代码段的支持，并提供了重新设计的 JScript 智能感知功能。
- 加强了对视图状态（ViewState）的控制。

2012 年，.NET 4.5 发布，它同时是 Visual Studio.NET 2012 的一部分。本书就是基于目前这一最新版本进行 ASP.NET 4.5 网站开发介绍的。

通过.NET 框架的发展历程可以看出，微软的.NET 战略就是要进一步解放程序员，让项目开发变得更加高效率，而且更加简单容易操作。沿着这个方向发展，可以预见：在未来的一段时间内，程序开发将不再是专业程序人员的事情，而真正懂业务逻辑的专业人才将会成为项目开发的主力。

1.1.2　.NET 语言

ASP.NET 4.5 框架支持多种语言，包括：C#、VB、J#、C++和 F#等，而本书在后台使用的语言主要是 C#。

C#是一个是在.NET 1.0 中开始出现的一种新语言，在语法上，它与 Java 和 C++比较相似。实际上 C#是微软整合了 Java 和 C++的优点而开发出来的一种语言，是微软对抗 Java 平台的一个王牌。

.NET 框架还支持其他语言，比如 J#等，甚至还可以使用第三方提供的语言，比如 Eiffel 或 COBOL 的.NET 版本。这样就增加了程序员开发应用程序时可供选择的范围。尽管如此，在开发 ASP.NET 应用程序时 VB 和 C#还是首选。

其实，在被执行之前，所有.NET 语言都会被编译成为一种低级别的语言，这种语言就是中间语言（Intermediate Language，IL）。CLR 只所以支持很多种语言，就是因为这些语言在运行之前被编译成了中间语言。正是因为所有的.NET 语言都建立在中间语言之上，所以 VB 和 C#具有相同的特性和行为。因此利用 C#编写的 Web 页面可以使用 VB 编写的组件，同样使用 VB 编写的 Web 页面也可以使用 C#编写的组件。

.NET 框架提供了一个公共语言规范（Common Language Specification，CLS）以保证这些语言之间的兼容性。只要遵循 CLS，任何利用某一种.NET 语言编写的组件都可以被其他语言所引用。CLS 的一个重要部分是公共类型系统（Common Type System，CTS），CTS 定义了诸如数字、字符串和数组等数据类型的规则，这样它们就能为所有的.NET 语言所共享。CLS 还定义了诸如类、方法、实践等对象成分。然而事实上，基于.NET 进行程序开发的程序员却没有必要考虑 CLS 是如何工作的，因为这一切都由.NET 平台自动来完成。其实 CLR 只执行中间语言代码，然后把它们进一步编译成为机器语言代码以能够使当前平台所执行。

1.1.3　公共语言运行时

公共语言运行时（Common Language Runtime，简称 CLR）是用.NET 语言编写的代码公共运行环境，是.NET 框架的基础，也是实现.NET 跨平台、跨语言、代码安全等核心特性的关键。它是一个在执行时管理代码的代理，以跨语言集成、自描述组件、简单配制和版本化及集成安全服务为特点，提供核心服务（如内存管理、线程管理和远程处理）。

公共语言运行时管理了.NET 中的代码，这些代码称为受托管代码。它们包含了有关代码的信息，例如代码中定义的类、方法和变量。受托管代码中所包含的信息称为元数据。公共语言运行时使用元数据来安全地执行代码程序。除了安全的执行程序以外，受托管代码的目的在于 CLR 服务。这些服务包括查找和加载类以及与现有的 DLL（Dynamic Link Library，动态链接库）代码和组件对象之间的相互操作。

公共语言运行时遵循公共语言架构的标准，能够使 C++、C#、Visual Basic 以及 JScript 等多种语言可以深度集成。

1.1.4　动态语言运行时

动态语言运行时（Dynamic Language Runtime，简称 DLR）。就像公共语言运行时（CLR)为静态型语言如 C# 和 VB.NET 提供了通用平台一样，动态语言运行时（DLR）为像 JavaScript、Ruby、Python 甚至 COM 组件等动态型语言提供了通用平台。

动态语言运行时是一种运行时环境，它将一组适用于动态语言的服务添加到公共语言运行时。借助于动态语言运行时，可以更轻松地开发要在.NET 框架上运行的动态语言，而且向静态类型化语言添加动态功能也会更容易。

动态语言运行时的目的是允许动态语言系统在.NET 框架上运行，并为动态语言提供.NET互操作性，同时动态语言运行时还可帮助开发人员创建支持动态操作的库。

1.1.5　.NET 类库

.NET 4.5 框架的另一个主要组件是类库，它是一个综合性的面向对象的可重用类型集合，例如 ADO.NET、ASP:NET 等。.NET 基类库位于公共语言运行库的上层，与.NET Framework紧密集成在一起，可被.NET 支持的任何语言所使用。这也就是为什么 ASP.NET 中可以使用C#、VB.NET、VC.NET 等语言进行开发的原因。.NET 类库非常丰富，提供数据库访问、XML、网络通信、线程、图形图像、安全、加密等多种功能服务。类库中的基类提供了标准的功能，如输入输出、字符串操作、安全管理、网络通信、线程管理、文本管理和用户界面设计功能。这些类库使得开发人员更容易地建立应用程序和网络服务，从而提高开发效率。

1.2　Web 程序开发基础

网页是构成网站的基本元素，也是网站信息发布的一种最常见的表现形式。网页主要由文字、图片、动画、音视频等信息组成。本节简单介绍网页的基础知识，包括网页和服务器的交互过程、静态和动态网页以及脚本语言。

1.2.1　网页基础理论

人们通过互联网浏览网页时，会自动与网页服务器建立连接。用户提交信息资源的过程称为向服务器"发出请求"。通过服务器解释信息资源来定位对应的页面，并传送回代码来创建页面，这个过程称为"对浏览器的响应"。浏览器接受来自于网页服务器的代码，并将它编译成可视页面。在这样的交互过程中，浏览器称为"客户机"或者"客户端"，整个交互的过程则称为"客户-服务器"的通信过程。

"客户-服务器"这一术语通过概括任务的分布来描述网页的工作方式。服务器（Web 服务器）存储数据、解释数据、分布数据。客户机（浏览器）访问服务器以得到数据。为了更详细地理解这一交互过程，必须介绍客户机和服务器如何使用 HTTP 协议通过 Internet 进行交互。

HTTP 协议又称为"超文本传输协议"，它是一个客户机和服务器端请求和应答的标准。浏览网页时，浏览器通过 HTTP 协议与服务器交换信息。

HTTP 协议具有以下的特点。

（1）HTTP 按客户机/服务器模式工作：HTTP 支持客户与服务器的通讯，相互传输数据。HTTP 定义的事务由以下 4 步组成：

- 客户与服务器建立连接。
- 客户向服务器提出请求。
- 如果请求被接受，则服务器送回响应，在响应中包括状态码和所需的文件。
- 客户与服务器断开连接。

（2）HTTP 是无状态的。也就是说，浏览器和服务器每进行一次 HTTP 操作，就建立一次连接，但任务结束就中断连接。

（3）HTTP 使用元信息作为头标。HTTP 对所有的事务都加了头标。它使服务器能够提供正在传送数据的有关信息。比如传送对象是哪种类型，是用哪种语言编写的等等。

（4）HTTP 支持两种请求和响应的格式。HTTP 由不同的两部分组成，一种是从浏览器发往服务器的请求，另一种是服务器对客户端的响应。HTTP 支持两种请求和响应，一种是简单请求和响应，另一种是完全请求和响应。

（5）HTTP 是基于文本的简单协议。每个 Web 主机都有一个服务器进程来监听 TCP 端口 80，以便同前来建立连接的客户取得联系。连接建立后，客户发送一个请求，服务器返回一个响应，然后就释放连接。除建立和释放连接外，HTTP 事务处理的主要内容是客户机的请求与服务器端的响应，HTTP 常用的请求方法如表 1-1 所示。

表 1-1　HTTP 常用的请求方法

方法名称	描述
GET	请求读取一个 Web 页面
HEAD	请求读取一个 Web 页面的头标
PUT	请求存储一个 Web 页面
POST	附加到命名资源中
DELETE	删除 Web 页面
LINK	连接两个已有资源
UNLINK	取消两个资源之间的已有连接

1.2.2　静态网页

早期网站发布的是静态网页，主要由 HTML 语言组成，没有其他可执行的程序代码。静态页面一经制成，内容就不会再改变，不管何时何人访问，显示的都是一样的内容，如果要修改有关内容，就必须修改源代码，然后重新上传到服务器上。静态页面虽然包含文字和图片，但这些内容却需要在服务器端以手工的方式来变换，因此很难描述为 Web 程序。下面是一个简单的 HTML 语言组成的静态网页的代码：

```
<html>
    <head>
        <title>网页标题</title>
```

```
</head>
<body>
            <h1>零基础学 ASP.NET 4.5</h1>
<p>由 C#语言编写</p>
</body>
</html>
```

代码说明：该程序包含一个标题和一句文字。其中标题包含在标记<h1>和</h1>之间，文字包含在标记<p>和</p>之间。图 1-1 显示了该静态网页文件被浏览器解析时的情况。

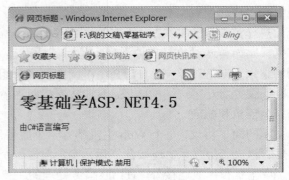

图 1-1　静态网页

HTML 是互联网的描述语言，基本的 HTML 包含由 HTML 标记格式化的文本和图像内容。文本是 HTML 要显示的内容，标记则告诉浏览器如何显示这些内容，它定义了不同层次的标题、段落、链接、斜体格式化、横向线等。HTML 文件的后缀可以是.htm，也可以是.html。

1.2.3　动态网页

动态页面不仅含有 HTML 标记，而且含有可以执行的程序代码，动态页面能够根据不同的输入和请求动态生成返回的页面，例如常见的 BBS、留言板、聊天室等就是用动态网页来实现的。动态网页的使用非常灵活，功能强大。

一直到 HTML 2.0 版本时，HTML 表单的引入，这时才开始了真正意义的包含动态页面的 Web 程序：在一个 HTML 表单中，所有的控制都放置在<form>和</form>中。当读者在客户端单击"提交"按钮后，网页上的所有内容就以字符串的形式发送到服务器端，服务器端的处理程序根据事先设置好的标准来响应客户的请求。下面的就是由 HTML 表单构成的动态页面代码。

```
<html>
    <head>
        <title>在线投票</title>
</head>
<body>
<form>
        <h3>请选择您喜欢的网站频道？</h3>
```

```
<p>频道列表：</p>
        <input type="checkbox" />新闻<br/>
        <input type="checkbox" />下载<br/>
        <input type="checkbox" />聊天<br/>
        <input type="checkbox" />图片<br/>
        <input type="submit" value="投票">
</form>
</body>
</html>
```

代码说明：该程序由 HTML 表单的组成，包括一个标题、4 个复选框和一个提交按钮，这些内容和标记均被包含在表单标记之间。该网页运行效果如图 1-2 所示。

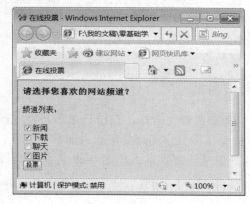

图 1-2　动态网页

尽管动态 ASP.NET 页面已经比较流行，但 HTML 表单仍然是这些页面的基本组成元素，所不同的是构成 ASP.NET 页面的 HTML 表单控件运行在服务器端。所以读者必须要掌握最基本的 HTML 表单以便能够更好地使用 ASP.NET 平台进行程序开发。

1.2.4　CGI 接口

CGI 是 Common Gateway Interface 的缩写，代表服务器端的一种通用（标准）接口。CGI 开启了动态网页的先河。它的运行原理是每当服务器接到客户更新数据的要求以后，利用这个接口去启动外部应用程序（利用 C、C++、Perl、Java 或其他语言编写）来完成各类计算、处理或访问数据库的工作，处理完后将结果返回 Web 服务器，再返回浏览器。后来又出现了技术有所改进的 ISAPI 和 NSAPI 技术，提高了动态网页的运行效率，但由于 CGI 在多用户访问时会占用很多的系统资源，并且执行起来速度相对比较慢，因此目前已经很少使用。

1.2.5　脚本语言

在 CGI 技术之后出现了很多优秀脚本语言，如 ASP、JSP、PHP 等。脚本语言简化 Web 程序的开发，一时间成为 Web 开发人员的最爱。但脚本语言使用起来也并不是那么简单，首先其代码组织混乱，和 HTML 标记杂乱堆砌在一起，开发维护都非常不方便，以至当 ASP.NET

的代码隐藏模式出现后，使用这些脚本语言的 Web 程序开发人员都有耳目一新的感觉；另外脚本语言的编程思想不符合当前流行的面向对象编程思想。因此脚本语言必将会被其他更高级的语言（ASP.NET、Java 等）所代替。

1.3 ASP.NET 程序

ASP.NET 应用程序的标准定义是：文件、页面、处理器、模块和可执行代码的组合，并且它们能够从服务器上被应用。ASP.NET 应用程序是一系列资源和配置的组合，这些资源和配置只在同一个应用程序内共享，而其他应用程序则不能享用这些资源和配置，尽管它们发布在同一台服务器上。就技术而言，每个 ASP.NET 应用程序都运行在一个单独的应用程序域，应用程序域是内存中的独立区域，这样可以确保在同一台服务器上的应用程序不会相互干扰，不至于因为其中一个应用程序发生错误就影响到其他应用程序的正常进行。同样，应用程序域限制一个应用程序中的 Web 页面访问其他应用程序的存储信息。每个应用程序单独地运行，具有自己的存储、应用和会话数据。

1.3.1 ASP.NET 页面与服务器

ASP.NET 页面作为代码在服务器上运行。在用户单击按钮（或者当用户选中复选框或与页面中的其他控件交互）时提交页面到服务器。每次页面都会回发，以便它可以再次运行其服务器代码，然后向用户呈现其自身的新版本。传递 Web 页面的具体过程如下：

- 用户请求页面。使用 HTTP GET 方法请求页面，页面第一次运行，执行初步处理（如果已通过编程让它执行初步处理）。
- 页面将标记动态呈现到浏览器。
- 用户键入信息或从可用选项中进行选择，然后单击按钮。如果用户单击链接而不是按钮，页面可能仅仅定位到另一页，而第一页不会被进一步处理。
- 页面发送到 Web 服务器。浏览器执行 HTTP POST 方法，该方法在 ASP.NET 中称为"回发"。更明确地说，页面发送回其自身。例如，如果用户正在使用 Default.aspx 页面，则单击该页上的某个按钮可以将该页发送回服务器，发送的目标则是 Default.aspx。
- 在 Web 服务器上，该页再次运行。并且可在页面上使用用户键入或选择的信息。
- 页面执行通过编程所要实行的操作。
- 页面将其自身呈现回浏览器。

只要用户在该页面中工作，此循环就会继续。用户每次单击按钮时，页面中的信息都会发送到 Web 服务器，然后该页面再次运行。每个循环称为一次"往返行程"。由于页面处理发生在 Web 服务器上，因此页面可以执行的每个操作都需要一次到服务器的往返行程。

1.3.2 ASP.NET Web 窗体

在 ASP.NET 中，发送到客户端浏览器中的网页是经过.NET 框架中的基类动态生成的。这个基类就是 Web 页面框架中的 Page 类，而实例化的 Page 类就是一个 Web 窗体，也就是

Web Forms。因此，一个 ASP.NET 页面就是一个 Web 窗体。而作为窗体对象，就具有属性、方法和事件，可以作为容器容纳其他控件。

Web 窗体是保存为后缀名为.aspx 的文本文件，可以使用任何文本编辑器打开和编写，ASP.NET 是编译的运行机制，为了简化开发人员的工作，一个.aspx 页面不需要手工编译，而是在页面被调用时，有公共语言运行时自行决定是否要被编译。

在 Web 窗体可以使用一般的 HTML 窗体控件，但 ASP.NET 也提供了自己的可以在服务器上运行的 Web 窗体控件。

1.3.3　后台隐藏代码

后台隐藏代码与早期脚本语言的将代码和 HTML 标记混合在一起编写不同。它是将业务逻辑的处理代码都存放在 cs 文件中，当 ASP.NET 网页运行的时候，ASP.NET 类生成时会先处理 cs 文件中的代码，再处理.aspx 页面中的代码，这种过程被称为代码分离。

代码分离的优点就是在.aspx 页面中，开发人员可以将页面直接作为样式来设计，即美工人员可以设计.aspx 页面，而.cs 文件由编程人员来完成业务逻辑的处理。同时，将 ASP.NET 中的页面样式代码和逻辑处理代码分离能够让维护变得简单并且代码看上去也非常的整洁明了。

1.3.4　文件类型

ASP.NET Web 窗体至少由一个 Web 窗体（扩展名为.aspx 的文件）组成，但是它常常是由更多文件组成的，各个类型提供了不同的功能。

1．Web 文件

Web 文件是 Web 应用程序中特有的文件，可以由浏览器直接请求，也可以用来构建在浏览器中请求的 Web 页面的一部分。表 1-2 中列出了在 ASP.NET Web 应用程序中常用的各种 Web 文件和它们的扩展名，并说明了各种文件的用法。

表 1-2　ASP.NET Web 应用程序的文件类型列表

文件类型	扩展名	说明
Web Form	.aspx	这类文件是 ASP.NET Web 页面，它们包括用户接口和隐藏代码
Web User Control	.ascx	这类文件是用户控件。用户控件同 Web 页面非常相似，但不能直接访问用户控件，必须将其内置在 Web 页面中。用户控件用来实现能够被像标准 Web 控件一样使用的用户接口
Web Service	.asmx	这类文件是 ASP.NET Web 服务，Web 服务提供一个能够通过互连网访问的方法集合
Web Configuration	.config	配置文件，它是基于 XML 的文件，用来实现对 ASP.NET 应用程序进行配置
Master Page	.master	这类文件允许定义 Web 页面的全局结构和外观
HTML Page	.htm/.html	这类文件可用来显示 Web 程序中的静态 HTML
Style Sheet	.css	这类文件允许设置 Web 程序的样式和格式的 CSS 代码

（续表）

文件类型	扩展名	说明
JavaScript File	.js	这类文件可以在客户端浏览器中执行 JavaScript
Site Map	.sitemap	这类文件包含一个层次结构，表示 Web 程序中 XML 格式的文件，用于网站导航
Skin File	.skin	这类文件包含 Web 程序中的控件设计信息

2．代码文件

代码文件用来实现 Web 页面的逻辑。表 1-3 描述了 ASP.NET Web 应用程序的各种类型的代码文件。

表 1-3　ASP.NET Web 应用程序的代码文件列表

文件类型	扩展名	说明
Global Application Class	.asax	可以在全局文件中定义全局变量和全局事件，例如应用程序开头或者当在站点中某处发生错误时
Class	.cs	这些文件是用 C#编写的代码隐藏文件，用来实现 Web 页面的逻辑
WCF Service	.svc	可以被其他系统调用，包括浏览器，可以包含能在服务器上执行的代码

3．数据文件

数据文件用来存储可以用在站点和其他应用程序中的数据。这组文件由 XML 文件、数据库文件以及与使用数据相关的文件组成，如表 1-4 所示。

表 1-4　ASP.NET Web 应用程序的数据文件列表

文件类型	扩展名	说明
XML File	.xml	用来存储 XML 格式的数据
SQL Server Database	.mdf	扩展名为.mdf 的文件是 Microsoft SQL Server 使用的数据库
ADO.NET Entity DataModel	.edmx	用于声明性地访问数据库，不需要写代码。从技术上来讲，这并不是一个数据文件，因为它不包含实际数据。然而，由于它们与数据库绑定得如此紧密，因此把它们归组在这个标题下是有意义的

1.3.5　ASP.NET 4.5 的新特性

相对于以前的版本，ASP.NET 4.5 增加了许多的新特性，下面对其中比较重要的核心功能做一个简要的介绍。

1．ASP.NET MVC 4.0

ASP.NET MVC 可以说是除了 WebForm 以外，开发 Web 应用程序最好的选择，它拥有 Model-View-Controller 分离的设计架构，开发人员能在不同的模型内开发自己的功能，不需要担心耦合度的问题，MVC 在架构上也非常适合大型 Web 应用程序的发展。MVC 经过了三个版本的升级，架构上已十分成熟，最新的 ASP.NET MVC 4.0 包含了如下一些主要新特性：

（1）ASP.NET Web 应用程序接口（Web API）

ASP.NET Web API 是用于在.NET 上生成 Web API 的框架，它是一个适合范围广泛的客户端包括浏览器和移动设备的新框架。ASP.NET Web API 也是一个理想的平台，用于通过 Web API 可以很容易地建立 HTTP 服务。

（2）移动项目模板

ASP.NET MVC4.0 中增加了许多支持移动应用的新功能。例如，使用新的移动应用程序项目模板可用于构建触摸优化的用户界面，此模板包含的互联网应用程序模板相同的应用程序结构。

（3）增强的对异步编程的支持

使用了 async 和 await 两个关键字，简化了异步编程，使工作与任务对象比以前的异步方法简化了许多。等待、异步和任务对象的组合，使你在 MVC 中编写异步代码容易得多。

2．ASP.NET Web Forms 4.5

ASP.NET Web Forms 4.5 比之前的版本，主要增加了以下关键的新功能。

（1）新增强类型数据绑定

在 ASP.NET Web Forms 4.5 中出现了强类型数据控件，可以在后台绑定数据的控件多了个属性 ItemType。当指定了控件的 ItemType 后就可以在前台使用强类型绑定数据了。

（2）针对 HTML 5 的更新

在 ASP.NET Web Forms 4.5 中，控件 TextBox 的 TextBoxMode 属性值从之前的三个（SingleLine/MultiLine/Password）增加到了 16 个；FileUpload 控件终于开始支持多文件上传，可以通过 AllowMultiple 属性打开；包含了如对 HTML5 表单的验证、用 HTML5 的标记也可以使用"~"去根目录等；增加 UpdatePanel 对 HTML5 表单的支持等。这样使得做表单类页面时，将会大大地降低验证的代码量，提高开发效率，将更多的人力资源放在业务逻辑上。

3．新的模型绑定方式

如果用过 ObjectDataSource 控件，肯定对其 SelectMethod 有印象，在 ASP.NET Web Forms 4.5 中，微软直接将此方法移到强类型控件上。将之前 DataBind 方法直接替换成更方便的 SelectMethod 方法。

4．ASP.NET Web Deployment 4.5

Visual Studio 2012 开发环境中的网页设计器已经过了以下的改进：

● MutliBrown 支持，安装的浏览器显示在启动调试旁边的下拉列表中，可测试同一网页、应用程序或站点不同的浏览器。

● 页检查器页，对于 ASP.NET 页面，可以使用页检查器确定服务器端代码是否产生了呈现到浏览器的 HTML 标记。

● 在 JavaScript 编辑器中，改进了对 ECMAScript 5 和 IntelliSense（智能感知）的支持；增加了括号自动匹配和从变量或函数名跳转到其定义的"转到定义"功能。

● 在 CSS 编辑器中，最重大的更新是提供了对 CSS 3 的支持。

● 在 HTML 编辑中，最重大的更新是提供了对 HTML 5 的支持。

1.4   简答题

1. .NET Framework 4.5 由几个主要的组成部分构成？

2. 网页开发经历了几个主要的阶段？

3. 简述 Web 页面的传递过程？

4. ASP.NET Web 窗体中常见的文件类型有哪些？

5. 简述 ASP.NET 4.5 有什么新特性？

第 2 章　Visual Studio 2012 开发环境

每一个正式版本的.NET 框架都会对应一个的高度集成的开发环境，微软称之为 Visual Studio，中文的意思是"可视化工作室"。和 ASP.NET 4.5 一起发布的集成开发环境是 Visual Studio 2012，它对基于 ASP.NET 4.5 的项目开发有很大帮助，使用 Visual Studio 2012 可以很方便地进行各种项目的创建、具体程序的设计、程序调试和跟踪以及项目发布等等。本章将介绍如何创建基于开发 ASP.NET 4.5 网站应用程序的环境，为后面的网站开发做好必要的准备。

2.1　IIS 7.0 Web 服务器

IIS 是 Internet Information Server 的缩写，是微软公司主推的 Web 服务器，通过 IIS，开发人员可以方便地调试程序或发布网站，实际运行 ASP.NET 网站需要 IIS 的支持，所以，开发 ASP.NET 4.5 应用程序之前，需要安装并配置 IIS。IIS 有各种版本，并对应不同的操作系统，这里以在 Windows7 中的 IIS 7.0 为例，进行演示说明。

2.1.1　安装 IIS 7.0 Web 服务器

微软没有提供独立的 IIS 7.0 安装包，目前，网上也没有可靠的提取包。正常的 Windows 7 版本（非精简版），安装系统之后都可以直接进行 IIS 7.0 的安装，并不需要安装盘。接下来就在电脑中安装 IIS 7.0 服务器，具体步骤如下：

01 选择"开始"|"控制面板"|"程序和功能"命令，进入如图 2-1 所示的"卸载或更改程序"窗口。

图 2-1　"卸载或更改程序"窗口

02 "卸载或更改程序"窗口显示当前已经安装的程序。在窗口的左侧选择"打开或关闭 Windows 功能"选项，进入如图 2-2 所示的"Windows 功能"对话框。

03 在"Windows 功能"对话框中展开"Internet 信息服务"选项，选中"FTP 服务器"、"Web 管理工具"、"万维网服务"三个选项中的所有子项，最后单击"确定"按钮完成 Windows7 中 IIS 7.0 的安装。

04 运行 IE 浏览器，在地址栏中输入 http://localhost/并访问，浏览器显示如图 2-3 所示的页面，则说明 IIS 7.0 安装成功。一旦设置完成，系统会自动启动 IIS，而且在此之后，无论何时启动 Windows，系统都会自动启动 IIS。

图 2-2 "Windows 功能"对话框

图 2-3 IIS 7.0 安装成功

05 选择"开始" | "控制面板" | "管理工具" | "Internet 信息服务"命令，弹出如图 2-4 所示的"Internet 信息服务(IIS)管理器"窗口，依次展开"根"节点、"网站"节点、Default Web Site 节点。

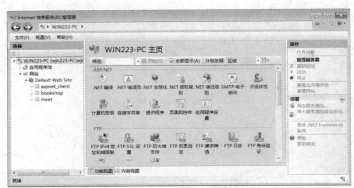

图 2-4 "Internet 信息服务(IIS)管理器"窗口

06 以右键单击 Default Web Site 节点，弹出如图 2-5 所示的快捷菜单。命令可以选择"启动"命令启动 IIS 服务，选择"停止"命令关闭 IIS 服务，也可以选择"暂停"暂停 IIS 服务。

图 2-5　快捷菜单

如果采用默认安装，IIS 在硬盘驱动器的根目录中创建 InetPub 目录，该目录包含用于存放所创建的 Web 页面文件的子目录，创建的 Web 网站默认情况下都会保存到 InetPut 子目录 wwwrot 中。

2.1.2　配置 IIS 7.0

当用户通过 HTTP 浏览位于 Web 服务器上的一些 Web 页面时，Web 服务器需要确定与该页面对应的文件位于服务器硬盘上的什么位置。事实上，在由 URL 给出的信息与包含页面的文件的物理位置（在 Web 服务器的文件系统中）之间有着重要的关系，通过虚拟目录来实现。

虚拟目录相当于物理目录在 Web 服务器上的别名，它不仅使用户避免了使用冗长的 URL，也是一种很好的安全措施，因为虚拟目录对所有浏览者隐藏了物理目录结构。下面介绍创建虚拟目录的步骤：

01 在本地电脑上创建一个物理目录，这里在 C 盘的根目录下创建一个目录，命名为 Sample。

02 启动 "Internet 信息服务"，以右键单击 Default Web Site 节点，在图 2-6 所示的快捷菜单中选择 "添加虚拟目录…" 命令，弹出如图 2-6 所示的 "添加虚拟目录" 对话框。

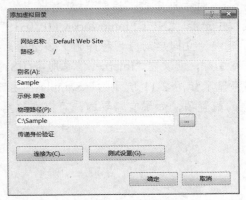

图 2-6　"添加虚拟目录" 对话框

03 在 "添加虚拟目录" 对话框中的 "别名" 文本框输入 Sample，在物理路径文本框中输

入 "C:\Sample"，单击 "连接为…" 按钮，进入如图 2-7 所示的 "连接为" 对话框。

　　04 在 "连接为" 对话框中，选择 "应用程序用户（通过身份验证）" 单选按钮，单击 "确定" 按钮，返回图 2-6 所示的 "添加虚拟目录" 对话框，单击 "确定" 按钮，完成虚拟目录的创建。此时，在 "Internet 信息服务(IIS)管理器" 窗口的目录树中将显示该 Sample 虚拟目录，如图 2-8 所示。

图 2-7　"连接为" 对话框　　　　　　　　图 2-8　Sample 虚拟目录

　　05 在 "Internet 信息服务(IIS)管理器" 窗口的目录树中以右键单击 "应用程序池" 选项，弹出如图 2-9 所示的快捷菜单。

　　06 在图 2-9 中选择 "添加应用程序池…" 命令，弹出如图 2-10 所示的 "添加应用程序池" 对话框。

图 2-9　快捷菜单　　　　　　　　图 2-10　"添加应用程序池" 对话框

　　07 在 "添加应用程序池" 对话框中的 "名称" 文本框中输入名称 Sample，在 ".NET Framework 版本" 下拉列表框中选择 ".NET Framework v4.0.30319"，在 "托管管道模式" 下拉列表框中选择 "集成"，选中 "立即启动应用程序池" 多选框，最后单击 "确定" 按钮。

　　08 IIS 7.0 的基本配置完成后，可以在 "Internet 信息服务(IIS)管理器" 窗口的目录树中双击 Sample 虚拟目录，右侧将显示如图 2-11 所示的 "Sample 主页" 内容，该内容主要列出了 ASP.NET 程序和 IIS 的其他的配置项，如果有需要的，可以在这里进行操作。

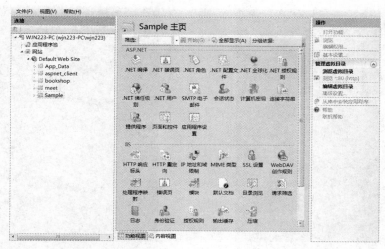

图 2-11　其他配置项

2.2　配置 Visual Studio 2012

Visual Studio 2012 是一个功能强大的集成开发环境，它随同 ASP.NET 4.5 一起发布，是基于 ASP.NET 4.5 项目开发的最佳工具。使用 Visual Studio 2012 可以很方便地进行各种项目的创建、具体程序的设计、程序调试和跟踪以及项目发布等等。

2.2.1　安装 Visual Studio 2012

Visual Studio 2012 目前有 5 个不同的版本 Visual Studio Ultimate 2012 （旗舰版）、Visual TStudio 2010 Professional（专业版）、Visual Studio Test Professional 2012（测试专业版）、Visual Studio Team Foundation Server 2012（团队开发版）和 Visual Studio Express 2012 for Web（精简版）。其中，前三种用于个人和小型开发团队采用最新技术开发应用程序和实现有效的业务目标，第四种为体系结构、设计、开发、数据库开发以及应用程序测试等多任务的团队提供集成的工具集，在应用程序生命周期的每个步骤，团队成员都可以继续协作并利用一个完整的工具集与指南。第五种是供业余的 Web 开发人员或是初学者来建立 ASP.NET 网站的简易版本。

下面一起来学习如何将 Visual Studio Professional 2012 专业版安装到电脑中。具体步骤如下：

01 可以到 "http://www.microsoft.com/zh-CN/download/details.aspx?id=30682" 下载 Visual Studio 2012 的专业版，也可以去购买正版安装程序。

02 打开安装程序后，首先进入如图 2-12 所示的 "安装界面"。

03 在安装界面中选中 "我同意许可条款和条件" 多选按钮，单击 "下一步" 按钮，进入如图 2-13 所示的 "要安装的可选功能" 界面。

图 2-12　安装界面　　　　　　　　　　图 2-13　"要安装的可选功能"界面

04 在"要安装的可选功能"界面中列出了 Visual Studio 2012 可以安装的可选内容，可根据自己的实际需要进行多选或全选，最后，单击"安装"按钮，进入如图 2-14 所示的"正在安装"界面。

05 在"正在安装"界面可以随时单击"取消"按钮终止安装。在安装期间会经历如图 2-15 所示的重启电脑过程，单击"立刻重新启动"按钮。

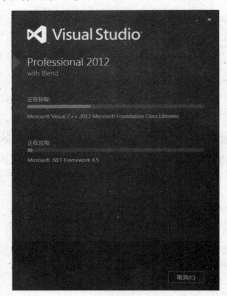

图 2-14　安装界面　　　　　　　　　　图 2-15　重启电脑提示界面

06 重启电脑后，继续进行安装，安装成功后进入如图 2-16 所示的"安装成功"界面。

07 在"安装成功"界面，单击"启动"链接，进入如图 2-17 所示的"选择默认环境设置"对话框。

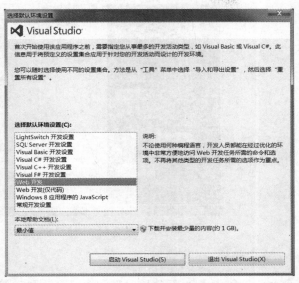

图 2-16　"安装成功"界面　　　　　图 2-17　"选择默认环境设置"对话框

08 在"选择默认环境设置"对话框中的"选择默认环境设置"列表框中列出了可以供选择的开发环境，这里选择"Web 开发"环境，最后，单击"启动 Visual Studio"按钮，弹出如图 2-18 所示的"提示"对话框。

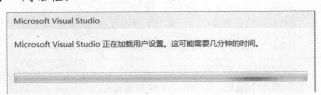

图 2-18　"提示"对话框

09 加载用户设置结束后，弹出如图 2-19 所示的 Visual Studio 2012 的起始页面。

2.2.2　初识 Visual Studio 2012 起始页面

安装完成 Visual Studio 2012 开发环境之后，选择"开始"|"所有程序"|Microsoft Visual Studio 2012| Microsoft Visual Studio 2012 命令，打开 Visual Studio 2012，进入如图 2-19 所示的默认起始页面。

起始页可以用来访问或创建项目，了解即将到来的产品版本和会话或阅读最新开发文章。起始页分为 4 个主要部分：命令部分、最近使用的项目列表、内容区域和显示选项。

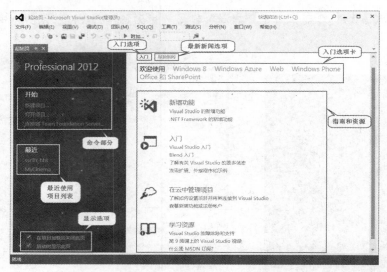

图 2-19　Visual Studio 2012 起始页面

1．命令部分

命令部分包含了"新建项目"和"打开项目"等命令。

2．最近使用的项目列表

最近使用的项目列表显示了最新使用过的项目名称链接。单击链接可以在 Visual Studio 2012 中打开对应的项目；右以右键单击链接，在弹出的快捷菜单里面可以选择如表 2-1 所示中的某个选项。

表 2-1　"最近项目"快捷菜单选项

项目	说明
打开项目	在 Visual Studio 2012 中打开项目
打开包含的文件夹	在 Windows 资源管理器打开包含该项目的文件夹
移除列表	从最近使用的项目中移除该项列表。

当将鼠标指针悬停在最近使用的项目的列表中某个项目名称上，会突出显示项目并显示"图钉"图标。单击该图标可以对项目进行"锁定"。

3．内容区域

内容区域包括"入门"选项、"指南和资源"选项以及"最新新闻"选项。

- "入门"选项："入门"选项显示可以帮助开发人员提高开发效率的功能帮助主题、网站、技术文章和其他资源的列表，包括欢迎使用、Windows 8、Windows Azure、Web、Windows Phone、SharePoint。
- 指南和资源：根据用户选择的"入门"选项的内容将该选项的相应主题以列表的方式进行显示，单击相应链接即可在内置浏览器中查看具体的内容。

● 最新新闻：单击该链接可以在指南和资源区域显示不同的 RSS 源，然后从选项列表中选定不同新闻台的功能文章进行阅读。

4. 显示选项

在起始页的底部放置了两个设置起始页时显示的多选按钮，如表 2-2 所示。

表 2-2 显示选项按钮

项目	说明
在项目加载后关闭此页	当起始页被打开时，关闭起始页项目
启动时显示此页	在 Visual Studio 2012 启动时，会在启动页面上显示

2.2.3 初识 Visual Studio 2012 主界面

当用 Visual Studio 2012 创建一个 Web 网站或打开一个已有的 Web 网站后所看到的是如图 2-20 所示的 Visual Studio 2012 的主界面。Visual Studio 2010 的主界面由标题栏、主菜单、工具栏、工具箱、解决方案管理器、服务器资源管理器、属性窗口、文档窗口、信息窗口和状态栏组成。

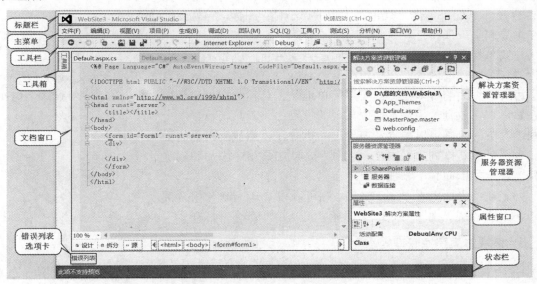

图 2-20 Visual Studio 2012 主界面

1. 标题栏

标题栏位于在主界面的顶部，用于显示页面的标题，例如图 2-20 中显示的是"WebSite3-Microsoft Visual Studio"。

2. 主菜单

主菜单位于标题栏的下方，包含了实现 Visual Studio 2012 所有功能的选项。主菜单中包含的菜单项大家一定很熟悉，因为在很多其他的 Windows 应用程序中都可以找到这些菜单项，

如文件、编辑、帮助等，以及一些 Visual Studio 2012 中特有的菜单，如项目和调试菜单。该菜单可以根据执行的具体任务动态地改变，因此在使用应用程序的过程中会发现某些菜单项有时出现、有时消失。可以通过使用"帮助"|"设置帮助首选项"菜单进行在线配置和离线帮助。离线帮助需要首先安装该应用程序，而在线帮助则需要连接到 Internet。

3．工具栏

工具栏位于主菜单的下方，包含了 Visual Studio 2012 常用功能的快捷按钮，从而可以快速地访问 Visual Studio 2012 中的大部分常见功能。在面向特定任务的场景中，Visual Studio 2012 会随之打开很多可以使用的其他工具栏。有些工具栏会在执行需要特定工具栏出现的任务时自动地出现，但是也可以根据喜好启用或禁用工具栏。要启用或禁用工具栏，只需要在现有工具栏或菜单栏上单击鼠标右键，从出现的快捷菜单中选择工具栏即可。

4．工具箱

工具箱位于主界面的左侧边，在主屏幕的左边，可以看到折叠在 Visual Studio 2012 主界面边缘的"工具箱"选项卡。如果单击该选项卡，工具箱就会展开，这样就能看到它包含的内容，如图 2-21 所示。如果单击工具箱右上角的"小钉"图标，它就会锁定在主界面上，保持打开状态。

与菜单栏和工具栏一样，工具箱会自动更新，以显示与正在执行的任务相关的内容。在编辑标准".aspx"页面时，工具箱会显示可用于页面的许多控件。可以简单地从工具箱中拖动一个控件，然后把它放到希望在页面中出现的位置上。工具箱包含多个类别，其中的工具可以根据意愿展开和折叠，以便找到正确的工具。也可以重新排列列表中工具的顺序，从工具箱中添加和删除工具，甚至可以向其中添加自己的工具。

如果在主界面上看不到工具箱，则可以按 Ctrl+Alt+X 组合键打开它，或者从"视图"菜单中选择"工具箱"命令来打开。

图 2-21　工具箱

5．解决方案资源管理器

在主界面右边，可以看到如图 2-22 所示的"解决方案资源管理器"窗格。"解决方案资源管理器"是一个重要窗格，因为它提供了组成 Web 站点的文件概览。"解决方案资源管理器"没有把所有文件都放在一个大文件夹中，而是将文件存储在单独的文件夹中，创建了一个有逻辑且有组织的站点结构。可以用解决方案资源管理器向站点中添加新文件，使用拖放功能或者剪切粘贴功能来移动现有文件，从项目中重命名文件以及删除文件等解决方案资源管理器的大部分功能都隐藏在它的右键

图 2-22　"解决方案资源管理器"窗格

单击快捷菜单中，该菜单根据在浏览器窗口中用右键单击的项目而改变。

在"解决方案资源管理器"窗格的上方有一个小工具栏，可以用来快速访问与 Web 站点相关的一些功能：包括刷新"解决方案资源管理器"窗格，嵌套相关文件的选项，以及用来复制和配置 Web 站点的两个按钮。

可以通过从主菜单中选择"视图"|"解决方案资源管理器"或者按 Ctrl+Alt+L 组合键来访问解决方案资源管理器。

6. 服务器资源管理器

"服务器资源管理器"窗格位于"解决方案资源管理器"窗格的下方，如图 2-23 所示。它用于打开数据连接、登录服务器、浏览数据库和系统服务。要访问服务器资源管理器，可以依次选择"视图"|"服务器资源管理器"命令，或者按下 Ctrl+Alt+S 组合键。如果将服务器资源管理器中的节点直接拖到项目中，就可以创建引用数据资源或监视其活动的数据组件。

7. "属性"窗口

"属性"窗口位于服务器资源管理器的下方，如图 2-24 所示。在"属性"窗口可以查看和编辑 Visual Studio 2012 中许多项目的属性，包括解决方案资源管理器中的文件、Web 页面上的控件、页面本身的属性及其他更多内容。这个窗口会不断地更新，以反映选中的项。按 F4 键可以快速打开"属性"窗口，这个快捷键还可以用来强制"属性"窗口显示选中项的详细信息。

图 2-23 服务器资源管理器

图 2-24 "属性"窗口

8. 文档窗口

主界面中间的主要区域是文档窗口，这是开发 Web 应用程序使用最多的区域。可以用文档窗口来操作很多不同的文档格式，包括 ASPX 和 HTML 文件、CSS 和 JavaScript 文件、VB 和 C#的代码文件、XML 和文本文件，甚至图像文件。此外，用这个窗口还可以管理数据库、创建站点的副本，并在内置的微型浏览器中浏览页面等。

默认情况下，文档窗口是一个带选项卡的窗口，这意味着它能驻留多个文档，各个文档通过选项卡用窗口上方显示的文件名进行区分。各选项卡的右键单击快捷菜单中包含使用该文件的一些有用的快捷键，包括保存与关闭文件，以及在 Windows Explorer 中打开该文件的父文件夹等。

要在文档之间进行切换，可以按 Ctrl+Tab 组合键，也可以单击要查看文档的标签，或者单击文档窗口右上角的下拉箭头，该文档窗口相邻"解决方案资源管理器"窗格。单击下拉箭头会显示出一个打开文档的列表，因此可以轻而易举地从中选择要打开的文档。

切换文档的另一种方式是按下 Ctrl+Tab 组合键，然后按住 Ctrl 键。在弹出的窗口中，可以在右手边的那一栏中选择要使用的文档。然后再打开文档的列表中向上或向下移动光标，这样选择正确的文件就变得相当容易。

在同一个对话框中，可以看到一个包含所有活动工具窗口的列表。单击这个列表中的一个窗口，可以将它显示在屏幕上，如有必要，还能将它移到其他窗口的前面。

为了快速预览文档，而无须打开它进行编辑，可以在解决方案资源管理器中单击要查看的文件，该文件会在其选项卡中处于预览模式，该选项卡停靠在右边一行，而不是在左边放置打开文件的行上。

在文档窗口下方可以看到三个按钮，分别表示"设计"、"拆分"和"源"三种不同视图。在操作含有标记的文件（如 ASPX 和 HTML 页面）时，这些按钮会自动出现。"设计"视图用来显示设计的效果，并且可以从"工具箱"中直接把控件放置在设计视图中；"拆分视图"同时显示"设计"视图和"源视图"；"源视图"显示设计源码，可以在该视图中直接通过编写代码来设计页面。可以通过单击相应的按钮在这三种视图之间进行切换。

9. "错误列表"窗口

"错误列表"窗口位于主界面的文档窗口下方，可以看到折叠的"错误列表"选项卡。如果单击该选项卡，工具箱就会展开，这样就能看到它包含的内容，如图 2-25 所示。如果单击"错误列表"窗口右上角的"小钉"图标，就会锁定在主界面上，保持打开状态。

在"错误列表"窗口中可以显示出编辑和编译代码时产生的错误、警告和消息，可以查找智能感知所标出的语法错误，可以查找部署错误等。双击错误信息项，就可以打开出现问题的文件并定位到相应位置。

图 2-25 "错误列表"窗口

10. 状态栏

状态栏位于主界面的底部，用于显示 Visual Studio 2012 的状态信息。

2.3 Visual Studio 2012 的新特性

和前面几个版本的 Visual Studio 相比，Visual Studio 2012 集成开发环境新增的主要特性有以下几种。

2.3.1　支持开发 Windows 8 程序

升级到 Visual Studio 2012 的最大理由就是要开发 Windows 8 程序。随着 Win8 开发系统的发布，微软宣布了新的 Windows RT 框架，该框架事实上就是使用 ARM 处理器设备的 Windows。新一代的 Windows 8 和 Windows RT 平板设备（包括微软 Surface 平板）蜂拥上市，而 Visual Studio 2012 就是为这些平板设备开发应用程序的工具，既可以为 Windows 8 x86 设备开发，也可以为 Windows RT ARM 设备开发。

Visual Studio 2012 专为开发 Windows 8 程序内置了一系列名为 Windows Store 的项目模版。开发者可以使用这些模板创立不同类型的程序，包括 blank app、grid app、split app、 class library、Windows runtime component，还有单元测试库。

2.3.2　加强网页开发功能

Windows 8 程序开发者无疑会对 Visual Studio 2012 感兴趣，但毫无疑问 Visual Studio 2012 最大的使用者将会是网页开发者。Visual Studio 2012 里有以下对网页开发者意义重大的新功能。

1．随处搜索

Visual Studio 2010 中虽然已经集成了简单的搜索功能，但作为极受欢迎的功能，在 Visual Studio 2012 中必然会着重优化，目前提供搜索功能的部分包括：解决方案管理器、扩展管理器、快速查找功能、新的测试管理器、错误列表、并行监控、工具箱、TFS（Team Foundation Server）团队项目、快速执行 Visual Studio 命令等。如图 2-26 所示的就是解决方案管理器和工具箱的搜索框，只要输入关键字，就会在下拉列表中提示可用的内容。

图 2-26　随处搜索功能

2．提供对 JavaScript 的强大支持

以往在 Visual Studio 编写 JavaScript 是让开发人员非常头疼的一件事，现在有了 Visual Studio 2012 后，这种现象会大大改观，因为 Visual Studio 2012 对 JavaScript 代码编辑器进行了重要的更新，包括：

- 使用 ECMAScript 5 和 HTML5 DOM 的功能。
- 为函数重载和变量提供 IntelliSense（智能感知）。

- 编写代码时使用智能缩进、括号匹配和大纲显示。
- 使用"转到定义"在源代码中查找函数定义。
- 使用标准注释标记时，新的 IntelliSense 扩展性机制将自动提供 IntelliSense。
- 在单个代码行内设置断点。
- 在动态加载的脚本中获取对象的 IntelliSense 信息。

3. 建立应用程序模型

Visual Studio 2012 帮助开发人员可视化代码，以便更轻松地了解其结构、关系和行为。可以创建不同详细级别的模型，并跟踪要求、任务、测试用例、bug，或其他工作与模型。

- 从"解决方案资源管理器"创建依赖项关系图，以便开发人员可以了解代码中的组织和关系。
- 更轻松地读取和编辑依赖项关系图，通过浏览关系图并重新排列它们的项目以便于阅读和改进呈现的性能。
- 从 UML 类图生成 C# 代码，更快速地开始实现开发人员的设计，并自定义用于生成代码的模板。
- 从现有代码创建 UML 类图，从代码创建 UML 类图，以便可以与有关设计的其他图进行交流。
- 从其他工具导入导出 XMI 2.1 文件的 UML 类、用例和序列图模型元素。

2.3.3 新的团队开发功能

Visual Studio 2012 新增了一些可以增进团队生产力的新功能，主要包括：

- "任务暂停"功能解决了困扰多年的中断问题。假设开发者正在试图解决某个问题或者 Bug，却不得不放下手头工作，过几小时以后才能回来继续调试代码时，"任务暂停"功能会保存所有的工作（包括断点）到团队开发服务器。开发者回来之后，单击几下鼠标，即可恢复整个会话。
- 代码检阅功能。新的代码检阅功能允许开发者可以将代码发送给另外的开发者检阅。启用"查踪"后，可以确保修改的代码会被送到高级开发者那里检阅，得到确认。

2.4 配置 ASP.NET 4.5

在 ASP.NET 4.5 应用程序中，可以在系统提供的配置文件 Web.config 中对该应用程序进行配置，可以配置的信息包括错误信息显示方式、会话存储方式和安全设置等。Web.config 文件是一个 XML 文本文件，它用来储存 ASP.NET Web 应用程序的配置信息（如最常用的设置 ASP.NET Web 应用程序的身份验证方式等），它可以出现在应用程序的每一个目录中。当通过 ASP.NET 4.5 新建 Web 应用程序后，默认情况下会在根目录自动创建默认的 Web.config 文件。

由于 ASP.NET 4.5 的 Machine.config 文件自动注册所有的 ASP.NET 标识、处理器和模块，所以在 Vistual Studio 2012 中创建新的空白 ASP.NET 应用项目时，会发现默认的 Web.config 文件非常简洁。

如果想修改配置的设置，可以在 Web.config 文件中进行重新配置。在运行时对 Web.config 文件的修改不需要重启服务就可以生效（注：<processModel>节例外）。当然 Web.config 文件是可以扩展的。可以自定义新配置参数并编写配置节处理程序以对它们进行处理。Web.config 配置文件的所有代码都应该位于<configuration><system.web>和</system.web></configuration> 之间。下面介绍常用的配置节。

1. <authentication>节

<authentication>节通常用来配置 ASP.NET 身份验证支持（可以使用 Windows、Forms、PassPort、None 4 种参数）。该元素只能在计算机、站点或应用程序级别声明。<authentication>元素必需与<authorization>节配合使用。

例如，基于窗体的身份验证站点的配置，代码如下：

```
1.    <authentication mode="Forms" >
2.    <forms loginUrl="Login.aspx" name=".ASPXAUTH"/>
3.    </authentication
```

上面的代码中第 1 行和第 3 行定义<authentication>节，把 Mode 属性设置为 Forms，表示这个站点将执行基于窗体的身份验证，第 2 行定义当没有登陆身份的用户访问页面时自动跳转到的页面，其中元素 loginUrl 表示登陆网页的名称，name 表示 Cookie 名称。

2. <authorization>节

<authorization>节通常用来控制对 URL 资源的客户端访问（如允许匿名读者访问）。此元素可以在任何级别（计算机、站点、应用程序、子目录或页）上声明。必需与<authentication>节配合使用。可以使用 user.identity.name 来获取已经过验证的当前的读者名；也可以使用 web.Security.FormsAuthentication.RedirectFromLoginPage 方法将已验证的用户者重定向到刚才请求的页面。

例如，禁止匿名用户访问的站点配置，代码如下：

```
1.    <authorization>
2.    <deny users="?"/>
3.    </authorization>
```

上面的代码中第 1 行和第 3 行代定义<authorization>节，第 2 行通过设置<deny users="?"/>来实现任何来访用户都需要身份认证的。

3. <compilation>节

<compilation>节通常用来配置 ASP.NET 使用的所有编译设置。默认的 debug 属性为 True。在程序编译完成交付使用之后应将其设为 True。

4. <customErrors>节

<customErrors>节通常用来为 ASP.NET 应用程序提供有关自定义错误信息。但它不适用于 XML Web services 中发生的错误。

例如，当发生错误时，将网页跳转到自定义的错误页面的配置，代码如下：

```
1.    <customErrors defaultRedirect="ErrorPage.aspx" mode="RemoteOnly">
2.    </customErrors>
```

上面的代码中第 1 行和第 2 行定义<customErrors>节，并通过属性 defaultRedirect 来定义发生错误时跳转的页面是 ErrorPage.aspx。

5. <httpRuntime>节

<httpRuntime>节通常用来配置 ASP.NET HTTP 运行库设置。该节可以在计算机、站点、应用程序和子目录级别声明。

例如，ASP.NET HTTP 运行库设置代码如下：

```
<httpRuntime maxRequestLength="2048" executionTimeout="100" appRequestQueueLimit="50"/>
```

上面的这段代码的含义是控制读者上传文件最大为 2MB，最长时间为 100s，最多请求数为 50。

6. <pages>节

<pages>节通常用来标识特定于页的配置设置（如是否启用会话状态、视图状态，是否检测读者的输入等）。<pages>节可以在计算机、站点、应用程序和子目录级别声明。

例如，检测读者在浏览器输入的内容中是否存在潜在的危险数据的代码如下：

```
<pages buffer="true" enableViewStateMac="true" validateRequest="false"/>
```

在上面的代码中 buffer="true"定义了页面发送前先缓冲输出。enableViewStateMac="true"表示在从客户端回发页时将检查加密的视图状态，以验证视图状态是否已在客户端被篡改。validateRequest="false"表示 ASP.NET 检查从浏览器输入的所有数据，以找出潜在的危险数据。

7. <sessionState>节

<sessionState>节通常用来为当前应用程序配置会话状态设置（如设置是否启用会话状态，会话状态保存位置）。

例如，设置会话状态，代码如下：

```
1.    <sessionState mode="InProc" cookieless="true" timeout="60"/>
2.    </sessionState>
```

上面的代码中第 1 行和第 2 行用来设置会话状态的，其中 mode="InProc"表示在本地储存会话状态（也可以选择储存在远程服务器或 SAL 服务器中或不启用会话状态）；cookieless="true"表示如果读者浏览器不支持 Cookie 时启用会话状态（默认为 False）；

timeout="60"表示会话可以处于空闲状态的分钟数。

8.<trace>节

<trace>节通常用来配置 ASP.NET 跟踪服务，主要用来进行程序测试判断哪里出错。

例如，Web.config 中对跟踪服务的默认配置，代码如下：

```
<trace enabled="false" requestLimit="15" pageOutput="false" traceMode="SortByTime" localOnly="true" />
```

上面的这行代码用来设置跟踪服务的，其中 enabled="false" 表示不启用跟踪；requestLimit="15"表示指定在服务器上存储的跟踪请求的数目；pageOutput="false"表示只能通过跟踪实用工具访问跟踪输出；traceMode="SortByTime"表示以处理跟踪的顺序来显示跟踪信息；localOnly="true"表示跟踪查看器只用于宿主 Web 服务器。

2.5 创建第一个 ASP.NET 4.5 Web 应用程序

在 Visual Studio 2012 中，可以为创建 ASP.NET Web 窗体网站选择两种项目：ASP.NET 窗体应用程序项目（Web Application Project）和 ASP.NET 窗体网站项目（Web Site Project）。

1. ASP.NET 窗体应用程序项目

ASP.NET 窗体应用程序项目适合团队开发人员以及那些需要对网站内容、编译及部署过程有更多控制权的开发人员使用，以便更容易使用 Visual Studio 2012 来构建 Web 网站。整个 Web 网站作为一个项目进行管理，用单个项目文件跟踪 Web 站点的所有内容。

在 Visual Studio 2012 中，可以通过"文件"|"新建项目"命令来创建新的 ASP.NET 窗体应用程序项目。

2. ASP.NET 窗体网站项目

ASP.NET 窗体网站项目表示在 Visual Studio 2012 中创建的 Web 站点项目。创建新的 ASP.NET 窗体网站项目的方法是从 Visual Studio 2012 的主菜单中选择"文件"|"新建网站"命令。

ASP.NET 窗体网站项目只是一个 Windows 文件夹，以及其中的一组文件和子文件夹。在该 Web 站点中没有跟踪所有单个文件的集合文件（称为项目文件，扩展名是.vbproj 或.csproj）。只需将 Visual Studio 指向一个文件夹，它就会一直把这个文件夹作为 Web 站点打开。这样就可以非常容易地创建站点的副本、移动它们或者与别人共享，因为它不依赖于本地系统中的文件。由于缺少中心项目文件，因此 ASP.NET 窗体网站项目通常简称为"Web 网站"，在本书的其余部分就使用这个术语。

由于有两个选项可供选择，那么应选择哪个项目类型呢？一般来说，Web 网站更容易使用，因为它只是一个文件夹，所以更容易把文件复制到另一个位置，例如，一个开发工作站或生产服务器。此外，对代码文件的修改会由 Web 服务器提取，并自动应用，无需正规地部署过程。但是如果一组开发人员在同一个站点上工作，则 ASP.NET 窗体应用程序项目就比较好，因为它具备更正式的开发和部署过程，能更好地支持源控制版本系统，例如 Microsoft 的 Team Foundation Server。

本书中使用的是 ASP.NET Web 网站项目模板，这是因为该模板对于 ASP.NET 初学者来说很容易使用。但是在构建站点时，使用 ASP.NET 窗体应用程序项目模板与使用 ASP.NET 网站项目模板有很多共同之处。这意味着从本书获得的知识可以用于通过 ASP.NET 窗体应用程序项目模板建立的站点。

下面通过本书的第一个 Web 应用程序来介绍创建 ASP.NET 4.5 网站的完整过程。

【实例 2-1】ASP.NET 4.5 Web 网站的创建

本实例将演示在页面显示"欢迎进入 ASP.NET 4.5 的世界！"，具体实现步骤如下：

01 启动 Visual Studio 2012，在起始页面执行"文件"｜"新建网站"命令，弹出如图 2-27 所示的"新建网站"对话框。

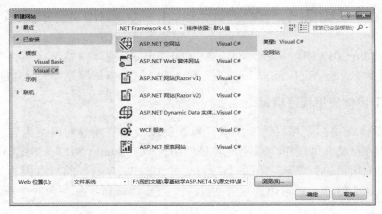

图 2-27　"新建网站"对话框

"新建网站"对话框右边顶部的下拉列表框可选择 Visual Studio 的.NET Framework 版本和模板排序方式。

"新建网站"对话框左边是"已安装模板"树状列表，可供开发者选择一种供网站使用的编程语言。本书中所有示例都使用 Visual C#，但实际开发中可以根据自己的喜好选择一种语言。

"新建网站"对话框中间的模板列表框中，显示默认安装的 ASP.NET Web 站点模板列表，具体说明如下：

● ASP.NET Web 窗体网站。该模板允许配置一个基本的 ASP.NET Web 站点。它包含许多文件和文件夹用于开始站点的开发。一旦开始开发一个真实的 ASP.NET Web 站点，该模板会是一个很好的起点。

● ASP.NET 网站(Razor v1 或 Razor v2)。通过这两个模板可以创建以 ASP.NET Web Pages 为框架的站点。ASP.NET Web Pages 框架是一款新面世 Web 开发框架，建立在现有的 ASP.NET Framework 之上，其编写页面代码使用了新的 Razor 语法，代码更加简洁和符合 Web 标准。

- ASP.NET 空网站。ASP.NET 空网站模板只包含一个配置文件（Web.config）。如果包含用于创建新的 Web 站点或希望从头开始创建站点时使用的许多已有文件，则 ASP.NET 空网站模板会很有用处。这里使用该模板作为本书中构建的示例 Web 站点的基础，并在学习本书的过程中添加文件和文件夹。

- ASP.NET Dynamic Data 实体网站。该模板用于创建灵活且强大的 Web 站点来管理数据库中的数据，而不需要手动输入许多代码。

- WCF 服务。该模板可用于创建包含一个或多个 WCF（Windows Communication Foundation）服务的 Web 站点。WCF 服务模板与 Web 服务模板有点相似，它用来创建可通过网络调用的方法。然而，WCF 服务比 Web 服务要复杂得多，而且提供了更大的灵活性。

- ASP.NET 报表网站。该模板用于创建带有 ASP.NET 水晶报表的 Web 网站。

在"新建网站"对话框左下方的 Web 位置的下拉列表可以选择不同的网站类型，包括文件系统、HTTP 和 FTP。如果有需要的话，可以改变 Web 站点在磁盘上的存储位置，单击"浏览"按钮，在计算机的硬盘驱动器上选择一个新位置即可。

02 这里在"新建网站"对话框顶部的目标框架下拉列表中选择".NET Framework 4.5"；排序方式选择"默认值"；选择 ASP.NET 空网站模板；选择"文件系统"网站类型，改变 Web 站点在磁盘上的存储位置，最后单击"确定"按钮，这时在解决方案管理器中会生成一个如图 2-28 所示的名为"实例 2-1"的 ASP.NET 空 Web 网站。

03 这时以鼠标右键单击网站名称"实例 2-1"，会弹出如图 2-29 所示的快捷菜单。该快捷菜单有多个添加项，分别是"添加"、"添加引用"、"添加服务引用"。其中"添加"命令用来添加新项；"添加引用"命令用来添加对类的引用；"添加服务引用"命令用来添加对服务的引用。

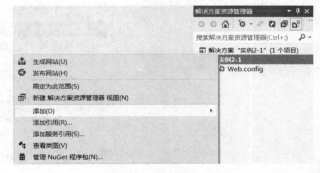

图 2-28　生成的 ASP.NET 空 Web 网站　　　　图 2-29　快捷菜单

04 在快捷菜单中选择如图 2-30 所示的"添加"｜"添加新项"命令，弹出如图 2-31 所示的"添加新项"对话框。

图 2-30　"添加新项"命令

图 2-31　"添加新项"对话框

在"添加新项"对话框中选择"已安装"模板下的"Visual C#"模板，并在模板文件列表中选中"Web 窗体"，然后在"名称"文本框输入该文件的名称 Default.aspx，最后单击"添加"按钮。此时解决方案资源管理的"实例 2-1"的根目录下面会生成一个如图 2-32 所示的 Default.aspx 页面，它包括了一个 Default.aspx.cs 文件用于编写后台代码。

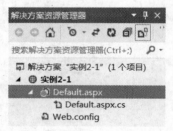

图 2-32　生成 Default.aspx 页面

05 在添加一个 Web 窗体后，可以使用 Visual Studio 2012 对它进行编辑，在资源管理器中单击 Default.aspx 文件，该页面文件就会在如图 2-33 所示左边的文档窗口中打开，本图显示的是"设计"视图，开发人员可以在三种不同的视图中进行切换。

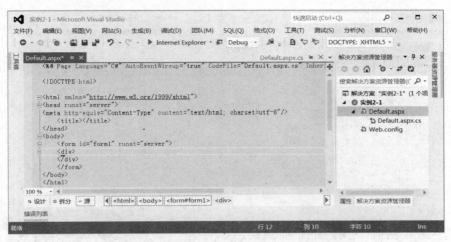

图 2-33 "设计"视图

06 从"工具箱"拖动一个 Label 控件到"设计"视图中,如图 2-34 所示。

07 在 Web 页面设计视图下,以鼠标右键单击 Label 控件,在弹出的快捷菜单中选择"属性"命令,或者选择主菜单中"视图"|"属性窗口"命令,随即就会弹出如图 2-35 所示的 Label 控件"属性"窗口。在该窗口中,可以设置 Label 控件的各种属性,比如修改背景色,可以在 BackColor 后面的文本框中输入对应的颜色值,或者单击 BackColor 后面的按钮弹出颜色选择器,在颜色选择器中选择对应的颜色。

图 2-34 设计视图　　　　　　　　　图 2-35 属性窗口

08 在 Web 页面的设计视图下,双击页面的任何地方或者单击网站根目录下的 Default.aspx.cs 文件即可在左面的文档窗口打开如图 2-36 所示的隐藏后台代码文件,在此界面中,开发人员可以编写与页面对应的后台逻辑代码。

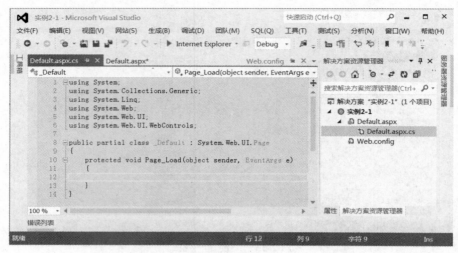

图 2-36 后台代码文件

09 在后台代码文件 Defult.aspx.cs 中编写代码如下：

```
1.  protected void Page_Load(object sender, EventArgs e){
2.  Label1 .Text ="欢迎进入 ASP.NET 4.5 的世界！ ";
3.  }
```

上面的代码中第 1 行定义处理页面 Page 加载事件的 Load 方法。第 2 行设置 Label1 控件的文本显示"欢迎进入 ASP.NET 4.5 的世界！"。

10 选择主菜单中的"生成"|"生成网站"命令，如果生成成功，则屏幕下方的"输出"窗口中的内容如图 2-37 所示。

图 2-37 输出窗口

11 以鼠标右键单击解决方案资源管理器中的 Default.aspx，在弹出如图 2-38 所示的快捷菜单中选择"在浏览器中查看（Internet Explorer）"命令或者使用快捷键 Ctrl+F5，运行程序的效果如图 2-39 所示。

图 2-38　在浏览器中查看命令　　　　　　　　图 2-39　运行效果

2.6　上机题

1．在本地电脑中安装 IIS 7 服务器并进行相应的配置。

2．在安装好的 IIS7 服务器中创建一个名为 MyRoot 的虚拟目录

3．参考本章的相关内容在本地电脑中安装 Visual Studio 2012 专业版开发环境，熟悉开发主界面和菜单栏的选项。

4．配置安装好的 Visual Studio 2012，让代码页面显示每一行的行号并设置页面字体的大小，为本书后面的学习做好准备。

5．在安装好的 Visual Studio 2012 开发环境中创建一个 Web 网站，并通过浏览器访问，运行后在页面中显示"迎接移动设备时代的来临！"。

第 3 章 C# 5.0 语言基础

C#是可用于创建运行在.NET CLR 上的应用程序的语言之一，它由 C 和 C++语言演化而来，是 Microsoft 公司专门为使用.NET 平台而创建的。

对于使用 C#语言进行 ASP.NET 应用程序开发的初学者来说，很有必要掌握 C#语言的基础知识。本章将着重介绍 C#语言的语法和用法，致力于从整体上进行简单而清楚地介绍，使读者可以更容易地编写应用程序和阅读后面的章节。作者建议之前没有学过编程语言的读者，一定要认真阅读和学习本章。

3.1 C#语言概述

C#是一种源于 C 和 C++语言之上的、简单的、现代的、面向对象和类型安全的编程语言。其设计目标是要把 Visual Basic 高速开发应用程序的能力和 C++本身的强大功能结合起来。C#作为一种优秀的编程语言，可以用来开发控制台应用程序、.NET Windows 应用程序、ASP.NET应用程序以及 Web 服务等各种类型的应用程序。在实际应用中，可以使用像记事本那样的编辑器来编写代码，同样也可以使用开发工具如 Visaul Studio 2012 来开发 C#代码。

C#语言具有以下一些主要的优点。

（1）语法简单

由于源于 C 和 C++，因此这三者在语法风格上保持了基本一致。同时它又抛弃了 C 和 C++中一些晦涩不清的表达。在默认情况下，C#的代码在.NET 框架提供的可操作环境中运行，不允许直接操作内存。它的最大特色是没有 C 和 C++的指针操作。另外，使用 C#创建应用程序，不必记住复杂的基于不同处理器架构的隐含类型，包括各种类型的变化范围，这样大大地降低了 C#语言的复杂性。

（2）完全的面向对象

C#语言具有面向对象语言所应有的一切特性，包括封装、继承和多态。同时，在 C#类型系统中，每种类型都可以看作一个对象。任何值类型、引用类型和 Object 类型之间都可以进行相互的转换。

（3）消除了大量的程序错误

C#的现代化设计能够消除很多常见的 C++编译错误。例如，C#的资源回收功能减轻了内存管理的负担，变量由环境自动初始化，变量是类型安全的等等。这样，使用 C#语言编写和维护那些复杂的应用程序就变得很方便。

（4）与 Web 开发紧密结合

C#可以在.NET 平台上轻松地构造 Web 应用程序的扩展框架。C#语言包含了内置的特性，使任何组件可以转换为 XML 网络服务，从而通过 Internet 被任何操作系统上运行的组件调用。更为重要的是，XML 网络服务框架可以使处理现有的 XML 网络服务就像处理 C#对象一样的简单。XML 网络服务就像处理 C#对象一样的简单。此外，为了提高性能，C#还允许将 XML 数据直接映射到 Struct 数据类型上。

3.1.1　第一个 C#程序

为了使大家对 C#编程语言有一个感性的认识，本节通过演示一个最基本的 C#程序的创建过程，让读者知道究竟什么是 C#程序。

1．编写 C#源代码

可以选择在 Visaul Studio 2012 中编写应用程序，也可以在记事本中输入代码。为了让大家更深入地了解 C#语言，这里采用记事本编写一个最基本的控制台应用程序。

【实例 3-1】创建 C#控制台应用程序

使用记事本编写 C#应用程序，并在控制台屏幕输出 Hello World 的字符串，具体步骤如下：

01 选择“开始”|“所有程序”|“附件”|“记事本”命令，打开记事本编辑界面。
02 在记事本中输入以下代码：

```
using System;
class HelloWorld{
public static void　Main (){
Console.WriteLine("Hello World！"); //打印出 Hello World
}
}
```

03 将文件保存为 Application.cs。保存文件的路径是 C:/Demo/。

2．配置 C#控制台的编译环境

C#源程序需要.NET Framework SDK 安装程序提供的 C#编译器 csc.exe 来编译。为了能够编译 C#程序，需要首先设置系统环境变量。

01 以鼠标右键单击桌面上的“我的电脑”图标，在弹出的“系统”窗口中选择“高级系统设置”命令，打开如图 3-1 所示的“系统属性”对话框。

02 选择“高级”选项卡，然后单击“环境变量”按钮，弹出如图 3-2 所示的“环境变量”对话框。

图 3-1　"系统属性"对话框　　　　　　　　图 3-2　"环境变量"对话框

03 在"系统变量"列表框中选择 Path 选项，单击"编辑"按钮，打开如图 3-3 所示的"编辑系统变量"对话框。

图 3-3　"编辑系统变量"对话框

04 将.NET Framework SDK 安装程序路径添加到"变量值"后面的文本框中。这里输入笔者存放程序的路径位置";C:\WINDOWS\Microsoft.NET\Framework\v4.0.30319\;"。最后单击"确定"按钮，退出"环境变量"对话框。

3. 编译执行程序

在设置好 C#控制台应用程序的编译环境之后，就可以对刚才编写的 Hello World 程序进行编译了。

01 执行"开始"命令，在如图 3-4 所示的"搜索程序和文件"文本框中输入 cmd 后，选择上面搜索结果列表中的 cmd 程序，在弹出如图 3-5 所示的命令行窗口。

02 在命令行窗口中输入 C:/Demo，进入 Application.cs 文件所在的路径，然后输入 csc Application.cs，再按 Enter 键。

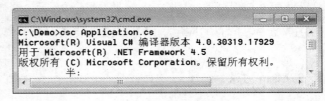

图 3-4　"搜索程序和文件"文本框　　　　　　　　图 3-5　编译程序

03 此时会在 Application.cs 文件的同一目录下生成后缀为 .exe 同名的可执行文件 Application.exe。在如图 3-6 所示的命令行窗口中输入 Application，按 Enter 键就会显示输出结果 Hello World。

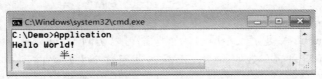

图 3-6　输出运行结果

至此，就完成了一个完整的 C#控制台应用程序。

3.1.2　C#代码结构

本节通过分析前文的第一个控制台程序 Application 来了解 C#代码的基本结构，在编写 C#代码时必须遵守这些基本语法规则。

1. 命名空间和类

.NET 框架提供了许多的类，以便让.NET 程序语言使用这些类的功能。这些类根据功能分为了许多的命名空间。.NET 框架有一个 System 命名空间，常用的类都在这个命名空间下。例如，Application 程序的第一行是通知 C#编译器使用 System 命名空间中的类，代码如下：

```
using System;
```

上面的代码中通过使用关键字 using 来引用 System 命名空间，以便在下面的程序代码中能够直接使用各种类，这个例子中使用了 Console 类来操作控制台程序的输入和输出。

每个 C#程序都是由很多的类、结构和数据类型组成的集合。还可以使用 namespace 关键字来声明命名空间，声明命名空间的语法如下：

```
namespace 命名空间名称{
//命名空间的声明
}
```

关键字 class 用来声明类，在 Application 的例子中，声明了一个名为 Hello World 的类，声明类的语法如下：

```
class 类名{
//类的声明
}
```

在 C#中，所有的应用程序都必须包装在一个类中，类中包含程序所需的变量与方法的定义。

2. Main 方法

每个应用程序都有一个且只有一个 Main 方法，该方法定义了这个类的行为或者是该类的功能，它是程序的入口。Main 方法定义的语法如下：

```
public static void Main(){
// Main 方法中的代码
}
```

上面的代码中 public 关键字表示所有的程序都可以访问 Main 方法。static 关键字代表 Main 方法为整个程序运行期间都有效的方法，而且在调用这个方法之前不必对该类进行实例化。Main 方法的返回值除了 void 之外也可以是 int 型。Main 方法也可以带参数，例如下面的代码：

```
public static void Main(String[] args){
Console.WriteLine("Hello World！");
}
```

上面的代码和 Application 例子中的 Main 方法唯一的区别就是带了字符串数组 String[]类型的参数 args。这里特别要强调 Main 方法的第一个字母 M 必须大写。

3. 语句块

在 C#程序中，把使用符号"{"和"}"包含起来的程序称为"语句块"。语句块在条件和循环语句中经常会用到，主要是把重复使用的程序语句放在一起以方便使用，这样有助于程序的结构化。上面在 Application 例子中的 Main 方法的代码就是一个语句块。以下段代码来看它的语句块结构：

```
1.    for(int i = 1; i < 5; i ++){
2.    for(int k = 1; k<=20-i; k ++){
3.        Rsponse.Write("*")
4.    }
5.    }
```

上面的代码中第 1 行到第 5 行中使用了两组 "{" 和 " }" 符号形成的不同语句块，也就是实现了语句块的嵌套。

4. 语句终止符

每一句 C#程序都要以语句终止符来结束，C#的语句终止符是 ";"分号。例如代码：

```
string name;
```

上面的代码使用了语句终止符 ";"，结束变量的定义。

在 C#程序中，可以在一行中写多个语句，但每个语句都要以 ";" 结束，也可以在多行中写一个语句，但要在最后一行中以 ";" 结束。例如如下代码：

```
1.   int one; int two; int three;
2.   one = 1000,two = 2000, three= 3000;
3.   int sum = one + two +
4.   three;
```

上面的代码中第 1 行中包含有多个语句，语句之间使用终止符 ";" 进行分割。第 3 行和第 4 行将一句代码拆开，分两行写完。

5. 注释

注释在一个程序开发语言中也是非常重要的。C#提供了两种注释的类型：

（1）单行注释，注释符号是 "//"，例如以下代码：

```
string word;  //一个字符串变量，存储字符串
```

上面的代码中使用了单行注释符号 "//"，符号后面是注释的具体内容。

（2）多行注释，注释符号是 "/*" 和 "*/"，任何在符号 "/*" 和 "*/" 之间的内容都会被编译器忽略，例如以下代码：

```
1.   /*一个字符串变量
2.   存储字符串*/
3.   string word;
```

上面的代码中第 1 行和第 2 行使用了多行注释 "/*" 和 "*/" 符号，符号之间的是注释内容。

此外 XML 注释符号 "///" 也可以用来对 C#程序进行注释，例如代码：

```
1.   ///一个字符串变量
2.   ///存储字符串
3.   string word;
```

上面的代码中第 1 行和第 2 行使用了 XML 注释符号 "///"，符号后面的是具体的注释内容。

6. 大小写的区别

C#是一种对大小写敏感的语言。在 C#程序中，同名的大写和小写代表不同的对象，因此在输入关键字、变量和函数时必须使用适当的字符。

此外，C#对小写比较偏好，它的关键字基本上都采用小写，例如 if、for、while 等。

在定义变量时，C#开发人员一般都遵守这样的规范：对于私有变量的定义一般都以小写字母开头、而公共变量的定义则以大写字母开头，例如：以 age 来定义一个私有变量、而以 Age 来定义一个公共变量。

3.2　基本语法

前面为大家介绍了 C#语言的代码结构，从本节起将进入 C#基本语法的学习，为后面的 ASP.NET Web 程序的开发打好扎实的基础。

3.2.1　数据类型

C#中数据类型可以分为"值类型"和"引用类型"，值类型包含数值类型、布尔类型、字符类型、结构类型和枚举类型；引用类型包含类类型、对象类型、字符串类型、数组类型、接口类型和代理类型等。

1. 值类型

值类型是一种由类型的实际值表示的数据类型，即是源代码中值类型的变量对应到栈内存中一定大小的存储空间，该空间内直接存储所包含的值，其值就代表数据本身。由于编译器编译后将源代码中的值类型变量直接对应到唯一的存储空间上，直接访问该存储空间，故值类型的数据具有较快地存取速度。

（1）数值类型

主要包括整数、浮点数和小数，这些均属于简单类型。简单类型都是.NET Framework 中定义的标准类的别名，都隐式地从 object 类继承而来。所有类型都隐含地声明了一个公共的无参数的构造函数，称为"默认构造函数"。默认构造函数返回一个初始值为零的实例。

①整数类型

C#中支持 8 种整型 sbyte、short、byte、ushort、int、uint、long、ulong。这 8 种类型通过其占用存储空间的大小以及是否有符号来存储不同极值范围的数据，根据实际应用的需要，选择不同的整数类型。8 种整数类型的比较如表 3-1 所示。

表 3-1　整数类型

类型	别名	有无符号	占据位数	允许值的范围
sbyte	System.Sbyte	是	1	-128 ~ 127
short	System.Int16	是	2	-32768 ~32767
int	System.Int32	是	4	-2147483648 ~ 2147483647

（续表）

类型	别名	有无符号	占据位数	允许值的范围
long	System.Int64	是	8	-9223372036854775808 ～ 9223372036854775807
byte	System.Byte	否	1	0 ～ 255
ushort	System.Uint16	否	2	0 ～ 65535
uint	System.UInt32	否	4	0 ～ 4294967295
unlong	System.Uint64	否	8	0 ～18446744073709551615

②浮点数类型

C#支持两种浮点数类型：float 和 double。两种数据类型的比较如表 3-2 所示。

表 3-2　浮点类型比较

类型	别名	有无符号	占据位数	允许值的范围
float	System.Single	是	4	可能值从 ±1.5×10-45 ～ ±3.4×1038，小数点后 7 位有效数字
double	System.Double	是	8	可能值从 ±5.0×10~324 to ±1.7×10308 小数点后 15 到 16 位有效数字

　　如同整数类型一样，浮点类型的差别在于取值范围和精度不同。计算机处理浮点数的速度要远远低于对整数的处理速度。在对精度要求不是很高的浮点数计算中，可以采用 float 型，而采用 double 型获得的结果将更为精确。当然，如果在程序中大量地使用双精度浮点数，将会占用更多的内存单元，对性能的影响较大。

　　③小数类型

　　C#还专门定义了一种十进制的类型（decimal），称为"小数类型"。小数类型在所有数值类型中精度最高，有 128 位，一般做精度要求高的金融和货币的计算。decimal 类型对应于.NET Framework 中定义的 System.Decimal 类。取值范围大约为 $1.0×10^{-28}$ 到 $7.9×10^{28}$，有 28~29 位的有效数字。

　　decimal 类型的赋值和定义如下所示：

```
decimal d= 88.8m;
```

　　代码说明：末尾 m 代表该数值为 decimal 类型，如果没有 m 将被编译器默认为 double 类型的 88.8。

　　decimal 类型不支持有符号零、无穷大和 NaN。一个十进制数由 96 位整数和十位幂表示。小数类型较浮点类型而言，具有更大的精确度，但是数值范围相对小了很多。将浮点类型的数向小数类型的数转化时会产生溢出错误,将小数类型的数向浮点类型的数转化时会造成精确度的损失。因此，两种类型不存在隐式或显示转换。

　　（2）布尔类型

　　布尔类型是用来表示"真"和"假"两个概念的。虽然看起来很简单，但实际应用却非常广泛。布尔类型变量只有两种取值"真"和"假"。在 C#中，分别采用 true 和 false 两个值来表示。

在 C 和 C++语言中，用 0 来表示"假"值，其他任何非 0 的式子都可以表示"真"这样一个逻辑值。这种表达方式在 C#中是非法的，在 C#中，true 值不能被其他任何非零值所代替。且在其他数据类型和布尔类型之间不存在任何转换，C++中常见的将整数类型转换成布尔类型是非法的，如下所示情形：

```
1.    bool x = 2;   //错误，不存在这种写法，只能是 x=true 或 x=false
2.    int x = 10;If(x == 100){...} //正确，x==100 表达式将返回一个 bool 型结果
3.    if(x)   //错误，C++中的写法，不够严谨 C#中被放弃
```

（3）结构类型

结构类型通常是一组相关的信息组合成的单一实体。其中的每个信息称为它的一个成员。结构类型可以用来声明构造函数、常数、字段、方法、属性、索引、操作符和嵌套类型。结构类型通常用于表示较为简单或者较少的数据，其实际应用意义在于使用结构类型可以节省使用类的内存的占用，因为结构类型没有如同类对象所需的大量额外的引用。下面的代码定义了一个地址的简单数据结构：

```
1.    struct Address{
2.        public string nation;
3.        public string province;
4.        public string city;
5.        public string street;
6.    }
```

上面的代码中第 1 行使用关键字 struct 指明这里将要定义一个用户自定义结构，对于一个记录地址的结构，国家、身份、城市和街道是必不可少的，这里在第 2~5 行定义了这些信息。在使用这个结构时，可以根据需要增加相关的信息。

（4）枚举类型

枚举类型（enum）是由一组特定的常量构成的一种数据结构，系统把相同类型、表达固定含义的一组数据作为一个集合放到一起形成新的数据类型，比如一周分为 7 天可以放到一起作为新的数据类型来描述星期，代码如下所示：

```
1.    enum WeekDay{
2.    Sunday，Monday，Tuesday，Wednesday，Thursday，Friday，Saturday
3.    };
4.    WeekDay day;
```

上面的代码中第 1 行中 enum 是定义枚举类型的关键字，WeekDay 是枚举类型的名字，"{}"中的是枚举元素，第 2 行定义了枚举元素，用逗号分隔。这样一周 7 天的集合就构成了一个枚举类型，它们都是枚举类型的组成元素。

结构是由不同类型数据组成的一组新的数据类型，结构类型的变量值是由各个成员的值组合而成的，而枚举则不同，枚举类型的变量在某一时刻只能取枚举中某一个元素的值，如 WeekDay 这个表示"星期"的枚举类型的变量，它的值要么是 Sunday，要么是 Monday 或其他的星期元素，但它在一个时刻只能代表具体的某一天，不能既是星期二，又是星期三，也不能是枚举集合以外的其他元素，比如 yesterday、tomorrow 等。

按照系统的默认，枚举中的每个元素类型都是 int 型，且第一个元素缺省时的值为 0，它后面每一个连续的元素值按加 1 递增。在枚举中，也可以给元素直接赋值，如下面的代码把星期天的值设为 1，其后的元素 Monday、Tuesday 等的值分别为 2、3 等，依次递增。

```
1.  enum WeekDay{
2.  Sunday=1，Monday，Tuesday，Wednesday，Thursday，Friday，Saturday
3.  };
```

上面的代码对星期分别进行了赋值，要注意的是为枚举类型的元素所赋值的类型限于 long、int、short 和 byte 等整数类型。

（5）字符类型

字符类型包括数字字符、英文字母、表达式符号等，C#提供的字符类型按照国际公认的标准，采用 Unicode 字符集。一个 Unicode 的标准字符长度为 16 位，用它可以来表示世界上大多种语言。字符类型变量赋值形式有以下三种：

```
char chsomechar="A";
char chsomechar="\x0065";        //十六进制
char chsomechar="\u0065 ;        //unicode 表示法
```

在 C 和 C++中，字符型变量的值是该变量所代表的 ASCII 码，字符型变量的值实质是按整数进行存储的，可以对字符型变量使用整数赋值和运算，例如下面的代码：

```
Char c = 65;   //在 C 或 C++中该赋值语句等价于 char c = 'A';
```

C#中不允许这种直接的赋值，但可以通过显示类型转换来完成，如下面的代码：

```
Char c=(char)65;
```

和 C、C++中一样，在 C#中仍然存在着转意字符，用来在程序中指代特殊的控制字符。C#中的转意字符如表 3-3 所示。

表 3-3　转意字符

转义符	字符名	转义符	字符名
\'	单引号	\"	双引号
\\	反斜杠	\0	空字符
\a	感叹号（Alert）	\b	退格
\f	换页	\n	换行

（续表）

转义符	字符名	转义符	字符名
\r	回车	\t	水平 Tab
\v	垂直 Tab		

2. 引用类型

C#除支持值类型外还支持引用类型。一个具有引用类型（reference type）的数据并不驻留在栈内存中，而是存储于堆内存中。即是在堆内存中分配内存空间直接存储所包含的值，而在栈内存中存放定位到存储具体值的索引。当访问一个具有引用类型的数据时，需要到栈内存中检查变量的内容，而该内容指向堆中的一个实际数据。引用类型包括字符串、数组、类和对象、接口、代理等，本节介绍字符串和数组，其余类型在后面章节介绍。

（1）字符串类型

字符串实际上是 Unicode 字符的连续集合，通常用于表示文本，而 String 是表示字符串的 System.Char 对象的连续集合。在 C#中提供了对字符串（string）类型的强大支持，可以对字符串进行各种的操作。string 类型对应于.NET Framework 中定义的 System.String 类，System.String 类是直接从 object 派生的，并且是 final 类，不能从它再派生其他类。

字符串值使用双引号表示，例如 "China"，"中国" 等，而字符型使用单引号表示，这点读者需要注意区分。下面是几个关于字符串操作的代码：

```
1.    string    word1= "Hello";
2.    string    word2= "World";
3.    string    word3=word1+word2;
4.    char mychar = word3[3];
```

上面的代码中第 1 行和第 2 行直接把字符串赋值给字符串变量 word1 和 word2，第 3 行语句把两个字符串进行了合并。第 4 行用于获得字符串中某个字符值，字符串中第一个字符的位置是 0，第二个字符的位置是 1，依此类推。

（2）数组

数组是包含若干个相同类型数据的集合，数组的数据类型可以是任何类型。数组可以是一维的，也可以是多维的（常用的是二维和三维数组）。

①一维数组

数组的维数决定了相关数组元素的下标数，一维数组只有一个下标。一维数组通过声明方式如下：

```
数组类型[] 数组名;
```

其中，"数组类型"是数组的基本类型，一个数组只能有一个数据类型。数组的数据类型可以是任何类型，包括前面介绍的枚举和结构类型。"[]"是必须的否则将成为定义变量了。"数组名"定义的数组名字，相当于变量名。

数组声明以后，就可以对数组进行初始化了，数组必须在访问之前初始化。数组是引用类型，所以声明一个数组变量只是为对此数组的引用设置了空间。数组实例的实际创建是通过数组初始化程序实现的，数组的初始化有两种方式：第一种是在声明数组时进行初始化；第二种是使用 new 关键字进行初始化。

使用第一种方法初始化是在声明数组的时候，提供一个用逗号分隔开的元素值列表，该列表放在花括号中，例如：

```
int[] Array = {6, 7, 9, 10};
```

上面的代码声明了一个整数类型的数组 Array，其中共有 4 个元素，每个元素都是整数值。

第二种是使用关键字 new 为数组申请一块内存空间，然后直接初始化数组的所有元素。例如：

```
int[] Array = new int[4]{ 6, 7, 9, 10};
```

上面的代码通过 new 关键字声明了一个整数类型的数组 Array，其中有 4 个元素，每个元素都是整数值。

数组中的所有元素值都可以通过数组名和下标来访问，数组名后面的方括号中指定下标（制定要访问的第几个元素），就可以访问该数组中的各个成员。数组的第一个元素的下标是 0，第二个元素的下标是 1，依此类推。下面通过一个例子来做进一步的说明：

```
1.  int[] Array = {6, 7, 9, 10};
2.  Array [3] = 10;
```

上面的代码中，在第 1 行定义并初始化了一个有 4 个元素的数组 Array，第 2 行使用 Array [3]访问该数组的第 4 个元素。

②多维数组

多维数组和一维数组有很多相似的地方，下面介绍多维数组的声明，初始化和访问方法。多维数组有多个下标，例如二维数组和三维数组声明的语法分别为：

```
1.  数组类型[,] 数组名;
2.  数组类型[,,] 数组名;
```

以上代码第 1 行声明了一个二维数组。第 2 行声明了一个三维数组，区别在于"[]"中逗号的数量。

更多维数的数组声明则需要更多的逗号。多维数组的初始化方法也和一维数组相似，可以在声明的时候初始化，也可以使用 new 关键字进行初始化。下面的代码声明并初始化了一个 3×2 的二维数组，相当于一个三行两列的矩阵。

```
int[,] Array = { {2, 4}, {3,5}, {4,6}};
```

以上代码初始化时数组的每一行值都使用"{}"括号包括起来，行与行间用逗号分隔。Array 数组的元素安排如表 3-4 所示。

表 3-4　Array 数组的元素

	第 1 列	第 2 列
第 1 行	2	4
第 2 行	3	5
第 3 行	4	6

要访问多维数组中的每个元素，只需指定它们的下标，并用逗号分隔开，例如访问 Array 数组第二行中的第 1 列数组元素（其值为 3）的代码如下所示。

```
Array [1,0]
```

另外，C#中还支持"不规则"的数组，或者称为"数组的数组"，下面的代码就演示了一个不规则数值的声明和初始化过程。

```
1.  int[][] Array= new int[7][];
2.  Array [0] = new int[] {3,5,7};
3.  Array [1] = new int[] {3,5,7,9,11,13};
4.  Array [2] = new int[] {3,5,7,9,11,13,15,17};
```

上面代码第 1 行中，定义了一个名为 Array 的数组，它是一个由 int 数组成的数组，或者说是一个一维 int[]类型的数组。这些 int[]变量中的每一个都可以独自被初始化，同时允许数组有一个不规则形状。第 2 行至第 4 行代码中每个 int[]数组定义了不同的长度，其中，第 2 行定义数组的第一个元素，该元素是一个一维数组，长度为 3，第 3 行定义的一维数组的长度为 6，第 4 行定义的一维数组的长度为 8。

【实例 3-2】数组的使用

本例通过控制台接受由用户输入的一个字符串，要求统计输出该字符串中每个字母（不区分大小写）出现的次数并将结果显示在控制台屏幕上。

01 启动 Visual Studio 2012，执行"文件"|"新建项目"命令，在弹出的如图 3-7 所示"新建项目"对话框中先选择"已安装"|"模板"|Visual C#节点下的 Windows 模板，然后选择"控制台应用程序"。在"名称"文本框和"解决方案名称"文本框中输入"实例 3-2"，然后在"位置"文本框中输入文件路径，最后单击"确定"按钮。

图 3-7　"新建项目"对话框

02 此时，在解决方案资源管理器中生成名为"实例 3-2"的项目，如图 3-8 所示。

图 3-8　生成项目

03 单击实例 3-2 目录下的 Program.cs 文件，在该文件中编写如下逻辑代码：

```
1.  class Program{
2.  static void Main(string[] args){
3.  int[] CharNum=new int[26];
4.  int Other;
5.  int i;
6.  char temp;
7.  string strTest;
8.  for (i=0;i<26;i++)
9.  CharNum[i]=0;
10. Other=0;
11. Console.Write("请输入要统计的字符串:");
12. strTest=Console.ReadLine();
13. strTest=strTest.ToUpper();
14. Console.WriteLine("字符        出现次数");
15. for (i=0;i<strTest.Length;i++){
16. temp=strTest[i];
17. if (temp>='A' && temp<='Z')
18. CharNum[temp-'A']++; //分类统计。
19. else
20. Other++; //如果不是字符
21. }
22. for (i=0;i<26;i++)
23. if (CharNum[i]!=0)
24. Console.WriteLine(" {0} {1}",(char)(i+'a'),CharNum[i]);
25. Console.WriteLine("Other        {0}",Other);
26. }
```

上面的代码中第 1 行定义了一个 Program 类。第 2 行定义了一个 Main 方法，这是程序执行的入口。第 3 行声明了一个包含 26 个元素的 int 类型数组 CharNum，用于 26 个字母计数。第 8 行到第 9 行通过 for 循环给 CharNums 数组中的每个元素赋值为 0。第 12 行接受用户输入。

第 15 行到第 21 行通过 for 循环从用户输入的字符串中一个一个地取字符，判断这个字符是哪个字符，然后将数组对应元素的值加 1，分别进行统计。第 22 行到第 25 行将数组中的元素和统计数量输出到控制台显示。

04 选择主菜单上"调试"｜"开始执行（不调试）"或者直接使用快捷键 Ctrl+F5 运行程序，运行的效果如图 3-9 所示。

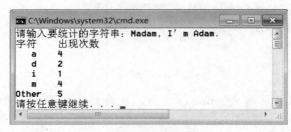

图 3-9　运行结果

3.2.2　变量和常量

应用程序运行过程中可能需要处理多项数据，对于这些需要处理的数据项，按其取值是否可改变又分为常量和变量两种。

1. 变量

变量是指在程序的运行过程中其值可以被改变的量，变量的类型可以是任何一种 C#的数据类型。所有值类型的变量具有实际存在于内存中的值，也就是说当将一个值赋给变量时执行的是值拷贝操作。变量的定义格式为：

> 变量数据类型　变量名（标识符）；

或者

> 变量数据类型　变量名（标识符）＝变量值；

上面的第一个定义只是声明了一个变量，并没有对变量进行赋值，此时变量使用默认值。第一个声明定义变量的同时对变量进行了初始化，变量值应该和变量数据类型一致。

在 C#中命名一个变量应遵循如下规范：

- 变量名必须以字母开头；
- 变量名只能由字母、数字和下划线组成，而不能包含空格、标点符号、运算符等其他符号；
- 变量名不能与 C#中的关键字名称相同；
- 变量名不能与 C#的库函数名称相同。

下面代码是几个对变量的使用：

```
1.    int num = 200;
```

```
2.    num=300;
3.    int a,b,c,d,e;
4.    a=b=c=d=e=400;
```

上面的代码中第 1 行的代码声明了一个整数类型的变量 num，并对其赋值为 200。第 2 行的代码对上面定义的整形变量 num 进行修改，将其值改为 200。第 3 行当定义多个同类型的变量时，可以在一行进行声明，各个变量间使用逗号分隔。第 5 行同时对 5 个变量进行了赋值。

2．常量

常量是值在程序的运行过程中其值不能被改变的量。常量的类型也可以是任何一种 C#的数据类型。常量的定义格式为：

const　常量数据类型　常量名（标识符）＝常量值；

上面的 const 关键字表示声明一个常量，"常量名"就是标识符，用于唯一的标识该常量。常量名要有代表意义，不能过于简练或者复杂。常量的声明都要使用标识符，其命名规则和变量相同。

"常量值"的类型要和常量数据类型一致，如果定义的是字符串型，"常量值"就应该是字符串类型，否则会发生错误。例如以下代码：

```
1.    const int months = 12;
2.    const int weeks = 52;
3.    const int days = 365;
4.    const double daysPerWeek = (double) days / (double) weeks;
5.    const double daysPerMonth = (double) days / (double) months;
```

上面的代码中，第 1 行到第 3 行定义了三个 int 类型的常量，第 4 行和第 5 行定义了除法的计算。其中一旦用户在后面的代码中试图改变这 5 个常量的值，则编译器会发现这个错误导致代码无法编译通过。

3．隐形局部变量

隐型局部变量使用关键字 var，可以在声明变量时不必声明变量类型。通过本地类型推断功能，根据表达式对变量的赋值来判断变量的类型，这样可以保护类型安全，而且也可以实现更为自由的编码。依据这个本地类型推断功能，使用 var 定义的变量在编译期间就推断出变量的类型，而在编译后的 IL 代码中就会包含推断出的类型，这样可以保证类型安全。

使用隐式类型的变量声明时，需要注意以下限制：

● 只有在同一语句中声明和初始化局部变量时，才能使用 var；不能将该变量初始化为 null。

● 不能将 var 用于类范围的域。

● 由 var 声明的变量不能用在初始化表达式中。换句话说，var v = v++; 会产生编译时错误。

- 不能在同一语句中初始化多个隐式类型的变量。
- 如果一个名为 var 的类型位于范围中，则当读者尝试用 var 关键字初始化局部变量时，将收到编译时错误。

下面代码演示了使用 var 声明局部变量的各种方式。

```
1.    var i = 8;
2.    var j = 23.6;
3.    var k= "C Sharp";
4.    var x;//非法
5.    var y=null;//非法
6.    var z={1,2,3};//非法
```

上面的代码总第 1 行定义了变量 i 被当做一个整数，第 2 行定义的变量 j 被当做浮点数，第 3 行定义了一个变量 k 被当做了字符串。第 4 行到第 6 行都违反了隐式类型的变量声明的规则。

3.2.3　表达式和运算符

表达式和运算符是应用程序开发中最基本也是最重要的一个部分，表达式和运算符组成一个基本语句。表达式是运算符和操作符的序列。运算符是表示各种不同运算的符号，包括实际中的加减乘除，它告诉编译器在语句中实际发生的操作，而操作数既操作执行的对象。运算符和操作数组成完整的表达式。

C#中的运算符非常多，从操作数上划分运算符大致分为三类。

- 一元运算符：处理一个操作数，只有少数几个一元运算符。
- 二元运算符：处理两个操作数，大多数运算符都是二元运算符。
- 三元运算符：处理三个操作数，只有一个三元运算符。

从功能上划分，运算符主要分为算术运算符、赋值运算符、关系运算符、条件运算符、位运算符和逻辑运算符。

1. 算术运算符

算术运算符主要用于数学计算，主要有加法运算符（+），减法运算符（-），乘法运算符（*），除法运算符（/），求模运算符（%），自加运算符（++）和自减运算符（--），如表 3-6 所示。

表 3-5　算术运算符

运算符	符号	描述
加法运算符	+	加法运算符也可称为正值运算符，其形式为 a+b，如 9+9 等
减法运算符	−	减法运算符也可称为负值运算符，其形式为 a-b，如 9-4 等
乘法运算符	*	其形式为：a*b，如 9*9

（续表）

运算符	符号	描述
除法运算符	/	其形式为：a/b，如 9/3
求模运算符	%	也可称为求余运算符，"%"运算符两边操作数的数据类型必须是整型，如"9%4"的结果为 2
自加运算符	++	其作用是使变量的值自动增加 1，例如 a++，++a
自减运算符	——	其作用是使变量的值自动减少 1，例如 a--，--a

　　加法运算符、减法运算符、乘法运算符、除法运算符以及模运算符又称为"基本的算术运算符"，它们都是二元运算符，而自增运算符和自减运算符则是一元运算符。算术运算符通常用于整数类型和浮点类型的计算。

　　对于除法运算符来说，整数相除的结果也应该为整数，如 9/5 或 9/6 的结果都为 1，而不是 1.8 及 1.5，计算结果要舍弃小数部分。如果除法运算符两边的数据有一个是负数，那么得到的结果在不同的计算机上有可能不同，例如-7/5 在一些计算机上结果为-1，而在另一些计算机上结果可能就是-2。通常除法运算符的取值有一个约定俗成的规定，就是按照趋向于 0 取结果，即-7/5 的结果为-1。如果是一个实数与一个整数相除，那么运算结果应该为实数。

　　a++和++a 都相当于 a=a+1，其不同之处在于：a++是先使用 a 的值，再进行 a+1 的运算；++a 则是先进行 a+1 的运算，再使用 a 的值。--a 和 a--类似于++a 和 a++。初学者一定要仔细注意其中的区别。

　　当一个或两个操作数为 string 类型时，二元"+"运算符进行字符串连接运算。如果字符串连接的一个操作数为 null，则用一个空字符串代替。另外，通过调用从基类型 object 继承来的虚方法 ToString()，任何非字符串参数将被转换成字符串的表示法。如果 ToString() 返回 null，则用一个空字符串代替。字符串连接运算符的结果是一个字符串，由左操作数的字符后面连接右操作数的字符组成。字符串连接运算符不返回 null 值。如果没有足够的内存分配给结果字符串，将可能产生 OutOfMemoryException 异常。

2. 赋值运算符

　　赋值运算符用于将一个数据赋予一个变量、属性或者引用，数据可以是常量，也可以是表达式。前面已经多次使用了简单的等号"="赋值运算符，例如 int num=300，或者 int num=a+b。其实，除了等号运算符，还有一些其他的赋值运算符，它们都非常有用。这些赋值运算符都是在"="之前加上其他运算符，这样就构成了复合的赋值运算符。复合赋值运算符的运算非常简单，例如"c+=18"就等价于"c=c+18"，它相当于对变量进行一次自加操作。表 3-6 列出了复合赋值运算符的定义和含义。

表 3-6　复合赋值运算符

复合赋值运算符	类别	描述
+=	二元	a += b 等价于 a = a + b，a 被赋予 a 与 b 的和
—=	二元	A —= b 等价于 a = a — b，a 被赋予 a 与 b 的差

（续表）

复合赋值运算符	类别	描述
*/	二元	A *= b 等价于 a = a * b，a 被赋予 a 与 b 的乘积
/=	二元	a/= b 等价于 a = a / b，a 被赋予 a 与 b 相除所得的结果
%/	二元	a %= b 等价于 a = a % b，a 被赋予 a 与 b 相除所得的余数
&=	二元	a &= b 等价于 a = a & b，a 被赋予 a 与 b 进行"与"操作的结果
|=	二元	a|= b 等价于 a = a|b，a 被赋予 a 与 b 进行"或"操作的结果
^=	二元	a ^= b 等价于 a = a ^ b，a 被赋予 a 与 b 进行"异或"操作的结果
>>=	一元	a >>= b 等价于 a = a >> b，把 a 的二进制值向右移动 b 位，就得到 a 的值
<<=	一元	a <<= b 等价于 a = a << b，把 a 的二进制值向左移动 b 位，就得到 a 的值

3. 关系运算符

关系运算符表示了对操作数的比较运算，有关系运算符组成的表达式就是关系表达式。关系表达式的结果只可能有两种，即 true 或 false。常用的关系运算符有 6 种，如表 3-7 所示。

表 3-7　关系运算符

关系运算符	类别	描述
>	二元	大于关系比较，例如 11 >2 的结果为 true，2 > 11 的结果为 false
<	二元	小于关系比较，例如 11<2 的结果为 false，2 < 11 的结果为 true
==	二元	等于关系比较，例如 11 == 2 的结果为 false。int one = 200;200 == one;的结果为 true
>=	二元	大于等于关系比较，例如 11 >= 2 的结果为 true，2 >= 11 的结果为 false
<=	二元	小于等于关系比较，例如 11 <= 2 的结果为 false，2 <= 11 的结果为 true
!=	二元	不等于关系比较，例如 11 != 2 的结果为 true。int one = 200;　200 != one;的结果为 false

4. 逻辑运算符

逻辑运算符主要用于逻辑判断，主要包括逻辑与，逻辑或和逻辑非。其中，逻辑与和逻辑或属于二元运算符，它要求运算符两边有两个操作数，这两个操作数的值必须为逻辑值。"逻辑非"运算符是一元运算符，它只要求有一个操作数，操作数的值也必须为逻辑值。由逻辑运算符组成的表达式是逻辑表达式，其值只可能有两种，即 true 或 false。表 3-8 是关于逻辑运算符的说明。

表 3-8　逻辑运算符

逻辑运算符	类别	描述
&&	二元	逻辑与运算时，如果有任何一个运算元为假，则运算结果也为假，只有两个运算元都为真时运算结果才为真

（续表）

逻辑运算符	类别	描述
‖	二元	逻辑或运算同"逻辑与"运算正好相反，如果有任何一个运算元为真，则运算结果也为真，只有两个运算元都为假时运算结果才为假
!	一元	逻辑非运算是对操作数的逻辑值取反，即如果操作数的逻辑值为真，则运算结果为假；反之，如果操作数的逻辑值为假，则运算结果为真

以下通过一段程序来说明如何使用逻辑运算符，代码如下：

```
1.  int a= 9;
2.  int b = 90;
3.  bool c = (a>1) && (b>1);
4.  bool d = (a>9) && (b>9);
5.  bool e= (a <1) || (b<1);
6.  bool f = (a <=9) || (b<9);
7.  bool g= !(90>1);
```

上面的代码中，第 3 行定义的 bool 类型变量 c 的值为 true，因为 a>1 的值为 true 并且 b>1 的值也为 true。第 4 行的 bool 变量 d 的值为 false，因为 a>9 的值为 false，只要有一个值为 false，最后的结果也就是 false。第 5 行的 bool 变量 e 的值为 false，因为 a <1 的值为 false 并且 b<1 的值也为 false。第 6 行的 bool 变量 f 的值为 ture，因为 a <=9 的值为 true，只要有一个值为 true，最后的结果也就是 true。第 7 行的 bool 变量 g 的值为 false，因为 90>1 为 true，对它取反后得到的值为 false。

5. 条件运算符

C#中唯一的一个三元操作符就是条件运算符（?:），由条件运算符组成的表达式就是条件表达式，条件表达式的一般格式为：操作数 1?操作数 2:操作数 3。

其中，"操作数 1"的值必须为逻辑值，否则将出现编译错误。进行条件运算时，首先判断问号前面的"操作数 1"的逻辑值是真还是假，如果逻辑值为真，则条件运算表达式的值等于"操作数 2"的执行结果值；如果为假，则条件运算表达式的值等于"操作数 3"的执行结果值。例如下面的代码：

```
1.  int a =9
2.  int b =11
3.  int c = a > b?90:-9;
```

上面的代码中第 1 行和第 2 行分别定义了二个整形变量。第 3 行最后变量 c 的值为-9，因为因为 a > b 的值为 false。

条件表达式的类型由"操作数 2"和"操作数 3"控制，如果"操作数 2"和"操作数 3"是同一类型，那么这一类型就是条件表达式的类型。否则，如果存在"操作数 2"到"操作数 3"（而不是"操作数 3"到"操作数 2"）的隐式转换，那么"操作数 3"的类型就是条件表达式的类型。反之，"操作数 2"的类型就是条件表达式的类型。

6. 位运算符

位运算符是以二进制的方式操作数据，并且操作数和结果都是整数类型的数据。位运算符主要包括按位与、按位或、按位异或、按位取反、左移和右移操作。在这些运算符中，除按位取反运算符是一元运算符外，其他的都是二元运算符。位运算符的详细信息和使用方法如表3-9 所示。

表 3-9　位运算符

位运算符	类别	描述
&	按位与	按位与运算符是把两个操作数的各个对应的二进制位进行"与"操作，如果两个操作数相应的二进制位都为 1，那么运算结果对应的位也为 1，否则结果位为 0。例如：10010001&11110000=10010000
|	按位或	按位或运算符是把两个操作数的各个对应的二进制位进行"或"操作，如果两个操作数相应的二进制位有一个为 1，那么运算结果对应的位就为 1，否则结果位为 0。例如：10010001|11110000=11110001
^	按位异或	按位异或是把两个操作数的各个对应的二进制位进行"异或"操作，如果两个操作数相应的二进制位相同，那么结果位的值就为 0，否则就为 1，也就是相异为 1，相同为 0。例如：10010001^11110000=01100001
~	按位取反	按位取反是一元运算符，它对二进制数进行按位取反，即将二进制数的 0 转换为 1，1 转换为 0。例如：~0000 0001=1111 1110
<<	左移	左移运算符是二元运算符，它将数的二进制位全部向左移动指定的位数，并在后面移入的空位添 0，而前面的高位移出后会被舍弃。例如：01000110<<2=00011000
>>	右移	右移运算符是二元运算符，它将一个数的二进制位全部向右移动指定的位数，并在前面移入的空位填 0，而后面的低位移出后会被舍弃。例如：01000110>>2=00010001

7. 运算符的优先级

在 C#中为上面所述的多种运算符定义了不同的优先级，相同优先级的运算符，除了赋值运算符按照从右至左的顺序执行之外，其余运算符按照从左至右的顺序执行。括号是优先级最高的，可以任意地改变符号的计算顺序。在 C#中运算符的优先级定义如表 3-10 所示，其中 1 级表示最高优先级，12 级表示最低优先级。

表 3-10　运算符的优先级

级别	符号	说明
1	++	在操作符前面
	--	在操作符后面

（续表）

级别	符号	说明
1	+	正号
	-	负号
	!	逻辑非
	~	按位取反
2	*	算术乘号
	/	算术除号
	%	算术求余
3	+	算术加法
	-	算术减法
4	<<	左移
	>>	右移
5	<	大于
	>	小于
	<=	小于等于
	>=	大于等于
6	==	关系等于
	!=	关系不等于
7	&	按位与
8	^	按位异或
9	|	按位或
10	&&	逻辑与
11	||	逻辑或
12	=	赋值等于
	*=,　/=,　%=,　+=,　-=,　<<=,　>>=,　&=,　^=,　|=	复合赋值符

【实例 3-3】运算符的使用

　　本例通过控制台接受用户输入的圆半径,然后编程求出圆的面积并将结果显示在控制台屏幕上，具体实现过程如下：

　　01 启动 Visual Studio 2012，执行"文件" | "新建项目"命令，在弹出的"新建项目"对话框中创建名为"实例 3-3"的控制台应用程序。

　　02 在解决方案资源管理器中生成例"实例 3-3"的项目，单击目录下的 Program.cs 文件，在该文件中编写如下逻辑代码：

```
1.    static void Main(string[] args){
```

```
2.      const double yuanzoulu = 3.1415926;
3.      Console.WriteLine("请输入圆的的半径:");
4.      double a= int.Parse(Console.ReadLine());
5.      var area = a*a* yuanzoulu;
6.      Console.WriteLine("圆的面积为{0}",area);
7.    }
```

代码说明：第 1 行定义了一个 Main 函数。第 2 行定义了一个浮点型双精度类型的常量 yuanzoulu 表示圆周率。第 3 行获取用户输入的半径并保存，第 5 行定义了隐形局部变量 area 计算圆面积。第 6 行向控制台屏幕打印输出结果。

03 单击快捷键 Ctrl+F5，运行程序的效果如图 3-10 所示。

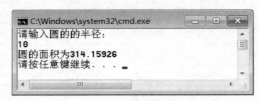

图 3-10　运行效果

3.2.4　装箱和拆箱

装箱和拆箱是 C#的类型关系系统中两个重要的概念，它在值类型和引用类型之间架起了一座桥梁。通过装箱和拆箱操作，可以将任何值类型的变量的值转换为引用类型的变量的值，反之，也可以进行转换。特别的是有了装箱和拆箱操作，就可以使 C#类型系统中的任何类型的值最终都可以按对象来处理。

装箱是指将值类型转换为引用类型的过程。对于值类型来说，装箱的具体操作为：首先分配一个对象实例，然后将值类型的值复制到该实例中，装箱前后不是同一个实例。对于引用类型来说，装箱前后都是同一个实例。

拆箱是指将引用类型转换为值类型的过程。拆箱之前，要先检查该对象实例是否为给定值类型的一个装过箱的值，然后将值从实例中赋值出来。

下面的代码分别演示了装箱和拆箱操作：

```
1.    int i = 2010;
2.    object o = (object) i;   // 装箱
3.    o = 100;
4.    i = (int) o;   //拆箱
```

上面的代码中第 1 行定义了一个整型变量，第 2 行把该变量打包到 Object 引用类型的一个实例中，也就是进行装箱操作。第 4 行进行拆箱操作。

相对于简单的赋值而言，装箱和取消装箱过程需要进行大量的计算。对值类型进行装箱时，必须分配并构造一个全新的对象。另外拆箱所需的强制转换也需要进行大量的计算。因此，读者在进行装箱和拆箱操作时应该考虑到这两种操作对性能的影响。

3.2.5　控制语句

基本数据类型和控制语句是任何编程语言都必须要有的内容。C#中除了提供顺序结构之外，还提供条件语句和循环语句。

1. 条件语句

C#中的条件语句主要有 if 和 switch 两类，三元运算符（?:）也有分支的功能，它们都是先对条件进行判断，然后根据判断结果执行不同的分支。三元运算符前面已经介绍过，下面主要介绍 if 语句和 switch 语句。

（1）if 语句

if 语句是最常用的分支语句，使用该语句可以有条件地执行其他语句。if 语句的最基本使用格式为：

```
if(布尔表达式){
布尔表达式为 true 时的代码或者代码块
}
```

程序执行时首先检测布尔表达式的值，如果布尔表达式的值是 true，就执行 if 语句中的代码，代码执行完毕后，将继续执行 if 语句下面的代码。如果布尔表达式的值是 false，则直接跳转到 if 语句后面的代码执行。如果 if 语句中为代码块（即有多于 1 行代码），则需要使用大括号"{}"把代码包括起来。当只有一行代码时可以省略大括号。

if 语句可以和 else 关键字合并执行，使用格式如下：

```
if(布尔表达式){
语句 1
}
else{
语句 2
}
```

如果布尔表达式的值为真，首先执行语句 1 的内容，然后再执行 if 语句后的代码。但是当布尔表达式的值为假时，将首先执行语句 2，然后再执行 if 语句后的代码。同样的如果 if 语句中为代码块（即有多于 1 行代码），则需要使用大括号"{}"把代码包括起来。

如果有多个条件需要判断，也可以通过添加 else if 语句。if 语句允许使用嵌套来实现复杂的选择流程。

【实例 3-4】 if 语句的使用

本例在控制台屏幕提供三种不同的输入法供用户选择，接受用户输入的数字，通过 if 语句判断用户的选择，具体实现步骤如下：

01 启动 Visual Studio 2012，执行"文件"｜"新建项目"命令，在弹出的 "新建项目"对话框中创建一个名为 "实例 3-4" 的控制台应用程序。

02 在解决方案资源管理器中生成"实例 3-4"的项目，单击目录下的 Program.cs 文件，在该文件中编写如下逻辑代码：

```
1.    static void Main(string[] args){
2.    Console.WriteLine("1. 简体中文");
3.    Console.WriteLine("2. 繁体中文");
4.    Console.WriteLine("3. 英文");
5.    Console.WriteLine("请选择一种语言");
6.    var s = Console.ReadLine();
7.    int i = Int32.Parse (s);
8.    if (i==1){
9.    Console.WriteLine("您选择的是简体中文。");
10.   }
11.   else if (i == 2){
12.   Console.WriteLine("您选择的是繁体中文。");
13.   }
14.   else if (i == 3){
15.   Console.WriteLine("您选择的是英文。");
16.   }
17.   else{
18.   Console.WriteLine("您的输入不正确。");
19.   }
20.   }
```

上面的代码中第 1 行定义了一个 Main 函数。第 6 行获得用户输入的数字。第 8 到第 16 行使用 if…else if 语句判断用户输入的数字，并输入对应的选择。第 17 行到第 19 行使用 eles 语句输出输入错误的提示。

03 单击快捷键 Ctrl+F5，运行程序的效果如图 3-11 所示。

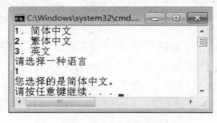

图 3-11　运行效果

（2）switch 语句

switch 语句非常类似于 if 语句，它也是根据测试的值来有条件地执行代码，实际上 switch 语句完全可以使用 if 语句代替。一般情况下，如果只有简单的几个分支就需要使用 if 语句，否则建议使用 switch 语句。与 if 语句不同的是，switch 语句可以一次将测试变量与多个值进行比较，而不是仅仅测试一个条件，这样可以使代码的执行效率比较高。switch 语句的基本语法定义如下：

```
switch (控制表达式){
case  测试值 1:
当控制表达式的值等于测试值 1 时要执行的代码
break;
case 测试值 2:
当控制表达式的值等于测试值 2 时要执行的代码
break;
...
case 测试值 n:
当控制表达式的值等于测试值 n 时要执行的代码
break;
default:
当控制表达式的值不等于以上各个测试值时要执行的代码
break;
}
```

在 switch 语句的开始首先计算控制表达式的值，如果该值符合某个 case 语句中定义的"测试值"就跳转到该 case 语句执行，当控制表达式的值没有任何匹配的"测试值时就执行 default 块中的代码。执行完代码块后退出 switch 语句，继续执行下面的代码。其中，测试值只能是整数类型或者是字符类型并且各个测试值要互不相同。default 语句是可选成分，没有 default 语句时，如果控制表达式的值没有任何匹配的"测试值"，程序将会退出 switch 语句转而执行后面的代码。

【实例 3-5】switch 语句的使用

本例使用 switch…case 语句完成和实例 3-4 相同的功能，具体实现步骤如下：

01 启动 Visual Studio 2012，执行"文件"｜"新建项目"命令，在弹出的"新建项目"对话框中创建一个名为"实例 3-4"的控制台应用程序。

02 在解决方案资源管理器中生成"实例 3-5"的项目，单击目录下的 Program.cs 文件，在该文件中编写如下逻辑代码：

```
1.   static void Main(string[] args){
2.   Console.WriteLine("1. 简体中文");
3.   Console.WriteLine("2. 繁体中文");
4.   Console.WriteLine("3. 英文");
5.   Console.WriteLine("请选择一种语言");
6.   var s = Console.ReadLine();
7.   int i = Int32.Parse(s);
8.   switch (i){
9.   case 1: Console.WriteLine("您选择的是简体中文。");
10.  break;
```

```
11.    case 2: Console.WriteLine("您选择的是繁体中文。");
12.    break ;
13.    case 3: Console.WriteLine("您选择的是英文。");
14.    break;
15.    default: Console.WriteLine("您的输入不正确。");
16.    break;
17.    }
18.    }
```

上面代码中第 1 行定义一个 Main 函数。第 8 行~第 17 行使用 switch…case 语句判断用户输入的数字，在控制台显示相应的选择结果。其中，第 15 判断如果输入有误，输出提示信息。

03 单击快捷键 Ctrl+F5，程序运行的效果如上图所示。

2. 循环语句

循环就是指重复执行一段代码，循环控制可以有条件地实现语句段的循环运行和循环终止。当需要反复执行某些相似的语句时，就可以使用循环语句了，这对于大量的重复操作（上千次，甚至百万次）时尤为重要。C# 中的循环语句有四种：do-while 循环，while 循环，for 循环和 foreach 循环。

（1）do…while·语句

do…while 语句根据其布尔表达式的值有条件地执行它的循环语句一次或者多次，其语法定义如下：

```
do{
循环代码
}while (布尔表达式);
```

do…while 循环以下述方式执行：程序会首先执行一次循环代码，然后判断布尔表达式的值，如果值为 true 就从 do 语句位置开始重新执行循环代码，一直到布尔表达式的值 false。所以，无论布尔表达式的值是 true 还是 false，循环代码会至少执行一次。当循环代码要执行多条语句时，要用大括号 "{}" 把所要执行的语句括起来。

（2）while 语句

while 循环非常类似于 do…while 循环，其语法定义如下：

```
while (布尔表达式){
循环代码
}
```

while 语句和 do…while 语句有一个重要的区别：While 循环中的布尔测试是在循环开始时进行的，而 do…while 循环是在最后检测的。如果测试布尔表达式的结果为 false，就不会执行循环代码，程序直接跳转到 while 循环后面的代码执行，而 do…while 语句则会至少执行一次循环代码。当循环代码要执行多条语句时，要用大括号"{}"把所要执行的语句括起来。

【实例 3-6】do…while 循环的使用

本例要求用户输入一个正整数，然后程序会计算这个数的阶乘，并输出；接着用户可以再输入另一个正整数计算它的阶乘，直到输入一个负数为止，实现步骤如下：

01 启动 Visual Studio 2012，执行"文件" | "新建项目"命令，在弹出的"新建项目"对话框中创建一个名为"实例 3-6"的控制台应用程序。

02 在解决方案资源管理器中生成"实例 3-6"的项目，单击目录下的 Program.cs 文件，在该文件中编写如下逻辑代码：

```
1.   static void Main(string[] args){
2.   int sum;
3.   do{
4.   Console.WriteLine("请输入一个正整数计算它的阶乘，如果想结束请输入一
5.       个负数！");
6.   Console.Write("请输入:");
7.   sum = Convert.ToInt32(Console.ReadLine());
8.   if (sum >= 0){
9.   long jc = 1;
10.  for (int i = 1; i <= sum; i++){
11.  jc *= i;
12.  Console.WriteLine(sum.ToString() + "的阶乘=" +
13.      jc.ToString());
14.  }
15.  } while (sum >= 0);
16.  }
```

上面的代码中第 1 行定义一个 Main 函数。第 3 行~第 15 行使用 do…while 语句实现循环输入。其中第 7 行获得用户的输入，第 8 行~第 14 行判断用户输入的如果是一个正整数，则进行阶乘的计算并输出计算结果，第 15 行判断如果用户输入的是负数，则跳出 do…while 循环。

03 单击快捷键 Ctrl+F5，程序运行后的结果如图 3-12 所示。

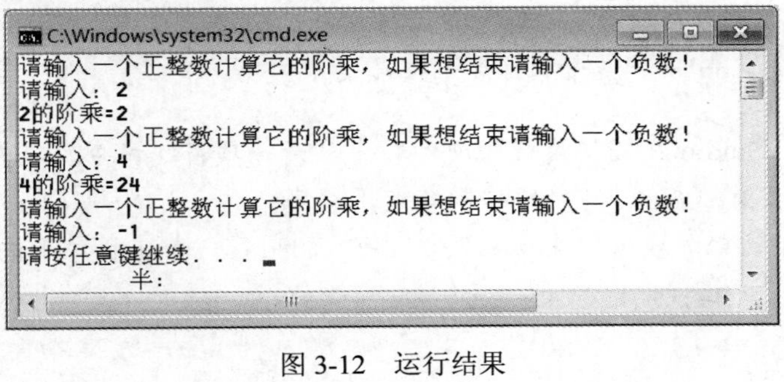

图 3-12 运行结果

（3）for 语句

for 循环是最常用的一种循环语句，这类循环可以执行指定的次数，并维护它自己的计数器。for 语句首先计算一系列初始表达式的值，接下来当条件成立时，执行其循环语句，之后计算重复表达式的值并根据其值决定下一步的操作。for 循环的语法定义如下：

```
for(循环变量初始化; 循环条件; 循环操作){
循环代码
}
```

循环变量初始化可以存在也可以不存在，如果该部分存在，则可能为一个局部变量声明和初始化的语句（循环计数变量）或者一系列用逗号分割的表达式。此局部变量的有效区间从它被声明开始到循环语句结束为止。有效区间包括 for 语句执行条件部分和 for 语句重复条件部分。

循环条件部分可以存在也可以不存在，如果没有循环停止条件则循环可能成为死循环（除非 for 循环语句中有其他的跳出语句）。循环条件部分用于检测循环的执行条件，如果符合条件就执行循环代码，否则就执行 for 循环后面的代码。

循环操作部分也是可以存在或者不存在的，在每一个循环结束或执行循环操作部分，因此通常会在这个部分修改循环计数器的值，使之最终逼近循环结束的条件。当然这并不是必须的，也完全可以在循环代码中修改循环计数器的值。

下面的代码是通过 for 循环在标准输出设备上打印输出从 1~100 的数字。

```
1.    for (int i = 1; i <= 100; i++){
2.    Console.WriteLine("{0}", i);
3.    }
```

上面的代码的第 1 行中，程序首先执行 int i=1，声明并初始化了循环计数器。然后执行 i <= 10，判断 i 的值是否小于等于 10。这里 i 的值为 1，满足循环条件，因此会执行循环代码并在标准输出设备上打印输出 1。最后执行 i++语句，使得循环计数器的值变为 2。

第一个循环完毕后开始执行第二个循环，首先检测 i 的值是否符合循环条件，如果满足就继续执行循环代码，并在最后更新 i 的值。如此循环一直到 i 的值变为 101 后，循环条件不再满足了，此时跳转到 for 循环的下一条语句执行。

【实例 3-7】for 循环的使用

本例在控制台接受用户输入的数字，然后将数字使用冒泡排序的方法进行排列，并将排序后的结果输出到控制台显示，实现的具体步骤如下：

01 启动 Visual Studio 2012，执行"文件" | "新建项目"命令，在弹出的"新建项目"对话框中创建一个名为"实例 3-7"的控制台应用程序。

02 在解决方案资源管理器中生成"实例 3-7"的项目，单击目录下的 Program.cs 文件，在该文件中编写如下逻辑代码：

```
1.    class Program{
```

```
2.    static int[] sort(int[] o){
3.    for (int i = 0; i < o.Length; i++)
4.    for (int j = i + 1; j < o.Length; j++)
5.    if (o[i] > o[j]){
6.    object temp = o[i];
7.    o[i] = o[j];
8.    o[j] = (int)temp;
9.    }
10.   return o;
11.   }
12.   static void Main(string[] args){
13.   int[] oldArray = new int[6];
14.   for (int i = 1; i < 7; i++){
15.   Console.WriteLine("请输入第{0}个数字", i);
16.   int number = int.Parse(Console.ReadLine());
17.   oldArray[i - 1] = number;
18.   }
19.   int[] b = sort(oldArray);
20.   Console.WriteLine("经过排序后顺序为:");
21.   for (int j = 0; j < b.Length; j++){
22.   Console.Write(b[j] + ",");
23.   }
24.   }
25.   }
```

上面的代码中第 1 行定义了一个 Program 类。第 2 行定义了一个静态方法 sort，返回一个 int 类型的数组。第 3 行到第 9 行通过一个嵌套的 for 循环对传递的数组中的元素进行冒泡排序。第 12 行定义一个 Main 函数。第 14 行到第 18 行通过 for 循环接受用户输入的数字。第 19 行调用 sort 方法获得排序后的数组。第 21 行到第 23 行通过一个 for 循环输出排序后的数字。

03 单击快捷键 Ctrl+F5，运行程序后的结果如图 3-13 所示。

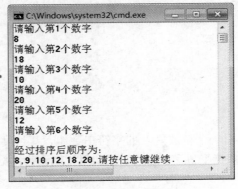

图 3-13　运行结果

（4）foreach 语句

foreach 语句列举出一个集合中的所有元素，并执行关于集合中每个元素的嵌套语句。foreach 语句的语法定义如下：

```
foreach (类型 标识符 in 表达式){
循环代码
}
```

foreach 语句括号中的类型和标识符用来声明该语句的循环变量，标识符即循环变量的名称。循环变量相当于一个只读的局部变量，它的有效区间为整个循环语句。在 foreach 语句执行过程中，重复变量代表着当前操作针对的集合中相关元素。

并非所有的类型都可以用 foreach 来遍历，可以遍历的类型必须包含公有非静态方法 GetEnumerator()，并且由 GetEnumerator()返回的结构、类、接口等必须包含一个 MoveNext() 的方法，返回值为布尔型。

【实例 3-8】foreach 循环的使用

本例接受用户输入学生的个数和要录入学生的姓名，然后在控制台屏幕显示这些学生的姓名，具体实现步骤如下：

01 启动 Visual Studio 2012，执行"文件"｜"新建项目"命令，在弹出的"新建项目"对话框中创建一个名为"实例 3-8"的控制台应用程序。

02 在解决方案资源管理器中生成"实例 3-8"的项目，单击目录下的 Program.cs 文件，在该文件中编写如下逻辑代码：

```
1.   static void Main(string[] args){
2.   int count;
3.   Console.WriteLine("请输入您要登记的学生人数。");
4.   count = int.Parse(Console .ReadLine ());
5.   string[] names=new string[count];
6.   for (int i = 0; i < names.Length ;i++ ){
7.   Console.WriteLine("请输入学生{0}的姓名",i+1);
8.   names[i] = Console.ReadLine();
9.   }
10.  Console.WriteLine("已登记的学生如下:");
11.  foreach(string name in names ){
12.  Console .WriteLine ("{0}",name);
13.  }
14.  }
```

上面的代码中第 5 行声明一个存放姓名的字符串数组，其长度等于提供的学生人数。第 6 行到第 9 行用一个 for 循环来接受姓名。第 11 行到第 13 行使用 foreach 循环打印姓名到控制台屏幕显示。

03 单击快捷键 Ctrl+F5，程序运行的效果如图 3-14 所示。

图 3-14　运行效果

3.2.6　跳转语句

跳转语句可以执行程序的分支，这里语句可以立即传递程序控制，更改流程，进行无条件跳转，在 C#中共提供了 5 种跳转语句。

- break 语句：终止并跳出循环。
- continue 语句：终止当前的循环，重新开始一个新的循环。
- goto 语句：跳转到指定的位置。
- return 语句：跳出循环及其包含的函数。
- throw 语句：抛出一个异常。

在方法或函数中会使用到 return 语句，用于退出方法（当然也就退出了循环了），如果需要抛出一个异常则需要使用 throw 语句。goto 语句并不常用，建议读者不要使用 goto 语句，因为该语句可能会破坏程序的结构性。

break 语句用于跳出包含它的 switch、while、do、for 或者 foreach 语句。break 语句的目标地址为包含它的 switch、while、do、for 或 foreach 语句的结尾。假如 break 不是在 switch、while、do、for 或者 foreach 语句的块中，将会发生编译错误。

下面的代码中使用 break 语句查询 1~50 中符合条件的数值，如果查找成功就输出数值。然后跳出循环。

```
1.   for(int i=1;i<50;i++){
2.   if(i==10)
3.   break;
4.   Console.WriteLine(i);
5.   }
```

上面的代码中第 1 行~第 5 行通过 for 循环遍历 1~50。其中，第 2 行遍历到数值 10。第 3 行使用 break 语句跳出循环，所以最后输出的数字为 1~9。

continue 语句用于终止当前的循环，并重新开始新一次包含它的 while、do、for 或者 foreach

语句的执行。假如 continue 语句不被 while、do、for 或者 foreach 语句包含，将产生编译错误。以下代码输出 50 以内的偶数：

```
1.    for(int i=1;i<50;i++){
2.    if(i%2！=0)
3.    continue;
4.    Console.WriteLine(i);
5.    }
```

上面的代码中第 1 行到第 5 行通过 for 循环遍历 1~50。其中，第 2 行判断如果遍历到数值是奇数。第 3 行使用 continue 语句终止当前的循环，重新开始一个新的循环。所以最后输出的数字为 50 以内的所有的偶数。

3.2.7　异常处理

程序"异常"是指程序运行中的一种"例外"情况，也就是正常情况以外的一种状态。异常对程序可能碰到的错误进行了概括，是错误的集合。如果对异常置之不理，程序会因为它而崩溃。

在程序出现异常的时候，开发人员能够通过有针对性代码的编写来加以处理，在一定的程度上限制异常产生的影响，使程序输出异常信息的同时能得以继续运行。

在一般情况下，会考虑在容易出现异常情况的场合下使用异常处理，例如：

- 算术错误，如以零作除数；
- 方法接收的参数错误；
- 数组大小与实际不符；
- 数字转化格式异常；
- 空指针引用；
- 输入输出错误；
- 找不到文件；
- 不能加载所需的类。

以上例举的仅仅是常用的一些场合。可见在程序中产生异常的情况是非常普遍的。下面将通过代码查看程序中异常的出现：

```
1.    class Program{
2.    static void Main(string[] args) {
3.    int one=100/int.Parse("0");
4.    Console .WriteLine ("计算结果是:"+one);
5.    Console .WriteLine ("程序结束");
6.    }
7.    }
```

以上代码运行结果显示：未处理的异常，试图除以零。程序在第 3 行被迫中止了，以后的代码都未执行。这肯定不是期望的结果。那么，如何通过编码来解决这一情况呢？

在 C#中，可以用异常和异常处理程序很容易地将实现程序主逻辑的代码与错误处理代码区分开，所有的异常都是从 System.Exception 继承而来。此类是所有异常的基类。当发生错误时，系统或当前正在执行的应用程序通过引发包含关于该错误的信息的异常来报告错误。异常发生后，将由该程序或默认异常处理程序处理。

当在一个函数或方法中遇到异常处理的时候，就会创建一个异常处理的对象并在函数中被抛出（throw）。当然，也可以在此函数中处理该异常。为了在函数中实现监视和处理异常的代码，C#提供了三个关键字 try、catch 和 finally。try 关键字后面的代码块称为 try 块，那么 catch 后的称为 catch 块，finally 形成 finally 块。标准的异常处理语法定义：

```
try{
程序代码块；
}
catch（Exception e）{
异常处理代码块；
}
catch(Exception e1){
异常处理代码块；
}
finally{
无论是否发生异常，均要执行的代码块；
}
```

以上代码处理异常的过程如下：

（1）代码运行时，它会尝试执行 try 块中所有的语句。如果没有任何语句产生一个异常，那么所有语句都会运行。这些语句将一个接一个运行，直到全部完成。然而，一旦出现异常，就会跳出 try 块，进入一个 catch 块处理程序中执行。

（2）在 try 块之后紧接着写一个或多个 catch 处理程序，用它们处理可能发生的错误。在 try 块中抛出的所有的异常对象与下面的每个 catch 块进行比较，判断其中的 catch 块是否可以捕捉此异常。

（3）如果没有找到匹配的 catch 块，catch 块就不会被执行。非捕获的异常对象由 CLR 的缺省异常处理器处理，在此情况下，程序会突然终止。

（4）finally 块中的代码总是被执行。

要注意的是一个 try 块可以：

● 有一个或多个相关的 catch 块，没有 finally 块。
● 有一个 finally 块，没有 catch 块。
● 包含一个或多个 catch 块，同时有 finally 块。

【**实例 3-9**】在程序中使用异常处理

本例通过使用 try、catch、finally 语句块对程序中找不到数据库文件的异常进行处理，具体实现过程如下：

01 启动 Visual Studio 2012，执行"文件" | "新建网站"命令，在弹出的"新建网站"对话框中创建一个名为"实例 3-9"的 ASP.NET 空网站。

02 用鼠标右键单击网站名称"实例 3-9"，在弹出的快捷菜单中选择"添加" | "添加新项"命令，在弹出的"添加新项"对话框中，添加一个名为 Default 的 Web 窗体。

03 单击解决方案资源管理器中目录下的 Default.aspx.cs 文件，在该文件中编写如下逻辑代码：

```
1.    protected void Page_Load(object sender, EventArgs e){
2.    string strConn=@"Data Source=\SQLEXPRESS;Initial Catalog='F:\TICKETSALER.MDF';Integrated
      Security=True";
3.    System.Data.SqlClient.SqlConnection sqlCon = new    SqlConnection(strConn);
4.    sqlCon.Open();
5.    }
```

上面的代码中第 1 行定义了处理页面加载事件的方法。第 2 行定义了一个数据库连接字符串。第 3 行创建数据库连接。第 4 行打开数据库。

04 单击快捷键 Ctrl+F5，程序运行的效果如图 3-15 所示。因为找不到指定的数据库，而且没有使用异常处理，所以程序中断运行，并给出了系统报错信息。

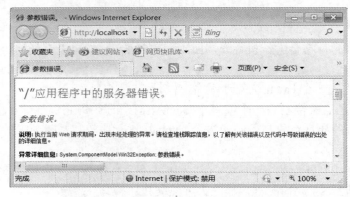

图 3-15　运行结果

05 如果在程序中加入如下的代码使用异常处理：

```
1.    protected void Page_Load(object sender, EventArgs e){
2.    string strConn=@"Data Source=\SQLEXPRESS;Initial Catalog='F:\TICKETSALER.MDF';Integrated
      Security=True";
3.    System.Data.SqlClient.SqlConnection sqlCon = new System.Data.SqlClient.SqlConnection(strConn);
4.    try{
5.    sqlCon.Open();
```

```
6.      }
7.      catch (Exception ee){
8.      Response.Write("系统提示:" + ee.Message + "<br/>");
9.      Response.Write("用户自定义:" + "打开数据库错误！ ");
10.     }
11.     finally{
12.     sqlCon.Close();
13.     Response.Write("程序被执行到了最后！ ");
14.     }
15.     }
```

上面的代码中第 4 到第 14 行使用了 try、catch、finally 异常处理，在 catch 和 finally 块中显示自定义错误的提示。

06 单击快捷键 Ctrl+F5，程序运行的效果如图 3-16 所示。当 try 块执行出错时，执行 catch块，所以，浏览器显示系统错误信息和开发人员定义的出错信息，程序得以执行到了最后。

图 3-16　运行结果

3.2.8　泛型

通常情况下，泛型在集合中运用的比较多。在 System.Collections.Generic 名称空间中，包含了一些基于泛型的容器类，例如 System.Collections.Generic.Stack、System. Collections. Generic.Dictionary、System.Collections.Generic.List 和 System.Collections. Generic.Queue 等，这些类库可以在集合中实现泛型。泛型的创建格式如下所示：

```
1.      类名 <T> 变量名 =new 类名 <T>（）；
2.      Stack <String> list=new Stack <String> ();
```

上面的代码中第 1 行是泛型创建的格式，使用泛型类必须指定实际的类型，并在"<>"尖括号中指定实际的类型，这里以 T 进行表示不同的类型。第 2 行根据格式创建了 String 类型的泛型类的集合类型 list，这意味着 list，只能存储 String 类型的数据。

要使用创建好的泛型应该如下面的代码：

```
1.      Stack <String> list=new Stack <String> ();
2.      list.push("ASP");
```

```
3.    list. push (".NET");
4.    int number= list.count;
```

上面的代码中第 1 行使用泛型 Stack <String> list=new Stack <String>创建 Stack 的对象 list，然后第 2 行和第 3 行使用 Stack 类的方法 push 传入 String 类型的参数，这里只能传泛型中定义的类型，否则报错。所以第 4 行使用 Stack 类的方法 connt 取得元素个数。

C#泛型类在编译时，先生成中间代码 IL，通用类型 T 只是一个占位符。在实例化类时，根据用户指定的数据类型代替 T 并由即时编译器（JIT）生成本地代码，这个本地代码中已经使用了实际的数据类型，等同于用实际类型写的类。把为所有类型参数提供参数的泛型类型称为封闭构造泛型类型，简称"封闭类"。不同的封闭类的本地代码是不一样的。按照这个原理，可以这样认为：泛型类的不同封闭类是不同的数据类型。

除了使用系统的泛型类之外，也可以编写自定义的泛型类。下面来介绍泛型类的静态构造函数。泛型中的静态构造函数的原理和非泛型类是一样的，只需把泛型中不同的封闭类理解为不同的类即可。以下两种情况可激发静态的构造函数：

● 特定的封闭类第一次被实例化。
● 特定封闭类中任一静态成员变量被调用。

泛型的静态构造函数只能有一个，而且不能有参数，它只能在被.NET 运行时自动调用，而不能人工调用。

由于泛型的出现，导致静态成员变量的机制出现了一些变化：静态成员变量在相同封闭类间共享，不同的封闭类间不共享。这也非常容易理解，因为不同的封闭类虽然有相同的类名称，但由于分别传入了不同的数据类型，他们是完全不同的类，例如下面的代码：

```
List<int>one = new ArrayList<int>();
List<int> two = new ArrayList<int>();
List <long> three= new ArrayList <long>();
```

上面的代码中类实例 one 和 two 是同一类型，它们之间共享静态成员变量，但类实例 three 却和 one、two 是完全不同的类型，所以不能和它们共享静态成员变量。

在编写泛型类时，<T>一般来说不能适应所有类型，但怎样限制调用者传入的数据类型呢？这就需要对传入的数据类型进行约束，约束的方式是指定<T>的祖先，即继承的接口或类。因为 C#的单根继承性，所以约束可以有多个接口，但最多只能有一个类，并且类必须在接口之前。

由于通用类型<T>是从 object 继承来的，所以它在类 Node 的编写中只能调用 object 类的方法，这给程序的编写造成了困难。比如类设计只需支持两种数据类型 int 和 string，并且在类中需要对<T>类型的变量比较大小，但这些却无法实现，因为 object 是没有比较大小的方法的。为了解决这个问题，只需对<T>进行 IComparable 约束，这时在类 Node 里就可以对<T>的实例执行 CompareTo 方法了。这个问题可以扩展到其他用户自定义的数据类型。

如果在类 Node 里需要对<T>重新进行实例化该怎么办呢？因为类 Node 中不知道类<T>到底有哪些构造函数。为了解决这个问题，需要用到 new 约束，需要注意的是，new 约束只能是无参数的，所以也要求相应的类 Stack 必须有一个无参构造函数，否则编译失败。

上面了解了泛型的基本概念和创建泛型的方法，下面通过具体的例子来演示如何使用泛型。

【实例 3-10】泛型的使用

本例接受用户输入的中文类型日期（如：二零一二年二月二十一日），通过控制台应用程序将该日期转换为阿拉伯数字类型（如：2012-2-21）并在屏幕显示，具体实现步骤如下：

01 启动 Visual Studio 2012，执行"文件"｜"新建项目"命令，在弹出的"新建项目"对话框中创建一个名为"实例 3-10"的控制台应用程序。

02 在解决方案资源管理器中生成"实例 3-10"的项目，单击目录下的 Program.cs 文件，在该文件中编写如下逻辑代码：

```
1.   static void Main(string[] args){
2.   Console.WriteLine("请输入要转换的日期:");
3.   string date = Console.ReadLine ();
4.   string strNumb = "一 1  二 2  三 3  四 4  五 5  六 6  七 7  八 8  九 9  零 0";
5.   string[] strNumbs = strNumb.Split(' ');
6.   string nullYear = "";
7.   Dictionary<char, char> years = new Dictionary<char, char>();
8.   for (int i = 0; i < strNumbs.Length; i++){
9.   years.Add(strNumbs[i][0], strNumbs[i][1]);
10.  }
11.  for (int i = 0; i < date.Length; i++){
12.  if (years.ContainsKey(date[i])){
13.  nullYear += years[date[i]];
14.  }
15.  else if (date[i] == '年' || date[i] == '月'){
16.  nullYear += '-';
17.  }
18.  else if (date[i] == '十' && years.ContainsKey(date[i + 1])
&& !years.ContainsKey(date[i - 1])){
19.  nullYear += '1';
20.  }
21.  else if (date[i] == '十' && !years.ContainsKey(date[i + 1])
&& years.ContainsKey(date[i - 1])){
22.  nullYear += '0';
23.  }
24.  else if (date[i] == '十' && !years.ContainsKey(date[i + 1])
&& !years.ContainsKey(date[i - 1])){
25.  nullYear += "10";
26.  }
27.  }
```

```
28.   Console.WriteLine("转换后的日期是:"+nullYear);
29.   Console.ReadKey();
30.   }
31.   }
```

上面的代码中第 7 行定义了一个 Dictionary 泛型类 years，它的参数是两个字符类型。第 8 行~第 10 行通过 for 循环，调用 years 的 Add 方法将输入的中文类型的日期添加到泛型中。第 11 行~第 27 行利用 for 循环判断：如果"十"左右字符都在泛型 years 中，那么"十"消失；如果左边不在右边在，则变 1；如果左边在右边不在，则变 0；如果左右都不在，则变 10。第 28 行输出转换后的阿拉伯数字类型的日期。

03 单击快捷键 Ctrl+F5，程序运行的效果如图 3-17 所示。

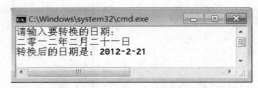

图 3-17   运行结果

3.3   面向对象程序

C#是面向对象的语言，面向对象使用"类"来封装其属性和方法等成员，这种封装能起到一定的隐藏作用。其他对象使用该对象时，不需要知道其实现的细节，只需要通过相互之间定义的接口进行交互和通信。采用面向对象的程序可维护性较好，源程序易于阅读理解和修改，降低了复杂度。

3.3.1   类

在 C#中，类是一种功能强大的数据类型，而且是面向对象的基础。类定义属性和行为，可以声明类的实例，从而利用这些属性和行为。类中包含数据成员（常数、域和事件）、功能成员（方法、属性、索引、操作符、构造函数、析构函数）和嵌套类型。类支持继承，派生的类可以对基类进行扩展和特殊化，使得程序代码可以复用，子类中可以继承祖先类中的部分代码。由于类封装了数据和操作，从类外面看，只能看到公开的数据和操作，而这些操作都在类设计时进行安全性考虑，因而外界操作不会对类造成破坏。

C#中提供了很多标准的类，用户在开发过程中可以使用这些类，这样大大节省了程序的开发时间。C#中也可以自己定义类，类的定义方法为：

```
[类修饰符] class 类名[:父类名]{
[成员修饰符] 类的成员变量或者成员函数;
};
```

上面代码中 "类名"是自定义类的名字，该名字要符合标识符的要求。"父类名"表示从哪个类继承。":父类名"可以省略,如果没有父类名,则默认从 Object 类继承而来。Object 类是每个类的祖先类,C#中所有的类都是从 Object 类派生出来的。"类修饰符"用于对类进行修饰,说明类的特性,类的每个成员都需要设定访问修饰符,不同的修饰符会造成对成员访问能力不一样。如果没有显示指定类成员访问修饰符,默认类型为私有类型修饰符。C#中类成员修饰符的定义和使用方法如表 3-11 所示。

表 3-11　成员修饰符的定义和使用方法

修饰符	含义	说明
new	新建的类或者类成员	对于一个类,可以用与继承成员相同的名称或签名来声明一个成员,这时,派生类成员被称作隐藏的基类成员。隐藏一个继承成员并不被认为是错误的,但是会造成编译器给出警告。为了禁止这个警告,派生类成员的声明可以包括一个 new 修饰符
public	公有的	公有的成员对于任何人都是可见的,外界可以不受限制地访问。这是限制最少的一种访问方式,它的优点是使用灵活,缺点是外界可能会破坏对象成员值的合理性
protected	受保护的	当用 protected 修饰类成员时,表示该成员对于外界是隐藏的,但对于这个类的派生类则可以访问
internal	内部成员	表示该成员是内部成员,只有本程序成员才能访问
private	私有成员	私有的成员是隐藏的,外界不能直接访问该成员变量或成员函数。对该成员变量或成员函数的访问只限于该类中其他函数,其派生类也不能访问
abstract	抽象函数	使用 abstract 修饰符可以定义抽象函数
const	常量	const 修饰符用于修饰常量,如果是常量表达式,则在编译时被求值
virtual	虚函数	virtual 用于修饰虚函数,对于虚函数,它的执行方式可以被派生类改变,这种改变是通过重载实现的
event	事件	event 修饰符来定义一个事件
extern	外部实现	extern 修饰符告诉编译器函数将在外部实现
override	重载	override 修饰符用于修饰重载基类中的虚函数的函数
readonly	只读成员	修饰类的只读成员。一个使用 readonly 修饰符的域成员只能在它的声明或者在构造函数中被更改
static	静态成员	声明为 static 的成员属于类,而不属于类的实例,所有此类的实例都共用一个成员。访问静态成员时也是通过类名访问的

3.3.2　属性、方法和事件

在 C#中,按照类的成员是否为函数将其分为两大类,一种不以函数形式体现,称为"成员变量",主要有以下几个类型。

● 常量:代表与类相关的常量值。
● 变量:类中的变量。

- 事件：由类产生的通知，用于说明发生了什么事情。
- 类型：属于类的局部类型。

另一种以函数形式体现，一般包含可执行代码，执行时完成一定的操作，被称为"成员函数"，主要有以下几个类型。

- 方法：完成类中各种计算或功能的操作，不能和类同名，也不能在前面加"~"波浪线符号。方法名不能和类中其他成员同名，既包括其他非方法成员，又包括其他方法成员。
- 属性：定义类的值，并对它们提供读、写操作。
- 索引指示器：允许编程人员在访问数组时，通过索引指示器访问类的多个实例，又称下标指示器。
- 运算符：定义类对象能使用的操作符。
- 构造函数：在类被实例化时首先执行的函数，主要是完成对象初始化操作。构造函数必须和类名相同。
- 析构函数：在类被删除之前最后执行的函数，主要是完成对象结束时的收尾操作。构造函数必须和类名相同，并前加一个"~"波浪线符号。

3.3.3 构造函数

当创建一个对象时，系统首先给对象分配合适的内存空间，随后系统自动调用对象的构造函数。因此构造函数是对象执行的入口函数，非常的重要。在定义类时，可以给出构造函数也可以不定义构造函数。如果类中没有构造函数，系统会默认执行 System.Object 提供的构造函数。如果要定义构造函数，那么构造函数的函数名必须和类名一样。构造函数的类型修饰符总是公有类型 public 的，如果是私有类型 private 的，表示这个类不能被实例化，这通常用于只含有静态成员的类中。构造函数由于不需要显示调用，因而不用声明返回类型。构造函数可以带参数也可以不带参数。具体实例化时，对于带参数的构造函数，需要实例化的对象也带参数，并且参数个数要相等，类型要一一对应。如果是不带参数的构造函数，因而在实例化时对象不具有参数。

下面是一个类中构造函数的代码：

```
1.   class  Human{
2.   string name;
3.   int age;
4.   }
5.   public Human (strmg sname,int sage){
6.   string name=sname;
7.   int age=sage;
8.   }
9.   public Human (){
10.  string name="Mary"
```

```
11.    int age=30;
12.    }
```

在以上代码中，第 1 行~第 4 行定义了一个 Human 类。它有两个成员变量 name 和 age 分别表示人的姓名和年龄。第 5 行~第 8 行是 Human 类带两个参数的构造函数，通过参数给两个成员变量赋值。第 9 行~第 12 行是 Human 类带参数的构造函数，在函数中直接给两个成员变量赋值，这种在函数或方法中定义的参数称为"形式参数"，简称为"形参"。

上面的例子中定义了两个不同的构造函数，像这样在一个类中如果有两个函数（包括构造函数）或者方法名称相同，但参数个数不同或者参数的类型不同，称为"方法的重载"。实现方法时系统会自动选择合适的类型和调用的函数相匹配。

在使用定义的类时，可以使用任何一个构造函数创建实例化对象。对象是类的实例化，只有对象才能包含数据，执行行为，触发事件，而类只不过就像 int 一样是数据类型，只有实例化才能真正发挥作用。对象具有以下特点：

- C#中使用的全都是对象。
- 对象是实例化的，对象是从类和结构所定义的模板中创建的。
- 对象使用属性获取和更改它们所包含的信息。
- 对象通常具有允许它们执行操作的方法和事件。
- 所有 C#对象都继承自 Object。
- 对象具有多态性，对象可以实现派生类和基类的数据和行为。

对象的声明就是类的实例化，类实例化的方式很简单，通过使用 new 来实现，例如：

```
1.    Human    p1 = new Human ();
2.    Human    p2 = new Human ("John",20);
```

上面代码中第 1 行使用前面定义的 Human 类默认构造函数实例化对象 p1。第 2 行使用前面定义的 Human 类带两个参数的构造函数实例化对象 p2，这种在调用函数或方法时提供的参数值称为"实际参数"，简称为"实参"。

3.3.4　继承

继承是面向对象的一个重要特性，C#中支持类的单继承，即只能从一个类继承。继承是传递的，如果 C 继承了 B，并且 B 继承了 A，那么 C 继承在 B 中声明的 public 和 protected 成员同时也继承了在 A 中声明的 public 和 protected 成员。继承性使得软件模块可以最大限度地复用，并且编程人员还可以对前人或自己以前编写的模块进行扩充，而不需要修改原来的源代码，大大提高了软件的开发效率。

在定义类的时候可以指定要继承的类，语法如下：

```
[类修饰符] class 类名[:父类名]{
[成员修饰符] 类的成员变量或者成员函数;
};
```

例如下面的代码，类 B 从类 A 中继承，类 A 被称为"基类"或"父类"，类 B 被称为"派生类"或"子类"：

```
1.    public class A {
2.    public A() { }
3.    }
4.    public class B : A{
5.    public B() { }
6.    }
```

上面的代码中第 1 行定义了一个类 A，第 4 行定义了继承自类 A 的类 B。

派生类是对基类的扩展，派生类可以增加自己新的成员，但不能对已继承的成员进行删除，只能不予使用。基类可以定义自身成员的访问方式，从而决定派生类的访问权限。且可以通过定义虚方法、虚属性，使它的派生类可以重载这些成员，从而实现类的多态性。

一个派生类自动包含来自基类的所有字段。创建一个对象时，这些字段需要初始化。因此，有时候，需要通过调用基类的构造函数来对基类的字段进行初始化。在定义了构造函数的基础上，可以使用 base 关键字来调用基类的构造函数：

```
1.    class   Human{
2.    string name;
3.    int age;
4.    }
5.    public Human (strmg sname,int sage){
6.    string name=sname;
7.    int age=sage;
8.    }
9.    class Femal:Person{
10.   public Main(string str,ingt time):base(str, time)
11.   }
```

以上代码中第 9~第 11 行定义了一个继承与 Human 类的派生类 Femal。其中，第 16 行使用 base 关键字调用了 Human 类的带参的构造函数。

3.3.5 多态

多态是面向对象程序设计的一个重要特征，利用多态性可以设计和实现一个易于扩展的系统。具体说多态是指向不同的对象发送同一个消息时，不同的对象在接收时会产生不同的行为（即方法）。

继承的一个结果是派生与基类的类在方法上有一定的重叠，因此，可以使用相同的语法从同一个基类实例化对象。例如，如果基类 Animal（动物）有一个方法 EatFood（进食），则从派生它的类 Cow（牛）和 Chicken（鸡）中调用这个方法，其语法是类似的：

```
Cow cow1=new Cow();
```

```
Chicken chicken1=new Chicken();
cow1. EatFood();
chicken1. EatFood();
```

多态性则更推进了一步，可以把某个基本类型的变量赋予其派生类变量，如下所示：

```
Animal animal1;
animal1=cow1;
```

这里不需要强制类型转换，然后就可以通过这个变量调用基类的方法：

```
animal1. EatFood();
```

结果是调用了派生类中的 EatFood 执行代码。在派生于同一个类的不同对象上执行任务时，多态性是一种极为有效的技巧，使其代码大大地简化了。

当把 chicken1 赋予 animal1 后，再次调用 EatFood 方法时，其执行的代码就变成了 Chicken 类中的代码。

```
Animal animal1;
animal1=cow1;
animal1. EatFood();
animal1= chicken1;
animal1. EatFood();
```

可以发现 animal1 实际上是对一个 Cow 类的引用。程序判断出它应该是调用 Cow 类的 EatFood 方法。同样，当把一个 chicken 对象让 animal1 引用时，它调用的是 Chicken 类的 EatFood 方法。这样同一个语句调用不同方法就是多态。

在 C#中有两种多态性，一种是编译时的多态性，这种多态性是通过函数的重载实现的，由于重载函数的参数、数量或者是类型不同，所以编译系统在编译期间就可以确定用户所调用的函数是哪一个重载函数。另外一种是运行时的多态性，这种多态性是通过虚成员方式实现的。运行时的多态性是指系统在编译时不确定选用哪个重载函数，而是直到系统运行时，才根据实际情况决定采用哪个重载函数。

在定义类成员时，可以使用 virtual 关键字，virtual 关键字用于修改方法或属性的声明。被 virtual 关键字修饰的方法或属性被称作虚拟成员，虚拟成员的实现可由派生类中的重写成员更改。

不能将 virtual 修饰符与 static、abstract、override 等修饰符一起使用，此外在静态属性上使用 virtual 修饰符是错误的。通过包括使用 override 修饰符的属性声明，可以在派生类中重写虚拟继承属性，这种重写的方法称为重写基方法。

C#中关于 override 重写的要求如下：

● 不能重写非虚方法或静态方法。
● 重写基方法必须与重写方法具有相同的名字。
● 重写声明不能更改虚方法的可访问性，重写方法和虚方法必须具有相同的访问级修饰符。

- 不能使用 new、static、virtual、abstract 等修饰符修改重写方法。
- 返回值类型必须与基类中的虚拟方法一致。
- 参数列表中的参数顺序、数量和类型必须一致。

下面是一个子类 Sun 重写基类 Father 中 smile 方法的代码：

```
1.   class Father{
2.   public virtual void smile(){
3.   Console.WriteLine("父亲在微笑！");
4.   }
5.   class Sun:Father{
6.   public override void smile(){
7.   Console.WriteLine("儿子在微笑！");
8.   }
```

上面的代码中第 2 行在 Father 类中使用关键字 virtual 声明 smile 方法可以被派生类所重写。第 6 行在 Father 类的派生类 Sun 类中使用关键字 override 重写父类的 smile 方法。

【实例 3-11】多态的使用

在管理系统中，用户和管理员都需要通过登录才能进入系统。一般用户登录将进入用户界面，而管理员登录将进入后台管理界面，也就是说登录方法是不一样的，本练习就使用类的多态性来解决该问题。具体实现步骤如下：

01 启动 Visual Studio 2012，执行"文件"｜"新建项目"命令，在弹出的"新建项目"对话框中创建一个名为"实例 3-10"的控制台应用程序。

02 在解决方案资源管理器中生成"实例 3-10"的项目，单击目录下的 Program.cs 文件，在该文件中编写如下逻辑代码：

```
1.   abstract public class Person{
2.   public abstract void Login(string name,string pwd);
3.   }
4.   public class User : Person{
5.   public override void    Login(string name,string pwd){
6.   if (name == "user" && pwd == "123"){
7.   Console.WriteLine("登录成功！");
8.   Console.WriteLine("进入用户界面……");
9.   }
10.  else{
11.  Console.WriteLine("登录失败！");
12.  }
13.  }
14.  }
15.  public class Admin : Person{
```

```
16.     public override void Login(string name, string pwd){
17.     if (name == "user" && pwd == "123"){
18.     Console.WriteLine("登录成功！");
19.     Console.WriteLine("进入后台管理界面……");
20.     }
21.     else{
22.     Console.WriteLine("登录失败！");
23.     }
24.     }
25.     }
26.     class Program {
27.     static void Main(string[] args){
28.     List<Person> person = new List<Person>();
29.     User user1 = new User();
30.     User user2 = new User();
31.     Admin admin = new Admin();
32.     person.Add(user1 );
33.     person.Add(user2);
34.     person.Add(admin);
35.     foreach(Person p in person){
36.     p.Login("user","123");
37.     }
38.     Console.ReadLine();
39.     }
40.     }
```

在上面的代码中第 1 行~第 3 行声明了一个抽象类 Person，其中第 2 行定义一个抽象方法 Login，该方法是没有被实现的，即没有方法体，需要子类去实现。第 4 行~第 14 行定义了一个继承于 Person 类的子类——普通用户类 User，其中，第 5 行~第 12 行定义了实现父类中的抽象方法 Login，第 6 行判断输入密码和用户名如果正确，第 18 行、第 19 行就输出登录成功和进入用户界面的提示，否则第 22 行输出登录失败的提示；第 15~第 25 行定义一个继承于 Person 类的子类——管理员类 Admin，其中，第 16 行~第 24 行定义了实现父类中的抽象方法 Login，判断输入密码和用户名如果正确，输出登录成功和进入后台管理界面的提示，否则输出登录失败的提示。

第 26 行~第 40 行定义 Program 类，其中在第 27 行~第 39 行的 Main 方法中，第 28 行实例化一个 Person 类型的泛型集合类对象 person；第 29 行~第 31 行分别实例化两个 User 类对象和一个 Admin 对象；第 32 行~第 34 行调用 person 对象的 Add 方法将三个对象添加到泛型集合对象中；第 35 行~第 37 行通过循环遍历调用泛型集合中对象的 Login 方法，输出登录结果。

03 按快捷键 Ctrl+F5，程序运行的效果如图 3-18 所示。从运行结果可以看到，当遍历泛型集合并调用子类的方法，得到不同的结果，很好地体现了多态性的效果。

图 3-18　运行结果

3.3.6　接口

由于在 C#中只支持单继承，但有时候需要使用多继承来实现一些功能，所以在 C#中，使用接口来实现这样的功能。有了接口以后，可以把继承的作用做更近一步的提升。接口只指出方法的名称、返回类型和参数。方法的具体实现，则不是接口需要关心的。也就说，接口继承允许将一个方法的名称和它的实现彻底的分离。

为了声明一个接口，需要使用 interface 关键字。接口和类一样可以有方法、属性和事件等成员，但与类不同的是，接口仅仅提供成员的声明，并不提供成员的实现。接口的语法格式如下：

```
[修饰符] interface 接口名 [:父接口名列表]{
//接口体
}
```

关键字 interface、接口名和接口体是必须的，其他项是可选的。接口修饰符可以是 new、public、protected、internal 和 private。类似于类的继承性，接口也有继承性。派生接口继承了父接口中的函数成员说明。接口允许多继承，在接口声明的冒号后列出被继承的接口名字，多个接口名之间用分号分割。

在声明接口时，要注意以下内容：

● 接口成员只能是方法、属性、索引指示器和事件，不能是常量、域、操作符、构造函数或析构函数，不能包含任何静态成员。
● 接口成员声明不能包含任何修饰符，接口成员默认访问方式是 public。
● 接口类似于抽象基类，继承接口的任何非抽象类型都必须实现接口的所有成员。
● 不能直接实例化接口。

接口的方法也像普通类方法那样声明，不同的是接口方法没有被实现，除了在实现的结束位置有一个分号之外，其他部分都与普通方法一样。例如以下代码：

```
string getInfo(string name,string phone);
```

在 C#中，属性也可以成为接口成员。当属性的普通实现与字段（域）相关时，虽然字段不能成为接口成员，但这并不妨碍属性的使用，因为属性的实现是独立于它的说明的。这些属性的主要途径是封装实现。下面是一个接口声明的示例：

```
interface Istorable{      //声明接口
int Status{get;set;}    //定义可读写属性
int Type{get;}          //定义只读属性
int count{set;}         //定义只写属性
string getInfo(string name,string phone); //定义接口方法
}
```

为了实现一个接口，需要声明一个类或者是结构，让它们从接口继承，然后实现所有接口的内容，包括属性或方法等。定义好接口之后，声明可以实现接口的类的语法如下：

```
class 类名：接口名{
//类中具体的代码
}
class User: IPerson{   //定义实现接口的类
//类中具体的代码
}
```

如果类要继承一个父类，同时要实现多个接口，则以"，"隔开，语法如下：

```
class 类名：父类名,接口名 1,接口名{
//类中具体的代码
}
class User:Person,Iperson,Icomparabel{ //定义继承类和实现多个接口的类
//类中具体的代码
}
```

定义实现接口的类后，就可以在该类中去实现接口中定义的接口成员。

【实例 3-12】接口的使用

本例通过使用接口机制来实现例 3-11 的功能，具体实现步骤如下：

01 启动 Visual Studio 2012，执行"文件"｜"新建项目"命令，在弹出的"新建项目"对话框中创建一个名为"实例 3-12"的控制台应用程序。

02 在解决方案资源管理器中生成"实例 3-12"的项目，单击目录下的 Program.cs 文件，在该文件中编写如下逻辑代码：

```
1.   public interface   IPerson {
2.   void Login(string name, string pwd);
3.   }
4.   public class User : IPerson{
5.   public void Login(string name, string pwd){
6.   if (name == "user" && pwd == "123"){
7.   Console.WriteLine("登录成功！");
8.   Console.WriteLine("进入用户界面……");
9.   }
```

```
10.  else
11.  Console.WriteLine("登录失败！");
12.  }
13.  }
14.  public class Admin : IPerson{
15.  public    void Login(string name, string pwd){
16.  if (name == "user" && pwd == "123"){
17.  Console.WriteLine("登录成功！");
18.  Console.WriteLine("进入后台管理界面……");
19.  }
20.  else
21.  Console.WriteLine("登录失败！");
22.  }
23.  }
24.  class Program{
25.  static void Main(string[] args){
26.  List<IPerson> person = new List<IPerson>();
27.  User user1 = new User();
28.  User user2 = new User();
29.  Admin admin = new Admin();
30.  person.Add(user1);
31.  person.Add(user2);
32.  person.Add(admin);
33.  foreach (IPerson p in person){
34.  p.Login("user", "123");
35.  }
36.  }
37.  }
```

上面的代码中第 1 行~第 3 行声明了一个接口类 IPerson，其中第 2 行定义一个抽象方法 Login，该方法是没有被实现的，即没有方法体，需要子类去实现。第 4~13 行定义了一个继承于 IPerson 接口类的子类——普通用户类 User，其中，第 5~12 行定义了实现父类中的抽象方法 Login。第 14~第 23 行定义了一个继承于 IPerson 接口类的子类——管理员类 Admin，其中，第 15~22 行定义了实现父类中的抽象方法 Login。

03 按快捷键 Ctrl+F5，程序运行的效果如图 3-18 所示。

3.3.7 委托和事件

委托其实也是一种引用方法的类型，创建了委托，就可以声明委托变量，也就是委托实例化。实例化的委托就是委托的对象，可以为委托对象分配方法，也就是把方法名赋予委托对象。一旦为委托对象分配了方法，委托对象将与该方法具有完全相同的行为。委托对象的使用可以像其他任何方法一样，具有参数和返回值，如下面的示例所示：

```
1.    public delegate int Delete(int number1,int number2);
2.    Delete dl;
```

上面的代码中第 1 行定义了一个名为 Delete 的委托，该委托封装了包含两个整数类型的参数，且返回值为整型。第 2 行声明 dl 为委托 Delete 的对象，就可以把方法名赋给该对象。

方法的分配比较自由，任何与委托的签名（由返回类型和参数组成）匹配的方法都可以分配给该委托的对象。这样就可以通过编程方式来更改方法调用，还可以向现有类中插入新代码。只要知道委托的签名，便可以分配委托方法。

将方法作为参数进行引用的能力使委托成为定义回调方法的理想选择。例如，可以向排序算法传递对比较两个对象的方法的引用。分离比较代码使得可以采用更通用的方式编写算法。

委托具有以下特点：

- 委托类似于 C++函数指针，但它是类型安全的。
- 委托允许将方法作为参数进行传递。
- 委托可用于定义回调方法。
- 委托可以链接在一起；例如，可以对一个事件调用多个方法。
- 方法不需要与委托签名精确匹配。

构造委托对象时，通常提供委托包装方法的名称或使用匿名方法。实例化委托后，委托将把对它进行的方法调用传递给方法。调用方传递给委托的参数被传递给方法，来自方法的返回值（如果有）由委托返回给调用方。这被称为调用委托。可以将一个实例化的委托视为被包装的方法本身来调用该委托。

例如，为上面声明的委托定义一个方法，代码如下：

```
public int SanChu(int a, int b){
        return a /b;
}
```

定义一个委托的实例，把上面的方法赋给该委托实例，代码如下：

```
Delete dl = SanChu;    //实例化委托 JiSuan
dl (20,5);    //调用委托
```

委托类型派生自.NET Framework 中的 Delegate 类。委托类型是密封的，不能从 Delegate 中派生委托类型，也不可能从中派生自定义类。由于实例化委托是一个对象，所以可以将其作为参数进行传递，也可以将其赋值给属性。这样，方法便可以将一个委托作为参数来接受，并且以后可以调用该委托,这称为异步回调,是在较长的进程完成后用来通知调用方的常用方法。以这种方式使用委托时，使用委托的代码无需了解有关所用方法实现方面的任何信息。此功能类似于接口所提供的封装。

虽然委托允许间接调用任何数量的方法，但仍然必须显示调用委托。许多情况下，都需要在发生某个事件时，让委托自动运行。在.NET Framework 中，事件允许定义和捕捉特定的事件，并安排调用委托来处理发生的事情。

首先要声明一个拟用作事件来源的类，然后在这个类中声明一个事件。事件来源通常都是一个类，它负责监视它的环境，并在发生某个事件时引发一个事件。声明一个事件时，采用的方式与声明一个字段非常的相似。然而，由于事件要随同委托一起使用，所以事件的类型必须是一个委托，而且必须在声明前有一个 event 关键字做为前缀，其语法格式如下：

```
[事件修饰符] event 事件类型 事件名;
```

其中事件修饰符就是以前常提到的访问修饰符，如 new、public、protected、internal、private、static。事件所声明的类型（type）则必须是 delegate 类型，而此委托类型应预先声明。

下面的代码演示了如何声明一个事件：

```
public delegate void EventHandler(object sender, Event e); //声明一个委托
public class MyClass{
        public event EventHandler Click; //声明一个事件
}
```

上面的代码首先声明了一个委托类型 EventHandler。然后在类 MyClass 中使用 EventHandler 声明一个事件 Click。

声明了事件后还要对事件进行订阅，事件的订阅是通过为事件加上左操作符 "+=" 来实现的，例如：

```
MyClass myclass = new MyClass ();
myclass. Click += new EventHandler(myclass _Click(object sender, EventArgs e));
```

上面的代码把方法加入到事件集合中的语法和把方法加入委托相同，这样，只要事件被触发，所订阅的方法就会被调用。

事件撤消则采用左操作符 "-=" 来实现：

```
myclass. Click -= new EventHandler(myclass _Click);
```

上面的代码将方法从事件的内部委托集合中移除，把这种称为取消订阅。

和委托一样，可以调用方法来调用事件，从而引发该事件，引发一个事件时，所有连接的委托都会按顺序调用。下面是调用事件的代码：

```
public delegate void EventHandler(object sender, Event e); //声明一个委托
public class MyClass{
public event EventHandler Click; //声明一个事件
public OnClick (EnventArgs e){ //引发一个事件
if ( Click!= null){
Click(this,e);
}
```

以上代码中，当类 MyClass 的 OnClick 方法被调用时，就触发了 Click 事件。这是一种常见的写法，null 的判断是必须的，因为事件字段显示为 null，只有在一个方法使用+=操作符来

订阅它之后，才能变为非 null。如果试图引发一个 null 事件，就会得到一个错误。如果定义事件的委托需要参数，那么在引发事件时，必须提供合适的参数。下面以一个完整的示例说明事件的声明及使用。

【实例 3-13】 事件的使用

本例使用 C#的事件机制，实现标准的事件，自定义显示当前时间的事件。当用户在控制台输入姓名后，调用自定义的事件输出欢迎辞和当前的时间。

01 启动 Visual Studio 2012，创建一个名为"实例 3-13"的控制台应用程序。

02 在解决方案资源管理器中单击程序目录下的 Program.cs 文件，在该文件的 Program 类中编写如下逻辑代码：

```
1.   public delegate void TimeEventHandler(string s);
2.   class MyTime{
3.   public event TimeEventHandler Timer;
4.   public void OnTimer(string s) {
5.   if (Timer != null)
6.   Timer(s);
7.   }
8.   }
9.   class ProcessTime{
10.  public void GenerateTime(string s) {
11.  Console.WriteLine("你好{0}！现在的时间是{1}" , s, DateTime.Now);
12.  }
13.  }
14.  static void Main(string[] args){
15.  Console.WriteLine("请输入您的姓名:");
16.  string name = Console.ReadLine();
17.  ProcessTime p = new ProcessTime();
18.  MyTime t = new MyTime();
19.  t.Timer += new TimeEventHandler(p.GenerateTime);
20.  t.OnTimer(name);     //使用事件
21.  }
```

上面的代码中第 1 行声明一个 TimeEventHandler 的委托，包含一个字符串类型的参数。第 2 行~第 7 行定义一个 MyTime 的类，其中第 3 行声明了 TimeEventHandler 委托类型的事件 Timer；第 4 行~第 7 行定义方法 OnTimer，其中第 5 行判断 Timer 事件如果不为空，则在第 6 行引发事件。第 9 行~第 13 行定义一个 ProcessTime 的类，其中第 10 行~第 12 行定义 GenerateTime 方法处理事件，第 11 行输出欢迎辞和当前的时间。第 14 行~第 21 行定义 Main 方法。第 16 行获得用户的输入。第 17 行实例化 ProcessTime 类的对象 p。第 18 行实例化 MyTime 类的对象 t。第 19 行将事件处理程序添加到 Timer 事件的调用列表中，即订阅事件。第 20 行通过调用 OnTimer 方法使用事件。

03 按快捷键 Ctrl+F5，程序运行的效果如图 3-19 所示。

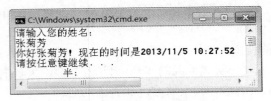

图 13-19   运行结果

3.4   C# 5.0 的新特性

C#中提出的每个新特性都建立在原来特性的基础上，并且是对原来特性的一个改进，做这么多的改进主要是为了方便开发人员更好地使用 C#来编写程序，可写更少的代码，把一些额外的工作交给编译器去做，C# 5.0 同样也是如此。

3.4.1   全新的异步编程模型

对于同步的代码，大家肯定都不陌生，因为平常写的代码大部分都是同步的，然而同步代码却存在一个很严重的问题。例如，向一个 Web 服务器发出一个请求时，如果发出请求的代码是同步实现的话，这时候应用程序就会处于等待状态，直到收回一个响应信息为止，然而在这个等待状态下，用户不能操作任何的 UI 界面也没有任何的消息，如果试图去操作界面时，就会看到"应用程序为响应"的信息（在应用程序的窗口旁），相信大家在平常使用桌面软件或者访问 Web 的时候，肯定都遇到过类似的情况。对于这个，大家肯定会觉得不舒服。引起这个原因正是因为代码的实现是同步实现的，所以在没有得到一个响应消息之前，界面就成了一个"卡死（阻塞）"状态了，这对用户来说肯定是不友好的，因为如果要从服务器上下载一个很大的文件时，甚至不能对窗体进行关闭操作。

为了解决类似的问题，.NET Framework 很早就提供了对异步编程的支持，但是其代码的编写过程非常繁琐。现在，.NET 4.5 中推出了新的方式来解决同步代码的问题，它们分别为基于事件的异步模式，基于任务的异步模式和提供 async 和 await 关键字来支持异步编程支持，使用这两个关键字，可以使用.NET Framework 或 Windows Runtime 的资源创建一个异步方法，如同创建一个同步的方法一样容易。

全新的异步编程模型使用 async 和 await 关键字来编写异步方法。async 用来标识方法、lambda 表达式或者匿名方法是异步的；await 用来标识异步方法应该在此处挂起执行，直到等待的任务完成，于此同时，控制权会移交给异步方法的调用方。

异步方法的参数不能使用 ref 参数和 out 参数，但是在异步方法内部可以调用含有这些参数的方法。

以一个标准的逻辑为例，下载一个远程 URI，并将内容输出在界面上，假设我们已经有了显示内容的方法，代码如下：

```
void Display(string text) {
    // 不管是怎么实现的
```

```
}
```

如果用标准的同步式写法，下面的代码显得比较简单：

```
void ShowUriContent(string uri) {
using (WebClient client = new WebClient()) {
string text = client.DownloadString(uri);
Display(text);
}
}
```

但是用同步的方式会造成线程的阻塞，所以不得不使用下面的异步代码：

```
void DownloadUri(string uri) {
using (WebClient client = new WebClient()) {
client.DownloadStringCompleted += new
DownloadStringCompletedEventHandler(ShowContent);
client.DownloadStringAsync(uri);
}
}
void ShowContent(object sender, DownloadStringCompletedEventArgs e) {
Display(e.Result);
}
```

上面的代码使用了异步方法，但无可避免的把一段逻辑拆成两段。如果当更多的异步操作交叉在一起的时候，无论是代码的组织还是逻辑的梳理都会变得更加麻烦。

正因为如此，C# 5.0 从语法上对此进行了改进，当使用 async 和 await 两个关键字时，代码会变成如下所示：

```
void async ShowUriContent(string uri) {
using (WebClient client = new WebClient()) {
string text = await client.DownloadStringTaskAsync(uri);
Display(text);
}
}
```

上面的这段代码看上去就是一段典型的同步逻辑，唯一不同地就是在方法声明中加入了 async 关键字，在 DownloadStringTaskAsync 方法的调用时加入了 await 关键字，运行时就变成了异步了。ShowUriContent 方法会在调用 DownloadStringTaskAsync 后退出，而下载过程会异步进行，当下载完成后，再进入 Display 方法的执行，期间不会阻塞线程，不会造成 UI 无响应的情况。

使一个异步方法，要注意如下一些要点：

（1）async 关键字必须加在函数声明处，如果不加 async 关键字，函数内部不能使用 await 关键字。

（2）异步方法的名称以 Async 后缀，必须按照规定关闭。

（3）await 关键字只能用来等待一个 Task、Task<TResult>或者 void 进行异步执行返回：

● Task<TResult>，当方法有返回值时，TResult 即返回值的类型。
● Task，如果方法没有返回语句或具有返回语句但不操作时，Task 即返回值的类型。
● void，主要用于事件处理程序（不能被等待，无法捕获异常）。

（4）方法通常包括至少一个 await 的表达式，这意味着该方法在遇到 await 时不能继续执行，直到等待异步操作完成。在此期间，该方法将被暂停，并且控制权回到该方法的调用者。

3.4.2　调用方信息

在日志组件中，可能需要记录方法调用信息，C# 5.0 提供了支持这一功能的方法。使用调用方信息属性可以获取关于调用方的信息要记录的方法，调用信息包括方法成员名称、源文件路径和行号这些信息，用于跟踪、调试和创建诊断工具非常有用。

为了获取这些信息，只需要使用 System.Runtime.CompilerServices 命名空间下的三个非常有用的编译器特性。表 3-12 列出了 System.Runtime.CompilerServices 命名空间中定义的调用方信息属性。

表 3-12　调用方信息属性

属性	说明	类型
CallerFilePath	包含调用方源文件的完整路径	String
CallerLineNumber	调用方在源文件中的行号	Integer
CallerMemberName	方法或调用方的属性名称	String

在使用调用方信息的属性时，要注意以下几个方面：

（1）必须为每个可选参数指定一个显示默认值。
（2）不能将调用方信息属性应用于未指定为选项的参数。
（3）调用方信息属性不会使用一个参数选项。相反，当参数省略时，它们影响传递的默认值。

可以使用 CallerMemberName 属性来避免指定成员名称作为 String 参数传递到调用的方法。通过使用这种方法，可以避免重命名重构而不更改 String 值的问题。这个特性在进行以下一些任务时特别有用：

● 使用跟踪和诊断实例。
● 在绑定数据时，实现 INotifyPropertyChanged 接口。此接口允许对象的属性通知一个绑定控件的属性已更改，所以该控件可显示最新信息。但 CallerMemberName 属性必须指定属性的名称为文本类型。

另外，在构造函数、析构函数、属性等特殊的地方调用 CallerMemberName 属性所标记的函数时，获取的值有所不同，其取值如表 3-13 所示。

表 3-13　返回的值

调用	CallerMemberName 属性返回的结果
方法、属性或事件	返回调用的方法、属性，或者事件的名称
构造函数	返回字符串 .ctor
静态构造函数	返回字符串 .cctor
析构函数	返回字符串""Finalize""。
用户定义的运算符或转换	生成的成员名称，例如"op_Addition"
特性构造函数	特性所应用的成员名称。如果属性是成员中的任何元素（如参数、返回值或泛型类型参数），此结果是与组件关联的成员名称
不包含的成员（例如，程序集级别或特性应用于类型）	可选参数的默认值

【实例 3-14】 调用方信息的使用

本例演示如何使用调用方信息属性，每次调用 TraceMessage 方法，信息将替换为可选参数的调用方。用 Visual Studio 2012 编译调试，就能看见文件、行号、调用者方法名称，具体实现步骤如下：

01 启动 Visual Studio 2012，创建一个名为"实例 10-14"的控制台应用程序。

02 在解决方案资源管理器中单击程序目录下的 Program.cs 文件，在该文件中编写如下逻辑代码：

```
1.     using System;
2.     using System.Text;
3.     using System.Runtime.CompilerServices;
4.     using System.Diagnostics;
5.     namespace 实例 3_14{
6.     class Program{
7.     public static void TraceMessage(string message,
8.     [CallerMemberName] string memberName = "",
9.     [CallerFilePath] string sourceFilePath = "",
10.    [CallerLineNumber] int sourceLineNumber = 0){
11.    Trace.WriteLine("信息内容: " + message);
12.    Trace.WriteLine("调用方名称: " + memberName);
13.    Trace.WriteLine("调用方源文件路径: " + sourceFilePath);
14.    Trace.WriteLine("调用方在源文件的行号: " + sourceLineNumber);
15.    }
16.    static void Main(string[] args){
17.    TraceMessage("获得调用方信息。");
18.    }
19.    }
```

20.　　　}

上面代码中第 3 行和第 4 行使用 using 关键字引入相关的命名空间。第 7 行~第 15 行定义了一个静态的方法 TraceMessage，其中第 8 行~第 10 行在该方法参数列表的后三个命名参数中使用了三个调用方信息属性，并赋了默认值，第 11 行~第 14 行调用 Trace 类的 WriteLine 方法将调用方信息写入跟踪侦听器。第 16 行定义一个 Main 函数，第 17 行在该函数中调用上面定义的 TraceMessage。

03 按 F5 快捷键启动调试，编译后在输出窗口中显示如图 3-20 所示的调用方的信息。

图 3-20　显示调用方信息

3.5　上机题

1. 使用 Visual Studio 2012 集成开发环境创建、调试本章所有的代码和实例并分析其执行结果。

2. 编写一个控制台应用程序，接受用户输入的二个整数，使用条件表达式比较其中较大的数并输出到控制台显示。

3. 编写一个控制台应用程序，定义一个结构体 Book，该结构含有 bookname、price 和数量三个成员，使用键盘输入两条记录，分别保存到结构中，最后把输入的内容输出到控制台显示。

4. 编写一个控制台应用程序，使用 switch 语句判断用户输入的 1~7 中的一个数，打印输出相对应的是星期几。

5. 编写一个控制台应用程序，计算 0~10 中每个数字的平方和立方值，并以表格的形式输出结果，要求必须使用循环语句的方式来实现。

6. 编写一个控制台应用程序，声明一个含有静态成员 count 和一个实例成员 sname 的 Student 学生类。count 用于记录实例化学生对象的总数，sname 保存学生对象的姓名。接受用户输入的学生名字，输出学生总数和学生的姓名。

7. 编写一个控制台应用程序，定义一个基类 CountValue，其中有一个虚方法 CountResult 用于计算数组中元素的和。定义一个派生与基类的 Program 类，包含一个覆盖同名的 CountResult 方法用于计算数组中元素的积，当调用子类对象时获得的是数组的积运算。

8. 编写一个控制台应用程序，要求编写一个处理溢出异常的程序，根据用户输入执行次数进行乘法运算，如果输入次数合适，输出运算结果，否则抛出算术运算导致溢出的异常。

9. 设计一个控制台程序，定义一个员工类 Employee，包含属性 name 和自我介绍的方法 introduce。定义一个部门经理类 DepartmentManager 继承员工类，并重写 introduce。定义一个总经理类继承员工类，并重写 introduce。定义一个会议类 Meeting，包含一个属性 emcee 代表会议主持人；一个表示会议开始的方法，在方法中由会议主持人做自我介绍。定义 Main 方法，先实例化一个对象，然后实例化一个会议类对象，在会议类的构造方法中指定刚刚创建的对象，然后调用会议开始的方法，程序将自动判断对象属于哪一个派生类并输出相应的自我介绍。

第 4 章　ASP.NET 4.5 服务器控件

除了代码和标记之外，ASP.NET 4.5 页面还可以包含服务器控件，它们是可编程的服务器端对象，典型情况下表现为页面中的 UI 元素（例如文本框或图像）。服务器控件参与页面的执行过程，并在客户端生成自己的标记。ASP.NET 4.5 Web 服务器控件是 ASP.NET 4.5 网页上的对象，这些控件在该页被请求时运行并向浏览器呈现标记。本章首先介绍 Web 服务器控件共有的一些属性，然后将分门别类进行介绍。

4.1　控件概述

控件是一种类，绝大多数控件都具有可视的界面，能够在程序运行中显示其外观。利用控件进行可观化设计既直观又方便，可以实现所见即所得的效果。程序设计的主要内容是选择和设置控件及对控件的事件编写处理代码。

服务器控件是指在服务器上执行程序逻辑的组件，通常具有一定的用户界面，但也可能不包括用户界面。服务器控件包含在 ASP.NET 4.5 页面中。在运行页面时，用户可与控件发生交互行为。当页面被用户提交时，控件可在服务器端引发事件，服务器端则会根据相关事件处理程序来进行事件处理。服务器控件是动态网页技术的一大进步，它真正地将后台程序和前端网页融合在一起。服务器控件的广泛应用，简化了应用程序的开发，提高了工作效率。

ASP.NET 4.5 提供了两种不同类型的服务器控件：HTML 服务器控件和 Web 服务器控件。这两种控件完全不同，HTML 服务器控件会映射为特定的 HTML 元素，而 Web 服务器控件映射为 ASP.NET 4.5 页面上需要的特定功能。根据开发设计需要，在同一页面或应用程序中可以同时使用 HTML 服务器控件和 Web 服务器控件。

4.2　HTML 服务器控件

HTML 服务器控件运行在服务器上，并且可以直接映射为大多数浏览器支持的标准 HTML 标签。HTML 服务器控件由普通 HTML 控件转换而来，外观基本上与普通 HTML 控件一致。

默认情况下，服务器无法使用 Web 窗体页上的 HTML 元素，这些元素被视为传递给浏览器的不透明文本。将 HTML 元素转换为 HTML 服务器控件，可将其公开为在服务器上可编程的元素。ASP.NET 允许提取 HTML 元素，通过少量的工作，把它们转换为服务器端控件。在源视图中对 HTML 元素添加 runat="server"属性，即可将 HTML 元素转换为服务器控件。另外，为了让控件在服务器端代码中被识别出来还应当添加 Id 属性。

HTML 服务器控件除了在服务器端处理事件外，还可以在客户端通过脚本处理事件。但它对客户端浏览器兼容性差，不能兼容不同的浏览器。和 HTML 元素具有相同的抽象层次，没有太复杂的功能。

定义 HTML 服务器控件的基本语法格式如下：

```
<HTML 标记 Id="控件名称"Runat="Server">
```

HTML 服务器控件是由 HTML 标记所衍生出来的新功能，在所有的 HTML 服务器控件的语法中，最前端是 HTML 标记，不同控件所用的标记不同：Runat="Server"，表示控件将会在服务器端执行；Id 用来设置控件的名称，在同一程序中各控件的 Id 均不相同，Id 属性允许以编程的方式引用该控件。

所有的 HTML 服务器控件都使用一个派生于 HtmlControl 基类的类。这个类从控件的派生类中继承了许多属性。其中一些容器控件如<form>、<select>使用派生于 HtmlContainerControl 类的类，因此还拥有一些在 HtmlContainerControl 类中声明的新属性。

HTML 服务器控件的主要事件有 ServerClick 和 ServerChange。控件 HtmlAnchnr、HtmlButton、HtmlForm、HtmlInputButton、HtmlInputImage 拥有 ServerClick 事件，该事件是一个简单的单击行为在服务器端的处理，允许代码立即产生动作；HtmlInputCheckBox、HtmlInputHidden、HtmlInputRadioButton、HtmlSelect、HtmlTextArea 和 HtmlInputText 控件拥有 ServerChange 事件，该事件在发生改变时，直到页面被传回服务器才会出现。

ASP.NET 的事件标准是每个事件应该传回两种信息，第一个参数是引发事件的对象（控件），第二个参数是包含事件附加信息的特殊对象。

服务器不会处理普通的 HTML 控件，它们将直接被发送到客户端，由浏览器进行显示。HTML 控件集成在 Visual Studio 2012 中"工具箱"下的 HTML 选项卡中，如图 4-1 所示。

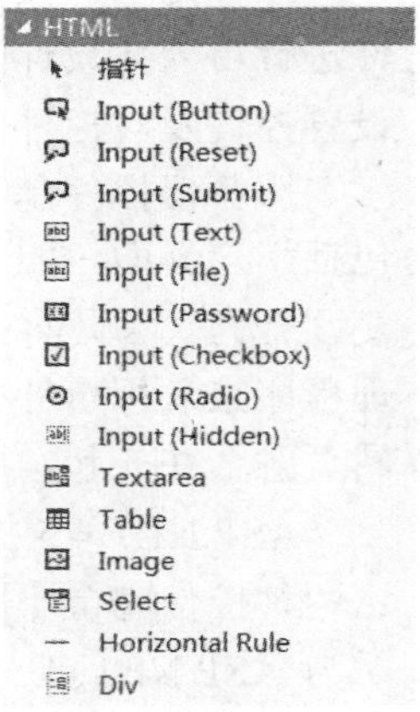

如果要让 HTML 控件能在服务器端被处理，就要将它们转换为 HTML 服务器控件。将普通 HTML 控件转换为 HTML 服务器控件，需添加 runat="server"属性。另外，可根据需要添加 id 属性，这样可以通过编程方式访问和控制它。

图 4-1 HTML 控件

例如，下面为文本框输入控件：

```
<input type="text"  size="30"/>
```

为其添加 id 和 runat 属性，将它转换为 HTML 服务器控件，如下面的代码所示：

```
< input type="text"  id="TxName"  size="30" runat="server"/>
```

因为 HTML 服务器控件比较简单，本书不一一列出讲解，读者如要了解详细的内容，可以参考微软的 MSDN 文档。

4.3　Web 服务器控件

　　HTML 控件在过去的页面开发中基本可以满足用户的需求，但是并没有办法利用程序直接来控制它们的属性、方法和事件。而在交互性要求比较高的动态页面（需要同用户交互的页面）中需要使用到 ASP.NET 4.5 提供的 Web 服务器控件。这些 Web 控件提供了丰富的功能。在熟悉了这些控件后，开发人员就可以将主要精力放在程序的逻辑业务的开发上。

　　大多数的 Web 服务器控件都派生于 System.Web.UI.WebControl，而 WebControl 类又从 System.Web.UI.Control 类派生，都包含在 System.Web.UI.WebControls 命名空间下面。

　　如图 4-2 展示了 Web 服务器控件类结构。在 ASP.NET 中，所有的控件都是基于对象 Object 的，而所有的 Web 控件则包含在 System.Web.UI.WebControls 下面。

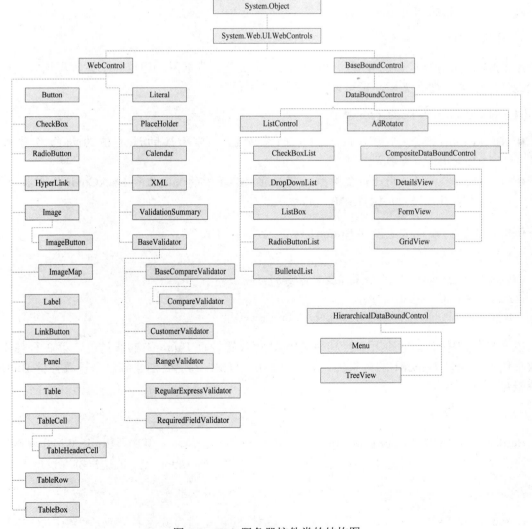

图 4-2　Web 服务器控件类的结构图

在 System.Web.UI.WebControls 的命名空间下面，服务器控件可分为两大部分。

- Web 控件：这种控件用来组成与用户进行交互的页面，比如最常见的用户提交表单。这类控件包括最常用的按钮控件、文本框控件、标签控件等，还有用户验证用户输入的控件，以及自定义的用户控件等，使用这些控件可以组成与用户交互的接口。
- 数据绑定控件：在 Web 应用程序中，往往需要在页面中呈现一些来自于数据库、XML 文件等的数据信息。这时就要用到数据绑定控件来实现数据的绑定和显示。这类控件包括广告控件、表格控件等，还有用于导航的菜单控件和树型控件。

4.3.1 Web 服务器控件基本属性

Web 服务器控件继承了 WebControl 和 System.Web.UI.Control 类的所有属性，包括了控件的外观、行为、布局和可访问性等方面。

1. 外观属性

ASP.NET 服务器控件的外观属性主要包括前景色、背景色、边框和字体等，这些属性一般在设计时设置，如有必要，也可以在运行时动态设置。

（1）BackColor 和 ForeColor 属性

- BackColor 属性：用于设置对象的背景色，其属性的设定值为颜色名称或是"#RRGGBB"的格式。
- ForeColor 属性：用于设置对象的前景色，其属性的设定值和 BackColor 的要求一样，为颜色名称或是"#RRGGBB"的格式。

例如，下面为设置按钮控件 Button1 颜色属性的代码：

```
1.    int alpha = 260,red = 10;green = 260,blue = 10;
2.    Button1.BackColor = Color.FromArgb(alpha,red,green,blue);
3.    Button1.BackColor = Color.Red;
4.    Button1.BackColor = ColorTranslator.FromHtml("Blue");
```

上面打代码中第 1 行和第 2 行利用 ARGB 值设置控件 Button1 的背景色，第 3 行使用颜色枚举值设置控件 Button1 的背景色，第 4 行使用 HTML 颜色名创建颜色来设置控件 **Button1** 的背景色。

（2）Border 属性

Border 边框属性包括 BorderWidth、BorderColor、BorderStyle。其中，BorderWidth 属性可以用来设定 Web 控件的边框宽度，单位是像素。下面的代码把 Button 控件的边框宽度设置为 5。

```
<ASP:Button Id="Button1" Text="Button" BorderWidth=5 Runat="Server"/>
```

BorderColor 属性用于设定边框的颜色，其属性的设定值为颜色名称或是"#RRGGBB"的格式。

BorderStyle 属性用来设定对象边框的样式，总共有以下几种设定。

- Notset：默认值。
- None：没有边框。
- Dotted：边框为虚线，点较小。
- Dashed：边框为虚线，点较大。
- Solid：边框为实线。
- Double：边框为实线，但厚度是 Solid 的两倍。
- Groove：在对象四周出现 3D 凹陷式的边框。
- Ridge：在对象四周出现 3D 突起式的边框。
- Inset：控件呈陷入状。
- Outset：控件呈突起状。

（3）Font 属性

Font 属性有以下几个子属性，分别表现为不同的字体特性。

- Font-Bold：如果属性值设定为 True，则会变成粗体显示。
- Font-Italic：如果属性值设定为 True，则会变成斜体显示。
- Font-Names：设置字体的名字。
- Font-Size：设置字体大小，共有 9 种大小可供选择，包括 Smaller、Larger、XX-Small、X-Small、Small、Medium、Large、X-Large 或者 XX-Large。
- Font-Strikeout：如果属性值设定为 True，则文字中间显示一条删除线。
- Font-Underline：如果属性值设定为 True，则文字下面显示一条底线。

例如，设置按钮 Label1 控件的字体属性代码如下：

```
1.    Label1.Font.Name = "Verdana";
2.    Label1.Font.Bold = true;
3.    Label1.Font.Size = FontUnit.Small;
4.    Label1.Font.Size = FontUnit.Point(12);
```

上面的代码中第 1 行设置按钮控件 Label1 上文字的字体为 Verdana。第 2 行设置字体为加粗。第三行设置字体的相对大小。第 4 行设置字体的实际大小为 12px。

2. 行为属性

Web 服务器控件的行为属性涵盖了控件是否可见、控件是否可用，包括控件的提示信息等。除了控件的提示信息之外，其余的控件行为属性一般会在运行时进行动态设置。

（1）Enabled 属性

Enabled 属性用于设置禁止控件还是使用控件。当该属性值为 False 时，控件为禁止状态。当该属性值为 True 时控件为使用状态，对于有输入焦点的控件，用户可以对控件执行一定的操作，例如单击 Button 控件，在文本框中输入文字等。默认情况下，控件都是使用状态。

（2）ToolTip 属性

ToolTip 属性用于设置控件的提示信息。设置了该属性值后，当鼠标停留在 Web 控件上一小段时间后就会出现 ToolTip 属性中设置的文字。通常设置 ToolTip 属性为一些提示操作的文字。

（3）Visible 属性

Visible 属性决定了控件是否会被显示，如果属性值为 True 将显示该控件，否则将隐藏该控件（该控件存在，只是不可见），默认情况下，该属性为 True。

3．可访问性

设计网页时，需要支持键盘中的快捷键和 Tab 键，这是为了方便用户使用键盘来访问网页，可访问性指的就是实现这些功能的特性。

（1）AccessKey 属性

AccessKey 属性用来为控件指定键盘的快捷键，这个属性的内容为数字或是英文字母。例如设置为 A，那么使用时用户按下 Alt+A 组合键就会自动将焦点移动到这个控件的上面。

（2）TabIndex 属性

TabIndex 属性用来设置 Tab 按钮的顺序。当使用者按下 Tab 键时，输入焦点将从当前控件跳转到下一个可以获得焦点的控件，TabIndex 键就是用于定义这种跳转顺序的。合理地使用 TabIndex 属性，可以让用户使用程序时更加轻松，让程序更加人性化。如果没有设置 TabIndex 属性，那么该属性值默认为零。如果 Web 控件的 TabIndex 属性值一样，就会以 Web 控件在 ASP.NET 网页中被配置的顺序来决定。

下面的代码设置了三个 Button 控件的 TabIndex 属性，由于 A3 的 TabIndex 值最小，所以当用户按下 Tab 键时，输入焦点首先停留在 A3 上，当再次按下 Tab 键后，焦点跳转到 A2 上，第三次按下 Tab 键时焦点将跳转到 A1 上。

```
1.    <ASP:Button Id="Button1" Text="A1"    TabIndex="3" Runat="Server"/>
2.    <ASP:Button Id=" Button2" Text="A2" TabIndex="2" Runat="Server"/>
3.    <ASP:Button Id=" Button3" Text="A1" TabIndex="1" Runat="Server"/>
```

以上代码第 1 行定义 Button1 的 TabIndex 属性为 3，第 2 行定义 Button 2 的 TableIndex 属性为 2，第 3 行定义 Button3 的 TableIndex 属性为 1，程序运行时，用户可以通过 Tab 键在这三个控件之间切换，切换的顺序为 Button3→Button2→Button1。

4．布局属性

Web 服务器控件提供了 Width 和 Hight 属性来控制控件显示的大小，可以使用一个数值加一个度量单位设置这些属性，这些度量单位包括相素（pixels）、百分比等。在设置这些属性时，必须添加单位符号 px（表示相素）或%（百分比）以指明使用的单位类型。

（1）Height 属性

Height 属性获取或设置 Web 服务器控件的高度。

（2）Width 属性

Width 属性获取或设置 Web 服务器控件的宽度。

例如：定义一个 TextBox 控件，并设置属性 BorderWidth、Height 和 Width 的值来定义
TextBox 控件的边框大小、高度和宽度，代码如下：

```
<asp:TextBox ID="TextBox1" runat="server" BorderWidth="4px" Width="150px" Height="70px"></asp:
TextBox >
```

上面的代码设置了 TextBox1 控件的属性 BorderWidth 为 4px，表示边框的宽度为 4px，
Height 为 70px，表示高度为 70px；Width 为 150px，表示宽度为 150px。

【实例 4-1】 设置控件的外观

本实例创建了 9 个 Label 控件，为每一个控件设置不同字体大小、颜色，要显示的文字，
具体实现过程如下：

01 启动 Visual Studio 2012，执行"文件"｜"新建网站"命令，在弹出的"新建网站"
对话框中创建一个名为"实例 4-1"的 ASP.NET 空网站。

02 用鼠标右键单击网站名称"实例 4-1"，在弹出的快捷菜单中选择"添加"｜"添加
新项"命令，在弹出的"添加新项"对话框中，添加一个名为 Default 的 Web 窗体。

03 单击网站目录下的 Default.aspx 文件，进入"视图编辑"界面，打开"设计视图"对
话框，从工具箱中拖动 9 个 Label 控件到编辑区中。然后切换到"源视图"界面，在编辑区的
<form></form>标记之间编写如下代码：

```
1.  <div>
2.  <asp:Label ID="Label1" Font-Size="24" ForeColor="#ff0000" runat="server" Text="<center>欢迎进入
    ASP.NET 4.5 的世界！</center>"></asp:Label><br>
3.  <asp:Label ID="Label2" Font-Size="21" ForeColor="#0000ff" runat="server" Text="<center>欢迎进入
    ASP.NET 4.5 的世界！</center>"></asp:Label><br>
4.  <asp:Label ID="Label3" Font-Size="18" ForeColor="#006600" runat="server" Text="<center>欢迎进入
    ASP.NET 4.5 的世界！</center>"></asp:Label><br>
5.  <asp:Label ID="Label4" Font-Size="15" ForeColor="#6600ff" runat="server" Text="<center>欢迎进入
    ASP.NET 4.5 的世界！</center>"></asp:Label><br>
6.  <asp:Label ID="Label5" Font-Size="12"   ForeColor="#660033" runat="server" Text="<center>欢迎进入
    ASP.NET 4.5 的世界！</center>"></asp:Label><br>
7.  <asp:Label ID="Label6" Font-Size="9" ForeColor="#003366" runat="server" Text="<center>欢迎进入
    ASP.NET 4.5 的世界！</center>"></asp:Label><br>
8.  <asp:Label ID="Label7" Font-Size="6" ForeColor="#333300" runat="server" Text="<center>欢迎进入
    ASP.NET 4.5 的世界！</center>"></asp:Label>9. </div>
```

代码说明：第1行~第8行分别为7个标签控件 Label 设置了不同字体大小的属性 Font-Size；设置控件不同的前景颜色属性 ForeColor，同时指定要显示的文本。

04 按快捷键 Ctrl+F5，运行程序，效果如图 4-3 所示，在这里可以看到 7 种各种不同的控件外观。

图 4-3　运行结果

4.3.2　Web 服务器控件的事件

在 ASP.NET 页面中，当用户单击一个按钮控件时，就会触发该按钮的单击事件，开发人员在该按钮的单击事件处理函数中编写相应的代码，服务器就会按照这些代码来对用户的单击行为做出响应，所以说，用户与服务器的交互是通过 Web 服务器控件的事件来完成的。

1. Web 服务器控件的事件模型

Web 服务器控件的事件工作方式与传统的 HTML 标记的客户端事件工作方式有所不同，这是因为 HTML 标记的客户端事件是在客户端引发和处理的，而 ASP.NET 页面中的 Web 服务器控件的事件是在客户端引发的，在服务器端处理。

Web 服务器控件的事件模型：客户端捕捉到事件信息，然后通过 HTTP POST 将事件信息传输到服务器，而且页框架必须解释该 POST 以确定所发生的事件，然后在要处理该事件的服务器上调用代码中的相应方法。

基于以上的事件模型，Web 服务器控件事件可能会影响到页面的性能，因此，Web 服务器控件仅仅提供有限的一组事件，如表 4-1 所示。

表 4-1　Web 服务器控件事件

事件	支持的控件	功能
Click	Button，ImageButton	单击事件
TextChanged	TextBox	输入焦点变化
SelectedIndexChanged	DropDownList，ListBox，CheckBoxList，RadioButtonList	选择项变化

Web 服务器控件通常不再支持经常发生的事件，如 onmouseover 事件等，因为这些事件如果在服务器端处理的话，就会浪费大量的资源。但 Web 服务器控件仍然可以为这些事件调用客户端处理程序。此外，控件和页面本身在每个处理步骤都会引发生命周期事件，如 Init、Load 和 PreRender 事件，在应用程序中可以利用这些生命周期事件。

所有的 Web 事件处理函数都包括两个参数：第一个参数表示引发事件的对象，第二个参数表示包含该事件特定信息的事件对象，通常是 EventArgs 类型，或 EventArgs 类型的继承类型。例如按钮的单击事件处理函数，代码如下：

```
1.    public void Button1_Click(Object Sender, EventArgs e)//单击事件处理程序{
2.        //在此处添加处理程序
3.    }
```

以上的代码中第 1 行定义的函数包含两个参数：第一个参数 Sender 为引发事件的对象，这里引发该事件的对象就是一个 Button 对象；第二个参数 e 为 EventArgs 类型，该类型继承它表示该事件本身。

2. Web 服务器控件事件的绑定

在处理 Web 服务器控件时，需要把事件绑定到事件处理程序。事件绑定到事件处理程序的方法有两种：

（1）在 ASP.NET 页面中声明控件时指定该控件的事件对应的事件处理程序，例如把一个 Button 控件的 Click 事件绑定到名为 ButtonClick 的方法，代码如下：

```
<asp:Button id="Button1" runat="server" text="按钮" onclick=" ButtonClick"/>
```

（2）如果控件是被动态创建的，则需要使用代码动态地绑定事件到方法，例如以下代码：

```
1.    Button btn= new Button;
2.    btn.Text = "提交";
3.    btn.Click += new System.EventHandler(ButtonClick);
```

以上这段代码声明了一个按钮控件，并把名为 ButtonClick 的方法绑定到该控件的 Click 事件。其中，第 1 行定义了一个按钮控件 btn，第 3 行为该控件添加了一个名为 ButtonClick 的单击事件处理程序。

4.4　文本服务器控件

文本服务器控件是指专门实现文本显示的 Web 服务器控件，它们主要包括标签控件、静态文本控件、文本框控件和超链接文本控件。

4.4.1　Label 控件

在 Web 应用中，希望显示的文本不能被用户更改，或者当触发事件时，某一段文本能够在运行时更改，则可以使用标签控件 Label。Label 控件最常用的 Text 属性用于设置要显示的文本内容。

开发人员可以非常方便地将标签控件拖放到页面，拖放到页面后，该页面将自动生成一段标签控件的声明代码，代码如下所示：

```
<asp:Label ID="Label1" Text="要显示的文本内容" runat="server"></asp:Label>
```

或

```
<asp:Label ID="Label1" Text="要显示的文本内容" runat="server"/>
```

在以上代码中，声明了一个标签控件，并将这个标签控件的 ID 属性设置为默认值 Label1。由于该控件是服务器端控件，所以在控件属性中包含 runat="server"属性。该代码还将标签控件的文本初始化为"要显示的文本内容"，开发人员能够配置该属性进行不同文本内容的呈现。

同样，标签控件的属性能够在相应的.cs 代码中初始化，代码如下所示：

```
protected void Page_PreInit(object sender, EventArgs e){
Label1.Text = "Hello World";                //标签赋值
}
```

以上代码在页面初始化时为 Label1 的文本属性设置为"Hello World"。

值得注意的是，对于 Label 标签，同样也可以显示 HTML 样式，代码如下所示：

```
protected void Page_PreInit(object sender, EventArgs e){
Label1.Text = "Hello World<hr/><span style=\"color:red\">A Html Code</span>";  //输出 HTML
Label1.Font.Size = FontUnit.XXLarge;        //设置字体大小
}
```

上述代码中，Label1 的文本属性被设置为一串 HTML 代码，当 Label 文本被呈现时，会以 HTML 效果显示。

4.4.2　Literal 控件

Literal 控件的工作方式类似于 Label 控件，用于在浏览器上显示在整个过程中不发生变化的文本，其控件定义的语法如下：

```
<asp: Literal id=" Literal1" Text="要显示的文本内容" runat="server"/>
```

或

```
<asp: Literal id=" Literal1" Text="要显示的文本内容" runat="server"/></asp: Literal >
```

以上代码是定义 Label 标记的两种方式，属性 ID 定义该控件的标识为 Label，Text 属性表示控件要显示的文字，属性 runat 表示该控件是一个服务器控件。

除了前文介绍的基本属性外，Literal 控件还有以下几个重要的属性。

- Text: 获取或设置在 Literal 控件中显示的文本，该文本是可编辑的。
- Mode: 设置 Literal 控件文本的显示方式。

Literal 控件支持 Mode 属性，该属性用于指定控件对所添加标记的处理方式。可以将 Mode 属性设置为以下值：

- Transform，添加到控件中的任何标记都将进行转换，以适应请求浏览器的协议。如果想使用除 HTML 外的其他协议的移动设备呈现内容，此设置非常有用。
- PassThrough，添加到控件中的任何标记都将按原样呈现在浏览器中。
- Encode，添加到控件中的任何标记都将使用 HtmlEncode 方法进行编码，该方法将 HTML 编码转换为文本表示形式。当希望浏览器显示而不解释标记时，编码将很有用。编码对于安全也很有用，有助于防止在浏览器中执行恶意标记，显示来自不受信任源的字符串时推荐使用此设置。

下面的代码中将 Literal 的 Mode 属性值设为 Encode，ASP.NET 将会输出原样 HTML 编码，而不是把文本解释成 HTML 标记规定的格式。

```
<asp：Literal ID="Literal" runat="Server" Mode="Encode" Text=<b>新用户注册!<b>"</asp：Literal>
```

运行程序后，浏览器中会显示 "<b>新用户注册!<b>"。

4.4.3 TextBox 控件

在 Web 开发中，Web 应用程序通常需要和用户进行交互，例如用户注册、登录、发帖等，那么就需要文本框控件 TextBox。TextBox 控件是用得最多的控件之一，显示为文本框，可以用来显示数据或输入数据，该控件定义的语法如下：

```
<asp: TextBox id=" TextBox1" runat="server"/>
```

或

```
<asp: TextBox id=" TextBox1" runat="server"/></asp:TextBox>
```

TextBox 控件除了所有控件都具有的基本属性之外，还有以下几个重要的属性。

- AutoPostBack: 用于设置在文本修改后，是否自动回传到服务器。它有两个选项，true 表示回传；False 表示不回传，默认为 false。
- Columns: 获取或设置文本框的宽度（以字符为单位）。
- MaxLength: 获取或设置文本框中最多允许的字符数。
- ReadOnly: 获取或设置一个值，用于指示是否可以更改 TextBox 控件的内容。它有两个选项，true 表示只读，不能修改；false 表示可以修改。
- TextMode: 用于设置文本的显示模式。
- Text: 设置和读取 TextBox 中的文字。
- Row: 属性用于获取或设置多行文本框中显示的行数，默认值为 0，表示单行文本框。

该属性在 TextMode 属性为 MultiLine（多行文本框模式下）时才有效。

TextBox 的众多属性中 TextMode 比较重要，在 Visual Studio 2012 中对该属性做了重大的改进，增加了 13 个选项，如表 4-2 所示。

表 4-2　TextMode 的选项

选项名称	说明
Color	表示颜色项模式
Date	表示日期输入模式
DateTime	表示 datetime 项模式
DateTimeLocal	表示本地 datetime 项模式
Email	表示电子邮件项模式
Month	表示月份项模式
MultiLine	表示多行输入模式
Number	表示数字项模式
Password	表示密码输入模式
Phone	表示电话号码项模式
Range	表示数值范围项模式
Search	表示搜索字符串项模式
SingleLine	表示单行输入模式
Time	表示时间输入模式
Url	表示 URL 项模式
Week	表示一周项模式

许多浏览器都支持自动完成功能，该功能可帮助用户根据以前输入的值向文本框中填充信息。自动完成的精确行为取决于浏览器。通常，浏览器根据文本框的 name 属性存储值。

任何同名的文本框（即使在不同页上）都将为用户提供相同的值。TextBox 控件支持 AutoCompleteType 属性，该属性用于控制 TextBox 控件的自动完成功能。

TextBox 控件的常用事件是 TextChanged 事件，当文字改变时引发此事件，可以编写事件处理代码做出响应。

默认情况下，TextChanged 事件并不立刻导致页面回传，而是当下次发送窗体时在服务器代码中引发此事件。如果希望 TextChanged 事件即时回传，需将 TextBox 控件的 AutoPostBack（自动回传）属性设置为 True。

TextBox 控件最常用的方法是 Focus()方法，该方法派生于 WebControl 基类。Focus()方法可以将光标置于文本框中，准备接受用户的输入。用户不必移动鼠标就可以在窗体上输入信息。

4.4.4　HyperLink 控件

超链接控件 HyperLink 相当于实现了 HTML 代码中的"<a href="…"></a>"标记的效果，当然，超链接控件有自己的特点，当拖动一个超链接控件到页面时，系统会自动生成控件声明代码，代码如下所示：

```
<asp:HyperLink ID="HyperLink1" runat="server">HyperLink</asp:HyperLink>
```

或

```
<asp:HyperLink ID="HyperLink1" runat="server">HyperLink/>
```

以上代码声明了一个超链接控件，相对于 HTML 代码形式，HyperLink 可以通过传递指定的参数来访问不同的页面。当触发了一个事件后，超链接的属性可以被改变。HyperLink 控件除了基本属性之外，还有以下几个重要的属性。

- Text：用于设置或获取 HyperLink 控件的文本内容。
- NavigateURL：用设置或获取单击 HyperLink 控件时链接到的 URL。
- Target：用于设置或获取目标链接要显示的位置，有如下的值可选，_blank 表示在新窗口中显示目标链接的页面；_parent 表示将目标链接的页面显示到上一个框架集父级中；_self 表示将目标链接的页面显示在当前的框架中；_top 表示将内容显示在没有框架的全窗口中。
- ImageUrl：用于设置或获取显示为超链接图像的 URL。

使用 ImageUrl 属性可以设置这个超链接是以文本形式显示还是以图片文件显示，例如以下的代码：

```
<asp:HyperLink ID="HyperLink1" runat="server"
        ImageUrl="http://www.wcm777.hk /images/cms.jpg">
HyperLink
</asp:HyperLink>
```

以上代码将文本形式显示的超链接变为了图片形式的超链接，虽然表现形式不同，但是不管是图片形式还是文本形式，都可实现相同的效果。

使用 Navigate 属性可以为无论是文本形式还是图片形式的超链接设置超链接属性：即将跳转的页面，例如以下代码：

```
<asp:HyperLink ID="HyperLink1" runat="server" ImageUrl=" http://www.wcm777.hk /images/cms.jpg"
NavigateUrl=" http://www.wcm777.hk ">
HyperLink
</asp:HyperLink>
```

以上代码使用了图片超链接的形式。其中图片来自"http://www.wcm777.hk /images/cms.jpg"，当单击此 HyperLink 控件后，浏览器将跳到 URL 为"http://www.wcm777.hk"的页面。

HyperLink 控件的优点在于能够对控件进行编程，按照用户的意愿跳转到所需页面。下面的代码实现了当用户选择 qq 时，会跳转到腾讯网站，如果选择 Sohu，则会跳转到搜狐页面，示例代码如下所示：

```
protected void DropDownList1_SelectedIndexChanged(object sender, EventArgs e){
if (DropDownList1.Text == "qq"){        //如果选择 qq
HyperLink1.Text = "qq";             //文本为 qq
HyperLink1.NavigateUrl = "http://www.qq.com";  //URL 为 qq.com
}
else {                               //选择 sohu
HyperLink1.Text = "sohu";   //文本为 sohu
HyperLink1.NavigateUrl = "http://www.sohu.com"; //URL 为 sohu.com
}
}
```

上面的代码使用了 DropDownList 控件，当用户选择不同的值时，对 HyperLink1 控件进行操作。当用户选择 qq，则为 HyperLink1 控件配置连接为 http://www.qq.com。

【实例 4-2】 文本服务器控件的使用

本实例要求当页面加载后，焦点自动定位在用户名右边的文本框中；当输入用户名并把焦点移出文本框时，将触发事件，判断用户名是否可用，如果可以则 Label 控件上显示"用户名可用"，否则显示"该用户已存在"，密码右边的文本框显示为密码，具体实现过程如下：

01 启动 Visual Studio 2012，执行"文件"｜"新建网站"命令，在弹出的"新建网站"对话框中创建一个名为"实例 4-2"的 ASP.NET 空网站。

02 用鼠标右键单击网站名称"实例 4-2"，在弹出的快捷菜单中选择"添加"｜"添加新项"命令，在弹出的"添加新项"对话框中，添加一个名为 Default 的 Web 窗体。

03 单击网站目录下的 Default.aspx 文件，进入"视图编辑"界面，打开"源视图"，在编辑区中的<form></form>标记之间编写如下代码：

```
1.  <div>
2.     用户名:<asp:TextBox ID="txtName" runat="server" AutoPostBack="True"
    OnTextChanged="txtName_TextChanged"></asp:TextBox>
3.     <asp:Label ID="lblValidate" runat="server"></asp:Label><br />
4.     密    码:<asp:TextBox ID="txtPassword" runat="server"
    TextMode="Password"></asp:TextBox><br />
5.     E-mail :<asp:TextBox ID="txtMail" TextMode="Email" runat="server" ></asp:TextBox><br />
6.     <asp:Button ID="btnSubmit" runat="server"    Text="确认" />
7.  </div>
```

上面的代码中第 2 行添加一个服务器文本框控件 txtName，设置 AutoPostBack 属性为 True，表示文本修改后自动回发到服务器，设置文本框中的文本被修改后触发事件 txtName_TextChanged。第 3 行添加一个服务器标签控件 lblValidate；第 4 行添加一个服务器文本框控件 txtPassword,设置 TextMode 属性为显示密码格式;第 5 行添加一个服务器文本框控件 txtMail,设置 TextMode 属性为显示电子邮箱格式;第 6 行添加一个服务器按钮控件 btnSubmit,设置了显示的文本。

04 单击网站目录下的 Default.aspx.cs 文件,编写如下代码:

```
1.      protected void Page_Load(object sender, EventArgs e){
2.      txtName.Focus();
3.      }
4.      protected void txtName_TextChanged(object sender, EventArgs {
5.      if (txtName.Text == "wjn223"{
6.      lblValidate.Text = "该用户已存在!";
7.      }
8.      else{
9.      lblValidate.Text = "用户名可用";
10.     }
11.     }
```

代码说明:第 1 行定义处理页面加载 Page 事件的方法,第 2 行设置 txtName 文本框获得焦点。第 4 行定义处理文本框控件 txtName 文本内容改变事件的方法 TextChanged。第 5 行判断如果用户在 txtName 文本框中输入的内容是 wjn223,则第 6 行设置在 lblValidate 标签控件上显示"该用户已存在!";否则,第 9 行设置在 lblValidate 标签控件上显示"用户名可用"。

05 按快捷键 Ctrl+F5,运行程序,效果如图 4-4 所示,注意此时焦点自动定位在用户名右边的文本框中。

图 4-4　运行结果 1

在用户名右边的文本框中输入 wjn223,然后把焦点移出文本框时,将触发事件,标签控件上显示如图 4-5(a)所示的"该用户已存在!"的提示。

在用户名右边的文本框中输入其他用户名,然后把焦点移出文本框时,将触发事件,标签控件上显示如图 4-5(b)所示的"用户名可用"的提示,在密码右边的文本框中输入的密码会显示密码格式。

（a）　　　　　　　　　　　　　　（b）

图 4-5　运行结果

4.5　按钮服务器控件

按钮是提交窗体的常用元素，在 Web 应用程序和用户交互时，常常需要提交表单、获取表单信息等操作。按钮控件能够触发事件，或者将网页中的信息回传给服务器。Web 服务器控件中包括 Button、LinkButton 和 ImageButton 三种类型的按钮，这三种按钮提供类似的功能，但具有不同的外观。

4.5.1　Button 控件

Button 按钮控件是一种常见的单击按钮传递信息的方式，能够把页面信息返回到服务器。该控件定义的语法如下：

```
<asp:Button ID= "Button1" runat="Server" Text= "按钮"></asp:Button>
```

或

```
<asp:Button ID= "Button1" runat="Server" Text= "按钮"/>
```

Button 控件除了基本属性之外，还有以下几个重要的属性和事件。

- Text：设置或获取在 Button 控件上显示的文本内容，用来提示用户进行何种操作。
- CommandName：用于设置和获取 Button 按钮将要触发事件的名称。当有多个按钮共享一个事件处理函数时，通过该属性来区分要执行哪个 Button 事件。
- CommandArgument：用于指示命令传递的参数，提供有关要执行命令的附加信息以便在事件中进行判断。
- OnClick：当用户单击按钮时要执行的事件处理方法。
- Command：在单击 Button 控件时发生的服务器端事件。
- PostBackUrl：获取或设置单击 Button 时从当前页发送到的网页 URL。
- OnClientClick：在单击 Button 控件时发生的客户端事件。

虽然 Click 和 Command 事件都能够响应单击事件，但它们并不相同。

Click 事件在单击 Button 控件时发生。在开发过程中，双击 Button 按钮，便可为其自动产生事件触发函数，然后直接在此函数内编写所要执行的代码即可。以下是代码示例：

```
protected void Buttonl _Ciick(object sender,EventArgs e){
Response.Write(欢迎您回来! ");
}
```

Command 事件相对于 Click 事件具有更为强大的功能。它通过关联按钮的 CommandName 属性，使按钮可以自动寻找并调用特定的方法，还可以通过 CommandArgument 属性向该方法传递参数。

这样做的好处在于，当页面上需要放置多个 Button 按钮时，分别完成多个任务，而这些任务非常相似，容易用统一的方法来实现，不必为每个 Button 按钮单独实现 Click 事件，而可通过一个公共的处理方法结合各个按钮的 Command 事件来完成。

另外值得注意的两个属性：

- PostBackUrl 属性用于设置网页的 URL，指示此 Button 按钮从当前页提交给哪个网页，默认为空，即本页。可以利用它进行跨页面的数据传送。
- OnClientClick 属性指向客户端函数，与指向服务器端事件的 OnClick 属性不同。

Visual Studio 2012 可以同时处理服务器端脚本标记与客户端脚本标记，它们能无缝工作。

4.5.2　LinkButton 控件

LinkButton 控件是一个超链接按钮控件，它是一种特殊的按钮，其功能和普通按钮控件 Button 类似，但是该控件是以超链接的形式显示的。LinkButton 控件外观和 HyperLink 相似，功能和 Button 相同。HyperLink 控件声明的语法定义如下所示：

```
<asp: LinkButton ID= "LinkButton1" runat="Server" Text= "按钮"></asp: LinkButton>
```

或

```
<asp: LinkButton ID= "LinkButton1" runat="Server" Text= "按钮"/>
```

LinkButton 控件的属性和 Button 控件非常相似，具有 CommandName、CommandArgument 属性，以及 Click 和 Command 事件，请参考上节的内容，这里不再赘述。

可以为上面定义的 LinkButton1 添加如下事件代码：

```
protected void LinkButtonl_Click(object sender,EventArgs e){
ResponseWrite("注册成功! ");
RespcmseEnd{):
}
```

4.5.3　ImageButton 控件

ImageButton 控件是一个显示图片的按钮，其功能和普通按钮 Button 类似，但是

ImageButton 控件是以图片形式显示的。其外观与 Image 控件相似，但功能与 Button 相同。ImageButton 控件定义的语法如下：

```
<asp: ImageButton ID= "ImageButton1" runat="Server" Text=" 按钮"></asp: ImageButton>
```

或

```
<asp: ImageButton ID= "ImageButton1" runat="Server" Text= "按钮"/>
```

ImageButton 控件除了基本的属性之外，其他重要的常用方法和事件如下。

- ImageUrl：用于设置和获取在 ImageButton 控件中显示的图片位置。
- OnClick 事件：用户单击按钮后的事件处理函数。
- AlternateText：图像无法显示时替换文字。

ImageButton 控件大部分的属性与 Button 控件类似，下面将主要介绍该控件中的 ImageUrl 属性。ImageUrl 属性用于设置控件显示的图像位置。在设置时可以用相对 URL，也可以使用绝对 URL。相对 URL 是图像的位置与网页的位置相关，当移植到其他地点时不需要修改 ImageUrl 属性值，而绝对 URL 使图像的位置和服务器的完整路径相关，需要修改。ImageButton 控件的常用事件 Click，是在单击 ImageButton 控件时引发的事件。

【实例 4-3】按钮控件的使用

在电子商务网站中每个产品都会有图片介绍，这个图片通常会使用 ImageButton 控件，当用户单击图片后就可进入该产品信息介绍的页面，具体实现步骤如下：

01 启动 Visual Studio 2012，执行"文件"|"新建项目"命令，打开"新建项目对话框"。创建一个名为"实例 4-3"的 ASP.NET 空 Web 网站。

02 用鼠标右键单击解决资源管理器中生成的网站名"实例 4-3"，在弹出的快捷菜单中选择"添加"|"添加新项"，在弹出的"添加新项"对话框中创建一个名为 Default.aspx 的窗体。

03 在网站根目录下添加一个产品的图片文件。

04 单击网站目录下的 Default.aspx 文件，进入"视图编辑"界面，打开"设计视图"，从工具箱中拖动一个 ImageButton 到编辑区中。然后切换到"源视图"，在编辑区中的 <form></form>标记之间编写如下代码：

```
1.    <table    align="left" border ="1"    style="background-color:Gray">
2.      <tr>
3.      <td class="style1">
4.      <strong>产品图片</strong>
5.      </td>
6.      </tr>
7.      <tr>
8.      <td class="style4">
9.      <asp:ImageButton ID="ImageButton1" runat="server" ImageUrl="~/iPAD2.jpg"
        onclick="ImageButton1_Click" Height="79px"   />
```

```
10.        </td>
11.        </tr>
12.        </table>
```

以上代码第 1 行~第 12 行设计了一个 2 行 1 列的表格。其中，第 2 行~第 6 行在表格的第一行中显示标题文字；第 7 行~第 11 行在表格的第二行添加了一个图片按钮控件，设置其 ImageUrl 属性获取图片路径和触发单击的事件 Click。

05 在网站根目录下创建一个显示商品信息的窗体 Information.aspx。

06 单击创建好的 Information.aspx 文件，进入"视图编辑"界面，打开"源视图"，在编辑区中的<form></form>标记之间编写如下代码：

```
1.    <strong><span class="style1">产品信息</span></strong><br/><br/>
2.    <strong>产品编号：00008<br/><br/>
3.    产品名称：三星 S4<br/><br/>
4.    产品类别：智能手机<br/><br/>
5.    产品价格：950 元元</strong><br/>
```

以上代码第 1 行~第 5 行分别显示产品的主要信息，包括产品编号、名称、类别和价格信息。

07 双击网站目录下的 Default.aspx.cs 文件，编写关键代码如下：

```
1.    protected void ImageButton1_Click(object sender, ImageClickEventArgs e){
2.    Response.Redirect("Information.aspx");
3.    }
```

以上代码中第 1 行定义处理 ImageButton 单击事件 Click 的方法。第 2 行使用 Response 对象的 Redirect 方法，跳转到显示商品信息页面 Information.aspx。

08 按快捷键 Ctrl+F5 运行程序，如图 4-6 所示。单击商品图片可以进入如图 4-7 所示的产品信息页面。

图 4-6　运行结果 1

图 4-7　运行结果 2

4.6 图像服务器控件

ASP.NET 4.5 中包含了两个用于显示图像的控件：Image 控件和 ImageMap 控件。Image 控件用于简单地显示图像，ImageMap 控件用于创建客户端的、可单击的图像映射。

4.6.1 Image 控件

Image 控件是用于显示图像的，相当于 HTML 标记语言中的<img>标记，Image 控件的定义格式如下：

```
<asp: Image ID= "Image1" runat="Server" ></asp: Image>
```

或

```
<asp: Image ID= "Image1" runat="Server"/>
```

Image 控件除了一些基本的属性外，还有如下几个重要的属性。

- ImageUrl：用于设置和获取在 Image 控件中显示图片的路径。
- AlternateText：获取和设置当图像不可用时，在 Image 控件中显示替换的文本。
- GenerateEmptyAlternateText：如果将此属性设置为 true，则呈现图片的 alt 属性。
- DescriptionUrl：用于提供指向包含该图像详细描述的页面链接（复杂的图像要求可访问）。
- ImageAlign：用于获取和设置 Image 控件相对于网页中其他元素的对齐方式。共有以下 9 种值可供选择。
  - Left：图像沿网页的左边缘对齐，文字在图像右边换行。
  - Right：图像沿网页的右边缘对齐，文字在图像左边换行。
  - BaseLine：图像的下边缘与第一行文本的下边缘对齐。
  - Top：图像的上边缘与同一行上最高元素的上边缘对齐。
  - Middle：图像的中间与第一行文本的下边缘对齐。
  - Bottom：图像的下边缘与第一行文本的下边缘对齐。
  - AbsBottom：图像的下边缘与同一行中最大元素的下边缘对齐。
  - AbsMiddle：图像的中间与同一行中最大元素的中间对齐。
  - TextTop：图像的上边缘与同一行上最高文本的上边缘对齐。

Image 控件有三种方式来提供代替文本：如果图片代表页面内容，就应该为 AlternateText 提供一个值；如果 Image 控件表示的信息很复杂，例如柱状图、饼图或公司组织结构图就应该为 DescriptionUrl 属性提供一个值。DescriptionUrl 属性链接到一个包含对该图片的大篇文字描述的页面；如果图片纯粹是为了装饰（不表示内容），那么应该把 GenerateEmptyAlternateText 属性设为 True。当这个属性设为 True 时，生成的<img>标签就会包含 alt=""属性。

开发人员能够为 Image 控件配置相应的属性以便在浏览时呈现不同的样式，创建一个 Image 控件也可以直接通过编写 HTML 代码进行呈现，代码如下所示：

```
<asp:Image ID="Image1" runat="server"
```

AlternateText="图片连接失效"　ImageUrl="http://www.wcm777.com/images/cms.jpg" />

上述代码设置了一个图片，并当图片失效时提示图片连接失效。

要注意的是当双击图像控件时，系统并没有生成事件所需的代码段，这说明 Image 控件不支持任何事件。

4.6.2　ImageMap 控件

ImageMap 控件是实现在图片上定义热点（HotSpot）区域的功能。通过单击这些热点区域，用户可以向服务器提交信息，或者链接到某个 URL 地址。当需要对一幅图片的某个局部范围进行操作时，需要使用 ImageMap 控件。在外观上，ImageMap 控件与 Image 控件相同，但功能上与 Button 控件相同。

ImageMap 控件用于生成客户端的图像映射。一个图像映射显示一幅图片。单击图片的不同区域，可激发事件。比如，可以把图像映射当做一个奇特的导航条使用。这样，单击图像映射的不同区域，就会导航到网站的不同页面。也可以把图像映射用做一种输入机制。比如，可以单击不同的产品图片来向购物车添加不同的产品。

ImageMap 控件的定义格式如下：

```
<asp: ImageMap ID= "ImageMap1" runat="Server" ></asp: ImageMap>
```

或

```
<asp: ImageMap ID= "ImageMap" runat="Server"/>
```

ImageMap 控件除了一些基本的属性外，还有如下几个重要的属性。

- ImageUrl：用于设置和获取在 ImageMap 控件中显示的图像路径。
- AlternateText：获取和设置当图像不可用时，在 Image 控件中显示替换的文本。
- ImageAlign：用于获取和设置图像上热点区域位置和链接文件。
- HotSpotMode：用于设置图像上热点区域的类型，对应枚举类型 System.Web.UI. WebControls.HotSpotMode，它有 4 种枚举值。
  - ➤ NotSet：默认值，会执行定向操作，定向到用户指定的 URL 地址中。如果用户未指定 URL 位置，那么将定向到其 Web 应用程序根目录。
  - ➤ PostBack，回传操作。单击热区后，将执行后部的 Click 事件。
  - ➤ Inactive，无任何操作，即此时形同一张没有热区的普通图片。
  - ➤ Navigate，定向操作。定向到指定的 URL 地址，如果未指定地址，默认将定向到 Web 应用程序的根目录。
- HotSpots：该属性对应 System.Web.UI.WebControls.HotSpot 对象集合。HotSpot 类是一个抽象类，包括圆形热区（CircleHotSpot）、矩形热区（RectangleHotSpot）和多边形热区（PolygonHotSpot）三个子类，默认的是圆形热区。可以使用上面三种类型来定制图片的热点区域的形状。

ImageMap 控件支持 Click 事件，在用户对热点区域单击时触发，通常在 HotSpotMode 为

PostBack 时用到。

　　ImageMap 控件支持 Focus 方法，该方法用于把表单初始焦点设为该 ImageMap 控件。

【实例 4-4】图像控件的使用

　　本例使用 ImageMap 控件显示一个友情链接，整个友情链接是一张图片，当设置好热点区域后，单击不同区域将链接到不同的网页，具体实现步骤如下：

01 启动 Visual Studio 2012，创建一个 ASP.NET Web 空应用程序，命名为"实例 4-4"。

02 在 Web 应用程序中添加一个名为 Default.aspx 的窗体。

03 在网站根目录下添加一张作为友情链接的图片文件。

04 单击网站的根目录下的 Default.aspx 文件，进入"视图编辑"界面，打开"源视图"对话框，在编辑区中的<form></form>标记之间编写如下代码：

```
1.    <div>
2.    <asp:ImageMap ID="ImageMap1" runat="server" ImageUrl="imagemap.JPG">
3.    <asp:RectangleHotSpot Bottom="26" NavigateUrl="http://www.baidu.com" Right="69" />
4.    <asp:RectangleHotSpot Bottom="26" Left="71" NavigateUrl="http://www.google.com" Right="141" />
5.    <asp:RectangleHotSpot Bottom="26" Left="142" NavigateUrl="http://www.sogou.com" Right="212" />
6.    <asp:RectangleHotSpot Bottom="26" Left="213" NavigateUrl="http://www.taobao.com" Right="283" />
7.    <asp:RectangleHotSpot Bottom="26" Left="285" NavigateUrl="http://www.sina.com" Right="355" />
8.    <asp:RectangleHotSpot Bottom="26" Left="357" NavigateUrl="http://www.qq.com" Right="428" />
9.    </asp:ImageMap>
10.   </div>
```

　　上面的代码中第 1 行~第 10 行添加了一个服务器图像地图控件 ImageMap1 并设置了显示控件上图像路径的属性 ImageUrl。其中，第 3 行~第 8 行将 ImageMap1 控件划分为 6 个长方形热点区域 RectangleHotSpot，并设置各自关联页面的网站地址以及热点区域的大小。

05 按快捷键 Ctrl+F5，运行程序显示如图 4-8 所示的友情链接。单击友情链接不同的区域，将调整到相应的网站页面，如图 4-9 所示。

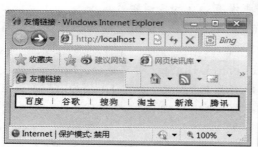

图 4-8　运行结果 1

图 4-9　运行结果 2

4.7　选择服务器控件

ASP.NET 4.5 中可以给用户提供简单选择的控件有：单选按钮（RadioButton 控件）、单选按钮列表（RadioButtonList 控件）、复选框（CheckBox 控件）、复选框列表（CheckBoxList 控件）。下面对这些控件分别进行介绍。

4.7.1　RadioButton 控件

RadioButton 控件表现为 Web 页面上的单选按钮。它允许用户选择 true 状态或 false 状态，但是只能选择其一。窗体上的一个单选按钮没有什么意义，在使用时通常有两个以上的 RadioButton 控件组成一组，以提供互相排斥的选项。在一组中，每次只能选择一个单选按钮。RadioButton 控件定义格式如下：

```
<asp: RadioButton ID= "RadioButton1" runat="Server" ></asp: RadioButton>
```

或

```
<asp: RadioButton ID= "RadioButton1 runat="Server" />
```

RadioButton 控件除了一些基本的属性外，其他常用的属性和事件如下所示。

- AutoPostBack：获取或设置一个值，该值指示在单击 RadioButton 控件时状态是否自动回发到服务器。
- Checked：获取或设置一个值，该值指示是否已选中 CheckBox 控件。该值只能是 True（选中）或 False（取消选中）。
- GroupName：获取或设置单选按钮所属的组名。
- TextAlign：获取或设置与 RadioButton 控件关联的文本标签的对齐方式。该值只有 Left 和 Right，指定文本标签是显示在单选框的右边还是左边，默认为 Right。
- Text：获取或设置与 RadioButton 控件关联的文本标签。
- CheckedChanged 事件：当 Checked 属性值在向服务器进行发送期间更改时发生。

当用户选择一个 RadioButton 控件时，该控件将引发一个事件，有下面两种处理方式。

- 如果无须直接对控件的选择事件进行响应，而只关心单选按钮的状态，那么可以在窗体发送到服务器后测试单选按钮，判断 RadioButton 控件的 Checkcd 属性，如果为 True，则表示单选按钮已选定。
- 如果需要立即响应用户更改控件状态的事件，那么要为控件的 CheckedChanged 事件创建一个事件处理程序。默认情况下，CheckedChanged 事件并不马上导致向服务器发送页面，而是当下次发送窗体时在服务器代码中引发此事件。如要使 CheckedChanged 事件即时发送，必须将 RadioButton 控件的 AutoPostBack 属性设置为 True。

4.7.2 RadioButtonList 控件

RadioButtonList 控件在 Web 页面上显示为一个单选列表，用户在这组列表项中只能选择一项。RadioButton 控件优于 RadioButtonList 控件的一个方面是，可以在 RadioButton 控件之间放置其他项（文本、图像）。虽然多个 RadioButton 控件也可以组成单选按钮组以实现互斥选择，但有多个选项供用户进行选择时，使用 RadioButtonList 控件更加方便。RadioButtonList 控件的定义格式如下：

```
<asp: RadioButtonList ID= "RadioButtonList1" runat="Server" ></asp: RadioButtonList>
```

或

```
<asp: RadioButtonList ID= "RadioButtonList1 runat="Server" />
```

RadioButtonList 控件除了一些基本的属性外，其他常用的属性和事件如下所示。

- RepeatColumns：获取或设置要在 RadioButtonList 控件中显示的列数。
- RepeatDirection：获取或设置一个值，该值指示 RadioButtonList 控件是垂直显示还是水平显示。
- RepeatLayout：获取或设置组内单选按钮的布局。
- SelectedIndex：获取或设置列表中选定项的最低序号索引。
- SelectedItem：获取列表控件中索引最小的选定项。
- SelectedValue：获取列表控件中选定项的值，或选择列表控件中包含指定值的项。
- SelectedIndexChanged 事件：当列表控件的选定项在信息发往服务器之间变化时发生。
- DataBinding：当服务器控件绑定到数据源时发生。

用 RepeatLayout 和 RepeatDirection 可以控制列表的生成过程。在默认情况下，列表项生成在一个表内，它保证伴随文本垂直对齐。RepeatLayout 用于属性控制布局；而另一个属性以自由的 HTML 文本显示列表项，使用空格和分隔行保证某种最小结构。RepeatDirection 是控制列表项的显示方向（带或不带表格式结构）的属性，它的取值是 Vertical（默认）和 Horizontal。RepeatColumns 属性决定该列表应该有多少列。在默认情况下，该属性的值为 0，表示所有的列表项都显示在一行内，根据 RepeatDirection 的值，以垂直或水平方向显示。

RadioButtonList 控件的 Items 集合的成员和列表中的每项对应，若要确定选中哪些项，应测试每项的 Selected 属性。ListItem 的基本属性如下所示。

- Text：每个选项的文本。
- Value：每个选项的值。
- Selected：选项的状态，True 表示默认选中。

在 Visual Studio 2012 中可视化设置 RadioButtonList 控件中的 RadioButton 成员的步骤如下所示：

01 当把控件 RadioButtonList 添加到"视图设计"界面后，将鼠标移到 RadioButtonList

控件上，其上方会出现一个向右的黑色小三角。单击它，弹出"RadioButtonList 任务"列表，选择其中的"编辑项"选项，如图 4-10 所示。

　　02 打开如图 4-11 所示的"ListItem 集合编辑器"对话框。单击"添加"按钮可向"成员"列表中添加选项。并在"属性"列表中设置选项的 Text 属性，然后单击"确定"按钮。如果要将选项设置为选中的状态，可以将 Selected 属性设置为 True。

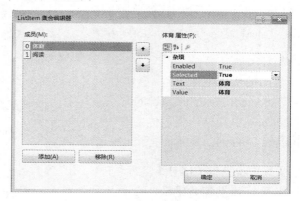

图 4-10　"RadioButtonList 任务"列表　　　图 4-11　"ListItem 集合编辑器"对话框

【实例 4-5】 RadioButtonList 控件的使用

　　本例实现在线考试系统中单选题的功能，通过使用 RadioButtonList 控件和 Label 控件完成对单选题的回答，并将回答的结果显示在页面上。具体步骤如下：

　　01 启动 Visual Studio 2012，创建一个 ASP.NET Web 应用程序，命名为"实例 4-5"。
　　02 在"实例 4-5"中创建一个名为 Default.aspx 的窗体。
　　03 单击网站的目录下的 Default.aspx 文件，进入"视图编辑"界面，打开"设计视图"，进入"源视图"，在编辑区中的<form></form>标记之间编写如下代码：

```
1.    请从下面的四个选项中选出你认为正确的答案（单选题）
2.    <asp:RadioButtonList ID="RadioButtonList1" runat="server" AutoPostBack="True"
      onselectedindexchanged="RadioButtonList1_SelectedIndexChanged">
3.    <asp:ListItem Value="0">A 8+8=16</asp:ListItem>
4.    <asp:ListItem Value="1">B 8+8=10</asp:ListItem>
5.    <asp:ListItem Value="2">C 8+8=12</asp:ListItem>
6.    <asp:ListItem Value="3">D 8+8=8</asp:ListItem>
7.    </asp:RadioButtonList>
8.    <br />
9.    <asp:Label ID="Label1" runat="server" Text="Label" Visible="False"></asp:Label>
```

　　上面代码中第 2 行~第 7 行添加了一个服务器单选框列表控件 RadioButtonList1 并设置 AutoPostBackd 属性的值为 true，表示需要自动回传到服务器。其中，第 3 行~第 6 行分别向 RadioButtonList1 添加了 4 个列表成员并设置 Value 属性的值，同时显示文本。第 9 行添加了一个服务器标签控件 Label1 并设置其 Visible 属性为不可见。

04 单击网站目录下的 "Default.aspx.cs" 文件，编写代码如下：

```
1.      protected void RadioButtonList1_SelectedIndexChanged(object sender, EventArgs e){
2.      Label1.Visible = true;
3.      if (int.Parse (RadioButtonList1.SelectedValue) == 0)
4.      Label1.Text = "恭喜您，选择正确！";
5.      else
6.      Label1.Text ="对不起，您的选择错误！";
7.      }
```

上面的代码中第 1 行~第 7 行定义处理服务器单选框列表控件 RadioButtonList1 选项改变事件 SelectedIndexChanged 的方法。其中，第 2 行将标签控件 Visible 属性设置为可见。第 3 行判断如果单选框列表控件中选中项的值等于 0 时，则第 4 行在页面 Label 控件上显示回答正确的提示。否则，显示回答错误的提示。

05 按快捷键 Ctrl+F5 运行程序，用户选择答案后，如果答题正确，页面显示如图 4-12 所示的结果。如果答题错误，页面显示如图 4-13 所示的结果。

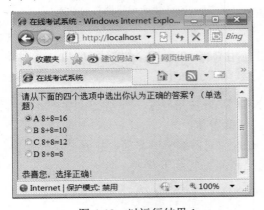

图 4-12　以运行结果 1

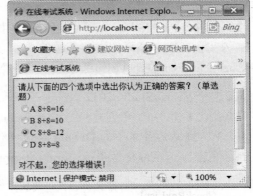

图 4-13　运行结果 2

4.7.3　CheckBox 控件

CheckBox 控件用于在 Web 窗体页上创建复选框。与 RadioButton 控件相似，CheckBox 控件也为用户提供了一种在二选一（如真/假、是/否或开/关）选项之间切换的方法。当用户选中控件时，表示输入的是 True，当没有选中这个控件时，表示输入的是 False。CheckBox 控件在使用时通常也与其他的 CheckBox 控件组成一组，但与 RadioButton 控件不同的是，RadioButton 控件组当中用户只能选择其一，而 CheckBox 控件组当中用户却能选择多个。

CheckBox 控件定义格式如下：

```
<asp: CheckBox ID= "CheckBox1" runat="Server" ></asp: CheckBox>
```

或

```
<asp: CheckBox ID= "CheckBox1" runat="Server"/>
```

CheckBox 控件除了一些基本的属性外，其他常用的属性和事件如下：

- AutoPostBack：设置或获取一个值，该值表示在单击 CheckBox 控件时状态是否回传到服务器，默认值是 false。
- Checked：获取或设置一个值，该值指示是否已选中 CheckBox 控件。该值只能是 True（选中）或 False（取消选中)
- Text：获取或设置与 CheckBox 关联的文本标签。
- TextAlign：获取或设置与 CheckBox 控件关联的文本标签的对齐方式。该值只有 Left 和 Right，指定文本标签是显示在复选框的右边还是左边，默认为 Right。
- CheckedChanged 事件：当 Checked 属性的值在向服务器进行发送期间更改时发生。即当从选择状态变为取消选择或从未选中状态到选中状态时发生。

CheckBox 控件的常用属性和事件同 RadioButton 控件类似，唯一不同的是它没有属性 GroupName。RadioButton 控件用 GroupName 属性来确保提供互斥选项，保证用户只选择其中之一。CheckBox 控件组是提供复选的，用户可以多项选择。

4.7.4　CheckBoxList 控件

CheckBoxList 控件提供给用户一个复选框列表，它相当于一个 CheckBox 控件组，当需要显示多个 CheckBox 控件，并且对于所有控件的处理方式相似时，CheckBoxList 控件更为方便。

CheckBoxList 控件允许操作一个条目，而 CheckBoxList 控件允许操作一组条目。CheckBox 控件可提供对布局的更多控制，而 CheckBoxList 控件提供方便的数据绑定功能。CheckBoxList 控件定义的格式如下：

```
<asp: CheckBoxList ID= "CheckBoxList1" runat="Server" ></asp: CheckBoxList>
```

或

```
<asp: CheckBoxList ID= "CheckBoxList1" runat="Server"/>
```

CheckBoxList 控件除了一些基本的属性外，其他常用的属性和事件如下。

- AutoPostBack：获取或设置一个值，该值指示当用户更改列表中的选定内容时是否自动产生向服务器的回发。
- CellPadding：获取或设置单元格的边框和内容之间的距离（以像素为单位）。
- DataSource：获取或设置对象，数据绑定控件从该对象中检索其数据项列表。
- DataTextField：获取或设置为列表项提供文本内容的数据源字段。
- DataValueField：获取或设置为各列表项提供值的数据源字段。
- Items：获取列表控件项的集合。
- RepeatColumns：获取或设置要在 CheckBoxList 控件中显示的列数。
- RepeatDirection：获取或设置一个值，该值指示 CheckBoxList 控件是垂直显示还是水平显示。

- RepeatLayout: 获取或设置 CheckBoxList 控件的 ListItem 排列方式是 Table 排列还是直接排列。
- SelectedIndex: 获取或设置列表中选定项的最低序号索引。
- SelectedItem: 获取列表控件中索引最小的选定项。
- SelectedValue: 获取列表控件中选定项的值，或选择列表控件中包含指定值的项。
- TextAlign: 获取或设置组内复选框的文本对齐方式。

向 CheckBoxList 控件中添加 CheckBox 成员的操作和 RadioButtonList 控件类似，这里就不再赘述了。

【实例 4-6】CheckBox 控件的使用

本例实现当选中发货地址和付款地址按钮时，程序自动将付款地址中的文本复制到发货地址中，当取消选择时，发货地址中的文本会自动清除。具体步骤如下所示：

01 启动 Visual Studio 2012，创建一个 ASP.NET Web 空应用程序，命名为"实例 4-6"。

02 在"实例 4-6"中创建一个名为 Default.aspx 的窗体。

03 单击网站目录下的 Default.aspx 文件，进入"视图编辑"界面，打开"设计视图"，进入"源视图"，在编辑区中的<form></form>标记之间编写如下代码：

```
1.    <div>
2.    付款地址: <asp:TextBox ID="TextBox1" runat="server" TextMode="MultiLine" Height="45px"
Width="199px"></asp:TextBox>
3.    <br />
4.    发货地址: <asp:TextBox ID="TextBox2" runat="server" TextMode="MultiLine" Height="45px"
Width="199px"></asp:TextBox>
5.    <br /><br />
6.    <asp:CheckBox ID="CheckBox1" runat="server"    Text="发货地址与付款地址相同"
AutoPostBack="true" OnCheckedChanged="CheckBox1_CheckedChanged"/>
7.    </div>
```

上述代码中第 2 行和第 4 行各添加了一个服务器文本框控件 TextBox，并设置文本显示模式为多行以及文本框的大小。第 6 行添加了一个服务器多选按钮控件 CheckBox1，并设置显示的文本、启动自动回传和触发按钮选择改变的事件。

04 单击网站目录下的 Default.aspx.cs 文件，编写关键代码如下。

```
1.    protected void CheckBox1_CheckedChanged(object sender, EventArgs e){
2.    if (CheckBox1.Checked){
3.    TextBox2.Text = TextBox1.Text;
4.    }
5.    else{
6.    TextBox2.Text = "";
7.    }
8.    }
```

上述代码中第 1 行定义处理按钮选择改变事件 CheckedChanged 的方法。第 2 行判断如果 CheckBox1 被选中，则第 3 行在 TextBox2 文本框中显示 TextBox1 文本框中的内容。第 5 行判断如果 CheckBox1 没有被选中，则第 6 行清除 TextBox2 文本框中的文本内容。

05 按快捷键 Ctrl+F5 运行程序，在"付款地址"文本框中输入文本，选中"发货地址与付款地址相同"复选框，"发货地址"文本框中如图 4-14 所示，将自动添加和"付款地址"文本框中相同的文本。然后取消"发货地址与付款地址相同"的选择，则"发货地址"文本框中的文本如图 4-15 所示被自动清空。

图 4-14　运行结果 1

图 4-15　运行结果 2

4.8　上机题

1. 使用 Visual Studio 2012 集成开发环境创建、运行本章所有的代码和实例，并分析其执行结果。

2. 编写一个 ASP.NET Web 应用程序。在页面的两个文本框中分别接收用户输入长方形的两条边长。再设计两个按钮：一个用于面积的计算，另一个用于周长的计算，当单击其中一个按钮时，在页面的标签控件上显示计算的结果。程序运行效果如图 4-16 所示。

3. 创建一个 ASP.NET Web 应用程序，使用一个 CheckBoxList 控件，用户可以通过该控件中的多个选项，选择自己喜欢的个人爱好并动态地显示在下面的一个 Label 控件。程序运行效果如图 4-17 所示。

图 4-16　运行结果

图 4-17　运行结果

4. 编写一个 ASP.NET Web 应用程序，使用单选按钮列表控件 RadioButtonList 实现单选功能，程序运行效果如图 4-18 所示。

5. 编写一个 ASP.NET Web 应用程序，设计三种不同类型的 TextBox 控件，分别为单行、密码和多行文本框。如果用户在密码文本框中输入的密码少于 8 位或者大于 15 位，就弹出错误提示对话框，运行效果如图 4-19 所示。

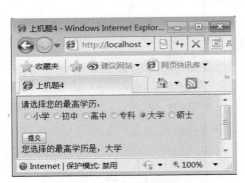

图 4-18　运行结果

图 4-19　运行结果

6. 编写一个 ASP.NET Web 应用程序，通过 HypeLink 控件设计超链接可以打开指定的网页，程序运行后如图 4-20 所示。

7. 编写一个 ASP.NET Web 应用程序，使用 ImageButton 控件用作图像映射来获取鼠标在图像中单击位置的信息，程序运行效果如图 4-21 所示。

8. 编写一个 ASP.NET Web 应用程序，当用户单击图像中的某一个图像时，页面将根据用户单击的位置，输出不同的显示内容，运行效果如图 4-22 所示。

图 4-20　运行结果

图 4-21　运行结果

图 4-22　运行结果

第 5 章　ASP.NET 4.5 高级控件

ASP.NET 4.5 提供除了第 4 章所介绍的常用标准的 Web 服务器控件以外，还提供了一些比较复杂的高级 Web 服务器控件。使用这些控件可以创建丰富的页面效果，并创建强大的用户交互功能，更好地增强用户的体验，减少开发时间。本章将介绍其中最为常用的几种高级 Web 服务器控件。

5.1　列表服务器控件

在网站中以列表的方式显示数据是最为常见一种功能。在 ASP.NET 4.5 中提供了多个功能强大的列表服务器控件，它们有 ListBox 控件、DropDownList 控件和 BulletedList 控件。

5.1.1　ListBox 控件

ListBox 控件表示在一个滚动窗口中垂直显示一系列项目列表。ListBox 运行用户选择单项或多项，并通过常见的 Items 集合提供它的内容，它支持数据绑定。该控件添加到页面后，设置列表项的方法与 RadioButtonList 控件相同。ListBox 控件定义的格式如下所示：

```
<asp: ListBox ID= "ListBox1" runat="Server" ></asp: ListBox>
```

或

```
<asp: ListBox ID= "ListBox1" runat="Server"/>
```

ListBox 控件除了基本属性之外，还有以下几个重要的属性和事件。

- AutoPostBack：获取或设置一个值，该值指示当用户更改列表中的选定内容时是否自动产生向服务器的回发。
- DataSource：获取或设置对象，数据绑定控件从该对象中检索其数据项列表。
- DataTextField：获取或设置为列表项提供文本内容的数据源字段。
- DataValueField：获取或设置为各列表项提供值的数据源字段。
- Items：获取列表控件项的集合，每一个项的类型都是 ListItem。
- Rows：获取或设置 ListBox 控件中显示的行数。
- SelectedIndex：获取或设置列表中选定项的最低序号索引。
- SelectedItem：获取列表控件中索引最小的选定项。
- SelectedValue：获取列表控件中选定项的值，或选择列表控件中包含指定值的项。

- SelectionMode: 使用 SelectionMode 属性指定 ListBox 控件的模式行为。
- Count: 表示列表项中条目的总数。
- Selected: 表示某个项被选中。
- ClearSelected: 取消选择是 ListBox 中的所有项。
- GetSelected: 返回一个值，该值指示是否选定了指定的项。
- Sort: 对 ListBox 中的项进行排序。

ListBox 控件的两个属性使 ListBox 控件略微不同于其他列表控件：Rows 属性和 SelectionMode 属性。Rows 属性用来获取或设置 ListBox 控件中所显示的行数。SelectionMode 属性用来控制是否支持多行选择，当此属性设置为 Single 时，表示是单选；当属性设置为 Multiple 时，表示是多选。如果将 ListBox 控件设置为多选，则用户可以在按住 Ctrl 或 Shift 键的同时，单击以选择多个选项。

【实例 5-1】ListBox 控件的使用

本例实现数据项在 ListBox 控件之间移动，用户先选择"候选国家"列表框中自己喜欢的国家，再单击"添加"按钮，"候选国家"列表框中被选中的国家将移动到"你喜欢的国家"列表框中，支持单选或多选，具体实现步骤如下所示：

01 启动 Visual Studio 2012，创建一个 ASP.NET Web 空应用程序，命名为"实例 5-1"。

02 在"实例 5-1"中创建一个名为 Default.aspx 的窗体。

03 单击网站的目录下的 Default.aspx 文件，进入"视图编辑"界面，打开"设计视图"，进入"源视图"，在编辑区中<form></form>标记之间编写如下代码。

```
1.    <div>候选国家:     你喜欢的国家: </div>
2.      <asp:ListBox ID="lbxSource" runat="server" Width="94px" Height="150px" SelectionMode="Multiple" >
3.        <asp:ListItem Value="1">中国</asp:ListItem>
4.        <asp:ListItem Value="2">美国</asp:ListItem>
5.        <asp:ListItem Value="3">挪威</asp:ListItem>
6.        <asp:ListItem Value="4">荷兰</asp:ListItem>
7.        <asp:ListItem Value="5">瑞士</asp:ListItem>
8.        <asp:ListItem Value="6">德国</asp:ListItem>
9.        <asp:ListItem Value="7">英国</asp:ListItem>
10.   </asp:ListBox>
11.     <asp:Button ID="btnSelect" runat="server" Text="加入" Style="position:relative;top:-70px;left:2px" OnClick="btnSelect_Click" />
12.<asp:ListBox ID="lbxDest" runat="server" Height="150px" SelectionMode="Multiple" Width="90px"></asp:ListBox>
```

上面的代码中第 2 行~第 10 行添加一个服务器列表框控件 lbxSource，设置选择项时可以进行多项选择。其中，第 3 行~第 9 行分别添加了 7 个列表项并设置显示的文本和 Value 值。第 11 行添加一个服务器按钮控件 btnSelect 并设置其单击事件 Click、显示的文本和位置。第 12 行添加另一个服务器列表框控件 lbxDest 并设置选择项时可以进行多项选择。

04 单击网站目录下的 Default.aspx.cs 文件，编写代码如下：

```
1.     protected void btnSelect_Click(object sender, EventArgs e){
2.         int count = lbxSource.Items.Count;
3.         int index = 0;
4.         for (int i = 0; i < count; i++){
5.             ListItem Item = lbxSource.Items[index];
6.             if (lbxSource.Items[index].Selected == true){
7.                 lbxDest.Items.Add(Item);
8.             }
9.         index++;
10.        }
11.    }
```

上面的代码中第 1 行处理加入按钮 btnSelect 的单击事件 Click。第 2 行获取 "候选国家" 列表的选项数。第 4 行~第 10 行使用 for 循环判断各个项的选中状态，如果选项为选中状态则添加到 "你喜欢的国家" 列表中。

05 按快捷键 Ctrl+F5 运行程序，效果如图 5-1 所示。选择候选国家后，单击 "加入" 按钮，效果如图 5-2 所示。

图 5-1　运行结果 1

图 5-2　运行结果 2

5.1.2　DropDownList 控件

DropDownList 控件在 Web 页面上呈现为下拉列表框，它允许用户从预定义的多个选项中选择一项。在选择前，用户只能看到第一个选项，其余的选项都 "隐藏" 起来。通过设置该控件的高度和宽度（以像素为单位），可以设定控件的大小，但是不能控制该列表拉下时显示的项目数。与 ListBox 类似，DropDownList 控件可以实现从预定义的多个选项中进行选择的功能。区别在 ListBox 在用户选择操作前，可以看到所有的选项，并可以实现多项选择。

DropDownList 控件定义格式的代码如下：

```
<asp: DropDownList ID= "DropDownList1" runat="Server" ></asp: DropDownList>
```

或

```
<asp: DropDownList ID= "DropDownList" runat="Server"/>
```

DropDownList 控件除了基本属性之外，还有以下几个重要的属性和事件。

- AutoPostBack：获取或设置一个值，该值指示当用户更改列表中的选定内容时是否自动产生向服务器的回发。
- DataSource：获取或设置对象，数据绑定控件从该对象中检索其数据项列表。
- DataTextField：获取或设置为列表项提供文本内容的数据源字段。
- DataValueField：获取或设置为各列表项提供值的数据源字段。
- Items：获取列表控件项的集合，每一个项的类型都是 ListItem。在"属性"窗口中单击该属性的按钮，可以打开"ListItem 集合编辑器"对话框来设置列表项。
- SelectedIndex：返回被选取到的 ListItem 的索引项。
- SelectedItem：获取列表控件中索引最小的选定项。
- SelectedValue：获得列表框中被选中的值。

DropDownList 控件的编程接口还有三个用来配置下拉列表边框的属性 BorderColor、BordStyle 和 Borderwidth。虽然这些属性被样式属性正确转换了，但是大多数浏览器不会用它们来改变下拉列表的外观。

DropDownList 控件的 Items 集合的成员和列表中的每一项对应，要确定选中了哪项，应测试每项的 Selected 属性。或者访问 SelectedItem 属性获取被选项，访问 SelectedValue 属性获得列表中被选项的值。当列表控件的选项改变时会触发 SelectedIndexChanged 事件，如果 DropDownList 控件的 AutoPostBack 属性为 True，将导致页面即时回传，从而立刻执行此事件代码。

【实例 5-2】DropDownList 控件的使用

大多数网站在用户的登录密码遗忘时，都会有一个找回密码的功能，但是需要用户输入密码提示，密码提示是用户在注册网站用户时留下的，本例就通过 DropDownList 控件实现注册时的密码提示问题确定。具体实现的步骤如下所示：

01 启动 Visual Studio 2012，创建一个 ASP.NET Web 空应用程序，命名为"实例 5-2"。
02 在"实例 5-2"中创建一个名为 Default.aspx 的窗体。
03 单击网站的目录下的 Default.aspx 文件，进入"视图编辑"界面，打开"设计视图"，进入"源视图"，在编辑区中的\<form>\</form>标记之间编写如下代码：

```
1.    <div>
2.      <asp:Label ID="Label1" runat="server" Text="密码提示问题: "></asp:Label>
3.      <asp:DropDownList ID="DropDownList1" runat="server" AutoPostBack="True"
      onselectedindexchanged="DropDownList1_SelectedIndexChanged">
4.        <asp:ListItem Value="0">请任选一项</asp:ListItem>
5.        <asp:ListItem Value="1">我的出生地</asp:ListItem>
```

```
6.          <asp:ListItem Value="2">我母亲的名字</asp:ListItem>
7.          <asp:ListItem Value="3">我父亲的名字</asp:ListItem>
8.      </asp:DropDownList><br/>
9.      <asp:Label ID="Label2" runat="server" Text="Label"></asp:Label>
10.     <asp:TextBox ID="TextBox1" runat="server" Width="99px"></asp:TextBox>
11. </div>
```

上面的代码中第 2 行添加一个服务器标签控件 Label1 并设置显示的文本。第 3 行~第 8 行添加了一个服务器下拉列表控件 DropDownList1，并设置自动回传服务器属性，同时定义一个 SelectedIndexChanged 事件，其中，第 4 行~第 7 行添加了下列列表框的 4 个选项，并设置 Value 值和要显示的选项文本。第 9 行添加一个服务器标签控件 Label2。 第 10 行添加一个服务器文本框控件 TextBox1，并设置其长度。

04 单击网站目录下的 Default.aspx.cs 文件，编写代码如下。

```
1.      protected void DropDownList1_SelectedIndexChanged(object sender, EventArgs e) {
2.      switch (DropDownList1.SelectedValue){
3.          case "1":Label2.Text = "我的出生地在:";
4.              break;
5.          case "2":Label2.Text = "我母亲的名字: ";
6.              break;
7.          case "3":Label2.Text = "我母亲的名字: ";
8.              break;
9.          }
10.     }
```

上面的代码中第 1 行定义处理下拉列表控件 DropDownList1 选项，更改事件 SelectedIndexChanged 的方法。第 2 行~第 8 行使用 switch-case 语句判断用户在下拉列表中的选项，根据 DropDownList1 的 Value 的值，在 Label1 控件上显示相应的密码问题。

05 按快捷键 Ctrl+F5 运行程序，效果如图 5-3 所示。选择下拉列表中某个选项，Label2 上如图 5-4 所示显示相应的文本，然后用户可以在文本框中输入密码问题的答案。

图 5-3　运行结果 1

图 5-4　运行结果 2

5.1.3　BulletedList 控件

BulletedList 控件用于创建一个无序或有序（编号的）项列表，它们呈现为 HTML 的<ul>或<ol>元素。可以指定项、项目符号或编号的外观；静态定义列表项或通过将控件绑定到数据来定义列表项；也可以在用户单击项时做出响应。

BulletedList 控件定义的格式代码如下所示：

```
<asp: BulletedList ID= "BulletedList1" runat="Server" ></asp: BulletedList>
```

或

```
<asp: BulletedList ID= "BulletedList" runat="Server"/>
```

BulletedList 控件除了基本属性之外，还有以下几个重要的属性和事件。

- DataSource：获取或设置对象，数据绑定控件从该对象中检索其数据项列表。
- DataTextField：获取或设置为列表项提供文本内容的数据源字段。
- DataValueField：获取或设置为各列表项提供值的数据源字段。
- Items：返回 BulletedList 控件中的 ListItem 参数，每一个项的类型都是 ListItem。在"属性"窗口中单击该属性的按钮，可以打开"ListItem 集合编辑器"对话框来设置列表项。
- BulletStyle：获取或设置 BulletedList 控件的项目符号样式。
- DisplayMode：获取或设置 BulletedList 控件中列表内容的显示模式。该属性有三个取值，Text，显示为文本；HypeLink，显示为超链接；LinkButton，显示为链接按钮。
- Click 事件：当单击 BulletedList 控件中的链接按钮时发生。
- SelectedIndexChanged 事件：当列表控件的选定项在信息发往服务器之间变化时发生。

上面的属性中 BulletStyle 可以在 BulletedList 控件中显示的项目符号样式有以下多种。

- NotSet：未设置符号样式。
- Numbered：数字符号样式。
- LowerAlpha：小写字母符号样式。
- UpperAlpha：大写字母符号样式。
- LowerRoman：小写罗马数字符号样式。
- UpperRoman：大写罗马数字符号样式。
- Disc：实心圆符号样式。
- Circle：圆圈符号样式。
- Square：实心正方形符号样式。
- CustomImage：自定义图象符号样式。

BulletedList 控件的项目支持各种图形样式：圆盘形、圆形和定制图形，还有包括罗马编号（roman numbering）在内的几种编号。初始编号可以通过 FirstBulletNumber 属性以编程的方式进行设计。DisplayMode 属性确定如何显示每个项目符号的内容，纯文本（默认）、链接按钮或超链接。如果显示链接按钮，则在该页回发时，在服务器上激发 Click 事件以允许处理该事件。如果显示超链接，则浏览器将在指定方框内显示目标页——Target 属性。目标 URL 与 DataValueField 指定的字段内容一致。

　　本例使用 BulletedList 项目列表控件显示选项节目的列表。用户可以从列表中选中自己最喜欢的选秀节目，程序将用户的选择显示在列表下。

【实例 5-3】BulletedList 控件的使用

01 启动 Visual Studio 2012，创建一个 ASP.NET Web 空应用程序，命名为"实例 5-3"。

02 在"实例 5-3"中创建一个名为 Default.aspx 的窗体。

03 单击网站的目录下的 Default.aspx 文件，进入"视图编辑"界面，打开"设计视图"，进入"源视图"，在编辑区中<form></form>标记之间编写如下代码。

```
1.    请选择您最喜欢的网站
2.    <asp:BulletedList runat = "server" ID = "BulletedList1" BulletStyle="Numbered"
      DisplayMode="LinkButton" onclick="BulletedList1_Click" >
3.        <asp:ListItem >百度</asp:ListItem>
4.        <asp:ListItem >谷歌</asp:ListItem>
5.        <asp:ListItem >新浪</asp:ListItem>
6.        <asp:ListItem >腾讯</asp:ListItem>
7.        <asp:ListItem >淘宝</asp:ListItem>
8.    </asp:BulletedList>
9.    <asp:Label ID="Label1" runat="server" Text="Label" Visible ="false" ></asp:Label>
```

　　代码中第 2 行添加一个项目列表控件 BulletedList1，设置类别项目符号样式为数字；设置项目列表项格式为链接按钮；设置处理 BulletedList1 控件的单击事件为 Click。第 3 行~第 7 行添加 5 个列表项和显示的文本。第 9 行添加一个服务器标签控件 Label1 并设置 Visible 属性为不可见。

04 单击网站目录下的 Default.aspx.cs 文件，编写代码如下：

```
1.    protected void BulletedList1_Click(object sender, BulletedListEventArgs e){
2.        Label1.Visible = true;
3.        switch (e.Index) {
4.            case 0: Label1.Text = "您最喜欢的网站是百度！";
5.            break;
6.            case 1: Label1.Text = "您最喜欢的网站是谷歌！";
7.            break;
8.            case 2: Label1.Text = "您最喜欢的网站是新浪！";
9.            break;
10.           case 3: Label1.Text = "您最喜欢的网站是腾讯！";
11.           break;
12.           case 4: Label1.Text = "您最喜欢的网站是淘宝！";                    break;
13.           default: Label1.Text = "您的选择错误！";
```

```
14.                 break;
15.          }
16.      }
```

上面的代码中第 1 行定义处理项目列表控件 BulletedList1 的单击事件 Click 的方法。第 2 行将标签控件的 Visible 属性设置为可见。第 3 行~第 15 行，使用 switch…case 语句判断事件源对象 e 的 Index 属性（即用户在项目列表中实际选定项的索引值），根据不同的索引值 0~4，分别在 Label1 上显示用户选择的列表项内容。比如选择的列表项索引是 0，就将列表项内容"百度"显示在页面的标签控件上，其余类同。

05 按快捷键 Ctrl+F5 运行程序，效果如图 5-5 所示。用户选择项目列表中的某个项，在下面显示项的内容。

图 5-5　运行结果

5.2　容器服务器控件

为了能够大大地方便开发人员进行页面设计，在 ASP.NET 4.5 中，提供了一些可以容纳其他控件放置的容器类型控件，包括 Panel 控件、MultiView 控件和 PlaceHold 控件。

5.2.1　Panel 控件

Panel 控件是一种用来对其他控件进行分组的容器控件，这样可以使得用户界面更加清晰、友好，同时也方便在运行中将多个控件作为一个单元来处理。因此在编程过程中，如果用户打算控制一组控件的集体行为，比如隐藏、显示多个控件或者禁止使用一组控件时，就可以使用 Panel 控件。把一组控件添加到同一个 Panel 控件中就能实现这一功能。

Panel 控件定义格式代码如下：

```
<asp: Panel ID= "Panel1" Height="1000px Weight="1000px" runat="Server" ></asp: Panel>
```

或

```
<asp: Panel ID= "Panel" Height="1000px Weight="1000px" runat="Server"/>
```

Panel 控件除了基本属性之外，还有以下几个重要的属性和事件。

- BackImageUrl：获取或设置面板控件背景图像的 URL。
- DefaultButton：规定 Panel 中默认按钮的 ID。
- Direction：规定 Panel 的内容显示方向。
- GroupingText：规定 Panel 中控件组的标题。
- ScrollBars：规定 Panel 中滚动栏的位置和可见性。
- BackColor：获取或设置 Web 服务器控件的背景色。
- HorizontalAlign：获取或设置面板内容的水平对齐方式。
- Wrap：获取或设置一个指示面板中的内容是否为换行的值。
- Visible：获取或设置 Web 服务器控件的宽度。
- Attributes：获取与控件的属性不对应的任意特性（只用于呈现）的集合。
- Controls：获取 ControlCollection 对象，该对象表示 UI 层次结构中指定服务器控件的子控件。
- DataBinding 事件：当服务器控件绑定到数据源时发生。

【实例 5-4】Panel 控件的使用

本例利用 Panel 控件实现简易注册页面，通过建立三个 Panel 控件对应三个不同的注册步骤来显示不同的内容。具体实现步骤如下：

01 启动 Visual Studio 2012，创建一个 ASP.NET Web 空应用程序，命名为"实例 5-4"。

02 在"实例 5-4"中创建一个名为 Default.aspx 的窗体。

03 单击网站的目录下的 Default.aspx 文件，进入"视图编辑"界面，打开"设计视图"，进入"源视图"，在编辑区中<form></form>标记之间编写如下代码：

```
1.   <div>
2.      <asp:Panel ID="pnlStep1" runat="server">第一步：输入用户名<br />
3.         用户名：<asp:TextBox ID="txtUser" runat="server" Style="font-size:small"></asp:TextBox><br />
4.          <asp:Button ID="btnStep1" runat="server" OnClick="btnStep1_Click"      Style="font-size: small"
Text="下一步" />
5.       </asp:Panel>
6.   </div>
7.   <asp:Panel ID="pnlStep2" runat="server">第二步：输入用户信息<br />
8.   姓名：<asp:TextBox ID="txtName" runat="server" Style="font-size: small"></asp:TextBox><br />
9.   电话：<asp:TextBox ID="txtTelephone" runat="server" Style="font-size:small"></asp:TextBox><br />
10.  <asp:Button ID="btnStep2" runat="server" OnClick="btnStep2_Click"          Style="font-size: small"
Text="下一步" />
11.  </asp:Panel>
12.  <asp:Panel ID="pnlStep3" runat="server">第三步：请确认您的输入信息<br />
13.     <asp:Label ID="lblMsg" runat="server"></asp:Label><br />
14.     <asp:Button ID="btnStep3" runat="server" Style="font-size: small" Text="确定"
```

```
        OnClick="btnStep3_Click" />
15.     </asp:Panel>
```

上面的代码中第 2 行~第 5 行添加了一个服务器面板控件 pnlStep1，其中，第 3 行添加了一个服务器文本框控件 txtUser，并设置其显示文本的大小，第 4 行添加一个服务器按钮控件 btnStep1 并设置其显示文本、文本大小和触发的单击事件。第 7 行~第 11 行添加了一个服务器面板控件 pnlStep2，其中，第 8 行和第 9 行各添加了一个服务器文本框控件，并设置其显示文本的大小，第 10 行添加一个服务器按钮控件 btnStep2 并设置其显示文本、文本大小和触发的单击事件。第 12 行~第 15 行添加了一个服务器面板控件 pnlStep3，其中第 13 行添加了一个服务器标签控件 lblMsg，第 14 行添加了一个服务器按钮控件 btnStep3，并设置其显示文本、文本大小和触发的单击事件。完成设计后的界面如图 5-6 所示。

图 5-6　设计界面

04 单击网站目录下的 Default.aspx.cs 文件，编写代码如下：

```
1.      protected void Page_Load(object sender, EventArgs e){
2.          if (!IsPostBack){
3.              pnlStep1.Visible = true;
4.              pnlStep2.Visible = false;
5.              pnlStep3.Visible = false;
6.          }
7.      }
8.      protected void btnStep1_Click(object sender, EventArgs e){
9.              pnlStep1.Visible = false;
10.             pnlStep2.Visible = true;
11.             pnlStep3.Visible = false;
12.     }
13.     protected void btnStep2_Click(object sender, EventArgs e){
14.             pnlStep1.Visible = false;
15.             pnlStep2.Visible = false;
16.             pnlStep3.Visible = true;
17.             lblMsg.Text = "用户名: " + txtUser.Text + "<br />姓名: " + txtName.Text + "<br/>电话: " +
        txtTelephone.Text;
18.     }
```

```
19.        protected void btnStep3_Click(object sender, EventArgs e){
20.        //将用户信息保存到数据库的代码省略…
21.        }
```

上面的代码中第 1 行定义处理 Page 对象加载事件 Load 方法。第 2 行判断当前页面，如果不是回传页面，则第 3 行将 pnlStep1 面板设置为可见。第 4 行和第 5 行将两个面板控件 Panel 设置为不可见。第 8 行定义处理 btnStep1 按钮控件的单击事件 Click 的方法。第 9 行将 pnlStep1 设置为不可见。第 10 行将 pnlStep2 设置为可见。第 11 行将 pnlStep3 设置为可见。第 13 行定义处理 btnStep2 控件的单击事件 Click 的方法。第 14 和 15 行将 pnlStep1、pnlStep2 设置为不可见。第 16 行将 pnlStep3 设置为可见。第 17 行在 lblMsg 标签控件上显示用户的信息。

05 按快捷键 Ctrl+F5 运行程序，效果如图 5-7 所示，输入用户名，单击"下一步"按钮，在弹出如图 5-8 所示的页面中输入姓名和电话，单击"下一步"按钮，弹出如图 5-9 所示的"确认信息"对话框。

图 5-7 运行结果 1   图 5-8 运行结果 2   图 5-9 运行结果 3

5.2.2 MultiView 控件

MultiView 控件是一个 Web 控件的容器，而 MultiView 控件又是 View 控件的容器，因此两者一般搭配运作。在 MultiView 控件中可以拖曳多个 View 控件，而 View 控件内包含了任何需要显示在页面中的内容，存放一般 ASP.NET 服务器控件，如 Image、TextBox 等。虽然 MultiView 中可包含多个 View 控件，但页面一次只能显示一个视图，因此也只有一个 View 控件区域会被显示。MultiView 通过 ActiveViewIndex 属性值来决定哪个 View 要被显示，程序也是利用 ActiveViewIndex 属性设置来切换不同的 View。

MultiView 控件和 View 控件定义的格式代码如下所示：

```
<asp: MultiView ID= "MultiView1" runat="Server" >
<asp:View ID="View1" runat="server"></asp:View>
<asp:View ID="View2" runat="server"></asp:View>
</asp: MultiView>
```

上面的代码中 MultiView 控件包含了两个 View 控件，需要显示的视图内容设置在 View 控件。

MultiView 控件除了基本属性之外，还有以下几个重要的属性和方法。

- ActiveViewIndex：获取或设置活动 View 控件的索引。MultiView 控件按 View 控件页面上出现的顺序进行从 0~n-1 的编号，n 表当前 MultiView 控件中的 View 控件数量。如果显示添加到 MultiView 控件中的第一个 View 控件，该属性设置为 0。
- EnableTheming：获取或设置一个值，该值指示是否向 MultiView 控件应用主题。
- Views：获取 MultiView 控件的 View 控件集合。
- Visble：用于设置 MultiView 控件在默认状态下是否可见。
- AddParsedSubObject：通知 MultiView 控件已分析了一个 XML 或 HTML 元素，并将该元素添加到 MultiView 控件的 ViewCollection 集合中。
- CreatedControlCollection：创建 ControlCollection 以保存 MultiView 控件的子控件。
- GetActiveView：返回 MultiView 控件的当前活动的 View 控件。
- LoadControlState：加载 MultiView 控件的当前状态。
- SetActiveView：将指定的 View 控件设置为 MultiView 控件的活动视图。
- SaveControlState：保存 MultiView 控件的当前状态。
- RemovedControl：在将 View 控件从 MultiView 控件的 Controls 集合中移除后调用。
- OnBubbleEvent：确定 MultiView 控件的事件是否传递给页的用户界面服务器控件层次结构。
- ViewCollection：获得包含在 MultiView 中的 View 对象集合。
- OnActiveViewChanged 事件：引发 MultiView 控件的 ActiveViewChanged 事件。

如果要在 Visual Studio 2012 中创建 MultiView 控件，可以在 MultiView 控件上拖放几个 View 控件，把需要的元素放在 View 控件上。

View 和 MultiView 控件继承自 System. Web. UI. Control 类。MultiView 控件有一个类型为 ViewCollection 的只读属性 View。使用该属性可获得包含在 MultiView 中的 View 对象集合。与所有的.NET 集合一样，该集合中的元素被编入索引。MultiView 控件包含 ActiveViewIndex 属性，该属性可获取或设置以 0 开始的，当前活动视图的索引。如果没有视图是活动的，那么 ActiveViewIndex 为默认值-1。

表 5-1 列出了 MultiView 控件的 4 个 CommandName 字段。为按钮的 CommandName 属性赋值，能够实现视图导航。例如，将 Button、ImageButton 或 LinkBuIton 控件的 CommandName 属性设置为 NextView，单击这些按钮后将自动导航到下一个视图，而不需要额外的代码。开发者不需要为按钮编写单击事件处理程序。

表 5-1 Web MultiView 控件的 CommandName 字段

字段	默认命令名	说明
NextView CommandName	NextView	导航到下一个具有更高 ActiveViewIndex 值的视图。如果当前位于最后的视图，则设置 ActiveViewIndex 值为-1，不显示任何视图

（续表）

字段	默认命令名	说明
PreviousView CommandName	PrevView	导航到低于 ActiveViewIndex 值的视图。如果当前位于第一个视图，则设置 ActiveViewIndex 值为 1，不显示任何视图
SwitchViewByID CommandName	SwitchViewByID	导航到指定 ID 的视图，可以使用 CommandArgument 指定 ID 值
SwitchViewByIndex CommandName	SwitchViewByIndex	导航到指定索引的视图，可以使用 CommandArgument 指定索引

【实例 5-5】MultiView 控件的使用

本例利用 MultiView 控件用户编程习惯调查，通过建立三个包含在 MultiView 控件中的 View 控件对应三个不同的调查步骤来显示不同的内容。具体实现步骤如下所示：

01 启动 Visual Studio 2012，创建一个 ASP.NET Web 空应用程序，命名为"实例 5-5"。

02 在"实例 5-5"中创建一个名为 Default.aspx 的窗体。

03 单击网站的目录下的 Default.aspx 文件，进入"视图编辑"界面，打开"设计视图"，进入"源视图"，在编辑区中<form></form>标记之间编写如下代码：

```
1.      <asp:MultiView ID="mvSurvey" runat="server">
2.          <asp:View ID="View1" runat="server">
3.          1、您从事的是哪种应用程序的编程?
4.          <asp:RadioButtonList ID="rdoltView1" runat="server" >
5.            <asp:ListItem Value="webapp">Web 应用程序</asp:ListItem>
6.            <asp:ListItem Value="winapp">Windows 应用程序</asp:ListItem>
7.          </asp:RadioButtonList>
8.          <asp:Button ID="btnView1Next" runat="server" CommandName="NextView"
9.                                      Text="下一个" />
10.       </asp:View>
11.       <asp:View ID="View2" runat="server">
12.       2、您最常用的语言是哪一种?<br/>
13.         <asp:RadioButtonList ID="rdoltView2" runat="server">
14.           <asp:ListItem Value="cshap">C#语言</asp:ListItem>
15.           <asp:ListItem>Java</asp:ListItem>
16.         </asp:RadioButtonList>
17.         <asp:Button ID="btnView2Prew" runat="server" CommandName="PrevView" Text="上一个" />
18.         <asp:Button ID="btnView2Next" runat="server" CommandName="NextView" Text=" 下一个"
      OnClick="btnView2Next_Click"/>
19.       </asp:View>
20.       <asp:View ID="View3" runat="server">
21.       谢谢您的参与！ <br/>
```

```
22.            <asp:Label ID="lblDisplay" runat="server"></asp:Label><br/>
23.            <asp:Button ID="btnSave" runat="server" Text="保存" OnClick="btnSave_Click" />
24.        </asp:View>
25.     </asp:MultiView>
```

上面的代码中第 1 行添加了一个服务器多视图控件 MultiView1，第 2 行~第 10 行添加一个服务器视图控件 View1，其中第 4 行~第 7 行添加一个单选按钮列表控件 rdoltView1 包括添加了两个选择项，第 8 行添加一个服务器按钮控件 btnView1Next 并设置其显示文本和命令名称属性。第 11 行~第 19 行添加一个服务器视图控件 View2。第 20 行~第 24 行添加一个服务器视图控件 View3。设计完成后的界面如图 5-10 所示。

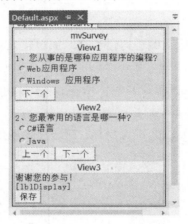

图 5-10　设计界面

04 单击网站目录下的 Default.aspx.cs 文件，编写代码如下：

```
1.      protected void Page_Load(object sender, EventArgs e){
2.        if (!IsPostBack){
3.            mvSurvey.ActiveViewIndex = 0;
4.        }
5.      }
6.      protected void btnView2Next_Click(object sender, EventArgs e){
7.          lblDisplay.Text = "您选择了: " + "<br />" + rdoltView1.SelectedItem.Text + "<br />" +
rdoltView2.SelectedItem.Text;
8.      }
9.      protected void btnSave_Click(object sender, EventArgs e){
10.         btnSave.Enabled = false;
11.         //省略将调查结果保存到数据库的代码
12.     }
```

上面的代码中第 1 行定义处理 Page 对象加载事件 Load 的方法。第 2 行判断当前页面如果不是回传页面，则第 3 行通过 ActiveViewIndex 属性设置默认显示为添加到该控件中的第一个 View1 视图。第 6 行定义处理按钮 btnView2Next 单击事件 Click 的方法。第 7 行在将用户选择的文本显示在标签 lblDisplay 控件上。第 9 行定义处理按钮 btnSave 单击事件 Click 的方法。
第 10 行设置按钮 btnSave 控件不可用。

05 按快捷键 Ctrl+F5 运行程序，效果如图 5-11 所示，选择单选项后，单击"下一个"按钮，进入如图 5-12 所示的第二个单选页面，选择选项后，单击"下一个"按钮，进入显示用户选择信息内容的页面，如图 5-13 所示。

图 5-11 运行结果 1

图 5-12 运行结果 2

图 5-13 运行结果 3

5.2.3 PlaceHolder 控件

在传统的 ASP 开发中，通常在开发页面的时候，每个页面有很多相同的元素，例如导航栏、GIF 图片等。使用 ASP 进行应用程序开发时通常使用 include 语句在各个页面包含其他页面的代码，这样的方法虽然解决了相同元素的很多问题，但是代码不够美观，而且时常会出现问题。

ASP.NET 4.5 中可以使用 PlaceHolder 来解决这个问题，与面板控件 Panel 控件相同的是，占位控件 PlaceHolder 也是控件的容器，但是在 HTML 页面呈现中本身并不产生 HTML。PlaceHolder 控件一般用于在页面中动态加载其他控件，该控件没有任何基于 HTML 的输出，并且仅用于在页面执行期间向该控件的 Controls 集合中添加其他控件。

PlaceHolder 控件定义格式代码如下所示：

```
<asp: PlaceHolder ID= "PlaceHolder1" runat="Server" ></asp: PlaceHolder>
```

或

```
<asp: PlaceHolder ID= "PlaceHolder1" runat="Server"/>
```

PlaceHolder 控件除了基本属性之外，还有以下几个重要的属性和方法。

● Controls：获取 ControlCollection 对象，该对象表示 UI 层次结构中指定服务器控件的子控件。
● Visible：获取或设置一个值，该值指示服务器控件是否作为 UI 呈现在页上。
● ViewState：获取状态信息的字典，这些信息可以保证在同一页的多个请求间保存和还原服务器控件的视图状态。
● Site：获取容器信息，该容器在呈现于设计图面上时承载当前控件。

- DesignMode: 获取一个值，该值指示是否正在使用设计图面上的一个控件。
- ClientID: 获取由 ASP.NET 生成的服务器控件标识符。
- AddedControl: 在子控件添加到 Control 对象的 Controls 集合后调用。
- CreateChildControls: 由 ASP.NET 页面框架调用，以通知使用基于合成的实现的服务器控件创建它们包含的任何子控件，以便为回发或呈现做准备。
- HasControls: 确定服务器控件是否包含任何子控件。

【实例 5-6】 PlaceHolder 控件的使用

本例比较简单，在加载页面时实现动态添加控件的功能。具体实现步骤如下所示：

01 启动 Visual Studio 2012，创建一个 ASP.NET Web 空应用程序，命名为"实例 5-6"。

02 在"实例 5-6"中创建一个名为 Default.aspx 的窗体

03 单击网站的目录下的 Default.aspx 文件，进入"视图编辑"界面，打开"设计视图"，进入"源视图"，在编辑区中<form></form>标记之间编写如下代码：

```
<asp:PlaceHolder ID="PlaceHolder1" runat="server"></asp:PlaceHolder>
```

上面的代码添加了一个服务器占位控件 PlaceHolder1。

04 单击网站目录下的 Default.aspx.cs 文件，编写如下代码：

```
1.      protected void Page_Load(object sender, EventArgs e){
2.          Label label1 = new Label();
3.          label1.ID = "Label1";
4.          label1.Text = "我是动态添加的标签:";
5.          PlaceHolder1.Controls.Add(label1);
6.          TextBox txtInput = new TextBox();
7.          txtInput.ID = "TextBox1";
8.          txtInput.Text = "我是动态添加的文本框";
9.          PlaceHolder1.Controls.Add(txtInput);
10.     }
```

上面的代码中第 1 行定义处理 Page 对象加载事件 Load 的方法。第 2 行~第 4 行实例化一个标签控件 label1 并设置它的编号、显示的文本。第 5 行通过 Control.Add()方法将该标签控件添加到占位控件 PlaceHolder1 中。第 6 行~第 8 行实例化一个按钮控件 txtInput 并设置它的编号、显示的文本。第 9 行通过 Control.Add()方法将该按钮控件添加到占位控件 PlaceHolder1 中。

05 按快捷键 Ctrl+F5 运行程序，效果如图 5-14 所示。

图 5-14　运行结果

5.3　ASP.NET 4.5 验证控件

Web 网站中进行数据验证非常重要，但是用脚本语言来实现这一功能是一件非常繁琐的事，ASP.NET 4.5 提供了功能强大的验证控件用于用户的输入，利用这些控件，开发人员可以轻松地实现对用户输入的验证。

5.3.1　数据验证的两种方式

Web 网站中进行数据验证有两种方式。在窗体回送给服务器之前，对输入该窗体上的数据进行的验证称为"客户端验证"。当请求发送到应用程序所在的服务器后，在请求/相应循环的这一刻，就可以为所提交的信息进行有效性验证，这称为"服务器端验证"。

1. 服务器端数据验证

服务器端进行数据验证的控件在服务器代码中执行输入检查。服务器将逐个调用验证控件来检查用户输入。如果在任意输入控件中检测到验证错误，则该页面将自行设置为无效状态，以便在代码运行之前测试其有效性。验证发生的时间是：已对页面进行了初始化（即，处理了视图状态和回发数据），但尚未调用任何更改或单击事件处理程序时。

通过像添加其他服务器控件那样向页面添加验证控件，即可启用对用户输入的验证。有各种类型的验证控件，如范围检查或模式匹配验证控件。每个验证控件都引用页面上其他地方的输入服务器控件。处理用户输入时，验证控件会对用户输入进行测试，并设置属性以指示该输入是否通过测试。调用了所有验证控件后，会在页面上设置一个属性以指示是否出现了验证检查失败的情况。

可将验证控件关联到验证组中，使得属于同一组的验证控件可以一起进行验证。可以使用验证组有选择地启用或禁用页面上相关控件的验证。关于验证组，不在这里介绍，感兴趣的读者可以参考相关资料。

可以使用自己的代码来测试页和单个控件的状态。例如，可以在使用用户输入的信息更新数据记录之前来测试验证控件的状态。如果检测到状态无效，将会略过更新。通常，如果任何验证检查失败，都将跳过所有处理过程并将页面返回给用户。检测到错误的验证控件后，将生成显示在页上的错误信息。可以使用 ValidationSummary 控件在一个位置显示所有验证错误。

每个验证控件通常只执行一次测试。但可能需要检查多个条件。例如，可能需要指定必需的用户输入，同时将该用户输入限制为只接受特定范围内的日期。此时，可以将多个验证控件附加到页面上的一个输入控件。通过使用逻辑 AND 运算符来解析控件执行的测试，这意味着用户输入的数据必须通过所有测试才能视为有效。

验证控件通常在呈现的页面中不可见。但是，如果控件检测到错误，则它将显示指定的错误信息文本。错误信息可以以各种方式显示，如下所示。

- 内联方式：每一验证控件可以单独地（通常在发生错误的控件旁边）显示一条错误信息。
- 摘要方式：验证错误可以收集并显示在一个位置，例如页面的顶部。这一策略通常与在发生错误的输入字段旁显示消息的方法结合使用。如果用户使用 Internet Explorer 4.0 或更高版本，则摘要可以显示在消息框中。
- 就地和摘要方式：同一错误信息的摘要显示和就地显示可能会有所不同。可使用此选项就地显示简短错误信息，而在摘要中显示更为详细的信息。
- 自定义方式：通过捕获错误信息并设计自己的输出来自定义错误信息的显示。

服务器端数据验证相对很安全，因为这种验证是基于服务器端的验证，不容易被绕过，而且也可以不考虑客户端的浏览器是否支持客户端脚本语言，一旦提交的数据无效，页面就会回送的到客户机上。由于页面必须提交到一个远程位置进行检验，这使得服务器端的验证过程比较慢。

2. 客户端数据验证

客户端数据验证通常是对客户端浏览器中窗体上的数据进行验证，是通过客户端浏览器传送的页面提供的一个脚本，通常采用的是 JavaScript 形式，在窗体回送到服务器之前，对数据进行验证。

客户端数据验证的突出优点是能够快速的向用户提供验证结果的反馈，当用户的信息输入有错误时，可以立即显示一条错误信息，而不需要将这些数据传输到服务器，减少了服务器处理的压力。但是客户端的验证没有直接访问数据库的功能，无法实现用户合法性的验证。用户可以很容易地查看到页面的代码，而且有可能伪造提交的数据，如果浏览器版本过低或浏览器禁用了客户端脚本，客户端验证就无效了。对于一些黑客而言可以很方便地绕过客户端的验证，所以，仅仅依靠客户端的验证是不安全的。

默认情况下，在执行客户端验证时，如果页面上出现错误，则用户无法将页面发送到服务器。但有时需要即使在出错时也允许用户发送。例如，页面上可能有一个取消按钮或一个导航按钮，即使在部分控件未通过验证的情况下，也需要该按钮提交页面。此时，需要对 ASP.NET 4.5 服务器控件禁止验证。因本书不涉及对 JavaScipt 脚本语言的介绍，所以关于客户端数据验证的内容在此仅一笔带过。

比较好的方法是先进行客户端验证，在窗体发送给服务器后，再使用服务器端验证进行检查，这种方法综合了两种验证的优点，总是执行服务器端验证（对于 ASP.NET 4.5 验证控件无论如何都不可关闭这种验证）。如果知道客户端使用 JavaScript，则客户端验证是额外的便利措施。如果一些客户端没有启用 JavaScript，仍然可以打开 EnableClientScript，它将被浏览器忽略。

5.3.2　6 种验证控件

ASP.NET 4.5 的服务器验证控件共有 6 种，分别用于检查用户输入信息的不同方面，各种控件的类型和作用如表 5-2 所示。

表 5-2　验证控件分类

验证类型	使用的控件	控件的作用
必需项	RequiredFieldValidator	验证某个控件的内容是否被改变
与某值的比较	CompareValidator	用于对两个值进行比较验证
范围检查	RangeValidator 控件	用于验证某个值是否在要求的范围内
模式匹配	RegularExpressionValidator	用于验证相关输入控件的值是否匹配正则表达式指定的模式
验证汇总	ValidationSummary	不执行验证，但与其他验证控件一起用于显示来自页面上所有验证控件的错误信息
自定义	CustomValidator	调用在服务器端编写的自定义验证函数

对于一个输入控件，可以附加多个验证控件。既可以验证某个控件是必需的，而且还可以验证该控件必须包含特定范围的值。

1. RequiredFieldValidator 控件

RequiredFieldValidator 控件通常用于在用户输入信息时，对必选字段进行验证。在页面中添加 RequiredFieldValidator 控件并将其链接到必选字段控件（通常是 TextBox 控件）。在控件失去焦点时，如果其初始属性值没有被改变，将会触发 RequiredFieldValidator 控件。RequiredFieldValidator 控件的使用语法定义如下所示：

```
<asp:RequiredFieldValidator ID="RequiredFieldValidator1"　runat="server"
ControlToValidate="TextBox1"　ErrorMessage=" RequiredFieldValidator " >
</asp:RequiredFieldValidator>
```

对于 RequiredFieldValidator 控件的使用一般是通过设置其属性来完成的,该控件常用的属性如表 5-3 所示。

表 5-3　RequiredFieldValidator 控件的常用属性

属性	说明
ControlToValidate	通过设置该属性为某控件的 ID 来把验证控件绑定到需要验证的控件
ErrorMessage	通过该属性来设置当验证控件无效时需要显示的信息
ValidationGroup	绑定到验证程序所属的组
Text	当验证控件无效时显示的验证程序的文本

（续表）

属性	说明
Display	通过该属性来设置验证控件的显示模式，该属性有三个值： None，表示验证控件无效时不显示信息 Static，表示验证控件在页面上占位是静态的，不能为其他空间所占 Dynamic，表示验证控件在页面上占位是动态的，可以为其他空间所占，当验证失效时验证控件才占据页面位置

可被验证的标准控件包括 TextBox、ListBox、DropDownList、RadioButtonList 以及一些 HTML 服务器控件。

RequiredFieldValidator 控件默认检查非空字符串。在 RequiredFieldValidator 关联的表单字段中输入任何字符，该 RequiredFieldValidator 控件就不会显示它的验证错误信息。可以使用 RequiredFieldValidator 控件的 InitialValue 属性来指定空字符串之外的默认值。

【实例 5-7】RequiredFieldValidator 验证控件的使用

使用 RequiredFieldValidator 控件最常用的场合是用户登录页面，可进行验证用户名和密码的输入是否为空的操作，本例通过这个操作来学习该控件的应用。

01 启动 Visual Studio 2012，创建一个 ASP.NET Web 空应用程序，命名为"实例 5-7"。

02 在"实例 5-7"中创建一个名为 Default.aspx 的窗体。

03 单击网站的目录下的 Default.aspx 文件，进入"视图编辑"界面，打开"设计视图"，进入"源视图"，在编辑区中<form></form>标记之间编写如下代码：

```
1.    <strong>登录</strong><br />
2.     用户名: <asp:TextBox ID="TextBox1" runat="server"></asp:TextBox>
3.     <asp:RequiredFieldValidator ID="RequiredFieldValidator1" runat="server"
ControlToValidate="TextBox1" Display="Dynamic" ErrorMessage="用户名不能为空"
ForeColor="Red"></asp:RequiredFieldValidator><br />
4.     密  码: <asp:TextBox ID="TextBox2" runat="server" TextMode="Password"></asp:TextBox>
5.     <asp:RequiredFieldValidator ID="RequiredFieldValidator2" runat="server" ErrorMessage="密码不能为空"
ForeColor="Red" ControlToValidate="TextBox2"
Display="Dynamic"></asp:RequiredFieldValidator><br />
6.     <asp:Button ID="Button1" runat="server" Text="登录" onclick="Button1_Click" /><br />
7.     <asp:Label ID="Label1" runat="server" Text=""></asp:Label>
```

上面的代码中第 2 行添加一个服务器文本框控件 TextBox1 接受用户的输入。第 3 行添加了一个服务器 RequiredFieldValidator 控件，分别设置需验证的关联控件、显示方式和错误提示的文字和颜色。第 4 行添加一个服务器文本框控件 TextBox2 接受用户输入密码并设置文本框的模式显示密码格式。第 5 添加了一个服务器 RequiredFieldValidator 控件，分别设置需验证的关联控件 TextBox2、显示方式和错误提示的文字和颜色。第 6 行添加一个服务器按钮控件 Button1 并设置其单击事件 Click。第 7 行添加一个服务器标签控件 Label1。

04 单击网站目录下的 "Default.aspx.cs" 文件，编写代码如下：

```
1.    protected void Button1_Click(object sender, EventArgs e){
2.        if (TextBox1.Text == "admin" && TextBox2.Text == "123456"){
3.            Label1.Text = "欢迎您，登录成功！";
4.        }
5.        else{
6.            Label1.Text = "您输入的用户名或密码错误，请重新输入！";
7.        }
8.    }
```

上述代码第 1 行定义处理按钮控件 Button 单击事件 Click 的方法。第 2 行判断如果用户输入的用户名是 admin，同时密码输入是 888888，则第 3 行在 Label1 控件上显示登录成功的提示文字。否则第 6 行在 Label1 控件上显示登录失败的提示文字。

05 按快捷键 Ctrl+F5 运行程序，如图 5-15 所示。如果用户没有输入任何内容就单击 "登录" 按钮，出现 RequiredFieldValidator 控件的红色验证错误提示的文字。

如果用户在两个文本框中输入正确的用户名和密码，单击 "登录" 按钮，显示如图 5-16 所示的登录成功提示。

图 5-15　运行结果 1

图 5-16　运行结果 2

2. CompareValidator 控件

CompareValidator 控件用于将用户输入的值和其他控件的值或者常数进行比较，以确定这两个值是否与由比较运算符（小于、等于、大于等等）指定的关系相匹配。还可以使用 CompareValidator 控件来指示输入到输出控件中的值是否可以转换为 BaseCompareValidator.Type 属性所指定的数据类型。CompareValidator 控件的使用语法定义如下所示：

```
<asp:CompareValidator  ID=" CompareValidator1"  runat="server"  ControlToValidate="TextBox1"
ErrorMessage=" RequiredFieldValidator "  ControlToCompare= "TextBox1">
</asp:CompareValidator>
```

对于 CompareValidator 控件的使用一般也是通过对其属性设置来完成的，该控件常用的属性如表 5-4 所示。

表 5-4　CompareValidator 控件的常用属性

属性	说明
ControlToValidate	通过设置该属性为某控件的 ID 来把验证控件绑定到需要验证的控件
ErrorMessage	通过该属性来设置当验证控件无效时需要显示的信息
ValidationGroup	绑定到验证程序所属的组
Text	当验证控件无效时显示的验证程序的文本
Display	通过该属性来设置验证控件的显示模式，该属性有三个值： None，表示验证控件无效时不显示信息 Static，表示验证控件在页面上占位是静态的，不能为其他空间所占 Dynamic，表示验证控件在页面上占位是动态的，可以为其他空间所占，当验证失效时验证控件才占据页面位置
Operator	通过该属性来设置比较时所用到的运算符，运算符有以下几种： Equal，所验证的输入控件的值与其他控件的值或常数值之间的相等比较 NotEqual，所验证的输入控件的值与其他控件的值或常数值之间的不相等比较 GreaterThan，所验证的输入控件的值与其他控件的值或常数值之间的大于比较 GreaterThanEqual，所验证的输入控件的值与其他控件的值或常数值之间的　大于或等于比较 LessThan，所验证的输入控件的值与其他控件的值或常数值之间的小于比较 LessThanEqual，所验证的输入控件的值与其他控件的值或常数值之间的小于或等于比较 DataTypeCheck，输入到所验证的输入控件的值与 BaseCompareValidator.Type 属性指定的数据类型之间的数据类型比较
Type	通过该属性来设置按照哪种数据类型来进行比较，常用的数据类型包括： String，字符串数据类型 Integer，32 位有符号整数数据类型 Double，双精度浮点数数据类型 Date，日期数据类型 Currency，一种可以包含货币符号的十进制数据类型
ValueToCompare	设置用来做比较的数据
ControlToCompare	设置用来做比较的控件，有时需要让验证控件控制的控件的数据和其他控件里的数据做比较就会用到这个属性

【实例 5-8】CompareValidator 验证控件的使用

在网站密码修改中，有一个最常用的比较，就是对用户输入修改密码的两次验证，这就需要用到上面的 CompareValidator 控件，本例就来实现这一常用功能。

01 启动 Visual Studio 2012，创建一个 ASP.NET Web 空应用程序，命名为"实例 5-8"。

02 在"实例 5-8"中创建一个名为 Default.aspx 的窗体。

03 单击网站的目录下的 Default.aspx 文件，进入"视图编辑"界面，打开"设计视图"，进入"源视图"，在编辑区中<form></form>标记之间编写如下代码：

```
1.      <strong>修改密码</strong><br />
2.      原  密  码: <asp:TextBox ID="TextBox3" runat="server"
        TextMode="Password"></asp:TextBox><br />
3.      新  密  码: <asp:TextBox ID="TextBox1" runat="server"
        TextMode="Password"></asp:TextBox><br />
4.      确认密码: <asp:TextBox ID="TextBox2" runat="server" TextMode="Password"></asp:TextBox>
5.      <asp:CompareValidator ID="CompareValidator1" runat="server" ControlToCompare="TextBox1"
        ControlToValidate="TextBox2" Display="Dynamic" ErrorMessage="两次密码输入不一致"
        ForeColor="Red"></asp:CompareValidator><br />
6.      <asp:Button ID="Button1" runat="server" onclick="Button1_Click" Text="提交" /><br />
7.  <asp:Label ID="Label1" runat="server" Text=""></asp:Label>
```

上面的代码中第 2、3、4 行各添加一个服务器文本框控件 TextBox 接受用户的输入密码。第 5 行添加了一个服务器验证控件 CompareValidator1，分别设置需验证的关联控件、需比较的控件、控件显示方式和错误提示的文字和颜色。第 6 行添加一个服务器按钮控件 Button1 并设置其单击事件 Click。第 7 行添加一个服务器标签控件 Label1。

04 单击网站目录下的"Default.aspx.cs"文件，编写代码如下：

```
1.      protected void Button1_Click(object sender, EventArgs e){
2.          if (TextBox1.Text == TextBox2.Text){
3.              Label1.Text = "密码修改成功！ ";
4.          }
5.      }
```

上面的代码中第 1 行定义处理按钮控件 Button 单击事件 Click 的方法。第 2 行判断如果两个密码文本框中输入的内容相同，则第 3 行在 Label1 控件上显示密码修改成功的提示文字。

05 按快捷键 Ctrl+F5 运行程序，效果如图 5-17 所示。用户输入的两次密码不同，单击"提交"按钮后，显示 CompareValidator 控件的红色错误提示文字。

用户输入的两次密码一致，则显示如图 5-18 所示的密码修改成功的提示。

图 5-17　运行结果 1

图 5-18　运行结果 2

3. RangeValidator 控件

RangeValidator 控件用于测试输入控件的值是否在指定范围内。在实际应用中，有时需要用户在一定范围内输入某个值，例如用户输入的年龄应该大于 1 小于 200，这时就需要使用 RangeValidator 控件。RangeValidator 控件的使用语法定义如下所示。

```
<asp: RangeValidator   ID=" RangeValidator1"   runat="server"   ControlToValidate="TextBox4"
ErrorMessage=" RequiredFieldValidator "    MaximumValue= "30"
MinimumValue= "10" Type= "Integer ">
</asp: RangeValidator >
```

对于 RangeValidator 控件的使用一般也是通过对其属性设置来完成的，该控件常用的属性如表 5-5 所示。

表 5-5　RangeValidator 控件的常用属性

属性	说明
ControlToValidate	通过设置该属性为某控件的 ID 来把验证控件绑定到需要验证的控件
ErrorMessage	通过该属性来设置当验证控件无效时需要显示的信息
ValidationGroup	绑定到验证程序所属的组
Text	当验证控件无效时显示的验证程序的文本
Display	通过该属性来设置验证控件的显示模式，该属性有三个值： None，表示验证控件无效时不显示信息 Static，表示验证控件在页面上占位是静态的，不能为其他空间所占 Dynamic，表示验证控件在页面上占位是动态的，可以为其他空间所占，当验证失效时验证控件才占据页面位置
Type	通过该属性来设置按照哪种数据类型来进行比较，常用的数据类型包括： String，表示字符串数据类型 Integer，表示 32 位有符号整数数据类型 Double，表示双精度浮点数数据类型 DateTime，表示日期数据类型 Currency，表示一种可以包含货币符号的十进制数据类型
MaximumValue	设置用来做比较的数据范围上限
MinimumValue	设置用来做比较的数据范围下限

【实例 5-9】RangeValidator 验证控件的使用

在考试成绩管理模块中，经常需要用户输入考试的成绩，事实上成绩不可能无限大，因此就需要对输入的成绩值进行验证。本例使用 RangeValidator 控件对输入的成绩值进行控制。

01 启动 Visual Studio 2012，创建一个 ASP.NET Web 空应用程序，命名为"实例 5-9"。

02 在"实例 5-9"中创建一个名为 Default.aspx 的窗体

03 单击网站目录下的 Default.aspx 文件，进入"视图编辑"界面，打开"设计视图"，

进入 "源视图"，在编辑区中<form></form>标记之间编写如下代码：

```
1.    请输入成绩: <br />
2.    <asp:TextBox ID="TextBox1" runat="server"></asp:TextBox><br />
3.    <asp:Button ID="Button1" runat="server" Text="提交" onclick="Button1_Click" /><br />
4.    <asp:Label ID="Label1" runat="server" Text=""></asp:Label> <br />
5.    <asp:RangeValidator ID="RangeValidator1" runat="server" ControlToValidate="TextBox1"
Display="Dynamic" ErrorMessage="您输入的值不是一个 0 到 100 之间的整数" ForeColor="Red"
MaximumValue="100"   MinimumValue="0" Type="Integer"></asp:RangeValidator>
```

上面的代码中第 2 行添加一个服务器文本框控件 TextBox1 接受用户输入的成绩。第 3 行添加一个服务器按钮控件 Button1 并设置其单击事件 Click。第 4 行添加一个服务器标签控件 Label1。第 5 行添加了一个服务器验证控件 RangeValidator1，分别设置需验证的关联控件、控件显示方式、错误提示的文字和颜色、验证值的数据类型以及值的最大最小范围。

04 单击网站目录下的 "Default.aspx.cs" 文件，编写代码如下：

```
1.    protected void Button1_Click(object sender, EventArgs e){
2.        if (RangeValidator1.IsValid){
3.            Label1.Text = "录入成绩成功！";
4.        }
5.        else{
6.            Label1.Text = "";
7.        }
8.    }
```

上面的代码中第 1 行定义处理按钮控件 Button 单击事件 Click 的方法。第 2 行使用验证控件对象 RangeValidator1 的 IsValid 属性获得文本框中的值，判断如果该值已经通过验证，则第 3 行标签控件上显示录入成功的信息。否则，不在控件中显示任何内容。

05 按快捷键 Ctrl+F5 运行程序，效果如图 5-19 所示。用户输入的成绩值超过验证的范围，单击 "提交" 按钮后，显示 RangeValidator1 控件的红色错误提示文字。

如果用户输入的成绩值范围正确。单击 "提交" 按钮后，显示如图 5-20 所示的成绩录入成功的提示。

图 5-19   运行结果 1   图 5-20   运行结果 2

4. RegularExpressionValidator 控件

RegularExpressionValidator 控件由于涉及到了编程常用知识——正则表达式，所以在所有的验证控件中是比较复杂的，本节将结合正则表达式的基础内容来介绍 RegularExpressionValidator 控件。

（1）RegularExpressionValidator 控件简介

RegularExpressionValidator 控件用于验证相关输入控件的值是否匹配正则表达式指定的模式。在实际的应用中，经常需要用户输入一些固定格式的信息，例如电话号码、邮政编码、网址等内容。为了保证用户输入符合规定的要求，例如电话号码，美国、欧洲和中国的表示方法都各不相同，此时就需要使用 RegularExpressionValidator 控件进行验证。RegularExpressionValidator 控件的使用语法定义如下所示：

```
<asp: RegularExpressionValidator    ID="RegularExpressionValidator1"    runat="server"
ErrorMessage=" RequiredFieldValidator "    ControlToValidate="TextBox4"
ValidationExpression= "(\(\d{3}\)|\d{3}-)?\d{8} " >
</asp: RegularExpressionValidator >
```

对于 RegularExpressionValidator 控件的使用一般也是通过对其属性设置来完成的，该控件常用的属性如表 5-6 所示。

表 5-6　RegularExpressionValidator 控件的常用属性

属性	说明
ControlToValidate	通过设置该属性为某控件的 ID 来把验证控件绑定到需要验证的控件
ErrorMessage	通过该属性来设置当验证控件无效时需要显示的信息
ValidationGroup	绑定到验证程序所属的组
Text	当验证控件无效时显示的验证程序的文本
Display	通过该属性来设置验证控件的显示模式，该属性有三个值： None，表示验证控件无效时不显示信息 Static，表示验证控件在页面上占位是静态的，不能为其他空间所占 Dynamic，表示验证控件在页面上占位是动态的，可以为其他空间所占，当验证失效时验证控件才占据页面位置
ValidationExpression	通过该属性来设置利用正则表达式描述的预定义格式

（2）正则表达式

由于 RegularExpressionValidator 控件的 ValidationExpression 属性需要开发人员设置用在表达式描述的预定义格式，所以，本节将简单介绍一些正则表达式的基础知识。

正则表达式（Regular Expression）描述了一种字符串匹配的模式，可以用来检查一个串是否含有某种子串、将匹配的子串做替换或者从某个串中取出符合某个条件的子串等。简单的说就是用某种模式去匹配一类字符串的公式。它是由普通字符（例如字符 A～Z）以及特殊字符

（称为元字符）组成的文字模式作为一个模板，将某个字符模式与所搜索的字符串进行匹配。

①普通字符

普通字符分为打印字符和非打印字符两种。打印字符包含所有的大小写字母、0~9 的数字以及所有的标点字符。非打印字符如表 5-7 所示。

表 5-7   非打印字符

字符	说明
\n	匹配一个换行符
\r	匹配一个回车符
\f	匹配一个换页符
\t	匹配一个制表符
\v	匹配一个垂直制表符
\s	匹配任何空白字符，包括空格、制表符、换页符等等
\S	匹配任何非空白字符
\w	匹配任何单词字符，包括字母和下划线
\W	匹配任何非单词字符
\b	匹配一个单词边界，也就是指单词和空格间的位置
\B	匹配单词的开头
\d	匹配一个数字字符，等价于 [0-9]
\D	匹配任何一个非数字字符
\\	匹配 "\"

②特殊字符

所谓特殊字符，就是一些有特殊含义的字符，比如 Windows 笔记本文件命名的默认格式 "*.txt" 中的 "*" 就是一个特殊字符，它表示一个任何字符串的意思。表 5-8 中列举了正则表达式中特殊字符的含义。

表 5-8   特殊字符

特殊字符	说明
^	匹配输入字符串的开始位置，除非在方括号表达式中使用，此时它表示不接受该字符集合
$	匹配输入字符串的结尾位置
*	匹配前面的子表达式零次或多次
+	匹配前面的子表达式一次或多次
.	匹配除换行符 \n 之外的任何单字符
?	匹配 0 个或一个前面的字符
{	标记限定符表达式的开始
		指明两项之间的一个选择

（续表）

特殊字符	说明
{n}	n 是一个非负整数，匹配确定的 n 次
{n,}	匹配至少出现 n 次前面的字符
{m,n}	匹配至少 m 个，至多 n 个前面的字符
[xyz]	表示一个字符集合，匹配括号中所包含的任意一个字符
[^xyz]	表示一个否定的字符集合，匹配不在此括号中的任意一个字符
[^m-n]	表示某个范围之外的字符，匹配不在指定范围内的字符
[a-z]	表示一个字符范围，匹配指定范围内的任意字符

③各种操作符的优先级

相同优先级的从左到右进行运算，不同优先级的运算先高后低。各种操作符的优先级从高到低如表 5-9 所示。

表 5-9　操作符的的优先等级

优先级	操作符	说明
1	\	转义符
2	()、 (?:)、 (?=)、 []	圆括号和方括号
3	*、+、?、{n}、{n,}、{n,m}	限定符
4	^, $, \anymetacharacter	位置和顺序
5			或操作符

④应用举例

通过分析匹配中国的电话号码的正则表达式来看如何使用其进行字符匹配，表达式如下所示：

```
(\(\d{3}\)|\d{3}-)?\d{8}
```

正则表达式说明：电话号码由三位区号和 8 位号码组成，类似（021）12345678 或者是 021-12345678 的两种字符串都被认为是合法的电话号码。可以看到正则表达式中的"(\(\d{3}\)"部分，"\("和"\)"使用转义字符"\"分别匹配左、右括号，而中间的"\d{3}"则表示由三个数字组成的字符串。所以这一部分匹配了的是"3 位数字的区号"。上面正则表达式中的"\d{3}-"匹配的就是"3 位数字的区号加一个横杠"。这两个部分之间使用一个"|"来连接，表示这二者取其一。所以"(\(\d{3}\)|\d{3}-)"整个匹配的是电话号码的区位部分。

正则表达式中的"?"表示区号出现 1 次或 0 次。后面部分中的"\d"匹配一个字符串；"{8}"表示出现 8 次非负数的正数，所以"\d{8}"整个部分表示由 8 位数字组成的字符串，匹配后面的 8 位电话号码。

上面的这个例子比较简单，实际操作中有些正则表达式的定义非常复杂。由于本书内容重点不在此，所以仅做一个简单的说明，目的是让大家对正则表达式有一个初步的认识。如果读者想学习正则表达式的详细内容，请参考相关专门的书籍。

【**实例 5-10**】RegularExpressionValidator 验证控件的使用

本例使用 RegularExpressionValidator 控件验证用户输入的邮箱格式是否匹配指定的模式。添加一个文本框供用户输入邮箱地址，由于邮箱是有固定格式的，为了防止用户输入非法格式，我们使用一个 RegularExpressionValidator 控件来验证用户输入的内容。

01 启动 Visual Studio 2012，创建一个 ASP.NET Web 空应用程序，命名为"实例 5-10"。

02 在"实例 5-10"中创建一个名为 Default.aspx 的窗体。

03 单击网站的目录下的 Default.aspx 文件，进入"视图编辑"界面，打开"设计视图"，进入"源视图"，在编辑区中<form></form>标记之间编写如下代码。

```
1.    请输入您的邮箱地址: <br />
2.    <asp:TextBox ID="TextBox1" runat="server"></asp:TextBox><br />
3.    <asp:Button ID="Button1" runat="server" Text="提交" onclick="Button1_Click" />
4.    <br />
5.    <asp:RegularExpressionValidator ID="RegularExpressionValidator1" runat="server"
      ControlToValidate="TextBox1" Display="Dynamic" ErrorMessage="您输入的邮箱地址格式错误"
      ForeColor="Red"
      ValidationExpression="\w+([-+.']\w+)*@\w+([-.]\w+)*\.\w+([-.]\w+)*"></asp:RegularExpressionValidator
      >
6.    <br />
7.    <asp:Label ID="Label1" runat="server" Text=""></asp:Label>
```

上面的代码中第 2 行添加一个服务器文本框控件 TextBox1 接受用户输入的邮箱地址。第 2 行添加一个服务器按钮控件 Button1 并设置其单击事件 Click。第 5 行添加了一个服务器验证控件 RegularExpressionValidator，分别设置需验证的关联控件 TextBox1、控件显示方式为动态、错误提示的文字和颜色、最关键的是设置 ValidationExpression 属性即验证邮箱地址格式为"\d{17}[\d|X]|\d{15}"。第 7 行添加一个服务器标签控件 Label1 显示提示信息。

04 双击网站目录下的"Default.aspx.cs"文件，编写代码如下:

```
1.    protected void Button1_Click(object sender, EventArgs e){
2.          if (RegularExpressionValidator1.IsValid) {
3.             Label1.Text = "输入的邮箱地址正确！";
4.          }
5.          else{
6.             Label1.Text = "";
7.          }
8.    }
```

上面的代码中第 1 行定义处理按钮控件 Button 单击事件 Click 的方法。第 2 行使用验证控件 RegularExpressionValidator1 对象的 RangeValidator1 的 IsValid 属性获得文本框中的值，判断如果该值已经通过验证，则第 3 行标签控件上显示通过验证的信息。否则，不在控件中显示任何内容。

05 按快捷键 Ctrl+F5 运行程序，效果如图 5-21 所示。当用户输入不正确格式的邮箱地址，单击"提交"按钮后，显示 RegularExpressionValidator1 控件的红色错误提示文字。

如果用户输入邮箱地址的格式正确，单击"提交"按钮后，显示如图 5-22 所示的成功通过验证的提示。

图 5-21　运行结果 1　　　　　　　　　图 5-22　运行结果 2

5. CustomValidator 控件

有时使用现有的验证控件可能满足不了开发人员的需求，因此有时可能需要开发人员自己来编写验证函数，而通过 CustomValidator 控件的服务器端事件可以将该验证函数绑定到相应的控件。CustomValidator 控件的使用语法定义如下：

```
<asp: CustomValidator   ID="CustomValidator1" runat="server"   ControlToValidate="TextBox1"
ErrorMessage="CustomValidator">
</asp: RegularExpressionValidator >
```

对于 CustomValidator 控件的使用一般也是通过对其属性设置来完成的，该控件常用的属性如表 5-10 所示。

表 5-10　CustomValidator 控件的常用属性

属性	说明
ControlToValidate	通过设置该属性为某控件的 ID 来把验证控件绑定到需要验证的控件
ErrorMessage	通过该属性来设置当验证控件无效时需要显示的信息
ValidationGroup	绑定到验证程序所属的组
Text	当验证控件无效时显示的验证程序的文本
Display	通过该属性来设置验证控件的显示模式，该属性有三个值： None，表示验证控件无效时不显示信息 Static，表示验证控件在页面上占位是静态的，不能为其他空间所占 Dynamic，表示验证控件在页面上占位是动态的，可以为其他空间所占，当验证失效时验证控件才占据页面位置
IsValid	获取一个值来判断是否通过验证，true 表示通过验证，而 false 表示没通过验证

（续表）

属性	说明
ValidationExpression	通过该属性来判断绑定的控件为空时是否执行验证，该属性为 true 含义是绑定的控件为空时执行验证，为 false 含义则是绑定的控件为空时不执行验证

可以通过处理 ServerValidate 事件来将自定义验证函数和 CustomValidator 控件相关联。这个控件引发称为 ServerValidate 的事件，可以使用该事件执行实际的测试。输入值将作为 ServerValidateEventArgs.Value 传递给过程。可以设置一个 Boolean 值，表示 ServerValidate EventArgs.IsVaild 中过程的结果。如果该属性设置为 false，CustomValidator 将像任何其他验证控件对输入测试失败的情况进行相应操作。

在事件处理程序的实现中，应该引用 ServerValidateEventArgs.Value 属性而不是直接引用控件。这就可以对多个具有潜在不同的 ControlToValidate 设置的 CustomValidator 共享共同的事件处理程序。

对于服务器端自定义验证。要将自定义验证放置在验证程序的 OnServerValidalk 委托中，为执行验证的 ServerValidate 事件提供一个处理程序。作为参数传递到该事件处理程序的 ServerValidateEventArgs 对象的 Value 属性是要验证的值。IsValid 属性是一个布尔值，用于设置验证的返回结果。

对于客户端自定义验证，首先要添加前面描述的服务器端验证函数。然后，将客户端验证脚本加到页面中。如果不为 CustomValidator 控件关联一个客户端验证函数，那么要到页面回传到服务器端后，CustomValidator 控件才会呈现错误信息。此外，如果有任何的验证错误，其他的验证控件都将阻止页面表单回传，所以需通过页面中其他验证检查后，才能看到 CustomValidator 控件呈现的错误信息。使用 ClientValidationFunction 属性指定与 CustomValidator 控件关联的客户端验证脚本函数的名称。

【实例 5-11】CustomValidator 控件的使用

本例使用 CustomValidator 控件来实现上例 5-10 相同的功能，具体实现步骤如下：

01 启动 Visual Studio 2012，创建一个 ASP.NET Web 应用程序，命名为"例 5-11"。
02 在"实例 5-11"中创建一个名为 Default.aspx 的窗体。
03 单击网站的目录下的 Default.aspx 文件，进入"视图编辑"界面，打开"源视图"，在编辑区中<form></form>标记之间编写如下代码：

```
1.      请输入您的邮箱地址: <br/>
2.      <asp:TextBox ID="TextBox1" runat="server"></asp:TextBox><br/>
3.      <asp:Button ID="Button1" runat="server" Text="提交" /><br/>
4.      <asp:CustomValidator ID="CustomValidator1" runat="server" ControlToValidate="TextBox1"
        Display="Dynamic"   ForeColor="Red" onservervalidate="CustomValidator1_ServerValidate"></asp:Custom
Validator><br/>
5. <asp:Label ID="Label1" runat="server" Font-Bold="True" ForeColor="Red"></asp:Label>
```

上面的代码中第 2 行添加一个服务器文本框控件 TextBox1 接受用户输入的邮箱地址。第

3 行添加一个服务器按钮控件 Button1 并设置显示的文本。第 4 行添加了一个服务器验证控件 CustomValidator1，分别设置需验证的关联控件 TextBox1、控件显示方式为动态、错误提示的颜色为红色。最关键的是设置验证控件 CustomValidator1 的服务器端验证事件 ServerValidate。第 5 行添加一个服务器标签控件 Label1 显示提示信息。

04 单击网站目录下的 "Default.aspx.cs" 文件，编写代码如下：

```
1.      protected void CustomValidator1_ServerValidate(object source, ServerValidateEventArgs args){
2.          if (ValidateTextBox(TextBox1.Text)){
3.              Label1.Text = "输入的邮箱地址正确！";
4.              args.IsValid = true;
5.          }
6.          else{
7.              CustomValidator1.ErrorMessage = "您输入的邮箱地址格式错误";
8.              args.IsValid = false;
9.          }
10.     }
11.     protected bool ValidateTextBox(string str){
12.     return System.Text.RegularExpressions.Regex.IsMatch(str,@"\w+([-+.']\w+)*@\w+([-.]\w+)*\.\w+([-.]\w+)*");
13.     }
```

上面的代码中第 1 行定义自定义验证控件 CustomValidator1 服务器验证事件 ServerValidate 的方法。第 2 行判断如果调用的自定义方法 ValidateTextBox 返回的值是 True，则第 3 行在标签控件上显示通过输入格式验证的信息。第 4 行同时将控件的 IsValid 属性设置为 true，表示验证通过。否则，第 7 行设置验证控件 CustomValidator1 的错误信息属性，在页面显示错误提示。第 8 行同时将控件的 IsValid 属性设置为 false，表示验证不能通过。

第 11 行定义一个返回布尔值 ValidateTextBox 的方法，参数是用户在文本框中输入的邮箱地址。第 12 行引入命名空间 System.Text.RegularExpressions 调用 Regex 对象的 IsMatch 方法，该方法用于验证一个正则表达式与指定输入的字符是否匹配，如果正确返回 true，否则返回 false。

05 按快捷键 Ctrl+F5 运行程序，运行结果图和例 5-10 的运行结果完全相同。

6. ValidationSummary 控件

ValidationSummary 控件用于显示页面中的所有验证错误的摘要。当页面上有很多验证控件时，可以使用一个 ValidationSummary 控件在一个位置总结来自 Web 页上所有验证程序的错误信息，这个控件在使用大的表单时特别有用。ValidationSummary 控件的使用语法定义如下：

```
<asp: ValidationSummary   ID="ValidationSummary" runat="server" ControlToValidate="TextBox1"
ErrorMessage="CustomValidator">
</asp: ValidationSummary >
```

对于 ValidationSummary 控件的使用一般也是通过对其属性设置来完成的，该控件常用的属性如表 5-11 所示。

表 5-11　ValidationSummary 控件的常用属性

属性	说明
HeaderText	验证摘要页的标题部分显示的文本
ShowMessage	指定是显示还是隐藏 ValidationSummary 控件，如果属性值为 true 则显示 ShowSummary 控件，否则不显示该控件
ShowMessageBox	用于指定是否显示一个消息对话框显示验证的摘要信息，如果属性值为 true 则显示消息对话框，否则不显示
ValidationGrop	用于指定验证控件所属的验证组的名称
DisplayMode	通过该属性来设置验证摘要的显示模式，该属性有三个值： BulletList，默认的显示模式，每个消息都显示为单独的项 List，每个消息显示在单独的行中 SingleParagraph，每个消息显示为段落中的一个句子

这里再比较一下验证控件的 ErrorMessage 属性和 Text 属性。

（1）如果有验证失败的情况，通常是在输入控件丢失焦点时，Text 值会出现在页面上验证控件所在的位置。

（2）如果有验证失败的情况，通常都是在单击具有 CausesValidation=true 的 Submit 按钮时，ErrorMessage 值会出现在 ValidationSummary 控件中。

ValidationSummary 控件出现在页面上的回送操作中，并且显示一组错误消息，这些消息来自于 IsValid=false 的所有验证控件。根据在 DisplayMode 中的设置，可以将这些错误消息安排为列表、段落或项目符号列表。此外，可以在消息框中显示，通过 ShowMessageBox=true/false 设置。再次声明，ValidationSummary 控件自身实际上不执行任何验证：它没有 ControlToValidate 属性。

可以将验证错误信息只显示在 ValidationSummary 验证总结控件中，而在其他的验证控件位置不显示出错的文本消息。通过设置验证控件的 Display 属性为 None 值来实现这种隐藏。

【实例 5-12】ValidationSummary 控件的使用

本例通过使用 ValidationSummary 控件来汇总验证控件的错误提示信息并进行统一显示处理，具体实现过程如下：

01 启动 Visual Studio 2012，创建一个 ASP.NET Web 应用程序，命名为"实例 5-12"。
02 在"实例 5-12"中创建一个名为 Default.aspx 的窗体。
03 单击网站的目录下的 Default.aspx 文件，进入"视图编辑"界面，打开"源视图"，在编辑区中<form></form>标记之间编写如下代码：

```
1.    用户名: <asp:TextBox ID="TextBox1" runat="server"></asp:TextBox>
2.    <asp:RequiredFieldValidator ID="RequiredFieldValidator1" runat="server" ControlToValidate="TextBox1"
      Display="None"   ErrorMessage="请输入用户名"></asp:RequiredFieldValidator><br />
```

```
3.        密码: <asp:TextBox ID="TextBox2" runat="server" TextMode="Password"></asp:TextBox>
4.        <asp:RequiredFieldValidator ID="RequiredFieldValidator2" runat="server" ControlToValidate="TextBox2"
   Display="None" ErrorMessage="请输入密码"></asp:RequiredFieldValidator><br />
5.        确认密码: <asp:TextBox ID="TextBox3" runat="server" TextMode="Password"></asp:TextBox>
6.        <asp:RequiredFieldValidator ID="RequiredFieldValidator4"    runat="server" ControlToValidate=
   "TextBox3"   Display="None" ErrorMessage="请再次输入密码"></asp:RequiredFieldValidator>
7.        <asp:CompareValidator ID="CompareValidator1" runat="server"   ControlToCompare="TextBox2"
   ControlToValidate="TextBox3" Display="None"   ErrorMessage="密码和确认密码必须一致
   "></asp:CompareValidator><br />
8.        年龄: <asp:TextBox ID="TextBox4" runat="server"></asp:TextBox>
9.        <asp:RequiredFieldValidator ID="RequiredFieldValidator3" runat="server" ControlToValidate="TextBox4"
   Display="None" ErrorMessage="请输入您的年龄"></asp:RequiredFieldValidator>
10.       <asp:RangeValidator ID="RangeValidator1" runat="server" ControlToValidate="TextBox4"
   ErrorMessage="输入一个介于 1 到 120 之间的数" MaximumValue="120" MinimumValue="1"
   Display="None"    Type="Integer"></asp:RangeValidator><br />
11.       电子邮件: <asp:TextBox ID="TextBox5" runat="server" Width="188px"></asp:TextBox>
12.       <asp:RegularExpressionValidator ID="RegularExpressionValidator1" runat="server"
   ControlToValidate="TextBox5"   Display="None"   ErrorMessage="电子邮件地址必须采用
   name@domain.xyz 格式" ValidationExpression="\w+([-+.']\w+)*@\w+([-.]\w+)*\.\w+([-.]\w+)
   *"></asp:RegularExpressionValidator><br />
13.       <asp:Button ID="Button1" runat="server" OnClick="Button1_Click" Text="确认" /><br/>
14.       <asp:Label ID="Label1" runat="server"></asp:Label><br />
15.       <asp:ValidationSummary ID="ValidationSummary1" runat="server" BorderColor="Red"
   BorderStyle="Solid" BorderWidth="1px" ForeColor="#404040"   HeaderText="所有的错误信息提示"
   style="margin-top: 0px" Width="196px" />
```

上面的代码中除了添加 5 个服务器文本框控件、一个服务器按钮控件 Button1 和一个服务器标签控件 Label 以外，分别添加了除 CustomValidator 以外的 5 种验证控件，其中除 ValidationSummary 验证控件以外，显示方式 Display 属性均设置为不显示。ValidationSummary1 验证摘要控件，分别设置了边框的颜色、样式和宽带；设置文字的颜色。控件摘要的标题、样式和宽度。

04 单击网站目录下的 "Default.aspx.cs" 文件，编写代码如下：

```
1.     protected void Button1_Click(object sender, EventArgs e){
2.         if (Page.IsValid){
3.             Label1.Text = "已正确输入！";
4.         }
```

上面的代码中第 1 行定义处理注册按钮的事件 Click 的方法。第 2 行判断加载页面通过验证，在标签控件上显示验证成功的提示。

05 按快捷键 Ctrl+F5 运行程序，结果如图 5-23 所示。如果有用户未输入用户名、两次密码输入错误、年龄输入和 E-mail 地址输入不正确的情况，显示 ValidationSummary1 验证错误的摘要列表。

如果用户输入都符合要求，单击"确认"按钮后，显示如图 5-24 所示的验证成功的提示。

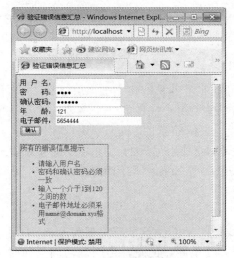

图 5-23　运行结果 1

图 5-24　运行结果 2

5.4　用户控件

用户控件是 ASP.NET 中很重要的部分，使用它可以提高程序代码的复用性，即用户控件在网页、用户控件或控件的内部都可以再次使用。ASP.NET 用户控件与 ASP.NET Web 窗体文件类似，同时具有用户界面页和代码。用户控件可以像 Web 窗体一样包含对其内容进行操作的代码。

5.4.1　用户控件概述

一个用户控件就是一个简单的 ASP.NET 页面，不过它可以被另外一个 ASP.NET 页面包含进去。用户控件存放在文件扩展名为.ascx 的文件中，典型的.ascx 文件中的代码如下：

```
1.   <%@ Control Language="C#" AutoEventWireup="true"
          CodeFile="WebUserControl.ascx.cs" Inherits="WebUserControl" %>
2.   <asp:Label ID="Label1" runat="server" Text="Hello World"></asp:Label>
```

上述代码中第 1 行代码和.aspx 文件中一样，没有什么区别，只是把 Page 指令换成了 Control 指令，第 2 行添加了一个服务器标签控件，显示文本 Hello World。

从以上.ascx 文件的代码可以看出，用户控件代码格式和.aspx 文件中的代码格式非常相似，.ascx 文件中没有<html>标记，也没有<body>标记和<form>标记，因为用户控件要被.aspx文件包含，而在.aspx 文件只能包含一个该类标记。一般说来，用户控件和 ASP.NET 网页有如下区别：

- 用户控件的文件扩展名为.ascx。
- 用户控件中没有 "@Page" 指令，只有 "@ Control" 指令，该指令对配置及其他属性进行定义。
- 用户控件不能作为独立文件运行。而必须像处理控件一样，将它们添加到 ASP.NET 页中。
- 用户控件中没有 html、body 或 form 元素。这些元素必须位于宿主页中。

用户控件提供了这样一种机制，它使得程序员可以非常容易地建立被 ASP.NET 页面使用或者重新利用的代码部件。在 ASP.NET 应用程序当中使用用户控件的一个主要的优点是用户控件支持一个完全面向对象的模式，使得程序员有能力去捕获事件。而且，用户控件支持程序员使用一种语言编写 ASP.NET 页面其中的一部分代码，而使用另外的一种语言编写 ASP.NET 页面另外一部分代码，因为每一个用户控件都可以使用和主页面不同的语言来编写。

5.4.2 创建用户控件

如果想要在程序中实现用户控件的功能，首先要做的是创建一个后缀名为.ascx 的用户控件，这一过程与创建普通的 aspx 窗体页面并没有多大的不同。但是，当用户访问页面时，该用户控件是不能被用户直接访问的，所以必须在 Web 窗体中通过注册的方式调用创建成功的用户控件。

在 Visual Studio 2012 中创建一个用户控件的具体步骤如下所示：

01 启动 Visual Studio 2012，创建一个 ASP.NET 空 Web 应用程序。

02 用鼠标右键单击 "网站项目" 名称，在弹出的如图 5-25 所示的快捷菜单中选择 "添加" | "添加新项" 命令。

图 5-25　快捷菜单命令

03 弹出如图 5-26 所示的 "添加新项" 对话框。在该对话框中选择 "已安装" 模板下的 "Visual C#" 模板，并在模板文件列表中选中 "Web 用户控件" 选项，然后在 "名称" 文本框输入该文件的名称 WebUserControl1.ascx，最后单击 "添加" 按钮。

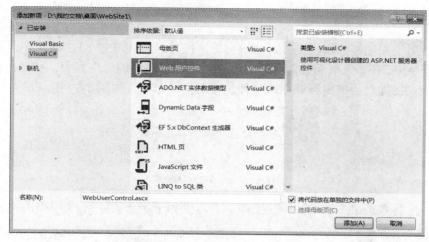

图 5-26　"添加新项"对话框

04 此时解决方案资源管理中的项目下会生成如图 5-27 所示的 WebUserControl1.ascx 页面，它包括一个 WebUserControl1.ascx.cs 文件，用于编写后台代码。

图 5-27　生成.ascx 文件

05 单击 WebUserControl1.ascx 文件，在文件中生成的初始代码如下：

```
<%@ Control Language="C#" AutoEventWireup="true" CodeFile="WebUserControl.ascx.cs" Inherits="WebUserControl" %>
```

上面的代码中是用户控件的界面定义代码，"@Control"指令说明这是一个用户控件的文件。CodeFile 属性指明了用户控件后台代码文件是 WebUserControl.ascx.cs，AutoEventWireup 属性设置控件的事件自动匹配，Inherits 属性说明该控件的名称为 WebUserControl。

06 接着就可以设计用户控件的外观，切换到"视图设计器"，从"工具箱"拖动一个 Label 控件、一个 TextBox 控件、一个 Button 控件到如图 5-28 所示的"设计视图"中。如果需要添加用户控件的事件，可以在 WebUserControl.ascx.cs 文件的后台代码中进行编写。

图 5-28　用户控件外观

5.4.3 使用用户控件

如果要使用上面创建的用户控件，应该将用户控件包含到 ASP.NET 网页中，所以，下面必须创建一个 ASP.NET Web 窗体，然后进入该窗体的"视图编辑"界面，打开"设计视图"将创建好的用户控件直接拖曳到要在该窗体放置的位置即可，如图 5-29 所示。

图 5-29　包含用户控件

此时，切换到 Default.aspx 的"源视图"，会看到如下所示的注册和声明用户控件的代码。

```
1.    <%@ Register src="WebUserControl1.ascx" tagname="WebUserControl1"    tagprefix="uc1" %>
2.      <uc1:WebUserControl1 ID="WebUserControl11" runat="server" />
```

上面的代码中第 1 行是注册用户控件到页面的代码。其中"@Register"指令提供了 ASP.NET 在运行期间检索控件所需要的所有信息。Src 属性是用户控件的虚拟路径，如果用户控件与包含它的页面在相同的目录中，那只需提供文件名，如果用户控件在另一个目录中，那么需要提供相对或绝对路径。Tagname 属性表示当前页面中关联到用户控件的名称，可以使用任意的名称，在页面上创建用户控件的实例时要使用这个名称。Tagprefix 属性表示当前页面中关联到用户控件的命名空间（以便多个同名的用户控件可以相互区分），可以使用任意字符串。如果使用相同的 Tagname 向页面添加另一个用户控件，仍然可以使用 Tagprefix 来区分这两个控件。

第 2 行是当在页面注册了用户控件后，Web 页面会把用户控件添加到页面的标记。可以在一个页面中多次使用相同的用户控件。唯一的要求就是每个实例具有唯一的 ID。

至此，就可以在程序中使用该用户控件了。

用户控件在实际的编程中使用较为广泛，可以把 Web 程序中经常需要使用到的功能制作成一个用户控件，以后在其他 Web 程序中可以进行重复使用，比如常见网站的登录或者是注册功能。下面通过一个实例来学习用户控件的开发。

【实例 5-13】用户控件的使用

本例将开发一个在网站中通用的用户控件，其功能是在网站中显示当前系统的时间，具体实现步骤如下：

01 启动 Visual Studio 2012，创建 ASP.NET Web 空应用程序，命名为"实例 5-13"。

02 用鼠标右键单击"实例 5-13"名称，在弹出的菜单中选择"添加"|"添加新项"命令，弹出"添加新项"对话框。创建名为 MyControl.ascx 的 Web 用户控件。

03 双击 MyControl.ascx 文件，进入"视图编辑"界面，打开"设计视图"，进入"源视图"对话框，在编辑区中的<form></form>标记之间编写如下代码：

当前时间为：<asp:Label ID="Label1" runat="server" Text="Label"></asp:Label>

上面的代码添加了一个服务器标签控件 Label1。

04 单击 MyControl.ascx.cs 文件，编写以下代码：

```
1.    protected void Page_Load(object sender, EventArgs e){
2.        var now=DateTime.Now;
3.        var years =now.Year;
4.        var months=now.Month;
5.        var dates=now.Day;
6.        var day=now.DayOfWeek;
7.        var hour = now.Hour;
8.        var min = now.Minute;
9.        var ss = now.Second;
10.       var week="";
11.       if (day.ToString() == "Monday")
12.           week = "星期一";
13.       if (day.ToString() == "Tuesday")
14.           week = "星期二";
15.       if (day.ToString() == "Wednesday")
16.           week = "星期三";
17.       if (day.ToString() == "Thursday")
18.           week = "星期四";
19.       if (day.ToString() == "Friday")
20.           week = "星期五";
21.       if (day.ToString() == "Saturday")
22.           week = "星期六";
23.       if (day.ToString() == "Sunday")
24.           week = "星期日";
25.       var today=+years+"-"+months+"-"+dates+" " + hour + ":" + min + ":" + ss +" "+week;
26.     Label1.Text = today;
27.       }
```

上面的代码中第 1 行定义处理页面 Page 加载事件 Click 的方法。第 2 行调用 DataTime 对象的 Now 方法获得当前系统的时间。第 3 行~第 9 行获得当前时间的年、月、日、时、分、秒和星期几。第 11 行~第 24 行判断当前时间是星期几并转换为中文。第 25 行拼接显示当前时间的字符串。第 26 行将字符串显示在标签控件上。

05 在"实例 5-13"中创建一个名为 Default.aspx 的窗体。

06 单击 Default.aspx 文件，进入"视图编辑"界面，打开"源视图"对话框，在编辑区中编写如下代码：

```
1.    <%@ Page Language="C#" AutoEventWireup="true"CodeFile="Default.aspx.cs" Inherits="_Default" %>
2.    <%@ Register src="MyControl.ascx" tagname="MyControl" tagprefix="uc1" %>
```

```
3.    <!DOCTYPE html>
4.    <html xmlns="http://www.w3.org/1999/xhtml">
5.    <head runat="server">
6.    <meta charset="utf-8" http-equiv="refresh" content="1" />
7.        <title>显示系统时间的控件</title>
8.    </head>
9.    <body>
10.        <form id="form1" runat="server">
11.        <div>
12.            <uc1:MyControl ID="MyControl1" runat="server" />
13.        </div>
14.        </form>
15.    </body>
16.    </html>
```

上面的代码中第 2 行注册用户控件。第 6 行设置页面每秒钟自动进行刷新。第 12 行把用户控件添加到页面 Web 页面。

07 按快捷键 Ctrl+F5 运行程序，如图 5-30 所示。

图 5-30　运行效果

5.5　其他常用高级控件

前面章节中介绍的都是基本 Web 服务器控件，在编程的时候使用的也最多，下面介绍的是几个高级 Web 服务器控件，则部分控件可以更好地增强用户的体验，减少开发时间。

5.5.1　Calendar 控件

Calendar 控件实现一个传统的单月份日历，用户可以使用该日历查看和选择日期。Calendar 控件可以完成如下的功能：

● 显示日历，该日历会显示月份，包括该月之前的一周和之后的一周，所以说，一共显示六周。
● 允许用户选择日、周、月。

- 允许用户选择一定范围内的日期。
- 允许用户移到下一月或上一月。
- 以编程的方式控制选定日期的显示。
- 自定义日历的外观。

Calendar 控件的使用语法定义如下所示：

```
<asp: Calendar ID= "Calendar1" runat= "Server" ></asp: Calendar>
```

或

```
<asp: Calendar ID= "Calendar1" runat= "Server"/>
```

上述定义将在 Web 页面上生成一个显示当前月份的日历，如图 5-31 所示。无需手工编写代码，这个日历具有一些常见的功能。日历控件在页面上显示一个月的日历视图，使用两端的箭头可以逐月浏览。当选择某一日期时，该日期就在一个灰色的盒子里呈高亮显示，而且会引发页面回送。开发人员可以利用这个特点对日历控件编程。

图 5-31　Calendar 控件

Calendar 控件是类 Calendar 的对象，类 Calendar 将时间分段表示，例如分成星期、月和年，日历将按时间单位（如星期、月和年）划分，每种日历中分成的段数、段的长度和起始点均不同。使用特定日历可以将任何时刻表示成一组数值，例如，2008 年的奥运会开幕时间是 2008,8,8,8,8,8,0.0，即公元 2008 年 8 月 8 日 8:8:8:0.0。Calendar 的实现可以将特定日历范围内的任何日期映射到一个类似的数值集，并且 DateTime 可以使用 Calendar 和 DateTimeFormatInfo 中的信息将这些数值集映射为一种文本表示形式。文本表示形式可以是区分区域性的（例如，按照 en-US 区域性表示的 "8:46 AM March 20th 1999 AD"），也可以是不区分区域性的（例如，以 ISO 8601 格式表示的 "1999-03-20T08:46:00"）。

由于 Calendar 控件比较复杂，所以除基本属性之外，它还有以下的常用属性。

- DayNameFormat：获取或设置 "周" 中各天的名称格式，其值是一个名为 DayNameFormat 的枚举类型，该枚举类型的值包括 FirstLetter、FirstTowLetter、Short、Full、Shortest。
- FirstDayOfWeek：获取或设置要在 Calendar 控件的 "第一天" 列中显示的一周中的某天。可以设置为 Default、Sunday、Monday、Tuesday、Wednesday、Thursday、Friday 和 Saturday。
- NextMonthText：获取或设置为下一月导航控件显示的文本。ShowNextPreMonth 属性必须设置为 true，并且 NextPreMonth 属性设置为 CustomText 时才有效。

- NextPrevFormat: 获取或设置 Calendar 控件的标题部分中下个月和上个月导航元素的格式。可以设置为 ShortMonth、FullMonth 及默认值 CustomText。
- SelectedDate: 获取或设置选定的日期。默认为程序执行的日期。
- SelectedDates: 获取 System.DateTime 对象的集合，这些对象表示 Calendar 控件上的选定日期。
- SelectionMode: 获取或设置 Calendar 控件上的日期选择模式。可设置值分别为 Day、None、DayWeek、DayWeekMonth。其中，值为 Day 时，用户只可以选中某一天为默认值；值为 None 时，不能选取日期，只能显示日期、值为 DayWeek 时，用户可以一次选取整个星期或者某一天；值为 DayWeekMonth 时，用户可以一次选取这个月、整个星期或者某一天。
- SelectionMonthText: 获取或设置为选择器列中的月份选择元素显示的文本。要将 SelectionMode 属性设置为 DayWeekMonth 时才有效。
- SelectWeekText: 获取或设置为选择器列中周选择元素显示的文本。要将 SelectionMode 属性设置为 DayWeekMonth 才有效。
- ShowDayHeader: 获取或设置一个值，该值指示是否显示一周中各天的标头。有 true 和 false 二个选项。
- ShowGridLines: 获取或设置一个值，该值指示是否用网格线分割 Calendar 控件上的日期。
- ShowNextPrevMonth: 获取或设置一个值，该值指示 Calendar 控件是否在标题部分显示下个月和上个月导航元素。
- ShowTitle: 获取或设置一个值，该值指示是否显示标题部分。
- TitleFormat: 获取或设置标题部分的格式，可以设置默认值 MonthYear 或 Month。
- TodaysDate: 获取或设置当天的日期的值。
- VisibleDate: 获取或设置指定要在 Calendar 控件上显示的月份的日期。

Calendar 控件除了各种属性之外，它还有以下的常用方法和事件。

- AddDays: 返回与指定的 DateTime 相距指定天数的 DateTime。
- AddMonths: 返回与指定 DateTime 相距指定月数的 DateTime。
- AddWeeks: 返回与指定 DateTime 相距指定周数的 DateTime。
- AddYears: 返回与指定 DateTime 相距指定年数的 DateTime。
- GetDayOfMonth: 返回指定 DateTime 中的日期是该月的几号。
- GetDayOfWeek: 返回指定 DateTime 中的日期是星期几。
- GetDayOfYear: 返回指定 DateTime 中的日期是该年中的第几天。
- GetDaysInMonth: 返回指定月份中的天数。
- GetDaysInYear: 返回指定年份中的天数。
- GetLeapMonth: 计算指定年份或指定纪元年份的闰月。
- GetMonth: 返回指定的 DateTime 中的月份。

- GetMonthsInYear: 返回指定年份中的月数。
- GetWeekOfYear: 返回年中包括指定 DateTime 中日期的星期。
- GetYear: 返回指定 DateTime 中的年份。
- IsLeapMonth: 确定某月是否为闰月。
- IsLeapYear: 确定某年是否为闰年。
- ToDateTime: 返回设置为指定日期和时间的 DateTime。
- SelectionChanged 事件: 当用户选取日期时，会驱动 SelectionChanged 指定的事件。
- DayRender 事件: Calendar 控件每产生一个日期都会触发该事件。
- VisibleMonthChanged 事件: 当用户单击日历控件标题上的"上个月"或"下个月"按钮时触发。

有以下几种方法可以设置 Calendar 控件的外观:

- 使用"自动套用格式"对话框选择外观格式。
- 设置属性。
- 设置扩展样式属性。
- 自定义个别日期呈现。

【实例 5-14】Calendar 控件的使用

本例在网页上显示一个日历控件，外观通过该控件的属性来设置，显示用户选择的日期通过编程的方式来实现，具体的步骤如下所示:

01 启动 Visual Studio 2012，创建一个 ASP.NET Web 空应用程序，命名为"实例 5-14"。

02 在"实例 5-14"中创建一个名为 Default.aspx 的窗体。

03 单击网站目录下的 Default.aspx 文件，进入"视图编辑"界面，打开"设计视图"对话框，向页面添加一个 Calendar 控件和一个 Label 控件。

04 将鼠标移到 Calendar1 控件上，其上方会出现一个如图 5-32 所示向右的小三角。单击它会弹出"Calendar 任务"列表。

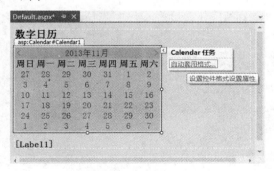

图 5-32 　"Calendar 任务"列表

05 选择列表中"自动套用格式"命令，弹出如图 5-33 所示的"自动套用格式"对话框。选择左侧"选择架构"列表中的"专业型 2"，在右侧的浏览窗口可以看到所选日历的外观格式的效果。最后，单击"确定"按钮。

图 5-33   "自动套用格式"对话框

06 单击网站目录下的 Default.aspx.cs 文件，编写代码如下：

```
1.    protected void Calendar1_SelectionChanged(object sender, EventArgs e){
2.          string yy = "", mm = "", dd = "", w = "";
3.          yy = Calendar1.SelectedDate.Year.ToString();
4.          mm = Calendar1.SelectedDate.Month.ToString();
5.          dd = Calendar1.SelectedDate.Day.ToString();
6.          switch ((int)Calendar1.SelectedDate.DayOfWeek){
7.              case 0: w = "星期日"; break;
8.              case 1: w = "星期一"; break;
9.              case 2: w = "星期二"; break;
10.             case 3: w = "星期三"; break;
11.             case 4: w = "星期四"; break;
12.             case 5: w = "星期五"; break;
13.             case 6: w = "星期六"; break;
14.         }
15.         Label1.Text = "您选择的日期是:<b>" + yy + "年" + mm + "月" + dd + "日" + "        " + w;
16.     }
17.    protected void Calendar1_DayRender(object sender, DayRenderEventArgs e){
18.         if (e.Day.IsWeekend){
19.             e.Cell.BackColor = System.Drawing.Color.YellowGreen;
20.             e.Cell.Controls.Add(new LiteralControl("<br>双休日"));
21.             e.Day.IsSelectable = false;
22.         }
23.     }
```

上面的代码中，第 1 行定义处理日历控件 Calendar1 选择改变事件 SelectionChanged 的方法。第 3 行~第 5 行获得选择日期的年、月、日。第 5 行~第 14 行使用 **switch-case** 语句判断用户选择的日期是星期几。第 15 行在标签控件 Label1 上显示用户在日历中所选择的日期。

第 17 行定义处理日历 Calendar1 控件呈现日时激发事件 DayRender 的方法。第 18 行判断日期如果是周末，第 19 行设置该日期显示的背景颜色，第 20 行添加显示的文字，第 21 行设置该日期不可被选。

07 按快捷键 Ctrl+F5 运行程序，如图 5-34 所示。

图 5-34　运行结果

5.5.2　AdRotator 控件

AdRotator 服务器控件用于在 Web 窗体中显示一些广告的内容。广告或公司标志是网站顶部最常见的元素，AdRotator 控件提供了一种在页面上显示广告的简便方法，该控件能够显示图形图像，当用户单击广告时，会将用户导向指定的 URL，并且该控件能够从数据源中自动读取广告信息。

AdRotator 控件显示广告的方式有如下三种：

- 随机显示广告。
- 对广告设置优先级别以使某些广告有更多显示频率。
- 编写循环逻辑来显示广告。

AdRotator 控件可以从如下各种形式的数据源中读取数据：

- XML 文件。
- 数据库。

自定义逻辑，为 AdCreated 事件创建一个处理程序，并在该事件中选择一条广告。AdRotator 控件定义的格式代码如下所示：

```
<asp: AdRotator ID= "AdRotator1" runat="Server" ></asp: AdRotator>
```

或

```
<asp: AdRotator ID= "AdRotator1" runat="Server"/>
```

AdRotator 控件除了基本属性之外，还有以下一些重要的属性和事件。

- AdvertisementFile：获取或设置包含广告信息的 XML 文件的路径。
- AlternateTextField：获取或设置一个自定义数据字段，使用它代替广告的 AlternateText 属性。
- Font：获取与广告横幅控件关联的字体属性。
- ImageUrlField：获取或设置一个自定义数据字段，使用它代替广告的 ImageUrl 属性。
- KeywordFilter：获取或设置类别关键字以筛选出 XML 公布文件中特定类型的公布。
- NavigateUrlField：获取或设置一个自定义数据字段，使用它代替广告的 NavigateUrl 属性。
- TagKey：获取 AdRotator 控件的 HTML 标记，该属性是受保护的。
- Target：获取或设置当单击 AdRotator 控件时，显示所链接到的页面内容的浏览器窗口或框架名称。

- UniqueID: 获取 AdRotator 控件在层次结构中的唯一限定标识符。
- PerformDataBinding: 将指定数据源绑定到 AdRotator 控件。
- PerformSelect: 将关联数据源检索广告数据。
- Render: 在客户端上显示 AdRotator 控件。
- OnAdCreated 事件: 每次要产生新的广告内容时便触发该事件。
- OnPreRender 事件: 通过查找文件数据或调用 用户事件获取要呈现的广告信息。

AdvertisementFile 属性不能和 DataSource、DataMember 或 DataSourceID 属性同时设置。换而言之，如果数据来源于一个广告文件，它就不能同时来源于数据源，反之亦然。

广告文件和 AdvertisementFile 属性是可选的。如果不使用广告文件，而是要以编程方式创建一个广告，则需要在 AdCreated 事件中输入代码以显示希望的元素。

AdRotator 控件可以从 XML 文件中读取广告信息，也可以从数据库中读取广告信息。它需要通过自己的属性来定义一个广告体所需要的信息，但这些信息都是可选的，因此无论在 XML 文件中还是在数据库定义广告体，可以选用如下属性来作为广告体的信息。

- ImageUrl: 要显示的图象的 URL。
- NavigateUrl: 单击 AdRotator 控件要转到的页面的 URL。
- AlternateText: 图象不可用时显示的文本。
- Keyword: 可用语筛选特定广告的广告类别。
- Impressions: 一个指示广告的可能显示频率的数值。
- Height: 广告的高度。
- Width: 广告的宽度。

创建 XML 文件时，开始标记<Advertisements>和结束标记</Advertisements>分别标记该文件开头和结尾。标记<Ad>和</Ad>用于划定一个广告的界限。所有广告都嵌套在开始和结束<Advertisements>标记之间。尽管某些数据元素是预定义的，如 ImageUrl 和 NavigateUrl，但仍然可以在<Ad>标记之间放置自定义元素。AdRotator 控件在分析该文件时将读取这些元素。然后将该信息传递给 AdCreated 事件。下面一段代码是 XML 文件的示例。

```
1.   <Advertisements>
2.       <Ad>
3.           <ImageUrl> 广告的图像路径</ImageUrl>
4.           <NavigateUrl> 单击广告时跳转的网址</NavigateUrl>
5.           <AlternateText>图像不能显示时的替代文字信息/提示信息</AlternateText>
6.           <Keyword>过滤广告的关键字</Keyword>
7.           <Impressions>广告出现频度</Impressions>
8.       </Ad>
9.       <Ad>
10.          。。。。。
11.      </Ad>
```

```
12.      <Ad>
13.          。。。。。
14.      </Ad>
15.  </Advertisements>
```

上面的代码中第 1 行和第 15 行是一对<Advertisements>标记,所有的内容必须都包括在其内。其中第 2 行~第 8 行通过一对<Ad>标记定义一个广告的具体信息,包括广告的图形路径、单击时跳转的网址、替代图片不显示时的文字、过滤广告关键字和广告出现的频率,其中这些属性标记都是可选的。第 9 行~第 11 行以及第 12 行~第 14 行又分别定义了两个其他的广告信息,代码这里从略。

广告文件的位置可以是相对于网站的根目录,也可以是绝对路径。如果它的位置不在同一网站中,则要确保应用程序有权访问该文件,尤其在部署之后。正因为如此及其他的一些原因,最好把该文件放在 Web 根目录下。

【**实例 5-15**】AdRotator 控件的使用

本例利用 AdRotator 控件实现在页面中显示广告的功能。广告以图片形式呈现,如果用户单击该图片会进入显示广告具体信息的页面。

01 启动 Visual Studio 2012,创建一个 ASP.NET Web 空应用程序,命名为"实例 5-14"。

02 在"实例 5-15"中创建一个名为 Default.aspx 的窗体。

03 在"实例 5-15"中创建一个 Image 文件夹,并放置两张网站的图片文件。

04 在"实例 5-15"中创建一个 XML 文件 XMLFile1.xml,在文件中编写如下代码:

```
1.   <?xml version="1.0" encoding="utf-8"?>
2.   <Advertisements>
3.      <Ad>
4.         <ImageUrl>~/Image/1and300.jpg</ImageUrl>
5.         <NavigateUrl>http://life.sina.com.cn/jipiao/resultsfee.htm</NavigateUrl>
6.         <AlternateText>百人网网上商城</AlternateText>
7.         <Impressions>50</Impressions>
8.         <Keyword>Category1</Keyword>
9.      </Ad>
10.     <Ad>
11.        <ImageUrl>~/Image/kingdomcard.jpg</ImageUrl>
12.        <NavigateUrl>http://diy.sina.com.cn/cardshow.php?%20from=430</NavigateUrl>
13.        <AlternateText>网通卡通天下</AlternateText>
14.        <Impressions>50</Impressions>
15.        <Keyword>Category1</Keyword>
16.     </Ad>
17.  </Advertisements>
```

上面代码中第 2 行~第 17 行使用开始标记<Advertisements>和结束标记</Advertisements>定义两个广告信息文件内容。其中第 3 行和第 9 行是第一个广告。定义了广告的图片路径

ImageUrl、链接的网址 NavigateUrl、代替图片显示的文字 AlternateText、显示的频率 Impressions
和筛选依据 Keyword。第 10 行~第 16 行定义了第二个广告的信息，其结构与上一个相同。

05 单击网站的目录下的 Default.aspx 文件，进入"视图编辑"界面，打开"源视图"对
话框，在编辑区中的<form></form>标记之间编写如下代码：

```
1.   请单击广告<br/>
2.   <asp:AdRotator ID="AdRotator1" runat="server" AdvertisementFile="~/XMLFile1.xml"  Target="_blank"
     OnAdCreated="AdCreated_Event" />
```

上面的代码中第 2 行添加了一个服务器动态广告控件 AdRotator1，设置其关联的 XML 文
件和处理创建广告事件 AdCreated_Event。

06 单击网站目录下的 Default.aspx.cs 文件；编写代码如下：

```
1.   protected void AdCreated_Event(object sender, AdCreatedEventArgs e){
2.   }
```

上面的代码中第 1 行~第 2 行定义处理动态广告控件 AdCreated1 事件的方法。比较特别的
是这个方法中不需要写任何的代码。

07 按快捷键 Ctrl+F5 运行程序，如图 5-35 所示。随机显示一个广告，如果刷新页面会出
现如图 5-36 所示的另一个广告，随机出现的频率有 XML 文件中的属性设置决定。

图 5-35　运行效果 1

图 5-36　运行效果 2

当单击广告时，就会相应的跳转到如图 5-37 所示的显示广告具体信息的页面。

图 5-37　运行效果 3

5.6　上机题

1. 使用 Visual Studio 2012 集成开发环境创建、运行本章所有的代码和实例并分析其执行结果。

2.编写一个 ASP.NET Web 应用程序，使用 ListBox 控件让用户来选择喜欢的电影，并在 Label 控件上显示用户的选择，程序运行效果如图 5-38 所示。

3. 编写一个 ASP.NET Web 应用程序，使用三个 DropDownList 控件实现年月日选择的功能，程序运行结果如图 5-39 所示。

图 5-38　运行结果

图 5-39　运行结果

4. 编写一个 ASP.NET Web 应用程序，实现在 Calendar 控件中添加一些节日，例如元旦、情人节、三八妇女节、愚人节、劳动节、儿童节、建党节、建军节、教师节、国庆节和圣诞节，不可以进行这些日期的选择。其他的日期选中后可以显示相应的日期。运行效果如图 5-40 所示。

5. 编写一个 ASP.NET Web 应用程序，利用 CustomValidator 控件判断用户输入的用户名的长度大于等于 8，运行效果如图 5-41。

6. 编写一个 ASP.NET Web 应用程序，创建一个自定义的用户控件，实现通过验证控件实现在网站注册用户信息的功能，通过不同的验证控件对用户名、密码、重复密码、年龄、电子邮件进行验证。运行效果如图 5-42 所示。

图 5-40　运行结果

图 5-41　运行结果

7. 编写一个 ASP.NET Web 应用程序，在一个 MultiView 控件中包含三个 View 控件，单击 View 控件中的按钮显示不同的内容，运行程序，效果如图 5-43 所示。

图 5-42　运行结果

图 5-43　运行结果

8. 编写一个 ASP.NET Web 应用程序，使用 RequiredFieldValidator 控件对输入是否为空进行验证，如为空则给出提示；使用 RegularExpressionValidator 控件对护照格式进行验证，如不符合格式则给出提示。运行效果如图 5-44 所示。

9. 编写一个能够登记个人信息的 ASP.NET Web 应用程序，用户可以在填写个人信息的页面利用各种 Web 服务器控件进行信息的输入和选择，单击"填写个人信息"按钮后，保存填写和选择的内容，单击"提交查看个人信息"按钮后可以在页面查看提交的个人信息。运行结果如图 5-45 所示。

图 5-44　运行结果

图 5-45　运行结果

第 6 章　ASP.NET 4.5 基本对象

ASP.NET 4.5 应用程序是基于 C#开发语言的网络应用程序。针对网络应用方面，它有一些固定的对象，这些对象能帮助用户更好、更快地开发应用程序。每个对象都有自己的属性、方法和事件。属性用来描述对象的特征，方法用来执行对象的动作，事件是在符合某些条件的时候或某些情况发生的时候对象执行的动作。本章将介绍 ASP.NET 4.5 中最为常用的八大内置对象。

6.1　Page 类

Page 类贯穿于 Web 应用程序执行的整个流程。因此，了解其属性、事件和方法并熟练运用，实现对网页执行过程的控制是必不可少的。

6.1.1　页面的生命周期

在项目中所有的 Web 页面都继承于 System.Web.UI.Page 类，要了解 Page 类，必须知道 ASP.NET 页面的工作过程：

- 客户端浏览器向 Web 应用程序进行一个页面的请求。
- 服务器端 Web 应用程序接收到这个请求，先查看该页面是否被编译过，如果没有先编译这个 Web 页面，然后对这个页面进行实例化，产生一个 Page 对象。
- Page 对象根据客户请求，把信息返归给 IIS，然后信息由 IIS 返回给客户端浏览器。
- 在这个过程中，每个页面都被编译成一个类，当有请求的时候就对这个类进行实例化。

Page 类是从 System.Web.UI.TemplateControl 类继承而来，对于页面生命周期，一共要关心以下 5 个阶段。

- 页面初始化：在这个阶段，页面及其控件被初始化。页面确定是新的请求还是回传请求。页面事件处理器 Page_PreInit 和 PageInit 被调用。另外，任何服务器控件的 PreInit 和 Init 被调用。
- 载入：如果是一个回传请求，控件属性使用从视图状态和控件状态的特殊页面状态容器中恢复的信息来载入。页面的 Page_Load 方法以及服务器控件的 Page_Load 方法事件被调用。
- 回传事件处理：如果是一个回传请求，任何控件的回传事件处理器被调用。
- 呈现：在页面呈现状态中，视图状态保存到页面，然后每个控件及页面都是把自己呈现给输出相应流。页面和控件的 PreRender 和 Render 方法先后被调用。最后，呈现的结果通过 HTTP 响应发送回客户机。

● 卸载：对页面使用过的资源进行最后的清除处理。控件或页面的 Unload 方法被调用。

6.1.2　Page 类的方法、属性和事件

Page 类与扩展名为.aspx 的文件相关联，这些文件在运行时被编译为 Page 对象，并被缓存在服务器内存中。如果要使用代码隐藏技术创建 Web 窗体页，需要从该类派生。应用程序快速开发（RAD）设计器（如 Microsoft Visual Studio）自动使用此模型创建 Web 窗体页。Page 对象充当页中所有服务器控件的容器。

在代码隐藏模型中，页的标记和服务器端元素（包括控件声明）位于.aspx 文件中，而用户定义的页代码则位于单独的代码文件中。该代码文件包含一个分部类，即具有关键字 partial 的类声明，以表示该代码文件只包含构成该页的完整类的全体代码的一部分。在分部类中，添加应用程序要求该页所具有的代码。此代码通常由事件处理程序构成，但是也可以包括用户需要的任何方法或属性。

代码隐藏页的继承模型描述如下：

（1）代码隐藏文件包含一个继承自基页类的分部类。基页类可以是 Page 类，也可以是从 Page 派生的其他类。

（2）.aspx 文件在"@ Page"指令中包含一个指向代码隐藏分部类的 Inherits 属性。

（3）在对该页进行编译时，ASP.NET 基于.aspx 文件生成一个分部类；此类是代码隐藏类文件的分部类。生成的分部类文件包含页控件的声明。使用此分部类，用户可以将代码隐藏文件用作完整类的一部分，而无需显示声明控件。

（4）最后，ASP.NET 生成另外一个类，该类从在上面生成的类继承而来。它包含生成该页所需的代码。该类和代码隐藏类将编译成程序集，运行该程序集可以将输出呈现到浏览器。

下面介绍 Page 类的常见属性和方法，见表 6-1 所示。

表 6-1　Page 类的重要属性和方法

属性和方法	说明
Application	为当前 Web 请求获取 HttpApplicationState 对象
IsPostBack	指示该页是否正为响应客户端回发而加载，或者它是否正被首次加载和访问
IsValid	指示页验证是否成功
Request	获取请求页的 HttpRequest 对象
Response	获取与该 Page 对象关联的 HttpResponse 对象
Server	获取 Server 对象，它是 HttpServerUtility 类的实例
Session	获取 ASP.NET 提供的当前 Session 对象
Validators	获取请求的页上包含的全部验证控件的集合
ViewState	获取状态信息的字典，这些信息用户可以在同一页的多个请求间保存和还原服务器控件的视图状态

（续表）

属性和方法	说明
MapPath(virtualPath)	将 virtualPath 指定的虚拟路径转换成实际路径
ResolveUrl(relativeUrl)	将 relativeURL 指定的路径转换为在请求客户端可用的 URL
DataBind()	将数据源连接到网页上的服务器控件
Dispose()	将数据源连接到网页上的服务器控件
FindControl(id)	在页面上搜索标识名称为 id 的控件
Validate()	执行网页上的所有验证控件
HasControls()	判断 Page 对象是否包含控件

Page 类中有很多属性是对象的引用，比如表 6-1 中的 Request、Response、Application 和 Session 等，这样在页面中可以直接对这些对象进行访问，而无需通过 Page 对象。比如下面两行代码的作用是一样的。

1. Page.Response.Redirect("Default.aspx");
2. Response.Redirect("Default.aspx");

上面代码中第 1 行代码通过 Page 对象的 Response 属性得到 Response 对象的引用，第二行直接通过 Response 对象名对 Response 对象进行引用。

Page 类除了属性和方法外，还有的 8 个常见的事件，如表 6-2 所示。

表 6-2　Page 类的主要事件

事件名称	说明
PreInit	在页初始化开始前发生，是网页执行时第一个被触发的事件
PreLoad	在信息被写入到客户端前会触发此事件
Load	当网页被加载时会触发此事件
Init	在网页初始化开始时发生
PreRender	在信息被写入到客户端前会触发此事件
Unload	网页完成处理并且信息被写入到客户端后会触发此事件
InitComplete	在页面初始化完成时发生
LoadComplete	在页面生命周期的加载阶段结束时发生

表 6-2 中 Page 对象的事件贯穿于网页执行的整个过程。在每个阶段，ASP.NET 都触发了可以在代码中处理的事件，对于大多数情况，只需要关心 Page_Load 事件。该事件的两个参数是由 ASP.NET 定义的，第一个参数定义了产生事件的对象，第二个是传递给事件的详细信息。每次触发服务器控件的时候，页面都会去执行一次 Page_Load 事件，说明页面被加载了一次。这个技术称为回传（或者称为回送）技术。这个技术是 ASP.NET 最为重要的特性之一，这样，Web 页面就好像一个 Windows 窗体一样。在 ASP.NET 中，当客户端触发了一个事件，它不是在客户端浏览器上对事件进行处理，而是把该事件的信息传送回服务器进行处理。服务器在接收到这些信息后，会重新加载 Page 对象，然后处理该事件，所以 Pgae_Load 事件被再次触发。

由于 Page_Load 在每次页面加载时运行，因此其中的代码即使在回传的情况下也会被运行，在这个时候 Page 的 IsPostBack 属性就可以用来解决这个问题，因为这个属性用来识别 Page 对象是否处于一个回送的状态，也就弄清楚是请求页面的第一个实例，还是请求回送原来的页面。可以在 Pgae 类的 Page_Load 事件中使用该属性，以便数据访问代码只在首次加载页面时运行，具体代码如下所示。

```
1.    protected void Page_Load（object sender,EventAge e）{
2.            if(!IsPostBack){
3.            // 需要执行的代码
4.              }
5.        }
```

上面的代码中第 1 行处理 Page 页面的加载事件 Load。第 2 行使用 Page 的 IsPostBack 属性判断当前加载的页面是否是回送页面。

6.1.3 Page 类的使用

前面介绍了 Page 类的概念以及其属性、方法和事件，这节将通过一个例子来讲述 Page 类的使用。

【实例 6-1】Page 类的使用

网页的执行从网页的初始化开始，此时会触发 Init 事件，Init 事件的用途是设置网页或者控件的初始值。同一个网页只会触发一次 Init 事件，当客户端返回数据时，不会再次触发 Init 事件。

01 启动 Visual Studio 2012，创建一个 ASP.NET Web 空应用程序，命名为 "实例 6-1"。
02 在 "实例 6-1" 中创建一个名为 Default.aspx 的窗体。
03 单击网站的目录下的 Default.aspx 文件，进入 "视图编辑" 界面，打开 "源视图"，在编辑区中<form></form>标记之间编写如下代码：

```
1.        <div>
2.        请选择您的爱好?<br/>
3.        <select id="Interest" runat ="server" ></select>
4.        <p>向列表中添加爱好</p>
5.        <input type ="text" id ="Text1" runat ="server" />
6.        <input type="button" runat="server" value ="添加""    onserverclick ="AddToList_Click" />
7.        </div>
```

上面的代码中第 3 行在表单中添加一个 HTML 下拉列表控件 Interest。第 5 行添加一个 HTML 文本框控件 Text1。第 6 行添加一个 HTML 按钮控件并设置其单击事件为 AddToList_Click。

04 用鼠标单击网站目录下的 Default.aspx.cs 文件，编写代码如下。

```
1.    protected void Page_Init(object sender, EventArgs e){
2.            Interest.Items.Add("黑色");
3.            Interest.Items.Add("红色");
4.            Interest.Items.Add("蓝色");
5.            Interest.Items.Add("绿色");
6.    }
7.    protected void AddToList_Click(Object sender, EventArgs e){
8.            Interest.Items.Add(Text1.Value );
9.    }
```

上面的代码中第 1 行定义处理 Page 页面 Init 事件的方法；第 2 行~第 5 行通过下拉列表控件 Interest 的 Items.Add 方法添加列表项内容。第 7 行~第 9 行定义处理按钮控件 AddToListClick 事件的方法，其中，第 8 行使用下拉列表控件 Interest 的 Items.Add 方法将用户输入在文本框中的内容添加到列表项。

05 运行程序后的结果如图 6-1 所示。当用户输入新字体颜色"紫色"后，单击"添加"按钮时，会将数据返回到服务器，此时网页被重新加载，但并不会再次触发 Page 对象的 Init 事件，如图 6-2 所示。

图 6-1　运行结果 1

图 6-2　运行结果 2

06 如果在 Default.aspx.cs 文件，将 Page_Init 事件里的代码编写在 Page_Load 事件中，如以下代码：

```
1.    protected void Page_Load(object sender, EventArgs e){
2.            Interest.Items.Add("黑色");
3.            Interest.Items.Add("红色");
4.            Interest.Items.Add("蓝色");
5.            Interest.Items.Add("绿色");
6.    }
```

07 运行程序后，当用户输入新字体颜色"紫色"后，单击"添加"按钮时，后页面下拉列表的最下方出现了"紫色"选项，但重复出现了"黑色"、"红色"、"蓝色"和"绿色"选项，如图 6-3 所示。这时因为 Page 对象的 Load 事件被再次触发而又重新将这 4 个选项添加了一遍。

图 6-3　运行结果 3

解决这个问题时就用到了 Page 对象的 IsPostBack 属性。如果在 Page_Load 事件中加入一行 if(!IsPostBack)来判断网页是在何种情况下加载的，此问题就解决了。

6.2　Request 对象

Request 对象派生自 HttpRequest 类，用来捕获由客户端返回服务器端的数据，比如，用户所输入的表单数据、保存在客户机上的 Cookie 等。

6.2.1　Request 对象的属性和方法

要掌握 Request 对象的使用，必须了解它的常用属性和方法。Request 对象的常用属性和方法如表 6-3 所示。

表 6-3　Request 对象的常用属性和方法

属性和方法	说明
AcceptTypes	获取客户端支持的 MIME 接受类型的字符串数组
ApplicationPath	获取服务器上 ASP.NET 应用程序的虚拟应用程序跟路径
Browser	获取有关正在请求的客户端的浏览器功能的信息
Cookies	获取客户端发送的 cookie 的集合
CurrentExceptionFilePath	获取或设置输出流的 HTTP 字符集
FilePath	获取当前请求的虚拟路径
Files	获取客户端上载的文件（多部件 MIME 格式）集合
Form	获取窗体变量集合
Headers	获取 HTTP 头集合
InputStrem	获取传入的 HTTP 实体主体的内容

（续表）

属性和方法	说明
Item	获取 Cookies、Form、QueryString、ServerVariables 集合中指定的对象。在 C# 中，该属性为 HttpRequest 类的索引器
Path	获取当前请求的虚拟路径
PathInfo	获取具有 URL 扩展名资源的附加路径信息
PhysicalPath	获取与请求的 URL 相对应的物理文件系统路径
QueryString	获取 HTTP 查询字符串变量集合
RawUrl	获取当前请求的原始 URL
ServerVariables	获取 Web 服务器变量的集合
BinaryRead	执行对当前输入流进行指定字节数的二进制读取
MapImageCoordinates	将传入图象字段窗体参数影射为适当的 x/y 坐标值
MapPath	为当前请求将请求的 URL 中的虚拟路径映射到服务器上的物理路径
SaveAs	将 HTTP 请求保存到磁盘
ValidateInput	验证由客户端浏览器提交的数据，如果存在具有潜在危险的数据，则引发一个异常
Url	获取有关当前请求的 URL 的信息

6.2.2　Request 对象的使用

上面介绍了 Request 对象的概念和主要的属性以及它的常用方法。为了加深理解，本节通过一个实际的例子来介绍 Request 对象中的事件和方法。

【实例 6-2】Request 对象的使用

本例利用 Request 对象实现跨页面传递数值，获取页面乘法计算的数字，在另一个页面中显示计算的结果。

01 启动 Visual Studio 2012，创建一个 ASP.NET Web 空应用程序，命名为"实例 6-2"。

02 在"实例 6-2"中创建一个名为 Default.aspx 的窗体。

03 单击网站的目录下的 Default.aspx 文件，进入"视图编辑"界面，打开"源视图"，在编辑区中<form></form>标记之间编写如下代码：

```
1.   <h3>乘法运算</h3>
2.   请输入第一个数字: <asp:TextBox ID="TextBox1" runat="server" Width="99px"></asp:TextBox><br />
3.   请输入第二个数字: <asp:TextBox ID="TextBox2" runat="server"    Width="99px"></asp:TextBox><br />
4.   <asp:Button ID="Button1" runat="server" Text="获得两数相乘的结果" OnClick="Button1_Click" />
```

上面的代码中第 2 行和第 3 行添加了两个服务器文本框控件 TextBox 接受用户输入的数字。第 4 行添加了一个服务器按钮控件 Button 并设置显示的文本和触发的事件。

04 单击网站目录下的 Default.aspx.cs 文件，编写代码如下：

```
1.    protected void Button1_Click(object sender, EventArgs e){
2.        Response.Redirect("Result.aspx?number="+TextBox1.Text+"&number1="+TextBox2 .Text+"");
3.    }
```

上面的代码中第 1 行处理按钮控件 Button1 单击事件 Click 的方法，第 2 行调用 Response 对象的 Redirect 方法跳转到 Result.aspx 页面并使用 Url 地址的方式传递两个文本框内的数字。

05 在"实例 6-2"中创建一个名为 Result.aspx 的窗体。

06 单击网站目录下的 Result.aspx.cs 文件，编写如下代码：

```
1.    protected void Page_Load(object sender, EventArgs e){
2.        var one=int.Parse ( Request.QueryString["number"]);
3.        var two = int.Parse(Request .QueryString ["number1"]);
4.        Response.Write("计算的结果为: "+one*two);
5.    }
```

上面的代码中第 1 行处理页面对象的 Page 加载事件 Load 的方法。第 2 行和第 3 行分别使用 Request 对象的 QueryString 的属性来获得 URL 地址中传递的两个数字。第 4 行将计算的结果输出在页面显示。

07 按快捷键 Ctrl+F5 运行程序，如图 6-4 所示，在文本框中输入数字，单击"获得两数相乘的结果"按钮，在新的页面中显示计算的结果，如图 6-5 所示。

图 6-4　运行结果 1

图 6-5　运行结果 2

6.3　Response 对象

Response 对象派生自 HttpResponse 类，用来决定何时或如何将输出由服务器端发送到客户端，它封装了 Web 服务器对客户端请求的响应。

6.3.1　Response 对象的属性

要想掌握好 Response 对象的使用，必须先熟悉它的常用属性。 Response 的主要属性如表 6-4 所示。

表 6-4　Response 对象的常用属性

属性	说明
Buffer	获取或设置一个值，该值指示是否缓冲输出，并在完成处理整个响应之后将其发送
BufferOutput	获取或设置一个值，该值指示是否缓冲输出，并在完成处理整个页之后将其发送
Cache	获取 Web 页的缓存策略（过期时间、保密性、变化子句）
CacheControl	将 Cache-Control HTTP 头设置为 Public 或 Private
Charset	获取或设置输出流的 HTTP 字符集
ContentEncoding	获取或设置输出流的 HTTP 字符集
ContentType	获取或设置输出流的 HTTP MIME 类型
Cookies	获取响应 Cookie 集合
Expires	获取或设置在浏览器上缓存的页过期之前的分钟数。如果用户在页过期之前返回同一页，则显示缓存的版本
ExpiresAbsolute	获取或设置将缓存信息从缓存中移除时的绝对日期和时间
Filter	获取或设置一个包装筛选器对象，该对象用于在传输之前修改 HTTP 实体主体
IsClientConnected	获取一个值，通过该值指示客户端是否仍连接在服务器上
Output	启用到输出 HTTP 响应流的文本输出
OutputStream	启用到输出 HTTP 内容主体的二进制输出
RedirectLocation	获取或设置 HTTP "位置" 标头的值
Status	设置返回到客户端的 Status 栏
StatusCode	获取或设置返回给客户端的输出的 HTTP 状态代码
StatusDescription	获取或设置返回给客户端的输出的 HTTP 状态字符串
SuppressContent	获取或设置一个值，该值指示是否将 HTTP 内容发送到客户端

6.3.2　Response 对象的方法

仅仅是了解 Response 对象的属性还远远不够，Response 对象还提供了一些非常实用的方法供我们在编写程序中使用。

（1）Response 对象的 Redirect 方法可以将客户端重定向到新的 URL，其语法定义如下所示：

```
public void Redirect(string url);
public void Redirect( string url, bool endResponse);
```

上面的方法中 url 参数为要重新定向的目标网址，参数 endResponse 指示当前页的执行是否应终止。

（2）Write 方法用于将信息写入 HTTP 响应输出流，输出到客户端显示，其语法定义如下所示：

```
public void Write(char[], int, int);
```

```
public void Write(string);
public void Write(object);
public void Write(char);
```

从上面的 4 个方法的参数可以看出，通过 Write 方法可以把字符数组、字符串、对象，或者一个字符输出显示。

如果把指定的文件直接写入 HTTP 响应输出流，需要调用 WriteFile 方法，其语法定义如下所示：

```
public void WriteFile(string filename);
public void WriteFile(string filename, long offset, long size);
public void WriteFile(IntPtr fileHandle, long offset, long size);
public void WriteFile(string filename, bool readIntoMemory);
```

上面代码中参数 filename 为要写入 HTTP 输出流的文件名；参数 offset 为文件中将开始进行写入的字节位置；参数 size 为要写入输出流的字节数（从开始位置计算）；参数 fileHandle 是要写入 HTTP 输出流的文件的文件句柄；参数 readIntoMemory 指示是否把文件写入内存块。

（3）下面是其他几个 Response 对象的方法定义。

- BinaryWrite：将一个二进制字符串写入 HTTP 输出流。
- Clear：清除缓冲区流中的所有内容输出。
- ClearContent：清除缓冲区流中的所有内容。
- ClearHeaders：清除缓冲区流中的所有头信息。
- Close：关闭到客户端的套接字连接。
- End：将当前所有缓冲的输出发送到客户端，停止该页的执行，并引发 Application_EndRequest 事件。
- Flush：向客户端发送当前所有缓冲的输出。Flush 方法和 End 方法都可以将缓冲的内容发送到客户端显示，但是 Flush 与 End 的不同之处在于，Flush 不停止页面的执行。

6.3.3 Response 对象的使用

前面介绍了 Response 对象的概念以及它的常用方法和属性。这节将结合一个例子来讲解 Response 对象在实际中的使用，以便使读者能够快速入门。

【实例 6-3】Response 对象的使用

实现网站的友情链接，单击友情链接可以跳转到相应的网站，可以由多种不同的方法来实现，比如 HyperLink 控件或 ImageMap 控件等等。本例使用 LinkButton 控件通过 Response 对象的重定向跳转页面功能来完成。

01 启动 Visual Studio 2012，创建一个 ASP.NET Web 空应用程序，命名为"实例 6-3"。
02 在"实例 6-3"中创建一个名为 Default.aspx 的窗体。
03 单击网站的目录下的 Default.aspx 文件，进入"视图编辑"界面，打开"源视图"，在编辑区中<form></form>标记之间编写如下代码：

```
1.    <table >
2.     <tr><td><strong>友情链接:<br /></strong></td></tr>
3.     <tr>
4.      <td ><asp:LinkButton ID="LinkButton1" runat="server" onclick="LinkButton1_Click">新浪网
      </asp:LinkButton></td>
5.      <td><asp:LinkButton ID="LinkButton2" runat="server" onclick="LinkButton2_Click">雅虎网
      </asp:LinkButton></td>
6.      <td >     
7.          <asp:LinkButton ID="LinkButton3" runat="server"onclick="LinkButton3_Click">腾讯网
      </asp:LinkButton>
8.      </td>
9.      <td >     
10.        <asp:LinkButton ID="LinkButton4" runat="server" onclick="LinkButton4_Click">淘宝网
      </asp:LinkButton>
11.      </td>
12.      <td >     
13.        <asp:LinkButton ID="LinkButton5" runat="server" onclick="LinkButton5_Click">搜狐网
      </asp:LinkButton>
14.      </td>
15.      <td >      
16.        <asp:LinkButton ID="LinkButton6" runat="server" onclick="LinkButton6_Click">凤凰网
      </asp:LinkButton></td>
17.      </tr>
18.    </table>
```

上面的代码中第 4、5、7、10、13、16 行各添加了一个服务器链接按钮控件 LinkButton，并设置显示的文本和单击事件为 Click。

04 单击网站目录下的 Default.aspx.cs 文件，编写代码如下：

```
1.    protected void LinkButton1_Click(object sender, EventArgs e){
2.            Response.Redirect("http://www.sina.com.cn/");
3.    }
4.    protected void LinkButton2_Click(object sender, EventArgs e){
5.            Response.Redirect("http://cn.yahoo.com/");
6.    }
7.    protected void LinkButton3_Click(object sender, EventArgs e){
8.            Response.Redirect("http://www.qq.com/");
9.    }
10.   protected void LinkButton4_Click(object sender, EventArgs e){
11.           Response.Redirect("http://www.taobao.com/");
12.   }
13.   protected void LinkButton5_Click(object sender, EventArgs e){
```

```
14.            Response.Redirect("http://www.sohu.com/");
15.   }
16.   protected void LinkButton6_Click(object sender, EventArgs e){
17.            Response.Redirect("http://www.ifeng.com/");
18.   }
```

　　上面的代码中处理了 5 个 LinkButton 按钮的单击事件 Click，并分别使用 Response 对象的 Redirect 方法跳转到相应网站的 URL 地址。

　　05 按快捷键 Ctrl+F5 运行程序，如图 6-6 所示，单击某一个友情链接，浏览器将显示该网站的首页，如图 6-7 所示。

图 6-6　运行效果 1

图 6-7　运行效果 2

6.4　ViewState 对象

　　ViewState 对象又称为"视图状态"，用于维护自身窗体的状态。当用户请求 ASP.NET 网页时，ASP.NET 将 ViewState 封装为一个或多个隐藏的表单域传递到客户端。

6.4.1　ViewState 中的键值对

　　ViewState 是由 ASP.NET 框架管理的一个隐藏的窗体字段。当 ASP.NET 执行某个页面时，该页面上的 ViewState 值和所有控件将被收集并格式化成一个编码字符串，然后被分配给隐藏窗体字段的值属性（即<input type=hidden>）。由于隐藏窗体字段是发送到客户端页面的一部分，所以 ViewState 值被临时存储在客户端的浏览器中。如果客户端选择将该页面回传给服务器，则 ViewState 字符串也将被回传。

ViewState 提供了一个 ViewState 集合（Collection）属性。该集合是集合（Collection）类的一个实例，集合类是一个键值集合，开发人员可以通过键来为 ViewState 增加或者去除项。例如下面的代码：

```
ViewState["Count"] = 88;
```

上面这句代码含义是把一个整数 88 赋值给 ViewState 集合，而且给它一个键名 Count 来标识。如果当前 ViewState 集合里没有键名 Count，那么一个新项就自动添加到 ViewState 集合里；如果存在键名 Count，则与该键名 Count 对应的值就会被替换。

在 ViewState 集合里，利用键名可以访问到与键名对应的值，这是键值集合的特性。ViewState 集合里存储的是对象（Objects），因此它可以用来处理各种数据类型。下面代码就是从 ViewState 集合里取得整型数据的示例代码：

```
int count = (int)ViewState["Count"];
```

6.4.2　ViewState 中的安全机制

查看一个 Web 页面的源文件，就会看到存储的 ViewState。其内容可能如下：

```
<input          type="hidden"          name="__VIEWSTATE"          id="__VIEWSTATE"
value="/wDILYBHyO4EPDwUKMTQ2OTkzNDMyMQ8WAh4HQ291bnRlcgICZGRbrmBI9jHiwh0Z9Jg==" />
```

以上代码就是 ViewState 的窗体字段，ViewState 的信息是存储在属性 value 中的。由于属性 value 值是不可读的，大多数人可能就认为存储在 ViewState 里的信息是被加密过的，然而事实上并非如此，在以上代码中所看到的 value 值只是一个经过 Base64（一种内容传送编码技术）编码过的字符串。别人可以利用反向工程技术在几秒钟内就把经过 Base64 编码的字符串变为可读的字符串，从而查看到 ViewState 中存储的信息。

如果想要使 ViewState 变得更加安全的话，可以有两种选择。

1．采用哈希编码技术

哈希编码技术被称为是一种强大的编码技术。其算法思想是让 ASP.NET 检查 ViewSte 中的所有数据，然后通过散列算法（在密钥值的帮助下）把这些数据编码。该散列算法产生一段很短的数据信息，即哈希代码，然后把这段代码加在 ViewState 信息后面。

页面被回传后，ASP.NET 检查 ViewState 的数据信息，使用同样步骤重新计算哈希代码，核查计算出来的编码信息是否与存储在 ViewState 里的哈希代码相匹配。如果有用户更改了 ViewState 里存储的信息，ASP.NET 就会产生一段不能相匹配的新的哈希代码，此时 ASP.NET 就会拒绝页面完全回传。

哈希代码的功能实际上是默认的，所以如果编程人员希望有这种功能，不需要采取额外的步骤。但有时开发商选择禁用此项功能，以防止出现这样的问题：在一个网站系统中不同的服务器（一个大型的网站通常有很多台服务器）有不同的密钥。为了禁用哈希代码，可以使用在 Web.config 文件中的<Pages>元素的 enableViewStateMac 属性，示例代码如下：

```
<pages enableViewStateMac="false"></pages>
```

2．ViewState 加密

尽管使用了哈希代码，ViewState 信息依然能够被用户阅读到，很多情况下这是完全可以接受的。但是如果 ViewState 里包含了需要保密的信息，就需要采用 ViewState 加密。可以设置单独的某一页面采用 ViewState 加密，代码如下：

```
<%Page ViewStateEncryptionMode="Always"%>
```

也可以在 Web.Config 文件为整个网站设置采用 ViewState 加密，代码如下：

```
<pages viewStateEncryptionMode="Always"></pages>
```

当在 ViewState 里添加很多信息时，属性 value 的值就会变得很长，这样就会影响页面打开的速度，所以有时希望禁用个别控件的视图状态，这时就可以通过修改控件的 EnableViewStated 的属性来改变视图状态。如果不想逐个修改控件，也可以禁用整个页面的视图状态。通过修改 Page 指令的 EnableViewState 属性来达到该效果。

6.4.3 存储自定义对象

在 ViewState 里可以存储自定义的对象，就像在 ViewState 里存储数值和字符串类型一样容易。然而，为了在 ViewState 里贮存该对象，ASP.NET 技术必须能够把该对象转化成一种字节流，使它可以添加到页面的隐藏输入字段的后面，这一过程被称为"序列化"。如果对象是不能序列化的，当开发人员试图把这样的对象放在 ViewState 里，就会出现错误。

为了使对象序列化，编程人员需要在类定义之前加一个 Serializable 属性。例如一个简单雇员类的定义的代码如下：

```
1.  [Serializable] //序列化标识
2.  public class Employee{
3.      public string name;
4.      public int age;
5.      public Employee (string name, int age){
6.          this.name = name;
7.          this.age = age;
8.      }
9.  }
```

上面的代码中第 1 行对雇员类进行序列化后它就可以被存储在 ViewState 里面。第 2 行~第 8 行封装了一个自定义的雇员类。

从 ViewState 里取回数据时的代码如下：

```
1.  Employee e;
2.  e = (Employee)ViewState["Employee"];
```

以上代码中第 1 行声明一个 Employee 对象 e，第 2 行从 ViewState 里取回一个雇员对象。

6.4.4　ViewState 对象的使用

前面介绍了 ViewState 对象的概念以及它的常用方法和属性。本节通过示例来演示 ViewState 对象在实际中的使用。

【实例 6-4】ViewState 对象的使用

在网站中存在着不同的用户，各自有不同的权限，登录后可以进入页面也就不同。本例在用户登录时利用 ViewState 对象记录登录用户的类别，然后根据不同的类别登录实现自动的导航功能。

01 启动 Visual Studio 2012，创建一个 ASP.NET Web 空应用程序，命名为 "实例 6-4"。

02 在 "实例 6-4" 中创建一个名为 Default.aspx 的窗体。

03 单击网站的目录下的 Default.aspx 文件，进入 "视图编辑" 界面，打开 "源视图"，在编辑区中<form></form>标记之间编写如下代码：

```
1.   用户类型: <asp:TextBox ID="TextBox1" runat="server"></asp:TextBox>
2.   <br />
3.   密码: <asp:TextBox ID="TextBox2" runat="server" TextMode="Password"></asp:TextBox><br/>
4.   <asp:Button ID="Button1" runat="server" onclick="Button1_Click"   Text="登录" />
```

上面的代码中第 1 行和第 3 行分别添加两个文本框服务器控件 TextBox1 和 TextBox2。第 4 行添加一个按钮服务器控件 Button1 并设置其单击事件为 Click。

04 单击网站目录下的 Default.aspx.cs 文件，编写关键代码如下：

```
1.   private static readonly string[] users = new string[] { "admin", "user" };
2.   private int usertype(string userid){
3.            if (userid == users[0])
4.                return 1;
5.            if (userid == users[1])
6.                return 2;
7.            else
8.                return 0;
9.   }
10.  protected void Button1_Click(object sender, EventArgs e){
11.       string userid = TextBox1.Text.ToString();
12.       string pwd = TextBox2.Text.ToString();
13.       ViewState["UserType"] = usertype(userid);
14.       switch (ViewState["UserType"].ToString()){
15.        case "1": Response.Redirect("Admin.aspx?userid="+userid);
16.                break;
17.        case "2": Response.Redirect("User.aspx?userid=" + userid);
```

```
18.              break;
19.              default: Response.Write("<script>alert('对不起，您不是合法用户！')</script>");
20.              break;
21.      }
22.  }
```

上面的代码中第 1 行定义了一个只读的静态变量的字符串数组，保存系统中已经注册的用户的两种类型 admin 和 user。第 2 行定义了一个 usertype 方法，参数是用户类型。第 3 行~第 9 行判断用户类型，如果存在于注册的用户中，则返回一个给定的整数。第 10 行处理按钮控件的单击事件 Click。第 11 行和 12 行获得用户输入的值。第 13 行将用户类型保存到 ViewState 中。第 14 行~第 21 行使用 switch-case 语句判断 ViewState 中的值，并根据不同的值，跳转到不同用户类型的页面。如果没有存在该种类型，给出错误的提示。

05 在"实例 6-4"中分别添加一个 Admin.aspx 页面和一个 User.aspx 页面。然后在 Admin.aspx.cs 和 User.aspx.cs 文件中添加如下代码：

```
1.  protected void Page_Load(object sender, EventArgs e){
2.      string user = Request.QueryString["userid"].ToString();
3.      Response.Write(""+user+",欢迎您！");
4.  }
```

上述代码第 1 行处理 Page 页面的加载事件 Load。第 2 行通过 Request 对象的 QueryString 属性获得传递进来的用户类型。第 3 行在页面显示"用户类型欢迎您"的信息。

06 按快捷键 Ctrl+F5 运行程序，在显示的如图 6-8 所示的登录页面中输入用户类型 admin 和密码，单击"登录"按钮，跳转至如图 6-9 所示的 Admin.aspx 页面。

图 6-8　运行结果 1　　　　　　　图 6-9　运行结果 2

如果在登录页面中输入用户类型 user 和密码，单击"登录"按钮。页面会跳转至 User.aspx，显示"admin,欢迎您！"，如果输入不存在的用户类型，单击"登录"按钮，会出现如图 6-10 所示的提示对话框。

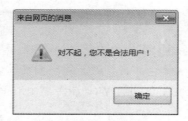

图 6-10　运行结果 3

6.5　Server 对象

Server 对象派生自 HttpServerUtility 类，它提供了服务器端最基本的方法和属性。比如，获得最新的错误信息、对 HTML 文本进行编码和解码、访问和读写服务器端的文件等功能。

6.5.1　Server 对象的属性和方法

Server 对象提供许多访问的方法和属性，帮助程序有序地执行。Server 对象常用属性定义，如表 6-5 所示。

表 6-5　Server 对象的常用属性和方法

方法和属性	说明
Execute	在当前请求的上下文中执行指定的虚拟路径的处理程序
GetLastError	返回前一个异常
HtmlDecode	对 HTML 编码的字符串进行解码，并将解码输出发送到 System.IO.TextWriter 输出流
HtmlEncode	对字符串进行 HTML 编码，并将解码输出发送到 System.IO.TextWriter 输出流
MapPath	返回与 Web 服务器上的指定虚拟路径相对应的物理文件路径
Transfer	终止当前页的执行，并为当前请求开始执行新页
UrlDecode	对字符串进行解码，该字符串为了进行 HTTP 传输而进行编码并在 URL 中发送到服务器
ScriptTimeout	获取和设置请求超时（以秒计）
MachineName	获取服务器的计算机名称
UrlEncode	编码字符串，以便通过 URL 从 Web 服务器到客户端进行可靠的 HTTP 传输
UrlPathEncode	对 URL 字符串的路径部分进行 URL 编码，并返回已编码的字符串

Server 对象的 GetLastError 方法可以获得前一个异常，当发生错误时可以通过该方法访问错误信息。例如：

```
Exception LastError = Server.GetLastError();
```

Server 对象的 Transfer 方法用于终止当前页的执行，并为当前请求开始执行新页，其语法定义如下所示：

```
1.    public void Transfer( string path);
```

2.　public void Transfer(string path, bool preserveForm);

上述代码中参数 path 是服务器上要执行的新页的 URL 路径。参数 preserveForm 如果为 true，则保存 QueryString 和 Form 集合，否则就清除它们（默认为 false）。

Server 对象的 MapPath 方法应用返回与 Web 服务器上的指定虚拟路径相对应的物理文件路径，其语法定义如下所示：

public string MapPath(string path);

上述代码参数 path 是 Web 服务器上的虚拟路径。返回值是与 path 相对应的物理文件路径。MapPath 是一个非常有用的方法。

Server 对象的 HtmlEncode 方法用于对要在浏览器中显示的字符串进行编码，其语法定义如下所示：

1.　public string HtmlEncode(string s);
2.　public void HtmlEncode(string s, TextWriter output);

上面的代码中参数 s 是要编码的字符串。Output 是 TextWriter 输出流，包含已编码的字符串。例如希望在页面上输出 "<p></p>标签用于分段"，通过代码 Response.Write("<p></p>标签用于分段")输出后，则结果并非是这个字符串，其中<h1>和</h1>被当做 HTML 元素来解析，为了能够输出自己希望的结果，这里可以使用 HtmlEncode 方法对字符串进行编码，然后再通过 Response.Write 方法输出。

Server 对象的 HtmlDecode 方法用于对已进行 HTML 编码的字符串进行解码，是 HtmlEncode 方法的反操作，其语法定义如下所示：

1.　public string HtmlDecode(string s);
2.　public void HtmlDecode(string s, TextWriter output);

上面的代码中参数 s 是要解码的字符串。output 是 TextWriter 输出流，包含已解码的字符串。下面的代码可以把已经过 HTML 编码的字符串进行还原。

Server 对象的 UrlEncode 方法用于编码字符串，以便通过 URL 从 Web 服务器到客户端进行可靠的 HTTP 传输。UrlEncode 方法的语法定义如下所示：

1.　public string UrlEncode(string s);
2.　public void UrlEncode(string s, TextWriter output);

上述代码中参数 s 是要编码的字符串。Output 是 TextWriter 输出流，包含已编码的字符串。

Server 对象的 UrlDecode 方法用于对字符串进行解码，该字符串为了进行 HTTP 传输而进行编码并在 URL 中发送到服务器。UrlDecode 方法的语法定义如下所示：

1.　public string UrlDecode(string s);
2.　public void UrlDecode(string s, TextWriter output);

上述代码中参数 s 是要解码的字符串。output 是 TextWriter 输出流，包含已解码的字符串。

UrlDecode 方法是 UrlEncode 方法的逆操作，可以还原被编码的字符串。

6.5.2　Server 对象的使用

前面介绍了 Server 对象的概念以及其常用方法和属性。本节通过一个实例来介绍 Server 对象的属性和方法在实际中的使用。

【实例 6-5】Server 对象的使用

本例使用 Server 对象在页面中直接显示本例的 Default.asxp 窗体的源代码。

01 启动 Visual Studio 2012，创建一个 ASP.NET Web 空应用程序，命名为"实例 6-5"。
02 在"实例 6-5"中创建名为 Default.aspx 的窗体。
03 单击网站根目录下的 Default.aspx.cs 文件，编写代码如下：

```
1.  protected void Page_Load(object sender, EventArgs e){
2.      System.IO.StreamReader reader = new System.IO.StreamReader(System.IO.File.Open(Server.MapPath
    ("Default.aspx"),System.IO.FileMode.Open));
3.      string tmp;
4.      while ((tmp = reader.ReadLine()) != null)
5.          Response.Write(Server.HtmlEncode(tmp) + "</br>");
6.      reader.Close();
7.  }
```

上面的代码中第 1 行处理定义 Page 页面对象加载事件 Load 的方法。第 2 行新建 StreamReader 对象，打开 Default.aspx。第 4 行~第 5 行使用 while 循环将逐行读取程序文件内容，并对每行内容进行 HtmlEncode 编码后写入到 tmp 字符串并输出。

04 按快捷键 Ctrl+F5 运行程序，如图 6-11 所示。

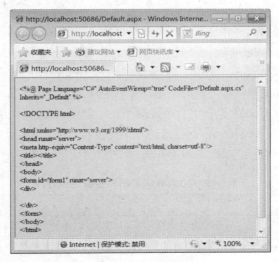

图 6-11　运行效果

6.6　Cookies 对象

Cookie 对象派生自 HttpCookie 类。Cookie 对象为 Web 应用程序保存用户相关信息提供了一种有效的方法。当用户访问某个的站点时，该站点可以利用 Cookie 保存用户首选项或其他信息，这样当用户下次再访问该站点时，应用程序就可以检索以前保存的信息了。

6.6.1　Cookies 对象的属性和方法

Cookies 是一种能够让网站服务器把少量数据储存到客户端的硬盘或内存中，或是从客户端的硬盘读取数据的一种技术。Cookies 是当用户浏览某网站时，由 Web 服务器置于用户硬盘上的一个非常小的文本文件，它可以记录用户的 ID、密码、浏览过的网页、停留的时间等信息。当用户再次来到该网站时，网站通过读取 Cookies，得知用户的相关信息，就可以做出相应的动作，如在页面显示欢迎用户的标语，或者让用户不用输入 ID、密码就直接登录等等。

保存的信息片断以"键/值"对的形式储存，一个"键/值"对仅仅是一条命名的数据。一个网站只能取得它放在用户的电脑中的信息，它无法从其他的 Cookies 文件中取得信息，也无法得到用户电脑上的其他任何东西。Cookies 中的内容大多数经过了加密处理，因此一般用户看来只是一些毫无意义的字母数字组合，只有服务器的处理程序才知道它们真正的含义。

使用 Cookies 的优点可以归纳为如下几点：

- 可配置到期规则。Cookies 可以在浏览器会话结束时到期，或者可以在客户端计算机上无限期存在，这取决于客户端的到期规则。
- 不需要任何服务器资源。Cookies 存储在客户端并在发送后由服务器读取。
- 简单性。Cookies 是一种基于文本的轻量结构，包含简单的键值对。
- 数据持久性。虽然客户端计算机上 Cookies 的持续时间取决于客户端上的 Cookies 过期处理和用户干预，Cookies 通常是客户端上持续时间最长的数据保留形式。

但使用 Cookies 也会有一些缺点：一些用户可能在他们的浏览器中禁止 Cookies，这就会导致那些需要 Cookies 的 Web 应用程序出现问题。大部分情况下，Cookies 是被广泛采用的，因为很多网站都在使用 Cookies。然而，Cookies 可能会限制网站的潜在用户，Cookies 是不适合于使用的移动装置的嵌入式浏览器，同时，用户可以手动删除存放在自己硬盘内的 Cookies。

在 ASP.NET 4.5 中，Cookies 是一个内置对象的，但该对象并不是 Page 类的子类，在这一点它和下一节将要讲述的 Session 是不同的。

Cookie 对象的常用属性和方法如表 6-6 所示。

表 6-6　Cookie 对象的常用属性和方法

属性和方法	说明
Expires	获取或设置此 Cookie 的过期日期和时间
Item	HttpCookie.Values 的快捷方式。此属性是为了与以前的 ASP 版本兼容而提供的。在 C# 中，该属性为 HttpCookie 类的索引器
Name	获取或设置 Cookies 的名称

（续表）

属性和方法	说明
Path	获取或设置输出流的 HTTP 字符集
Add	添加一个 Cookies 变量
Clear	清除 Cookies 集合中的变量
Get	通过索引或变量名得到 Cookies 变量值
GetKey	以索引值获取 Cookies 变量名称
Remove	通过 Cookies 变量名称来删除 Cookies 变量
Value	获取或设置单个 Cookies 值
Values	获取在单个 Cookies 对象中包含的键值对的集合

6.6.2　Cookies 对象的使用

Cookies 使用起来非常容易，在使用 Cookies 之前，程序员需要在自己的程序里引用 System.Web 命名空间，代码如下：

```
using System.Web;
```

对象 Request 和 Response 都提供了一个 Cookies 集合。可以利用 Response 对象设置 Cookie 的信息，而使用 Request 对象获取 Cookie 的信息。

为了设置一个 Cookie，只需要创建一个 System.Web.HttpCookie 的实例，把信息赋予该实例，然后把它添加到当前页面的 Response 对象里面，创建 HttpCookie 实例的代码如下：

```
1.   HttpCookie cookie = new HttpCookie("Login");
2.   cookie.Values.Add("Name","John");
3.   Response.Cookies.Add(cookie);
```

上面的代码中第 1 行创建一个 cookie 实例。第 2 行采用键/值结合的方式添加要存储的信息。第 3 行把 cookies 加入当前页面的 Response 对象里面。

采用以上方式，一个 Cookie 被添加，它将被发送每一请求，该 Cookie 将要保持到用户关闭浏览器。为了创建一个生命周期比较长的 Cookie，程序可以为 Cookie 设置一个生命期限，示例代码如下：

```
cookie.Expires = DateTime.Now.AddYears(1);
```

上述代码为 cookie 设置 1 年的生命期限。

开发人员可以利用 Cookies 的名字从 Request.Cookies 集合取得信息，示例代码如下：

```
1.   HttpCookie cookie1 = Request.Cookies["Login"];
2.   string name;
3.   if (cookie1 != null){
4.       name = cookie1.Values["Name"];
5.   }
```

　　上面的代码中第 1 行声明一变量用来存储从 Cookie 里取出的信息。第 3 行判断 cookie1 是否为空，因为用户有可能禁止 Cookies，用户也可能把 Cookies 给删除掉。

　　有时，可能需要修改某个 Cookie，更改其值或延长其有效期（注意：由于浏览器不会把有效期信息传递到服务器，所以程序无法读取 Cookie 的过期日期）。实际上并不是直接更改 Cookie。尽管可以从 Request.Cookies 集合中获取 Cookie 并对其进行操作，但 Cookie 本身仍然存在于用户硬盘上的某个地方。因此，修改某个 Cookie 实际上是指用新的值创建新的 Cookie，并把该 Cookie 发送到浏览器，覆盖客户机上旧的 Cookie。以下示例说明了如何更改用于储存站点访问次数的 Cookie 值：

```
1.    int counter;
2.    if (Request.Cookies("counter") == null){
3.        counter = 0;
4.    }
5.    else{
6.        counter = counter + 1;
7.    }
8.    Response.Cookies("counter").Value = counter.ToString;
9.    Response.Cookies("counter").Expires = DateTime.Now.AddDays(1);
```

　　以上代码中第 2 行判断 Cookie 如果为空，将站点访问次数设置为 0。第 6 行中如果 Cookie 不为空，将次数加 1。第 8 行将访问次数保存到 Cookie，第 9 行为 cookie 设置 1 天的生命期限。

　　删除 Cookie 是修改 Cookie 的另一种形式。由于 Cookie 位于用户的计算机中，所以无法直接将其删除。但可以让浏览器来删除 Cookie。修改 Cookie 的方法前面已经介绍过（即用相同的名称创建一个新的 Cookie），不同的是将其有效期设置为过去的某个日期。当浏览器检查 Cookie 的有效期时，就会删除这个已过期的 Cookie。

　　删除一个 Cookie 的方式就是利用一个过期的 Cookie 来代替它，示例代码如下：

```
1.    HttpCookie cookie = new HttpCookie("Login");
2.    cookie.Expires = DateTime.Now.AddDays(-1);
3.    Response.Cookies.Add(cookie);
```

　　以上代码第 2 行将 cookie 的年生命期限设置为-1 来表示 cookie 已过期。

　　【实例 6-6】Cookie 对象的使用

　　使用 Cookie 保存用户登录网站的信息。在首次登录后，将登录信息写入到用户计算机的 Cookie 中；当再次登录时，将用户计算机中的 Cookie 信息读出并直接登录到网站而不需要再次进入登录页面输入用户信息。

　　01 启动 Visual Studio 2012，创建一个 ASP.NET Web 空应用程序，命名为"实例 6-6"。

　　02 在"实例 6-6"中创建一个名为 Default.aspx 的窗体。

　　03 单击网站的目录下的 Default.aspx 文件，进入"视图编辑"界面，打开"源视图"，在编辑区中<form></form>标记之间编写如下代码。

```
1.    用户名: <asp:TextBox ID="TextBox1" runat="server"></asp:TextBox>
2.    <asp:CheckBox ID="CheckBox1" runat="server" Text="记住我" />
3.    <br />
4.    密码: <asp:TextBox ID="TextBox2" runat="server" TextMode="Password"></asp:TextBox>
5.    <asp:Button ID="Button1" runat="server" onclick="Button1_Click" Text="登录" />
```

上面的代码中第 1 行和第 4 行分别添加两个文本框服务器控件 TextBox1 和 TextBox2。第 2 行添加了一个单选按钮服务器控件 CheckBox1。第 5 行添加一个按钮服务器控件 Button1 并设置其单击事件为 Click。

04 单击网站目录下的 Default.aspx.cs 文件，编写代码如下:

```
1.    protected void Page_Load(object sender, EventArgs e) {
2.      if (Request .Cookies ["ID"]!=null &&Request .Cookies ["PWD"]!=null ){
3.          string id = Request.Cookies["ID"].Value.ToString();
4.          string pwd = Request.Cookies["PWD"].Value.ToString();
5.          Response.Redirect("New.aspx?ID="+id+"&PWD="+pwd);
6.      }
7.    }
8.    protected void Button1_Click(object sender, EventArgs e) {
9.        if (CheckBox1.Checked){
10.         Response.Cookies["ID"].Expires = new DateTime(2013, 12, 30);
11.         Response.Cookies["PWD"].Expires = new DateTime(2013, 12, 30);
12.         Response.Cookies["ID"].Value = TextBox1.Text;
13.         Response.Cookies["PWD"].Value = TextBox2.Text;
14.       }
15.     Response.Redirect("New.aspx?ID=" +TextBox1.Text + "&PWD=" + TextBox2.Text);
16.     }
```

上面的代码中第 1 行处理 Page 页面的加载事件 Load。第 2 行判断如果用户计算机中 Cookie 中 ID 和 PWD 存在的话。第 3 行和第 4 行通过 Request 对象的 Cookie 的 value 属性获取用户名和密码的值。第 5 行通过 Response 对象的 Redirect 方法跳转到 New.aspx 页面并将用户名和密码的值同时传递过去。第 8 行处理按钮控件 Button1 的单击事件 Click。第 9 行判断如果用户选择单选按钮。则第 10 行、第 11 行设置用户名和密码 Cookie 的生命周期。第 12 行和 13 行通过 Response 对象的 Cookie 的 value 属性将两个文本框中的值保存到 Cookies 中。第 15 行跳转到 New.aspx 页面并将两个文本框中的值同时传递过去。

05 在应用程序中添加一个 New.aspx 页面。然后在 New.aspx.cs 文件中添加如下代码:

```
1.    protected void Page_Load(object sender, EventArgs e){
2.            if (Request.QueryString["ID"] != null &&     Request.QueryString["PWD"] != null){
3.        Response.Write("" + Request.QueryString["ID"] + "欢迎光临本网站");
```

```
4.         }
5.    }
```

上面的代码中第 1 行处理 Page 页面的加载事件 Load。第 2 行判断如果 Request 对象的 QueryString 属性获得的用户名和密码不为空。则的第 3 行在页面显示用户名加欢迎光临本网站的欢迎辞。

06 按快捷键 Ctrl+F5 运行程序，如图 6-12 所示。在显示的登录页面中输入用户名和密码，选中单选框，单击"登录"按钮。

07 页面跳转至如图 6-13 所示的 New.aspx。

图 6-12　运行结果 1

图 6-13　运行结果 2

此后再运行程序将发现直接进入 New.aspx 页面而不再进入登录页面，这时因为用户名和密码已经保存到了 Cookie 的效果。

6.7　Session 对象

Session 对象派生自 HttpSessionState 类，用来存储跨网页程序的变量或对象。Session 对象只针对单一的用户，即各个连接的客户端有各自的 Session 对象变量，而不能被其他用户共享。

6.7.1　Session 对象的属性和方法

在 ASP.NET 4.5 中，Session 是一个内置对象的，该对象是 Page 类的子类，该类为当前用户会话提供信息，还提供对可用于存储信息的会话范围的缓存的访问，以及控制如何管理会话的方法。

可以使用 Session 对象存储特定用户会话所需的信息。这样，当用户在应用程序的 Web 页之间跳转时，存储在 Session 对象中的变量将不会丢失，而是在整个用户会话中一直存在下去。当会话过期或被放弃后，服务器将中止该会话。

利用 Session 进行状态管理是一个 ASP.NET 4.5 的显著特点。它允许程序员把任何类型的数据存储在服务器上。数据信息是受到保护的，因为它永远不会传送给客户端，它捆绑到一个特定的 Session。每一个向应用程序发出请求的客户端则有不同的 Session 和一个独特的信息集合来管理（当用户请求来自应用程序的 Web 页时，如果该用户还没有会话，则 Web 服务器将自动创建一个 Session 对象）。Session 是理想的信息存储器，比如当用户从一个页面跳转到另一个页面时，可以在它里面存储购物篮的内容。

　　ASP.NET 采用一个具有 120 位的标识符来跟踪每一个 Session。ASP.NET 中利用专有算法来生成这个标识符的值，从而保证了（统计上的）这个值是独一无二的，它有足够的随机性，从而保证恶意的用户不能利用逆向工程或"猜"获得某个客户端的标识符的值。这个特殊的标识符被称为 SessionID。

　　对于每个用户的每次访问，Session 对象是唯一的，具体包含两个含义：

● 对于某个用户的某次访问，Session 对象在访问期间是唯一，可以通过 Session 对象在页面间共享信息。只要 Session 没有超时，或者 Abandon 方法没有被调用，Session 中的信息就不会丢失。

● 对于用户的每次访问而言，每次产生的 Session 都不同，所以不能共享数据，而且 Session 对象是有时间限制的，通过 TimeOut 属性可以设置 Session 对象的超时时间，单位为分钟。如果在规定的时间内，用户没有对网站进行任何的操作，Session 将超时。

　　为系统能够正常工作，客户端必须为每个请求保存相应的 SessionID，获取某个请求的 SessionID 的方式有两种：

● 使用 Cookies。在这种情况下，当 Session 集合被使用时，SessionID 被 ASP.NET 自动转化为一个特定的 Cookie（被命名为 ASP.NET_SessionID）。

● 使用改装的 URL。在这种情况下，SessionID 被转化为一个特定的改装的 URL。ASP.NET 的这个特性可以让程序员在客户端禁用 Cookies 时创建 Session。

　　但是使用 Session 并不是免费的，虽然它解决了许多相关的问题，同其他形式的状态管理相比，它迫使服务器存储额外的信息。这笔额外的存储要求，即使是很小，随着数百或数千名客户进入网站，也能快速积累到可以破坏服务器正常运行的水平。

　　Session 对象的常用属性和方法如表 6-7 所示。

表 6-7　Session 对象的常用属性和方法

属性和方法	说明
Count	获取会话状态下 Session 对象的个数
TimeOut	Session 对象的生存周期
SessionID	用于标识会话的唯一编号
Abandon	取消当前会话
Add	向当前会话状态集合中添加一个新项
Clear	清空当前会话状态集合中所有键和值
Remove	删除会话状态集合中的项
RemoveAll	删除所有会话状态值
RemoveAt	删除指定索引处的项

　　Session 对象具有两个事件：Session_OnStart 事件和 Session_OnEnd 事件。Session_OnStart

事件在创建一个 Session 时被触发，Session_OnEnd 事件在用户 Session 结束时（可能是因为超时或者调用了 Abandon 方法）被调用。可以在 Global.asax 文件中为这两个事件增加处理代码。

6.7.2　Session 对象的储存

Session 存储在两个地方，分别是客户端和服务器端。客户端只负责保存相应网站的 SessionID，而其他的 Session 信息则保存在服务器端。这就是为什么说 Session 是安全的原因。在客户端只存储 SessionID，这个 SessionID 只能被当前请求网站的客户所使用，对其他人则是不可见的；而 Session 的其他信息则保存在服务器端，而且永远也不发送到客户端，这些信息对客户都是不可见的，服务器只会按照请求程序取出相应的 Session 信息发送到客户端。所以只要服务器不被攻破，想要利用 Session 搞破坏还是比较困难的。下面分两个小节来讲述 Session 的存储。

1．在客户端的存储

在 ASP.NET 中客户端的 Session 信息存储方式有两种，分别是：使用 Cookie 存储和不使用 Cookie 存储。默认状态下，在客户端是使用 Cookie 存储 Session 信息的。有时为了防止用户禁用 Cookie 造成程序混乱，就会不使用 Cookie 存储 Session 信息。在客户端不使用 Cookie 存储 Session 信息的设置如下：

找到当前 Web 应用程序的根目录，打开 Web.Config 文件，找到如下段落：

```
1.  <sessionState   mode="InProc"
2.      stateConnectionString="tcpip=220.115.249.99:42424"
3.      sqlConnectionString="data    source=220.115.249.991;Trusted_Connection=yes"
4.      cookieless="false" timeout="50"
5.  />
```

以上代码段中第 1 行的 sessionState 节点用于设置网站 Session 的状态。其中第 4 行 cookieless="false" 表示客户端使用 Cookie 保存 Session 信息。如果改为 cookieless="true"，客户端就不再使用 Cookie 存储 Session 信息，而是将其通过 URL 存储。运行已创建的 Web 应用程序，就会在运行出来的页面地址栏里看到如图 6-14 所示的 SessionID：e3tgb5wzqyx23wlnyamg23kb。这段信息是由 IIS 自动加上的，不会影响以前正常的连接。

http://localhost:1465/%e7%bd%91%e4%bB%8a%e8%8a%b1%e5%ba%97/(S(e3tgb5wzqyx23wlnyamg23kb))/Default.aspx

图 6-14　URL 中存储 SessionID

2．在服务器端的存储

在服务器端存储的 Session 信息可以有三种存储方式：

（1）存储在进程内

在 Web.Config 文件中找到如下段落：

```
1.  <sessionState    mode="InProc"
2.      stateConnectionString="tcpip=220.115.249.99:42424"
3.      sqlConnectionString="data    source=220.115.249.99;Trusted_Connection=yes"
4.      cookieless="false"    timeout="50"
5.  />
```

以上代码第 1 行设置 mode="InProc"，表示采用在服务器端将 Session 信息存储在 IIS 进程中的这种存储模式。当 IIS 关闭、重起后，这些信息都会丢失。但是这种模式的性能最高。因为所有的 Session 信息都存储在了 IIS 的进程中，所以 IIS 能够很快地访问到这些信息，这种模式的性能比进程外存储 Session 信息或是在 SQL Server 中存储 Session 信息都要快上很多。这种模式是 ASP.NET 的默认方式。

（2）存储在进程外

首先，要在"控制面板"里来打开"管理工具"下的"服务"，找到名为 ASP.NET State Service 的服务，启动它。这个服务启动一个要保存 Session 信息的进程。启动这个服务后，可以从"Windows 任务管理器"的"进程"面板中看到一个名为 aspnet_state.exe 的进程，这个就是保存 Session 信息的进程。

然后，回到 Web.config 文件上述的段落中，将 mode 的值改为 StateServer。这种存储模式就是进程外存储，当 IIS 关闭、重起后，这些信息都不会丢失。

实际上，这种将 Session 信息存储在进程外的方式不光只可以将信息存储在本机的进程外，还可以将 Session 信息存储在其他的服务器的进程中。这时，不光需要将 mode 的值改为 StateServer，还需要在 stateConnectionString 中配置相应的参数。例如读者的计算机 IP 是 220.115.249.99，想把 Session 存储在 IP 为 220.115.249.99 的计算机的进程中，就需要设置成这样：stateConnectionString="tcpip=1220.115.249.99:42424"。当然，不要忘记在 220.115.249.99 的计算机中装上.NET Framework，并且启动 ASP.NET State Services 服务。

（3）存储在 SQL Server 中

将 Session 储存在 SQL Server 数据库中的步骤如下：

01 启动 SQL Server 和 SQL Server 代理服务。在 SQL Server 中执行一个称为 InstallSqlState.sql 的脚本文件。这个脚本文件将在 SQL Server 中创建一个专门用来存储 Session 信息的数据库，及一个维护 Session 信息数据库的 SQL Server 代理作业。读者可以在以下路径中找到这个脚本文件：

```
[System Drive]\Winnt\Microsoft.net\Framework\v2.0
```

02 打开查询分析器，连接到 SQL Server 服务器，打开刚才的那个文件并且执行。稍等片刻，数据库及作业就建立好了。这时，读者可以打开企业管理器，看到新增了一个名为 ASPState 的数据库。但是这个数据库中只是些存储过程，没有用户表。实际上 Session 信息存储在 tempdb 数据库的 ASPStateTempSessions 表中，另外一个 ASPStateTempApplications 表存储了 ASP 中 Application 对象信息。这两个表也是刚才的那个脚本建立的。另外查看"管理"|"SQL Server

代理"|"作业"，发现也多了一个叫做 ASPState_Job_DeleteExpiredSessions 的作业，这个作业实际上就是每分钟去 ASPStateTempSessions 表中删除过期 Session 信息的。

03 返回到 Web.config 文件，修改 mode 的值为 SQL Server。注意，还要同时修改 sqlConnectionString 的值，格式为：

```
sqlConnectionString="data source=localhost; Integrated Security=SSPI;"
```

上面的代码中 data source 是指 SQLServer 服务器的 IP 地址，如果 SQLServer 与 IIS 是一台机子，写 127.0.0.1 就行了。Integrated Security=SSPI 的意思是使用 Windows 集成身份验证，这样，访问数据库将以 ASP.NET 的身份进行，通过如此配置，能够获得比使用 userid=sa;password=口令的 SQLServer 验证方式更好的安全性。当然，如果 SQLServer 运行于另一台计算机上，读者可能会需要通过 Active Directory 域的方式来维护两边验证的一致性。

如何选择 Session 的存储方式需要根据具体的情况来分析。在客户端是否使用 Cookie 来存储 SessionID 需要程序员做一个判断，判断客户是否禁用 Cookie，不过一般情况下都会采用默认情况。在服务器端如何就三种形式做出选择要根据实际需求：追求效率的话肯定采用默认的形式存储 Session 信息；要想持久保存 Session 就可以选择其他两种方式。其实，究竟采用哪种方式，最重要的是由程序员根据实际需求来分析，有时可能需要做很多测试才能决定下来采用哪种方式。

6.7.3 Session 对象的使用

Session 对象的使用和 ViewState 使用方法一样，在 Session 里存储一个 Login 的示例代码如下：

```
Session["Login"] = login;// login 为 Login 的一个实例
```

可以通过如下的示例代码从 Session 里取得该 Login：

```
login = (Login ) Session["login "];
```

对于当前用户来说，Session 对象是整个应用程序的一个全局变量，程序员在任何页面代码里都可以访问该 Session 对象。但某些情况下，Session 对象有可能会丢失：

- 用户关闭浏览器或重启浏览器。
- 如果用户通过另一个浏览器窗口进入同样的页面，尽管当前 Session 依然存在，但在新开的浏览器窗口中将找不到原来的 Session，这和 Session 的机制有关。
- Session 过期。
- 程序员利用代码结束当前 Session。

在前两种情况下，Session 实际上仍然在内存中，因为服务器不知道客户端已关闭浏览器或改变窗口，本次 Session 将保留在内存中，直到该 Session 过期。但是程序员却无法在找到 Session，因为 SessionID 此时已经丢失，失去了 SessionID 就无法从 Session 集合里检索到该 Session。

【**实例 6-7**】Session 对象的使用

本例将创建一个简单的网页，它模拟购物车的一些简单特征。该网页会显示购物车的商品数，其中有两个按钮，一个向购物车中添加商品，另一个清空购物车。为了简化问题，仅计算商品的数量。具体实现步骤如下：

01 启动 Visual Studio 2012，创建一个 ASP.NET Web 空应用程序，命名为 "实例 6-7"。

02 在 "实例 6-7" 中创建一个名为 Default.aspx 的窗体。

03 单击网站的目录下的 Default.aspx 文件，进入 "视图编辑" 界面，打开 "源视图"，在编辑区中<form></form>标记之间编写如下代码。

```
1.  <asp:Button ID="Button1" runat="server" Text="清空购物车" OnClick="Button1_Click" /> 
2.   <asp:Button ID="Button2" runat="server" Text="添加" OnClick="Button2_Click" /><br />
3.  <asp:Label ID="Label1" runat="server" Text=""    ForeColor="Blue"></asp:Label>
```

上面的代码中第 1 行和第 2 行分别添加两个按钮服务器控件 Button，并设置其单击事件为 Click。第 3 行添加一个标签服务器控件 Lable。

04 单击网站目录下的 Default.aspx.cs 文件，编写代码如下：

```
1.  protected void Button1_Click(object sender, EventArgs e){
2.      Session["ItemCount"] = 0;
3.      Label1.Text = "商品数量: " + Session["ItemCount"];
4.  }
5.  protected void Button2_Click(object sender, EventArgs e){
6.      if (Session["ItemCount"] != null){
7.          int i = (int)Session["ItemCount"];
8.          i++;
9.          Session["ItemCount"] = (Object)i;
10.     }
11.     else{
12.         Session["ItemCount"] =1;
13.     }
14.     Label1.Text = "商品数量: " + Session["ItemCount"];
15. }
```

上面的代码中第 1 行处理定义 "清空购物车" 按钮控件 Button1 单击事件 Click 的方法。第 3 行设置商品数量为 0，并放置到 Session 中。第 3 行在标签控件上显示 Session 中的商品数量。第 5 行处理定义 "添加" 按钮控件 Button2 单击事件 Click 的方法。第 6 行判断 Session 中如果有数值存在，则第 7 行将 Session 中的商品数量赋值给变量 i。第 8 行将商品数量加 1。第 9 行将增加后的商品数量保存到 Session 中。如果 Session 中没有数值存在，则第 12 行设置 Session 中商品数量为 1。

05 按快捷键 Ctrl+F5 运行程序，如图 6-15 所示，单击 "添加" 按钮，会重新加载页面，可以看到购物车中的商品数量已经增加了，单击两次后的效果如图 6-16 所示。

图 6-15　运行结果 1

图 6-16　运行结果 2

如果刷新页面，购物车中的数量是不会改变的，只有关闭浏览器或者使其放置时间超过 20 分钟，才会丢失会话信息，单击"清空购物车"按钮，可以看到商品数量就会变成 0，如图 6-17 所示。

图 6-17　运行结果 3

6.8　Application 对象

Application 对象派生自 HttpApplicationState 类，它可以生成一个全部的 Web 应用程序都能存取的状态变量，此变量是建立在服务器内存中的，可以涵盖所有的使用者，用来记录整个网站的信息。

6.8.1　Application 对象的属性和方法

HttpApplicationState 类是由用户在 global.asax 文件中定义的应用程序的基类。此类的实例 Application 对象是在 ASP.NET 基础结构中创建的，而不是由用户直接创建的。一个实例在其生存期内被用于处理多个请求，但它一次只能处理一个请求。这样，成员变量才可用于存储针对每个请求的数据。

Application 的原理是在服务器端建立一个状态变量，来存储所需的信息。要注意的是，首先，这个状态变量是建立在内存中的，其次是这个状态变量是可以被网站的所有页面访问的。

Application 对象有如下特点：

● 数据可以在 Application 对象内部共享。

● 一个 Application 对象包含事件，可以触发某些 Applicatin 对象脚本。

- 个别 Application 对象可以用 Internet Service Manager 来设置而获得不同属性。
- 单独的 Application 对象可以隔离出来在它们自己的内存中运行。
- 可以停止一个 Application 对象（将其所有组件从内存中驱除）而不会影响到其他应用程序。
- 一个网站可以有不止一个 Application 对象。典型情况下，可以针对个别任务的一些文件创建个别的 Application 对象。例如，可以建立一个 Application 对象来适用于全部公用用户，而再创建另外一个只适用于网络管理员的 Application 对象。
- Application 对象成员在服务器运行期间持久地保存数据。Application 对象成员的生命周期止于关闭 IIS 或使用 Clear 方法清除。
- 因为多个用户可以共享一个 Application 对象，所以必须要有 Lock 和 Unlock 方法，以确保多个用户无法同时改变某一属性的现象。

Application 的原理是在服务器端建立一个状态变量，来存储所需的信息。要注意的是，首先，这个状态变量是建立在内存中的，其次是这个状态变量是可以被网站的所有页面访问的。

Application 对象用来存储变量或对象，以便在网页再次被访问时（不管是不是同一个连接者或访问者），所存储的变量或对象的内容还可以被重新调出来使用，也就是说 Application 对于同一网站来说是公用的，可以在各个用户间共享。访问 Application 对象变量的方法如下所示：

```
1.    Application["变量名"]=变量值
2.    变量=Application["变量名"]
```

以上代码，第 1 行给 Application 对象设置一个名称并赋值。第 2 行获取该 Application 对象的值并赋给某个变量。

为了简便，还可以把 Application["变量名"]直接当作变量来使用。在 Web 页面中可以通过语句<%=Application["变量名"]%>直接使用这个值。如果通过 ASP.NET 内置的服务器对象使用应用程序变量，则代码为：Label1.Text = (String)Application["变量名"]。

利用 Application 对象存取变量时需要注意以下几点：

- Application 对象变量应该是经常使用的数据，如果只是偶尔使用，可以把信息存储在磁盘的文件中或者数据库中。
- Application 对象是一个集合对象，它除了包含文本信息外，也可以存储对象。
- 如果站点开始就有很大的通信量，则建议使用 Web.config 文件进行处理，不要用 Application 对象变量。

Application 对象的常用属性和方法如表 6-8 所示。

表 6-8　Application 对象的常用属性和方法

方法和属性	说明
AllKeys	获取 HttpApplicationState 集合中的访问键
Count	获取 HttpApplicationState 集合中的对象数

ASP.NET 从基础到实践（适用于 3.5、4.0、4.5 版本）

（续表）

方法和属性	说明
Add	新加一个 Application 对象的变量
Clear	清除全部 Application 对象的变量
Get	使用索引或者变量名称获取变量值
GetKey	使用索引获取变量名称
Lock	锁定全部变量
Remove	使用变量名删除一个 Application 对象的变量
RemoveAll	删除 Application 对象的所有变量
Set	使用变量名更新 Application 对象变量的内容
UnLock	解锁 Application 对象的变量

Application 对象是一个集合对象，并在整个 ASP.NET 网站内可用，不同的用户在不同的时间都有可能访问 Application 对象的变量，因此 Application 对象提供了 Lock 方法用于锁定对 HttpApplicationState 变量的访问，以避免访问同步造成的问题。在对 Application 对象的变量访问完成后，需要调用 Application 的 UnLock 方法取消对 HttpApplicationState 变量的锁定。下面的代码通过 Lock 和 UnLock 方法实现了对 Application 变量的修改操作。

```
1.  Application.Lock();
2.  Application["Online"] = 21;
3.  Application["AllAccount"] = Convert.ToInt32(Application["AllAccount"]) + 1;
4.  Application.UnLock();
```

上面的代码中第 1 行在更改变量前执行 Lock()方法避免其他用户存取 Online 和 AllAccount 变量，如果是读取变量而不是更改变量，就不需要 Lock()方法。如第 4 行所示，在更改完成后，要及时调用 UnLock()函数，以便让其他用户可以更改这些变量。

Application 对象还有两个比较重要的事件 Application_OnStart 和 Application_OnEnd，其中 Application_OnStart 在 ASP.NET 应用程序被执行时被触发，Application_OnEnd 事件在 ASP.NET 应用程序结束执行时被触发。一般在 Global.asax 文件对这两个事件进行处理，添加用户自定义代码。

6.8.2 Application 对象的使用

前面介绍了 Application 对象的概念以及它的常用方法和属性。本节通过一个实例来演示 Application 对象属性和方法在实际中的使用。

【实例 6-8】Application 对象的使用

大多数网站都有统计网站访问量的功能，通过统计网站的访问量，可以清楚地反映网站的人气，本题要求利用 Application 对象来实现统计网站的总访问量，运行效果如图 6-18 所示。

01 启动 Visual Studio 2012，创建一个 ASP.NET Web 空应用程序，命名为"实例 6-8"。
02 在"实例 6-8"中创建一个名为 Default.aspx 的窗体。

· 204 ·

03 单击网站目录下的 Default.aspx 文件，进入"视图编辑"界面，打开"源视图"，在编辑区中<form></form>标记之间编写如下代码。

> 您是本网站的第<asp:Label ID="Label1" runat="server" Text=""></asp:Label>
> 位访客，热烈欢迎您！

上面的代码中添加一个标签服务器控件 Lable，用于显示访客的数量。

04 以右键单击"实例 6-8"名称，在弹出快捷菜单中选择"添加"｜"添加新项"命令，弹出的如图 6-18 所示的"添加新项"对话框。

图 6-18　"添加新项"对话框

05 在"添加新项"对话框中选择"已安装"模板下的"Visual C#"模板，并在模板文件列表中选中"全局应用程序类"，然后在"名称"文本框输入该文件的名称 Global.asax，最后单击"添加"按钮。此时解决方案资源管理的"实例 6-8"的根目录下面会生成一个如图 6-19 所示的 Global.asax 页面，它包括了一个 Default.aspx.cs 文件用于编写后台代码。

图 6-19　生成 Global.asax 文件

06 单击网站目录下的 Global.asax 文件，添加对 Application 对象的 Application_Start 事件和 Session 对象的 Session_Start 事件的处理代码：

```
1.   void Application_Start(object sender, EventArgs e){
2.       Application ["Visitors"]=0;
```

```
3.    }
4.    void Session_Start(object sender, EventArgs e){
5.        Application.Lock();
6.        Application["Visitors"] =Convert.ToInt32(Application["Visitors"])+ 1;
7.        Application.UnLock();
8.    }
```

上面的代码中，第 2 行初始化 Application 变量的值为 0。第 5 行执行 Lock 操作，防止别人修改 Visitors 的值，第 6 行把 Visitors 的值加 1，第 7 行执行 UnLock 操作，放开对 Visitors 变量值的控制。

07 单击网站目录下的 Default.aspx.cs 文件，编写代码如下：

```
1.    protected void Page_Load(object sender, EventArgs e){
2.        int count = Convert.ToInt32(Application ["Visitors"]);
3.        Label1.Text = count.ToString();
4.    }
```

上面的代码中处理定义 Page 页面加载事件 Load 的方法，第 2 行得到 Visitors 变量的值，因为该变量的类型是 Object，因此需要调用 Convert 对象的 ToInt32 方法把它转换为整数。

08 按快捷键 Ctrl+F5 运行程序，如图 6-20 所示。每次页面被访问时，网站的访问量就会增加。

图 6-20　运行效果

6.9　上机题

1. 使用 Visual Studio 2012 集成开发环境创建、运行本章所有的代码和实例并分析其执行结果。

2. 编写一个 ASP.NET Web 应用程序，记录用户上一次访问网站的时间，要求利用 Cookie 对象来实现这一功能，程序运行结果如图 6-21 所示。

3. 编写一个 ASP.NET Web 应用程序，实现从页面文本框中获得数值，使用 ViewState 对象保存该值并在页面获取显示，程序运行结果如图 6-22 所示。

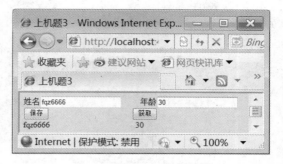

图 6-21　运行结果　　　　　　　　　　　图 6-22　运行结果

4. 编写一个 ASP.NET Web 应用程序，使用 Session 对象实现与本章实例 6-4 相同的功能。

5. 编写一个 ASP.NET Web 应用程序，要求使用页面内置对象获取服务器端和客户端的 IP 地址，程序运行效果如图 6-23 所示。

图 6-23　运行结果

6. 编写一个 ASP.NET Web 应用程序，实现在一个简单投票系统中禁止同一个 IP 地址进行重复投票的功能，程序运行效果如图 6-24 和图 6-25 所示。

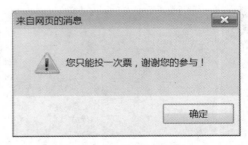

图 6-24　运行结果 1　　　　　　　　　　图 6-25　运行结果 2

7. 编写一个 ASP.NET Web 应用程序，通过 Server 对象几个常用的属性获得服务器端的服务器名称、超时时间和文件的物理路径，程序运行效果如图 6-26 所示。

图 6-26 运行结果

8. 编写一个 ASP.NET Web 应用程序，使用 Session 对象实现与本章实例 6-6 相同的功能。

9. 编写一个 ASP.NET Web 应用程序，将一个绘制好的数字和字符串混合的验证码保存到 Cookie 对象中，然后每次运行登录页面时从保存的 Cookie 对象中读取出验证码并显示在登录页面，运行效果如图 6-27 所示。

图 6-27 运行结果

第 7 章　ADO.NET 数据库编程

在网站的开发过程中，如何存取数据库是最常用的部分。.NET Framework 提供了多种存取数据库的方式。ADO.NET 是其中经常使用的一种，用于与数据存储中的数据交互这里的数据存储不仅包括数据库系统，还包括了非数据库系统，例如 XML 文件，简化其中转移数据的工作。它在关系型数据库和 XML 之间架起了桥梁，简化其中转移数据的工作。本章将对使用 ADO.NET 开发数据库应用进行详细的讲解。

7.1　创建数据库

在介绍 ADO.NET 数据库编程之前，我们首先要掌握最简单的创建数据库和数据表的方法。因为 SQL Server 数据库和 ASP.NET 都是是微软公司的产品，所以本书使用是 SQL Server 2008 Management Studio。

在 SQL Server 2008 中，使用 CREATE DATABASE 语句来创建数据库，其语法格式如下：

```
CREATE DATABASE dataname
```

上面的 CREATE DATABASE 表示创建数据库；dataname 表示的是数据库的名称，可以随便起。

SQL Server 2008 中是使用 CREATE TABLE 语句来创建表的。其语法格式如下：

```
CREATE TABLE tablename(
columnname1 data_type [DEFAULT constant_express]
[IDENTITY (START,INCERMENT )] [NULL ｜ NOT NULL]
columnname2 data_type [DEFAULT constant_express]
[IDENTITY (START,INCERMENT )] [NULL ｜ NOT NULL]
…
)
[ON {group ｜ DEFAULT}]
```

上面的语法参数含义如下。

- CREATE TABLE：用来创建表。
- tablename：表示表的名称。
- columnname1：表示列的字段名，其圆括号"()"中的内容表示一列值。
- data_type：表示该列的数据类型及长度。

- 关键字 DEFAULT：表示创建默认值。方括号 "[]" 中内容是可选项。
- constant_express：默认的值，其值是常量表达式。
- 关键字 IDENTITY：表示定义一个标识列。
- 关键字 START：是标识列的初始值。
- 关键字 INCERMENT：是标识列的增量。
- 关键字 NULL：表示该列允许空。
- 关键字 NOT NULL：表示该列不允许空。
- 关键字 ON：表示把所创建的表添加到文件组中。
- group：表示存储在名为 group 的文件组中。
- DEFAULT：表示存储在默认文件组中。

当需要向表中添加一行中的所有列时，使用 INSERT INTO-VALUES 语句，并在其中直接按照用 CREATE TABLE 语句定义表时给定的列名顺序给出要添加的数据即可，语法格式如下：

> INSERT INTO(列名 1，列名 2，列名 3，列名 4……列名 n) VALUES(列值 1，列值 2，列值 3
> 列值 4……列值 n)；

【实例 7-1】创建数据库 db_news 和数据表 tb_News

本实例演示如何在是 SQL Server 2008 Management Studio 创建数据库和数据表。具体实现步骤如下：

01 启动 SQL Server Management Studio，单击工具栏中的 "新建查询" 按钮，在出现的 "查询编辑器" 中编写创建数据库的语句：

```
CREATE   DATABASE  [db_news]  //创建数据库
USE   [db_news]  //使用数据库
GO
CREATE TABLE [dbo].[tb_News](
    [ID] [int] IDENTITY(1,1) NOT NULL PRIMARY KEY,  //设置该字段为主键
    [Title] [varchar](50) NOT NULL,
    [Content] [varchar](2000) NOT NULL,
    [Categories] [varchar](50) NOT NULL,
    [Type] [varchar](50) NOT NULL,
[IssueDate] [datetime] NOT NULL CONSTRAINT [DF_tb_News_IssueDate]   DEFAULT
(getdate())
GO
//向数据表中添加一条数据
INSERT INTO tb_News (ID, Title, Content, Categories, Type, IssueDate)
VALUES(176,
            '创业板本月 23 日开板',
            '新浪财经讯 10 月 17 日上午消息 中国证监会主席尚福林周六上午在创业板与中小
```

　　　　企业投融资论坛上透露，经国务院同意证监会已经批准深圳证券交易所设立创业板，
　　　　并于 10 月 23 日举行开板仪式。',
　　'环球经济', '国内新闻',
　　' 2013-10-17 13:33:09.000'
)
　　//其他多条数据的内容省略
　　……

02 选择菜单栏中的"查询"子菜单，在下拉菜单中选择"执行"命令或按 F5 快捷键。

03 语句被成功的执行后，打开 tb_News 表可以看到如图 7-1 所示的数据信息。

	ID	Title	Content	Categories	Type	IssueDate	
1	176	创业板本月23日开板	新浪财经讯 10月17日上午消…	环球经济	国内新闻	2013-10-17 13:33:09.000	
2	177	10大武装飞机直升机评选	据国外媒体15日报道，"gun…	军事世界	国际新闻	2013-10-17 13:34:02.000	
3	179	英特尔CTO访华	金融危机以来，全球经济何…	科学技术	国际新闻	2013-10-17 13:34:31.000	
4	180	家乐福被指物品砸伤幼儿	市民刘先生致电本报称，10…	生活理财	国内新闻	2013-10-17 13:35:06.000	
5	181	广东湛江房价涨幅过快	中新网湛江10月17日电（梁…	社会百态	国内新闻	2013-10-17 13:35:33.000	
6	182	小皇帝病愈恢复训练	詹姆斯确诊患上甲流后一直…	世界体育	国际新闻	2013-10-17 13:36:13.000	
7	184	美国政府赤字14200亿	中新社华盛顿十月十六日电（…	时事新闻	国际新闻	2013-10-17 13:36:56.000	
8	186	联通版iPhone月底开售	本报记者 罗小卫 北京报道	科学技术	国内新闻	2013-10-17 13:37:40.000	

图 7-1　tb_News 数据表

7.2　ADO.NET 概述

　　ADO.NET 即 ActiveX Data Objects.NET,是.NET Framework 的重要组成部分。ASP.NET 通过 ADO.NET 来访问数据库。

7.2.1　ADO.NET 数据提供程序

　　在 ASP 的时代，ADO 技术是当时的主要数据访问任务的承担者，ADO 可以很好地满足许多开发人员的需要，但它缺少一些关键特性，而这些特性正是开发人员为了编写功能更强大的应用程序所需要的。例如，越来越多的开发人员希望处理 XML 数据。尽管 ADO 的后期版本中添加了 XML 特性，但 ADO 并不是用来处理 XML 数据的。到了 ASP.NET 出现的时候，推出 ADO.NET 技术来取代 ADO 技术来进行数据的访问工作。ADO.NET 是 ADO 的改进和完善版本，它的显著变化就是改变了 ADO 这种统一处理不同的数据源的方式。针对不同的数据源，ADO.NET 使用了不同的数据提供程序模型来进行相关处理，可以使用图 7-2 来描述这种处理方式。

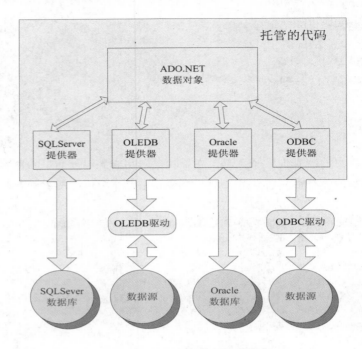

图 7-2 ADO.NET 数据提供程序

其中，无论什么数据提供程序，它都是用于连接到数据库、执行命令和检索结果的一组特定的 ADO.NET 类，如表 7-1 所示。

表 7-1 数据提供程序

数据提供程序	描述
SQL Server 的数据提供程序	提供对 Microsoft SQL Server 7.0 或更高版本中的数据的访问，并使用 System.Data.SqlClient 命名空间
Oracle 的数据提供程序	提供程序支持 Oracle 客户端软件 8.1.7 或更高版本中数据的访问，并使用 System.Data.OracleClient 命名空间
OLE DB 的数据提供程序	提供对使用 OLE DB 公开的数据源中数据的访问，并使用 System.Data.OleDb 命名空间
ODBC 的数据提供程序	提供对使用 ODBC 公开的数据源中数据的访问，并使用 System.Data.Odbc 命名空间

可以将这些数据提供程序看做应用程序和数据源之间的一座桥梁，而我们只需要简单地使用这些数据提供程序就可以操作各种数据源。并且，这些数据提供程序是轻量级的，它在数据源和代码之间创建最小的分层，并在不降低功能性的情况下提高性能。

其实，ADO.NET 的这种数据提供程序模型的一个重要的基本思想就是扩展性。在某些特殊的环境下，开发人员可以为私有的数据源创建自己的数据提供程序。其方法也很简单，只需要继承相应的基类，实现相应的接口集即可。

7.2.2 ADO.NET 数据提供程序的核心对象

简单地讲，ADO.NET 提供了一个松散的模型，因为它并没有对多种数据源提供一个通用的对象。其结果是，如果需要从一个数据库改变到另一个数据库，则需要使用不同的类，并修改底层数据访问代码。即使是不同的.NET 数据提供程序使用了不同的类，但是所有的提供程序都是按照相同的方式进行了标准化处理。而且，每个数据提供程序都是基于相同的接口集和基类。例如，在 SQL Server 数据提供程序的 SqlConnection 类中，SqlConnection 类是从 DbConnection 类继承而来，而 DbConnection 类又实现了 IDbConnection 接口。同样，Oracle 数据提供程序 OracleConnection 类也是从 DbConnection 类继承而来，因此，每个 Connection 类都实现了 IDbConnection 接口，所不同的是，它们各自定义了自己的核心实现方法，如 Open() 和 Close()等。

这种标准化处理保证了每个 Connection 类能够以相同的方式工作，且提供相同的核心属性和方法集。在此基础上，每种数据提供程序又进行了一些优化处理，每种数据提供程序使用了完全不同的底层调用和 API。例如，SQL Server 数据提供程序使用了 TDS（表格式数据流）协议同服务器进行通信。这种模型的优点并不是非常直观，主要有如下两点：

（1）每种数据提供程序都使用了相同的接口和基类，因此，同样可以编写一些通用的访问代码。

（2）由于每种数据提供程序分别相互独立实现，所以可以有针对性地做相应的优化。例如，对于 SQL Server 数据库提供程序，它支持执行 XML 查询的机制。

如上所述，虽然 ADO.NET 技术并没有包含一个通用的数据源提供程序对象。但每种数据提供程序都对 Connection、Command，DataReader 和 DataAdapter 核心对象提供了特定的实现，并进行了相应的优化，如表 7-2 所示。例如，如果需要创建连同 SQL Servet 数据库的连接，则可以使用 SqlConneetion 连接类。

表 7-2 数据提供程序的核心对象

对象名称	描述
Connection	提供与数据源的连接
Command	用于返回数据、修改数据、运行存储过程以及发送或检索参数信息的数据库命令
DataReader	从数据源中提供高性能的数据流
DataAdapter	提供连接 DataSet 对象和数据源的桥梁，使用 Command 对象在数据源中执行 SQL 命令，以便将数据加载到 DataSet 中，并使对 DataSet 中数据的更改与数据源保持一致

7.2.3 ADO.NET 基本类库

目前，ADO.NET 支持两种类型的对象：基于连接的对象和基于内容的对象，如图 7-3 所示。

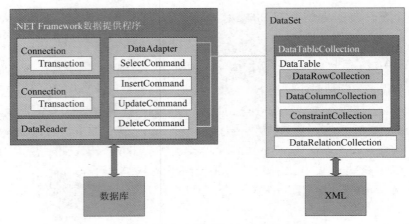

图 7-3　ADO.NET 整体结构

1．基于连接的对象

它们是数据提供对象，如 Connection、Command、commanu、DataReader 和 DataAdapter。它们连接到数据库，执行特定的 SQL 语句和存储过程，遍历结果集或者填充数据集（DataSet）。这类对象主要是针对具体数据源类型的，可以在数据提供程序指定的命名空间中找到，如 Oracle 数据提供程序的 System.Data.OraclcClicnt 命名空间。

2．基于内容的对象

这类对象与基于连接的对象不一样，它们属于非连接的、断开的，主要包括 DataSet、DataColumn、DataRow、DataRelation 等。它们完全和数据源独立，可以在 System.Data 名空间中找到它们。

其实，在.NET Framework 框架中，所有的 ADO.NET 类库都位于 System.Data 命名空间下。这些类库包括连接到数据源、执行 SQL 命令以及存储过程、操作和获取数据等功能。常用的 ADO.NET 命名空间如表 7-3 所示。

表 7-3　ADO.NET 常用命名空间

命名空间	描述
System.Data	该命名空间提供对表示 ADO.NET 结构的类的访问
System.Data.Common	该命名空间包含由各种.NET 数据提供器共享的类
System.Data.OleDb	该命名空间用于 OLEDB 的.NET 数据提供器
System.Data.SqlClient	该命名空间用于 SQLServer 的.NET 数据提供器
System.Data.SqlTypes	该命名空间为 SQLServer 2005 中的本机数据类型提供类，这些类为.NET 公共语言运行库所提供的数据类型提供了一种更为安全和快速的替代项。使用此命名空间中的类有助于防止出现精度损失造成的类型转换错误
System.Data.OracleClient	该命名空间用于 Oracle 的.NET 数据提供器
System.Data.Odbc	该命名空间用于 ODBC 的.NET 数据提供器

7.3　ADO.NET 的对象

ADO.NET 提供了用于完成如数据库连接、查询数据、插入数据、更新数据和删除数据等操作的对象，主要包括下面 5 个对象。

7.3.1　Conection 对象

Connection 对象用于建立和特定数据库的连接，在对数据源的数据执行任何操作前必须建立连接，包括读取、删除、新增或者更新数据等。所有的 Connection 对象的基类都是 DbConnection 类。

1. 连接字符串

在 ADO.NET 中，无论连接什么数据源，总得先创建一个对数据源的连接对象，即 Connection 对象。而创建 Connection 对象时，就必须需要提供一个连接字符串。连接字符串的语法结构很简单，无论由什么数据提供程序，都需要在连接字符串中提供以下基本信息，这些基本信息使用分号（;）隔开。

- 服务器地址（Data Source 或者 server）。服务器地址标识数据库服务器的地址，其值可以是 IP 地址、计算机名称与 localhost。localhost 通常用于数据库服务器和 ASP.NET 应用程序位于同一台计算机之上，也可以使用 "Data Source=." 来代替 Data Source= localhost。
- 数据库名称（Initial Catalog 或者 database）。数据库名称标识 ASP.NET 应用程序所使用的数据库名称，如 Initial Catalog= db_news 或者 database= db_news。
- 如何通过数据库验证。在使用 SQL Server 或者 Oracle 数据提供程序时，可以选择提供验证身份或者以当前用户身份登录。一般情况下选择以当前用户身份登录，因为这样不需要在代码或者配置文件中输入密码。

一般情况下，建议使用 Windows 身份验证连接到支持的数据源。

连接字符串中使用的语法根据提供程序的不同而不同。表 7-4 列出用于.NET Framework 数据提供程序的 Windows 身份验证的语法。

表 7-4　各种数据提供程序的 Windows 身份验证语法

数据提供程序	语法
SqlClient	Integrated Security=true；或者 Integrated Security=SSPI;
OleDb	Integrated Security= SSPI；如果将 Integrated Security=true 用于 OleDb 数据提供程序时会引发异常
Odbc	Trusted_Connection=yes;
OracleClient	Integrated Security= yes;

（1）SqlClient 连接字符串

SqlConnection 连接字符串的语法记录在 ConnectionString 属性中。可以使用 ConnectionString 属性来获取或设置针对 SQL Server 7.0 或更高版本的数据库的连接字符串。如果需要连接到早期版本的 SQL Server，则必须使用适用于 OleDb 的.NET Framework 数据提供程序（System.Data.OleDb）。例如，下列两种语法形式都将使用 Windows 身份验证连接到本地服务器上的 manege 数据库。

1. "Persist Security Info=False; Integrated security=true; Initial Catalog= db_news: Data Source=localhost"
2. "Persist Security Info=False; Integrated security=SSPI; database= db_news; server=（local）"

在上面的连接字符串中，Persist Security Info 关键字的默认设置为 False。如果将其设置为 true 或 yes，则允许在打开连接后通过连接获取安全敏感信息（包括用户 ID 和密码）。始终将 Persist Security Info 设置为 False，以确保不受信任的源无法访问敏感的连接字符串信息。因此，为了书写简单，一般省略 Persist Security Info 关键字，如下面的代码所示：

1. "Integrated security=true; Initial Catalog= db_news: Data Source=localhost"
2. "Integrated security=SSPI; database= db_news; server=(local)"

一般情况下，很少使用 Windows 身份验证来连接到 SQL Server，而大多数是采用 SQL Server 身份证，即指定用户名和密码。如下面的代码所示：

1. "Initial Catalog= db_news; Data Source=localhost; User ID=sa; Password=111111;"
2. "database= db_news; server=(local) ; User ID=sa; Password=111111; "

除此之外，还可以连接并附加到 SQL Server Express 用户实例。用户实例是仅在 SQL Server 2005 以上速成版中提供的新功能。它们允许以最低权限的本地 Windows 帐户运行的用户附加并运行 SQL Server 数据库。而无须具有管理权限。使用用户 Windows 凭据执行用户实例，而不是作为服务执行用户实例。可以通过下面的连接字符串示例来连接并附加到 SQL Server Express 用户实例：

Data Source=.\\SQLExpress；Integrated security=true；User Instance=true；
AttachDBFilename=|DataDirectory|\Sampledatabase.mdf；Initial Catalog= db_news；

上述连接字符串中的键字含义如下所示：

- Data Source 关键字是指生成用户实例的 SQL Server Express 的父实例。默认实例为.\SQLExpress。
- Integrated security 设置为 true。如果要连接到用户实例，需要 Windows 身份验证；它不支持 SQL Server 登录名。
- User Instance 设置为 true，这样就可调用用户实例（默认值为 false）。
- AttachDBFileName 连接字符串关键字用于附加主数据库文件（mdf），该文件必须包含完整路径名。AttachDbFileName 还与 SqlConnection 连接字符串中的 extended properties

和 initial file name 键相对应。

- 包含在管道符号中的|DataDirectory|替代字符串打开连接的应用程序的数据目录,并提供。
- 指示.mdf 和.1df 数据库和日志文件的位置的相对路径。如果要在其他位置查找这些文件,则必再提供这些文件的完整路径。

(2) OleDb 连接字符串

OleDbConnection 的 ConnectionString 属性允许获取或设置 OLE DB 数据源(如 Microsoft Access、SQL Server 6.5 或更早版本)的连接字符串。与 SqIConneetion 不同,必须为 OleDbConnection 连接字符串指定提供程序名称。

如下列连接字符串使用 Jet 程序连接到 Microsoft Access 数据库。注意,如果数据库未受到保护(默认值),可选择 UserID 和 Password 关键字。如下面的代码所示:

```
Provider= Microsoft.Jet.OLEDB.4.0; Data Source=D: \News.mdb; User ID=sa; Password=111111;
```

如果使用用户级安全保护 Jet 数据库,则必须提供工作组信息文件(mdw)的位置。工作组信息文件用于验证连接字符串中显示的凭据,如下面的代码所示:

```
Provider=Microsoft.Jet.OLEDB.4.0; Data Source=D: \News.mdb;
Jet OLEDB: System Database=D: \NewsSystem.mdw;
User ID=sa; Password=111111;
```

对于 SQL Server6.5 版或更低版本,请将 sqloledb 用做 Provider 关键字,如下面的代码所示:

```
Provider=sqloledb; Data Source= db_news; Initial Catalog= db_news; User Id=sa;
Password=111111;
```

(3) Oracle 连接字符串

相对于 Sql1Client,Oracle 连接字符串很简单,可以使用 OracleConnection 的 ConnectionString 属性来获取或设置数据源的连接字符串。连接字符串示例如下面的代码所示:

```
Data Source= db_news; Integrated Security=yes;
```

或者

```
Data Source= db_news; User ID=sa; Password=111111;
```

2. 连接字符串和配置文件

在 ASP.NET 中,可以使用 web.config 文件的<connectionString>节点来保存这些连接字符串,以便程序可以方便调用。如下面的代码示例所示:

```
<?xml version="1.0"?>
<configuratioh>
```

```
<connectionStrings>
    <add name="ConnectionString"  ConnectionString="server=. ; database= db_news; uid=sa;
pwd=111111"/>
</connectionStrings>
<system.web>
    <compilation debug="true"  targetFramework="4.5">
</system.web>
</confiquration>
```

在 Web.config 文件里定义好连接字符串之后，就可以通过 ConfigurationManager 或者
WebConfigurationManager 读取这些连接字符串。

其中，ConfigurationManager 类属于 System.Configuration 命名空间所有。调用方法如
下：

```
string connectionString= ConfigurationManager.ConnectionStrings[connectionString"].ConnectionString;
```

WebConfigurationManager 类属于 System.Web.Configuration 命名空间所有。调用方法
如下：

```
string connectionString=WebConfigurationManager.ConnectionStrings[connectionString"].ConnectionString;
```

3. 打开与关闭连接

获取到连接字符串之后，就需要使用 Connection 对象来建立与特定数据源的连接，并使
用 Open()方法来打开这个连接。

在这里需要特别说明的是，连接是有限的服务器资源，在使用连接时要遵循"晚打开，早
释放"的原则。因此，必须通过调用 Close()或 Dispose()方法来显示关闭该连接。Close()和
Dispose()在功能上等效。

7.3.2 Command 对象

Command 对象主要可以来对数据库发出一些命令，比如对数据库下达查询、更新和删除
数据等命令，以及调用存在于数据库中的预存的程序等。Command 对象是架构于 Connection
对象之上的，所以 Command 对象是通过连接到数据源的 Connection 对象来下达命令的。常用
的 SELECT、INSERT、UPDATE、DELETE 等 SQL 命令都可以在 Command 对象中创建。根
据不同的数据源，Command 对象可以分为 4 类。

- SqlCommand：用于对 SQL Server 数据库执行命令。
- OleDBCommand：用于对支持 OleDB 的数据库执行命令。
- OdbcCommand：用于支持 Odbc 的数据库执行命令。
- OracleComand：用于对 Oracle 数据库执行命令。

本节主要讲解 SqlConnection 对象，其他的与此类似。SqlCommand 的常用属性如表 7-5
所示。

表 7-5　SqlCommand 属性表

属性	说明
CommandText	类型为 string，命令对象包含的 SQL 语句、存储过程或表
CommandTimeOut	类型为 int，终止执行命令并生成错误之前的等待时间
CommandType	类型为枚举类型，有三个值：Text 值表示采用 SQL 语句、StoredProcedure 值表示使用存储过程、TableDirect 值表示要读取的表，默认值为 Text
Connection	获取 SqlConnection 实例，使用该对象对数据库通信
SqlParameterCollection	提供给命令的参数

SqlCommand 的常用方法如表 7-6 所示。

表 7-6　SqlCommand 方法表

方法	说明
Cancle	类型为 void，取消命令的执行
CreateParameter	创建 SqlParameter 对象的实例
ExecuteNonQuery	类型为 int，执行不返回结果的 SQL 语句，包括 INSERT、UPDATE、DEIETE、CREATE TABLE、CREATE PROCEDURE 以及不返回结果的存储过程
ExecuteReader	类型为 SqlDataReader，执行 SELECT、TableDirect 命令或有返回结果的存储过程
ExecuteScalar	类型为 Object，执行返回单个值的 SQL 语句，如 Count(*)、Sum()、Avg() 等聚合函数
ExecuteXmlReader	类型为 XmlReader，执行返回 Xml 语句的 SELECT 语句

可以使用构造函数生成 SqlCommand 对象，也可以使用 SqlConnection 对象的 CreateCommand() 函数生成。

SqlCommand 的构造函数如表 7-7 所示。

表 7-7　SqlCommand 构造函数表

构造函数	说明
SqlCommand()	不用参数创建 SqlCommand 对象
SqlCommand(string　CommandText)	根据 Sql 语句创建 SqlCommand 对象
SqlCommand(string CommandText, SqlConnection conn)	根据 Sql 语句和数据源连接创建 SqlCommand 对象
SqlCommand(string CommandText, SqlConnection conn, SqlTransaction tran)	根据 sql 语句、数据源连接和事务对象创建 SqlCommand 对象

创建 SqlCommand 对象有两个方式：

（1）创建一个 Command 对象，指定 SQL 命令，并设置可以利用的数据库连接，示例代码如下：

```
1.    SqlCommand myCommand = new SqlCommand();
2.    myCommand.Connection = connection;
3.    myCommand.CommandText = "Select * from tb_News":
```

代码说明：第 1 行使用不带参数的构造函数创建 SqlCommand 对象 myCommand。第 2 行使用 myCommand 对象的 Connection 属性设置可以利用的数据库连接。第 3 行通过 myCommand 对象的 CommandText 属性设置命令类型为 Sql 的查询语句。

（2）第二种方法是在创建 Command 对象的时候，直接指定 SQL 命令和数据库连接，示例代码如下：

```
SqlCommand myCommand = new SqlCommand("Select * from tb_News", connection);
```

代码说明：第 1 行通过使用一个带两个参数 SqlCommand 构造函数直接创建一个 SqlCommand 对象 myCommand。其中，第一个参数是 Sql 查询语句，第二个参数是数据库连接对象 connection。

7.3.3　DataReader 对象

DataReader 对象的作用是从数据库中检索只读、只进的数据流。所谓"只读"，是指在数据阅读器 DataReader 上不可更新、删除、增加记录，所谓"只进"是指记录的接收是顺序进行且不可后退的，数据阅读器 DataReader 接收到的数据是以数据库的记录为单位的。查询结果在查询执行时返回，并存储在客户端的网络缓冲区中，直到用户使用 DataReader 的 Read 方法对它们发出请求。使用 DataReader 可以提高应用程序的性能，原因是它只要数据可用就立即检索数据，并且（默认情况下）一次只在内存中存储一行，减少了系统开销。根据不同的数据源，可以分为 4 类。

- SqlDataReader：用于对 SQL Server 数据库读取行的只进流的方式。
- OleDBDataReader：用于对支持 OleDB 的数据库读取数据行的只进流的方法。
- OdbcDataReader：用于支持 Odbc 的数据库读取数据行的只进流的方法。
- OracleDataReader：用于支持 Oracle 数据库读取数据行的只进流的方法。

本节主要讲解 SqlDataReader 对象，其他的与此类似。SqlDataReader 的常用属性如表 7-8 所示。

表 7-8　SqlDataReader 的常用属性

属性	说明
HasMoreResult	表示是否有多个结果
FieldCount	获取当前行中的列数
HasRows	获取一个值，该值指示 SqlDataReader 是否包含一行或多行
IsClosed	检索一个布尔值，该值指示是否已关闭指定的 SqlDataReader 实例
Item	获取以本机格式表示的列的值
Connection	获取与 SqlDataReader 关联的 SqlConnection

SqlDataReader 的常用方法如表 7-9 所示。

表 7-9　SqlDataReader 常用方法

方法	说明
Close	关闭 SqlDataReader 对象
GetDataTypeName	获取源数据类型的名称
GetName	获取指定列的名称
GetSqlValue	获取一个表示基础 SqlDbType 变量的 Object
GetSqlValues	获取当前行中的所有属性列
IsDBNull	已重写。获取一个值，该值指示列中是否包含不存在或已丢失的值
NextResult	已重写。当读取批处理 Transact-SQL 语句的结果时，使数据读取器前进到下一个结果
Read	已重写。使 SqlDataReader 前进到下一条记录

在创建 Command 对象的一个实例之后，用户可以通过对命令调用 ExecuteReader 方法来创建 DataReader，该方法从在 Command 对象中指定的数据源检索一些行，这时，DataReader 就会被来自数据库的记录所填充。

以 SqlDataReader 对象为例，数据阅读器 DataReader 的定义和创建格式为：

SqlDataReader 数据阅读器变量名＝Command 变量名.ExecuteReader();

以上代码中的 ExecuteReader 是命令对象 Command 的一个方法。通过这一方法可以创建一个 SqlDataReader 对象的实例。

使用 DataReader 对象的 Read 方法可从查询结果中获取行。通过向 DataReader 传递列的名称或序号引用，可以访问返回行的每一列。不过，为了实现最佳性能，DataReader 提供了一系列方法，使用户能够访问其本机数据类型（GetDateTime、GetDouble、GetGuid、GetInt32 等）的列值。DataReader 提供未缓冲的数据流，该数据流使过程逻辑可以有效地按顺序处理从数据源中返回的结果。由于数据不在内存中缓存，所以在检索大量数据时，DataReader 是一种适合的选择。

如果返回的是多个结果集，DataReader 会提供 NextResult 方法来按顺序循环访问这些结果集。当 DataReader 打开时，可以使用 GetSchemaTable 方法检索有关当前结果集的架构信息。架构表行的每一列都映射到在结果集中返回的列的属性，其中 ColumnName 是属性的名称，而列的值为属性的值。

由于 DataReader 允许对数据库进行直接、高性能的访问，它只提供对数据的只读和只向前的访问，它返回的结果不会驻留在内存中，并且它一次只能访问一条记录，对服务器的内存要求较小，而且，只使用 DataReader 就可以显示数据。所以，只需要显示数据的应用程序中，可以尽量使用 DataReader，因为它将提供最佳的性能。

可以用 DataReader 对象的 ExecuteReader()方法来进行数据的读取，并且用 ExecuteReader() 方法来读取数据也是最快的一种方法。因为使用 ExecuteReader()方法中的 DataReader 对象来进行数据读取时，它只可以只读、只进的方式一条一条向前读，不能返回。

DataReader 对象的取值步骤：

01 创建一个 SqlDataReader 对象和 SqlCommand 对象，并打开连接。

02 通过执行 ExecuteReader 方法来返回一个 SqlDataReader 对象。

03 使用循环的方式（如 while 语句），通过调用 SqlDataReader 对象的 Read 方法来遍历记录。该方法将行游标移到下一个记录，如果是第一次调用，将移动到第一条记录。每循环一次，Read 方法将返回一个布尔值，当还有其他行时，Read 方法返回 true，如果是最后一行，则返回 false，并结束循环。

04 使用 SqlDataReader 对象的 GetString(index)方法或者[index].ToString()的方式获取 SqlDataReader 对象的值。也可以使用 SqlDataReader 对象的["字段名"].ToString()的方式获取 SqlDataReader 对象的值。上面的 index 指的是数据库表字段的索引值，从 0 开始计算。

05 最后，要关闭使用 Close()方法关闭 SqlDataReader 对象。

【实例 7-2】 DataReader 对象的使用

本实例使用 DataReader 对象获取 db_news 数据库 tb_News 表的内容，并把得到的结果显示在网页上。

01 启动 Visual Studio 2012，创建一个 ASP.NET Web 空应用程序，命名为"实例 7-2"。

02 在"实例 7-2"中创建一个名为 Default.aspx 的窗体。

03 单击网站根目录下的 Default.aspx.cs 文件，编写代码如下：

```
1.      String sqlconn = "Data Source=WJN223-PC\\SQLEXPRESS;Initial Catalog=db_news;Integrated
Security=True";
2.      SqlConnection myConnection = new SqlConnection(sqlconn);
3.      myConnection.Open();
4.      SqlCommand myCommand = new SqlCommand("select * from tb_News", myConnection);
5.      SqlDataReader myReader;
6.      myReader = myCommand.ExecuteReader();
7.      Response.Write("<h3>使用 SqlDataReader 对象查询数据库</h3>");
8.      Response.Write("<table border=1 cellspacing=0   cellpadding=2>");
9.      Response.Write("<tr bgcolor=yellow>");
10.     for (int i = 0; i < myReader.FieldCount; i++){
11.         Response.Write("<td>" + myReader.GetName(i) + "</td>");
12.     }
13.     Response.Write("</tr>");
14.     while (myReader.Read()){
15.       Response.Write("<tr>");
16.       for (int i = 0; i < myReader.FieldCount; i++){
17.           Response.Write("<td>" +SubStr( myReader[i].ToString(),20) +"</td>");
18.       }
19.       Response.Write("</tr>");
```

```
20.              }
21.              Response.Write("</table>");
22.              myReader.Close();
23.              myConnection.Close();
24.        }
25.        public string SubStr(string sString, int nLeng){
26.            if(sString.Length<=nLeng){
27.                    return sString;
28.            }
29.            string sNewStr = sString.Substring(0,nLeng);
30.            sNewStr =sNewStr +".....";
31.            return sNewStr ;
32.        }
```

代码说明：第 1 行设置连接字符串，服务器为本地机器，数据库为 db_news。第 2 行创建一个 SqlConnection 对象 myConnection 并传递参数为连接字符串。第 3 行通过 SqlConnection 对象的 open 方法打开数据库连接。第 4 行创建一个 SqlCommand 的实例 myCommand，并在参数中指定 Sql 查询语句，获得 db_news 表的所有数据信息。

第 5 行声明一个 SqlDataReader 对象 myReader。第 6 行通过对命令调用 ExecuteReader 方法来给 myReader 填充 db_news 表的内容。第 10 行~第 12 行通过 for 循环遍历 myReader 对象中所有的行，通过 GetName 方法获得 db_news 表各列的名称。第 14 行调用了 SqlDataReader 对象的 Read 方法，获取数据没有结束前，必须不断 F 调用 Read 方法，它负责前进到下一条记录。第 16 行~第 18 行同样通过 for 循环遍历 myReader 对象中所有的行，使用 SqlDataReader 对象的下标 db_news 表各行的数据值并显示出来。第 22 行关闭 SqlDataReader 对象，第 23 行关闭与数据库的连接，释放使用的资源。

第 25 行~第 31 行自定义一个截取字符串的方法 StuStr，返回类型为 String 类型，该方法有两个参数 sString 和 nLeng，前者表示要截取的字符串，后者表示截取的长度。

04 按快捷键 Ctrl+F5 运行程序，如图 7-4 所示。在浏览器中显示数据表 db_news 的数据。

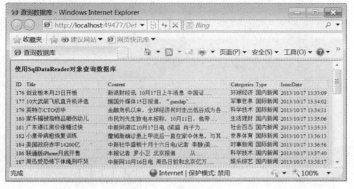

图 7-4　运行结果

7.3.4   DataSet 对象

DataSet 对象是支持 ADO.NET 的断开式、分布式数据方案的核心对象。DataSet 对象在 ADO.NET 实现从数据库抽取数据中起到关键作用，在从数据库完成数据抽取后，DataSet 对象就是数据的存放地，它是各种数据源中的数据在计算机内存中映射成的缓存，所以有时说 DataSet 对象可以看成是一个数据容器。也有人把 DataSet 对象称为内存中的数据库，因为在 DataSet 对象可以包含很多数据表以及这些数据表之间的关系。此外，DataSet 对象在客户端实现读取、更新数据库等过程中起到了中间部件的作用。

DataSet 对象从数据源中获取数据以后就断开了与数据源之间的连接。允许在 DataSet 对象中定义数据约束和表关系，增加、删除和编辑记录，还可以对 DataSet 中的数据进行查询、统计等。当完成了各项操作以后还可以把 DataSet 对象中的数据送回数据源。

DataSet 对象的产生满足了多层分布式程序的需要，它能够在断开数据源的情况下对存放在内存中的数据进行操作，这样可以提高系统整体性能，而且有利于扩展。

创建 DataSet 对象的方式有两种，第一种方式如下代码所示：

```
DataSet dataSet = new DataSet();
```

以上这种方式是使用 DataSet 不带参的构造函数 DataSet 先建立一个空的数据集 dataSet，然后再把建立的数据表放到该数据集里。

另外一种方式则采用以下的声明形式，如代码所示：

```
DataSet dataSet = new DataSet("表名");
```

这种方式是使用 DataSet 不带参数的构造函数 DataSet("表名")先建立数据表，然后再建立包含数据表的数据集。

DataSet 对象里包含了几种类用于数据操作，一个 DataSet 的对象可用如图 7-5 所示的模型来描述。

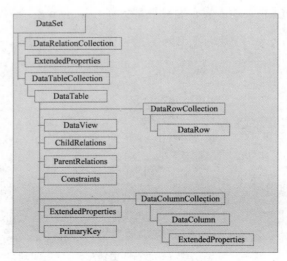

图 7-5   DataSet 对象的数据模型

为了方便对 DataSet 对象的操作，DataSet 还提供了一系列的属性和方法，表 7-10 列举了 DataSet 的常用属性。

表 7-10　DataSet 对象常用的属性

属性	说明
CaseSensitive	获取或设置一个值，该值指示 DataTable 对象中的字符串比较是否区分大小写
DataSetName	获取或设置当前 DataSet 的名称
DefaultViewManager	获取 DataSet 所包含数据的自定义视图，以允许使用自定义的 DataViewManager 进行筛选、搜索和导航
EnforceConstraints	获取或设置一个值，该值指示在尝试执行任何更新操作时是否遵循约束规则
ExtendedProperties	获取与 DataSet 相关的自定义用户信息的集合
HasErrors	获取一个值，指示在此 DataSet 中的任何 DataTable 对象中是否存在错误
Prefix	获取或设置一个 XML 前缀，该前缀是 DataSet 的命名空间的别名
Relations	获取用于将表链接起来并允许从父表浏览到子表的关系的集合
Tables	获取包含在 DataSet 中的表的集合

DataSet 对象的常用方法如表 7-11 所示。

表 7-11　DataSet 对象常用的方法

方法	说明
Clear	通过移除所有表中的所有行来清除任何数据的 DataSet
Copy	复制该 DataSet 的结构和数据
GetXml	返回存储在 DataSet 中数据的 XML 表示形式
GetXmlSchema	返回存储在 DataSet 中数据的 XML 表示形式的 XML 架构
HasChanges	获取一个值，该值指示 DataSet 是否有更改，包括新增行、已删除的行或已修改的行
Merge	将指定的 DataSet、DataTable 或 DataRow 对象的数组合并到当前的 DataSet 或 DataTable 中
ReadXml	将 XML 架构和数据读入 DataSet
ReadXmlSchema	将 XML 架构读入 DataSet
WriteXml	从 DataSet 写 XML 数据，还可以选择写架构
WriteXmlSchema	写 XML 架构形式的 DataSet 结构

DataSet 对象中经常使用的对象包括 DataTable、DataRow、DataColumn、DataRelation。下面分别进行介绍。

1. DataTable 对象

DataTable 对象用于表示内存中的数据库表，可以独立地创建和使用，也可以由其他对象创建和使用。通常情况下，DataTable 对象都作为 DataSet 对象的成员存在，一个 DataSet 对象可以包含多个 DataTable。每个 DataTable 包含多个行（DataRow）和列（DataColumn）。可以通过 DataSet 对象的 Tables 属性来访问 DataSet 对象中的 DataTable 对象。

DataTable 对象也提供了很多属性和方法，表 7-12 列举了 DataTable 的常用属性。

表 7-12　DataTable 常用的属性

属性	说明
CaseSensitive	获取或设置一个值，该值指示 DataTable 对象中的字符串比较是否区分大小写
ChildRelations	获取此 DataTable 的子关系的集合
Columns	获取属于该表列的集合
Constraints	获取或设置一个值，该值指示获取由该表维护的约束的集合
DataSet	获取此表所属的 DataSet
DefaultView	获取可能包括筛选视图或游标位置的表的自定义视图
DisplayExpression	获取或设置一个 XML 前缀，该前缀是 DataSet 命名空间的别名
ExtendedProperties	获取自定义用户信息的集合
HasErrors	获取一个值，该值指示该表所属的 DataSet 的任何表的任何行中是否有错误
ParentRelations	获取该 DataTable 的父关系的集合
PrimaryKey	获取或设置充当数据表主键的列的数组
Rows	获取属于该表的行的集合
TableName	获取或设置 DataTable 的名称

DataTable 的常用方法如表 7-13 所示。

表 7-13　DataTable 常用的方法

方法	说明
Clear	清除所有数据的 DataTable
Computer	计算用来传递筛选条件的当前行上的给定表达式
Copy	复制该 DataTable 的结构和数据
ImportRow	将 DataRow 复制到 DataTable 中，保留任何属性设置以及初始值和当前值
LoadDataRow	查找和更新特定行。如果找不到任何匹配行，则使用给定值创建新行
Merge	将指定的 DataTable 与当前的 DataTable 合并
NewRow	创建与该表具有相同架构的新 DataRow
ReadXml	将 XML 架构和数据读入 DataTable
Select	获取 DataRow 对象的数组
WriteXml	将 DataTable 的当前内容以 XML 格式写入
WriteXmlSchema	将 DataTable 的当前数据结构以 XML 架构形式写入

将 DataTable 对象添加到 DataSet 中的方法如下：

（1）通过 DataTable 类的构造函数来创建，如以下代码：

```
DataTable managerTable = new DataTabel("News");
```

以上代码使用 DataTable 类带参的构造函数 DataTabel("数据表名")来创建一个 DataTable 类的对象 managerTable，参数就是该数据表名称 News。

（2）将 DataTable 对象 managerTable 添加到 DataSet 对象的 Tables 集合中去。示例代码如下：

```
1.    DataSet myds=new DataSet();
2.    myds.Tables.Add（managerTable）;
```

在以上代码中，第 1 行使用 DataSet 类的构造函数声明一个 DataSet 对象 myds。第 2 行将创建好的 managerTable 通过 DataSet 对象 myds 属性的 Tables 的 Add 方法添加到 DataSet 对象中。

（3）创建 DataTable 后，就可以从 DataSet 中提取 DataTable 了。示例代码如下：

```
DataTable dataTable = myds.数据表名;
```

2. DataRow 对象

DataRow 对象表示数据表里的行，是给定 DataTable 中的一行数据，或者说是一条记录。DataRow 对象提供了很多属性和方法，表 7-14 列举了 DataRow 的常用属性和方法。

表 7-14　DataRow 常用的属性和方法

属性和方法	说明
Item	获取或设置存储在指定列中的数据
ItemArray	通过一个数组来获取或设置此行的所有值
Table	获取该行拥有其架构的 DataTable
GetChildRows	获取 DataRow 的子行
IsNull	判断该行是否包含一个 null 值
Delete	清除所有数据的 DataTable

为表添加新行，即创建 DataRow 对象，可以调用 DataTable 对象的 NewRow 方法来实现。创建的 DataRow 对象与表具有相同的结构。之后，使用 Add 方法可以将新的 DataRow 对象添加到表的 DataRow 对象集合中，代码如下：

```
1.    DataTable table=new DataTable("News");
2.    DataRow row=table.NewRow();
3.    row ["ID"]="1";
4.    row ["Title"]="新闻标题";
5.    table.Rows.Add(row);
```

以上代码：第 1 行通过 DataTable 类的构造函数实例化一个 DataTable 的对象。表名为 News。第 2 行使用 table 对象的 NewRow 方法给表添加了一个新的行。第 3 行给列名为 ID 的行添加一条数据。第 4 行给列名为 Title 的行添加一条数据。第 5 行使用 table 对象行集合 Rows 的 Add 方法将数据行 row 对象添加的到数据表中。

3. DataColumn 对象

DataColumn 对象表示是数据表里的行，是给定 DataTable 中的一列数据，每个 DataColumn 对象都有一个 DataType 属性，定义了数据表中该行的数据类型。

DataColumn 类也提供了很多属性和方法，表 7-15 列举了 DataColumn 的常用属性和方法。

表 7-15　DataColumn 常用的属性和方法

属性和方法	说明
AllowDBNull	获取或设置一个值，该值指示 DataTable 对象中的字符串比较是否区分大小写
Caption	获取此 DataTable 的子关系的集合
ColumnName	获取属于该表的列的集合
DefaultValue	获取或设置一个值，该值指示获取由该表维护的约束的集合
Table	获取此表所属的 DataSet
SetOrdinal	将 DataColumn 的序号或位置更改为指定的序号或位置

要添加一个列，就需要创建一个 DataColumn 对象。可以使用 DataColumn 类的构造函数来创建一个 DataColumn 对象；也可以通过调用 DataTable 的 Columns 属性的 Add 方法实现在 DataTable 内创建 DataColumn 对象。通常，Add 方法带有两个参数，分别是列名（ColumnName）和列的数据类型（DataType）。示例代码如下：

```
1.    DataTable dt=new DataTable(News);
2.    dt.Columns.Add(new DataColumns("ID",typeof(string)));
3.    dt. Columns.Add(new DataColumns("Title",typeof(string)));
```

以上代码，第 1 行通过 DataTable 类的构造函数实例化一个 DataTable 的对象。表名为 News。第 2 行使用 table 对象数据列集合 Columns 的 Add 方法添加一个新的列，名为 ID，该列的数据类型设置为字符串类型。第 3 行使用 table 对象数据列集合 Columns 的 Add 方法添加一个新的列，名为 Title，该列的数据类型设置为字符串类型。

4. DataRelation 对象

DataRelation 对象通过 DataColumn 对象将两个 DataTable 对象相互关联，表示它们之间具有约束关系。例如在数据库中消费者和订单的约束关系是：一个订单属于一个消费者。这种约束关系是在两个表的匹配列之间创建的，前提两个列的数据类型必须相同。

DataRelation 类也提供了很多属性，表 7-16 列举了 DataRelation 的常用属性。

表 7-16　DataRelation 常用的属性

属性	说明
ChildColumns	获取此关系的子 DataColumn 对象
ChildKeyConstraint	获取关系的外键约束
ChildTable	获取此关系的子表
DataSet	获取 DataRelation 所属的 DataSet
ExtendedProperties	获取存储自定义属性的集合
ParentColumns	获取作为此 DataRelation 的父列的 DataColumn 对象的数组
ParentKeyConstraint	获取聚集约束，它确保 DataRelation 的父列中的值是唯一的
ParentTable	获取此 DataRelation 的父级 DataTable
RelationName	获取或设置用于从 DataRelationCollection 中检索 DataRelation 的名称

在 创 建 DataRelation 时 ， 它 首 先 验 证 是 否 可 以 建 立 关 系 。 在 将 它 添 加 到 DataRelationCollection 之 后 ， 通 过 禁 止 会 使 关 系 无 效 的 任 何 更 改 来 维 持 此 关 系 。 在 创 建 DataRelation 和将其添加到 DataRelationCollection 之间的这段时间，可以对父行或子行进行其 他更改。如果这样会使关系不再有效，则会生成异常。建立表之间关系的示例代码如下：

```
1.   DataColumn parent= DataSet1.Tables["Customers"].Columns["CustID"];
2.   DataColumn child= DataSet1.Tables["Orders"].Columns["CustID"];
3.   DataRelation roc=new DataRelation("CustomersOrders",parent,child);
4.   DataSet1. Relations.Add(roc);
```

以上代码：第 1 行通过数据集 DataSet1 中的 Customers 客户表的列 CustID（表示客户编号）定义父数据行对象 parent。第 2 行通过数据集 DataSet1 中的 Orders 客户表的列 CustID（表示客户编号）定义子数据行对象 child。第 3 行根据 DataRelation 类的带参构造函数实例化一个 DataRelation 对象 roc，其中第一个参数 CustomersOrders 是给这一表关系起的名称。第二个和第三个参数分别表示父数据行和子数据行。第 4 行将关系通过数据集 DataSet1 属性 Relations 的 Add 方法添加到数据集中。

【实例 7-3】DataTable 对象的使用

本例使用 DataColumn 对象和 DataRow 对象生成一个 DataTable 对象数据表 News 并将该表的数据内容显示在页面上。

01 启动 Visual Studio 2012，创建一个 ASP.NET Web 空应用程序，命名为"实例 7-3"。

02 在"实例 7-3"中创建一个名为 Default.aspx 的窗体。

03 单击网站根目录下的 Default.aspx.cs 文件，编写代码如下：

```
1.   DataTable dt = new DataTable("td_News");
2.   DataColumn dc = new DataColumn("ID", typeof(string));
3.   DataColumn dc1 = new DataColumn("Title", typeof(string));
4.   DataColumn dc2 = new DataColumn("Content", typeof(string));
```

```
5.    DataColumn dc3 = new DataColumn("Categories", typeof(string));
6.    DataColumn dc4 = new DataColumn("IssueDate", typeof(string));
7.    dt.Columns.Add(dc);
8.    dt.Columns.Add(dc1);
9.    dt.Columns.Add(dc2);
10.   dt.Columns.Add(dc3);
11.   dt.Columns.Add(dc4);
12.   DataRow dr = dt.NewRow();
13.   dr["ID"] = "100001";
14.   dr["Title"] = "智能路由器的赢家？ ";
15.   dr["Content"] = "我们真的需要个"智能路由器"吗？ …";
16.   dr["Categories"] = "科技新闻";
17.   dr["IssueDate"] = "2013-10-25";
18.   dt.Rows.Add(dr);
19.   DataRow dr1 = dt.NewRow();
20.   dr1["ID"] = "100002";
21.   dr1["Title"] = "高清 8 核强机";
22.   dr1["Content"] = "魅族 MX3 智能机完美的迎合了当下…";
23.   dr1["Categories"] = "数码新闻";
24.   dr1["IssueDate"] = "2013-10-26";
25.   dt.Rows.Add(dr1);
26.   DataRow dr2 = dt.NewRow();
27.   dr2["ID"] = "100003";
28.   dr2["Title"] = "公认好手机";
29.   dr2["Content"] = "三星 N7100 行货太原 3250 元…";
30.   dr2["Categories"] = "数码新闻";
31.   dr2["IssueDate"] = "2013-10-27";
32.   dt.Rows.Add(dr2);
33.   DataRow dr3 = dt.NewRow();
34.   dr3["ID"] = "100004";
35.   dr3["Title"] = "销量证明一切";
36.   dr3["Content"] = "双四核三星 I9500 低价卖…";
37.   dr3["Categories"] = "科技新闻";
38.   dr3["IssueDate"] = "2013-10-28";
39.   dt.Rows.Add(dr3);
40.   Response.Write("<table   bordercolor=green border=1 cellspacing=0 cellpadding=0>");
41.   foreach (DataColumn col in dt.Columns){
42.       Response.Write("<td bgcolor=yellow>" + col.ColumnName + "</td>");
43.   }
44.   foreach (DataRow myrow in dt.Rows){
45.       Response.Write("<tr>");
46.       foreach (DataColumn col in dt.Columns) {
```

```
47.        Response.Write("<td>" + myrow[col] + "</td>");
48.     }
49.        Response.Write("</tr>");
50.     }
51.   Response.Write("</table>");
```

上面的代码中第 1 行实例化一个 DataTable 对象 dt 并给次数据表命名为"td_News"。第 2 行创建一个数据列 DataColumn 对象 dc，列名为 ID，列的数据类型为字符串类型。第 3 行创建一个数据列 DataColumn 对象 dc1，列名为 Title，列的数据类型为字符串类型。第 4 行创建一个数据列 DataColumn 对象 dc2，列名为 Content，列的数据类型为字符串类型。第 5 行创建一个数据列 DataColumn 对象 dc3，列名为 Categories，列的数据类型为字符串类型。第 6 行创建一个数据列 DataColumn 对象 dc4，列名为 IssueDate，列的数据类型为字符串类型。

第 7 行~第 11 行通过 DataTable 对象 dt 属性 DataColumns 的 Add 方法将上面的 5 个列添加到数据列集合中。第 12 行创一个数据行对象 dr，第 13 行~第 17 行给数据行添加 5 条数据。第 18 行通过 DataTable 对象 dt 属性 DataRows 的 Add 方法将上面的数据行对象 dr 添加到数据行集合中。第 19 行~第 39 行重复第 12 行~第 18 行的操作，再向数据表中的数据行集合添加了三个新的数据行对象。

第 40 行为了向页面输出表格，添加一个 table 的 HTML 的开始标记并设置表格的边框颜色和大小。第 41 行使用 foreach 循环遍历数据表 dt 中数据列集合的每一个数据列。第 42 行使用 DataColumn 对象 col 的属性 ColumnName 向页面输出数据列的名称并显示在表格的单元格中。第 44 行~第 50 行使用了两个 foreach 循环遍历每一个行和列中的数据内容。其中，第一个 foreach 循环首先遍历每一行；第二个 foreach 循环遍历的是每一行中的每一个单元格中的数据，通过 myrow[col] 的方法输出。第 51 行添加一个表格的结束标记。

04 按快捷键 Ctrl+F5 运行程序，如图 7-6 所示。在浏览器中显示数据表"td_News"的全部内容。

图 7-6 运行结果

7.3.5 DataAdapter 对象

DataAdapter 对象充当数据库和 ADO.NET 对象模型中非连接对象之间的桥梁，能够用来保存和检索数据。DataAdapter 对象类的 Fill 方法用于将查询结果引入 DataSet 或 DataTable 中，以便能够脱机处理数据。

根据不同的数据源 DataAdapter 对象，可以分为 4 类。

- SqlDataAdapter：用于对 SQL Server 数据库执行命令;
- OleDBDataAdapter：用于对支持 OleDB 的数据库执行命令;
- OdbcDataAdapter：用于支持 Odbc 的数据库执行命令;
- OracleDataAdapter：用于对 Oracle 数据库执行命令。

本节主要讲解 SqlDataAdapter 对象，其他的与此类似。SqlDataAdapter 对象的常用属性如表 7-17 所示。

表 7-17　SqlDataAdapter 常用属性

属性	说明
SelectCommand	从数据源中检索记录
InsertCommand	从 DataSet 中把插入的记录写入数据源
UpdateCommand	从 DataSet 中把修改的记录写入数据源
DeleteCommand	从数据源中删除记录

SqlDataAdapter 对象的常用方法如表 7-18 所示。

表 7-18　SqlDataAdapter 常用方法

方法	说明
Fill(DataSet dataset)	类型为 int，通过添加或更新 DataSet 中的行填充一个 DataTable 对象。返回值是成功添加或更新的行的数量
Fill(DataSet dataset,string datatable)	根据 dataTable 名填充 DataSet
Update(DataSet dataset)	类型为 int，更新 DataSet 中指定表的所有已修改行。返回成功更新的行的数量

可以使用构造函数生成 SqlDataAdapter 对象，SqlDataAdapter 的构造函数如表 7-19 所示：

表 7-19　SqlDataAdapter 构造函数

构造函数	说明
SqlDataAdapter ()	不用参数创建 SqlDataAdapter 对象
SqlDataAdapter(SqlCommand cmd)	根据 SqlCommand 语句创建 SqlDataAdapter 对象
SqlDataAdapter(string sqlCommandText,SqlConnection conn)	根据 SqlCommand 语句和数据源连接创建 SqlDataAdapter 对象
SqlCommand(string sqlCommandText,string sqlConnection)	根据 SqlCommand 语句和 sqlConnection 字符串创建 SqlDataAdapter 对象

使用 SqlDataAdapter 的具体步骤如下所示：

`01` 创建一个 SqlDataAdapter 对象，示例代码如下：

```
SqlDataAdapter dataAdapter. = new SqlDataAdapter ();
```

以上代码，使用表 7-19 中 SqlDataAdapter 类的第一种不带参数构造函数创建了一个 SqlDataAdapter 对象 dataAdapter。

`02` 把 Command 对象定义的操作赋给以上定义的对象 dataAdapter，代码如下：

```
dataAdapter.SelectCommand = "Select * from tb_News";
```

以上代码，通过 dataAdapter 对象的属性 SelectCommand 设置 Sql 查询语句"Select * from tb_News"。

`03` DataAdapter 对象将数据填入数据集时调用方法 Fill()，代码如下：

```
dataAdapter.Fill(dataset. tb_News);
```

或者

```
dataAdapter.Fill(dataset," tb_News");
```

以上代码中，dataAdapter 是 SqlDataAdapter 的实例，dataset 是数据集 DataSet 的实例，tb_News 则是数据库中的数据表名。当 dataAdapter 调用 Fill()方法时将使用与之相关的命令组创建所指定的 Select 语句从数据源中检索数据行。然后将行中的数据添加到 DataSet 对象中数据表中，如果数据表不存在，则自动创建该对象。

当执行 Select 语句时，与数据库的连接必须有效，但连接对象没有必要是打开的，在调用 Fill()方法时会自动打开关闭的数据连接，使用完毕后再自动关闭。如果调用前该连接就处在打开状态，则操作完毕后连接仍然保持原状。

一个数据集中可以放置多张数据表，但是每个 DataAdapter 对象只能够对应于一张数据表。

【实例 7-4】DataAdapter 对象的使用

本实例使用 DataSet 和 DataAdapter 对象填充数据的方法来访问 db_news 数据库中 tb_News 表的内容，并把得到的结果显示在网页上。

`01` 启动 Visual Studio 2012，创建一个 ASP.NET Web 空应用程序，命名为"实例 7-4"。
`02` 在"实例 7-4"中创建一个名为 Default.aspx 的窗体。
`03` 单击网站根目录下的 Default.aspx.cs 文件，编写关键代码如下：

```
1.  String str = "Data Source=WJN223-PC\\SQLEXPRESS;Initial Catalog=db_news;Integrated Security=True";
    SqlConnection myConnection = new SqlConnection(str);
2.      myConnection.Open();
3.      SqlCommand myCommand = new SqlCommand("select * from tb_News", myConnection);
4.      SqlDataAdapter Adapter = new SqlDataAdapter();
5.      Adapter.SelectCommand = myCommand;
6.      DataSet myDs = new DataSet();
```

```
7.       Adapter.Fill(myDs);
8.       DataTable myTable = myDs.Tables[0];
9.       Response.Write("<h3>使用 DataSet 和 DataAdapter 查询数据库</h3>");
10.      Response.Write("<table border=1 cellspacing=0 cellpadding=2>");
11.      Response.Write("<tr bgcolor=yellow>");
12.      foreach (DataColumn myColumn in myTable.Columns){
13.          Response.Write("<td>" + myColumn.ColumnName + "</td>");
14.      }
15.      Response.Write("</tr>");
16.      foreach (DataRow myRow in myTable.Rows){
17.        Response.Write("<tr>");
18.        foreach (DataColumn myColumn in myTable.Columns){
19.          Response.Write("<td>" + SubStr ( myRow[myColumn].ToString (),15)+ "</td>");
20.        }
21.        Response.Write("</tr>");
22.      }
23.      Response.Write("</table>");
24.      myConnection.Close();
```

　　上面的代码中第 1 行设置连接字符串 str。设置连接数据库的服务器为本地机器，数据库名为 db_news，使用当前的 Windows 账户进行身份验证。第 2 行创建一个 SqlConnection 对象 myConnection 并传递参数为连接字符串 str。第 3 行通过 SqlConnection 对象的 open 方法打开数据库连接。第 4 行创建一个 SqlCommand 的实例 myCommand，并在参数中指定 Sql 查询语句，获得 tb_News 表的所有数据信息。第 5 行实例化了一个 SqlDataAdapter 类型的对象 Adapter。第 6 行调用 Adapter 的属性 SelectCommand 获取 Sql 命令对象 myCommand。第 7 行实例化一个 DataSet 类型的对象 myDs。第 8 行调用 Adapter 的填充数据集的方法 Fill，将查询结果保存到数据集中。第 9 行通过数据集对象实例化一个 DataTable 对象 dt 来获取数据集对象 Adapter 表集合中第一个数据表。

　　第 11 行为了向页面输出表格，添加一个 table 的 HTML 开始标记并设置表格的边框颜色和大小。第 13 行使用 foreach 循环遍历数据表 dt 中数据列集合中的每一个数据列。第 14 行使用 DataColumn 对象 col 的属性 ColumnName 向页面输出数据列的名称并显示在表格的单元格中。第 17 行~第 23 行使用了两个 foreach 循环遍历每一个行和列中的数据内容。其中，第一个 foreach 循环首先遍历每一行；第二个 foreach 循环遍历的是每一行中的每一个单元格中的数据，通过 myRow[myColumn]的方法输出。第 24 行添加一个表格的结束标记。第 25 行关闭数据库连接。

　　04 按快捷键 Ctrl+F5 运行程序，效果如图 7-7 所示。在浏览器中显示数据表 tb_News 的全部内容。

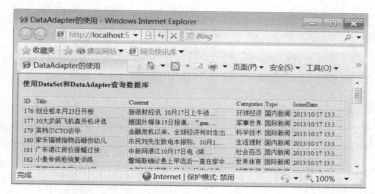

图 7-7　运行结果

7.4　操作数据库

获得了数据库的表数据后，就能进行各种访问数据库的操作，主要包括向数据库添加新数据、更改数据库中的数据和删除数据库中原有的数据等。

7.4.1　添加数据

获得了数据库的表数据后，就能进行各种访问数据库的操作。其中，向数据库添加记录的关键在于 SqlCommand 中命令对象的 Sql 语句使用的是 Insert-into 添加语句而不是 Select 语句。在最后还要调用 SqlCommand 对象的 ExecuteNonQuery 方法完成添加的操作。

【实例 7-5】向数据库添加数据

本实例向 tb_New 表添加一条新闻信息记录，新闻的标题为：智能路由器的赢家？；　内容为：我们真的需要个"智能路由器"吗？…，新闻类别为：科技新闻；新闻分类为：国内新闻；发布时间为：2013-10-26，具体实现步骤如下。

01 启动 Visual Studio 2012，创建一个 ASP.NET Web 空应用程序，命名为"实例 7-5"。

02 在"实例 7-5"中创建一个名为 Default.aspx 的窗体。

03 单击网站根目录下的 Default.aspx.cs 文件，编写关键代码如下。

```
1.   String str = "Data Source=WJN223-PC\\SQLEXPRESS;Initial Catalog=db_news;Integrated Security=True";
2.   SqlConnection myConnection = new SqlConnection(str);
3.   myConnection.Open();
4.   string sqlstr = "insert into tb_News values('智能路由器的赢家？','我们真的需要个"智能路由器"吗？…','科
     技新闻','国内新闻','2013-10-26')";
5.   SqlCommand com = new SqlCommand(sqlstr,myConnection );
6.   com.ExecuteNonQuery();
7.   SqlCommand myCommand = new SqlCommand("select * from tb_News order by ID DESC ", myConnection);
8.   SqlDataAdapter Adapter = new SqlDataAdapter();
9.   Adapter.SelectCommand = myCommand;
10.   DataSet myDs = new DataSet();
```

```
11.    Adapter.Fill(myDs);
12.    DataTable myTable = myDs.Tables[0];
13.    Response.Write("<h3>添加数据库记录</h3>");
14.    //以下代码和前面的实例 7-3 中第 11 行~第 25 行完全相同,这里不再重复
```

代码说明：第 1 行设置连接字符串 str。设置连接数据库的服务器为本地机器，数据库名为 db_news，使用当前的 Windows 账户进行身份验证。第 2 行创建一个 SqlConnection 对象 myConnection 并传递参数为连接字符串 str。第 3 行通过 SqlConnection 对象的 open 方法打开数据库连接。第 4 行创建一个字符串 insert-into 语句添加数据库数据。第 5 行创建一个 SqlCommand 的实例 com，并在参数中指定 Sql 查询语句 sqlstr 和数据库连接对象 myConnection。第 6 行调用 com 的 ExecuteNonQuery 方法完成数据库添加操作。第 7 行以下进行查询数据库的操作。

04 按快捷键 Ctrl+F5 运行程序，如图 7-8 所示。在浏览器中显示的第一条记录就是刚才根据要求添加的。

图 7-8　运行结果

7.4.2　更新数据

更新数据库数据与添加数据库数据的操作的区别是 Sql 语句不同，使用的是"Update- set"的修改 Sql 语句。

【实例 7-6】更新数据库中的数据

本实例向 tb_News 表中更新编号为 242 的记录，把该记录新闻标题修改为：高清 8 核强机；内容修改为：魅族 MX3 智能机完美的迎合了当下…；类别修改为：数码新闻。运行程序可以看到 tb_News 表中数据被成功地修改。

01 启动 Visual Studio 2012，创建一个 ASP.NET Web 空应用程序，命名为"实例 7-6"。
02 在"实例 7-6"中创建一个名为 Default.aspx 的窗体。
03 单击网站根目录下的 Default.aspx.cs 文件，编写关键代码如下：

```
1.    String str = "Data Source=WJN223-PC\\SQLEXPRESS;Initial Catalog=db_news;Integrated Security=True";
2.    SqlConnection myConnection = new SqlConnection(str);
3.    myConnection.Open();
```

```
4.    string sqlstr = "update tb_News set Title='高清 8 核强机',Content='魅族 MX3 智能机完美的迎合了当
      下…',Categories='数码新闻' where ID='242'";
5.    SqlCommand com = new SqlCommand(sqlstr, myConnection);
6.     com.ExecuteNonQuery();
7.    //以下代码和上面的实例"7-5"中第 7 行到第 14 行完全相同
8.    //这里不再重复
```

上面的代码中第 4 行创建一个字符串 update-set 语句修改数据库数据。第 5 行创建一个
SqlCommand 的实例 com，并在参数中指定 Sql 查询语句 sqlstr 和数据库连接对象 myConnection。
第 6 行调用 com 的 ExecuteNonQuery 方法完成数据库添加操作。

04 按快捷键 Ctrl+F5 运行程序，如图 7-9 所示。在浏览器中显示第一行数据被更新。

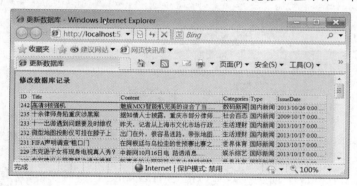

图 7-9　运行结果

7.4.3　删除数据

删除数据库数据相比于添加和更新数据库数据要简单。使用的是 Delete 的删除 Sql 语句。

【实例 7-7】 删除数据库中的数据

本实例向 tb_News 表删除编号为 242 新闻记录。运行程序可以看到 tb_News 表中的该条
数据被删除。

01 启动 Visual Studio 2012，创建一个 ASP.NET Web 空应用程序，命名为"实例 7-7"。

02 在"实例 7-7"中创建一个名为 Default.aspx 的窗体。

03 单击网站根目录下的 Default.aspx.cs 文件，编写关键代码如下：

```
1.    String str = "Data Source=WJN223-PC\\SQLEXPRESS;Initial Catalog=db_news;Integrated Security=True";
2.    SqlConnection myConnection = new SqlConnection(str);
3.    myConnection.Open();
4.    string sqlstr = "Delete from tb_News where ID='242'";
5.    SqlCommand com = new SqlCommand(sqlstr, myConnection);
6.    com.ExecuteNonQuery();
7.    //以下代码和上面的实例"7-5"中第 7 行到第 14 行完全相同
8.    //这里不再重复
```

上面的代码中第 4 行创建一个字符串 Delete 语句删除数据库数据。

04 按快捷键 Ctrl+F5 运行程序，如图 7-10 所示。在浏览器中显示编号为 242 的新闻被成功的删除。

图 7-10　运行结果

7.5　上机题

1. 使用 Visual Studio 2012 集成开发环境创建、运行本章所有的代码和实例并分析其执行结果。

2. 在 SQL Server 2008 中创建数据库 CoffeeManagement，然后在该数据库中创建一个名为 ShangPin 的表，详细字段定义如表 7-20 所示。

表 7-20　表 ShangPin 的字段

字段名	类型	大小	说明
SP_ID	int		商品编号（主键）
SP_Name	nvarchar	50	商品名称
SP_Price	money	20	商品价格
SP_Type	nchar	10	商品单位

3. 使用 ADO.NET 对象往题 2 创建的 ShangPin 数据表中插入 5 条数据，然后使用 SqlDataReader 对象查询该表的信息在页面显示，运行程序的结果如图 7-11 所示。

4. 使用 SqlDataSet 对象和 SqlDataAdapter 对象查询数据库 CoffeeManagement 数据表 ShangPin 的详细信息，运行程序的结果如图 7-11 所示。

5. 使用 SqlCommand 对象把 ShangPin 数据表里 SP_Name 为"卡布基诺"的记录修改为"猫屎咖啡"，并显示修改后的记录，如图 7-12 所示。

图 7-11　运行结果

图 7-12　运行结果

6. 使用 SqlCommand 对象，查询数据库 CoffeeManagement 里 ShangPin 数据表中 SP_Name 为"拿铁"的商品信息，运行效果如图 7-13 所示。

7. 使用 DataTable 对象中的 DtaRow 对象和 DataColumn 对象以代码的方法生成数据表 ShangPin，并往表中添加两条数据信息，运行效果如图 7-14 所示。

图 7-13　运行结果

图 7-14　运行结果

8. 删除 ShangPin 数据表中 SP_Name 为"意式浓缩"的记录。

9. 使用 Vistual Studio 2012 中的服务器资源管理器连接上机题 1 创建的 CoffeeManagement 数据库，浏览和操作 ShangPin 数据表的数据，效果如图 7-15 所示。

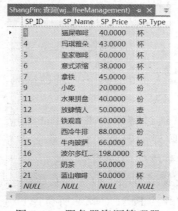

图 7-15　服务器资源管理器

第 8 章　数据绑定

数据绑定是 ASP.NET 4.5 中一项非常重要的技术。数据绑定技术通常的应用是把 Web 控件中用于显示的属性跟数据源绑定到一起，从而在 Web 页面上显示数据。此外，也可以使用数据绑定技术设置 Web 控件的其他属性，可以说，ASP.NET 4.5 的绑定技术非常灵活。而各种数据源控件与数据绑定技术配合使用能大大提高开发效率。通过本章的学习读者能够熟练地掌握数据绑定和数据源控件的应用以实现高效率开发。

8.1　数据绑定概述

数据绑定是 ASP.NET 4.5 提供的另外一种访问数据库的方法。与 ADO.NET 数据库访问技术不同的是：数据绑定技术可以让编程人员不必太关注数据库的连接、数据库的命令以及如何格式化这些技术环节，而是直接把数据绑定到服务器控件或 HTML 元素。这种读取数据的方式效率非常高，而且基本上不用写多少代码就可以实现。

数据绑定的原理是：首先要设置控件的数据源和数据的显示格式，把这些设置完毕以后，控件就会自动处理剩余的工作，然后把数据按照要预定的格式显示在页面上。

ASP.NET 4.5 的数据绑定具有两种类型：简单绑定和复杂绑定。简单数据绑定是将一个控件绑定到单个数据元素（如标签控件显示的值）。这是用于诸如 TextBox 或 Label 之类控件（通常是只显示单个值的控件）的典型绑定类型。复杂数据绑定将一个控件绑定到多个数据元素（通常是数据库中的多个记录），复杂绑定又被称作基于列表的绑定。

在 ASP.NET 4.5 中，引入了数据绑定的语法，使用该语法可以轻松地将 Web 控件的属性绑定到数据源，其语法如下：

```
<%#数据源%>
```

这种非常灵活的语法允许开发人员绑定到不同的数据源，可以是变量、属性、表达式、列表、数据集和视图等。

在指定了绑定数据源之后，通过调用控件的 DataBind 方法或者该控件所属父控件的 DataBind 方法来实现页面所有控件的数据绑定，从而在页面中显示出相应的绑定数据。DataBind 方法将控件及其所有的子控件绑定到 DataSource 属性指定的数据源。当在父控件上调用 DataBind 方法时，该控件及其所有的子控件都会调用 DataBind 方法。

DataBind 方法是 ASP.NET 4.5 的 Page 对象和所有 Web 控件的成员方法。由于 Page 对象是该页面上所有控件的父控件，所以在该页面上调用 DataBind 方法将会使页面中所有的数据绑定都被处理。通常情况下，Page 对象的 DataBind 方法都在 Page_Load 事件响应函数中调用。

调用方法如下。

```
1.  Protected void Page_Load(object sender,EventArg e){
2.  Page.DataBind();
3.  }
```

上面的代码中第 2 行调用 Page 对象的 DataBind 方法。DataBind 方法主要用于同步数据源和数据控件中数据，使得数据源中任何更改都可以在数据控件中反映出来。通常是在数据源中数据更新后才被调用。

8.2　数据的简单绑定

简单绑定的数据源包括变量、表达式、集合、属性等，下面进行逐一地介绍。

8.2.1　绑定到变量

绑定数据到变量是最为简单的数据绑定方式。它的基本语法如下：

```
<%#简单变量%>
```

【实例 8-1】绑定到变量

本实例演示如何将变量设置为控件的属性，运行程序将考生的编号、姓名和通信地址显示出来，具体实现步骤如下：

01 启动 Visual Studio 2012，创建一个 ASP.NET Web 空应用程序，命名为"实例 8-1"。

02 在"实例 8-1"中创建一个名为 Default.aspx 的窗体。

03 单击网站的目录下的 Default.aspx 文件，进入"视图编辑"界面，打开"源视图"，在编辑区中<form></form>标记之间编写如下代码：

```
1.  <b>考试编号：<%#num.ToString()%></b><br/>
2.  <b>考生的地址：<%#name%></b><br/>
3.  <b>考生通信地址：<%#address%></b>
```

上面的代码中第 1 行使用绑定变量的语法<%#num.ToString()%>把变量 num 的值进行显示。第 2 行使用绑定变量的语法<%#name%>把变量 name 的值进行显示。第 3 行使用绑定变量的语法<% #address%>将变量 address 的值进行显示。

04 单击网站目录下的 Default.aspx.cs 文件，编写代码如下。

```
1.  public    long num = 200400;
2.  public    string name = "李飞";
3.  public    string address = "武汉市汉江区";
4.  protected void Page_Load(object sender, EventArgs e){
5.      Page.DataBind();
6.  }
```

上面的代码中第 1 行~第 3 行声明三个变量 num、name 和 address 并赋值。第 4 行定义处理页面 Page 加载事件的方法 Load。第 5 行调用页面对象 Page 的 DataBind 方法在页面中显示出绑定的数据。

05 按快捷键 Ctrl+F5，运行程序后如图 8-1 所示。

图 8-1　运行结果

8.2.2　绑定到表达式

绑定到表达式类似于绑定到变量，只是把变量替换成表达式，基本语法如下：

```
<%#表达式%>
```

【实例 8-2】绑定到表达式

本实例将介绍如何将数据绑定至表达式,运行程序求除法运算的结果,具体实现步骤如下：

01 启动 Visual Studio 2012，创建一个 ASP.NET Web 空应用程序，命名为"实例 8-2"。
02 在"实例 8-2"中创建名为 Default.aspx 的窗体。
03 单击网站目录下的 Default.aspx 文件，进入"视图编辑"界面，打开"源视图"，在编辑区中<form></form>标记之间编写如下代码：

```
1.    <b>绑定到表达式</b><br/>
2.    <%#number%>÷8=<%#number/8%>
```

上述代码第 1 行显示标题文字。第 2 行使用绑定变量的语法<%#number%>和<%#number/8%>将变量 number 和除法计算的结果显示在页面上。

04 单击网站目录下的 Default.aspx.cs 文件，编写代码如下：

```
1.    protected int number = 8000;
2.    protected void Page_Load(object sender, EventArgs e){
3.        if (!IsPostBack){
4.            Page.DataBind();
5.        }
6.    }
```

上述代码中第 1 行声明 int 类型的变量 number 并初始化值为 8000。第 2 行定义处理页面 Page 加载事件的方法 Load。第 2 行判断当前加载的页面如果不是回传的页面，则第 4 行调用页面对象 Page 的 DataBind 方法在页面中显示出绑定的数据。

05 按快捷键 Ctrl+F5 运行程序，如图 8-2 所示。

图 8-2　运行结果

8.2.3　绑定到集合

如果绑定的数据源是一个集合如数组等，那么就要把这些数据绑定到支持多值绑定的 Web 服务器控件上。绑定到集合的基本语法如下：

```
<%#集合%>
```

【实例 8-3】 绑定到集合

本实例将介绍如何将利用集合作为数据源绑定数据到 Web 服务器控件，运行程序后在 DataGrid 控件上显示几部电影的名称，具体实现步骤如下：

01 启动 Visual Studio 2012，创建一个 ASP.NET Web 空应用程序，命名为"实例 8-3"。

02 在"实例 8-3"中创建一个名为 Default.aspx 的窗体。

03 单击网站的目录下的 Default.aspx 文件，进入"视图编辑"界面，打开"源视图"，在编辑区中<form></form>标记之间编写如下关键代码：

```
<asp:DataGrid ID ="DataGrid1" runat ="server" DataSource ="<%#myArray %>" ></asp:DataGrid>
```

上面的代码添加了一个服务器列表控件 DataGrid1，设置数据源属性 DataSource 绑定到集合的语法<%#myArray %>，将 myArray 集合对象的数据输出在列表控件。

04 单击网站目录下的 Default.aspx.cs 文件，编写代码如下：

```
1.    protected ArrayList myArray = new ArrayList();
2.        protected void Page_Load(object sender, EventArgs e){
3.            if (!IsPostBack){
4.                myArray.Add("魔戒三部曲");
5.                myArray.Add("终结者");
6.                myArray.Add("星球大战");
7.                myArray.Add("黑夜传说");
```

```
8.          myArray.Add("超人");
9.          DataGrid1.DataBind();
10.       }
11.    }
```

上面的代码中第 1 行声明一个集合类 ArrayList 的对象 myArray。第 2 行定义处理页面 Page 加载事件的方法 Load。第 3 行判断当前加载的页面如果不是回传的页面，则第 4 行~第 8 行分别调用 myArray 对象的 Add 方法将电影名称添加到集合中。第 9 行调用列表控件 DataGrid1 的 DataBind 方法在页面中显示出绑定的集合中的数据。

05 按快捷键 Ctrl+F5 运行程序，如图 8-3 所示。

图 8-3　运行结果

8.2.4　绑定到方法的结果

有时在控件上显示数据之前需要经过复杂的逻辑处理。这时，可以通过定义方法对数据进行处理，然后把控件绑定到返回处理结果的方法。同时根据需要可以定义无参数或带有参数的方法。绑定到方法的基本语法如下：

```
<%#方法（[参数]）%>
```

【实例 8-4】绑定到方法的结果

本实例定义一个判断传入的数是正、负或零的方法，并定义了包含三个数的数据，最后将判断结果通过绑定到 DataList 控件显示出来。

01 启动 Visual Studio 2012，创建一个 ASP.NET Web 空应用程序，命名为"实例 8-4"。
02 在"实例 8-4"中创建一个名为 Default.aspx 的窗体。
03 单击网站的目录下的 Default.aspx 文件，进入"视图编辑"界面，打开"源视图"，在编辑区中<form></form>标记之间编写如下关键代码：

```
1.  <asp:DataList ID ="DataGrid1" runat ="server" >
2.     <ItemTemplate>
```

```
3.        数字：<%#Container.DataItem %> 
4.        正负：<%#IsPositiveOrNegative((int)Container.DataItem) %>
5.      </ItemTemplate>
6.   </asp:DataList>
```

上面的代码中第 1 行添加一个服务器列表控件 DataGrid1。第 3 行~第 5 行设置控件的项模板。其中，第 3 行使用绑定表达式<%#Container.DataItem%>获取控件关联的数据项。第 4 行使用绑定表达式 <%#IsPositiveOrNegative((int)Container.DataItem)%> 绑定 IsPositiveOrNegative 方法的返回值到控件。

04 单击网站目录下的 Default.aspx.cs 文件，编写代码如下：

```
1.   protected ArrayList myArray = new ArrayList();
2.   protected void Page_Load(object sender, EventArgs e){
3.      if (!IsPostBack){
4.           myArray.Add(-8);
5.      myArray.Add(8);
6.      myArray.Add(0);
7.           DataGrid1.DataSource = myArray;
8.      DataGrid1.DataBind();
9.      }
10.  }
11.  protected string IsPositiveOrNegative(int number) {
12.      if (number > 0)
13.           return "正数";
14.      else if (number < 0)
15.           return "负数";
16.      else
17.           return "零";
18.  }
```

上面的代码中第 2 行定义处理页面 Page 加载事件的方法 Load。第 2 行判断当前加载的页面如果不是回传的页面，则第 4 行~第 6 行分别调用 myArray 对象的 Add 方法将数据添加到集合中。第 7 行使用列表控件 DataList1 的 DataSourc 属性将集合对象 myArray 作为数据源。第 8 行调用列表控件 DataList1 的 DataBind 方法在页面中显示出绑定的集合中的数据。

第 11 行~第 17 行自定义一个 IsPositiveOrNegative 方法判断传递的数字是正数、负数还是零，并返回判断的结果。

05 按快捷键 Ctrl+F5，运行程序，运行结果如图 8-4 所示。

图 8-4　运行结果

8.3　数据的复杂绑定

相对于前面介绍的简单绑定，ASP.NET 还可以将数据绑定到复杂的数据源上，复杂的数据源有 DataView、DataTabel、DataSet 和数据库等。

8.3.1　绑定到 DataSet

DataSet 是 ADO.NET 的主要组件，是应用程序将从数据源中检索到的数据缓存在内存中。其包含的数据可以来自多种数据源，如数据库、XML 文档和界面输入等。

【实例 8-5】绑定到 DataSet

本实例将介绍如何将控件绑定到 DataSet 对象，其中需要使用到第 7 章中创建的 db_news 数据库中的 tb_News 数据表，运行程序后将该表中新闻的编号和标题绑定到 DataGrid 控件显示，具体实现步骤如下：

01 启动 Visual Studio 2012，创建一个 ASP.NET Web 空应用程序，命名为 "实例 8-5"。
02 在 "实例 8-5" 中创建一个名为 Default.aspx 的窗体。
03 单击网站目录下的 Default.aspx 文件，进入 "视图编辑" 界面，打开 "源视图"，在编辑区中<form></form>标记之间编写如下关键代码：

```
<asp:DataGrid ID ="DataGrid1" runat ="server" ></asp:DataGrid>
```

上面的代码向页面添加一个 Web 服务器列表控件 DataList1。

04 单击网站目录下的 Default.aspx.cs 文件，编写代码如下。

```
1.    protected void Page_Load(object sender, EventArgs e){
2.         if (!IsPostBack){
3.              string constr = "Data Source=WJN223-PC\\SQLEXPRESS;Initial Catalog=db_news;Integrated
      Security=True";
4.              string str = "select ID,Title from tb_News";
5.              SqlConnection con = new SqlConnection(constr);
6.              con.Open();
7.              SqlDataAdapter sda = new SqlDataAdapter(str,constr );
```

```
8.        DataSet ds = new DataSet();
9.        sda.Fill(ds,"News");
10.       DataGrid1.DataSource = ds;
11.       DataGrid1.DataBind();
12.       con.Close();
13.     }
14.  }
```

上面的代码中第 1 行定义处理页面 Page 加载事件的方法 Load。第 2 行判断当前加载的页面如果不是回传的页面，第 3 行设置连接字符串 constr。设置连接数据库的服务器为本地机器，数据库名为 db_News。第 4 行 创建 Sql 语句查询的字符串 str。第 5 行创建一个 SqlConnection 对象 con 并传递参数为连接字符串 constr。第 6 行通过 SqlConnection 对象的 open 方法打开数据库连接。第 7 行实例化了一个 SqlDataAdapter 类型的对象 sda 并将 constr 和 str 作为参数传递。第 8 行实例化一个 DataSet 类型的对象 ds。第 9 行调用 sda 的填充数据集的方法 Fill，将查询结果保存到数据集中的 News 表中。第 10 行使用列表控件 DataGrid1 的 DataSourc 属性将数据集对象 ds 作为数据源。第 11 行调用列表控件 DataGrid1 的 DataBind 方法在页面中显示出绑定的数据。

05 按快捷键 Ctrl+F5 运行程序，如图 8-5 所示。

图 8-5　运行结果

8.3.2　绑定到数据库

除了可以把控件绑定到 DataSet 之外，还可以直接把控件绑定到数据库。把控件直接绑定到数据库的方法是：首先创建连接到数据库的 Connection 对象和执行 SQL 语句的 Command 对象，然后执行 Command 对象的 ExecuteReader 方法，并把控件绑定到 ExecutcReader 方法返回的结果。

【实例 8-6】绑定到数据库

本实例演示把 DataGrid 控件绑定到 SqlCommand 对象执行 SQL 查询结果，实现和实例 8-5 相同的功能，具体实现步骤如下：

01 启动 Visual Studio 2012，创建一个 ASP.NET Web 空应用程序，命名为"实例 8-6"。

02 在"实例 8-6"中创建一个名为 Default.aspx 的窗体。

03 单击网站的目录下的 Default.aspx 文件，进入"视图编辑"界面，打开"源视图"，在编辑区中\<form\>\</form\>标记之间编写如下关键代码：

```
<asp:DataGrid ID ="DataGrid1" runat ="server" ></asp:DataGrid>
```

上面的代码向页面添加一个 Web 服务器列表控件 DataList1。

04 单击网站目录下的 Default.aspx.cs 文件，编写代码如下：

```
1.    protected void Page_Load(object sender, EventArgs e){
2.        if(!IsPostBack){
3.            string constr = "Data Source=WJN223-PC\\SQLEXPRESS;Initial Catalog=db_news;Integrated
   Security=True";
4.        string str = "select ID,Title from tb_News";
5.        SqlConnection con = new SqlConnection(constr);
6.        con.Open();
7.            SqlCommand sc = new SqlCommand(str,con);
8.            DataGrid1.DataSource = sc.ExecuteReader();
9.            DataGrid1.DataBind();
10.        }
11.    }
```

上面的代码中第 1 行定义处理页面 Page 加载事件的方法 Load。第 7 行实例化一个 SqlCommand 对象 sc。第 8 行将调用 sc 对象的 ExcuteReader 方法读取从数据库中查询获得的数据作为 DataList1 控件的数据源。第 11 行调用 DataList1 的 DataBind 方法在页面中显示出绑定的数据。

05 按快捷键 Ctrl+F5 运行程序，运行结果如图 8-5 所示。

8.4　常用控件数据绑定

这里的常用控件指的是将一个控件绑定到多个数据元素，通常是数据库中的多个记录，都是基于列表的绑定。使用这些控件来显示数据的具体步骤可以分为以下三步：

● 将用于显示数据的 Web 服务器控件添加到 ASP.NET 页面中。
● 将数据源对象赋给控件的 DataSource 属性。
● 执行控件的 DataBind 方法。

8.4.1　DropDownList 控件的数据绑定

DropDownList 控件是一个下拉式的菜单，其功能是可以让用户在提供的一组选项中选择单一的值。DropDownList 控件实际上是列表项的容器，这些列表项都属于 ListItem 类型。因此在编程处理列表项时，可以使用 Item 集合。当将数据源绑定到 DropDownList 控件上时，下拉列表框的事件被触发，数据就在 DropDownList 控件的下拉列表中显示出来。

【实例 8-7】绑定到 DropDownList 控件

本实例实现用户选择 DropDownList 下拉列表中的选项，在页面显示相应的选择值，具体实现步骤如下：

01 启动 Visual Studio 2012，创建一个 ASP.NET Web 空应用程序，命名为"实例 8-7"。

02 在"实例 8-7"中创建一个名为 Default.aspx 的窗体。

03 单击网站的目录下的 Default.aspx 文件，进入"视图编辑"界面，打开"源视图"，在编辑区中<form></form>标记之间编写如下关键代码：

```
1.  <asp:DropDownList ID="DropDownList1" runat="server" Width="239px" AutoPostBack="true"
    Height="21px">OnSelectedIndexChanged="DropDownList1_SelectedIndexChanged"
2.      <asp:ListItem Value="179">英特尔 CTO 访华</asp:ListItem>
3.      <asp:ListItem Value="181">广东湛江房价涨幅过快</asp:ListItem>
4.      <asp:ListItem Value="182">小皇帝病愈恢复训练</asp:ListItem>
5.      <asp:ListItem Value="191">创业板"星光大道</asp:ListItem>
6.      <asp:ListItem Value="193">国家公务员报考海关最热</asp:ListItem>
7.      <asp:ListItem Value="205">漂亮美女能吸金</asp:ListItem>
8.   </asp:DropDownList><br/><br/><br/><br/><br/>
9.  <asp:Label ID="Label1" runat="server" Text=""></asp:Label>
```

上面的代码中第 1 行添加了一个服务器下拉列表控件 DropDownList1 并将 AutoPostBack 属性设置为 true 自动回传到服务器；同时添加了 6 个选项，并设置控件选项改变事件 SelectedIndexChanged。第 6 行添加一个服务器标签控件 Label1。

04 单击网站目录下的 Default.aspx.cs 文件，编写代码如下。

```
1.  protected void DropDownList1_SelectedIndexChanged(object sender, EventArgs e){
2.      Label1.Text = "你所选择新闻标题的编号是：" + DropDownList1.SelectedValue+"。";
3.  }
```

上面的代码中第 1 行定义处理下拉列表控件选中项改变事件 SelectedIndexChanged 的方法。第 2 行调用下拉列表控件 DropDownList1 的 SelectedValue 属性将选中项的值显示在标签控件的文本上。

05 按快捷键 Ctrl+F5 运行程序，效果如图 8-6 所示。

8.4.2 ListBox 控件的数据绑定

ListBox 控件允许用户从预定义的列表中选择一项或多项。它与 DropDownList 控件类似，不同之处在于它可以允许用户一

图 8-6 运行结果

次选择多项。ListBox 控件的数据绑定与 DropDownList 一样，都是通过将数据源赋给 DataSource 属性，然后再执行 DataBind 方法。

【实例 8-8】 ListBox 控件的数据绑定

本实例把 ListBox 控件绑定到 SqlCommand 对象执行 SQL 查询 tb_News 表中新闻标题的结果，具体实现步骤如下：

01 启动 Visual Studio 2012，创建一个 ASP.NET Web 空应用程序，命名为"实例 8-8"。

02 在"实例 8-8"中创建一个名为 Default.aspx 的窗体。

03 单击网站的目录下的 Default.aspx 文件，进入"视图编辑"界面，打开"源视图"，在编辑区中<form></form>标记之间编写如下关键代码：

```
<asp:ListBox ID="ListBox1" runat="server" Height="192px"
Width="166px"></asp:ListBox>
```

上面的代码添加了一个服务器下拉列表控件 ListBox1 并设置它的大小。

04 单击网站目录下的 Default.aspx.cs 文件，编写代码如下：

```
1.   protected void Page_Load(object sender, EventArgs e){
2.     if（! IsPostBack）{
3.       string constr = "Data Source=WJN223-PC\\SQLEXPRESS;Initial Catalog=db_news;Integrated
Security=True";
4.       string str = "select ID,Title from tb_News";
5.       SqlConnection con = new SqlConnection(constr);
6.       con.Open();
7.       SqlDataAdapter sda = new SqlDataAdapter(str,constr );
8.       DataSet ds = new DataSet();
9.       sda.Fill(ds,"News");
10.      ListBox1 .DataSource =ds .Tables ["News"];
11.      ListBox1 .DataTextField="Title";
12.      ListBox1 .DataValueField ="ID";
13.      ListBox1 .DataBind ();
14.      con.Close();
15.    }
16.  }
```

上面代码中第 1 行定义处理页面 Page 加载事件的方法 Load。第 2 行判断当前加载的页面如果不是回传的页面，第 3 行设置连接字符串 constr。第 4 行创建 Sql 语句查询的字符串 str。第 5 行创建一个 SqlConnection 对象 con 并传递参数为连接字符串 constr。第 6 行通过 SqlConnection 对象的 open 方法打开数据库连接。第 7 行实例化了一个 SqlDataAdapter 类型的对象 sda 并将 constr 和 str 作为参数传递。第 8 行实例化一个 DataSet 类型的对象 ds。第 9 行调用 sda 的填充数据集的方法 Fill，将查询结果保存到数据集中的 News 表中。第 10 行使用列表控件 ListBox1 的 DataSourc 属性将数据集对象 ds 作为数据源。第 11 行调用列表控件 ListBox1

的 DataTextField 属性设置显示在控件中文字为数据表的 Tilte 字段的值。第 12 行调用列表控件 ListBox1 的 DataValueField 属性设置对应显示在控件中文字项的值为数据表中的 ID 字段的值。第 13 行调用列表控件 ListBox1 的 DataBind 方法在页面中显示出绑定的数据。

05 Ctrl+F5 运行程序，运行结果如图 8-7 所示。

图 8-7　运行结果

8.4.3　RadioButtonList 控件的数据绑定

RadioButtonList 控件是一个单选按钮列表框控件，也即是一组单选按钮控件的集合。通过将数据绑定到 RadioButtonList 控件后，用户可以选择按钮集合中的某一个值。

【实例 8-9】绑定到 RadioButtonList

本实例将使用第 7 章中创建的 db_news 数据库里的 tb_News 数据表，实现选择 RadioButtonList 控件中的某一个新闻的名称，就在 DataGrid 控件动态显示该新闻的相应信息。

01 启动 Visual Studio 2012，创建一个 ASP.NET Web 空应用程序，命名为"实例 8-9"。

02 在"实例 8-9"中创建一个名为 Default.aspx 的窗体。

03 单击网站的目录下的 Default.aspx 文件，进入"视图编辑"界面，打开"源视图"，在编辑区中<form></form>标记之间编写如下关键代码：

```
1.  <asp:RadioButtonList ID="RadioButtonList1" runat="server" AutoPostBack="True" RepeatDirection=
    "Horizontal" onselectedindexchanged="RadioButtonList1_SelectedIndexChanged">
2.          <asp:ListItem Value="179">英特尔 CTO 访华</asp:ListItem>
3.          <asp:ListItem Value="181">广东湛江房价涨幅过快</asp:ListItem>
4.          <asp:ListItem Value="182">小皇帝病愈恢复训练</asp:ListItem>
5.          <asp:ListItem Value="191">创业板"星光大道</asp:ListItem>
6.          <asp:ListItem Value="193">国家公务员报考海关最热</asp:ListItem>
7.          <asp:ListItem Value="205">漂亮美女能吸金</asp:ListItem>
8.      </asp:RadioButtonList><br />
9.      <asp:DataGrid    ID ="DataGrid1" runat ="server" ></asp:DataGrid>
```

上面的代码中第 1 行添加一个服务器单选按钮列表控件 RadioButtonList1，设置自动回传服务器，水平布局和处理控件选择项改变事件 SelectedIndexChanged。第 2 行~第 7 行给控件添加 6 个单选按钮选项。第 10 行添加一个服务器列表控件 DataGrid1。

04 单击网站目录下的 Default.aspx.cs 文件，编写代码如下：

```
1.    protected void RadioButtonList1_SelectedIndexChanged(object sender, EventArgs e){
2.         string constr = "Data Source=WJN223-PC\\SQLEXPRESS;Initial    Catalog=db_news;Integrated
      Security=True";
3.         string str = RadioButtonList1.SelectedValue;
4.         string sqlstr = "Select * from tb_News where ID='" + str + "'";
5.         SqlConnection con = new SqlConnection(constr);
6.         con.Open();
7.         SqlDataAdapter sda = new SqlDataAdapter(sqlstr, con);
8.         DataSet ds = new DataSet();
9.         sda.Fill(ds, "News");
10.        DataGrid1.DataSource = ds;
11.        DataGrid1.DataBind();
12.        con.Close();
13.    }
```

代码说明：第 1 行定义处理单选按钮列表控件 RadioButtonList1 选中项改变事件 SelectedIndexChanged 的方法。第 2 行设置连接字符串 constr。第 3 行获取单选按钮列表控件选中项的值。第 4 行创建 Sql 语句查询的字符串 str，查找数据表中书名为选中项值的数据信息。第 5 行创建一个 SqlConnection 对象 con 并传递参数为连接字符串 constr。第 6 行通过 SqlConnection 对象的 open 方法打开数据库连接。第 7 行实例化了一个 SqlDataAdapter 类型的对象 sda 并将 sqlstr 和 con 作为参数传递。第 8 行实例化一个 DataSet 类型的对象 ds。第 9 行调用 sda 的填充数据集的方法 Fill，将查询结果保存到数据集中的 News 表中。第 10 行使用列表控件 DataGrid1 的 DataSourc 属性将数据集对象 ds 作为数据源。第 11 行调用列表控件 DataGrid1 的 DataBind 方法在页面中显示出绑定的的数据。

05 按快捷键 Ctrl+F5 运行程序，运行结果如图 8-8 所示。用户选择新闻名称，列表显示相应的新闻信息。

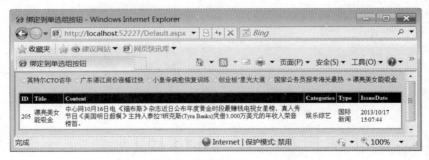

图 8-8　运行结果

8.5 数据源控件

数据源控件是一个为了与数据绑定控件交互而设计的服务器控件,它隐藏了人工数据绑定的复杂性。数据源控件不仅为控件提供数据,而且还支持数据绑定控件执行常见的数据操作。数据源控件不呈现任何用户界面,充当了特定数据源（如数据库、业务对象或 XML 文件）与网页上的其他数据绑定控件之间的桥梁。数据源控件实现了丰富的数据检索和修改功能,其中包括查询、排序、分页、筛选、更新、删除以及插入。

ASP.NET 4.5 中包含支持不同数据绑定方案的数据源控件,这些控件可以使用不同的数据源。此外,数据源控件模型是可扩展的,因此用户还可以创建自己的数据源控件或者为现有的数据源提供附加功能,从而实现与不同数据源的交互。

数据源控件主要可以用来执行以下两种任务:

● 让数据绑定控件从数据源控件中获取数据,并把数据填充到要显示的控件中。在这种情况下,数据的获取或绑定都是自动完成的,并不需要调用方法 DataBind 来完成绑定。

● 利用数据源控件更新数据源。此时,数据源控件需要同复杂数据绑定控件（诸如 GridView 或 DetailsView 这类控件）一起使用。

ASP.NET 4.5 的内置数据源控件有以下数种:

● ObjectDataSource,用于向数据绑定控件表示数据识别中间层对象或数据接口对象。它允许绑定到一个返回数据的自定义业务对象或数据访问对象,可以在 N 层结构中存取中间层的数据。

● SqlDataSource,用来访问在关系型数据源,这些数据源包括 Microsoft SQL Server 和 OLE DB 以及 ODBC 数据源。它与 SQL Server 一起使用时支持高级缓存功能。当数据作为 DataSet 对象返回时,此控件还支持排序、筛选和分页。

● EntityDataSource,该控件支持基于实体数据模型（EDM）的数据绑定方案。此数据规范将数据表示为实体和关系集。它支持自动生成更新、插入、删除和选择命令以及排序、筛选和分页。

● LinqDataSource,通过该控件,可以在 ASP.NET 网页中使用 LINQ,从数据表或内存数据集合中检索数据。使用声明性标记,可以对数据进行检索、筛选、排序和分组操作。从 SQL Server 数据库表中检索数据时,也可以配置 LinqDataSource 控件来处理更新、插入和删除操作。

● XmlDataSource,它主要用来访问 XML 文件,特别适用于分层的服务器控件,如 TreeView 或 Menu 控件。它支持使用 XPath 表达式来实现筛选功能,并允许对数据应用 XSLT 转换。它允许通过保存更改后的整个 XML 文档来更新数据。

● SiteMapDataSource,该控件结合页面站点导航使用,为常用的导航控件提供数据源。

以上这些控件的使用方法大同小异,其中,SqlDataSource 控件和 ObjectDataSource 是最常用的数据源控件,所以本节以这两个控件为例介绍数据源控件的相关内容,另外的几个数据源控件会在本书其他的章节中进行有选择的介绍。

8.5.1 SqlDataSource 控件

SqlDataSource 是 ASP.NET 中最为常用的数据源控件，通过该控件，可以使 Web 控件访问位于某个关系数据库中的数据，该数据库包括 Microsoft SQL Server 和 Oracle 数据库，以及 OLE DB 和 ODBC 数据源。可以将 SqlDataSource 控件和用于显示数据的服务器控件（如 GridView、FormView 和 DetailsView 控件）结合使用，使用很少的代码或不使用代码就可以在 ASP.NET 网页中显示和操作数据。

在 ASP.NET 页面文件中，SqlDataSource 控件定义的标记同其他控件一样，代码如下：

```
<asp:SqlDataSource ID="SqlDataSource1" runat="server" ... ></ asp:SqlDataSource >
```

1. SqlDataSource 控件的属性

SqlDataSource 控件提供了如表 8-1 所示的属性。

表 8-1　SqlDataSource 控件的属性

属性	说明
CacheDuration	获取或设置以秒为单位的一段时间，它是数据源控件缓存 Select 方法所检索到的数据的时间
CacheExpirationPolicy	获取或设置缓存的到期行为，该行为与持续时间组合在一起可以描述数据源控件所用缓存的行为
CacheKeyDependency	获取或设置一个用户定义的键依赖项，该键依赖项链接到数据源控件创建的所有数据缓存对象。当键到期时，所有缓存对象都显示到期
CancelSelectOnNullParameter	获取或设置一个值，该值指示当 SelectParameters 集合中包含的任何一个参数为空引用（在 Visual Basic 中为 Nothing）时，是否取消数据检索操作
ConflictDetection	获取或设置一个值，该值指示当基础数据库中某行的数据在更新和删除操作期间发生更改时，SqlDataSource 控件如何执行该更新和删除操作
ConnectionString	获取或设置特定于 ADO.NET 提供程序的连接字符串 SqlDataSource 控件使用该字符串连接基础数据库
DataSourceMode	获取或设置 SqlDataSource 控件获取数据所用的数据检索模式
DeleteCommand	获取或设置 SqlDataSource 控件从基础数据库删除数据所用的 SQL 字符串
DeleteCommandType	获取或设置一个值，该值指示 DeleteCommand 属性中的文本是 SQL 语句还是存储过程的名称
DeleteParameters	从与 SqlDataSource 控件相关联的 SqlDataSourceView 对象获取包含 DeleteCommand 属性所使用的参数的参数集合
EnableCaching	获取或设置一个值，该值指示 SqlDataSource 控件是否启用数据缓存
FilterExpression	获取或设置调用 Select 方法时应用的筛选表达式
FilterParameters	获取与 FilterExpression 字符串中的任何参数占位符关联的参数的集合

（续表）

属性	说明
InsertCommand	获取或设置 SqlDataSource 控件将数据插入基础数据库所用的 SQL 字符串
InsertCommandType	获取或设置一个值，该值指示 InsertCommand 属性中的文本是 SQL 语句还是存储过程的名称
InsertParameters	从与 SqlDataSource 控件相关联的 SqlDataSourceView 对象获取包含 InsertCommand 属性所使用的参数的参数集合
OldValuesParameterFormatString	获取或设置一个格式字符串，该字符串应用于传递给 Delete 或 Update 方法的所有参数的名称
ProviderName	获取或设置.NET Framework 数据提供程序的名称，SqlDataSource 控件使用该提供程序来连接基础数据源
SelectCommand	获取或设置 SqlDataSource 控件从基础数据库检索数据所用的 SQL 字符串
SelectCommandType	获取或设置一个值，该值指示 SelectCommand 属性中的文本是 SQL 查询还是存储过程的名称
SelectParameters	从与 SqlDataSource 控件相关联的 SqlDataSourceView 对象获取包含 SelectCommand 属性所使用的参数的参数集合
SortParameterName	获取或设置存储过程参数的名称，在使用存储过程执行数据检索时，该存储过程参数用于对检索到的数据进行排序
SqlCacheDependency	获取或设置一个用分号分隔的字符串，指示用于 Microsoft SQL Server 缓存依赖项的数据库和表
UpdateCommand	获取或设置 SqlDataSource 控件更新基础数据库中的数据所用的 SQL 字符串
UpdateCommandType	获取或设置一个值，该值指示 UpdateCommand 属性中的文本是 SQL 语句还是存储过程的名称
UpdateParameters	从与 SqlDataSource 控件相关联的 SqlDataSourceView 控件获取包含 UpdateCommand 属性所使用的参数的参数集合

按照 SqlDataSource 控件可以实现的功能，把其属性分为以下几类：

（1）执行数据库操作命令

SelectCommand、UpdateCommand、DeleteCommand 和 InsertCommand 4 个属性对应数据库操作的 4 个命令：选择、更新、删除和插入，只需要把对应的 SQL 语句赋予这 4 个属性，SqlDataSource 控件即可完成对数据库的操作。

可以把带参数的 SQL 语句赋予这 4 个属性，例如：

UpdateCommand="UPDATE [tb_News] SET [Title] = @新闻标题, [Content] = @内容, [Categories] = @类别 WHERE [ID] = @新闻编号";

以上代码中就是把代码参数的 SQL 语句赋予 UpdateCommand 属性。其中@新闻标题、@内容、@类别和@新闻编号为 SQL 语句的参数。

SQL 语句的参数值可以从其他控件、查询字符串中获得，也可以通过编程方式指定参数值。参数的设置则是由属性 InsertParameters、SelectParameters、UpdateParameters 和 DeleteParameters 来进行。

（2）返回 DataSet 或 DataReader 对象

SqlDataSource 控件可以返回两种格式的数据：作为 DataSet 对象或作为 ADO.NET 数据读取器。通过设置数据源控件的 DataSourceMode 属性，可以指定要返回的格式。

（3）进行缓存

默认情况下不启用缓存。将 EnableCaching 属性设置为 true，便可以启用缓存。

（4）进行检索

如果要使用 SqlDataSource 控件从数据库中检索数据，需要设置以下属性：

- ProviderName，设置为 ADO.NET 提供程序的名称，该提供程序表示正在使用的数据库。
- ConnectionString，设置为用于数据库的连接字符串。
- SelectCommand，设置为从数据库中返回数据的 SQL 查询或存储过程。

2. SqlDataSource 控件的应用

前面提到 SqlDataSource 控件和用于显示数据的控件（如 GridView、FormView 和 DetailsView 控件）结合使用，能够用很少的代码或不编写代码就可以在 ASP.NET 网页中显示和操作数据。

【实例 8-10】SqlDataSource 控件的使用

本实例分别使用两个 SqlDataSource 数据源控件、一个 DataGrid 控件和一个 DropDownList 控件进行数据绑定，实现用户选择下拉列表中的新闻标题，在列表控件上显示新闻信息。在本例中将不写一行的代码，全部使用可视化图形的操作设置各种控件的属性，体验一下 SqlDataSource 数据源控件的强大功能。

01 启动 Visual Studio 2012，创建一个 ASP.NET Web 空应用程序，命名为"实例 8-10"。
02 在"实例 8-10"中创建一个名为 Default.aspx 的窗体。
03 单击网站目录下的 Default.aspx 文件，进入"视图编辑"界面，打开"设计视图"，从工具箱中拖动一个 DropDownList、一个 DataGrid 控件和两个 SqlDataSource 数据源控件。
04 将鼠标移到 DataGrid 控件上，其上方会出现一个向右的黑色小三角。单击它，弹出 DataGrid 任务列表，如图 8-9 所示。在"选择数据源"下拉列表中选中 SqlDataSource1。
05 将鼠标移到 SqlDataSource1 控件上，其上方会出现一个向右的黑色小三角，单击它，弹出 SqlDataSource 任务列表，如图 8-10 所示。

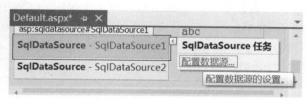

图 8-9   DataGrid 任务列表　　　　　　　　图 8-10   SqlDataSource1 任务列表

06 选择"配置数据源"选项，弹出如图 8-11 所示的"配置数据库"对话框。

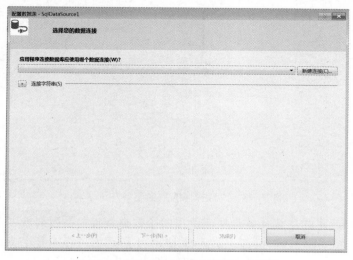

图 8-11   "选择你的数据连接"对话框

07 单击"新建连接"按钮，进入如图 8-12 所示的"添加连接"对话框。

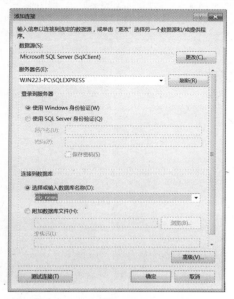

图 8-12   "添加连接"对话框

08 在"数据源"文本框中输入 Microsoft SQL Server(SqlClient)，在"服务器名"下拉列表中选择自己 SQL Server 服务器的名称，选择"选择或输入数据库名称"单选按钮，在其下的下拉列表中选中 db_news 数据库的名称，最后单击"确定"按钮，返回如图 8-13 所示的"选择数据连接"对话框。

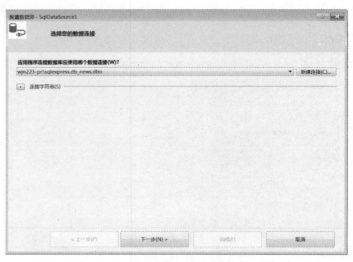

图 8-13　"选择您的数据连接"对话框

09 此时，在"应用程序连接数据库应使用哪个数据连接"下列列表中自动显示出刚才添加的连接名称，单击"下一步"按钮，进入如图 8-14 所示的"将连接字符串保存到应用程序配置文件中"对话框。

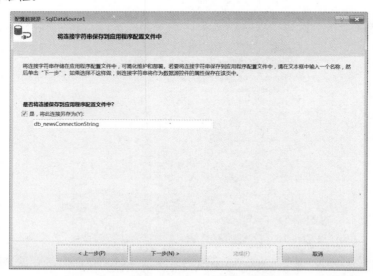

图 8-14　"将连接字符串保存到应用程序配置文件中"对话框

10 选中"是，将此连接另存为："多选框，单击"下一步"按钮，进入如图 8-15 所示的"配置 Select 语句"对话框。

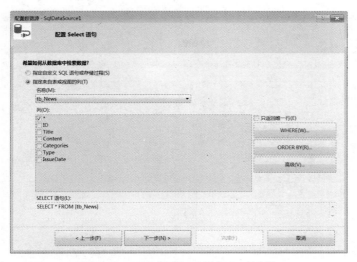

图 8-15 "配置 Select 语句"对话框

11 单击 WHERE 按钮,弹出如图 8-16 所示的"添加 WHERE 子句"对话框。

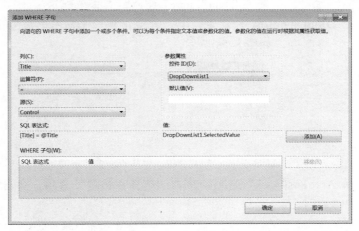

图 8-16 "添加 where 子句"对话框

12 在"列"下拉列表中选择 Title 数据字段。在"源"下拉列表中选择 Control 选项,表示从页面控件中获取查询数据。在"参数属性"选项组中的"控件 ID"下拉列表中选择 ID 为 DropDownList1 的下拉列表控件。然后单击"添加"按钮,最后单击"确定"按钮,回到图 8-13 所示"配置数据源"对话框。单击"下一步"按钮。进入如图 8-17 所示的"测试查询"对话框。

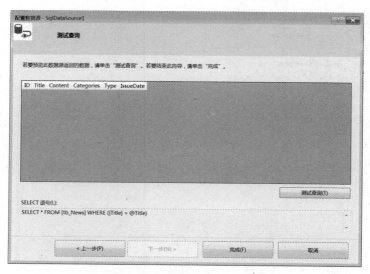

图 8-17　"测试查询"对话框

13 单击"完成"按钮，结束 SqlDataSource1 控件的数据源配置。

14 将鼠标移到 DropDownList 控件上，其上方会出现一个向右的黑色小三角，单击它，弹出 DropDownList 任务列表，如图 8-18 所示。

图 8-18　DropDownList 任务列表

15 选中"启用 AutoPostBack"选项，单击"选择数据源"选项，弹出如图 8-19 所示的"数据源配置向导"对话框。

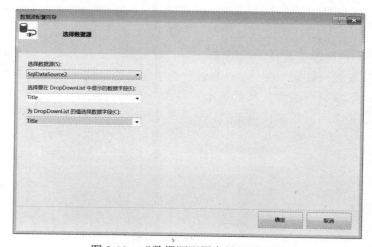

图 8-19　"数据源配置向导"对话框

16 在 "选择数据源" 下拉列表中选中 SqlDataSource2 的控件 ID；在 "选择要在 DropDownList 中显示的数据字段" 的文本框中输入数据表 tb_News 的字段 Title；在 "为 DropDownList 的值选择数据字段" 的文本框中同样输入 Title；最后单击 "确定" 按钮。

17 接着配置开始 SqlDataSource2 控件数据源。配置过程和 SqlDataSource1 控件大致相同，区别仅在于在于查询语句设置不同。当配置过程进入如图 8-20 所示的 "配置 Select 语句" 对话框时，直接单击 "下一步" 按钮即可，因为这里在 SQL 查询时不需要使用 Where 子句。其他的配置步骤完全相同，这里不再重复。

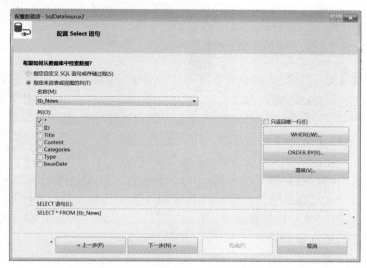

图 8-20 "配置 Select 语句" 对话框

18 现在就可以按快捷键 Ctrl+F5 运行程序，运行效果如图 8-21 所示。

图 8-21 运行效果 1

19 当用户选择不同的下拉列表选项，列表控件显示如图 8-22 所示的不同信息。

图 8-22　运行效果

8.5.2　ObjectDataSource 数据源控件

ObjectDataSource 数据源控件用于向数据绑定控件表示数据识别中间层对象或数据接口对象。可以结合使用 ObjectDataSource 数据源控件与数据绑定控件在 ASP.NET 页面上显示数据，只要用少量代码或不用代码就可以在网页上显示、编辑和排序数据。

一种常见的应用程序设计做法是将表示层与业务逻辑层分开，将业务逻辑层装到业务对象中，这些业务对象在表示层和数据层之间构成一个独特的层，从而得到一个三层应用程序结构。大多数 ASP.NET 数据源控件，如 SqlDataSource，都在两层应用程序层次结构中使用。在该层次结构中，表示层（ASP.NET 网页）可以与数据层（数据库和 XML 文件等）直接进行通信，而 ObjectDataSource 数据源控件使开发人员能够在保留它们的三层应用程序结构的同时，使用 ASP.NET 数据源控件。

ObjectDataSource 数据源控件可充当对象的代理。通过配置 ObjectDataSource 控件可以指定底层的对象，以及指定这些对象的方法如何映射到 ObjectDataSource 控件的 Select、Insert、Upadte 和 Delete 方法。当底层的对象被指定并且其方法映射到 ObjectDataSource 控件的方法后，就可以把 ObjectDataSource 数据源控件绑定到页面的 Web 服务器数据控件。ASP.NET 提供了许多 Web 服务器数据控件，包括 GridView 控件、DetailsView 控件、RadioButtonList 控件、DropDownList 控件等。在页面的生命周期中，Data Web 服务器控件可能需要访问它所绑定的数据，这将通过调用 ObjectDataSource 数据源控件的 Select 方法来实现。如果这个 Web 服务器数据控件还支持插入、更新或者删除操作，那么它将调用 ObjectDataSource 数据源控件的 Insert、Update 或者 Delete 方法。这些调用会通过 ObjectDataSource 数据源控件被发送到适当的底层对象的方法中。

由于 ObjectDataSource 数据源控件能应用于三层应用程序的架构中，而其他数据源只能应用于两层架构应用程序，因此 ObjectDataSource 数据源控件有很多不同于其他数据源控件的属性，如表 8-2 所示。

表 8-2　ObjectDataSource 数据源控件属性

属性名称	说明
CacheDuration	获取或设置以秒为单位的一段时间，数据源控件就在这段时间内缓存 SelectMethod 属性检索到的数据
DeleteMethod	获取或设置由 ObjectDataSource 控件调用以删除数据的方法或函数的名称

（续表）

属性名称	说明
DeleteParameters	获取参数集合，该集合包含由 DeleteMethod 方法使用的参数
FilterExpression	获取或设置当调用由 SelectMethod 属性指定的方法时应用的筛选表达式
InsertMethod	获取或设置由 ObjectDataSource 控件调用以插入数据的方法或函数的名称
InsertParameters	获取参数集合，该集合包含由 InsertMethod 属性使用的参数
MaximumRowsParameterName	获取或设置业务对象数据检索方法参数的名称，该参数用于指示要检索的数据源分页支持的记录数
SelectCountMethod	获取或设置由 ObjectDataSource 控件调用以检索行数的方法或函数的名称
SelectMethod	获取或设置由 ObjectDataSource 控件调用以检索数据的方法或函数的名称
SelectParameters	获取参数的集合，这些参数由 SelectMethod 属性指定的方法使用
TypeName	获取或设置 ObjectDataSource 对象表示的类的名称
UpdateMethod	获取或设置由 ObjectDataSource 控件调用以更新数据的方法或函数的名称
UpdateParameters	获取参数集合，该集合包含由 UpdateMethod 属性使用的参数
SortParameterName	获取或设置业务对象的名称，SelectMethod 参数使用此业务对象指定数据源排序支持的排序表达式

　　ObjectDataSource 数据源控件如果要从业务对象中检索数据，只需设置检索数据方法的 SelectMethod 属性。如果此方法没有返回 IEnumerable 或 DataSet 对象，则运行时在 Ienumerable 集合中包装该对象。如果此方法签名带参数，则可以将 Parameter 对象添加到 SelectParameters 集合中，然后将它们绑定到要传递的由 SelectMethod 属性指定的方法的值。

　　根据 ObjectDataSource 数据源控件使用的业务对象的功能可以执行诸如更新、插入和删除的数据操作。如果要执行这些数据操作，则只需为要执行的操作设置适当的方法名称和所需关联的任何参数。例如更新操作，将 UpdateMethod 属性设置为业务对象方法的名称，该方法执行更新并将所需的任何参数添加到 UpdateParameters 集合中。如果 ObjectDataSource 数据源控件与数据绑定控件相关联，则由数据绑定控件添加参数。在这种情况下，需要确保方法的参数名称和数据绑定控件中的字段名称相匹配。在调用 Update 方法时，由代码显示执行更新或由数据绑定控件自动执行更新。Delete 和 Insert 方法的操作遵循相同的常规模式。可以假定业务对象以逐个记录的方式执行这些类型的数据操作。

　　【实例 8-11】ObjectDataSource 数据源控件的使用

　　本实例演示如何使用 ObjectDataSource 控件和自定义中间层业务对象来连接数据库 db_news，并显示该数据库 tb_News 表中 Title 字段的全部记录，具体实现步骤如下：

　　01 启动 Visual Studio 2012，创建一个 ASP.NET Web 空应用程序，命名为"实例 8-11"。

　　02 在"实例 8-11"中创建一个名为 Default.aspx 的窗体。

　　03 用右键单击程序名，在弹出的如图 8-23 所示的快捷菜单中选择"添加"|"新建文件夹"命令。在解决方案程序根目录下会生成一个新的文件夹，将其命名为 App_Code，如图 8-24 所示。

图 8-23　快捷菜单

图 8-24　生成文件夹

04 用右键单击 App_Code 文件夹，在弹出如图 8-23 所示的快捷菜单中选择"添加"|"新建项"命令，弹出如图 8-25 所示的"添加新项"文本框。

图 8-25　"添加新项"对话框

05 选择 Web 模板中的"类"模板，命名为 manage.cs，从而创建一个名为 manage 的类文件。

06 双击创建完毕的 manage.cs，在代码文件中输入以下关键代码：

```
1.    public class manage{
2.        private string str;
3.        public manage(){
4.            str= "Data Source=WJN223-PC\\SQLEXPRESS;Initial    Catalog=db_news;Integrated
Security=True";
5.        }
6.        protected DataTable GetName(){
7.            string str = "select Title from tb_News";
8.            SqlConnection con = new SqlConnection(str);
9.            con.Open();
```

```
10.          SqlDataAdapter sda = new SqlDataAdapter(str, con);
11.          DataSet ds = new DataSet();
12.          sda.Fill(ds, "News");
13.          return ds.Tables["News "];
14.      }
15.  }
```

上面的代码中，第1行到最后一行定义了一个 manage 类，其中，在第3行的构造函数中保存了数据库连接字符串；第6行~第14行定义了获得数据表中数据的方法 GetName，返回的是一个保存查询出来数据的 DataTable 对象。

07 保存 manage.cs，如果不保存，下面的步骤将得不到这个类和其中方法的引用。

08 单击网站的目录下的 Default.aspx 文件，进入"视图编辑"界面，打开"设计视图"，从工具箱中拖动一个 ListBox 控件和一个 ObjectDataSource 控件到编辑区。

09 将鼠标移到 ObjectDataSource 控件上，其右上方会出现一个向右的小三角，单击它，弹出"ObjectDataSource 任务"列表，如图 8-26 所示。

图 8-26　"ObjectDataSource 任务"列表

10 选择列表中的"配置数据源"命令，弹出如图 8-27 所示的"配置数据源"对话框。

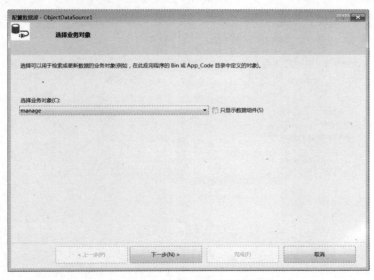

图 8-27　"配置数据源"对话框

11 在"选择业务对象"下拉列表中选择.manage 选项，也就是在代码文件中定义的 **manage** 类。单击"下一步"按钮，进入如图 8-28 所示的"定义数据方法"对话框。

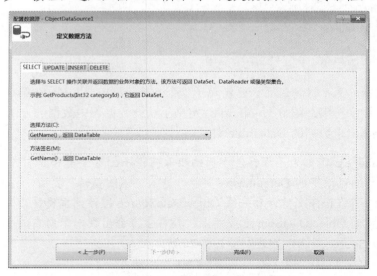

图 8-28 "定义数据方法"对话框

12 切换到 SELECT 选项卡，在"选择方法"下拉列表框中选择 GetName 方法，单击"完成"按钮，结束配置数据源。

13 进入 Default.aspx 文件的"视图编辑"界面，将鼠标移到 ListBox 控件上；其右上方会出现一个向右的小三角，单击它，弹出"ListBox 任务"列表。

14 单击其中的"选择数据源"命令，在弹出如图 8-29 所示的"数据源配置向导"对话框。在"选择数据源"下拉列表中选择 ObjectDataSource1 选项，在"选择要在 ListBox 中显示的数据字段"下拉列表中选择 Title 选项，在"为 ListBox 的值选择数据字段下拉列表框中选择 Title 选项，最后，单击"确定"按钮。

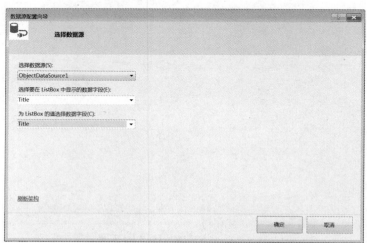

图 8-29 "数据源配置向导"对话框

15 按快捷键 Ctrl+F5，运行程序得到的效果和前文的"实例 8-8"的运行结果完全相同。

8.6 上机题

1．使用 Visual Studio 2012 集成开发环境创建、运行本章所有的代码和实例并分析其执行结果。

2．编写一个 ASP.NET Web 应用程序，使用变量绑定的方式，将股票代码、价格和成交金额等股票信息显示在页面，程序运行结果如图 8-30 所示。

3．编写一个 ASP.NET Web 应用程序，将一个包含星期数的集合类对象，绑定到 ListBox 控件显示，程序运行效果如图 8-31 所示。

图 8-30　运行结果

图 8-31　运行效果

4．编写一个 ASP.NET Web 应用程序，将可选的背景色列表绑定到一个下拉列表框中，用户可以选择背景颜色，下拉列表的背景颜色会随着用户的选择而变化，程序运行效果如图 8-32 所示。

5．编写一个 ASP.NET Web 应用程序，使用变量和表达式作为数据源实现能够计算加法的功能，程序运行效果如图 8-33 所示。

图 8-32　运行效果

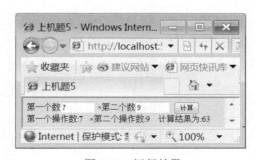

图 8-33　运行效果

6．编写一个 ASP.NET Web 应用程序，利用第 7 章上机题 1 创建的 CoffeeManagement 数

据库中的 ShangPin 数据表，将 DataSet 对象作为数据源获得查询到的全部表信息，最后将数据绑定到 DataGrid 控件，运行结果如图 8-34 所示。

7. 编写一个 ASP.NET Web 应用程序，利用 DataTable 对象创建一个数据表，然后将表中的数据绑定到列表控件 DataGrid 中，显示数据表中的全部信息。执行的结果如图 8-34 所示。

8. 编写一个 ASP.NET Web 应用程序，使用数据源控件 SqlDataSource 作为 DataGrid 控件的数据源，CoffeeManagement 数据库中的 ShangPin 数据表的全部内容显示在页面，执行的结果如图 8-34 所示。

9. 编写一个 ASP.NET Web 应用程序，使用 ObjectDataSource 数据源控件和 ListBox 列表控件实现显示 ShangPin 数据表中商品名称的功能，运行结果如图 8-35 所示。

图 8-34　运行效果

图 8-35　运行结果

第 9 章　数据控件

ASP. NET4.5 提供了多种数据绑定控件用来显示数据。这些控件以丰富的表现形式将数据显示在页面中，常见的包括表格、报表、单选项、多选项、树形等。本章主要介绍以表格形式显示内容的数据绑定控件，它们是 GridView、ListView、DetailsView、Repeater 等控件。这些控件具有强大的功能，对于开发人员来说，有的只需要简单配置控件的一些属性，就能够在几乎不编写代码的基础上，快捷地实现各种数据的分页、排序、编辑等操作。

9.1　数据控件概述

数据控件全称是"数据服务器控件"，简单地说就是能够显示数据的服务器控件，与简单格式的列表控件不同，这些控件属于比较复杂的服务器控件，不但能提供显示数据的丰富界面（可以显示多行多列数据，还可以根据用户定义来显示），还提供了修改、删除和插入数据的接口。

ASP.NET 4.5 提供的常用复杂数据控件，包括：

● GridView，是一个全方位的网格控件，能够显示一整张表的数据，它是 ASP.NET 中最为重要的数据控件。

● DetailsView，是用来一次显示一条记录的数据控件。

● FormView，它也是用来一次显示一条记录的数据控件，与 DetailsView 不同的是，FormView 是基于模板的，可以使布局具有灵活性。

● DataList，可用来自定义显示各行数据库信息的数据控件，显示的格式在创建的模板中定义。

● Repeater，它能生成一系列单个项，可以使用模板定义页面上单个项布局的数据控件，在页面运行时，该控件为数据源中的每个项重复相应的布局。

● ListView，该数据控件可以绑定从数据源返回的数据并显示它们，它会按照使用模板和样式定义的格式显示数据。

由于 FormView 控件和 Repeater 控件及其相似，它们的属性和方法大多都可以通用，所以本章仅介绍其余的 5 个数据服务器控件。

9.2　GridView 控件

GridView 控件是一个非常重要的控件，几乎任何和数据相关的表现都要用到该控件。它能以表格的方式显示数据源中的数据，并提供诸如分页、排序、过滤以及编辑等一些强大的内置功能，所以能简化 Web 应用程序的开发过程。

9.2.1　GridView 控件的属性、方法和事件

GridView 控件的属性分为两个主要部分，第一部分用于控制 GridView 控件的整体显示效果，包括数据源、绑定表达式、每页容纳的记录的条数等等；第二部分用于控制记录每个字段的显示效果。GridView 控件的常用属性如表 9-1 所示。

表 9-1　GridView 控件的常用属性

属性	说明
AllowPaging	获取或设置指示是否启用分页的值
AllowSorting	获取或设置指示是否启用排序的值
AutoGenerateColumns	获取或设置一个值，该值指示是否为数据源中的每一字段自动创建 BoundColumn 对象并在 GridView 控件中显示这些对象
Columns	获取表示 GridView 控件各列对象的集合
PageIndex	获取或设置当前显示页的索引
DataSource	获取或设置源，该源包含用于填充控件中的项的值列表
ForeColor	获取或设置 Web 服务器控件的前景色（通常是文本颜色）
HeaderStyle	获取 GridView 控件中标题部分的样式属性
PageCount	获取显示 GridView 控件中各项所需的总页数
PageSize	获取或设置要在 GridView 控件的单页上显示的项数
SelectedIndex	获取或设置 GridView 控件中选定项的索引
ShowFooter	获取或设置一个值，该值指示页脚是否在 GridView 控件中显示
ShowHeader	获取或设置一个值，该值指示是否在 GridView 控件中显示页眉

GridView 控件提供的方法很少，对其操作主要是通过属性和在事件处理程序中添加代码来完成的。GridView 控件的常用方法如表 9-2 所示。

表 9-2　GridView 控件的常用方法

方法	说明
DataBind	将数据源绑定到 GridView 控件
DeleteRow	从数据源中删除位于指定索引位置的记录
Sort	根据指定的排序表达式和方向对 GridView 控件进行排序
UpdateRow	使用行的字段值更新位于指定行索引位置的记录

GridView 控件可以在事件处理程序中使用 ADO.NET 方法编写操作和处理数据的代码。它常用事件如表 9-3 所示。

表 9-3　GridView 控件的常用事件

事件	说明
PageIndexChanged	在 GridView 控件处理分页操作之后发生
PageIndexChanging	在单击导航按钮时，但在 GridView 控件处理分页操作之前发生
RowCancelingEdit	单击取消按钮以后，在该行退出编辑模式之前发生
RowCommand	当单击 GridView 控件中的按钮时发生
RowCreated	在 GridView 控件中创建行时发生
RowDataBound	在 GridView 控件中将数据行绑定到数据时发生
RowDeleted	在 GridView 控件删除该行之后发生
RowDeleting	在 GridView 控件删除该行之前发生
RowEditing	发生在 GridView 控件进入编辑模式之前
RowUpdated	发生在 GridView 控件对该行进行更新之后
RowUpdating	发生在 GridView 控件对该行进行更新之前
SelectedIndexChanged	发生 GridView 控件对相应的选择操作进行处理之后
SelectedIndexChanging	发生在 GridView 控件对相应的选择操作进行处理之前
Sorted	在 GridView 控件对相应的排序操作进行处理之后发生
Sorting	在 GridView 控件对相应的排序操作进行处理之前发生

9.2.2　GridView 控件的列

GridView 控件中显示的列是自动生成的。默认属性 AutoGenerateColumns 为 true。但在很多情况下，GridView 控件的每一列的显示都需要实现定义。GridView 控件提供了几种类型的列以方便开发人员的操作，如表 9-4 所示。

表 9-4　GridView 控件的列类型

列类型	说明
BoundField	显示数据源中某个字段的值，它是 GridView 控件的默认列类型
ButtonField	为 GridView 控件中的每个项显示一个命令按钮，这样可以创建一列自定义按钮控件
CheckBoxField	为 GridView 控件中的每一项显示一个复选框，此列类型通常用于显示具有布尔值的字段
CommandField	显示用来执行选择、编辑和删除操作的预定义命令按钮
HyperLinkField	将数据源中某个字段的值显示为超链接,此列字段类型允许将另一个字段绑定到超链接的 URL
ImagField	为 GridView 控件中的每一项显示一个图象
TemplateField	根据指定的模版为 GridView 控件中每一项显示用户定义的内容，此列类型允许创建自定义的列字段

所有列的编辑都可以通过"字段"对话框来进行，编辑过程如下：
进入"字段"对话框的方式有两种：

● 选中要编辑的 GridView 控件，单击右上角的小按钮，在弹出如图 9-1 所示的菜单命令中选取"编辑列…"命令。

● 选中要编辑的 GridView 控件，在"属性"窗口中找到 Columns 属性，选中该属性，单击在该属性最右边出现时如图 9-2 所示的按钮。

图 9-1　GridView 任务列表　　　　　　　　图 9-2　"属性"窗口

　　进入如图 9-3 所示的"字段"对话框。在"可用字段"列表中列出了 GridView 控件的列类型。当我们选择某一列类型后，单击"添加"按钮即可将该列类型添加到"选定的字段"列表中。同时在右侧相应的列类型的属性列表中设置该字段的属性。以前文的 tb_News 数据库来说，我们在 GridView1 控件中定义 4 个列字段，分别是新闻编号、新闻标题、新闻内容、新闻类别。首先选择"可用字段"列表中的 BoundField 类型，单击"添加"按钮。在"选定字段"列表中单击刚才选择的 BoundField，然后在右侧的"BoundField 属性"列表中设置相关的属性。这里设置 BoundField 属性为 ID，表示绑定的数据来自于数据库中数据表 tb_News 中 ID 字段上的值。设置 HeaderText 属性为"新闻编号"，表示显示在 GridView1 控件列标题显示的文字。按上面的方法依次设置其余的字段。最后单击"确定"按钮结束 GridView 控件列字段的设置。

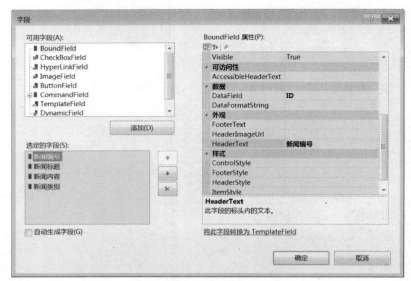

图 9-3　字段对话框

　　打开如图 9-4 所示的 GridView 控件"属性"窗口，设置 AutoGenerateColumns 属性值为

False。

至此，GridView 控件的列编辑完毕，在"设计视图"中会发现 GridView 控件的列标题显示了如图 9-5 中设置的中文名称。

图 9-4　"属性"窗口　　　　　　　　　　　　图 9-5　设计界面

9.2.3　GridView 控件的分页和排序

当数据很多，不能只用一页就将数据全部显示出来时，就需要进行分页显示了。GridView 控件提供了很好地分页显示支持。从表 9-1 中可以知道，属性 AllowPaging 决定是否使用分页显示，如果要使用分页显示，需要设置该属性值为 true，否则该属性为 false。使用 PagerSetting 属性可以设置分页显示的模式，可以通过设置 PagerSettings 类的 Mode 属性来自定义分页模式。Mode 属性的值包括：

- NextPrevious：上一页按钮和下一页按钮。
- NextPreviousFirstLast：上一页按钮、下一页按钮、第一页按钮和最后一页按钮。
- Numeric：可直接访问页面的带编号的链接按钮。
- NumericFirstLast：带编号的链接按钮、第一个链接按钮和最后一个链接按钮。

例如，下面的代码，启动 GridView 控件的分页功能并设置分页的格式：

```
<asp:GridView ID="GridView1" runat="server" AutoGenerateColumns="true"
AllowPaging="True" PageSize="5"
OnPageIndexChanging="GridView1_PageIndexChanging">
    <PagerSettings NextPageText="后一页"   PreviousPageText="前一页" />
  </asp:GridView>
```

上面的代码中，设置 GridView 控件的 AllowPaging 属性设置为 true，PageSize 属性设置为 5，表示每页只显示 5 条记录。设置 PagerSetting 属性，NextPageText 属性设置为"后一页"，PreviousPageText 属性设置为"前一页"，当显示模式设置为链接分页显示模式时，这两个属性设置的值将显示在页面上，用户单击后可以进行页面切换。

排序是数据显示控件的必备功能，GridView 控件自然也不会例外，只要将 GridView 控件的 AllowSorting 属性设置为 true，即可启用该控件中的默认排序行为。将此属性设置为 true 会使 GridView 控件将 LinkButton 控件呈现在列标题中。此外，该控件还将每一列的

SortExpression 属性隐式设置为它所绑定到的数据字段的名称。

在运行时，用户可以单击某列标题中的 LinkButton 控件按该列排序。单击该链接会使页面执行回发并引发 GridView 控件的 Sorting 事件。排序表达式（默认情况下是数据列的名称）作为事件参数的一部分传递。Sorting 事件的默认行为是 GridView 控件将排序表达式传递给数据源控件。数据源控件执行其选择查询或方法，其中包括由网格传递的排序参数。

执行完查询后，将引发网格的 Sorted 事件。此事件使可以执行查询后逻辑，如显示一条状态消息等。最后，数据源控件将 GridView 控件重新绑定到已重新排序的查询的结果。

在默认情况下，当把 AllowSorting 属性设置为 true 时，GridView 控件将支持所有列可排序，但可以通过设置列的属性 SortExpression 为空字符串即可禁用对这个列进行排序。

例如，下面的代码，启动 GridView 控件的排序功能：

```
1.  <asp:GridView ID="GridView1" runat="server" AllowPaging="True"
2.  AllowSorting="True" AutoGenerateColumns="False"
3.  DataKeyNames="ID" DataSourceID="SqlDataSource1" PageSize="5">
4.    <Columns>
5.     <asp:BoundField DataField="ID" HeaderText="编号" ReadOnly="True" SortExpression="ID" />
6.     <asp:BoundField DataField="Name" HeaderText="书名" SortExpression="Name" />
7.     <asp:BoundField DataField="Author" HeaderText="作者" SortExpression="Author" />
8.     <asp:BoundField DataField="Press" HeaderText="出版社" SortExpression="Press" />
9.    </Columns>
10. </asp:DridView>
```

代码说明：第 1 行添加了一个服务器列表控件 GirdView1 并设置 AllowPaging 属性启用分页功能。第 2 行设置属性 AllowSorting 使得该控件可以以字段标题进行排序，同时设置 AutoGenerateColumns 为 False 禁用自动生成列的功能。第 3 行通过 DataKeyNames 属性将 ID 字段设为主键；设置 DataSourceID 属性将数据源控件 SqlDataSource1 作为 GridView 的数据源；设置 PageSize 属性为 5，表示分页后，每页显示 5 条数据记录。

第 5 行到 8 行分别定义 GirdView 控件的 4 个列 Name、ID、Author 和 Press，每一列的定义包括数据区域指定、列标题和排序表达式的设置。

9.2.4　GridView 控件的数据操作

当 GridView 控件把数据显示到页面时，有时候可能需要对这些数据进行诸如修改或删除的操作。GridView 控件通过内置的属性来提供这些操作界面，而实际的数据操作则通过数据源控件或 ADO.NET 来实现。

有如下三种方式来启用 GridView 控件的删除或修改功能：

● 将 AutoGenerateEditButton 属性设置为 true 以启用修改，将 AutoGenerateDeleteButton 属性设置为 true 以启用删除。

● 添加一个 CommandField 列，并将其 ShowEditButton 属性设置为 true 以启用修改，将其 ShowDeleteButton 属性设置为 true 以启用删除。

● 创建一个 TemplateField，其中 ItemTemplate 包含多个命令按钮，要进行更新时可将 CommandName 设置为 Edit，要进行删除时可设置为 Delete。

当启用 GridView 控件的删除或修改功能时，GridView 控件会显示一个能够让用户编辑或删除各行的用户界面：一般情况下，会在一列或多列中显示按钮或链接，用户通过单击按钮或链接把所在的行置于可编辑模式下或直接把该行删除。

在处理更改和删除的实际操作时，有如下两种选择：

（1）使用数据源控件。用户保存更改时，GridView 控件将更改和主键信息传递到由 DataSourceID 属性标识的数据源控件，从而调用适当的更新操作，例如，SqlDataSource 控件使用更改后的数据作为参数值来执行 SQL Update 语句。用户删除行时，GridView 控件将主键信息传递到由 DataSourceID 属性标识的数据源控件，从而调用执行 SQL Delete 语句时进行删除操作。

（2）在事件处理程序中使用 ADO.NET 方法编写自动的更新或删除代码。用户保存更改时将触发事件 RowUpdated，在该事件处理程序中获得更改后数据，然后使用 ADO.NET 方法调用 SQL Update 语句把数据更新。用户删除行时将触发事件 RowDeleted，在事件处理程序中获得要删除行的数据的主键，然后使用 ADO.NET 方法调用 SQL Delete 语句把数据更新。在事件处理程序中是根据三个属性来获得 GridView 控件传递的数据的，GridView 控件三个属性分别是 Keys 属性、NewValues 属性和 OldValues 属性。

其中，Keys 属性包含字段的名称和值，通过它们唯一标识将要更新或删除的记录，并始终包含键字段的原始值。若要指定哪些字段放置在 Keys 属性中，可将 DataKeyNames 属性设置为用逗号分隔的、用于表示数据主键的字段名称的列表。DataKeys 属性会用与为 DataKeyNames 属性指定的字段关联的值自动填充。NewValues 属性包含正在编辑的行中的输入控件的当前值。OldValues 属性包含除键字段以外的任何字段的原始值，键字段包含在 Keys 属性中。

此外，数据源控件还可以使用 Keys、NewValues 和 OldValues 属性中的值作为更新或删除命令的参数。

【实例 9-1】GridView 控件的使用

本实例使用 GridView 控件与数据源控件 SqlDataSource 一起实现数据的更新和删除操作，具体实现步骤如下：

01 启动 Visual Studio 2012，创建一个 ASP.NET Web 空应用程序，命名为"实例 9-1"。

02 在"实例 9-1"中创建一个名为 Default.aspx 的窗体。

03 单击网站的目录下的 Default.aspx 文件，进入"视图编辑"界面，打开"设计视图"，从工具箱中拖动一个 GridView 控件和一个 SqlDataSource 数据源控件。

04 将鼠标移到 GridView 控件上，其上方会出现一个向右的黑色小三角。单击它，弹出"GridView 任务"列表。在"选择数据源"下拉列表中选中 SqlDataSource1。

05 在 GridView 控件右上方有一个向右的黑色小三角，单击这个小按钮打开如图 9-6 所示的"GridView 任务"列表。

图 9-6　"GridView 任务"列表

06 选择"自动套用格式"选项，弹出如图 9-7 所示的自动套用格式对话框。在左边的选择架构列表中有多种外观格式供我们使用，只要选中某一格式，在右边的预览窗口中会看到该格式的效果。最后，单击"确定"按钮，即可在页面中使用这一外观格式。

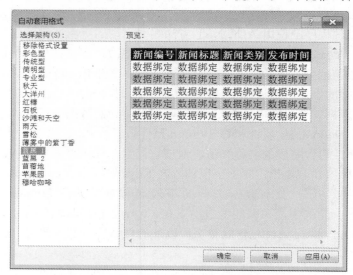

图 9-7　"自动套用格式"对话框

07 进入"视图编辑"界面，打开"源视图"，在编辑区中编写声明 GridView 控件和 SqlDataSource 的关键代码如下。

```
1.   <asp:GridView ID="GridView1" runat="server"
     AutoGenerateColumns="False"
     DataKeyNames="ID" DataSourceID="SqlDataSource1"
     AllowPaging="True" AllowSorting="True"    DataKeyNames="ID"
     PageSize="5">
2.   <Columns>
3.   <asp:CommandField ShowDeleteButton="True" ShowEditButton="True" />
4.   <asp:BoundField DataField="ID"    HeaderText="新闻编号" InsertVisible="False" ReadOnly="True"
     SortExpression="ID" />
5.   <asp:BoundField DataField="Title" HeaderText="新闻标题" SortExpression="Title" />
```

```
6.          <asp:BoundField DataField="Categories" HeaderText="新闻类别" SortExpression="Categories" />
7.          <asp:BoundField DataField="IssueDate" HeaderText="发布时间" SortExpression="IssueDate" />
8.      </Columns>
9.   </asp:GridView>
10.  <asp:SqlDataSource ID="SqlDataSource1" runat="server" ConflictDetection="CompareAllValues"
     ConnectionString="<%$ ConnectionStrings:db_newsConnectionString %>"
11.    DeleteCommand="DELETE FROM [tb_News] WHERE [ID] = @original_ID "
12.    InsertCommand="INSERT INTO [tb_News] ([Title], [Categories],   [IssueDate]) VALUES (@Title,
       @Categories, @IssueDate)"
13.    OldValuesParameterFormatString="original_{0}"
14.    SelectCommand="SELECT * FROM [tb_News]"
15.    UpdateCommand="UPDATE [tb_News] SET [Title] = @Title, [Categories] = @Categories, [IssueDate] =
       @IssueDate WHERE [ID] = @original_ID ">
16.      <DeleteParameters>
17.        <asp:Parameter Name="original_ID" Type="Int32" />
18.        <asp:Parameter Name="original_Title" Type="String" />
19.        <asp:Parameter Name="original_Content" Type="String" />
20.        <asp:Parameter Name="original_Categories" Type="String" />
21.        <asp:Parameter Name="original_Type" Type="String" />
22.        <asp:Parameter Name="original_IssueDate" Type="DateTime" />
23.      </DeleteParameters>
24.      <InsertParameters>
25.        <asp:Parameter Name="Title" Type="String" />
26.        <asp:Parameter Name="Content" Type="String" />
27.        <asp:Parameter Name="Categories" Type="String" />
28.        <asp:Parameter Name="Type" Type="String" />
29.        <asp:Parameter Name="IssueDate" Type="DateTime" />
30.      </InsertParameters>
31.      <UpdateParameters>
32.        <asp:Parameter Name="Title" Type="String" />
33.        <asp:Parameter Name="Content" Type="String" />
34.        <asp:Parameter Name="Categories" Type="String" />
35.        <asp:Parameter Name="Type" Type="String" />
36.        <asp:Parameter Name="IssueDate" Type="DateTime" />
37.        <asp:Parameter Name="original_ID" Type="Int32" />
38.        <asp:Parameter Name="original_Title" Type="String" />
39.        <asp:Parameter Name="original_Content" Type="String" />
40.        <asp:Parameter Name="original_Categories" Type="String" />
41.        <asp:Parameter Name="original_Type" Type="String" />
42.        <asp:Parameter Name="original_IssueDate" Type="DateTime" />
43.      </UpdateParameters>
44.  </asp:SqlDataSource>
```

上面的代码中第 1 行添加了一个服务器列表控件 GirdView1，同时设置 AllowPaging 属性启用分页功能，设置属性 AllowSorting 使得该控件可以以字段标题进行排序，设置 AutoGenerateColumns 为 False，禁用自动生成列的功能，设置 DataKeyNames 属性将 ID 字段作为主键；设置 DataSourceID 属性将数据源控件 SqlDataSource1 作为 GridView 的数据源；设置 PageSize 属性为 5，表示分页后，每页显示 5 条数据记录。

第 2 行~第 8 行分别定义 GirdView 控件的 4 个列 ID、Title、Categories 和 IssueDate，每一列的定义包括数据区域指定、列标题和排序表达式的设置，并且添加一个列 CommandField，用来显示编辑按钮和删除按钮。

第 10 行添加了一个服务器数据源控件 SqlDataSource1，设置控件的 ConnectionString 属性连接字符串对象为 db_newsConnectionString，该字符串自动在 Web.config 文件中的 <connectionStrings></connectionStrings> 节点中生成。第 11 行通过 DeleteCommand 属性设置删除数据表数据的 sql 语句。第 12 行通过 InsertCommand 属性设置插入数据表数据的 sql 语句。第 14 行通过 SelectCommand 属性设置查询数据表数据的 sql 语句。第 15 行通过 UpdateCommand 属性设置查询数据表数据的 sql 语句。第 16 行~第 23 行定义删除命令中的 4 个参数编号和类型。第 24 行~第 30 定义插入命令中的 4 个参数和类型。第 31 行~第 43 行定义更新命令中的 4 个新参数数、4 个旧参数已及它们的类型。

08 按快捷键 Ctrl+F5 运行程序，如图 9-8 所示。单击表中第三条数据中的"编辑"按钮。

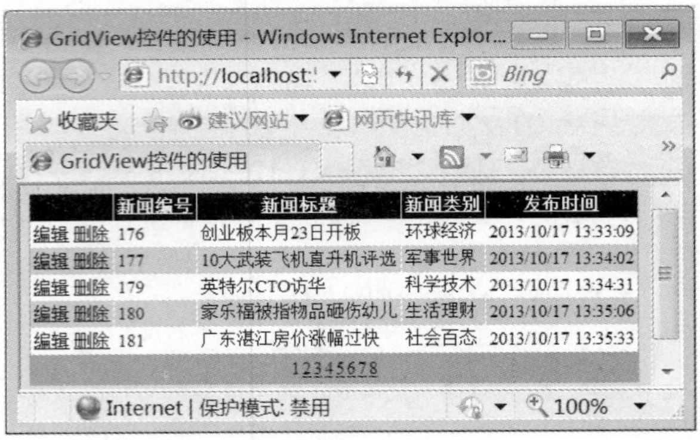

图 9-8　运行结果 1

09 进入如图 9-9 所示的编辑操作。每一列可编辑的数据都以文本框的形式出现，这样用户就可以修改其中的数据。输入新的新闻标题、新的新闻类别。如果想取消更新操作可以单击"取消"按钮，回到图 9-8 的界面。如果确认要进行更新操作，就单击"更新"按钮。

10 GridView 控件显示如图 9-10 所示的更新数据后的界面。新的数据显示在列表中，如果要删除此条新数据，单击"删除"按钮即可。

图 9-9　运行结果 2

图 9-10　运行结果 3

9.3　Repeater 控件

　　Repeater 控件完全是模板驱动的。对于同样的 DataSource，通过应用不同的模板，就可以得到不同的外观表现。Repeater 是唯一运行开发人员在模板间拆分 HTML 标记的控件。利用模板创建表，在 HeaderTemplate 模板中包含表开始标记<table>，在 ItemTemplate 模板中包含单个表行标记<tr>，并在 FooterTemplate 模板中包含结束标记</tabel>。每个 Repeater 必须至少定义一个 ItemTemplate。各种 Template 模板说明如下。

- ItemTemplate：这是唯一必选的模板，它用来完成对列表内容和布局的定义。
- AlternatingItemTemplate：如果该模板定义的话，则可以用它决定替换项的布局和内容。如果没定义的话，则使用 ItemTemplate 项的定义。
- SeparatorTemplate：如果对其进行定义的话，则在项（交替项）之间将出现分隔符；如果不定义的话，则不会出现分隔符。
- HeaderTemplate：如果对其进行定义的话，则可以决定列表标头的布局和内容；如果不定义的话，则不出现标头。
- FooterTemplate：如果对其进行定义的话，则可以决定列表注脚的布局和内容；如果不定义的话，则不出现注脚。

【实例 9-2】Repeater 控件的使用

本实例使用 db_news 数据库的 tb_News 数据表，通过 Repeater 控件的模板设计自定义的表格，以 SqlDataSource 控件为数据源显示数据表的内容，具体实现步骤如下：

01 启动 Visual Studio 2012，创建一个 ASP.NET Web 空应用程序，命名为"实例 9-2"。

02 在"实例 9-2"中创建一个名为 Default.aspx 的窗体。

03 单击网站的目录下的 Default.aspx 文件，进入"视图编辑"界面，打开"设计视图"，从工具箱中拖动一个 Repeater 控件和一个 SqlDataSource 数据源控件。

04 配置 SqlDataSource1 控件的数据源绑定 tb_News 数据表。

05 在 Repeater 控件右上方有一个向右的黑色小三角，单击这个小按钮打开"Repeater 任务"列表，展开"选择数据源"下拉列表，从中选择 SqlDataSource1。

06 切换到"源视图"，在编辑区中<form></form>标记之间编写如下代码。

```
1.  <asp:Repeater ID="Repeater1" runat="server"DataSourceID="SqlDataSource1">
2.  <ItemTemplate>
3.     <tr>
4.       <td><%# DataBinder.Eval(Container.DataItem, "ID")%></td>
5.       <td><%# DataBinder.Eval(Container.DataItem, "Title") %></td>
6.       <td><%# DataBinder.Eval(Container.DataItem, "Categories") %></td>
7.       <td><%# DataBinder.Eval(Container.DataItem, "IssueDate") %></td>
8.     </tr>
9.  </ItemTemplate>
10. <HeaderTemplate>
11.    <table border="1">
12.      <tr>
13.          <td><b>新闻编号</b></td>
14.          <td><b>新闻标题</b></td>
15.          <td><b>新闻类别</b></td>
16.          <td><b>发布时间</b></td>
17.      </tr>
18.  </HeaderTemplate>
19.   <FooterTemplate></table></FooterTemplate>
20. </asp:Repeater>
21. <asp:SqlDataSource ID="SqlDataSource1" runat="server"   ConnectionString="<%$ ConnectionStrings:
     db_newsConnectionString %>" SelectCommand="SELECT * FROM [tb_News]" ></asp:SqlDataSource>
```

上面的代码中第 1 行添加了一个服务器数据控件 Repeater1 并设置控件的数据源为 SqlDataSource1。第 2 行~第 9 行定义了 Repeater 控件的 ItemTemplate 模版，其中，第 4 行~第 7 行把数据库表 tb_News 中要显示的字段和 Repeater 控件中的项绑定在一起，语法中的 DataBinder 类提供对应用程序快速开发（RAD）设计器的支持，以便生成和分析数据绑定表达式语法。在 Web 窗体页数据绑定语法中可以使用此类的重载静态 Eval 方法。与标准数据绑定相比，这提供的语法更容易记忆，但是因为 DataBinder.Eval 提供自动类型转换，这会导致服务器响应时间变长。

第 10 行~18 行定义了 Repeater 控件的 HeaderTemplate 模版。这个模版用来显示 Repeater 控件头部列标题的信息：新闻编号、新闻标题、新闻类别和发布时间。第 19 行定义了 Repeater 控件的 FooterTemplate 模版，包含了表格的结束标记</Table>。

第 21 行添加了一个服务器数据源控件 SqlDataSource1 并设置控件的 ConnectionString 属性连接字符串对象为 db_newsConnectionString，该字符串自动在 Web.config 文件中的 <connectionStrings></connectionStrings>节点中生成，设置控件的 SelectCommand 属性为查询数据库的 sql 语句。

07 按快捷键 Ctrl+F5 运行程序，如图 9-11 所示。

图 9-11　运行结果

9.4　DataList 控件

DataList 控件默认使用表格方式来显示数据，其使用方法与 Repeater 控件相似，也是使用模板标记。不过，DataList 控件新增了 SelectItemTemplate 和 EditItemTemplate 模板标记，可支持选取和编辑功能。DataList 控件可以自己定义的格式显示数据库行的信息。显示数据的格式在创建的模板中定义。可以为项、交替项、选定项和编辑项创建模板，在这些模板中，除了 ItemTemplate 模板外，其他都是可选的。

DataList 控件中各种 Template 模板说明如下。

● AlternatingItemTemplate：类似于 ItemTemplate 元素，但在 DataList 控件中隔行（交替行）呈现。通过设置 AlternatingItemTemplate 元素的样式属性，可以为其指定不同的外观。

● EditItemTemplate：现在设置为编辑模式后的布局。此模板通常包含编辑控件（如 TextBox 控件）。当 EditItemIndex 设置为 DataList 控件中某一行的序号时，将为该行调用 EditItemTemplate。

● FooterTemplate：在 DataList 控件的底部（脚注）呈现的文本和控件。FooterTemplate

不能进行数据绑定。

- HeaderTemplate：在 DataList 控件顶部（标头）呈现的文本和控件。HeaderTemplate 不能进行数据绑定。
- ItemTemplate：为数据源中的每一行都呈现一次的元素。
- SelectedItemTemplate：当用户选择 DataList 控件中的一项时呈现的元素。通常的用法是增加所显示数据字段的个数并以可视形式突出标记该行。
- SeparatorTemplate：在各项之间呈现的元素。SeparatorTemplate 项不能进行数据绑定。

9.4.1 DataList 控件的属性和事件

DataList 控件的相关属性很多，下面介绍常用属性，如表 9-5 所示。

表 9-5　DataList 控件的常用属性

属性	说明
AlternatingItemStyle	指定 DataList 控件中交替项的样式
HeaderStyle	指定 DataList 控件中页眉的样式
EditItemStyle	指定 DataList 控件中正在编辑项的样式
ItemStyle	指定 DataList 控件中项的样式
SelectedItemStyle	指定 DataList 控件中选定项的样式
SeparatorStyle	指定 DataList 控件中各项之间的分隔符的样式
RepeatColumns	设置 DataList 控件的数据分成多列显示
RepeatDierction	设置 DataList 控件数据项的呈现方式是 Vertical（垂直，默认值）还是 Horizontal（水平）
RepeatLayout	DataList 控件显示方式的版面配置为 Table 或 Flow

DataList 控件提供了对行为，以及对行的数据进行选择、编辑、更新和删除等操作相关事件，如表 9-6 所示。

表 9-6　DataList 控件的事件

事件	说明
ItemCommand	当单击 DataList 控件中的任一按钮时发生
ItemCreated	当在 DataList 控件中创建项时在服务器上发生
ItemDataBound	当项被数据绑定到 DataList 控件时发生
EditCommand	对 DataList 控件中的某项单击 Edit 按钮时发生
CancelCommand	对 DataList 控件中的某项单击 Cancel 按钮时发生
UpdateCommand	对 DataList 控件中的某项单击 Update 按钮时发生
DeleteCommand	对 DataList 控件中的某项单击 Delete 按钮时发生
SelectedIndexChanged	在两次服务器发送之间，在数据列表控件中选择了不同的项时发生

9.4.2 编辑 DataList 控件的模板

编辑项模板除了可以以手写代码的方法外，还可以通过项模板编辑器进行可视化操作。在编辑器中提供了项模板、页脚和页眉模板以及分隔符模板。这三种是比较常用的项模板。编辑项模板的步骤如下：

01 在设计视图中选中 DataList 控件单击鼠标右键，在弹出如图 9-12 所示的"DataList 任务"列表。

图 9-12 选择项模板

02 单击"编辑模板"命令，进入如图 9-13 所示的"模板"编辑器界面。

图 9-13 "模板"编辑器界面

03 在"模板"编辑器界面中的"显示"下列列表中列出了所有的项模板，这里选择"项模板"，进入如图 9-14 所示的"项模板"编辑器界面

图 9-14 模板编辑器

项模板有 4 种类型 ItemTemplate（普通项）、AlternatingItemTemplate（交叉项）、SelectedItemTemplate（选中项）、EditItemTemplate（可编辑项），可以分别为这些项进行项的编辑。ItemTemplate 控制的是 DataList 中每一行的外观；AlternatingItemTemplate 控制的是交替项的外观，当上下两项具有不同外观时，使用该项来设置，奇数项显示由 ItemTemplate 控制的外观，偶数项显示由 AlternatingItemTemplate 控制的外观；SelectedItemTemplate 控制的是被选中项的外观；EditItemTemplate 控制 DataList 控件中为进行编辑而选定的项内容，在需要进行编辑时，将外观从 ItemTemplate 切换到 EditItemTemplate，然后可以修改项中的内容。

04 编辑设计 DataList 中 ItemTemplate 模板和 SelectedItemTemplate。分别在 ItemTemplate 和 SelectedItemTemplate 中各自添加一个 LinKButton，并设置不同的颜色背景，这样在单击此按钮时，因为颜色不同，就很容易和未被选中的状态区别开来。编辑完的模板如图 9-15 所示。

图 9-15　编辑后的项模板

05 模板编辑结束后，在模板上单击鼠标右键，在弹出的快捷菜单中选择"结束模板编辑"命令，DataList 模板进入不可编辑的状态。

9.4.3　使用属性编辑器

除了使用模板来编辑 DataList 控件的外观以外，也可以使用属性编辑器来修改外观。具体步骤如下：

01 选中 DataList 控件，在"属性"窗口中单击如图 9-16 所示的图标。

图 9-16　属性窗口

02 弹出如图 9-17 所示的"DataList 属性"对话框。在该对话框左侧有三个选项，一个是

"常规"选项，主要用于设置 DataList 控件显示表格的布局。一个是"格式"选项，用户设置各种项的外观属性。还有一个是"边框"选项，用于设计表格的边框属性。打开"格式"选项，在"对象"列表框中选择"项"|"选定项"命令，并设置"背景色"为"#ffffcc"。

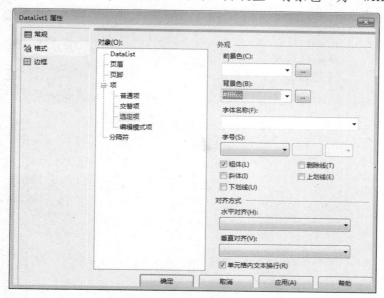

图 9-17 "DataList 属性"对话框

03 设置完成后，进入 DataList 的项模板编辑器中，可以发现如图 9-18 所示的 SelectedItemTemplate 模板的背景色已经被改变。

图 9-18 选中项模板

【实例 9-3】DataList 控件的使用

本实例通过 DataList 控件的模板，以 SqlDataSource 控件为数据源，实现 db_news 数据库的 tb_News 表中当用户选择某条记录后，将展开显示该数据的详细记录。

01 启动 Visual Studio 2012，创建一个 ASP.NET Web 空应用程序，命名为"实例 9-3"。

02 在"实例 9-3"中创建一个名为 Default.aspx 的窗体。

03 单击网站目录下的 Default.aspx 文件，进入"视图编辑"界面，打开"设计视图"，从工具箱中拖动一个 DataList 控件和一个 SqlDataSource 数据源控件。

04 配置 SqlDataSource1 控件的数据源绑定 tb_News 数据表。

05 在 DataList 控件右上方有一个向右的黑色小三角，单击这个小按钮打开"DataList 控件任务"列表，展开"选择数据源"下拉列表，从中选择 SqlDataSource1。

06 在"DataList 任务"列表中选择"自动套用格式"选项。弹出自动套用格式对话框。单击"选择架构"列表中的"蓝黑 2"选项，然后单击"确定"按钮。

07 切换到"源视图"，在编辑区中<form></form>标记之间编写如主要下代码：

```
1.   <asp:DataList ID="DataList1" runat="server" DataKeyField="ID" DataSourceID="SqlDataSource1"
     onitemcommand="DataList1_ItemCommand"    RepeatColumns="4">
2.   <ItemTemplate>
3.      新闻标题:<asp:Label ID="TitleLabel" runat="server" Text='<%# Eval("Title") %>' /><br/>
4.      <asp:LinkButton ID="LinkButton1" runat="server"   CommandName ="Select" Text ="查看
     "></asp:LinkButton>
5.   </ItemTemplate>
6.   <SelectedItemTemplate >
7.      新闻编号: <asp:Label ID="IDLabel" runat="server" Text='<%# Eval("ID", "{0}") %>' /><br />
8.      新闻标题: <asp:Label ID="NameLabel" runat="server" Text='<%# Eval("Title", "{0}") %>' /><br />
9.      新闻类别: <asp:Label ID="AuthorLabel" runat="server" Text='<%#DataBinder.Eval(Container.DataItem,
     "Categories") %>' /><br />
10.     发布日期: <asp:Label ID="PressLabel" runat="server" Text='<%# DataBinder.Eval(Container.DataItem,
     "IssueDate") %>' />
11.  </SelectedItemTemplate>
12.  </asp:DataList>
```

上面的代码中第 1 行添加一个服务器 DataList 控件，设置控件的数据源为 SqlDataSource1，列表项的主键为 ID，定义了单击 DataList 控件项时进入的处理函数，在用户单击 Select 链接的时候会触发 OnItemCommand 事件，同时设置用于表布局中每行中有 4 列数据。第 2 行~第 5 行定义了控件 ItemTemplate 模板的内容。其中，第 3 行添加一个标签控件，使用绑定表达式绑定数据库表 tb_News 中的 Title 字段值显示在标签控件上。第 4 行添加一个服务器链接控件，设置按钮的命令为 Select。

第 6 行~第 11 行定义了控件 SelectedItemTemplate 模板的内容。其中，第 7 行~第 10 行各添加一个标签控件，使用绑定表达式绑定数据库表 tb_News 中的 ID、Title、Categories 和 IssueDate 字段值显示在标签控件上。

08 双击网站目录下的 Default.aspx.cs 文件，编写代码如下：

```
1.   protected void DataList1_ItemCommand(object source, DataListCommandEventArgs e){
2.        DataList1.SelectedIndex = e.Item.ItemIndex;
3.        DataList1.DataBind();
4.   }
```

上面的代码中第 1 行定义处理 DataList1 控件项命令事件 ItemCommand 的方法。第 2 行中的 e.Item.ItemIndex 参数中记录了用户选择的项，通过把这一项赋给 DataList 控件的 SelectedIndex 属性，确定 DataList 控件中需要展开的项。第 3 行调用 DataBind 方法重新进行数据绑定，以便显示展开的项。

09 按快捷键 Ctrl+F5 运行程序，如图 9-19 所示。用户单击某一条数据中的"查看"按钮，显示如图 9-20 所示的数据详情。

图 9-19　运行结果 1

图 9-20　运行结果 2

9.5　DetailsView 控件

DetailsView 控件主要用来从与它联系的数据源中一次显示、编辑、插入或删除一条记录。通常，它将与 GridView 控件一起使用在主/详细方案中，GridView 控件用来显示主要的数据目录，而 DetailsView 控件显示每条数据的详细信息。

DetailsView 控件提供了如表 9-7 所示的属性。

表 9-7　DetailsView 控件的常用属性

属性	说明
AllowPaging	获取或设置一个值，该值指示是否启用分页功能
CurrentMode	获取 DetailsView 控件的当前数据输入模式
DataItem	获取绑定到 DetailsView 控件的数据项

（续表）

属性	说明
DataItemCount	获取基础数据源中的项数
DataItemIndex	从基础数据源中获取 DetailsView 控件中正在显示项的索引
DataSource	获取或设置对象，数据绑定控件从该对象中检索其数据项列表
PageCount	获取在 DetailsView 控件中显示数据源记录所需的页数
PageIndex	获取或设置当前显示页的索引
PagerSettings	获取对 PagerSettings 对象的引用，使用该对象可以设置 DetailsView 控件中的页导航按钮的属性
Rows	获取表示 DetailsView 控件中数据行的 DetailsViewRow 对象的集合
SelectedValue	获取 DetailsView 控件中选中行的数据键值

默认情况下，在 DetailsView 控件中一次只能显示一行数据，如果有很多行数据的话，就需要使用 GridView 控件一次或分页显示。不过，DetailsView 控件也支持分页显示数据，即，把来自数据源的控件利用分页的方式一次一行地显示出来，有时一行数据的信息过多的话，利用这种方式显示数据的效果可能会更好。

如果要启用 DetailsView 控件的分页行为，则需要把属性 AllowPaging 设置为 true，而其页面大小则是固定的，始终都是一行。当启用 DetailsView 控件的分页行为时，则可以通过 PagerSettings 属性来设置控件的分页界面。

DetailsView 控件提供了如表 9-8 所示的常用方法。

表 9-8　DetailsView 控件的方法

方法	说明
ChangeMode	将 DetailsView 控件切换为指定模式
DeleteItem	从数据源中删除当前记录
InsertItem	将当前记录插入到数据源中
UpdateItem	更新数据源中的当前记录

DetailsView 控件提供的常用事件如表 9-9 所示。

表 9-9　DetailsView 控件的事件

事件	说明
ItemCommand	当单击 DetailsView 控件中的按钮时发生
ItemCreated	在 DetailsView 控件中创建记录时发生
ItemDeleted	在单击 DetailsView 控件中的"删除"按钮时，但在删除操作之后发生
ItemDeleting	在单击 DetailsView 控件中的"删除"按钮时，但在删除操作之前发生
ItemInserted	在单击 DetailsView 控件中的"插入"按钮时，但在插入操作之后发生
ItemInserting	在单击 DetailsView 控件中的"插入"按钮时，但在插入操作之前发生
ItemUpdated	在单击 DetailsView 控件中的"更新"按钮时，但在更新操作之后发生

（续表）

事件	说明
ItemUpdating	在单击 DetailsView 控件中的"更新"按钮时，但在更新操作之前发生
PageIndexChanged	当 PageIndex 属性的值在分页操作后更改时发生
PageIndexChanging	当 PageIndex 属性的值在分页操作前更改时发生

DetailsView 控件本身自带了编辑数据的功能，只要把属性 AutoGenerateDeleteButton、AutoGenerateInsertButton 和 AutoGenerateEditButton 设置为 true 就可以启用 DetailsView 控件的编辑数据的功能，当然实际的数据操作过程还是在数据源控件中进行。

【实例9-4】DetailsView 的使用

本实例通过 SqlDataSource 控件、GridView 控件和 DetailsView 控件的结合使用，实现主从表查询，并且在 DetailsView 控件完成编辑和删除数据的操作。

01 启动 Visual Studio 2012，创建一个 ASP.NET Web 空应用程序，命名为"实例9-4"。

02 在"实例9-4"中创建一个名为 Default.aspx 的窗体。

03 单击网站的目录下的 Default.aspx 文件，进入"视图编辑"界面，打开"设计视图"，从工具箱中拖动一个 DetailsView 控件、一个 GridView 控件和一个 SqlDataSource 数据源控件。

04 配置 SqlDataSource1 控件的数据源绑定 tb_News 数据表。

05 在 DetailsView 控件控件右上方有一个向右的黑色小三角，单击这个小按钮打开"DetailsView 任务"列表，展开"选择数据源"下拉列表，从中选择 SqlDataSource1 选项。

06 这时 DetailsView1 控件的外观会根据 SqlDataSource1 控件中设置的属性发生如图9-21所示相应的变化。接着选中"DetailsView 任务"列表中的"启用编辑"、"启用分页"、和"启用删除" 4个复选按钮。

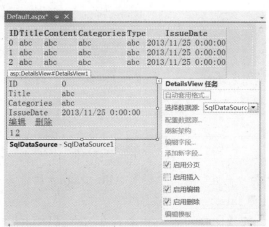

图9-21　DetailsView 任务列表

07 在"DetailsView 任务"列表中选择"自动套用格式"。弹出自动套用格式对话框。单击"选择架构"列表中的"蓝黑2"选项，然后单击"确定"按钮。

08 在"DetailsView 任务"列表中选择"编辑字段"选项，进入"字段"对话框，设置

DetailsView 控件中 4 个列字段新闻编号、新闻标题、新闻类别和发布时间以及要绑定的数据库表字段的值。最后设计好 DetailsView 控件界面如图 9-22 所示。

图 9-22　DetailsView 控件界面

09 在 GridView 控件右上方有一个向右的黑色小三角，单击这个小按钮打开 "GridView 任务" 列表，展开 "选择数据源" 下拉列表，从中选择 SqlDataSource1 选项。然后单击 "GridView 任务" 列表中 "编辑列"，进入图 9-23 所示的 "字段" 对话框。展开 "可用字段" 列表中的 CommandField，在选项中单击 "选择" 选项，单击 "添加" 按钮。在 "选定的字段" 列表中单击 "选择" 选项，在右边的 CommandField 属性" 列表中显示可以设置的相关的属性。这里设置 ShowSelectButton 属性为 True。最后单击 "确定" 按钮。

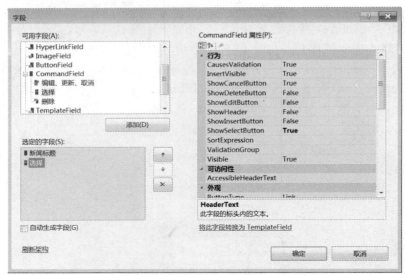

图 9-23　"字段" 对话框

10 在 GridView 控件的 "属性" 窗口中设置 AllowPaging 属性为 true、PageSize 属性为 3、AutoGenerateColumns 属性为 false。

11 单击网站根目录下的【Default.aspx.cs】，在打开【Default.aspx.cs】文件的中添加如下代码：

```
1.    protected void GridView1_SelectedIndexChanged1(object sender, EventArgs e){
2.          this.DetailsView1.PageIndex=this.GridView1.SelectedRow.DataItemIndex;
3.          }
```

上面的代码中第 1 行处理 GridView1 控件的 SelectedIndexChanged1 事件。第 2 行将控件中选择行数据项的索引作为 DetailsView1 的页面索引。

12 按快捷键 Ctrl+F5 运行程序，如图 9-24 所示。页面中上面的主列表是 GridView1 控件，下面的是从列表 DetailsView1 控件。

13 单击图 9-24 所示主表数据行中第三条数据后的"选择"按钮，从表显示相关数据行的详细信息，然后，单击从表下的"编辑"按钮，每一列可编辑的数据都以文本框的形式出现，这样用户就可以修改其中的数据。输入如图 9-25 所示更新内容。如果想取消更新操作可以单击"取消"按钮，回到图 9-24 所示的界面。如果确认要进行修改数据的操作，就单击"更新"按钮，更新数据后的结果如图 9-26 所示。

图 9-24 运行结果 1

图 9-25 运行结果 3

图 9-26 运行结果 3

9.6　ListView 控件

　　ListView 控件使用用户定义的模板显示数据源的值。它类似于 GridView 控件，可以显示使用数据源控件或 ADO.NET 获得的数据，但 ListView 控件和 GridView 的区别在于它可以使用模板和样式定义的格式显示数据。利用 ListView 控件，还能够逐项显示数据或按组显示数据，使控制数据的显示方式更加灵活。该控件同样支持选择、排序、分页、删除、编辑和插入记录。

　　相比 GridView 控件，ListView 控件基于模板的模式为开发员提供了需要的可自定义和可扩展性，利用这些特性，程序员可以完全控制由数据绑定控件产生的 HTML 标记的外观。ListView 控件使用内置的模板可以指定精确的标记，同时还可以用最少的代码执行数据操作。下表 9-10 列举了 ListView 控件可支持的模板。

表 9-10　ListView 控件可支持的模板

模板	说明
LayoutTemplate	标识定义控件的主要布局的根模板。它包含一个占位符对象，例如表行（tr）、div 或 span 元素。此元素将由 ItemTemplate 模板或 GroupTemplate 模板中定义的内容替换
ItemTemplate	标识要为各个项显示的数据绑定内容
ItemSeparatorTemplate	标识要在各个项之间呈现的内容
GroupTemplate	标识组布局的内容。它包含一个占位符对象，例如表单元格（td）、div 或 span。该对象将由其他模板（例如 ItemTemplate 和 EmptyItemTemplate 模板）中定义的内容替换
GroupSeparatorTemplate	标识要在项组之间呈现的内容
EmptyItemTemplate	标识在使用 GroupTemplate 模板时为空项呈现的内容。例如，如果将 GroupItemCount 属性设置为 5，而从数据源返回的总项数为 8，则 ListView 控件显示的最后一行数据将包含 ItemTemplate 模板指定的三个项以及 EmptyItemTemplate 模板指定的两个项
EmptyDataTemplate	标识在数据源未返回数据时要呈现的内容
SelectedItemTemplate	标识为区分所选数据项与显示的其他项，而为该所选项呈现的内容
AlternatingItemTemplate	标识为便于区分连续项，而为交替项呈现的内容
EditItemTemplate	标识要在编辑项时呈现的内容。对于正在编辑的数据项，将呈现 EditItemTemplate 模板以替代 ItemTemplate 模板
InsertItemTemplate	标识要在插入项时呈现的内容。将在 ListView 控件显示的项的开始或末尾处呈现 InsertItemTemplate 模板，以替代 ItemTemplate 模板。通过使用 ListView 控件的 InsertItemPosition 属性，可以指定 InsertItemTemplate 模板的呈现位置

　　通过创建 LayoutTemplate 模板，可以定义 ListView 控件的主要（根）布局。LayoutTemplate 必须包含一个充当数据占位符的控件。这些控件将包含 ItemTemplate 模板所定义的每个项的

输出，可以在 GroupTemplate 模板定义的内容中对这些输出进行分组。

在 ItemTemplate 模板中，需要定义各个项的内容。此模板包含的控件通常已绑定到数据列或其他单个数据元素。

使用 GroupTemplate 模板，可以选择对 ListView 控件中的项进行分组。对项分组通常是为了创建平铺的表布局。在平铺的表布局中，各个项将在行中重复 GroupItemCount 属性指定的次数。

使用 EditItemTemplate 模板，可以提供已绑定数据的用户界面，从而使用户可以修改现有的数据项。使用 InsertItemTemplate 模板还可以定义已绑定数据的用户界面，以使用户能够添加新的数据项。

通常需要向模板中添加一些按钮，以允许用户执行的操作。例如，可以向项模板中添加 Delete（删除）按钮，以允许用户删除该项。通过在模板中添加 Edit（编辑）按钮，可允许用户切换到编辑模式。在 EditItemTemplate 中，可以添加允许用户保存更改的 Update（更新）按钮。此外，还可以添加 Cancel（取消）按钮，以允许用户在不保存更改的情况下切换回显示模式。通过设置按钮的 CommandName 属性，可以定义按钮将执行的操作。下面列出了一些 CommandName 属性值，ListView 控件已内置了针对这些值的行为。

- Select: 显示所选项的 SelectedItemTemplate 模板的内容。
- Insert: 在 InsertItemTemplate 模板中，将数据绑定控件的内容保存在数据源中。
- Edit: 把 ListView 控件切换到编辑模式，并使用 EditItemTemplate 模板显示项。
- Update: 在 EditItemTemplate 模板中，指定应将数据绑定控件的内容保存在数据源中。
- Delete: 从数据源中删除项。
- Cancel: 取消当前操作。显示 EditItemTemplate 模板时，如果该项是当前选定的项，则取消操作会显示 SelectedItemTemplate 模板；否则将显示 ItemTemplate 模板。显示 InsertItemTemplate 模板时，取消操作将显示空的 InsertItemTemplate 模板。
- 自定义值: 默认情况下，不执行任何操作。用户可以为 CommandName 属性提供自定义值。随后在 ItemCommand 事件中测试该值并执行相应的操作。

【实例 9-5】 ListView 的使用

本实例使用 ListView 控件的模板，以 SqlDataSource 控件为数据源，实现显示 db_news 数据库的 tb_News 表的内容并可对数据进行编辑和删除的操作。

01 启动 Visual Studio 2012，创建一个 ASP.NET Web 空应用程序，命名为"实例 9-5"。

02 在"实例 9-5"中创建一个名为 Default.aspx 的窗体。

03 单击网站目录下的 Default.aspx 文件，进入"视图编辑"界面，打开"设计视图"，从工具箱中拖动一个 ListView 控件和一个 SqlDataSource 数据源控件。

04 配置 SqlDataSource1 控件的数据源绑定 tb_News 数据表。

05 在 ListView 控件右上方有一个向右的黑色小三角，单击这个小按钮打开"ListView 控件任务"列表，展开"选择数据源"下拉列表，从中选择 SqlDataSource1 选项。

06 在"ListView 控件任务"列表中，选择"配置 ListView"选项。弹出如图 9-27 所示的

"配置 ListView"对话框。该对话框中的"选择布局"列表中显示了控件可用的 5 种布局方式：网格以表格布局显示数据；平铺是使用组模板的平铺表格布局显示数据；项目符号列表是数据显示在项目符号列表中；流表示数据以使用 div 元素的流布局显示；单行是使数据显示在只有一行的表中。"选择样式"列表中显示了控件可用的 4 种外观样式。"选项"下的复选按钮提供控件可实现的功能，有编辑、插入、删除和分页，如果选择"启用分页"，必须在下面的下拉列表中选择分页的导航布局方式：一种是"下一页"/"上一页"页文字导航，另一种是数字页码导航。这里布局选择"网格"，样式选择"专业型"，功能选择启用编辑、启用删除和启用分页，并在分页功能中选择"下一页"/"上一页"页文字导航，最后单击"确认"按钮。

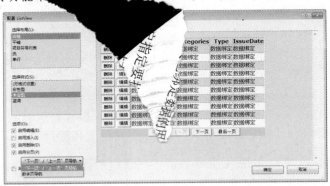

图 9-27 "配置 ListView"对话框

07 切换到"源视图"，在编辑区中设置分页的 PageSize 属性，让每页显示 5 条数据。编写如下代码：

```
<asp:DataPager ID="DataPager1" runat="server" PageSize="5">
</asp:DataPager>
```

上述代码在服务器数据分页控件 DataPager1 的定义中，设置其 PageSize 属性为 5 表示每页显示 5 条数据。

08 按快捷键 Ctrl+F5 运行程序，运行效果如图 9-28 所示，至于编辑和删除的操作和 GridView 控件和 DetailView 控件类似，这里不再重复演示。

图 9-28 运行效果

9.7　上机题

1. 使用 Visual Studio 2012 集成开发环境创建、运行本章所有的代码和实例并分析其执行结果。

2. 编写一个 ASP.NET Web 应用程序，利用第 7 章上机题 2 中创建的 CoffeeManagement 数据库中的 ShangPin 数据表，读取表的数据放在 DataSet 中，然后把数据绑定到 GridView 中显示，程序运行结果如图 9-29 所示。

3. 编写一个 ASP.NET Web 应用程序，使用 CoffeeMana???????数据库中的 ShangPin 数据表。通过 GridView 控件和数据源控件 SqlData?????ngPin 数据表的列表显示。程序运行结果如图 9-29 所示。

4. 编写一个 ASP.NET Web 应用程序，在上题的基础上，使用 GridView 控件配合 SqlDataSource 数据源控件实现对所选择的某条数据进行编辑的操作。程序执行的结果如 9-30 所示。

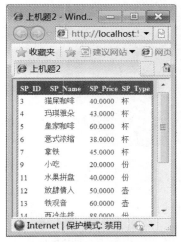

图 9-29　运行效果

图 9-30　运行结果

5. 编写一个 ASP.NET Web 应用程序，在上题的基础上，使用 GridView 控件配合 SqlDataSource 数据源控件实现对数据表进行分页和排序的操作，程序执行的结果如图 9-31 所示。

6. 编写一个 ASP.NET Web 应用程序，使用 GridView 控件的删除功能，配合 SqlDataSource 数据源控件实现对所选择的某条数据进行删除操作。

7. 编写一个 ASP.NET Web 应用程序，使用 CoffeeManagement 数据库中的 ShangPin 数据表，通过 Repeater 控件的模板设计自定义的表格，以 SqlDataSource 控件为数据源显示数据表内容，执行的结果如图 9-32 所示。

图 9-31　运行结果

图 9-32　运行结果

8．编写一个 ASP.NET Web 应用程序，DataList 控件的模板，以 SqlDataSource 控件为数据源，实现使用 CoffeeManagement 数据库 ShangPin 数据表用户选择的某条记录时，将展开显示该数据的详细记录的目标，执行的结果如图 9-33 所示。

图 9-33　运行结果

9．使用 ListView 控件的模板，以 SqlDataSource 控件为数据源，实现显示 CoffeeManagement 数据库中的 ShangPin 数据表的内容并可对数据进行插入数据的操作，执行的结果如图 9-34 所示。

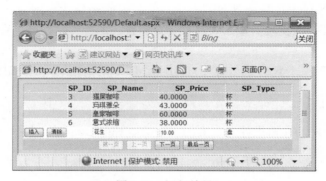

图 9-34　运行结果

第 10 章 母版页和主题

在 Web 应用开发过程中，主题提供了一种可以独立于应用程序的页，为网站中的控件和页定义样式的设置，利用主题可以很方便地~~控制页面~~ ~~主题在很~~多情况下还无法胜任多页面的开发，这时就需要使用母版页。母版页是 A~~SP.NET~~ 提供的一种重用技术，使用母版页可以为应用程序中的页面创建一致~~的布局。通过本章~~种技术的学习，读者就会大大地加快开发网站的速度。

10.1 母版页

Web 网站通常都包含一些公关的部分，比如题头、脚注、导航等部分。母版页其实可以为创建页面提供模板，一经创建，可以多次重用，减少设计页面的工作量。

10.1.1 母版页和内容页

母版页为具有扩展名 .master 的 ASP.NET 文件，它具有可以包括静态文本、HTML 元素和服务器控件的预定义布局。母版页由特殊的@Master 指令识别，该指令替换了用于普通.aspx页的@Page 指令。该指令的声明如下面代码：

```
<%@ Master Language="C#" %>
```

@Master 指令中可以设置的属性如下。

- CodeFile：指定包含分部类的单独文件的名称，该分部类具有事件处理程序和特定于母版页的其他代码。
- Debug：指示是否使用调~~试符号~~ ~~版页。如果要使用调试符号进行编译，则为 true；否则为 false。
- Inherits：指定供页继承的代码隐藏类，它可以是从 MasterPage 类派生的任何类。
- Language：指定在对页中所有内联呈现（<% %> 和 <%= %>）和代码声明块进行编译时使用的语言。值可以表示 .NET Framework 支持的任何语言，包括 VB（Visual Basic）、C# 和 JScript。
- Src：指定在请求页时动态编译的代码隐藏类的源文件名称。可以选择将页的编程逻辑包含在代码隐藏类中或".aspx"文件的代码声明块中。
- MasterPageFile：指定用作某个母版页的".master"文件。定义嵌套母版页方案中的子母版页时，在母版页中使用 MasterPageFile 属性。

- AutoEventWireup：指示是否可以使用语法 Page 且不使用任何显示挂钩或事件签名，为特定的生命周期阶段定义简单的事件处理程序。如果启用了事件自动连接，则为 true；否则为 false。默认值为 true。
- ClassName：指定自动从标记生成并在处理母版页时自动进行编译的类的类名。此值可以是任何有效的类名，并且可以包括命名空间。

例如，下面的母版页指令包括一个隐藏代码文件的名称，并将一个类名称分配给母版页。

```
<%@ Master   Language="C#"  CodeFile="MasterPage.master.cs"  Inherits="MasterPage" %>
```

上述代码声明一个@Master 指令，设置程序语言为 C#，设置 CodeFile 属性为隐藏代码文件的名称，设置 Inherits 属性指定类。

除了@Master 指令外，母版页还包含它的所有顶级 HTML 元素，如 html、head 和 form。可以在母版页中使用任何 HTML 元素和 ASP.NET 元素。

除了在所有页上显示的静态文本和控件外，母版页还包括一个或多个 ContentPlaceHolder 控件。ContentPlaceHolder 控件称为"占位符控件"，这些占位符控件定义可替换内容出现的区域。

可替换内容是在内容页中定义的，所谓内容页就是绑定到特定母版页的 ASP.NET 页（.aspx 文件以及可选的代码隐藏文件），通过创建各个内容页来定义母版页的占位符控件的内容，从而实现页面的内容设计。

在内容页的@Page 指令中通过使用 MasterPageFile 属性来指向要使用的母版页，从而建立内容页和母版页的绑定。例如，一个内容页可能包含@Page 指令，该指令将该内容页绑定到 Master.master 页，代码如下：

```
<%@ Page Language="C#" MasterPageFile="~/MasterPage.master " AutoEventWireup="true"%>
```

上述代码声明一个@Page 指令，设置程序语言为 C#，设置母版页文件为 MasterPage.master，设置启用事件自动连接。

在内容页的@Page 指令中通过使用 MasterPageFile 属性来指向要使用的母版页，从而建立内容页和母版页的绑定。例如，一个内容页可能包含"@Page"指令，该指令将该内容页绑定到 Master.master 页，在内容页中，通过添加 Content 控件将这些控件映射到母版页上的 ContentPlaceHolder 控件来创建内容，代码如下：

```
1.  <%@Page Language="C#" MasterPageFile="~/Master.master" AutoEventWireup="true" %>
2.  <asp:Content ID="Content1" ContentPlaceHolderID="Main" Runat="Server">
3.  主要内容
4.  </asp:Content>
```

上面的代码中第 1 行代码在 Page 指令中设置了属性 MasterPageFile 为 Master.master，表示该页面母版页为 Master.master，第 2 行声明 Content 控件并将这些控件映射到母版页上的 ContentPlaceHolder 控件。

创建 Content 控件后，就可以开始向这些控件添加文本和控件。在内容页中，Content 控件外的任何内容（除服务器代码的脚本外）都将导致错误。在 ASP.NET 页中执行的所有任务都可以在内容页中执行。在母版页中为 ContentPlaceHolder 控件的区域在新的内容页显示为 Content 控件。

母版页提供了开发人员以传统的方式重复复制现有的代码、文本和控件元素，使用框架集，对通用元素使用包含文件和用户控件。

母版页具有下面的优点：

- 使用母版页可以集中处理页的通用功能，以便可以只在一个位置上进行更新。
- 使用母版页可以方便地创建一组控件和代码，并将结果应用于一组页。例如，可以在母版页上使用控件来创建一个应用于所有页的菜单。
- 通过允许控制占位符控件的呈现方式，母版页可以在细节上控制最终页的布局。

母版页提供一个对象模型，使用该对象模型可以从各个内容页自定义母版页。

10.1.2 母版页的运行机制

单独的母版页是不能被用户所访问的。没有内容页的支持，母版页仅仅是一个页面模板，没有更多的实用价值。同样道理，单独的内容页没有母版页支持，也不能够应用。由此可见，母版页与内容页关系密切，是不可分割的两个部分。只有同时正确创建和使用母版页及内容页，才能发挥它们强大的功能。这一点，无论从代码结构，还是运行机制等方面都可以得到有力印证。

1．代码结构

从代码结构方面来说，母版页内容以页面公共部分为主，包括代码头、ContentPlaceHolder 控件及其他常见 Web 元素。内容页则主要包含页面非公共部分，包括代码头和 Content 控件，Content 控件中包含着页面非公共内容。

在控件应用方面，母版页和内容页有着严格对应关系。母版页中包含多少个 ContentPlaceHolder 控件，那么内容页中也必须设置与其相同数目的 Content 控件，而且 Content 控件的属性 ContentPlaceHolderID 的设置必须与母版页中设置的相互对应。可以把母版页的 ContentPlaeeHolder 控件看做是页面中的占位符，那么占位符所对应的具体内容就包含在内容页的 Content 控件中。两者的对应关系是通过设置 Content 控件中的 ContentPlaceHolderID 属性来完成的。

在实际应用中，为了给整个网站创建一致的风格和样式，一个母版页可能被多个内容页绑定。只有正确处理母版页与内容页之间的控件对应关系，才能够准确、高效地创建 Web 应用程序。

2．运行过程

当客户端浏览器向服务器发出请求，要求浏览页面时，ASP.NET 执行引擎将执行内容页和母版页的代码，并将最终结果发送给客户端浏览器。

母版页和内容页的运行过程可以概括为以下 5 个步骤：

- 用户通过键入内容页的 URL 来请求某页。
- 获取该页后，读取@Page 指令。如果该指令引用一个母版页，则也读取该母版页。如果这是第一次请求这两个页，则两个页都要进行编译。
- 包含更新内容的母版页合并到内容页的控件树中。
- 各个 Content 控件的内容合并到母版页中相应的 ContentPlaceHolder 控件中。
- 浏览器中呈现得到的合并页。

整个过程具有很强的逻辑性，并且母版页和内容页配合得非常巧妙。从用户角度来看，合并后的母版页和内容页是一个完整的页面，并且其 URL 访问路径与内容页的路径相同。从开发人员角度来看，控件的巧妙应用和配合，是实现的关键。注意，在运行时，母版页成为了内容页的一部分。实际上，母版页与用户控件的作用方式大致相同，既作为内容页的一个子级，又作为该页中的一个容器。然而，当前母版页是所有呈现到浏览器中的服务器控件的容器。

3. 事件顺序

通常情况下，母版页和内容页中的事件顺序对于页面开发人员并不重要。但是，如果所创建的事件处理程序取决于某些事件的可用性，那么了解母版页和内容页中的事件顺序很有帮助。在这里将对母版页和内容页的事件顺序进行简要说明，以便加深读者对母版页和内容页的理解。

当访问结果页时，实际访问的是内容页和母版页。作为有着密切关系的两个页面，两者都要执行各自的初始化和加载等事件。

加载母版页和内容页共需要经过 8 个过程。这 8 个过程显示初始化和加载母版页及内容页是一个相互交叠的过程。基本过程是：初始化母版页和内容页控件树；然后，初始化母页和内容页页面，接着，加载母版页和内容页；最后，加载母版页和内容页控件树。

以上 8 个过程对应着 11 个具体事件：

- 母版页中控件 Init 事件;
- 内容页中 Content 控件 Init 事件;
- 母版页 Init 事件;
- 内容页 Init 事件:
- 内容页 Load 事件:
- 母版页 Load 事件;
- 内容页中 Content 控件 Load 事件:
- 内容页 PreRender 事件:
- 母版页 PreRender 事件:
- 母版页控件 PreRender 事件;
- 内容页中 Content 控件 PreRender 事件。

实际上，8 个过程或者是 11 个事件都用于说明母版页和内容页中的具体事件顺序。内容页和母版页中会引发相同的事件。例如，两者都引发 Init、Load 和 PreRender 事件。引发事件的一般规律是，初始化 Init 事件从最里面的控件（母版页）向最外面的控件（Conetent 控件及内容页）引发，所有其他事件则从最外面的控件向最里面的控件引发。需要牢记，母版页会合并到内容页中，并被视为内容页中的一个控件，这一点十分有用。

创建应用程序中，必须注意以上事件顺序。例如，当在内容页中访问母版页的属性或者服务器控件时，如果按照过去的处理思路，可能会在内容页的 Page Load 事件处理程序中加以实现。由前文可知，在母版页 Load 事件引发之前，内容页 Load 事件已经引发，那么过去的思路显然是不正确的。

10.1.3 创建母版页

母版页中包含的是页面公共部分，即网页模板。因此，在创建示例之前，必须判断哪些内容是页面公共部分，这就需要从分析页面结构开始，页面结构如图 10-1 所示。

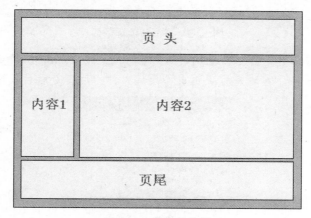

图 10-1 页面结构图

图 10-1 中的页面由 4 个部分组成：页头、页尾、内容 1 和内容 2。其中页头和页尾是所在网站中页面的公共部分，网站中许多页面都包含相同的页头和页尾。内容 1 和内容 2 是页面的非公共部分，是页面所独有的。结合母版页和内容页的有关知识可知，如果使用母版页和内容页来创建页面，那么必须创建一个母版页 MasterPage.master 和一个内容页。其中母版页包含页头和页尾等内容，内容页中则包含内容 1 和内容 2。

【实例 10-1】母版页的创建

本实例演示如何在 ASP.NET Web 应用程序中创建一个母版页，具体实现步骤如下。

01 启动 Visual Studio 2012，创建一个 ASP.NET Web 空应用程序，命名为"实例 10-1"。

02 在"实例 10-1"中创建一个名为 Images 的文件夹，其中包含页头背景图片文件 head.JPG。

03 用鼠标右键单击网站名，在的菜单中选择"添加"|"添加新项"命令，在弹出如图 10-2 的"添加新项"对话框中选择"已安装模板"下的"Visual C#"模板，并在模板文件列表中选中"母版页"选项，然后在"名称"文本框输入该文件的名称 MasterPage.master，最后单击"添加"按钮。

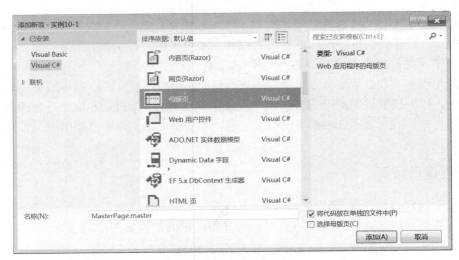

图 10-2　添加新项对话框

04 此时在网站根目录下会自动生成一个如图 10-3 所示 MasterPage.master 文件和一个 MasterPage.master.cs 文件，前者是母版页页面设计文件，后者是后台代码编辑文件。

图 10-3　生成母版页文件

05 单击打开 MasterPage.master 文件，编写代码如下：

```
1.  <%@ Master Language="C#" AutoEventWireup="true"   CodeFile="MasterPage.master.cs"
    Inherits="MasterPage" %>
2.  <!DOCTYPE html PUBLIC "-//W3C//DTD XHTML 1.0 Transitional//EN"
    "http://www.w3.org/TR/xhtml1/DTD/xhtml1-transitional.dtd">
3.  <html xmlns="http://www.w3.org/1999/xhtml">
4.  <head runat="server">
5.   <title>创建母版页</title>
6.  </head>
7.  <body leftmargin="0" topmargin="0" >
8.   <form id="form1" runat="server">
9.    <div align="center">
10.   <table width="768" height="100%" border="0" cellpadding="0" cellspacing="0" bgcolor="#FFFFFF">
11.    <tr>
```

```
12.        <td width="768" height="142" align="right" valign="top" background="Images/head.jpg" >
13.        </td>
14.      </tr>
15.      <tr>
16.      <td width="768" valign="top">
17.        <table width="100%" border="0"    cellspacing="0" cellpadding="0" style="height: 105px">
18.        <tr>
19.          <td width="244" valign="top">
20.          <asp:ContentPlaceHolder
                     ID="ContentPlaceHolder1" runat="server">
21.             <p style="height: 103px"> <br /></p>
22.          </asp:ContentPlaceHolder>
23.          </td>
24.          <td valign="top" align="left">
25.          <asp:ContentPlaceHolder
                     ID="ContentPlaceHolder2" runat="server">
26.             <p style="height: 103px"><br /></p>
27.          </asp:ContentPlaceHolder>
28.          </td>
29.        </tr>
30.      </table>
31.      </td>
32.      </tr>
33.      <tr>
34.      <td width="768" height="35" align="center" >Copyright <span>2004-2010</span>
35.        </td>
36.      </tr>
37.    </table>
38.   </div>
39.   </form>
40. </body>
41. </html>
```

上面的代码中第 1 行声明一个 "@Master" 指令。第 10 行通过一个 Table 元素构成整个页面结构。第 11 行~第 14 行定义表格的第 1 行第 1 列构成了页面中的页头,其中,第 12 行设置图片"Images/head.jpg"作为页头的背景图片。

第 15 行~第 32 行定义表格的第 2 行,这一行中嵌套了一个从第 17 行~第 30 行的 Table 元素,将这一行又分成了两个列。其中,第 19 行~第 23 行构成了第一个列,在第 20 行~第 22 行声明了控件 ContentPlaceHolder1,用于在页面模板中为内容 1 占位。第 24 行~第 28 行构成了第二个列,在第 25 行~第 27 行声明了控件 ContentPlaceHolder2,用于在页面模板中为内容 2 占位。

第 33 行~第 36 行构成了页面中的页尾，显示一个网站的版本信息。

纵观整个代码，可以发现 MasterPage 页面与普通页面还是存在着一定的差异。差异主要有：

（1）第 1 行代码不同，母版页使用的是 Master，而普通 .aspx 文件使用的是 Page。除此之外，二者在代码头方面是相同的。

（2）是母版页中声明了控件 ContentPlaceHolder，而在普通 ".aspx" 文件中是不允许使用该控件的。在 MasterPage.master 的源代码中，ContentPlaceHolder 控件本身并不包含具体内容设置，仅是一个控件声明。

06 切换到"源视图"，母版页的设计界面如图 10-4 所示。图中的两个矩形框表示 ContentPlaceHolder 控件。开发人员可以直接在矩形框中添加内容，所设置内容的代码将包含在 ContentPlaceHolder 控件声明代码中。

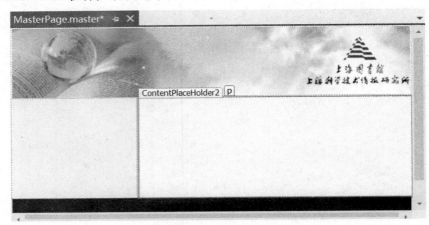

图 10-4　设计视图

使用 Vistual Studio 2012 可以对母版页进行编辑，并且它完全支持"所见即所得"功能。无论是在代码模式下，还是设计模式下，使用 Vistual Studio 2012 编辑母版页的方法与编辑普通.aspx 文件都是相同的。

10.1.4　创建内容页

内容页用来定义母版页占位符控件 ContentPlaceHolder 的内容，为绑定到特定页母版页的 ASP.NET 页。通过包含指向要使用的母版页的 MastPageFile 属性，在内容页的@Page 指令中建立绑定。

内容页的创建有两种方法：第一种是在母版页中放入新建的内容页，第二种是在母版页放入已经存在的内容页。

【实例 10-2】 创建内容页

本实例演示如何实现在母版页中放入新建的内容页面，具体实现步骤如下。

01 在上面"实例 10-1"中创建了一个母版页，本例在此基础上进行操作。用鼠标右键单

击网站名称，在弹出快捷菜单中选择"添加"|"添加新项"命令，弹出如图 10-5 所示的"添加新项"对话框。

02 选择"已安装"模板下的"Visual C#"模板，并在模板文件列表中选中"Web 窗体"，然后在"名称"文本框输入该文件的名称 Default.aspx，最重要的是选中"选择母版页"复选按钮，最后单击"添加"按钮，弹出 10-5 所示的"选择母版页"对话框。

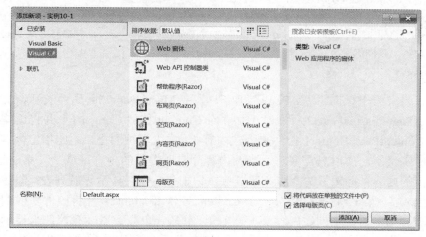

图 10-5 "添加新项"对话框

03 选择"文件夹内容"列表中"实例 10-1"创建的母版页文件 MasterPage.master，单击"确定"按钮，新创建的内容页就放入母版页中，如图 10-6 所示。

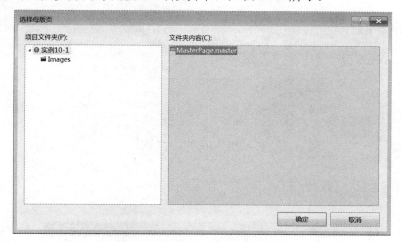

图 10-6 "选择母版页"对话框

04 单击 Default.aspx 文件，编写代码如下：

```
1.   <%@ Page Language="C#" MasterPageFile="~/MasterPage.master" AutoEventWireup="true"
     CodeFile="Default.aspx.cs" Inherits="Default2" %>
2.   <asp:Content ID="Content1"    ContentPlaceHolderID="ContentPlaceHolder1" Runat="Server">
3.    <asp:LinkButton ID="LinkButton1" runat="server">服务指南 </asp:LinkButton><br/>
```

4.   `<asp:LinkButton ID="LinkButton2" runat="server">书刊检索</asp:LinkButton><br/>`

5.   `<asp:LinkButton ID="LinkButton3" runat="server">特色馆藏</asp:LinkButton><br/>`

6.   `<asp:LinkButton ID="LinkButton4" runat="server">文献提供</asp:LinkButton><br/>`

7.   `<asp:LinkButton ID="LinkButton5" runat="server">读者园地</asp:LinkButton><br/>`

8.   `<asp:LinkButton ID="LinkButton6" runat="server">专题活动</asp:LinkButton><br/>`

9.   `<asp:LinkButton ID="LinkButton7" runat="server">相关链接</asp:LinkButton><br/></asp:Content>`

10. `<asp:Content ID="Content2" ContentPlaceHolderID="ContentPlaceHolder2" Runat="Server">`

11. `<asp:Label ID="Label1" runat="server" Font-Size="XX-Large"    style="color :#00345a; font-weight: 700;" Text="欢迎进入我们的网站！"></asp:Label>`

12. `</asp:Content>`

上面的代码中第 1 行声明"@Page"指令，其中 MasterPageFile 属性表示该页面是继承自母版页 MasterPage.master。第 2 行通过添加一个 Content 控件 Content1，并将这些控件映射到母版页上的 ContentPlaceHolder1 控件来创建内容 1。在内容页面上，不比指定内容的位置，因为在母版页中定义了。所以只需要将适当的内容分在所提供的内容区域上。第 3 行~第 9 行就是添加要显示的内容，定义了 7 个服务器链接按钮控件，分别显示导航列表，即在母版页内容 1 中要显示的内容。第 10 行同样添加一个 Content 控件 Content2，并将控件映射到母版页上的 ContentPlaceHolder2 控件来创建内容 2。第 11 行定义一个服务器标签控件来显示欢迎进入网站后台的信息，即在母版页内容 2 中要显示的内容。在这个页面的代码中没有发现任何的 HTML 标记，是因为它们都被包含在了 Master.master 页面中了。

05 按快捷键 Ctrl+F5 运行程序，运行结果如图 10-7 所示。

图 10-7　运行结果

另外一种内容页创建的方法是在母版页放入已经存在的内容页,通过手工加入或修改一些代码来使存在的网页嵌入到母版页中，步骤如下：

01 进入已经存在的内容页的"源视图"，在页面指示语句中增加与母版页相关联的属性，如下代码：

```
<%@ Page Language="C#" AutoEventWireup="true" CodeFile="Default.aspx.cs" Inherits="_Default" MasterPageFile="~/MasterPage.master"%>
```

上面代码中的关键是 MasterPageFile 属性的设置，它是与母版页相关联的属性，只需将其值设置为相应的母版页文件所在路径即可。

02 删除原来代码中的 HTML 标记，如<html>、<head>、<body>、<form>等，因为母版页中已经存在相同的标记，删除它们以避免重复。

03 增加<Content>标记，并添加相应的属性，也就是编写"例 10-2"中 Default.aspx 代码中第 2 行~第 11 行的内容。

10.1.5　访问母版页控件和属性

可以在内容页中编写代码来引用母版页中的属性、方法和控件，但这种引用有一定的限制。对于属性和方法的规则是：如果它们在母版页上被声明为公共成员，则可以引用它们。这包括公共属性和公共方法。在引用母版页上的控件时，没有只能引用公共成员的这种限制。

1. 使用 FindFindControl 方法

在运行时，母版页与内容页合并，因此内容页的代码可以访问母版页上的控件。这些控件是受保护的，因此不能作为母版页成员直接访问。但是，可以使用 FindControl 方法定位母版页上的特定控件。如果要访问的控件位于母版页的 ContentPlaceHolder 控件内部，必须首先获取对 ContentPlaceHolder 控件的引用，然后调用其 FindControl 方法获取对该控件的引用。

例如，在母版页面上有一个 ID 为 Label1 的标签控件，在内容页中有一个 ID 为 LabelTitle 的标签控件，在页面加载事件中，让内容页的控件 LabelTitle 获取母版页控件 Label1 的 Text，代码如下：

```
protected void Page Load(object sender,EventArgs e){
LabelTitle.Text=(Master.FindControl("Label1") as Label).Text;
}
```

上面的代码中直接通过 Master 获取 ContentPlaceHolder 外面的控件，然后在 LabelText 控件中显示被获取的控件的内容。

当然，这种交互打破了基于类设计和封装的原则。如果确实需要访问母版页的控件，最好在母版页里通过属性封装控件（或者，更理想的是只暴露感兴趣的属性）。这样，母版页和内容页的交互更加清晰、更为文档化，耦合也更松散。如果内容页修改其他页面的内部逻辑，逻辑母版页时很可能破坏这种依赖关系，从而产生脆弱的代码模型。

2. 使用 MasterType 指令

为了提供对母版页成员的访问，Page 类公开了 Master 属性。如果要从内容页访问特定母版页的成员，可以通过创建@MasterType 指令指定.master 文件的虚拟路径，指向一个特定的母版页。当该内容页创建自己的 Master 属性时，属性的类型被设置为引用的母版页。

下面是添加了 MasterType 指令的某个内容页的前两行代码：

```
<%@ Page Language="C#" MasterPageFile="~/MasterPage.master" %>
<%@ MasterType Virtualpath="~/MasterPage.master" %>
```

MasterType 页面指令允许对 Master 页面进行强类型化引用，通过 Master 对象访问 Master 页面的属性。

【实例 10-3】访问母版页

本实例以例 10-2 为基础，演示如何从内容页来访问获得母版页中的属性，具体实现步骤如下：

01 在"实例 10-2"中，单击 MasterPage.master，进入"源视图"，在页面首部添加一个 ID 为 LabelM 的 Label 控件，设置其 Text 属性为"我是属于母版页的！"，代码如下：

```
<asp:Label ID="LabelM" runat="server" Text="我是母版页的！"></asp:Label>
```

02 单击 MasterPage.master.cs，编写代码如下：

```
1.    public string TitleText{
2.        get {
3.                return LabelM.Text;
4.        }
5.        set {
6.                LabelM.Text = value;
7.        }
8.    }
```

上面的代码中，第 1 行~第 8 行创建母版页的属性 TitleText，其中使用 get 和 set 属性访问器赋值和取值。

03 单击内容页 Default.aspx，进入源视图，在"@page"指令下，添加"@MasterType"指令，代码如下：

```
<%@ MasterType VirtualPath="~/MasterPage.master"%>
```

04 单击 Default.aspx.cs 文件，编写代码如下：

```
protected void Page_Load(object sender, EventArgs e){
        Master.TitleText = "我是属于内容页的！";
}
```

上面的代码通过 MasterL 类来访问上面创建的 TitleText 属性并赋值。

05 按快捷键 Ctrl+F5 运行程序，运行结果如图 10-8 所示。页面显示了在内容页上赋值的文本内容，而不是原来母版页中添加 Label 控件上设置的文本内容。

图 10-8　运行结果

10.1.6　母版页的嵌套

母版页可以嵌套，让一个母版页引用另外的页作为其母版页。利用嵌套的母版页可以创建组件化的母版页。例如，大型站点可能包含一个用于定义站点外观的总体母版页。然后，不同的站点内容合作伙伴又可以定义各自的子母版页，这些子母版页引用站点母版页，并相应定义该合作伙伴的内容的外观。

与任何母版页一样，子母版页也包含文件扩展名 .master。子母版页通常会包含一些内容控件，这些控件将映射到父母版页上的内容占位符。就这方面而言，子母版页的布局方式与所有内容页类似。但是，子母版页还有自己的内容占位符，可用于显示其子页提供的内容。

【实例 10-4】母版页的嵌套

本实例演示如何在一个 ASP.NET Web 应用程序中使用嵌套的母版页，具体实现步骤如下：

01 启动 Visual Studio 2012，创建一个 ASP.NET Web 空应用程序，命名为"实例 10-4"。

02 在"实例 10-4"中创建一个名为 FatherMaster.master 母版页，单击该母版页，进入"源视图"，在<form>和</form>标记之间编写如下主要代码：

```
1.  <div>
2.      <h1>父母版页</h1>
3.      <p><font color=red">这是父母版页</p>
4.      <asp:ContentPlaceHolder ID="MainContent" runat="server" />
5.  </div>
```

上面的代码中第 2 行设置一个字符串，表示这个位置是父母版页，第 3 行在占位符之前输出"这是父母版页"字符串，第 4 行设置母版页的占位符。

03 用鼠标右键单击网站名，在弹出的菜单中选择"添加"｜"添加新项"命令，在弹出如图 10-9 的"添加新项"对话框中选择"已安装"模板下的"Visual C#"模板，并在模板文件列表中选中"母版页"，然后在"名称"文本框输入该文件的名称 ChildMaster.master，注意最重要的是选中"选择母版页"复选框，最后单击"添加"按钮，弹出"选择母版页"对话框。

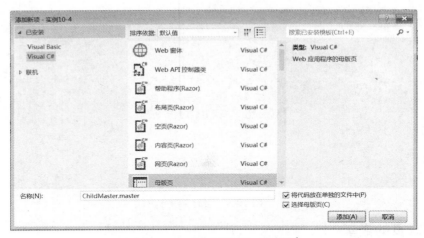

图 10-9 "添加新项"对话框

04 选择"文件夹内容"列表中刚创建的母版页文件 FatherMaster.master。单击"确定"按钮，新创建的子母版页就放入父母版页中。

05 单击 ChildMaster.master 文件，编写代码如下：

```
1.   <asp:Content id="Content1" ContentPlaceholderID="MainContent" runat="server">
2.       <asp:panel runat="server" id="panelMain" backcolor="lightyellow">
3.       <h2>子母版页</h2>
4.         <asp:panel runat="server" id="panel1" backcolor="lightblue">
5.           <p>这是子母版页。</p>
6.           <asp:ContentPlaceHolder ID="ChildContent1" runat="server" />
7.         </asp:panel>
8.         <asp:panel runat="server" id="panel2" backcolor="pink">
9.           <p>这是子母版页的内容。</p>
10.          <asp:ContentPlaceHolder ID="ChildContent2" runat="server" />
11.        </asp:panel>
12.        <br />
13.      </asp:panel>
14.  </asp:Content>
```

上面的代码中第 1 行~第 14 行定义了子母版页占位符的内容，其中第 6 行和第 10 行分别定义了一个占位符，由此可见，子母版页既有母版页的特征又有内容页的特征。

06 在"实例 10-4"中创建一个名为 Default 的内容页，引用子母版页 ChildMaster.master，在该页面中编写如下代码：

```
1.   <asp:Content id="Content1" ContentPlaceholderID="ChildContent1" runat="server">
```

```
2.    <asp:Label runat="server" id="Label1"
3.          text="内容页的第一个标签控件" font-bold="true" /><br />
4.    </asp:Content>
5.    <asp:Content id="Content2" ContentPlaceholderID="ChildContent2" runat="server">
6.      <asp:Label runat="server" id="Label2"
7.          text="内容页的第二个标签控件" font-bold="true"/>
8.    </asp:Content>
```

上面的代码中第 1 行~第 4 行以及第 5 行~第 8 行分别定义了母版页中两个占位符的内容。

07 按快捷键 Ctrl+F5 运行程序，运行结果如图 10-10 所示。

图 10-10　运行结果

10.1.7　动态加载母版页

在开发过程中，简单的实现内容页仅绑定一个固定的母版页是远远不够的，往往需要动态加载母版页。例如，要求站点提供多个可供选择的页面模板，并允许动态加载这些模板。

实现动态加载母版页的核心是设置 MasterPageFile 属性值，需要强调的是应将该属性设置在 Page_PreInit 事件处理程序中，因为 Page_PreInit 事件是页面生命周期中较先引发的事件，如果试图在 Page_Load 事件中设置 MasterPageFile 属性将会发生页面异常。

MasterPageFile 属性用于获取或设置包含当前内容母版页的名称。其语法格式如下：

```
public string MasterPageFile { get; set; }
```

MasterPageFile 属性值是当前母版页的父级母版页的名称；如果当前母版页没有父级，则为空引用。

PreInit 事件在页初始化开始时发生，其语法格式如下：

```
public event EventHandler PreInit
```

PreInit 事件是在页生命周期的早期阶段中可以访问的事件。在 PreInit 事件后，将加载个性化信息和页主题。

因为母版页和内容页会在页处理的初始化阶段合并，所以必须在此分配母版页。通常在 PreInit 事件阶段动态地分配母版页。例如：

```
void Page_PreInit(object sender, EventArgs e){
    this.MasterPageFile= "~/MasterPage.master";
}
```

如果内容页使用@MasterType 指令将一个强类型赋给了母版页，该类型必须适用于动态分配的所有母版页。如果要动态地选择一个母版页，可以创建一个基类，并从此基类派生母版页，此类定义母版页共有的属性和方法。在内容页中，当使用@MasterType 指令将一个强类型赋给母版页时，可以将类型赋给该基类而不是单个母版页。

【实例 10-5】动态加载母版页

本实例演示如何在 ASP.NET Web 应用程序中动态加载母版页，具体实现步骤如下所示：

01 启动 Visual Studio 2012，创建一个 ASP.NET Web 空应用程序，命名为"实例 10-5"。

02 在"实例 10-5"中添加一个名为"App_Code"的文件夹，并在创建的名为 BaseMaster.cs 类文件内编写代码如下：

```
1.    public class BaseMaster : System.Web.UI.MasterPage{
2.        public virtual String MyTitle{
3.            get { return "基类标题"; }
4.        }
5.    }
```

上面的代码中第 1 行定义一个基类，该类派生自 MasterPage，这是基母版页类型，第 2 行到第 4 行定义一个虚属性，通过 get 访问器获得字符串，该属性必须在子类中被重写。

03 在"实例 10-5"中创建一个名为 MasterPage1.master 母版页，单击该母版页，进入"源视图"，在<form>和</form>标记之间编写如下主要代码：

```
1.    <div align="center" style="font-size: xx-large; color: #008000">
2.        欢迎进入音乐天堂!
3.        <br /><br /><hr />
4.        <asp:contentplaceholder id="ContentPlaceHolder1" runat="server">
5.            母版页 1 的内容
6.        </asp:contentplaceholder>
7.    </div>
```

上面的代码中第 4 行~第 6 行添加了一个服务器占位符控件，并在控件中显示文本。

04 单击网站目录中的 MasterPage1.master.cs 文件，编写代码如下：

```
1.    public override String MyTitle{
```

```
2.        get { return "音乐天堂"; }
3.    }
```

上面的代码中第 1 行定义重新基类 BaseMaster 的属性 MyTitle。

05 在"实例 10-5"中创建一个名为 MasterPage2.master 母版页，单击该母版页，进入"源视图"，在<form>和</form>标记之间编写如下主要代码：

```
1.  <div align="center" style="font-size: xx-large; color: #008000">
2.      欢迎进入游戏世界！
3.      <br /><br /><hr />
4.    <asp:contentplaceholder id="ContentPlaceHolder1" runat="server">
5.        来自母版页 2 的内容
6.    </asp:contentplaceholder>
7.  </div>
```

上面的代码中第 4 行~第 6 行添加了一个服务器占位符控件，并在控件中显示文本。

06 单击网站目录中的 MasterPage2.master.cs 文件，编写代码如下：

```
1.  public override String MyTitle{
2.        get { return "游戏世界"; }
3.    }
```

上面的代码中第 1 行重新定义基类 BaseMaster 的属性 MyTitle。

07 在"实例 10-5"中添加一个名为 Default.aspx 的窗体，单击该窗体，进入"源视图"，编写如下主要代码：

```
1.  <%@ Page Language="C#" AutoEventWireup="true" CodeFile="Default.aspx.cs" Inherits="_Default" %>
2.  <%@ MasterType   TypeName="BaseMaster" %>
3.  <asp:Content ID="Content1"   ContentPlaceHolderID="ContentPlaceHolder1" Runat="Server">
4.      来自内容页的内容.
5.  </asp:Content>
```

上面的代码中最重要的是第 2 行通过 @MasterType 指令设置 TypeNamea 属性为 BaseMaster 基类。

08 单击网站目录中的 MasterPage2.master.cs 文件，编写代码如下：

```
1.  protected void Page_PreInit(Object sender, EventArgs e){
2.      if (Request.QueryString["type"] == "Game"){
3.          this.MasterPageFile = "MasterPage2.master";
4.          this.Title = Master.MyTitle;
5.      }
6.      else{
```

```
7.              this.MasterPageFile = "MasterPage1.master";
8.              this.Title = Master.MyTitle;
9.      }
10.  }
```

上面的代码中第 1 行~第 10 行处理了页面的 PreInit 事件，也就是页面加载之前的事件。在该事件处理程序中，第 2 行判断如果通过 URL 地址传递的属性 type 的值是 Game 的话，则第 3 行加载 MasterPage2.master 母版页，否则，加载 MasterPage1.master 母版页。

09 按快捷键 Ctrl+F5 运行程序，如图 10-11 所示显示加载"音乐天堂"的母版页。如果用户在浏览器地址栏输入的 URL 为 http://localhost:51994/Default.aspx?type=Game，则加载如图 10-12 所示的"游戏世界"母版页。

图 10-11　运行结果 1　　　　　　　　图 10-12　运行结果 2

10.2　主题

主题是 ASP.NET 4.5 基于文本的样式定义，其优点在于设计网站时可以不考虑样式，以后应用样式时也无须更新页或应用程序代码。此外，还可以从外部资源获得自定义主题，以便样式设置应用于应用程序。

10.2.1　主题的构成

主题是一些控件及其属性设置的集合，使用这些属性的设置可以定义页面和控件的外观。主题是由皮肤文件和其他一组文件组成的。通过皮肤文件来定义控件的样式，这样就只需要改变网站主题就可以改变网站的风格了。

主题由外观、级联样式表（CSS）、图像和其他资源组成，它是在网站或 Web 服务器上的特殊目录中定义的。

1. 皮肤文件

皮肤文件又称为"外观文件"，是具有文件扩展名.skin 的文件，在皮肤文件里，可以定义控件的外观属性。皮肤文件形式一般具有以下代码：

```
<asp:LinkButton runat="server"  BackColor="Green"></asp: LinkButton >
```

上面的代码与定义一个 LinkButton 控件，除了不包含 ID、Text 等属性外和通常定义 LinkButton 控件的代码几乎一样。就是这样一行简单代码就定义了 LinkButton 控件的一个皮肤，可以在网页引用该皮肤去设置 LinkButton 控件的外观。

2．级联样式表

级联样式表（Cascading Stytle Sheet）简称"样式表"。就是通常所说的 CSS 文件，它是具有文件扩展名.css 的文件，也是用来存放定义页面元素外观属性的代码文件。在页面开发中，采用级联样式表，可以有效地对页面的布局、字体、颜色、背景和其他效果实现更加精确的控制，而且只要对相应的代码做一些简单的修改，就可以改变同一页面的不同部分外观属性，或者页数不同的网页的外观和格式。由于级联样式表具有上面的功能，所以在主题技术中综合了级联样式表的技术。级联样式表一般具有下面代码的形式：

```
1.   .TextBox{
2.      border-right: darkgray 1px ridge;
3.      border-top: darkgray 1px ridge;
4.      border-left: darkgray 1px ridge;
5.      border-bottom: darkgray 1px ridge;
6.   }
7.   .Button{
8.      font-size: x-small;
9.      color: navy;
10.  }
```

上面的代码中第 1 行~第 6 行定义 TextBox 控件的样式，其中，第 2 行~第 5 行分别设置该控件边上下左右边框的颜色和粗细。第 7 行~第 10 行定义 Button 控件的样式，其中，第 8 行设置控件上显示文字的尺寸，第 9 行设置控件的颜色。

3．图像和其他资源

图像就是图形文件，其他资源可能是声音文件、脚本文件等。有时候为了控件美观，只是靠颜色、大小和轮廓来定义并不能满足要求，这时候就会考虑把一些图片、声音等加到控件外观属性定义中去。例如，可以在为 Button 控件的单击加上特殊的音效，为 TreeView 控件的展开和收起按钮定义不同的图片等。

主题的应用范围可以分为两种：

（1）页面主题应用于单个 Web 应用程序，它是一个主题文件夹，其中包含控件外观、样式表、图形文件和其他资源，该文件夹是作为网站中的\App_Themes 文件夹的子文件夹创建的。每个主题都是\App_Themes 文件夹的一个不同的子文件夹。

（2）全局主题可应用于服务器上的所有网站，全局主题与页面主题类似，因为它们都包括属性设置、样式表设置和图形。但是，全局主题存储在对 Web 服务器具有全局性质的名为 Themes 的文件夹中。服务器上的任何网站以及任何网站中的任何页面都可以引用全局主题。

在使用主题时，要注意以下一些问题：

● 主题只在每个页面、每个服务器控件或对象中才有效。
● 母版页上不能设置主题，但是主题可以在内容页面上设置。
● 主题上设置的服务器控件的样式会覆盖页面上设置的样式。
● 如果在页面上设置 EnableTheming 属性为 false，则主题设置无效。
● 要在页面中动态设置主题，必须在页面生命周期 Page_Preinit 事件之前。

10.2.2 主题的创建

在页面应用主题之前，必须创建一个主题，然后才能在本页面或整个应用程序中使用该主题。下面以一个实例来演示创建主题的方法。

【**实例 10-6**】主题的创建

本实例演示如何在一个 ASP.NET Web 应用程序中创建一个主题和皮肤文件，具体实现步骤如下：

01 启动 Visual Studio 2012，创建一个 ASP.NET Web 空应用程序，命名为"实例 10-6"。

02 用鼠标右键单击应用程序名"实例 10-1"，在弹出的快捷菜单中选择"添加"|"添加 ASP.NET 文件夹"|"主题"命令，此时就会在该网站项目下添加一个如图 10-13 所示的名为 App_Themes 的文件夹，并在该文件夹中自动添加一个默认名为"主题 1"的主题文件夹。

图 10-13　生成文件夹

03 用右键单击"主题 1"的文件夹，在弹出的快捷菜单中选择"添加"|"添加新项"命令，弹出如图 10-14 所示的"添加新项"对话框，选择"已安装模板"下的"Visual C#"模板，并在模板文件列表中选中"外观文件"，然后在"名称"文本框输入该文件的名称 SkinFile.skin，最后单击"添加"按钮。

图 10-14　"添加新项"对话框

04 此时，在"主题 1"的文件夹会生成一个如图 10-15 所示的 SkinFile.skin 皮肤文件。

图 10-15　生成皮肤文件

05 单击生成的 SkinFile.skin 文件，打开该文件，在里面可以看到的代码如下：

```
1.    <%--
2.        默认的外观模板。以下外观仅作为示例提供。
3.        1. 命名的控件外观。SkinId 的定义应唯一，因为在同一主题中不允许一个控件类型有重复的 SkinId。
4.    <asp: GridView runat="server" SkinId="gridviewSkin" BackColor="White" >
5.    <AlternatingRowStyle BackColor="Blue" />
6.    </asp:GridView>
7.        2. 默认外观。未定义 SkinId。在同一主题中每个控件类型只允许有一个默认的控件外观。
8.    <asp:Image runat="server" ImageUrl="~/images/image1.jpg" />
9.    --%>
```

　　上面代码是一段对外观文件编写的说明性文字，告诉开发人员以何种格式来编写控件的外观属性定义。其中，第 4 行和第 8 行提供了两个外观定义的示例，一个是服务器列表控件，另一个是服务器图像控件 Image。

　　06 按照以上的说明格式，在上面的代码中，添加编写一个 Button 控件的外观属性定义，代码如下：

```
<asp:Button  runat="server"  SkinID="Steady"  BackColor="Black"
ForeColor="White" ></asp:Button >
```

上面的代码中定义了一个服务器按钮控件 Button 标签控件的外观，设置其 SkinID 属性的名称以及背景和文字的显示颜色。

通过以上步骤，一个可以应用于整个网站项目的主题就建立完成了。

10.2.3　主题的使用

在网页中使用某个主题都会在网页定义中加上"Theme=[主题目录]"的属性，代码如下：

```
<%@ Page Theme="主题 1" … %>
```

为了将主题应用于整个项目，可以根据项目根目录下的 Web.config 文件里进行配置，示代码如下：

```
1.    <configuration>
2.        <system.web>
3.            <Pages Themes="主题 1"></Pages>
4.        </system.web>
5.    </configuration>
```

上面的代码中主题的配置是在配置文件的 configuration 节点下的 system.web 节点中进行。第 3 行代码通过使用 Pages 节点把属性 Themes 设置为"主题 1"，从而将该主题应用于整个项目。

只有遵守上述配置规则，在皮肤文件中定义的显示属性才能够起作用。

在 ASP.NET 4.5 中属性设置的优先级规则是：如果设置了页的主题属性，则主题和页中的控件设置将进行合并，以构成控件的最终属性设置。如果同时在控件和主题中定义了同样的属性，则主题中的控件属性设置将重写控件上的任何页设置。使用这种属性规则的明显好处是：通过主题可以为页面上的控件定义统一的外观，同时如果修改了主题的定义，页面上的控件属性也会跟着做统一的变化。

ASP.NET 4.5 中为 Web 控件提供的一个联系到皮肤的属性 SkinID，用来标识控件使用两种类型的控件外观：默认外观和命名外观。其中，默认外观自动应用于同一类型的所有控件；命名外观是设置了 SkinID 属性的外观。如果控件没有设置 SkinID 属性，则使用默认外观。例如如果为 TextBox 控件创建一个默认外观，则该控件外观适用于使用本主题页面上所有的 TextBox 控件。

有时需要同时为一种控件定义不同的显示风格，这时可以在皮肤文件中定义 SkinID 属性来区别不同的显示风格。以下代码中对 Label 控件定义了三种不同的皮肤：

```
1.    <asp:Label runat="server" CssClass="commonText"></asp: Label >
2.    <asp: Label runat="server" CssClass="MsgText" SkinID="MsgText"></asp: Label >
3.    <asp: Label runat="server" CssClass="PromptText" SkinID="PromptText"></asp: Label >
```

上述代码中第 1 行代码是默认定义，不包含 SkinID 属性，该定义作用于所有不声明 SkinID 属性的 Label 控件；第 2 行和第 3 行代码声明了 SkinID 属性，当使用其中一种样式定义时就需要在相应的 Label 控件里声明相应的 SkinID 属性。

【实例 10-7】 主题的使用

本实例演示如何当用户选择不同的主题后，实现页面中控件背景色的不同显示。具体实现步骤如下：

01 启动 Visual Studio 2012，创建一个 ASP.NET Web 空应用程序，命名为"实例 10-7"。

02 在网站根目录下创建一个名为 Default.aspx 的窗体文件。

03 在网站中创建两个主题目录，并在主题目录下各创建一个皮肤文件，命名为 One.skin，如图 10-16 所示。

图 10-16　创建主题

04 单击创建网站的根目录下 Default.aspx 文件，进入到"视图设计器"。从"工具箱"分别拖动两个 TextBox 控件和一个 Button 控件到"设计视图"中。切换到"源视图"，编写关键代码：

```
1.  <%@ Page Language="C#" AutoEventWireup="true" CodeFile="Default.aspx.cs" Inherits="_Default"
    Theme="OneTheme"%>
2.  用户名：<asp:TextBox ID="TextBox1" SkinID ="Text1" runat="server"></asp:TextBox><br />
3.  留言处：<asp:TextBox ID="TextBox2" SkinID="Text2" runat="server" TextMode ="MultiLine"
    Height="105px" Width="202px"></asp:TextBox>
```

上面的代码中第 1 行定义@Page 指令，设置关键属性 Theme 的值为主题目录的名称 OneTheme，表明把 OneTheme 主题应用于该页面。第 2、3 行各定义一个服务器文本框控件 TextBox1 并设置 SkinID 的属性。

05 单击新建的 One.skin 文件，在其中添加如下代码：

```
1.  <asp:TextBox runat="server" SkinId="Text1" ForeColor="OrangeRed"BorderStyle="Solid"
    BorderColor="Silver" BackColor="yellow"/>
2.  <asp:TextBox runat="server" SkinId="Text2" BackColor="Pink" ForeColor="green" BorderStyle="Dotted"
    BorderColor="WhiteSmoke"/>
```

上面的代码中，给两个文本框控件设置背景色、文字的前景色、边框样式和边框的颜色以及关联 SkinID 属性值。

06 单击网站目录下的 Default.aspx.cs 文件，编写如下关键代码：

```
1.    protected void Page_Load(object sender, EventArgs e){
2.        TextBox1 .Text ="皇冠";
3.        TextBox2.Text = "待到长发及腰时！ ";
4.    }
```

上面的代码中设置在两个文本框控件上显示的文本。

07 按快捷键 Ctrl+F5 运行程序，如图 10-17 所示，两个文本框根据主题中的设置显示不同的样式外观。

图 10-17　运行效果

10.2.4　用编程的方式控制主题

除了在页面声明和配置文件中指定主题和外观首选项之外，还可以通过编程方式应用主题。可以通过编程方式同时对页面主题进行设置。

当主题被制作完成后，很多场合用户希望能够自行更改主题，这种方式非常地实用，通过编程手段，只需要更改 Page 页面的 Theme 属性就能够对页面的主题进行更改。通过编程的方法不仅能够更改页面的主题，同样可以更改控件的主题，达到动态更改控件主题的效果。当需要更改页面主题时，可以更改页面的 Theme 属性即可实现页面主题更改的效果，Theme 属性的更改代码只能编写在 PreInit 事件中，示例代码如下所示：

```
protected void Page_PreInit(object sender, EventArgs e){
    switch(Request.QueryString["theme"]) //获取传递的参数{
    case "MyTheme1":                              //判断主题
        Page.Theme = "MyTheme1"; break;           //更改主题
    case "MyTheme2":                              //判断主题
        Page.Theme = "MyTheme2"; break;           //更改主题
    }
}
```

上述代码则通过更改 Page 的 Theme 属性对页面的主题进行更改，在编程的过程中，同样可以使用更加复杂的编程方法实现主题的更改。在更改页面的代码中，必须首先重写 Theme 属性，然后通过其中的 get 访问器返回样式表的主题名称，示例代码如下所示：

```
public override String StyleSheetTheme {
    get{
        return "MyTheme1";        //返回主题名称
    }
}
```

对于控件，可以通过更改控件的 SkinID 属性来对控件的主题进行更改，示例代码如下所示：

```
protected void Page_PreInit(object sender, EventArgs e) {
    TextBox1.SkinID = "blue";        //更改 SkinID 属性
}
```

上述代码通过修改控件的 SkinID 属性修改控件的主题，在控件中，SkinID 属性是能够将控件与主题进行联系的关键属性。

【实例 10-8】动态加载主题

本实例创建三个主题，分别用来定义三个 TextBox 控件，然后在页面根据下拉列表的选择来动态更换不同的主题，具体步骤如下：

01 Visual Studio 2012，创建一个 ASP.NET Web 空应用程序，命名为"实例 10-8"。

02 在网站中创建三个主题目录，分别为 BlueTheme、OrangeThemes 和 RedThemes，并在目录下创建三个皮肤文件 Blue.skin、Orange.skin 和 Red.skin。

03 在网站目录下创建一个名为 Default.aspx 的窗体文件。

04 双击 Default.aspx 文件，进入到"视图编辑"界面，进入"源视图"，添加关键代码如下：

```
1.  <asp:TextBox ID="TextBox1" runat="server" ></asp:TextBox>
2.  <asp:DropDownList ID="DropDownList1" runat="server" AutoPostBack="True">
3.    <asp:ListItem Value="BlueThemes">蓝色</asp:ListItem>
4.    <asp:ListItem Value="OrangeThemes">黄色</asp:ListItem>
5.    <asp:ListItem Value="RedThemes">红色</asp:ListItem>
6.  </asp:DropDownList>
```

上面的代码中第 1 行定义一个服务器文本框控件 TextBox1。第 2 行~第 6 行定义一个服务器下拉列表框控件 DropDownList1 并设置自动回传属性，其中，第 3 行~第 5 行添加三个列表选项。

05 用鼠标分别单击单击 Blue.skin、Orange.skin 和 Red.skin 文件，在其中添加如下代码：

```
1.  //Blue.skin 文件中的代码
```

```
2.    <asp:TextBox runat="server" BackColor="Blue" ForeColor="Blue"/>
3.    //Orange.skin 文件中的代码
4.    <asp:TextBox runat="server" BackColor="orange" ForeColor="orange"/>
5.    //Red.skin 文件中的代码
6.    <asp:TextBox runat="server" BackColor="red" ForeColor="red"/>
```

上面的代码中三个文本框不同的前景色和背景色。

06 单击网站目录下的 Default.aspx.cs 文件，编写如下关键代码：

```
1.    protected void Page_PreInit(object sender, System.EventArgs e) {
2.            Page.Theme = Request["DropDownList1"];
3.        }
```

上面的代码中第 1 行定义处理页面 PreInit 事件的方法，第 2 行设置 Page 对象的属性

Theme，根据下列列表框中选定的项加载相应的主题。

07 按快捷键 Ctrl+F5 运行程序，运行结果如图 10-18 所示。

图 10-18　运行结果

10.2.5　主题的禁用

默认情况下，主题将重写页和控件外观的本地设置，有时候，当控件或页已经有预定义的外观，且又不希望主题重写它时，就可以利用禁用方法来忽略主题的作用。

禁用页的主题通过设置@Page 指令的 EnableTheming 属性为 false 来实现，例如下面的代码使用 EnableTheming 属性设置主题的禁用：

```
<%@ Page EnableTheming="false" %>
```

如果要禁用控件的主题，则可以通过将控件的 EnableTheming 属性设置为 false 来实现，例如下面的代码实现在控件中使用 EnableTheming 属性设置主题的禁用 ：

```
<asp:Calendar id="Calendar1" runat="server" EnableTheming="false" />
```

10.3　上机题

1. 使用 Visual Studio 2012 集成开发环境创建、运行本章所有的代码和实例并分析其执行结果。

2. 编写一个 ASP.NET Web 应用程序，使用两种不同的主题来对日历控件进行外观的设置，运行程序后的结果如图 10-19 所示。

3. 编写一个 ASP.NET Web 应用程序，创建一个主题和皮肤文件，使用页面主题设置日历控件的样式，运行程序后如图 10-20 所示。

图 10-19　运行结果

图 10-20　运行结果

4. 编写一个 ASP.NET Web 应用程序，创建一个主题和皮肤文件，使用全局主题设置日历控件的样式，运行程序后如图 10-20 所示。

5. 编写一个 ASP.NET Web 应用程序，实现动态加载页面主题的功能，通过下拉列表中选择的两个选项，使日历控件显示不同的主题，运行程序后如图 10-21 所示。

6. 编写一个 ASP.NET Web 应用程序，设计母版页和内容页，母版页由上中下三个部分组成，内容页的内容显示在母版页的中部，运行程序后的效果如图 10-22 所示。

图 10-21　运行结果

图 10-22　运行效果

7. 编写一个 ASP.NET Web 应用程序，分别设计父母版页、子母版页和内容页，实现母版页的嵌套，运行效果如图 10-23 所示。

图 10-23　运行结果

第 11 章 层叠样式表

　　层叠样式表即 Cascading Stytle Sheet，简称为 CSS，它是 W3C 协会为弥补 HTML 在显示属性设定上的不足而制定的一套扩展样式标准。相对于传统 HTML 的表现而言，CSS 能够对网页中对象位置排版进行像素级的精确控制，支持几乎所有的字体字号样式，拥有对网页对象和模型样式编辑的能力，并能够进行初步交互设计，是目前基于文本展示最优秀的表现设计语言。CSS 能够根据不同使用者的理解能力，简化或者优化写法，针对各类人群，有较强的易读性。本章重点介绍 CSS 基础知识，对设计网站页面会有极大的帮助。

11.1　初识 CSS

　　引入 CSS 是因为在 HTML 中，虽然有<b>、<u>、<i>和<p>等标签可以控制文本或图像等的显示效果，但这些标签的功能非常有限，而且有些特定的网站需求用这些标签是不能够完成的。

　　使用 CSS 可以将"网页结构代码"和"网页格式风格代码"分离开，从而使网页设计者可以对网页的布局进行更多的控制。利用样式表，可以将站点上的所有网页都指向某个（或某些）CSS 文件，设计者只需要修改 CSS 文件中的某一行，整个网页上对应的样式都会随之发生改变。

　　CSS 的作用可以概括为以下几点：

- 内容与表现分离。
- 表现的统一，可以使网页的表现非常统一，并且容易修改。
- 减少重复代码的编写。
- 增加网页的浏览速度。
- 减少硬盘容量。

11.1.1　CSS 的发展历程

　　从上世纪 90 年代初，HTML 被发明开始，样式就以各种形式出现了，不同的浏览器结合了它们各自的样式语言为用户提供页面效果的控制，此时的 HTML 版本只含有很少的显示属性。

　　随着 HTML 的成长，为了满足设计师的要求，HTML 获得了很多显示功能。但是随着这些功能的增加，HTML 代码开始变得越来越冗长和杂乱，于是 CSS 就随之出现了。

　　CSS 的概念是在 1994 被提出的。其实，当时已经有过一些样式表语言的建议了，但 CSS 是第一个含有"层叠"概念的样式表语言。

1995 年，当时 W3C 刚刚建立，它们对 CSS 的发展很感兴趣，为此组织了技术小组进行开发。1996 年底，CSS 初稿已经完成，同年，12 月 CSS 规范的第 1 版本出版，即 CSS 1。

1997 年初，W3C 内组织了专管 CSS 的技术小组，开始讨论第 1 版中没有涉及到的问题，其讨论结果促成了 1998 年 5 月出版 CSS 规范的第 2 版，即 CSS 2。

CCS 3 标准最早于 1999 年开始制订，并于 2001 年初提上 W3C 研究议程。在 2011 年 6 月 7 日，W3C 发布了第一个 CSS 3 建议版本。CSS 3 的重要变化是采用模块来增加扩展功能，目前 CSS 3 还在不断完善中。

11.1.2 CSS 的特点

CSS 是一组格式设置规则，用于控制 Web 页面的外观。通过使用 CSS 样式设置页面的格式，可将页面的内容与表现形式分离。页面内容存放在 HTML 文档中，而用于定义表现形式的 CSS 规则则存放在另一个文件中或 HTML 文档的某一部分，通常为文件头部分。将内容与表现形式分离，不仅可使维护站点的外观更加容易，而且还可以使 HTML 文档代码更加简练，缩短浏览器的加载时间。概括来说，CSS 具有如下的特点：

（1）丰富的样式定义

CSS 允许定义更为丰富的文档样式外观，CSS 有设置文本属性及背景属性的能力，允许为任何元素创建边框并调整边框与文本之间的距离，允许改变文本的大小写、修饰方式（比如加粗、斜体等）、文本字符间隔、甚至隐藏文本以及其他的页面效果。

（2）易于使用和修改

CSS 能够将样式定义代码集中于一个样式文件中，以实现某种页面效果，这样就不用将样式代码分散到整个页面文件代码中，从而方便管理。另外，还可以将几个 CSS 文档集中应用于一个页面，也可以将 CSS 样式表单独应用于某个元素，逐渐应用到整个页面。如果须要调整页面的样式外观，只需要修改 CSS 样式表的样式定义代码即可。

（3）多页面应用

不仅可以将多个 CSS 样式表应用于一个页面，也可以将一个 CSS 样式表应用于一个网站的多个页面。通过在各个页面中引用 CSS 样式表，可以保证网站风格及格式的统一。

（4）层叠

例如，一个 CSS 样式表定义了一个网站的 10 个页面的样式外观，但由于需求的变化，要求在保持外观的情况下对其中一个页面布局进行更改，此时可以应用 CSS 样式表的层叠特性。再创建一个只适用于该页面的 CSS 样式表，该样式表中包含修改的那一部分样式的定义代码，将两个不同的样式表同时应用到该页面，新的样式表中定义的样式规则将代替原来样式表定义的样式规则，而原来样式表中定义的其他外观样式（没有被改动过的）仍被应用。

（5）页面压缩

一个拥有精美页面的网站，往往需要大量或重复的表格和字型（Font）标记以形成各种规格的文字样式，这样做的后果是产生大量的标记从而使页面文件的大小增加。将用于描述页面的相似布局的代码形成块放到 CSS 样式表中，可以大大地减少页面文件的大小，这样在加载页面时，时间也会减少。

11.2　CSS 的语法

CSS 的定义语法是由三部分构成：选择器（selector）、属性（property）和属性值（value），一个 CSS 的基本语法格式如下：

```
selector {
property1: value;
property2: value;
…
propertyN: value
}
```

上面的代码中，selector 是选择器，最普通的选择器就是元素的名称；property1、property2 和 propertyN 为属性名；value 指定属性的值；每对属性名/属性值后一般要跟一个分号，但是，大括号内只有一对属性名/属性值的情况除外。

一般情况下，选择器是要为之定义样式的 HTML 标记，例如 BODY、P、TABLE 等等，可以通过此方法定义相应标记的属性和值，属性和值之间用冒号隔开，例如：

```
body {color: black}
```

以上代码中，选择器 body 是指页面主体部分，color 是控制文字颜色的属性，black 是颜色的值，该代码的效果是使页面中的文字为黑色。

如果属性的值由多个单词组成，必须在值上加引号，例如字体的名称经常是几个单词的组合，示例代码如下：

```
p {font-family: "sans serif"}
```

以上代码定义段落的字体为 sans serif。

如果需要对一个选择器指定多个属性时，则要使用分号将所有的属性和值分开，例如：

```
p {text-align: center; color: red}
```

以上代码表示设置了两个段落 P 的属性，居中排列和段落中的文字为红色。两个属性间用了分号隔开。

当然为了使定义的样式表方便阅读，也可以采用分行的书写格式，例如：

```
1.    p
2.    {
3.      text-align: center;
4.      color: black;
```

```
5.      font-family: arial
6.    }
```

上面的代码中第 1 行定义选择器段落标记 p。第 3 行代码表示段落排列居中，第 4 行表示段落中文字为黑色，第 5 行表示字体是 arial。

还可以把具有相同属性和值的选择器组合起来书写，用逗号将选择器分开，这样可以减少样式重复定义，例如：

```
h1, h2, h3, h4, h5, h6 { color: green }
```

以上代码的含义是定义 6 种标题元素的文字都为绿色，它和分开定义每个标题元素的字体为绿色的效果一样，显然这样写节省代码。

11.3　CSS 选择器

CSS 选择器用于指定样式规则所应用元素的名称，由一个或多个元素名或特定的标识构成，紧跟其后面的是用花括号"{}"括起来的若干个属性名与相应的属性值对，用来对选择器所指定的元素设置具体的显示样式。浏览器在碰到这些元素时，就使用定义好的样式来显示它们。花括号中每一个属性名与相应的属性值之间必须用冒号"："分隔。

例如，下面规则中的 CONTENT 就是选择器。

```
CONTENT{
display:block;
font-weight: bold;
            font-size:16pt
  }
```

上面的代码将文档中的 CONTENT 元素的显示格式设置为：在块中单独显示一行；文字的大小为 16 磅；文字为粗体。

CSS 中的每一条格式设置语句都是由选择器开始的，选择器可以有如下多种不同的形式。

1. 一个或多个元素（Tag）选择器

选择器除了可以为某一个元素设置显示的格式，也可以为多个不同的元素设置显示的格式，只需将这些元素的名称包含在选择器中，并以逗号来分隔每一个元素的名称。例如，下面的格式设置语句同时应用于 ID、TITLE、CONTENT 和 TYPE 多个不同的元素：

```
  ID,TITLE,CONTENT,TYPE{
display:block
  }
```

本例将多种元素全部包含在单一的规则中进行设置，而是将它们分散在不同的规则中设置，可以让 CSS 样式表变得更短，并且更容易理解和维护。当然，也可以为同一个元素分别设置多个规则。例如，下面的几个规则都是为 CONTENT 元素设置的：

```
CONTENT{ display:block}
CONTENT{ font-weight: bold}
CONTENT{ font-size:16pt}
```

2. 类（Class）选择器

不管是 HTML 还是 XML 文档，有些内容是可以分类处理的，相应的，对于某一类的内容可以定义不同的样式进行显示。这样就可以在相应的 CSS 文件中对相同名称不同 Class 属性元素分别设定不同的规则，从而增加样式设置的灵活性。例如，有一个段落是粗体的，而另一个段落则为正常的字体，可以把 Class 属性加到两个元素或其中一个元素上，然后为给定的 Class 中的元素编写一个规则。

类选择器的定义方法有两种：

（1）与元素不相关的类选择器的定义方法：

```
.Class {
property1: value;
property2: value;
……
propertyN: value
}
```

这种类选择器定义时在 Class 的名称前面加了一个 "."。

（2）与元素相关的类选择器的定义方法：

```
Tag.Class {
property1: value;
property2: value;
……
propertyN: value
}
```

这种类选择器是在定义时使用 Tag.Class 的方式表示该 Class 是与元素相关的选择器，后面的定义和 Class 选择器相同。

例如，以下使用类选择器的代码：

```
1.    p.right {text-align: right}
2.    center {text-align: center}
```

上面的代码中第 1 行定义 HTML 标记的类选择器，这种情况将只定义标记 p 的样式，而第 2 行代码则具有通用性，可用于任何标记的样式定义。

类的名称可以是任意英文单词或以英文开头与数字的组合，但类的命名最好能够说明类功能。

3. 标识（ID）选择器

在 HTML 或 XML 文档中，往往需要唯一地标识一个元素，即赋予它一个 ID 标识，以便在对整个文档进行处理时能够较快地找到这个元素。CSS 也可以将 ID 标识作为选择器进行样式设定。例如，要将某张列表中的一个元素变成粗体，来与同类进行对照，从而达到强调它的目的这种情况下，可编写作用于此元素 ID 属性的规则。

标识选择器的定义方法也有两种：

（1）与元素不相关的标识选择器的定义方法：

```
#ID {
property1: value;
property2: value;
……
propertyN: value
}
```

这种标识选择器是定义时在 ID 的名称前面加了一个"#"，后面的定义和类选择器相同。

（2）与元素相关的标识选择器的定义方法：

```
Tag#ID{
property1: value;
property2: value;
……
propertyN: value
}
```

这种标识选择器是在定义时使用 Tag#ID 的方式表示该 ID 是与元素相关的选择器，后面的定义和前面的选择器相同。

例如，下面使用标识选择器的代码：

```
1.  #intro
2.  {
3.      font-size:80%;
4.  }
5.  p#headLine
6.  {
7.  ont-size:100%;
8.  }
```

上面的代码中第 1 行~第 4 行采用第 1 种方法定义 ID 选择器，将可用于所有字体大小的定义，第 5 行~第 8 行采用第 2 种方法定义 ID 选择器，将只用于匹配 id="intro"的段落元素。

ID 选择器局限性很大，只能单独定义某个元素的样式，一般只在特殊情况下使用。

4. 包含选择器

包含选择器是可以单独对某种元素包含关系（元素 1 里包含元素 2）定义的样式表，这种方式只对在元素 1 里的元素 2 定义，对单独的元素 1 或元素 2 无定义，例如：

```
1.   table a
2.   {
3.      font-size: 12px
4.   }
```

上面的代码是为在表格内的链接定义了样式，文字大小为 12px，而表格外链接的文字则不接受该样式的定义。

5. 伪类选择器

在样式的语法中，还有一个概念比较重要就是伪类，很多特效可以利用伪类来实现。伪类可以看做是一种特殊的类选择器，是能被支持 CSS 的浏览器自动所识别的特殊选择器。它的最大的用处就是可以对链接在不同状态下定义不同的样式效果。

伪类的定义格式如下：

```
选择器:伪类 {属性: 值}
selector:pseudo-class {property: value}
```

伪类和类不同，是 CSS 已经定义好的，不能象类选择器一样随意用别的名字，根据上面的语法可以解释为对象（选择器）在某个特殊状态下（伪类）的样式。

最常用的是 4 种为 a（链接）元素的伪类，它表示动态链接在 4 种不同的状态：link（未访问的链接）、visited（已访问的链接）、active（激活链接）、hover（鼠标停留在链接上）。可以把它们分别定义不同的效果，以区别以上 4 种状态，例如以下代码：

```
1.   a:link {color: #FF0000; text-decoration: none}
2.   a:visited {color: #00FF00; text-decoration: none}
3.   a:hover {color: #FF00FF; text-decoration: underline}
4.   a:active {color: #0000FF; text-decoration: underline}
```

上面的代码中第 1 行定义未访问的链接，第 2 行定义已访问的链接，第 3 行定义鼠标在链接上，第 4 行定义激活链接。

11.4　使用 CSS

有 4 种常用的在页面中插入样式表的方法：链入外部样式表、内部样式表、导入外部样式表和内嵌样式。

1. 链入外部样式表

链入外部样式表是把样式表保存为一个样式表文件，然后在页面中<link>标记链接到这个样式表文件，这个\<link\>标记必须放到页面的\<head\>区内，例如以下代码：

```
1.  <head>
2.  …
3.  <link rel="stylesheet" type="text/css" href="mystyle.css">
4.  …
5.  </head>
```

上面的代码中第 3 行代码表示浏览器从 mystyle.css 文件中以文档格式读出定义的样式表，rel="stylesheet"是指在页面中使用这个外部的样式表，type="text/css"是指文件的类型是样式表文本，href="mystyle.css"是文件所在的位置。

2．内部样式表

内部样式表是把样式表放到页面\<head\>区里，这些定义的样式就应用到页面中了，样式表是用\<style\>标记插入的，例如如下代码：

```
1.  <head>
2.  …
3.  <style type="text/css">
4.  hr {color: sienna}
5.  p {margin-left: 20px}
6.  body {background-image: url("images/back40.gif")}
7.  </style>
8.  …
9.  </head>
```

上面的代码中第 3 行~第 7 行代码定义了几个标记的样式，其中，定义了分割线 hr 的颜色，段落的左边距和页面的背景图片。这些样式会自动应用到在\<body\>和\</body\>之间定义的标记。

3．导入外部样式表

导入外部样式表是指在内部样式表的\<style\>里导入一个外部样式表，导入时用@import 关键字，例如以下代码：

```
1.  <head>
2.  …
3.  <style type="text/css">
4.  <!--
5.  @import "mystyle.css"
6.  /*其他样式表的声明*/
7.  -->
8.  </style>
9.  …
```

```
10.    </head>
```

上面的代码中第 5 行代码中@import "mystyle.css" 表示导入 mystyle.css 样式表。

4. 内嵌样式

内嵌样式是混合在 HTML 标记里使用的，用这种方法，可以很简单地对某个元素单独定义样式。内嵌样式的使用是直接将在 HTML 标记里加入 style 参数。而 style 参数的内容就是 CSS 的属性和值，例如代码：

```
1.    <p style="color: sienna; margin-left: 20px">
2.     这是一个段落
3.    </p>
```

上述代码第 1 行代码中利用 style 参数来定义段落显示的样式。第 2 行是显示的文字。

以上概要地介绍了 CSS 的基本语法和用法，关于 CSS 可以定义的详细属性以及相应值，读者可以去查阅资料以获取比较详尽地属性列表，这里就不再一一列举了。

【实例 11-1】CSS 的使用

本实例使用 CSS 外部样式表定义一个网站页头部分，包括网站 Logo 和导航部分，最后在程序中导入外部样式表。

01 启动 Visual Studio 2012，创建一个 ASP.NET Web 空应用程序，命名为"实例 11-1"。

02 在"实例 11-1"中创建一个名为 Default.aspx 的窗体。

03 单击网站的根目录下 Default.aspx 文件，进入到"视图设计器"，切换到"源视图"，在<form>和</form>标记之间编写如下代码：

```
1.    <table border="0" cellpadding="0" cellspacing="1">
2.    <caption>中国音乐榜</caption>
3.      <thead>
4.        <tr>
5.          <th>名次</th>
6.          <th>歌手</th>
7.        <th>歌曲</th>
8.        </tr>
9.      </thead>
10.     <tbody>
11.      <tr class="hui">
12.        <td>1</td>
13.        <td>周杰伦</td>
14.        <td>青花瓷</td>
15.      </tr>
16.      <tr>
17.        <td>2</td>
18.        <td>王力宏</td>
```

```
19.        <td>花田错</td>
20.      </tr>
21.      <tr class="hui">
22.        <td>3</td>
23.        <td>信</td>
24.        <td>死了都要爱</td>
25.      </tr>
26.      <tr>
27.        <td>4</td>
28.        <td>S.H.E</td>
29.        <td>中国话</td>
30.      </tr>
31.      <tr class="hui">
32.        <td>5</td>
33.        <td>南拳妈妈</td>
34.        <td>牡丹江</td>
35.      </tr>
36.      <tr>
37.        <td>6</td>
38.        <td>蔡依林</td>
39.        <td>特务 J</td>
40.      </tr>
41.    </tbody>
42.    <tfoot>
43.        <tr>
44.      <td colspan="3" style="text-align:right;">上海音乐台</td>
45.      </tr>
46.    </tfoot>
47.  </table>
```

上面的代码中第 1 行~第 47 行定义了一个 7 行 3 列的表格。其中，第 2 行定义表格的标题，第 3 行~第 9 行定义表格的表头，第 10 行~第 41 行定义了表格要显示的每一行中每一列的具体内容，第 42 行~第 46 行定义了表格的页脚部分。

04 用右键单击网站名称"实例 11-1"，在弹出的快捷菜单中选择"添加"|"添加新项"命令，弹出如图 11-1 所示的"添加新项"对话框。

05 选择"已安装模板"下的"Visual C#"模板，并在模板文件列表中选中"样式表"，然后在"名称"文本框输入该文件的名称 StyleSheet.css，最后单击"添加"按钮。

图 11-1　"添加新项"对话框

06 此时，在网站根目录自动生成一个如图 11-2 所示的 StyleSheet.css 文件。

图 11-2　生成样式表

07 单击 StyleSheet.css 文件，编写 CSS 代码如下：

```
1.    table {
2.    width: 600px;
3.    margin-top: 0px;
4.    margin-right: auto;
5.    margin-bottom: 0px;
6.    margin-left: auto;
7.    text-align: center;
8.    background-color: #000000;
9.    font-size: 9pt;
10.   }
11.   td {
12.   padding: 5px;
13.   background-color: #FFFFFF;
14.   }
15.   caption {
16.   font-size: 36px;
17.   font-family: "黑体", "宋体";
```

```
18.    padding-bottom: 15px;
19.    }
20.    thead tr {
21.    font-size: 18px;
22.    background-color: #663333;
23.    color: #FFFFFF;
24.    }
25.    thead th {
26.    padding: 5px;
27.    }
28.    .hui td {
29.    background-color: #CCCCCC;
30.    }
31.    tr:hover td {
32.    background-color: #FF9900;
33.    }
```

上面的代码中，第1行~第10行定义了表格的样式，其中在第2行里定义了表格的宽度为600px，在第3行~第6行里，定义了8个方向的表格的外边框，在第7行里，定义了表格里文字是采用"居中"的对齐方式，而在第8行里，定义了表格的背景色，在第9行里，定义了针对表格里的字体大小的设置。

第11行~第14行通过类选择器设置偶数行的变化效果，第20行~第27行设置表头的样式，第28行定义隔行变化的效果，第31行~第33行设置通过伪类选择器鼠标停留在数据行上显示的颜色。

08 将解决方案资源管理器中的 StyleSheet.css 文件，拖动到"源视图"中的<head>和</head>标记内。

09 按快捷键 Ctrl+F5 运行程序，运行结果如图11-3所示。

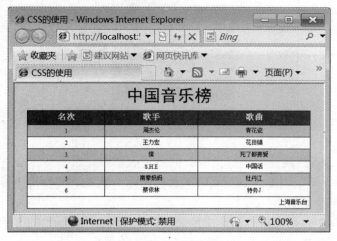

图11-3 运行结果

11.5 CSS 编辑器

Visual Studio 2012 中的 CSS 编辑器比前面的版本做了改进，以便更好地在 ASP.NET 项目中使用 CSS。

Visual Studio 之前的版本中，在 CSS 编辑器中的 intellisense 引擎为命名的颜色值提供了 hard-coded 的下拉列表。Visual Studio 2012 中则使用颜色选择器替换了列表，这将更容易从样式表中选取已经使用过的颜色，以及创建自定义的颜色样式。

当在 CSS 编辑器中为 CSS 属性编辑颜色值时，一个新的颜色选择器将会自动出现。它在默认情况下显示一系列样式表中使用过的颜色，以及一个可用的默认颜色样本调色板。可以使用鼠标或键盘从列表中选取一种颜色，如图 11-4 所示。

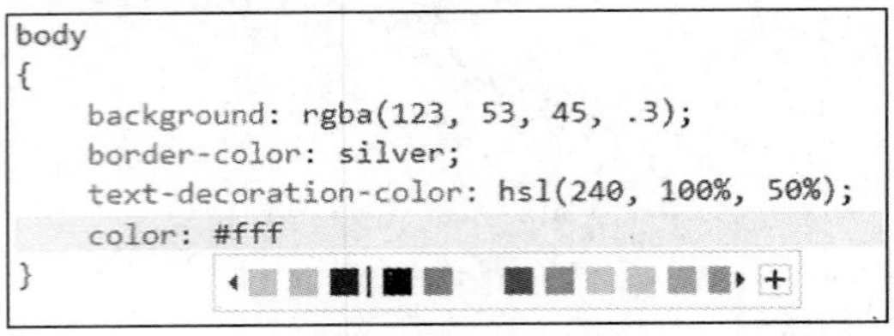

body
{
background: rgba(123, 53, 45, .3);
border-color: silver;
text-decoration-color: hsl(240, 100%, 50%);
color: #fff
}
+

图 11-4　颜色选择器

可以选择“+”按钮来将列表展开为更丰富的颜色选择器以选取更确切的颜色。当移动不透明滑块时，可以自动将任意颜色转换为 CSS3 RGBA 值来控制 alpha 通道。它还包括一个“颜色选择”功能，允许使用取色器从浏览器中已加载的任意网站或系统中正在运行的应用程序中选取颜色，如图 11-5 所示。

body
{
background: rgba(123, 53, 45, .3);
border-color: silver;
text-decoration-color: hsl(240, 100%, 50%);
color: rgba(255, 255, 255, 0.76)
}
New
Original
Opacity:
Pick...

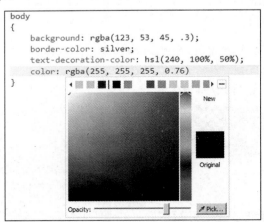

图 11-5　取色器

当工作于相同 CSS3 属性的所有供应商的特定版本时，编写样式表有时感觉是件重复性的事情。经常不得不为每个浏览器编写相同的属性值——这在有些情况下需要编写 5 个相同的值。为了支持所有浏览器版本，它是乏味的却必须的工作。

Visual Studio 2012 包括支持自动生成的所有供应商特定属性的 CSS 代码段。那就意味着在跨浏览器时，不需乏味的搜索和键入来获取 CSS 3 的属性。

　　CSS 代码段的工作原理如同现今 Visual Studio 中其他编辑器的代码段。例如，要为 CSS3 transition 属性调用代码段，只需键入 transition 或从 CSS 样式表中的 intellisense 中选取，如图 11-6 所示。

```
div {
    transition
```

图 11-6　transition 属性

　　然后按 Tab 键，Visual Studio 2012 将执行 CSS 过渡代码段，生成代码来支持所有浏览器的前缀。它也可以允许你改变一次值，接着自动将它传到所有其他属性值中，如图 11-7 所示。

```
div {
    -ms-transition: color 0.5s ease;
    -moz-transition: color 0.5s ease;
    -o-transition: color 0.5s ease;
    -webkit-transition: color 0.5s ease;
    transition: color 0.5s ease;
}
```

图 11-7　支持所有浏览器前缀

　　当我们观看实际的样式表时，一个趋势就是 Web 开发人员通常使用缩进来创建和维护在单独的 CSS 规则中的父类/子类关系。这样在文档中就创建了一个树形层次结构，它能更容易查看规则之间的关系以及它们逻辑上属于哪部分，如图 11-8 所示。

```
header {
    color: #ff0;
}

    header hgroup {
        padding: 1em;
    }

        header hgroup h1 {
            color: #333;
        }

    header p {
        margin: 0;
    }
```

图 11-8　CSS 缩进

　　在 Visual Studio 的之前版本中，手动维护这些层次结构是件麻烦的事情。如果你修改了，CSS 格式化程序将删除额外的缩进。这意味着不得不手动格式化整个样式表。而在 Visual Studio 2012 中，当一部分或者整个文档被格式化的时候，将为创建 CSS 并维护它们添加内置的支持。这样就很容易查看样式表的结构和规则的层叠顺序之间的复杂关系。

11.6　CSS 样式创建器

通过样式的语法介绍可以发现，虽然样式的语法不是很复杂，然而由于没有特殊的编辑器，想要创建正确的样式还是一件比较麻烦的事情，首先必须了解语法，此外更重要的是要记住很多属性的含义，而使用 Vistual Studio 2012 提供的"CSS 样式创建器"能够很方便地创建样式。只需要根据它提供的"新建样式"对话框进行一些选择和设置就可生成满足需要的样式。选择菜单栏中的"格式"|"新建样式"命令，打开如图 11-9 所示的"新建样式"对话框，在这个对话框里只需要进行一些选择和设置就可以创建各种 CSS 样式。

图 11-9　"新建样式"对话框

在图 11-9 的"新建样式"对话框里，"选择器"下拉列表框中提供了 100 多种选择器类型供用户使用。"定义位置"下拉列表是指定当前样式是用于当前网页还是新建的样式表或者使用现有的样式表。类别列表中提供了可以定义样式的内容，当选择某项样式类别，在对话框的中间就会出现该类别可以设置的各种属性。表 11-1 中列出了可定义样式的说明。

表 11-1　"新建样式"对话框中可以定义的样式

样式分类	说明
字体	设置字体类型、字体大小和文本颜色，还可以设置诸如加黑等字体特性
块	对文本进行设置，可以设置排列方式、字间距、在第一行的缩进量等
背景	设置背景色或背景图片
边框	设置元素的边框，可以设置边框的样式、厚度和颜色等
方框	设置元素的边界和容器之间的区域、元素的边界和里面内容之间区域的样式
定位	为元素设置一个固定的宽度和高度，还可以为元素设置元素在页面上的位置

（续表）

样式分类	说明
布局	控制各种复杂的布局，可以指定某个元素是显示还是隐藏，可以设置某个元素在页面的边界时是否浮动，还可以设置鼠标在滑过某些内容时显示的样式
列表	设置列表样式
表格	设置表格样式

为了能够把将要创建的样式应用于选中的内容，还必须选中"将新样式应用于文档选择内容"复选框。当选择一些样式后，在"预览"文本框中可以看到选择样式的预览效果。

【实例11-2】样式创建器的使用

本例演示如何在 ASP.NET Web 应用程序中使用样式创建器实现一个组成搜索界面各种元素的样式和外观。

01 启动 Visual Studio 2010，创建一个 ASP.NET Web 空应用程序，命名为"实例11-2"。

02 在"实例11-2"中创建一个名为 Default.aspx 的窗体。

03 单击创建网站的根目录下 Default.aspx 文件，打开"视图设计器"，进入"源视图"编写代码如下：

```
1.  <body>
2.  <form  runat="server">
3.   <h1> 会员登录<span>返回首页&gt;&gt;</span></h1>
4.   <table  border="1">
5.   <tr>
6.    <td>会员名</td>
7.    <td>
8.      <asp:TextBox ID="TextBox1" CssClass="tb1" Text="wjn2013" runat="server"></asp:TextBox>
9.    </td>
10.   </tr>
11.   <tr>
12.    <td style="width:100px;">密码</td>
13.    <td><asp:TextBox ID="TextBox2"  TextMode ="Password"  Text ="123456"  runat="server" CssClass="tb2"></asp:TextBox></td>
14.   </tr>
15.  </table>
16.  <p>
17.   <asp:Button ID="Button1" CssClass="bt1" runat="server" Text="登录" />
18.          
19.   <asp:Button ID="Button2" CssClass="bt2" runat="server" Text="退出" />
20.  </p>
21.  </form>
22.  </body>
```

上面的代码中设计了一个登录的页面，要注意的是代码中的第 8、13、17 和 20 行中控件的 CssClass 属性用来设置该控件的类选择器的名称。

04 选择菜单栏中的"格式"|"新建样式"命令，打开如图 11-10 所示的"新建样式"对话框。在"选择器"下拉列表中输入.tb1；在"定义位置"下拉列表中选择"当前网页"选项；选中"将新样式应用于文档选择内容"复选框；在"类别"列表中选择"定位"、"字体"和"背景"，分别设置相应的属性。最后单击"确定"按钮。

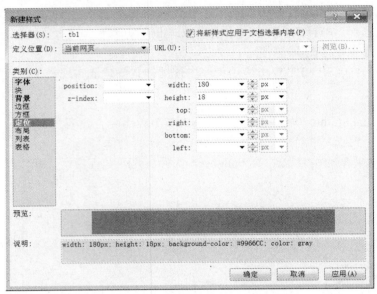

图 11-10   "新建样式"对话框

05 此时，在"源视图"的<head>下的<style>标记中自动生成的样式代码如下：

```
1.    .tb1 {
2.          width:180px;
3.          background-color:#9966CC;
4.          height:18px;
5.          color:gray;
6.    }
```

上面的代码中第 1 行为标签控件创建一个内部的样式表，使用类选择器，类名为 tb1，它对应源视图代码中的 TextBox1 文本控件中设置的类选择器的名称。第 2 行~第 5 行设置文本框的长度、宽度、背景颜色和文字的颜色。

06 分别使用以上步骤，对所有的标记、表单元素和类选择器在"新建样式"对话框中进行所见即所得的可视化的设置。完成设置后自动生成的样式代码如下所示：

```
1.    body {font-family: "宋体";font-size: 12px;}
2.    form{width:300px; margin:0 auto 0 auto; border:#999999 1px solid; }
```

3.　span {margin-left:150px; }
4.　h1 {display:block; height:25px; line-height:25px; font-size:14px; color:#FF0000; background-color:#3399FF;}
5.　table {width:300px; border-width: 1px; }
6.　td{width:100px; font-size:14px; font-weight:bold; }
7.　.tb1{width:180px;background-color:#9966CC;color:gray;}
8.　.tb2{width:180px; background-color:#6699CC; height:18px; color:#FFFFFF; }
9.　.bt1 {width:50px; height:20px; background-color:#6666CC; border:#0000CC 2px groove; cursor:pointer;}
10.　.bt2 {width:50px; height:20px; background-color:#CCFF00; border:#0000CC 2px groove;　 cursor:pointer; color:#FFFFFF; }
11.　p {margin:5px 0 10px 0; text-align:center;}

上面的代码中第 1 行定义 body 标签之间元素的字体和大小。第 2 行定义 form 标签之间元素的宽度、边框和位置的样式。第 3 行定义 span 标签之间元素的位置样式。第 4 行定义 h1 标签之间元素颜色、背景、字体等的样式。第 5 行定义表格标签 table 中元素的样式。第 7 行~第 10 行定义了 4 个类选择器的样式。第 11 行定义 p 标签之间元素的位置样式。

07 按快捷键 Ctrl+F5 运行程序，运行结果如图 11-11 所示。

图 11-11　运行结果

11.7　CSS 属性窗口

在 Visual Studio 2012 中提供了 CSS 属性窗口，可以通过该窗口方便地查看或修改任何页面中的样式。只要选择菜单栏中的"视图"|"CSS 属性"命令，就能可以打开如图 11-12 所示的 CSS 属性窗口。

图 11-12　CSS 属性窗口

当打开 CSS 属性窗口后，就可以使用它查看已有的样式。在页面中选择应用样式的标记或控件，就可以在 CSS 属性窗口看到该样式的详细内容。比如查看"实例 11-2"创建的样式，可以在"设计视图"中选择相关控件，这样在如图 11-12 所示的 CSS 属性窗口中可以看到应用到该标记样式的详细内容。CSS 属性窗口的上半部分显示了应用到当前选择的标记或控件的样式列表，而下半部分详细地显示了被选择样式的详细内容，而且在属性窗口中，可以随时更改样式的详细定义。

在 CSS 属性窗口中，右键单击样式列表或者详细属性，则会弹出如图 11-14 所示的一个菜单。

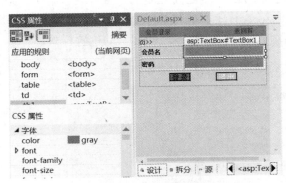

图 11-13　查看存在的样式　　　　　　　图 11-14　CSS 属性菜单

在图 11-17 中可以看到，该菜单包含了以下的一系列命令，可以根据实际的需要选择相应的菜单项进行操作。菜单中的令选项的含义如下：

● 转到代码，用来显示样式定义的代码，选择该命令时，就会在右边的页面窗口中显示出样式定义的代码。

● 新建样式，用来新创建一个样式，选择该命令时，则会弹出前面的介绍的样式创建对话框。

● 新建样式副本，用来创建当前样式的一个副本，选择该命令时，同样会弹出样式创建对话框，而在该对话框里显示当前样式的详细信息，而样式名则会在原来的名字后面加上 Copy 表示新创建的样式是当前样式的副本。

● 修改样式，用来修改当前样式，选择该命令时，则弹出修改样式对话框，这个对话框和新建样式对话框一样，只不过这里将显示当前样式的详细信息。

● 新建级联样式，用来创建级联样式，选择该命令时，则会在属性窗口添加一个新的样式，选中该样式就可以在属性窗口中对该样式进行详细定义。

● 删除类，用来删除当前的样式。

11.8　创建和应用样式文件

在很多情况下，通常并不直接在页面中创建样式，而是创建一个或几个通用样式的文件，然后再在页面引用这些文件存在的样式。这样有助于样式的统一管理。具体的操作步骤如下：

01 创建样式文件包括两种情况：第一种是创建一个新样式文件，把创建的样式放到该文件中；第二种是向已经存在的样式文件中添加新的样式。这二种创建的方式都可以在"新建样式"对话框中进行。把对话框中的"定义位置"下拉列表选择为"新建样式表"或"现有样式表"即可。然后进行样式的定义，完成后单击"确定"按钮即可创建一个新的样式文件或添加样式到已有的样式文件。

02 打开新创建的样式文件，可以看到新创建的样式被存储在该文件中。按 Ctrl+Alt+T 快捷键，会出现如图 11-15 所示"CSS 大纲"窗口，左侧的窗口就是"CSS 大纲"窗口，在该窗口显示了当前样式文件中包含的元素、类、元素 ID 以及@Blocks 等的概要内容。

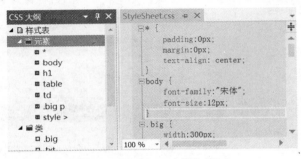

图 11-15　"CSS 大纲"窗口

03 在前文中曾经讲过可以利用<link>标记将样式文件（.css 文件）引用到页面文件（.aspx）。而在 Vistul Studio 2012 中，可以直接通过把样式文件拖动到要应用该样式的页面，这样，<link>语句就会自动出现在该页面文件中。

04 当把样式文件的引用添加到页面上后，就能够把样式应用到页面上的控件和标记上：可直接利用代码添加样式的引用，也可以通过选择菜单栏上的"视图"|"应用样式"命令，打开如图 11-16 所示的"应用样式"窗口可以看到外部样式表中的各种样式已经根据类选择器的名称和 HTML 的标记关联了起来，并显示出了外观效果。

图 11-16　"应用样式"窗口

综上所述，在 Vistul Studio 2012 中将"样式创建器"、"CSS 属性"窗口和"应用样式"窗口这三者配合使用，可以非常方便地进行 Web 页面的 CSS 样式的设计。

11.9 上机题

1. 使用 Visual Studio 2012 集成开发环境创建、运行本章所有的代码和实例并分析其执行结果。

2. 编写一个 ASP.NET Web 应用程序，使用 CSS 外部样式对窗体表单的元素进行样式的设计，运行效果如图 11-17 所示。

3. 编写一个 ASP.NET Web 应用程序，使用外部样式表将导航栏设置成如图 11-18 所示的效果。

图 11-17 运行效果

图 11-18 运行效果

4. 编写一个 ASP.NET Web 应用程序，使用外部样式表，通过 Tag 选择器、类选择器和 ID 选择器共同实现一个时装网站的"服饰新闻"模块，运行效果如图 11-19 所示。

图 11-19 运行效果

5. 编写一个 ASP.NET Web 应用程序，使用内部样式表实现和上题同样的页面效果，运行结果如图 11-19 所示。

第 12 章　网 站 导 航

当网站包含的页面较多时，有一个稳固而清晰的导航结构很重要，这样才能让用户顺畅地浏览网站。使用良好的导航系统，项目中所有没有连接的 Web 页面就会形成一个完整而连贯的 Web 网站。好的网站导航可以使访问者在任何地方都可以清楚地了解自己所在的位置，并且有好的、方便的途径返回首页或上一级菜单。ASP.NET 引入了一个导航系统来解决这个问题，从而使终端用户使用应用程序管理变得非常简单。本章将介绍导航系统的组件，主要包括网站地图和网站导航控件。

12.1　网站导航简介

一个网站往往会包含很多页面，而比较优秀的导航系统可以让用户很顺畅地在页面间进行穿梭。显然，使用 ASP.NET 控件工具包可以实现几乎所有的导航系统，但真正实现起来还是需要进行很多麻烦的工作，然而 ASP.NET 所具有的一系列导航特性能够显著地简化这些工作。

ASP.NET 的导航是柔性的、可配置的并且是可插拔的，它主要包含三部分：

● 一种定义网站导航结构的方式，使用 XML 结构形式的网站地图文件来存储导航结构信息。

● 一种方便读取网站地图文件信息的方式，SiteMapDataSource 控件和 XmlSiteMapProvider 控件来实现这个功能。

● 一种把网站地图信息显示在用户浏览器上的方式，并且能够让用户方式使用这个导航系统。可以使用绑定到 SiteMapDataSource 控件的导航控件来实现这个功能。

可以单独地扩展或自定义以上各个部分。例如，如果想要更改导航控件的外观，只需要把不同的控件绑定到 SiteMapDataSource 控件即可；如果想要从不同的类型或不同位置读取网站地图信息，只需要更改网站地图提供器即可。

ASP.NET 4.5 提供了名为 XmlSiteMapProvider 的网站地图提供器，使用 XmlSiteMapProvider 可以从 XML 文件中获取网站地图信息。如果要从其他位置或从一个自定义的格式获取网站地图信息，就需要创建定制的网站地图提供器，或者寻找一个第三方解决方案。

XmlSiteMapProvider 会从根目录中寻找名为 Web.sitemap 的文件来读取信息，它解析了 Web.sitemap 文件中的网站地图数据后创建一个网站地图对象，而这个网站地图对象能够被 SiteMapDataSource 所使用，而 SiteMapDataSource 可以被放置在页面的导航控件所使用，最后由导航控件把网站的导航信息显示在页面上。

12.2　网站地图

网站地图又称为"站点地图"，它是一种扩展名为.sitemap 的标准的、有固有格式的 XML 文件，其中包括了网站的导航结构信息，默认情况下网站地图被命名为 Web.sitemap，并且被存储在应用程序的根目录下。

12.2.1　定义网站地图

网站地图的定义非常简单，可以直接使用文本编辑器进行编辑，还可以使用 Vistual Studio 2012 创建，创建的站点地图文件可以自动生成组成网站地图的基本结构，代码如下：

```xml
<?xml version="1.0" encoding="utf-8" ?>
<siteMap xmlns="http:/schemas.microsoft.com/AspNet/SiteMap-File-1.0" >
<siteMapNode url="" title=""   description="">
        <siteMapNode url="" title=""   description="" />
        <siteMapNode url="" title=""   description="" />
    </siteMapNode>
</siteMap>
```

上面是自动生成的网站地图基本结构信息组成的代码。在添加了站点地图文件后，就可以按照自动生成的网站地图的基本结构添加适合本网站的数据信息。

创建站点地图必须遵循以下的一些原则：

（1）网站地图以<siteMap>元素开始。

每一个 Web.sitemap 文件都是以<siteMap>元素开始，以与之相对的</siteMap>元素结束。其他信息则放在<siteMap>元素和</siteMap>元素之间，例如以下代码：

```xml
<siteMap xmlns="http://schemas.microsoft.com/AspNet/SiteMap-File-1.0" >
    ......
</siteMap>
```

以上代码中 xmlns 属性是必须的。如果使用文本编辑器编辑站点地图文件时必须把上面代码中的 xmlns 属性值完全拷贝过去，它告诉 ASP.NET，这个 XML 文件使用了网站地图标准。

（2）每一个页面由<siteMapNode>元素来描述。

每一个站点地图文件定义了一个网站的页面组织结构，可以使用<siteMapNode>元素向这个组织结构插入一个页面，这个页面将包含一些基本信息：页面的名称（将显示在导航控件中）、页面的描述以及 URL（页面的链接地址），示例代码如下：

```xml
<siteMapNode url="~/default.aspx" title="主页"   description="网站的主页面" />
```

（3）<siteMapNode>元素可以嵌套。

一个<siteMapNode>元素表示一个页面，通过嵌套<siteMapNode>元素可以形成树型结构的页面组织结构。例如下面的代码：

```
<siteMapNode url="~/Default.aspx" title="主页"  description="主页面">
   <siteMapNode url="~/WebForm1.aspx" title="页面 1"  description="页面 1" />
   <siteMapNode url="~/WebForm2.asp" title="页面 2"  description="页面 2" />
</siteMapNode>
```

以上代码包含三个节点，其中主页为顶层页面，其他两个页面为下一级页面。

（4）每一个站点地图都是以单一的<siteMapNode>元素开始的。

每一个站点地图都要包含一个根节点，而所有其他的节点都包含在根节点中。

（5）不允许重复的 URL。

在站点地图文件中，可以没有 URL，但不允许有重复的 URL 出现，这是因为
SiteMapProvider 以集合的形式来存储节点，而每项是以 URL 为索引的。这样就会出现一个小
问题，如果想要在不同的层次引用相同页面的话，就不能实现了。但是只要稍微修改一下 URL
就照样可以使用站点地图文件来实现网站的导航，代码如下：

```
<siteMapNode url="~/WebForm1.aspx?num=0"   title="页面 1"  description="页面 1" />
<siteMapNode url="~/WebForm1.aspx?num=1"   title="页面 1"  description="页面 1" />
```

以上代码是合法的，虽然引用同样的页面，但 url 并不完全相同，因此，用户在这样的情
况下就可以考虑适当修饰一下 url 即可突破不允许重复 URL 的限制。

12.2.2　把站点文件绑定到页面

当创建一个 Web.sitemap 文件后，就可以在一个页面中使用它了。在一个页面上使用站点
文件的步骤如下：

01 必须确定 Web.sitemap 文件列举的页面都已经存在于网站项目中，这些页面可以是空
的，但必须存在，否则，在测试中就会出现问题。

02 在页面上添加一个 SiteMapDataSource 控件，可以从工具箱中把它拖曳到页面中，定
义该控件的代码如下：

```
<asp:SiteMapDataSource ID="SiteMapDataSource1" runat="server" />
```

以上代码定义一个服务器网站地图控件 SiteMapDataSource1 并设置它的 ID 属性。在页面
的"设计"视图中，SiteMapDataSource 控件呈现为一个灰色的方框，但它不会呈现在浏览器
中的。

03 添加一个绑定到 SiteMapDataSource 控件的导航控件。为了能够把导航控件与
SiteMapDataSource 控件联系起来，需要设置导航控件的属性 DataSourceID 为
SiteMapDataSource 控件的 ID。例如代码：

```
<asp:TreeView ID="TreeView1" runat="server" DataSourceID="SiteMapDataSource1">
```

以上代码显示了一个 TreeView 控件的定义，其属性 DataSourceID 为 SiteMapDataSource1。
上面所提到的 SiteMapDataSource 控件是网站地图的数据源。Web 服务器控件及其他控件

可以使用该控件绑定到分层的网站地图数据，网站数据则由为网站配置的网站地图提供程序进行存储。SiteMapDataSource 控件可以使那些专门作为网站做导航的控件，如 TreeView、Menu 等能够绑定到分层的网站地图数据。可以使用这些 Web 服务器控件将站点地图显示为一个目录，或者对站点进行主动式导航。

SiteMapDataSource 控件绑定到网站地图数据，并基于在网站地图层次结构中指定的起始节点显示其视图。默认情况下，起始节点是层次结构的根节点，但也可以是层次结构中的任何其他节点。起始节点由以下几个 SiteMapDataSource 属性的值来标识。

表 12-1　SiteMapDataSource 属性的值

起始节点	属性值
层次结构的根节点（默认设置）	StartFromCurrentNode 为 false， 未设置 StartingNodeUrl
表示当前正在查看的页的节点	StartFromCurrentNode 为 true， 未设置 StartingNodeUrl
层次结构的特定节点	StartFromCurrentNode 为 false， 已设置 StartingNodeUrl

站点地图数据是从 SiteMapProvider 对象中检索的。可指定为站点配置的任何提供程序向 SiteMapDataSource 提供站点地图数据，并且通过访问 SiteMap.Providers 集合可获得可用提供程序的列表。开发人员可以为站点指定数据提供程序，以便向 SiteMapDataSource 提供站点地图数据，如果没有指定提供程序，则使用 ASP.NET 的默认站点地图提供程序 XmlSiteMapProviders。

需要指出的是 SiteMapDataSource 控件专用于导航数据，但不支持排序、筛选、分页或缓存之类的常规数据源操作，也不支持更新、插入或删除之类的数据记录操作。

【实例 12-1】定义网站地图

本实例在网站中创建一个商场积分后台管理导航的网站地图文件，并使用 TreeViwe 控件和 SiteMapDataSource 控件进行绑定显示。

01 启动 Visual Studio 2012，创键一个 ASP.NET Web 空应用程序，命名为"实例 12-2"。

02 用鼠标右键单击网站名，在弹出的快捷菜单中选择"添加"|"添加新项"命令，弹出如图 12-1 所示的"添加新项"对话框。

03 选择"已安装模板"下的"Visual C#"模板，并在模板文件列表中选中"站点地图"选项，然后在"名称"文本框输入该文件的名称 Web.sitemap，最后单击"添加"按钮。

04 此时在网站根目录下会创建一个如图 12-10 所示 Web.sitemap 文件。

图 12-1 "添加新项"对话框

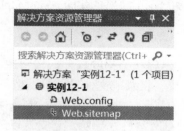

图 12-2 生成文件

05 双击打开 Web.sitemap 文件,编写代码如下:

```
1.  <?xml version="1.0" encoding="utf-8" ?>
2.  <siteMap xmlns="http://schemas.microsoft.com/AspNet/SiteMap-File-1.0" >
3.    <siteMapNode   title="首页"   description ="Home"   url ="~/Default.aspx">
4.      <siteMapNode   title="产品"   description="Our products"   url="~/Products.aspx">
5.        <siteMapNode   title="硬件"   description="Hardware we offer"   url="~/Hardware.aspx"/>
6.        <siteMapNode title="软件"   description="Software for sale"   url="~/Software.aspx"/>
7.      </siteMapNode>
8.    <siteMapNode   title="服务"   description="Services we offer"   url="~/Services.aspx">
9.      <siteMapNode   title="培训"   description="Training"   url="~/Training.aspx"/>
10.     <siteMapNode   title="咨询"   description="Consulting"   url="~/Consulting.aspx"/>
11.     <siteMapNode   title="技术支持"   description="Support"   url="~/Support.aspx"/>
12.   </siteMapNode>
13.   <siteMapNode   title="书籍"   description="Books"   url="~/Products.aspx">
14.     <siteMapNode   title="计算机书籍"   description="Computer Books"   url="~/Computerbooks.aspx"/>
15.     <siteMapNode   title="数学书籍"   description="Math Books"   url="~/Mathbooks.aspx"/>
16.   </siteMapNode>
17.  </siteMapNode>
```

18.   </siteMap>

上面的代码中定义了一个具有三个层次的站点地图：第 3 行定义的是顶层的根节点"首页"。第二层是第 4、8、13 行定义的"产品"、"服务"、"书籍"的子节点。其中"产品"下又分别在第 5 行~第 6 行分别定义了两个低一级的子节点；"服务"下在第 9 行~第 11 行分别定义了三个低一级的子节点；"书籍"下在第 14 行~第 15 行分别定义了两个低一级的子节点。这些低一级的子节点构成了第三个层次。在每个层次中都有三个属性，url 属性设置用于页面导航的地址，title 属性用于设置节点的名称，description 设置节点的说明文字。

12.3 　导航控件

ASP.NET 4.5 中包括了三个专门用于站点导航的服务器端控件 SiteMapPath、Menu、TreeView。这三个控件对导航都有用处， Menu 和 TreeView 控件对于站点导航上下文外部展现很有用处，都用于维护显示名称/ URL 映射的集合，SiteMapPath 专门用于 Web 站点的导航。

12.3.1 　TreeView 控件

TreeView 控件是一种用来表示树状架构的控件，特别适合用来表示复杂的层次分类，它用树形结构显示分层数据，如菜单、目录或文件目录等。也可以用来显示 XML、表格或关系数据。凡是树形层次关系的数据的显示，都可以用 TreeView 控件。

TreeView 控件以树型结构来对网站进行导航，它支持以下功能：

● 数据绑定，它允许控件的节点绑定到 XML、表格或关系数据。
● 站点导航，通过与 SiteMapDataSource 控件集成实现。
● 节点文本既可以显示为纯文本也可以显示为超链接。
● 借助编程方式访问 TreeView 对象模型以动态地创建树、填充节点、设置属性等。
● 客户端节点填充。
● 在每个节点旁显示复选框的功能。
● 通过主题、用户定义的图象和样式可实现自定义外观。

TreeView 控件是一种用来表示树状架构的控件，树中的每一个项都被称为一个节点。因此，一个完整的树由一个或多个节点构成。这些节点的类型如表 12-2 所示。一个节点可以同时为父节点和子节点，但不能同时为根节点、父节点和叶节点。

表 12-2 　TreeView 控件的节点类型

类型	说明
根节点	没有父节点，但具有一个或多个子节点
父节点	具有一个父节点，并且有一个或多个子节点
子节点	被父节点所包含
叶节点	没有子节点

TreeView 控件定义的语法格式如下：

<asp:TreeView ID="TreeView1" runat="server"></asp:TreeView>

TreeView 控件提供如表 12-3 所示的常用属性。

表 12-3　TreeView 控件的常用属性

属性	说明
CheckedNodes	获取 TreeNode 对象的集合，表示在 TreeView 控件中显示选中了复选框的节点
ExpandDepth	获取或设置第一次显示 TreeView 控件时所展开的层次数
ImageSet	获取或设置用于 TreeView 控件的图象组
LevelStyles	获取 Style 对象的集合，这些对象表示树中各个级上的节点样式
Nodes	获取 TreeNode 对象的集合，它表示 TreeView 控件中的根节点
SelectedNode	获取表示 TreeView 控件中选定节点的 TreeNode 对象
SelectedNodeStyle	获取 TreeNodeStyle 对象，该对象控制 TreeView 控件中选定节点的外观
SeletedValue	获取选定节点的值
ShowCheckBoxes	获取或设置一个值，它指示哪些节点类型将在 TreeView 控件中显示复选框
ShowLines	获取或设置一个值，它指示是否显示连接子节点和父节点的线条

另外，可以利用 TreeView 控件的 CollapseAll 和 ExpandAll 方法折叠和展开节点。利用 TreeView 控件的 Nodes.Add 方法添加节点到控件中。利用 TreeView 控件的 Nodes.Remove 方法删除指定的节点。

TreeView 控件中的每个节点实际上都是 TreeNode 类对象，TreeNode 对象由以下 4 个用户界面元素组成，可以自定义或隐藏这些元素。

● 展开节点指示图标：一个可选图像，指示是否可以展开节点以显示子节点。默认情况下，如果节点可以展开，此图像将为加号（+），如果此节点可以折叠，则图像为减号（-）。
● 可选的节点图像：可以指定要显示在节点文本旁边的节点图像。
● 节点文本：节点文本是在 TreeNode 对象上显示的实际文本。节点文本的作用类似于导航模式中的超链接或选择模式中的按钮。
● 与节点关联的可选复选框：复选框是可选的，以允许用户选择特定节点。

在 TreeNode 中，主要在两个属性中存储数据：Text 属性和 Value 属性。Text 属性指定在节点显示的文字，Value 属性用来获取节点的值。TreeNode 的常用属性如表 12-4 所示。

表 12-4　TreeNode 类的常用属性

属性	说明
Checked	获取或设置一个值，该值指示节点的复选框是否被选中
Expanded	获取或设置一个值，该值指示是否展开节点
ShowCheckBox	获取或设置一个值，该值指示是否在节点旁显示一个复选框

（续表）

属性	说明
Value	获取或设置用于存储有关节点的任何其他数据的非显示值
ChildNodes	获取 TreeNodeCollection 集合，该集合包含当前节点的第一级子节点
Text	获取或设置为 TreeView 控件中的节点显示文本
ToopTip	获取或设置节点的工具提示文本
NavigateUrl	获取或设置单击节点时导航到的 URL
ImageUrl	获取或设置节点旁显示的图像的 URL
Parent	获取当前节点的父节点
Selected	获取或设置一个值，该值指示是否选择节点
Value	获取或设置用于存储有关节点的任何其他数据的非显示值
Target	获取或设置要在其中显示与节点相关联的网页内容的目标窗口或框架

TreeView 控件的 Nodes 包含所有节点（即 TreeNode）的集合，可以用设计器为 TreeView 控件添加节点，也可以使用编程的方式动态添加节点。

【实例 12-2】TreeView 控件的使用

本实例使用例 12-1 创建的 Web.sitmap 网站地图，使用 TreeViwe 控件、SiteMapDataSource 控件实现树状网站导航，具体实现步骤如下：

01 启动 Visual Studio 2012，创建一个 ASP.NET Web 空应用程序，命名为"实例 12-2"。
02 在"实例 12-2"中创建和例 12-1 中相同的网站地图 Web.sitemap 文件
03 在网站根目录下创建一个名为 Default.aspx 的窗体文件。
04 单击 Default.aspx 文件，进入到"视图编辑"界面，打开"设计视图"，进入"源视图"，在编辑区的<form>和</form>节点中编写代码如下：

```
1.  <asp:TreeView ID="TreeView1" runat="server" DataSourceID="SiteMapDataSource1"></asp:TreeView>
2.  <asp:SiteMapDataSource ID="SiteMapDataSource1" runat="server" />
```

上面的代码中，第 1 行添加一个 TreeView 控件并设置其属性 DataSourceID 为 SiteMapDataSource1 控件。第 2 行添加一个 SiteMapDataSource 控件。

05 将鼠标移到 TreeVeiw 控件上，其上方会出现一个向右的黑色小三角。单击它，弹出 "TreeVeiw 任务"列表，选择 "自动套用格式"选项。在如图 12-3 所示的"自动套用格式"对话框中选择"选择方案"列表里的"箭头"选项，然后单击"确定"按钮。
06 按快捷键 Ctrl+F5 运行程序，运行效果如图 12-4 所示。

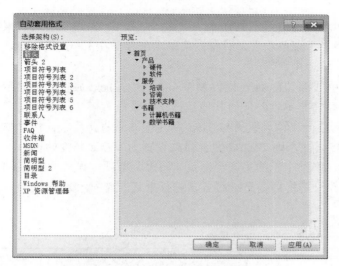

图 12-3 "自动套用格式"对话框

图 12-4 运行结果

12.3.2 Menu 控件

与 TreeView 控件一样，Menu 控件是另一个支持层次化数据的导航控件。与 TreeView 控件不同的是，MenuItem 对象并不支持复选框，也不能够通过编程设置它们的折叠/展开状态。不过，它们还是有很多相似的属性，包括那些用于设置图片、确定项目是否可选以及指定目标链接的属性。在日常使用中，可以把 Menu 控件绑定到数据源或者手工（声明性地或者通过编程）使用 MenuItem 对象来填充它。

Menu 控件支持以下功能：

- 通过与 SiteMapDataSource 控件集成提供对站点导航的支持。
- 可以显示为可选择文本或超链接的节点文本。
- 通过编程访问 Menu 对象模型，使程序员可以动态地创建菜单，填充菜单项以及设置属性等。
- 能够采用水平方向或竖直方向的形式导航。
- 支持静态或动态的显示模式。

Menu 控件提供如表 12-5 所示的常用属性

表 12-5 Menu 控件的常用属性

属性	说明
Items	获取 MenuItemCollection 对象，该对象包含 Menu 控件中的所有菜单项
Orientation	获取或设置 Menu 控件的呈现方向
PathSeparator	获取或设置用于分隔 Menu 控件的菜单项路径的字符
SelectedItem	获取选定的菜单项
SelectedValue	获取选定菜单项的值
SkipLinkText	获取或设置屏幕读取器读取的隐藏图像替换文字，提供跳过链接列表的功能

Menu 控件由菜单项（由 MenuItem 对象表示）树组成。顶级（级别 0）菜单项称为"根菜单项"。具有父菜单项的菜单项称为"子菜单项"。所有根菜单项都存储在 Items 集合中。子菜单项存储在父菜单项的 ChildItems 集合中。

与 TreeView 控件相似，每个菜单项都具有 Text 属性和 Value 属性。Text 属性的值显示在 Menu 控件中，而 Value 属性则用于存储菜单项的任何其他数据。如果设置了 Text 属性，但是未设置 Value 属性，则 Value 属性会自动设置为与 Text 属性相同的值。反之亦然。如果设置了 Value 属性，但是未设置 Text 属性，则 Text 属性会自动设置为 Value 属性的值。

单击菜单项可导航到 NavigateUrl 属性指示的另一个网页。如果菜单项未设置 NavigateUrl 属性，则单击该菜单项时，Menu 控件只是将页提交给服务器进行处理。其中，MenuItem 属性如表 12-6 所示。

表 12-6   MenuItem 属性

属性	说明
ChildItems	获取一个 MenuItemCollection 对象，该对象包含当前菜单项的子菜单项
DataBound	获取一个值，该值指示菜单项是否是通过数据绑定创建的
DataItem	获取绑定到菜单项的数据项
DataPath	获取绑定到菜单项的数据的路径
Depth	获取菜单项的显示级别
Enabled	获取或设置一个值，该值指示 MenuItem 对象是否已启用，如果启用，则该项可以显示弹出图像和所有子菜单项
ImageUrl	获取或设置显示在菜单项文本旁边的图像的 URL
NavigateUrl	获取或设置单击菜单项时要导航到的 URL
Parent	获取当前菜单项的父菜单项
Selected	获取或设置一个值，该值指示 Menu 控件的当前菜单项是否已被选中
SeparatorImageUrl	获取或设置图像的 URL，该图像显示在菜单项底部，将菜单项与其他菜单项隔开
Target	获取或设置用来显示菜单项的关联网页内容的目标窗口或框架
Text	获取或设置 Menu 控件中显示的菜单项文本
ToolTip	获取或设置菜单项的工具提示文本
Value	获取或设置一个非显示值，该值用于存储菜单项的任何其他数据，如用于处理回发事件的数据

【实例 12-3】Menu 控件的使用

本实例演示将站点地图绑定到 Menu 控件，通过可视化的方式创建网站的菜单控件导航，具体实现步骤如下。

01 启动 Visual Studio 2012，创建一个 ASP.NET Web 空应用程序，命名为"实例 12-3"。

02 在"实例 12-3"中创建一个 Web.sitemap 文件，文件中的内容与"实例 12-2"中的同名文件相同。

03 在网站根目录下创建一个名为 Default.aspx 的窗体文件。

04 单击创建的 Default.aspx 文件，进入到"视图设计器"，从"工具箱"拖动一个 Menu 控件到"设计视图"界面中。

05 将鼠标移到 Menu 控件上，其上方会出现如图 12-5 所示一个向右的黑色小三角。单击它，弹出"Menu 任务"列表。

图 12-5　Menu 任务列表

06 展开"选择数据源"下拉列表，选择"新建数据源"命令，弹出如图 12-6 所示的"数据源配置向导"对话框。

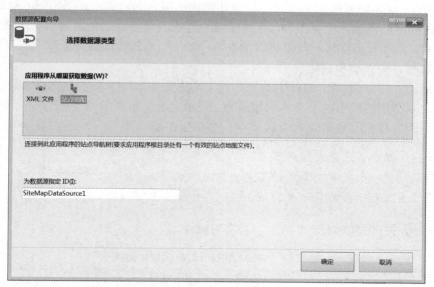

图 12-6　数据源配置向导对话框

07 在"应用程序从哪里获取数据"列表中选择"站点地图"，单击"确定"按钮。

08 在图 12-5 的"Menu 任务"列表中选择"自动套用格式"选项，在"自动套用格式"对话框中选择"选择架构"列表里的"彩色型"，然后单击"确定"按钮。

09 进入 Menu 控件"属性"窗口，设置 Orientation 属性为 Horizontal 表示菜单将以水平方向布局。

10 按快捷键 Ctrl+F5 运行程序，如图 12-7 所示。

图 12-7　运行结果

12.3.3　SiteMapPath 控件

SiteMapPath 控件显示一个导航路径，此路径为用户显示当前页的位置，并显示返回到主页的路径链接。SiteMapPath 控件包含来自站点地图的导航数据，此数据包括有关网站中页的信息，如 URL、标题、说明和导航层次结构中的位置。

SiteMapPath 控件使用起来非常简单，但却解决了很大的问题，在 ASP 和 ASP.NET 的早期版本中，在向网站添加一个页然后，在网站内的其他各页中添加指向该新页的链接时，必须手动添加链接。现在只需要将导航数据存储在一个地方，通过修改该导航数据，就可以方便地在网站的导航栏目中添加和删除项了。

SiteMapPath 由节点组成。路径中的每个元素均称为节点，用 SiteMapNodeItem 对象表示。锚定路径并表示分层树的根的节点称为根节点。表示当前显示页的节点称为当前节点。当前节点与根节点之间的任何其他节点都为父节点。SiteMapPath 包含如下几种节点类型：

- 根节点，锚定节点分层组的节点。
- 父节点，有一个或多个节点但不是当前节点的节点。
- 当前节点，表示当前显示页的节点。

SiteMapPath 控件提供如表 12-7 所示的常用属性。

表 12-7　SiteMapPath 控件的常用属性

属性	说明
CurrentNodeStyle	获取用于当前节点显示文本的样式
CurrentNodeTemplate	获取或设置一个控件模板，用于代表当前显示页的站点导航路径的节点
NodeStyle	获取用于站点导航路径中所有节点的显示文本的样式
NodeTemplate	获取或设置一个控件模板，用于站点导航路径的所有功能节点
ParentLevelsDisplayed	获取或设置控件显示的相对于当前显示节点的父节点级别数
PathDirection	获取或设置导航路径节点的呈现顺序
PathSeparator	获取或设置一个字符串，该字符串在呈现的导航路径中分隔 SiteMapPath 节点

（续表）

属性	说明
PathSeparatorStyle	获取用于 PathSeparator 字符串的样式
PathSeparatorTemplate	获取或设置一个控件模板，用于站点导航路径的路径分隔符
Provider	获取或设置与 Web 服务器控件关联的 SiteMapProvider
RenderCurrentNodeAsLink	指示是否将表示当前显示页的站点导航节点呈现为超链接
RootNodeStyle	获取根节点显示文本的样式
RootNodeTemplate	获取或设置一个控件模板，用于站点导航路径的根节点
ShowToolTips	获取或设置一个值，该值指示 SiteMapPath 控件是否为超链接导航节点编写附加超链接属性。根据客户端支持，在将鼠标悬停在设置了附加属性的超链接上时，将显示相应的工具提示
SiteMapProvider	获取或设置用于呈现站点导航控件的 SiteMapProvider 的名称
SkipLinkText	获取或设置一个值，用于呈现替换文字，以让屏幕阅读器跳过控件内容

【**实例 12-4**】SiteMapPath 控件的使用

本实例使用站点地图 Web.sitemap 和 SiteMapPath 控件实现的网站导航功能，具体步骤如下：

01 启动 Visual Studio 2012，创建一个 ASP.NET Web 空应用程序，命名为"实例 12-4"。

02 在该网站中创建一个 Web.sitemap 文件。文件中的内容与"实例 12-1"中的同名的文件相同。

03 在网站根目录下创建一个名为 Default.aspx 的窗体文件。

04 单击创建 Default.aspx 文件，进入到"视图设计器"，从"工具箱"拖动一个 SiteMapPath 控件到"设计视图"。

05 将鼠标移到 SiteMapPath 控件上，其上方会出现一个向右的黑色小三角，单击它，弹出"SiteMapPath 任务"列表，如图 12-8 所示。

图 12-8　SiteMapPath 任务列表

06 选择"自动套用格式"命令，在弹出的"自动套用格式"对话框中，选择"选择架构"列表里的"彩色型"选项，单击"确定"按钮。

07 分别创建三个页面 Software.aspx、Support.aspx 和 Computerbooks.aspx 用于显示软件页面、技术支持页面和计算机书籍页面。

08 在上面新创建的三个页面中各自添加一个 SiteMapPath 控件并设置和 Default.aspx 页面相同的格式。

09 用右键单击根目录下的 Support.aspx 文件，在弹出的菜单中选择"在浏览器中查看"命令。运行后的效果如图 12-9 所示，显示了该页面的导航位置。

10 用右键单击根目录下的 Computerbooks.aspx 文件，在弹出的菜单中选择"在浏览器中查看"命令。运行后的效果如图 12-10 所示显示该页面的导航位置。

图 12-9　运行结果 1 　　　　　　　　图 12-10　运行结果 2

12.4　上机题

1. 使用 Visual Studio 2012 集成开发环境创建、运行本章所有的代码和实例并分析其执行结果。

2. 编写一个 ASP.NET Web 应用程序，使用 TreeView 控件实现如图 12-11 所示的导航功能。

3. 编写一个 ASP.NET Web 应用程序，使用 TreeView 控件和 SiteMapDataSource 控件，以绑定站点地图的方法实现上题的页面导航，运行程序的效果如图 12-11 所示。

4. 编写一个 ASP.NET Web 应用程序，使用 TreeView 控件和 SiteMapDataSource 控件，以绑定 XML 文件的方法实现上机题 1 中的页面导航，运行程序的效果如图 12-11 所示。

5. 编写一个 ASP.NET Web 应用程序，利用 Menu 控件设计一个网站的页面菜单导航，程序运行后的效果如图 12-12 所示。

6. 编写一个 ASP.NET Web 应用程序，创建一个网站地图文件，使用 SiteMapDataSource 控件和 Menu 控件实现菜单层次导航，程序运行后的效果如图 12-13 所示。

7. 编写一个 ASP.NET Web 应用程序，要求使用 SiteMapPath 控件实现一个网站的站点导航，运行程序的效果如图 12-14 所示。

图 12-11　运行效果　　　图 12-12　运行效果　　　图 12-13　运行效果　　　图 12-14　运行效果

第 13 章　LINQ 语言集成查询

ASP.NET 4.5 既支持原有的 ADO.NET 绑定技术，也扩展了数据存储技术，提供数据库映射对象，即常说的 ORM（Object Relation Mapping）。这种方式通过 LINQ 查询语言实现对数据库的操作。LINQ 对数据库的查询方式，完全是一种对类的方法的调用。数据库中的表、存储过程、字段类型、表关系等都会被映射到类中，开发人员只需要按照普通调用对象的方法，就可以轻松实现对数据库的各种操作。本章主要介绍如何使用 LINQ 体系中的 LINQ to Entity 来便捷地操作数据库的数据。

13.1　LINQ 简介

LINQ 是 Language Integrated Query 的缩写，中文名字是"语言集成查询"。LINQ 引入了标准的、易于学习的查询模式和更新模式，可以对其进行扩展以便支持几乎任何类型的数据存储。它提供给编程人员一个统一的编程概念和语法，开发人员不需要关心将要访问的是关系数据库还是 XML 数据，或是远程的对象，它都采用同样的访问方式。Visual Studio 2012 包含 LINQ 提供程序的程序集，这些程序集支持 LINQ 与.NET Framework、SQL Server 数据库、ADO.NET 数据集以及 XML 文档一起使用。

从如图 13-1 所示的 LINQ 技术体系结构中可以看到 LINQ 实际上是由 5 个部分的内容组成。

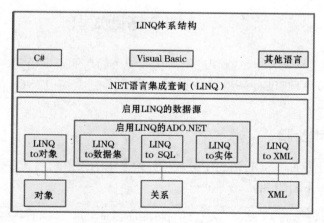

图 13-1　LINQ 体系结构

（1）LINQ to Objects：它指的是直接对任意 IEnumerable 或 IEnumerable<T>集合使用 LINQ 查询，无须使用中间 LINQ 提供程序或 API，如 LINQ to SQL 或 LINQ to XML。可以使用 LINQ

来查询任何可枚举的集合，如 List<T>、Array 或 Dictionary<TKey,TValue>。该集合可以是用户定义的集合，也可以是.NET Framework API 返回的集合。

（2）LINQ to DataSet：它将 LINQ 和 ADO.NET 集成，它通过 ADO. NET 获取数据，然后通过 LINQ 进行数据查询，从而实现对数据集进行非常复杂的查询。可以简单把它理解成通过 LINQ 对 DataSet 中保存的数据进行查询。

（3）LINQ to SQL：它是基于关系数据的 NET 语言集成查询，用于以对象形式管理关系数据，并提供了丰富的查询功能。其建立于公共语言类型系统中的基于 SQL 模式定义的集成之上，当保持关系型模型表达能力和对底层存储的直接查询评测的性能时，这个集成在关系型数据之上提供强类型。

（4）LINQ to Entities：它使开发人员能够通过使用 LINQ 表达式和 LINQ 标准查询运算符，直接从开发环境中针对实体框架对象上下文创建灵话的强类型查询。

（5）LINQ to XML：在 System.Xml.LINQ 命名空间下实现对 XML 的操作。采用高效、易用、内存中的 XML 工具在宿主编程语言中提供 Xpath/XQuery 功能等。

LINQ 的出现，开发人员可以使用关键字和运算符实现针对强类型化对象集的查询操作。在编写查询过程时，可以获得编译时的语法检查，元数据，智能感知和静态类型等强类型语言所带来的优势。并且它还可以方便地查询内存中的信息而不仅仅只是外部数据。

在 Visual Studio 2012 中，可以使用 C#语言为各种数据源编写 LINQ 查询，包括 SQL Server 数据库、XML 文档、ADO.NET 数据集以及支持 IEnumerable 接口（包括泛型）的任意对象集合。除了这几种常见的数据源之外，.NET 4.5 还为用户扩展 LINQ 提供支持，用户可以根据需要实现第三方的 LINQ 支持程序，然后通过 LINQ 获取自定义的数据源。LINQ 查询既可在新项目中使用，也可在现有项目中与非 LINQ 查询一起使用。唯一的要求是项目必须与.NET Framework 版本相兼容。

由于本章篇幅有限，所以主要介绍的是最为常用的"LINQ to 实体"的查询技术。

13.2　LINQ 基础知识

LINQ 查询语句能够将复杂的查询应用简化成一个简单的查询语句，不仅如此，LINQ 还支持编程语言本有的特性进行高效地数据访问和筛选。使用 LINQ 查询功能，必须引用 System.Linq 命名空间。

13.2.1　LINQ 查询步骤

虽然 LINQ 在写法上和 SQL 语句十分相似，但是 LINQ 语句在其查询语法上和 SQL 语句还是有所不同的。如下面的 SQL 查询语句：

```
select * from employee,salary where employee.employeeid=salary.Employeeid
                                                    and salary.salary>3000
```

与上面的 SQL 查询语句相对应的 LINQ 查询语句格式如下所示：

```
vat result=from employeeData in lq.Employees from salaryData in 1q.Salaries where
employeeData.employeeid==salaryData.employeeid &&salaryData.salary1>3000
            select employeeData;
```

上述代码作为 LINQ 查询语句实现了和 SQL 查询语句一样的效果，但是 LINQ 查询语句在格式上与 SQL 语句不同。LINQ 的基本格式如下：

```
var 变量 =from 项目 in 数据源 where 表达式
            orderby 表达式  select 项目
```

从结构上来看，LINQ 查询语句同 SQL 查询语句中比较大的区别就在于 SQL 查询语句中的 select 关键字在语句的前面，而在 LINQ 查询语句中 select 关键字在语句的后面，在其他地方没有太大的区别，相信对于熟悉 SQL 查询语句的人来说非常容易上手。

使用 LINQ 的查询通常由以下三个不同的操作步骤组成：

（1）获得数据源。

（2）创建查询。

（3）执行查询。

下面通过一个简单的实例来看一下 LINQ 的查询步骤是如何进行的。

【实例 13-1】LINQ 查询步骤

本实例通过使用标准的 LINQ 查询语句获得学生成绩数组中分数大于 60 分的成绩来演示 LINQ 查询操作的三个步骤，具体实现步骤如下。

01 启动 Visual Studio 2012，创建一个 ASP.NET Web 空应用程序，命名为"实例 13-1"。

02 在"实例 13-1"中创建一个名为 Default.aspx 的窗体文件。

03 单击网站目录下的 Default.aspx.cs 文件，编写代码如下：

```
1.   protected void Page_Load(object sender, EventArgs e){
2.       int[] numbers = {91,72,83,94,75,86,97,88,79};
3.       Response.Write("学生的数学成绩如下：" + "<br/>");
4.   foreach (int number in numbers){
5.           Response .Write(number);
6.         Response.Write(" ");
7.   }
8.   Response.Write("<br/>");
9.       Response.Write("上面学生成绩中超过 80 分的有：" + "<br/>");
10.      var numberQuery=from number in numbers    where number>80
11.                select number;
12.  foreach (int number in numberQuery ){
13.      Response.Write(number+"<br/>");
14.  }
15.  }
```

上面的代码中第 1 行处理页面 Page 加载的事件 Load。第 2 行定义了 int 类型的数组

numbers。这个 numbers 就是 LINQ 查询操作中的第一步获得数据源。

第 10、11 行定义隐藏变量 numberQuery 获得通过关键字 from 和 select 创建 LINQ 查询语句查询 numbers 数组中的每个 int 元素。这是 LINQ 查询操作中的第二步创建查询。

第 12 行~第 14 行通过 foreach 循环语句将查询的结果输出到页面显示，这是 LINQ 查询操作中的第三步执行查询。

04 按快捷键 Ctrl+F5 运行程序的效果，运行效果如图 13-2 所示。

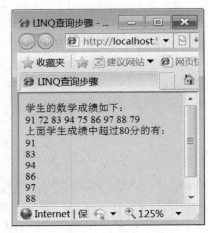

图 13-2　运行效果

13.2.2　LINQ 和泛型

LINQ 查询和泛型有着千丝万缕的关系，从某种意义上来说，泛型是 LINQ 查询的基础。但是，实际上开发人员并不需要非常熟悉泛型就可以使用 LINQ 查询。在前文中已经介绍了泛型的概念和使用，这里仅强调两个于 LING 查询技术密切相关的两个基本概念。

（1）当创建泛型集合类（如 List<(Of <(T)>)>）的实例时，将 T 替换为集合中指定的对象类型。例如，字符串集合表示为 List<string>，Student 对象集合表示为 List<Student>。因为泛型集合是强类型的，所以比将元素存储为 Object 类型的集合要强大的多。如果尝试将 Student 添加到 List<string>，则会在编译时出现一条错误。泛型集合易于使用的原因是不必执行运行时进行强制类型转换。

（2）IEnumerable<(Of<(T)>)>表示是一个接口，通过该接口，可以使用 foreach 语句来遍历泛型集合类。LINQ 查询变量可以类型化为 IEnumerable<(Of<(T)>)> 或者它的派生类型，如 IQueryable<(Of <(T)>)>。当看到类型化为 IEnumerable<Book>的查询变量时，这意味着在执行该查询时，该查询将生成包含零个或多个 Book 对象的集合。例如：

```
1.        IEnumerable<Book> bookQuery =
2.            from b in Books
3.            where b.Name == "三国演义"
4.            select b;
```

```
5.              foreach (Book b in bookQuery){
6.                  Console.WriteLine(b.Name + ", " + b.price);
7.              }
```

上面的代码中第 1 行定义一个查询变量 bookQuery，该变量的类型为 IEnumerable<Book>，第 2 行~第 4 行定义了具体的 LINQ 查询指令，从图书中查询名为三国演义的图书对象。第 5 行~第 8 行通过 foreach 循环遍历显示查询该图书对象的名称和价格。

为了避免使用泛型语法，可以使用匿名类型来声明查询，即使用 var 关键字来声明查询。var 关键字指示编译器通过查看在 from 子句中指定的数据来推断查询变量的类型，例如：

```
1.      var bookQuery =
2.          from b in Books
3.          where b.Name == "三国演义"
4.          select b;
5.          foreach (var b in bookQuery){
6.              Console.WriteLine(b.Name + ", " + b.price);
7.          }
```

上述代码除第 1 行外，这段代码和前面的代码相同。这里查询变量的类型 var 和 Book 相同，而 Book 的类型是 IEnumerable<Book>。因此，这段代码和前面的代码具有相同的效果。

13.2.3 LINQ 查询表达式

LINQ 查询表达式由一组子句组成，这些子句使用类似于 SQL 的声明性语法编写，每个子句又包含一个或多个 C#表达式，而这些表达式本身又可能是查询表达式或包含查询表达式。查询表达式必须以 from 子句开头，并且必须以 select 或 group 子句结尾。在第一个 from 子句和最后一个 select 或 group 子句之间，查询表达式可以包含一个或多个下列可选子句：where、orderby、join、let，甚至可以包括附加的 from 子句。

1. from 子句

查询表达式必须以 from 子句开头。它同时指定了数据源和范围变量。在对数据源进行遍历的过程中，范围变量表示数据源中的每个元素，并根据数据源中元素类型对范围变量进行强类型化。

2. select 子句

使用 select 子句可以查询所有类型的数据源。简单的 select 子句只能查询与数据源中所包含的元素具有相同类型的对象。例如代码：

```
1.  var CustomerQuery =
2.      from Customer in Customers
3.      orderby Customer.ID
4.      select Customer;
```

上面的代码中第 1 行定义查询变量 CustomerQuery，第 2 行定义数据源 Customers 和范围变量 Customer。第 3 行的 orderby 子句将根据编号 ID 重新排序。第 4 行的 select 子句查询出已经重新排序后的集合元素。

3. group 子句

使用 group 子句可获得按照指定的键进行分组的元素。键可以采用任何数据类型。例如根据 ID 属性进行分组查询的代码如下：

```
1.    var CustomerQueryByName =
2.        from Customer in Customers
3.        group Customer by Customer.ID;
4.    foreach (var CustomerGroup in CustomerQueryByName){
5.        Console.WriteLine(CustomerGroup.Key);
6.        foreach (Customer c in CustomerGroup){
7.            Console.WriteLine("{0}", c.Name);
8.    }
9.    }
```

上面的代码中第 3 行根据编号 ID 对查询结果进行分组。第 4 行~第 9 行通过 foreach 循环遍历查询结果。在使用 group 子句结束查询时，结果保存在嵌套的集合中，即集合中的每个元素又是另一集合，该子集合中包含根据 Key 键划分的每个分组对象。在循环访问生成分组对象时，必须使用嵌套的 foreach 循环。外部循环用于循环访问每个分组对象，内部循环用于循环访问每个组的成员。

4. where 子句

where 子句通过条件设定对查询的结果进行过滤，从数据源中排除指定的元素。在下面的示例中，只返回名称是"齐飞"的客户：

```
1.    var CustomerQuery=
2.        from Customer in Customers
3.        where Customer.Name == "齐飞"
4.        select Customer;
```

上面的代码中第 3 行设置查询的条件：客户名是否叫"齐飞"。通过 where 子句，排除"齐飞"以外的客户。

如果要使用多个过滤条件的话，需要使用逻辑运算符号，如&&、||等。例如，下面的代码只返回编号是 10001 且联系电话为 021-58862545 的客户：

```
where Customer.ID=="10001" && Customer.Phone == "021-58862545"
```

5. order by 子句

使用 order by 子句可以很方便地对返回的数据进行排序。orderby 子句对查询返回的元素根据指定的排序类型进行排序。例如，根据 ID 属性对查询返回的结果进行排序：

```
1.    var CustomerQuery =
2.        from Customer in Customers
3.        orderby Customer.ID ascending
4.        select Customer;
```

上面的代码中第 3 行使用 order by 关键字进行排序。Customer 类型的 ID 属性是整形值，执行客户按编号从大到小排序。qscending 关键字表示以默认方式按递增的顺序进行排列。Descending 关键字则表示把查询出的数据进行逆序排列。

6. 联接

在 LINQ 中，join 子句可以将来自不同数据源中没有直接关系的元素进行关联，但是要求两个不同数据源中必须有一个相等元素的值。例如下面对两个数据集 arry1 和 arry2 进行连接查询。

```
1.    int arry1={9,19,29,39,49,59}
2.    int arry2={17,27,37,57,67,77,87}
3.    var query=from val1 in arry1
4.        join val2 in arry2 on val1%7 equals val2%9
5.    select new {VAL1= val1,VAL2= val2};
```

上面的代码中第 1 行创建整形数组 arry1 作为数据源。第 2 行创建整形数组 arry2 作为数据源。第 3 行表示联接的第一个集合为 arry1。第 4 行表示联接的第二个集合为 arry2，当 val1%7 和 val2%9 有相同的值时，select 子句将 val1 和 val2 选择为查询结果。

7. 投影

投影操作和 SQL 查询语句中的 SELECT 基本类似，投影操作能够指定数据源并选择相应的数据源，能够将集合中的元素投影到新的集合中去，并能够指定元素的类型和表现形式。示例代码如下：

```
1.    int[] arry={6,7,8,9,10,11,12,13,14,15}
2.    var lint =arry.Select(i=>i);
3.    foreach(var a in lint){
4.        Console.WriteLine(a.ToString())
5.    }
```

上面的代码中第 1 行创建整形数组 arry 作为数据源，第 2 行使用 Select 进行同行投影操作将符合条件的元素投影到新的集合 lint 中去。第 3 行~第 5 行循环遍历集合并输出对象。

【**实例 13-2**】LINQ 查询表达式的使用

本实例使用 LINQ 基本的查询操作从新闻集合中查找属于国际新闻的内容并显示在页面，具体实现步骤如下：

01 启动 Visual Studio 2012，创建一个 ASP.NET Web 空应用程序，命名为"实例 13-2"。

02 用右键单击"网站项目名称"，在弹出的快捷菜单中选择"添加" | "添加 ASP.NET 文件夹" |App_Code 命令，此时网站根目录下自动生成一个名为 App_Code 的文件夹。

03 用右键单击 App_Code 的文件夹，在弹出的快捷菜单中选择"添加" | "添加新项"命令，弹出"添加新项"对话框。

04 选择"已安装模板"下的"Visual C#"模板，并在模板文件列表中选中"类"选项，然后在"名称"文本框输入该文件的名称 News.cs，最后单击"添加"按钮。

05 此时在"App.Code 文件夹"下添加了名为 News.cs 类文件。

06 单击 News.cs 文件，编写代码如下：

```
1.    public class News{
2.        public int id { get; set; }
3.        public string title { get; set; }
4.    public string categories { get; set; }
5.    }
```

上面的代码中第 1 行定义了一个 News 新闻类。第 2 行~第 4 行定义了三个属性代表新闻的编号、标题和类别。

07 在"实例 13-2"中创建一个名为 Default.aspx 的窗体文件。

08 单击网站目录下的 Default.aspx.cs 文件，编写代码如下。

```
1.    protected void Page_Load(object sender, EventArgs e){
2.        List<News> m = new List<News>{
3.        new News { title ="冬奥会开幕了！",id =4888,categories ="国际新闻"},
4.        new News { title ="中国第一艘航母！",id =4580,categories ="中国新闻"},
5.        new News { title ="IPHONE 5S 上市！",id =4688,categories ="国际新闻"},
6.        new News { title ="发行新股将实行注册制度。",id=3888,categories ="中国新闻"},
7.        new News { title ="美国政府暂时停止工作。",id=2888,categories ="国际新闻"},
8.        new News { title ="新兴市场股票大涨。",id   =4568,categories ="国际新闻"}
9.        };
10.   var NewsQuery=from s in m where s.categories == "国际新闻"
11.             orderby s.id descending
12.                 select s.title;
13.   Response.Write("今天的国际新闻包括："+ "<br>");
14.   foreach (var News in NewsQuery) {
15.   Response.Write(News + "<br>");
16.   }
17.   }
```

上面的代码中第 1 行定义处理页面 Page 加载事件 Load 的方法。第 2 行~第 9 行初始化一个 List 类型的新闻类集合，其中定义了 6 个新闻对象。第 10 行~第 12 行定义了一个查询表达式，其中，第 10 行定义了一个查询变量 NewsQuery 和查询表达式的 from 子句，m 是由 News 组成的集合，这里被指定为查询的数据源，s 是范围变量，因为 m 是 News 对象组成的，所以范围变量 s 也被类型化为 News，这样就可以使用点运算符来访问该类型的 categories 成员。第 11 行设置查询的排序方式是按照新闻编号大小降序排列。第 12 行查询返回的结果是符合的新闻类别属于国家新闻的新闻标题名。第 14 行~第 16 行通过 foreach 循环遍历符合要求的变量，并把符合要求的新闻标题显示到网页上。

09 按快捷键 Ctrl+F5 运行程序的效果如图 13-3 所示。

图 13-3　运行效果

13.3　LINQ 和数据库操作

LINQ 查询技术主要是用于操作关系型数据库的，其中 LINQ to Entity 是 LINQ 操作数据库中最重要的技术。它提供运行时的基础结构，将关系数据库作为对象进行管理。本节将着重介绍有关 LINQ to Entity 的使用方法。

13.3.1　LINQ TO Entity

LINQ to Entity 是 ADO.NET EntityFramework 和 LINQ 结合的产物。它将关系数据库模型映射到编程语言所表示的对象模型。开发人员通过使用对象模型来实现对数据库数据的操作。在操作过程中，LINQ to Entity 会将对象模型中的语言集成查询转换为 SQL，然后将它们发送到数据库进行执行。当数据库返回结果时，LINQ to Entity 会将它们转换成相应的编程语言处理对象。

使用 LINQ to Entity 可以完成的常用的数据库操作包括：

● 选择
● 插入
● 更新
● 删除

以上四大操作包含了数据库应用程序的所有功能，LINQ to Entity 全部能够实现。因此，在掌握了 LINQ 技术后，读者就不需要再针对特殊的数据库学习特别的 SQL 语法了。

LINQ to Entity 的使用主要可以分为两大步骤：

（1）创建实体数据模型（Entity Data Model，EDM）

要实现 LINQ to Entity，首先必须根据现有关系数据库的元数据创建实体数据模型。实体数据模型就是按照开发人员所用的编程语言来表示的数据库。有了这个表示数据库的对象模型，才能创建查询语句操作数据库。

（2）使用实体数据模型

在创建了实体数据模型后，就可以在该模型中请求和操作数据了。使用模型的基本步骤为：

- 创建查询以便从数据库中检索信息。
- 重写 Insert、Update 和 Delete 的默认方法。
- 设置适当的选项以便检测和报告可能产生的并发冲突。
- 建立继承层次结构。
- 提供合适的用户界面。
- 调试并测试应用程序。

以上只是使用实体数据模型的基本步骤，其中很多步骤都是可选的，在实际应用中，有些步骤可能并不会每次都需要使用到。

13.3.2　实体数据模型的创建

实体数据模型是关系数据库在编程语言中表示的数据模型，对实体数据模型的操作就是对关系数据库的操作。表 13-1 列举了 LINQ to Entity 实体数据模型中的元素与关系数据库中元素的对应关系。

表 13-1　LINQ to Entity 实体数据模型中的基本元素

关系数据模型	LINQ to Entity 实体数据模型
表	实体类名
表间的关联	实体类之间的关联
表中的字段	实体的公有属性
表中的单条记录	单个实体类对象
存储过程	实体类中的公有方法
视图	实体类中的视图方法
存储过程或函数	方法

创建实体数据模型方法有三种：

（1）使用实体数据模型设计器，实体数据模型设计器提供了从现有数据库创建实体数据模型的可视化操作，它被集成在 Visual Studio 2012 中，比较适用于小型或中型的数据库。

（2）使用 SQLMetal 代码生成工具，这个工具适合大型数据库的开发，因此对于普通读者来说，这种方法并不常用了。

（3）直接编写创建实体对象的代码。这种方法在有实体数据模型设计器的情况下不建议使用。

在实际开发过程中，几乎都使用第 1 种方法来创建对象模型，所以这里只介绍如何使用最常用的实体数据模型设计器创建对象模型。

实体数据模型设计器（O/R 设计器）提供了一个可视化设计界面，用于在应用程序中创建映射到数据库中的对象模型。同时，它还生成一个强类型 ObjectContext，用于在实体类与数据库之间发送和接收数据。强类型 ObjectContext 表示 LINQ to Entity 框架的主入口点，充当 SQL Server 数据库与映射到数据库的 LINQ to Entity 实体类之间管道。

ObjectContext 类包含用于连接数据库以及操作数据库数据的连接字符串信息和方法，也可以将新方法添加到 ObjectContext 类。ObjectContext 类提供了如表 13-2 和表 13-3 所示的属性和方法。

表 13-2　ObjectContext 类的属性

名称	说明
CommandTimeout	获取或设置所有对象上下文操作的超时值（以秒为单位）。null 值表示将使用基础提供程序的默认值
Connection	获取对象上下文使用的连接
ContextOptions	获取 ObjectContextOptions 实例，该实例包含影响 ObjectContext 行为的选项
DefaultContainerName	获取或设置默认容器名称
MetadataWorkspace	获取对象上下文使用的元数据工作区
ObjectStateManager	获取对象上下文用于跟踪对象更改的对象状态管理器
QueryProvider	获取与此对象上下文关联的 LINQ 查询提供程序

表 13-3　DataContext 类的方法

名称	说明
AcceptAllChanges	接受在对象上下文中对对象所做的所有更改
AddObject	将对象添加到对象上下文
CreateDatabase	使用当前数据源连接和 StoreItemCollection 中的元数据创建数据库
CreateEntityKey	为特定对象创建实体键，如果实体键已存在，则返回该键
CreateObject<T>	创建并返回所请求类型的实例
CreateQuery<T>	使用指定查询字符串在当前对象上下文中创建 ObjectQuery<T>
DatabaseExists	检查在当前数据源连接中指定为数据库的数据库是否在数据源上存在
DeleteObject	将对象标记为待删除
DetectChanges	确保 ObjectStateEntry 更改与由 ObjectStateManager 跟踪的所有对象中的更改进行同步
Dispose()	释放对象上下文使用的资源
Equals(Object)	确定指定的对象是否等于当前对象（继承自 Object）

（续表）

名称	说明
GetObjectByKey	返回具有指定实体键的对象
GetType	获取当前实例的 Type（继承自 Object）
SaveChanges()	将所有更新保存到数据源并重置对象上下文中的更改跟踪

【实例 13-3】ADO.NET 实体数据模型的创建

本实例演示如何使用实体数据模型设计器来创建一个 ADO.NET 实体数据模型，数据库和表使用前几章中的 db_news 和 tb_News，具体实现步骤如下：

01 启动 Visual Studio 2012，创建一个 ASP.NET Web 空应用程序，命名为"实例 13-3"。

02 用右键单击网站名称"实例 13-3"，在弹出的快捷菜单中选择"添加" | "添加新项"，弹出如图 13-4 所示的"添加新项"对话框。

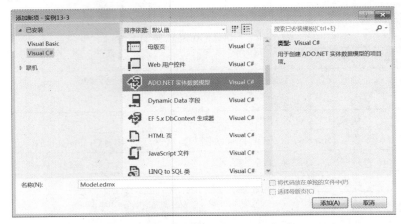

图 13-4　"添加新项"对话框

03 选择"已安装模板"下的"Visual C#"模板，并在模板文件列表中选中"ADO.NET 实体数据模型"，然后在"名称"文本框输入该文件的名称 Model.edmx，最后单击"添加"按钮，弹出如图 13-5 所示的"提示"对话框。

图 13-5　"提示"对话框

04 单击"是"按钮，弹出如图 13-6 所示的"实体数据模型向导"对话框。

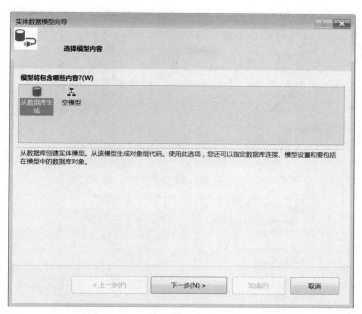

图 13-6 "实体数据模型向导" 对话框

05 在"模型将包含哪些内容"列表中选择"从数据库生成"选项，单击"下一步"按钮，进入如图 13-7 所示的"选择您的数据连接"对话框。

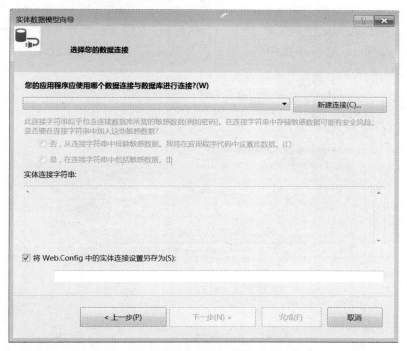

图 13-7 "选择您的数据连接" 对话框

06 单击"新建连接"按钮，弹出如图 13-8 所示的"连接属性"对话框。

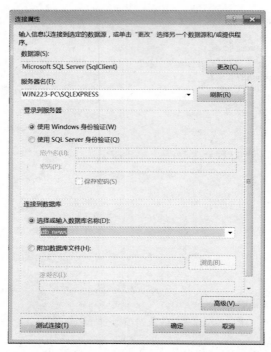

图 13-8 "连接属性"对话框

07 在"数据源"文本框中输入 Microsoft SQL Serve（SqlClient），在"服务器名"下拉列表中选择自己 SQL Server 服务器的名称，选择"选择或输入数据库名称"单选按钮，在其下拉列表中选中 db_news 数据库的名称，最后单击"确定"按钮，返回如图 13-9 所示的"实体数据模型向导"对话框。

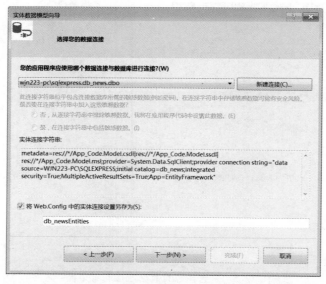

图 13-9 "实体数据模型向导"对话框

08 选中"将 Web.Config 中的实体连接设置另存为"多选框,单击"下一步"按钮,弹出如图 13-10 所示的"选择您的数据库对象和设置"对话框。

图 13-10 "选择您的数据库对象和设置"对话框

09 展开"表"|dbo,选择 tb_News 数据表,最后单击"完成"按钮。

10 此时在网站根目录下会生成如图 13-11 所示的"App_Code 文件夹",将在该文件夹中会自动生成一些文件,将其中的 Model.Context.tt 和 Model.tt 从程序中删除,剩下的是一个包含模型信息的 Model.edmx 文件。该文件由实体设计器使用,通过该设计器可以以图形方式查看和编辑概念模型和映射。此外,实体数据模型设计器还会创建一个源代码文件 Model.Designer.cs,其中包含基于.edmx 文件的 CSDL 内容而生成的类。该源代码文件是自动生成的,并在.edmx 文件发生更改时随之更新。

图 13-11 生成的文件

11 单击 Model.edmx 文件，出现图 13-12 "实体数据模型设计器" 界面，看到可视化的 tb_News 数据表。使用实体设计器可以直观地创建和修改实体、关联、映射和继承关系，还可以验证.edmx 文件。

图 13-12　实体模型设计器

12 在 "实体数据模型设计器" 界面的空白处单击右键，在弹出的快捷菜单中选择 "属性" 命令，弹出如图 13-13 所示的实体属性模型 "属性" 窗口。

图 13-13　"属性" 窗口

13 将 "代码生成" 属性组下的 "代码生成策略" 的属性值从 "无" 修改为 "默认值"。

14 打开文件 Model.Designer.cs，可以看到该文件自动生成了包含实体数据模型的实体类以及强类型 ObjectContext 的定义。至此，实体数据模型就创建完毕了，在页面代码中就可以像使用其他类型的类一样使用它。

创建了实体数据模型后，就可以查询数据库了。LINQ to Entity 会将编写的查询转换成等效的 SQL 语句，然后把它们发送到服务器进行处理。具体来说，应用程序将使用 LINQ to Entity API 来请求查询执行，LINQ to Entity 提供程序，随后会将查询转换成 SQL 文本，并委托 ADO 提供程序执行。ADO 提供程序将查询结果作为 DataReader 返回，而 LINQ to Entity 提供程序将 ADO 结果转换成用户对象的 IQueryable 集合。

LINQ to Entity 中的查询与 LINQ 中的查询使用相同的语法，只不过它们操作的对象有所差异，LINQ to Entity 查询中引用的对象是映射到数据库中的元素，示例代码如下：

```
1.    ObjectContext    data = new ObjectContext ();
2.         var NewsQuery = from m in data.News
3.                    select m;
```

上面的代码中第 1 行定义声明强类型 ObjectContext 的对象 data。第 2、3 行定义隐藏变量 NewsQuery，通过 LINQ 查询从实体类 News 中获取查询到的数据。

13.3.3 ASP.NET 4.5 模型绑定方式

ASP.NET 4.5 版本之前的数据绑定方式，要采用 "%# Eval("LastName") %" 的绑定表达式，然后使用数据控件的 DataSource 属性绑定提供的数据源和使用 DataBind()方法。比如需要将数据绑定到 Repeater 控件，通常会采用如下的实现方式：

```
1.    <ul>
2.    <asp:Repeater ID="Repeater1" runat="server">
3.      <ItemTemplate>
4.         <li>
5.          <%# Eval("ID") %>
6.          <%# Eval("Titl") %>
7.         </li>
8.      </ItemTemplate>
9.    </asp:Repeater>
10.   </ul>
```

上面的代码中在第 3 行~第 8 行的<ItemTemplate>模板中的第 5 行和第 6 行使用了绑定表达式绑定了数据表中的 ID 和 Title 两个字段的内容。

后台数据绑定方式不变，沿用 DataSource 提供数据源和 DataBind()，如下面的代码：

```
1.    protected void Page_Load(object sender, EventArgs e){
2.         var db = new ObjectContext();
3.         Repeater1.DataSource = db.News.ToList().;
4.         Repeater1.DataBind();
5.    }
```

上面代码中第 2 行实例化一个实体数据模型对象 db，第 3 行调用 db 对象中数据表 News 对象的 ToList 方法获得表中所有的记录作为 Repeater1 控件的数据源。第 4 行调用 Repeater1 控件的 DataBind()方法绑定数据并显示。

但是，现在 ASP.NET 4.5 中提供了强类型数据绑定新特性，通过控件的 ModelType 属性和 SelcteMothed 属性来实现新的绑定方式。

ModelType 属性指定要绑定的强类型对象全限定名，提供了新的数据绑定表示式<%#: Item.属性 %>。

SeleteMothed 属性获取或设置由数据绑定控件调用以插入数据的方法或函数的名称。

上面的 Repeater 控件采用新的绑定方式后的代码如下：

```
1.   <ul>
2.     <asp:Repeater ID="Repeater1"  ModelType="Model.News"  runat="server"
3.         SelectMethod="Repeater1_GetDate" >
4.       <ItemTemplate>
5.          <li>
6.             <%#: Item.FirstName %>
7.             <%#: Item.LastName %>
8.          </li>
9.       </ItemTemplate>
10.    </asp:Repeater>
11.  </ul>
```

上面代码中第 1 行中的 ModelType 属性设置了要绑定的对象的名称 Model.News。所以在第 4 行和第 5 行可以使用"<%#: Item.属性 %>"的方式来绑定该对象中的成员，也就是数据表中的字段。第 3 行通过 SelectMethod 属性设置获得数据的方法 Repeater1_GetDate。

后台数据绑定方式也发生了很大地改变，不再沿用 DataSource 提供数据源和 DataBind() 方法，而是定义一个方法，不再需要在页面 Page_Load 事件中处理数据了，如下面的代码：

```
1.   protected  IQueryable Repeater1_GetDate (){
2.       var db = new ObjectContext();
3.       db.News.ToList().;
4.       return db;
5.   }
```

上面的代码中，第 1 行定义一个 Repeater1_GetDate，该方法名与 Repeater1 控件的 SelectMethod 属性设置获得数据的方法必须一致，它返回一个 IQueryable 的集合，在该集合中保存了从实体数据模型中查询出来的结果。

【实例 13-4】查询数据库

本实例演示利用上例中创建的实体数据模型从数据表 tb_News 中查询从第 11 条记录开始的 5 条数据并使用新的绑定方式进行 GridView 控件的显示，具体实现步骤如下。

01 继续上面"实例 13-3"的开发，在"实例 13-4"中创建一个名为 Default.aspx 的窗体文件。

02 单击网站的根目录下 Default.aspx 文件，打开"视图设计器"，进入"源视图"，在 <form>和</form>标记间添加如下代码：

```
1.   <div>
2.     <asp:GridView ID="GridView1" runat="server" SelectMethod ="GridView1_GetData"
3.       ItemType="db_newsModel.tb_News"  AutoGenerateColumns="False"
4.       BackColor="#CCCCCC" BorderColor="#999999" BorderStyle="Solid" BorderWidth="3px"
5.       CellPadding="4" CellSpacing="2" ForeColor="Black" PageSize="5" >
6.       <Columns>
7.         <asp:BoundField DataField="ID" HeaderText="新闻编号" />
```

```
8.          <asp:BoundField DataField="Title" HeaderText="新闻标题" />
9.          <asp:BoundField DataField="Categories" HeaderText="新闻类别" />
10.       <asp:BoundField DataField="IssueDate" HeaderText="发布时间" />
11.    </Columns>
12.    </asp:GridView>
13.    </div>
```

上面的代码中第 2 行定义一个服务器列表控件 GridView1，设置 SelectMethod 属性，在后台代码文件中定义的方法 GridView1_GetData 来获得要显示的数据。第 3 行设置 ItemType 属性设置绑定的项类型是实体数据模型实体类 tb_News。

03 在 GridView 控件右上方有一个向右的黑色小三角，单击这个小按钮打开 "GridView 任务" 列表，选择 "自动套用格式"。弹出 "自动套用格式" 对话框，在左边的选择架构列表中选中 "蓝黑 2"，最后，单击 "确定" 按钮。

04 单击网站根目录下的 Default.aspx.cs 文件，编写代码如下：

```
1.    public IQueryable GridView1_GetData(){
2.        db_newsModel.db_newsEntities db = new db_newsModel.db_newsEntities();
3.        var date = (from emp in db.tb_News orderby emp.ID select emp).Skip(10).Take(5);
4.        return date;
5.    }
```

上面的代码中第 1 行自定义 GridView1_GetData 返回从数据表中查询到的内容。第 2 行定义声明强类型 db_newsEntities 对象 db。第 3 行创建 LINQ 查询语句，查询 News 表中从第 11 条记录开始的 5 条数据。第 4 行返回查询到的 IQueryable 集合。

05 按快捷键 Ctrl+F5 运行程序，运行结果如图 13-14 所示。

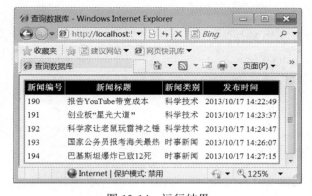

图 13-14　运行结果

13.3.4　更改数据库

除了可以查询数据库，开发人员还可以使用 LINQ to Entity 对数据库进行更改操作，包括插入、更新和删除。在 LINQ to Entity 中执行插入、更新和删除操作的方法是：向实体数据模型中添加对象、更改和移除实体模型中的对象，然后 LINQ to Entity 会把所做的操作转化成 SQL，最后把这些 SQL 提交到数据库执行。在默认情况下，LINQ to Entity 就会自动生成动态 SQL 来实现插入、读取、更新和操作。也可以自定义 SQL 来实现一些特殊的功能。

1. LINQ 插入数据库

使用 LINQ 向数据库插入行的操作步骤如下：

- 创建一个要提交到数据库的新对象。
- 将这个新对象添加到与数据库中目标数据表关联的 LINQ to Entity Table 集合。
- 将更改提交到数据库。

2. LINQ 修改数据库

使用 LINQ 修改数据库数据的操作步骤如下：

- 查询数据库中要更新的数据行。
- 对得到的 LINQ to Entity 对象中成员值进行更改。
- 将更改提交到数据库。

3. LINQ 删除数据库

可以通过将对应的 LINQ to Entity 对象从相关的集合中去除来实现删除数据库中的行。不过，LINQ to Entity 不支持且无法识别级联删除操作。如果要在对行有约束的表中删除数据，则必须符合下面的条件之一：

- 在数据库的外键约束中设置 ON DELETE CASCADE 规则。
- 编写代码先删除约束表的级联关系。

删除数据库中数据行的操作步骤如下：

- 查询数据库中要删除的行。
- 调用 DeleteObject()方法。
- 将更改提交到数据库。

【实例 13-5】更改数据库

本实例演示利用"实例 13-3"中创建的实体数据模型，接受用户选择的数据进行修改和删除的操作，具体实现步骤如下：

01 启动 Visual Studio 2012，创建一个 ASP.NET Web 空应用程序，命名为"实例 13-5"。
02 按照"实例 13-3"的步骤，创建实体数据模型。
03 在"实例 13-5"中创建名为 Default.aspx 的窗体文件。
04 单击网站的根目录下 Default.aspx 文件，进入到"视图设计器"。从"工具箱"分别拖动一个 GridView 控件、一个 DropDownList1 控件、4 个 TextBox 控件和两个 Button 控件到"设计视图"中。

05 打开 "GridView 任务" 列表，选择 "自动套用格式"。弹出 "自动套用格式" 对话框，在左边的选择架构列表中选中 "蓝黑 2"，单击 "确定" 按钮。

06 单击网站根目录下的 Default.aspx.cs 文件，编写关键代码如下。

```
1.    db_newsModel.db_newsEntities db = new db_newsModel.db_newsEntities();
2.        protected void Page_Load(object sender, EventArgs e){
3.            var date1= (from emp in db.tb_News orderby emp.ID descending
4.                    select emp).Skip(0).Take(5);
5.            DropDownList1.DataSource =date1 ;
6.            DropDownList1.DataTextField ="Title";
7.            DropDownList1 .DataValueField ="ID";
8.            DropDownList1.DataBind ();
9.            GridView1.DataSource =date1;
10.           GridView1 .DataBind ();
11.       }
12.       protected void Button1_Click(object sender, EventArgs e){
13.           string time=TextBox4.Text;
14.           DateTime dt = new DateTime();
15.           dt= Convert.ToDateTime(time);
16.           int id=Convert .ToInt32(DropDownList1.SelectedValue);
17.           db_newsModel.tb_News news =db.tb_News.First<db_newsModel.tb_News>(u => u.ID ==id);
18.           news.Title = TextBox1.Text;
19.           news.Content=TextBox2.Text;
20.           news.Categories = TextBox5.Text;
21.           news.Type = TextBox3.Text;
22.           news.IssueDate = dt;
23.           db.SaveChanges();
24.       }
25.       protected void Button2_Click(object sender, EventArgs e){
26.           int id = Convert.ToInt32(DropDownList1.SelectedValue);
27.           db_newsModel.tb_News news = db.tb_News.First<db_newsModel.tb_News>(u => u.ID == id);
28.           db.DeleteObject(news);
29.           db.SaveChanges();
30.       }
```

上面的代码中第 1 行声明一个实体数据模型对象 db。第 2 行处理页面 Page 加载事件 Load 的方法。第 3 行和第 4 行利用 LINQ 查询表达式从数据库查询 tb_News 表中最后 5 条数据记录。第 5 行将查询的结果作为下拉列表控件 DropDownList1 的数据源。第 8 行调用 DropDownList1 控件的 DataBind 方法绑定数据。第 9 行将查询的结果作为列表控件 GridView1 的数据源。第 10 行调用 GridView1 控件的 DataBind 方法绑定数据。

第 12 行定义处理 "更新" 按钮 Button1 单击事件 Click 的方法。第 17 行定义一个 tb_News 实体类的对象 news，该对象就是用户所选择要修改的一条新闻记录，通过 LIQN 表达式查询下拉列表中所选的新闻编号 ID 来获得，第 18 行~第 22 行将用户输入在文本框中的内容赋值给 news 对象中的各个成员。第 23 行把调用实体数据对象 SaveChanges 方法对数据库的数据进行更新。

第 25 行定义处理"删除"按钮 Button2 单击事件 Click 的方法。第 27 行定义一个 tb_News 实体类的对象 news，该对象就是用户所选择要删除的一条新闻记录，通过 LIQN 表达式查询下拉列表中所选的新闻编号 ID 来获得，第 28 行调用方法 DeleteObject 删除获得对象。第 29 行把更改提交到数据库对数据进行删除。

07 按快捷键 Ctrl+F5 运行程序，运行结果如图 13-15 所示。

图 13-15 运行结果

13.4 EntityDataSource 控件

EntityDataSource 控件是一个特殊的数据源控件，它是专门为使用 ADO.NET 实体架构建立的应用程序而设计的。EntityDataSource 控件可以在 Web 页面上为数据控件处理选择、更新、插入、删除数据的操作，同时还可以自动地对数据进行排序和分页，从而，更容易地绑定数据，以及方便地对实体数据模型中的数据导航。

EntityDataSource 控件可以自动完成绝大部分任务。EntityDataSource 适合和之前提到的实体数据模型设计器一起来生成快速开发的应用程序，和 SqlDataSource 非常相似，使用 EntityDataSource 时，不需要编写任何代码，甚至 EntityDataSource 要更进一步，不仅不需要编写 C# 代码，还可以略过编写查询和更新数据使用的 SQL 语句。因此，它是中小型应用程序或不需要特别调整以获得全部性能的应用程序的完美工具。

EntityDataSource 控件的常用属性如表 13-4 所示。

表 13-4　EntityDataSource 控件的常用属性

属性	说明
EnableDelete	获取或设置一个值，该值指示是否可以通过 EntityDataSource 控件删除对象
EnableInsert	获取或设置一个值，该值指示是否可以通过 EntityDataSource 控件添加对象
EnableUpdate	获取或设置一个值，该值指示是否可以通过 EntityDataSource 控件修改对象
ContextTypeName	获取或设置 EntityDataSource 控件使用的类型化 ObjectContext 的完全限定名
EntitySetName	获取或设置 EntityDataSource 控件使用的实体集的名称
OrderBy	获取或设置指定如何对查询结果进行排序的 Entity SQL 表达式
Select	获取或设置定义要包含在查询结果中的属性的投影
Where	获取或设置指定如何筛选查询结果的 Entity SQL 表达式
GroupBy	获取或设置一个值，指定用于对检索到的数据进行分组的属性
InsertParameters	获取在插入操作过程中使用的参数的集合
OrderByParameters	获取用于创建 Order By 子句的参数的集合
SelectParameters	获取在数据检索操作过程中使用的参数集合
UpdateParameters	获取在更新操作过程中使用的参数集合
Visible	获取或设置一个值，该值指示是否以可视化方式显示控件
WhereParameters	获取用于创建 Where 子句的参数集合

【实例 13-6】EntityDataSource 控件的使用

本例演示如何利用 EntityDataSource 控件通过"实例 13-3"中创建的实体数据模型实现在 GridView 控件中的编辑、更新和删除的功能。

01 启动 Visual Studio 2012，创建一个 ASP.NET Web 空应用程序，命名为"实例 13-6"。

02 按照"实例 13-3"的步骤，创建实体数据模型。

03 在"实例 13-6"中创建一个名为 Default.aspx 的窗体文件。

04 单击网站的根目录下 Default.aspx 文件，进入到"视图设计器"。从"工具箱"拖动一个 GridView 控件到"设计视图"中。

05 GridView 控件右上方有一个向右的黑色小三角，单击这个小按钮打开"GridView 任务"列表，在"选择数据源"下拉列表中选择"新建数据源"。弹出如图 13-16 所示"数据源配置向导"对话框。

06 在"应用程序从哪里获取数据？"列表中选择 Entity 数据源，将生成的 EntityDataSource 控件的 ID 属性命名为 EntityDataSource1，单击"确定"按钮，弹出如图 13-17 所示的"配置数据源"对话框。

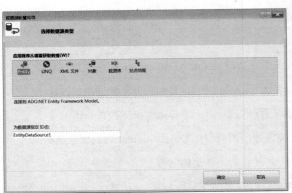

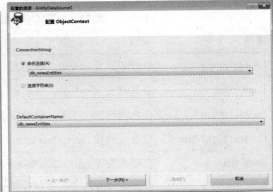

图 13-16   "数据源配置向导"对话框   图 13-17   "配置数据源"对话框

07 在"命名连接"下拉列表中选择通过前面创建的实体数据模型的命名连接 db_newsEntities，单击"下一步"按钮，弹出如图 13-18 所示的"配置数据源"对话框。

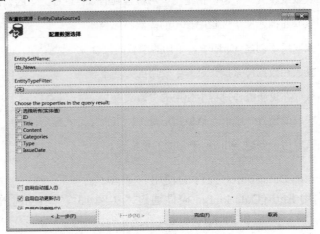

图 13-18   "配置数据选择"对话框

08 在 EntitySetName 下拉列表中选择实体类 tb_News；在 Choose the properties in the query result 选项组中选中"选择所有（实体值）"复选框；分别选中"启用自动更新"和"启用自动删除"两个复选框，单击"完成"按钮。

09 此时 GridView 控件的"GridView 任务"列表多出几个如图 13-19 所示选项，选中"启动分页"、"启动排序"、"启动编辑"和"启动删除"4 个复选框。

图 13-19   "GridView 任务"列表

10 切换到"源视图",在<form>和</form>标记间自动生成如下代码:

```
1.  <asp:GridView ID="GridView1" runat="server" AllowPaging="True" AllowSorting="True"
    AutoGenerateColumns="False" DataKeyNames="ID" DataSourceID="EntityDataSource1">
2.  <Columns>
3.    <asp:CommandField ShowDeleteButton="True" ShowEditButton="True" />
4.    <asp:BoundField DataField="ID" HeaderText="ID" ReadOnly="True" SortExpression="ID" />
5.    <asp:BoundField DataField="Title" HeaderText="Title" SortExpression="Title" />
6.    <asp:BoundField DataField="Content" HeaderText="Content" SortExpression="Content" />
7.    <asp:BoundField DataField="Categories" HeaderText="Categories" SortExpression="Categories" />
8.    <asp:BoundField DataField="Type" HeaderText="Type" SortExpression="Type" />
9.    <asp:BoundField DataField="IssueDate" HeaderText="IssueDate" SortExpression="IssueDate" />
10. </Columns>
11. </asp:GridView>
12. <asp:EntityDataSource ID="EntityDataSource1" runat="server" ConnectionString="name=db_newsEntities"
    DefaultContainerName="db_newsEntities" EnableDelete="True" EnableFlattening="False" EnableUpdate=
    "True" EntitySetName="tb_News">
13.   </asp:EntityDataSource>
```

上面的代码中第 1 行定义一个服务器列表控件 GridView1,设置其允许分页、允许排序、禁止自动生成列、数据源为 EntityDataSource1、数据主键为 ID 字段。第 2 行到第 10 行定义 GridView1 控件的列。其中第 3 行设置显示操作删除和编辑的命令按钮。第 4 行~第 9 行分别定义列表控件的 6 个列字段,它们关联到数据表 tb_News 中的 6 个字段并设置显示的列标题和绑定的字段值以及排序表达式的字段。第 12 行定义一个服务器 EntityDataSource1 控件并设置能够进行删除、插入、更新操作以及包含表属性的上下文类型。

11 打开"GridView 任务"列表,选择"自动套用格式"。弹出"自动套用格式对话框",在左边的选择架构列表中选中"蓝黑 2",单击"确定"按钮。

12 按快捷键 Ctrl+F5 运行程序,运行结果如图 13-20 所示。

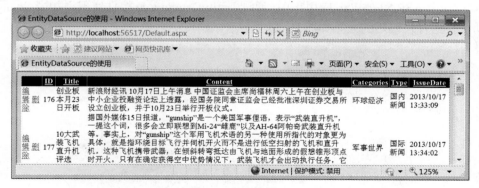

图 13-20 运行结果

13.5　上机题

1．使用 Visual Studio 2012 集成开发环境创建、运行本章所有的代码和实例并分析其执行结果。

2．编写一个 ASP.NET Web 应用程序，使用实体数据模型设计器创建一个实体数据模型 CoffeeManagementEntities，把第 7 章上机题 2 创建的 ShangPin 数据表映射到内存中。

3．编写一个 ASP.NET Web 应用程序，利用上机题 1 创建的对象模型，使用 ASP.NET 4.5 新的数据绑定方式查询出表 ShangPin 中包含的所有数据，并绑定显示在 GridView 控件中，运行效果如图 13-21 所示。

4．编写一个 ASP.NET Web 应用程序，利用上机题 1 创建的对象模型，使用 EntityDateSource 和 GridView 控件实现和上题相同的功能。

5．编写一个 ASP.NET Web 应用程序，通过 EntityDateSource 控件和 ListView 控件实现修改表 ShangPin 中数据的功能，运行代码后的效果如图 13-22 所示。

图 13-21　运行结果

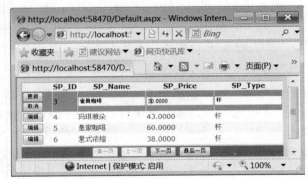

图 13-22　运行结果

6．编写一个 ASP.NET Web 应用程序，通过 EntityDataSource 控件和 ListView 控件实现删除表 ShangPin 中数据的功能。

7．编写一个 ASP.NET Web 应用程序，通过 EntityDataSource 控件实现添加表 ShangPin 中数据的功能，运行代码后的效果如图 13-23 所示。

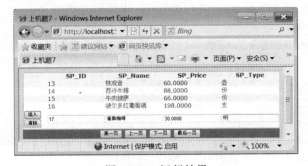

图 13-23　运行结果

第 14 章　文 件 处 理

开发 ASP.NET 4.5 网站或系统的过程中，需要对服务器上的信息进行维护，这必然少不了对文件的操作，例如将客户端提交一个文件到服务器，将客户端的输入保存到服务器，查看服务器上的目录/文件信息等。作为运行于服务器端的 ASP.NET，能够很好地完成这些任务，而且还提供了很多操作方法，如打开和关闭文件，读取和写入文件的内容等，本章主要介绍.NET Framework 所提供的用于创建、读写文件和处理文件系统的类。

14.1　对磁盘的操作

电脑中的文件都是存放在本地机器的各个磁盘（即驱动器）中的，如果要找到文件的位置，最先要知道它处于哪个磁盘，然后才考虑文件的目录。因此，非常有必要能够获得磁盘的详细信息。在 ASP.NET 4.5 中，使用 DriveInfo 类就可以用来获得本地机器系统注册的磁盘详细信息。例如，可以得到每个磁盘的名称、类型、大小和状态信息等等，在使用 DriveInfo 类前必须引用 System.IO 命名空间。

DriveInfo 类的主要属性和方法如表 14-1 所示。

表 14-1　DriveInfo 类的主要属性和方法

属性和方法	说明
TotalSize	获取驱动器上存储空间的总大小，以字节为单位，包含所有已分配的空间和空闲的空间
TotalFreeSpace	获取驱动器上的可用空闲空间总量
AvailableFreeSpace	指示驱动器上的可用空闲空间量，以字节为单位。其值可能小于 TotalFreeSpace，这是因为 ASP.NET 可用的驱动器配额可能有限制
DriveFormat	获取文件系统的名称，例如 NTFS 或 FAT32
DriveType	获取驱动器类型。表示驱动器为固态硬盘、网络驱动器、CD-ROM 还是可移动硬盘
IsReady	表示驱动器是否已准备好。返回一个 bool 类型的值，如果驱动器已准备好，则为 true；如果驱动器未准备好，则为 false
Name	获取驱动器的名称，比如 "C:" 或者 "D:"
VolumeLabel	获取或设置驱动器的卷标。卷标的长度由操作系统确定。例如，在 NTFS 格式的驱动器上，允许卷标名最长达到 32 个字符。如果没有设置卷标，该属性值为 Null
RootDirectory	获取驱动器的根目录
ToString	将驱动器名称作为字符串返回

（续表）

属性和方法	说明
GetDrives	该方法是一个静态方法，用于检索计算机上的所有逻辑驱动器的驱动器名称。该方法返回的是一个 DriveInfo 的对象集合

【实例 14-1】对磁盘的操作

本实例实现页面加载时获取当前系统中所有磁盘的信息等信息，每个磁盘以一个节点的形式显示在一个 TreeViwe 控件中，具体实现步骤如下：

01 启动 Visual Studio 2012，创建一个 ASP.NET Web 空应用程序，命名为"实例 14-1"。

02 在网站根目录下创建一个名为 Default.aspx 的窗体文件。

03 单击 Default.aspx 文件，进入的"视图编辑"界面，切换到"设计视图"，从工具箱中拖动一个 TreeView 控件到编辑区。

04 将鼠标移到 TreeVeiw 控件上，其上方会出现一个向右的黑色小三角。单击它，弹出"TreeVeiw 任务"列表，选择"自动套用格式"选项。在弹出的"自动套用格式"对话框中选择"选择方案"列表里的"XP 资源管理器"，然后单击"确定"按钮。

05 单击网站目录下的 Default.aspx.cs 文件，编写关键代码如下：

```
1.    protected void Page_Load(object sender, EventArgs e){
2.        if (!Page.IsPostBack){
3.            DriveInfo[] allDrives = DriveInfo.GetDrives();
4.            foreach (DriveInfo d in allDrives){
5.                if (d.IsReady == true) {
6.                    TreeNode node = new TreeNode();
7.                    node.Value = d.Name;
8.                    this.TreeView1.Nodes.Add(node);
9.                    TreeNode childNode = new TreeNode();
10.                   childNode.Value = "驱动器的卷标：" + d.VolumeLabel;
11.                   node.ChildNodes.Add(childNode);
12.                   childNode = new TreeNode();
13.                   childNode.Value = "驱动器类型：" + d.DriveType;
14.                   node.ChildNodes.Add(childNode);
15.                   childNode = new TreeNode();
16.                   childNode.Value = "文件系统：  " + d.DriveFormat;
17.                   node.ChildNodes.Add(childNode);
18.                   childNode = new TreeNode();
19.                   childNode.Value = "可用空闲空间量：" + d.AvailableFreeSpace + "Bytes";
20.                   node.ChildNodes.Add(childNode);
21.                   childNode = new TreeNode();
22.                   childNode.Value = "可用空闲空间总量：" + d.TotalFreeSpace + "Bytes";
23.                   node.ChildNodes.Add(childNode);
24.                   childNode = new TreeNode();
```

```
25.              childNode.Value = "存储空间的总大小：" + d.TotalSize + "Bytes";
26.              node.ChildNodes.Add(childNode);
27.          }
28.      else {
29.              TreeNode nodeNotUse = new TreeNode();
30.              nodeNotUse.Value = d.Name + "(驱动器没有准备好)";
31.              this.TreeView1.Nodes.Add(nodeNotUse);
32.          }
33.      }
34.   }
35. }
```

　　上面的代码中第1行定义处理页面Page加载事件Load的方法。第3行获取用户输入的磁盘名称。定义一个DriveInfo类型的数组allDrives保存由使用DriveInfo类的GetDrives静态方法获得的所有服务器集合。第4行使用foreach循环遍历allDrives数组中的DriveInfo磁盘对象。第5行判断如果磁盘已经准备好，则第6行~第26行将驱动信息绑定到TreeView控件的节点上，包括驱动器的卷标、类型、文件系统、空闲空间量、空闲空间总量、存储空间的总大小。第28行判读如果磁盘没有准备好，则第29行~第31行在TreeView控件的节点上显示驱动器没有准备好的文本。

　　06 按快捷键Ctrl+F5运行程序，运行结果如图14-1所示。

图14-1　运行结果

14.2　对文件夹的操作

　　Web应用程序中经常需要操作Web服务器的文件夹和子文件夹。System.IO包含的Directory类和DirectoryInfo类提供的一组方法，可以实现对文件夹的操作。

14.2.1　使用 Directory 类

Directory 类是一个静态类，提供了许多的操作目录和子目录的静态方法，可以用于对目录和子目录的创建、移动、复杂和删除等操作。由于这些方法都是静态方法，因此可以在类上直接使用，而不需要创建类的实例。

Directory 类的主要静态方法有以下数种，下面进行一一地介绍。

1．CreateDirectory 方法

CreateDirectory 是创建目录的方法，该方法的声明代码如下所示：

```
1.   public static DirectoryInfo CreateDirectory(
2.       String path
3.   ) ;
```

以上代码中第 1 行定义一个 DirectoryInfo 类型的静态方法 CreateDirectory，返回值是由 path 指定的 DirectoryInfo。第 2 行中的字符串类型的对象参数 path 用于指定要创建的目录。

下面的代码示例在 C:\vs2012 文件夹下创建名为 Website 目录：

```
1.   private void Create(){
2.       Directory. CreateDirectory(@"D:\ vs2010\Website");
3.   }
```

以上代码中第 1 行定义一个私有类型的方法 Create。第 2 行调用 Directory 类的 CreateDirectory 静态方法创建 C:\vs2012 文件夹下创建名为 Website 目录。

2．Delete 方法

Delete 是删除目录的方法，该方法的声明代码如下所示：

```
1.   public static DirectoryInfo Delete (
2.       String path，
3.       bool recursive
4.   ) ;
```

以上代码中第 1 行定义一个 DirectoryInfo 类型的静态方法 Delete。第 2 行中的字符串类型的对象参数 path 用于指定要删除的目录。第 3 行的第二个参数为 bool 类型，可以指定是否删除非空目录。如果该参数为 true，将删除整个目录，即使该目录下有文件或子目录；如果参数为 false，则仅在目录为空时才可以删除。

下面的代码将 C:\vs2012 文件夹下创建名为 Website 目录删除：

```
1.   private void DeleteDirectory (){
2.       Directory. Delete(@"C:\ vs2012\Website"，true);
3.   }
```

以上代码中第 1 行定义一个私有类型的方法 DeleteDirectory。第 2 行调用 Directory 类的

静态方法 Delete 删除 C:\vs2012 文件夹下名为 Website 的目录。

3. Move 方法

Move 是移动目录的方法，该方法的声明代码如下所示：

```
1.  public static void Move (
2.        string sourceDirName，
3.        string destDirName
4.  ) ;
```

以上代码中第 1 行定义一个静态方法 Move。第 2 行中的字符串类型的参数 sourceDirName 表示要移动的文件或目录的路径。第 3 行的第二个字符串类型的参数 destDirName 表示指向 sourceDirName 的新位置的路径。

下面的代码实现将目录 C:\vs2012 文件夹下名为 Website 目录移动到 D:\vs2012 文件夹下名为 Website 的目录：

```
1.  private void MoveDirctory(){
2.      Directory.Move(@"C:\ vs2012\Website", @"D:\ vs2012\Website");
3.  }
```

以上代码中第 1 行定义一个私有类型的方法 MoveDirctory。第 2 行调用 Directory 类的静态方法 Move 将目录 C:\vs2012 文件夹下名为 Website 目录移动到 D:\vs2012 文件夹下名为 Website 目录。

4. GetDirctories 方法

GetDirctories 是获取指定目录下所有子目录的方法，该方法的声明代码如下所示：

```
1.  public static string[] GetDirectories (
2.  string path
3.  );
```

以上代码中第 1 行定义一个静态的 GetDirectories 方法，该方法返回一个字符串类型的数组，它包含 path 中子目录的名称。第 2 行的参数 path 为其返回子目录名称的数组的路径。

以下代码实现读取 C:\vs2012 文件夹下名为 Website 目录下的所有子目录，并将其保存到字符串数组中：

```
1.  private void GetDirectory(){
2.      string [] directorys;
3.      directorys=Directory.GetDirctories(@"C:\vs2012\Website");
4.  }
```

以上代码中第 1 行定义一个私有类型的方法 GetDirectory。第 2 行声明一个字符串数组 directorys。第 3 行使用 Directory 类的静态方法 GetDirctories 获得 C:\vs2012 文件夹下名为 Website 目录下的所有子目录。

5．GetFiles 方法

GetFiles 是获取指定目录下所有文件的方法，该方法的声明代码如下所示：

```
1.    public static string[] GetFiles (
2.      string path
3.    );
```

以上代码中第 1 行定义一个静态的 GetFiles 方法，该方法返回一个字符串类型的数组，它包含 path 子目录中所有文件的名称，文件名包含完整路径。

下面的代码实现了读取 C:\vs2012 文件夹下名为 Website 目录下的所有子目录。并将其保存到字符串数组中：

```
1.    private void GetFile (){
2.      string [] files;
3.      files =Directory.GetFiles(@"C:\vs2012\Website");
4.    }
```

以上代码中第 1 行定义一个私有类型的方法 GetFile。第 2 行声明一个字符串数组 files。第 3 行使用 Directory 类的静态方法 GetFiles 获得 C:\vs2012 文件夹下名为 Website 目录下的所有子目录。

6．Exists 方法

Exists 是判断指定目录是否存在的方法，该方法的声明代码如下所示：

```
1.    public static bool Exists (
2.      string path
3.    );
```

以上代码中第 1 行定义一个静态的 Exists 方法，该方法返回一个布尔类型的值，如果目录存在返回值为 true，否则返回值为 false。第 2 行的参数 path 表示指定目录的路径。

下面的代码实现判断 C:\vs2012 文件夹下名为 Website 目录是否存在，如果存在则获取该目录下的子目录。

```
1.    private void Handle(){
2.      if(Directory.Exists(@"C:\vs2012\Website")){
3.        string [] dis;
4.        dis=GetDirctories（）；
5.      }
6.    }
```

上面的代码中第 1 行定义一个私有类型的方法 Handle。第 2 行调用 Directory 类的静态方法 Exists，判断如果 C:\vs2012 文件夹下名为 Website 目录是否存在，则在第 3 行声明一个字符串数组 dis。第 4 行使用 Directory 类的静态方法 GetDirctories 获得 C:\vs2012 文件夹下名为

Website 目录下的所有子目录。

7. GetParent 方法

GetParent 是获取指定目录父目录的方法，该方法的声明代码如下所示：

```
1.    public static DirectoryInfo GetParent (
2.      string path
3.    );
```

以上代码中第 1 行定义一个静态的方法 GetParent，返回值是由 path 指定的父目录。第 2 行中的字符串类型的对象参数 path 用于检索父目录的路径。

下面的代码实现返回 C:\vs2012\Website 目录的父目录 C:\vs2012。

```
1.    private void GetLast(){
2.      DirectoryInfo di;
3.      Di=Directory. GetParent(@"C:\vs2012\Website");
4.    }
```

以上代码中第 1 行定义一个私有类型的方法 GetLast。第 2 行声明一个 DirectoryInfo 类型的对象 di 用于获取父目录的信息。第 3 行使用 Directory 类的静态方法 GetParent 获得 C:\vs2012 文件夹下名为 Website 目录的上一级父目录。

【实例 14-2】对文件夹的操作

本实例将演示如何使用 Directory 类提供的静态方法创建、移动和删除文件夹。用户在对应的文本框中输入文件夹的路径，单击操作按钮，程序会对文件夹执行相应的操作，具体实现步骤如下：

01 启动 Visual Studio 2012，创建一个 ASP.NET Web 空应用程序，命名为"实例 14-2"。

02 在网站根目录下创建一个名为 Default.aspx 的窗体文件。

03 鼠标单击 Default.aspx 文件，进入的"视图编辑"界面，切换到"设计视图"，从工具箱中拖动 4 个 TextBox 控件、三个 Button 控件和一个 Label 控件到编辑区中。

04 单击网站目录下的 Default.aspx.cs 文件，编写关键代码如下：

```
1.    protected void Button1_Click(object sender, EventArgs e){
2.      try{
3.          if (Directory.Exists(TextBox1.Text)){
4.              Label2.Text = "该文件夹已经存在，请重新输入文件夹名称！";
5.              return;
6.          }
7.          else{
8.              Directory.CreateDirectory(TextBox1.Text);
9.              Label2.Text = "创建文件夹成功！";
10.         }
11.    }
```

```
12.        catch (Exception error){
13.                Label2.Text = "创建文件夹失败！失败原因：" + error.ToString();
14.        }
15.    }
16.    protected void Button4_Click(object sender, EventArgs e){
17.      try{
18.                if (Directory.Exists(TextBox2.Text) == false) {
19.                    Label2.Text = "源文件夹不存在，无法移动！";
20.                    return;
21.                }
22.                if (Directory.Exists(TextBox3.Text)) {
23.                    Label2.Text = "目标文件夹已经存在，无法移动！";
24.                    return;
25.                }
26.                Directory.Move(TextBox2.Text,TextBox3.Text);
27.                Label2.Text = "移动成功！";
28.        }
29.        catch (Exception error){
30.                Label2.Text = "移动失败！原因：" + error.ToString();
31.        }
32.    }
33.    protected void Button3_Click(object sender, EventArgs e)        {
34.      try{
35.                if (Directory.Exists(TextBox4.Text)) {
36.                    Directory.Delete(TextBox4.Text);
37.                    Label2.Text = "删除成功！";
38.                }
39.                else{
40.                    Label2.Text = "该文件夹不存在！";
41.                }
42.        }
43.        catch (Exception error){
44.                Label2.Text = "失败！原因：" + error.ToString();
45.        }
```

　　上面的代码中第 1 行定义创建文件夹按钮控件 Button1 单击事件 Click 的方法。第 3 行调用 Directory 类的静态方法 Exists 判断用户输入的文件夹如果已经存在，则第 4、5 行给出提示并终止程序，否则第 8 行调用 Directory 类的静态方法 CreateDirectory 创建文件夹，第 9 行给出创建成功的提示。如果创建文件夹出现错误，在第 13 行给出错误原因的提示。

　　第 17 行定义移动文件夹按钮控件 Button4 单击事件 Click 的方法。第 18 行~第 21 行判断用户输入的源文件夹如果不存在，则给出提示并退出程序，第 22 行~第 25 行若判断用户输入的目标文件夹已经存在，则给出提示并退出程序，否则，第 26 行调用 Directory 类的静态方法

Move 将源文件夹移动到目标路径。

第 33 行定义删除文件夹按钮控件 Button3 单击事件 Click 的方法。第 34 行判断用户输入的文件夹如果存在，则第 35 行调用 Directory 类的静态方法 Delete 删除该文件夹。第 37 行在标签控件上显示删除成功的文字，否则第 40 行在标签控件上显示该文件夹不存在的提示。如果操作过程中出现异常情况，第 44 行处理异常将异常的信息显示在标签控件上。

05 按快捷键 Ctrl+F5 运行程序，如图 14-2 所示。

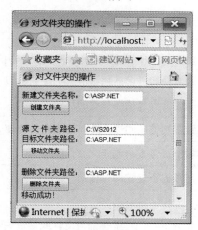

图 14-2　运行结果

14.2.2　使用 DirectoryInfo 类

DircetoryInfo 类表示驱动器上的物理目录，DircetoryInfo 类和 Dircetory 类一样都包含了很多对目录进行操作的方法和属性，但是与 Dircetory 类不同的是，这些方法和属性不是静态的，需要实例化类的对象，将其和特定的目录联系起来。DircetoryInfo 类的构造函数声明如下：

```
1.    public DirectoryInfo(
2.        string path
3.    }
```

以上代码中第 1 行定义了一个 DirectoryInfo 类的构造函数，它带有一个参数就是第 2 行的字符串对象 path 指定要在其中创建 DirectoryInfo 的路径。比如下面的代码创建一个与目录 C:\vs2012\Website 对应的 DirectoryInfo 实例对象。

```
DirectoryInfo di=new DirectoryInfo(@" C:\vs2012\Website");
```

1. DirectoryInfo 类的属性

DirectInfo 类的主要属性有以下几种，下面逐一进行的介绍。

（1）Attributes 属性

Attributes 是获取和设置目录的属性，其使用 FileAttributes 枚举类型来获取和设置属性。

FileAttributes 枚举提供文件和目录的属性，所包含的成员如表 14-2 所示。

表 14-2　FileAttributes 枚举成员

成员名称	说明
Archive	文件的存档状态。应用程序使用此属性为文件加上备份或移除标记
Compressed	文件已压缩
Device	保留供将来使用
Directory	文件为一个目录
Encrypted	该文件或目录是加密的。对于文件来说，表示文件中的所有数据都是加密的。对于目录来说，表示新创建的文件和目录在默认情况下是加密的
Hidden	文件是隐藏的，因此没有包括在普通的目录列表中
Normal	文件正常，没有设置其他的属性。此属性仅在单独使用时有效
NotContentIndexed	操作系统的内容索引服务不会创建此文件的索引
Offline	文件已脱机。文件数据不能立即供使用
ReadOnly	文件为只读
ReparsePoint	文件包含一个重新分析点，它是一个与文件或目录关联的用户定义的数据块
SparseFile	文件为稀疏文件。稀疏文件一般是数据通常为零的大文件
System	文件为系统文件。文件是操作系统的一部分或由操作系统以独占方式使用
Temporary	文件是临时文件。文件系统试图将所有数据保留在内存中以便更快地访问，而不是将数据刷新回大容量存储器中。不再需要临时文件时，应用程序会立即将其删除

下面的代码设置 C:\vs2012\WebSite 目录为只读且隐藏。与文件属性相同，目录属性也是使用 FileAttributes 来进行设置的。

```
1.    private void SetDirectory(){
2.        DirectoryInfo di=new DirectoryInfo(@"C:\vs2012\WebSite");
3.        di. Attributes=FileAttributes.ReadOnly| FileAttributes.Hidden;
4.    }
```

以上代码中第 1 行定义一个私有类型的方法 SetDirectory。第 2 行创建一个与目录 C:\vs2012\WebSite 对应的 DirectoryInfo 实例对象 di。第 3 行调用 di 的 Attributes 属性设置目录为只读并且隐藏。

（2）CreationTime 属性

CreationTime 是获取目录创建时间的属性。下面的代码将返回目录 C:\vs2012\WebSite 的创建时间。

```
1.    private void CreationTime (){
```

```
2.      DirectoryInfo di=new DirectoryInfo(@"C:\vs2012\WebSite");
3.      DateTime time=di.CreationTime;
4.   }
```

以上代码中第 1 行定义一个私有类型的方法 CreationTime。第 2 行创建一个与目录 C:\vs2012\WebSite 对应的 DirectoryInfo 实例对象 di。第 3 行调用 di 的 CreationTime 属性获得创建目录的时间赋给 DateTime 类型的对象 time。

（3）FullName 和 Name 属性

FullName 和 Name 都是获取目录名称的属性，Name 属性仅返回的是目录的名称，而 FullName 则可以返回目录的完整的路径。下面的代码实现返回目录 D:\Program Files\TaoBao 的两种不同的名称。

```
1.   DirectoryInfo dir = new DirectoryInfo(@"D:\Program Files\TaoBao");
2.      String dirName = dir.Name;
3.      string name = dir.FullName;
```

以上代码中第 1 行创建一个与目录 D:\Program Files\TaoBao 对应的 DirectoryInfo 实例对象 dir。第 3 行调用 dir 的 Name 属性获得创建目录的名称。第 4 行调用 dir 的 FullName 属性获得创建目录的完整物理路径。

（4）Parent 属性

Parent 是获取指定子目录的父目录属性，如果目录不存在或者指定的目录是根目录父目录（如"\"、"C:"、"*"或"\\server\share"），则返回值为空引用 Null。下面的代码实现返回 C:\vs2012\WebSite 的父目录 C:\vs2012。

```
1.   DirectoryInfo di = new DirectoryInfo(@"C:\vs2012\WebSite");
2.   DirectoryInfo pdir=di.Parent;
```

以上代码中第 1 行创建一个与目录 C:\vs2012\WebSite 对应的 DirectoryInfo 实例对象 di。第 2 行通过调用 di 对象的属性 Parent 获得父目录并赋给一个 DirectoryInfo 类型 对象 pdir。

（5）Root 属性

Root 是返回指定目录根目录的属性，该属性是一个只读的属性。下面的代码实现返回 C:\vs2012\WebSite 的根目录 C:\。

```
1.   DirectoryInfo di = new DirectoryInfo(@"C:\vs2012\WebSite");
2.   DirectoryInfo pdir=di. Root;
3.   string   str=pdir.FullName;
```

以上代码，第 1 行创建一个与目录 C:\vs2012\WebSite 对应的 DirectoryInfo 实例对象 di。第 2 行通过调用 di 对象的属性 Root 获得根目录并赋给 DirectoryInfo 类型的对象 pdir。第 3 行调用 pdir 的 FullName 属性获得根目录的完整路径并赋给一个字符串对象 str。

2. DirectoryInfo 类的方法

DircetoryInfo 类的常用方法包括以下几种，下面进行一一地介绍。

（1）Create 方法

Create 是创建目录的方法，该方法的声明代码如下所示：

```
public void Create ();
```

下面的代码演示创建一个名为 C:\vs2012\Website 的目录。

```
1.    private void CreateDirectory(){
2.        DirectoryInfo di=new DirectoryInfo(@" C:\vs2012\Website");
3.        di.Create();
4.    }
```

以上代码，第 1 行定义一个私有类型的方法 CreateDirectory。第 2 行创建一个与目录 C:\vs2012\Website 对应的 DirectoryInfo 实例对象 di。第 3 行调用 di 的 Create 方法创建该目录。

（2）Delete 方法

Delete 是删除目录的方法，该方法的声明代码如下所示：

```
public void Delete (bool recursive);
```

以上代码中定义一个方法 Delete。参数 recursive 用来指定是否删除非空目录。如该参数为 true，将删除整个目录，即使该目录下有文件或子目录；如果参数为 false，则仅在目录为空时才可以删除，如果目录不为空则会引发异常。如果不指定 recursive，则默认为 false。

下面的代码示例将 C:\vs2012 文件夹下创建名为 Website 目录删除：

```
1.    private void DeleteDirectory (){
2.        DirectoryInfo di=new DirectoryInfo(@"C:\vs2012\Website");
3.        Directory. Delete(true);
4.    }
```

以上代码中第 1 行定义一个私有类型的方法 DeleteDirectory。第 2 行创建一个与目录 C:\vs2010\Website 对应的 DirectoryInfo 实例对象 di。第 3 行调用 di 的 Delete 方法删除该目录。

（3）MoveTo 方法

MoveTo 是删除目录的方法，该方法的声明代码如下所示：

```
public void MoveTo (string destDirName);
```

以上代码中定义一个方法 MoveTo。字符串类型的参数 destDirName 用来指定将要此目录移动到目标位置的名称和路径。目标不能是另一个具有相同名称的目录。可以是要将此目录作为子目录添加到其中的一个现有目录。

下面的代码实现将目录 C:\vs2012 文件夹下名为 Website 目录移动到 D:\vs2012 文件夹下名为 Object 的目录。

```
1.    private void MoveDirectory (){
2.       DirectoryInfo di=new DirectoryInfo(@" C:\vs2012\Website");
3.       di. MoveTo (@"D:\vs2012\Object");
4.    }
```

以上代码中第 1 行定义一个私有类型的方法 MoveDirectory。第 2 行创建一个与目录 C:\vs2012\Website 对应的 DirectoryInfo 实例对象 di。第 3 行调用 di 的 MoveTo 方法移动到目标目录 D:\vs2012\Object。

（4）CreateSubdirectory 方法

CreateSubdirectory 是在指定路径中创建一个或多个子目录的方法，该方法的声明代码如下所示：

```
public DirectoryInfo CreateSubdirectory (string path);
```

以上代码中定义一个方法 CreateSubdirectory，返回值是在 path 中指定的最后一个目录。字符串类型的参数 path 用来指定子目录的路径，如果 path 所指定的子目录已经存在，则此时该方法不执行任何操作。

下面的代码在 C:\vs2012 文件夹下创建名为 WebSite 的子目录。

```
1.    private void CreateSubdirectory (){
2.       DirectoryInfo di=new DirectoryInfo(@" C:\vs2012");
3.       di. CreateSubdirectory ("WebSite");
4.    }
```

以上代码中第 1 行定义一个私有类型的方法 CreateSubdirectory。第 2 行创建一个与目录 C:\vs2012 对应的 DirectoryInfo 实例对象 di。第 3 行调用 di 的 CreateSubdirectory 方法创建子目录 WebSite。

（5）GetFiles 方法

GetFiles 是返回当前目录的文件列表的方法，它有两个重载的方法，其声明代码分别如下所示：

```
1.    public FileInfo[] GetFiles ();
2.    public FileInfo[] GetFiles (string searchPattern);
```

以上代码中第 1 行定义的是不带参数的 GetFiles 方法，返回一个 FileInfo 类型的数组，其中包含了 DirectoryInfo 目录下所有的文件。第 2 行定义的是带一个参数的 GetFiles 方法，字符串参数 searchPattern 用来指定搜索字符串，允许使用通配符。搜索出的目录文件列表以 FileInfo 类型的数组返回。

（6）GetDirectories 方法

GetDirectories 是返回当前目录子目录的方法，它也有两种重载的方法，其声明代码分别如下所示：

```
1.   public DirectoryInfo[] GetDirectories ();
2.   public DirectoryInfo[] GetDirectories (string searchPattern);
```

以上代码中第 1 行定义的是不带参数的 GetDirectories 方法，返回一个 FileInfo 类型的数组，其中包含了 DirectoryInfo 目录下所有的子目录。第 2 行定义的是带一个参数的 GetDirectories 方法，字符串参数 searchPattern 用来指定搜索字符串，允许使用通配符。搜索出的子目录以 FileInfo 类型的数组返回。

【实例 14-3】DirectoryInfo 类的使用

本例实现当用户在文本框中输入要检索的文件夹路径并单击"计算目录大小"按钮时，下面的 TreeView 中会显示出该文件夹中所有子文件夹和文件并统计大小，具体实现步骤如下：

01 启动 Visual Studio 2012，创建一个 ASP.NET Web 空应用程序，命名为"实例 14-3"。

02 在网站根目录下创建名为 Default.aspx 的窗体文件。

03 单击网站的目录下的 Default.aspx 文件，进入"视图编辑"界面，从工具箱中拖动一个 TextBox 控件、一个 Button 控件一个 TreeView 和两个 Label 控件到"设计视图"。

04 双击网站目录下的 Default.aspx.cs 文件，编写关键代码如下：

```
1.   protected void btnControl_Click(object sender, EventArgs e){
2.       string path = this.txtInput.Text;
3.       if (Directory.Exists(path)) {
4.           DirectoryInfo d = new DirectoryInfo(path);
5.           TreeNode node = new TreeNode(path);
6.           this.lblShow.Text = "目录大小：" + DirSize(d, node).ToString()
7.                               + " Byte";
8.           this.trShow.Nodes.Add(node);
9.       }
10.      else {
11.          this.lblShow.Text = "目录不存在";
12.      }
13.  }
14.  public static long DirSize(DirectoryInfo d, TreeNode parent){
15.      long Size = 0;
16.      FileInfo[] fis = d.GetFiles();
17.      foreach (FileInfo fi in fis){
18.          TreeNode node = new TreeNode();
19.          node.Value = "文件：" + fi.Name + " 大小：" + fi.Length + " 日
20.                              期：" + fi.CreationTime;
21.          parent.ChildNodes.Add(node);
```

```
22.         Size += fi.Length;
23.      }
24.      DirectoryInfo[] dis = d.GetDirectories();
25.      foreach (DirectoryInfo di in dis){
26.         TreeNode nodeDi = new TreeNode();
27.         nodeDi.Value = di.Name;
28.         nodeDi.Text = "文件夹：" + di.Name + " 日期：" + di.CreationTime;
29.         parent.ChildNodes.Add(nodeDi);
30.         Size += DirSize(di, nodeDi);
31.      }
32.      return (Size);
33.   }
```

上面的代码中第 1 行定义处理按钮控件 Button1 的单击事件 Click 的方法。第 2 行获取文件夹路径。第 3 行到第 9 行判断如果文件夹存在，则遍历目录。第 10 行判断如果文件夹不存在则第 11 行显示提示信息。

第 14 行自定义计算指定目录大小，并显示目录和文件的方法 DirSize。第 16 行获取文件夹下文件集。第 17 行~第 23 行添加文件到 TreeView 中，其中第 22 行累计文件大小。第 24 行获取文件夹下子文件夹集。第 26 行添加文件夹到 TreeNode 中。第 30 行递归调用 DirSize 方法。第 32 行返回 DirectoryInfo 对象 d 下文件夹大小。

05 按快捷键 Ctrl+F5 运行程序，如图 14-3 所示。

图 14-3 运行结果

14.3 处理文件

通过 Directory 和 DirectoryInfo 类可以很方便地显示和浏览文件系统，如果要进一步显示文件夹中的文件列表，则可以使用 System.IO 命名空间中的 File 及 FileInfo 类。

14.3.1　使用 File 类

File 类是一个静态的类，提供了许多用于处理文件的静态方法，如复制、移动、重命名、创建、打开及删除文件。也可以将 File 类用于获取和设置文件属性或有关文件创建、访问及写入操作的 DataTime 信息等。File 类的主要静态方法有以下数种：

1．Open 方法

Open 是打开文件的方法，其声明的代码如下：

```
1.    public static FileStream Open (
2.            string path,
3.            FileMode mode,
4.            FileAccess access,
5.            );
```

以上代码中第 1 行定义一个静态的方法 Open，它有一个返回值 FileStream 代表指定路径上的文件流。该方法有三个参数，第 1 行的 path 用来指定要打开文件的路径。第 2 行的 Mode 是一个 FileMode 枚举类型，用于指定在文件不存在时是否创建该文件，并确定是保留还是改写现有文件的内容。第 4 行的 access 是一个 FileAccess 枚举类型，用于指定可以对文件执行的操作。表 14-3 和表 14-4 中分别列出了 FileAccess 和 FileMode 的成员。

表 14-3　FileAccess 的成员

成员名称	说明
Read	对文件的读访问。可从文件中读取数据。同 Write 组合即构成读写访问权
ReadWrite	对文件的读访问和写访问。可从文件读取数据和将数据写入文件
Write	文件的写访问。可将数据写入文件。同 Read 组合即构成读/写访问权

表 14-4　FileMode 的成员

成员名称	说明
Append	打开现有文件并查找到文件尾，或创建新文件。FileMode.Append 只能同 FileAccess.Write 一起使用。任何读尝试都将失败并引发 ArgumentException
Create	指定操作系统应创建新文件。如果文件已存在，它将被改写。这要求 FileIOPermissionAccess.Write。System.IO.FileMode.Create 等效于这样的请求：如果文件不存在，则使用 CreateNew；否则使用 Truncate
CreateNew	指定操作系统应创建新文件。此操作需要 FileIOPermissionAccess.Write。如果文件已存在，则将引发 IOException
Open	指定操作系统应打开现有文件。打开文件的能力取决于 FileAccess 指定的值。如果该文件不存在，则引发 System.IO.FileNotFoundException

（续表）

成员名称	说明
OpenOrCreate	指定操作系统应打开文件（如果文件存在）；否则，应创建新文件。如果用 FileAccess.Read 打开文件，则需要 FileIOPermissionAccess.Read。如果文件访问为 FileAccess.Write 或 FileAccess.ReadWrite，则需要 FileIOPermissionAccess.Write。如果文件访问为 FileAccess.Append，则需要 FileIOPermissionAccess.Append
Truncate	指定操作系统应打开现有文件。文件一旦打开，就将被截断为零字节大小。此操作需要 FileIOPermissionAccess.Write。试图从使用 Truncate 打开的文件中进行读取将导致异常

下面的代码将实现打开存放在 D:\vs2012 目录下名为 New.txt 的文件。

```
1.    private void OpenFile(){
2.      File.Open(@"D:\vs2012\New.text",FileMode.Append,FileAccess.Read);
3.    }
```

以上代码中第 1 行定义一个私有类型的方法 OpenFile。第 2 行通 File 类的静态方法 Open 打开存放在 D:\vs2012 目录下名为 New.txt 的文件。

2．Create 方法

Create 是创建一个新文件的方法，它的声明代码如下所示：

```
1.    public static FileStream Create (
2.      string path
3.    );
```

以上代码中第 1 行定义一个静态的方法 Create。第 2 行参数 path 用来指定要创建文件的路径和名称。如果 path 指定的文件不存在，则创建该文件；如果存在并且不是只读的，则将改写其内容。

下面的代码将实现如何在 D:\vs2012 目录下创建名为 New.txt 的文件。

```
1.    private void CreateFile(){
2.      FileStream fs=File.Create(@ "D:\vs2012\New.text" );
3.      fs.Colse;
4.    }
```

以上代码中第 1 行定义一个私有类型的方法 CreateFile，第 2 行通过 File 类的静态方法 Create 在 D:\vs2012 目录下创建一个名为 New.txt 的文件并赋给 FileStream 类型的对象 fs。第 3 行使用 fs 对象的 Colse 方法关闭所创建的文件。

3．Delete 方法

Delete 是删除指定目录文件的方法，该方法声明的代码如下：

```
1.    public static void Delete (
```

```
2.    string path
3.    );
```

以上代码中第 1 行定义一个静态的方法 Delete。第 2 行的参数 path 用来指定要创建文件的路径和名称。如果 path 指定的文件不存在，不会引发一个异常。

下面的代码将实现如何在 D:\vs2012 目录下删除名为 New.txt 的文件：

```
1.    private void DeleteFile(){
2.        File. Delete (@ "D:\vs2012\New.text" );
3.    }
```

以上代码中第 1 行定义一个私有类型的方法 DeleteFile，第 2 行通过 File 类的静态方法 Delete 删除在 D:\vs2012 目录的名为 New.txt 的文件。

4．Copy 方法

Copy 是将现有文件复制到新文件的方法。该方法声明的代码如下：

```
1.    public static void Copy (
2.        string sourceFileName,
3.        string destFileName,
4.        bool overwrite
5.    );
```

以上代码，第 1 行定义一个静态的方法 Copy。其中，第 2 行和第 3 行的参数 sourceFileName 和 destFileName 分别用来指定要复制的源文件和目标文件的名称。第 4 行的参数 overwrite 用来指定如果目标文件已经存在是否要覆盖它，是为 true，否为 false。

下面的代码演示将 D:\vs2012\New.text 文件复制到 C:\vs2012\New.text。

```
1.    private void CopyFile(){
2.        File.Copy(@"D:\vs2012\New.text",   @"C:\vs2012\New.text", true);
3.    }
```

以上代码，第 1 行定义一个私有类型的方法 CopyFile，第 2 行通过 File 类的静态方法 Copy 将 C:\vs2012\New.text 文件复制到 D:\vs2012\New.text。如果 D:\vs2010 目录中已经存在将被复制的文件所覆盖。

5．Move 方法

Move 是将指定文件移动到新位置的方法。该方法声明的代码如下：

```
1.    public static void Move (
2.        string sourceFileName,
3.        string destFileName
4.    );
```

以上代码中第 1 行定义一个静态的方法 Move。第 2 行的参数 sourceFileName 用于指定要移动的文件的名称。第 3 行的参数 destFileName 用于指定文件的新路径。如果源路径和目标路径相同，不会引发异常。

下面的代码实现将 C:\vs2012 下的 New.text 文件移动到 D 盘根目录下：

```
1.    private void MoveFile(){
2.        File.Move(@"C:\vs2012\New.text", @"D:\New.text");
3.    }
```

以上代码，第 1 行定义一个私有类型的方法 MoveFile，第 2 行通过 File 类的静态方法 Move 将 C:\vs2012\New.text 文件移动到 D:\下。

6．SetAttributes 方法

SetAttributes 是设置指定路径上文件属性的方法。该方法声明的代码如下：

```
1.    public static void SetAttributes (
2.        string path,
3.        FileAttributes fileAttributes
4.    );
```

以上代码中第 1 行定义一个静态的方法 SetAttributes，第 2 行的参数 path 用来指定文件的路径。第 3 行的参数 fileAttributes 用于指定所需的 FileAttributes，比如 Hidden、ReadOnly、Normal 或 Archive。fileAttributes 的成员请参见表 14-2。

下面的代码实现设置文件 C:\vs2012\New.text 的属性为只读且隐藏。

```
1.    private void SetFile(){
2.        File. SetAttributes （@"C:\vs2012\New.text"，FileAttributes. ReadOnly| FileAttributes. Hidden）；
3.    }
```

以上代码中第 1 行定义一个私有类型的方法 SetFile，第 2 行通 File 类的静态方法 SetAttributes 设置 D:\vs2010\New.text 文件为只读并且隐藏。

7．Exists 方法

Exists 是判断指定的文件是否存在的方法。该方法声明的代码如下：

```
1.    public static bool Exists (
2.        string path
3.    );
```

以上代码中第 1 行定义一个静态的 Exists 方法，该方法返回一个布尔类型的值，如果文件存在返回值为 true，否则返回值为 false。第 2 行的参数 path 指定要检查的文件。

下面的代码实现判断 C:\vs2012 文件夹下名为 Website 的文件是否存在，如果存在则复制文件然后将其删除，否则创建文件并打开。

```
1.    privte void Handle(){
2.        if(File.Exists(@"C:\vs2012\New.text")){
3.                CopyFile();
4.                DeleteFile();
5.            }
6.        else{
7.                Create.File();1
8.                Open.File();
9.            }
10.   }
```

以上代码中第 1 行定义一个私有类型的方法 Handle，第 2 行通过 File 类的静态方法 Exists 判断 C:\vs2012\New.text 文件如果存在，则第 3 行调用 CopyFile 复制该文件。第 4 行调用 DeleteFile 方法删除源文件。否则，第 7 行调用 Create.File 创建该文件。第 8 行调用 Open.File 方法打开新创建的文件。

14.3.2 使用 FileInfo 类

FileInfo 类不是静态类，没有静态方法，仅可用于实例化的对象。FileInfo 对象表示磁盘或网络位置的物理文件。只要提供文件的路径就可以创建一个 FileInfo 对象，如以下代码：

```
FileInfo fi=new FileInfo(@ "C:\vs2012\New.text");
```

FileInfo 类提供了许多类似于 File 类的方法，但是因为 File 类是静态类，需要一个字符串参数为每个方法调用指定文件的位置。下面的代码使用 FileInfo 类实现用来检查文件 C:\vs2012\New.text 是否存在，请大家区别于 File 类的使用：

```
1.    FileInfo fi=new FileInfo(@"C:\vs2012\New.text");
2.     if(fi.Exsits){
3.        Response.Write("文件存在！");
4.     }
```

以上代码，第 1 行实例化一个 FileInfo 类的对象 fi，并提供了文件路径。第 2 行调用 fi 的方法 Exsits 判断该文件如果存在，第 3 行在页面上显示提示文字。

FileInfo 类中常用方法有以下数种，下面进行一一地介绍。

1. Open 方法

Open 是打开文件方法。其声明的代码如下所示：

```
1.    public FileStream Open (
2.    FileMode mode,
3.    FileAccess access
4.    );
```

以上代码，第 1 行定义一个 Open 的方法，它有一个返回值 FileStream 代表指定路径上的文件流。该方法有两个参数，第 2 行的 mode 是一个 FileMode 枚举类型，用于指定在文件不存在时是否创建该文件，并确定是保留还是改写现有文件的内容。第 3 行的 Access 是一个 FileAccess 枚举类型，用于指定可以对文件执行的操作。可以看出，FileInfo.Open 方法只比 File.Open 方法少了一个参数 path，这时因为在实例化 FileInfo 时就已经给出了 path。

下面的代码使用 FileInfo.Open 方法打开存放在 C:\vs2012 目录下的 New.text 文件。

```
1.    private void OpenFile(){
2.        FileInfo fi=new FileInfo(@"C:\vs2012\New.text");
3.        FileStream fs=fi.Open(FileMode.Append,FileAccess.Append)
4.    }
```

以上代码：第 1 行定义一个私有类型的方法 OpenFile。第 2 行实例化一个 FileInfo 类的对象 fi，并提供了文件路径。第 3 行调用 fi 的 Open 方法打开文件并赋给一个 FileStream 类型的对象 fs。

2．FileInfo 类方法

FileInfo 中其他的方法和 Open 的方法用法相似。下表 14-5 中列出了它们的名称和用途。

表 14-5　FileInfo 类的方法

方法名称	说明
CopyTo	已重载。　将现有文件复制到新文件
Create	创建文件
Delete	永久删除文件
MoveTo	将指定文件移到新位置，并提供指定新文件名的选项
Open	用各种读/写访问权限和共享特权打开文件

另外，FileInfo 类也提供了与文件相关的属性，FileInfo 类的属性如表 14-6 所示，这些属性可以用来获取或更新文件的信息。

表 14-6　FileInfo 类的属性

属性	说明
Attributes	获取或设置当前 FileSystemInfo 的 FileAttributes
CreationTime	获取或设置当前 FileSystemInfo 对象的创建时间
Directory	获取父目录的实例
DirectoryName	获取表示目录的完整路径的字符串
Exists	获取指示文件是否存在的值
Extension	获取表示文件扩展名部分的字符串

（续表）

属性	说明
FullName	获取文件的完整目录
IsReadOnly	获取或设置确定当前文件是否为只读的值
LastAccessTime	获取或设置上次访问当前文件或目录的时间
LastWriteTime	获取或设置上次写入当前文件或目录的时间
Length	获取当前文件的大小
Name	获取文件名

【实例 14-4】处理文件

本实例根据提供的源文件和目标文件路径，演示文件的创建、复制、移动和删除操作，并给出相应的操作提示信息，具体实现步骤如下：

01 启动 Visual Studio 2012，创建一个 ASP.NET Web 空应用程序，命名为"实例 14-4"。

02 在网站根目录下创建一个名为 Default.aspx 的窗体文件。

03 单击网站的目录下的 Default.aspx 文件，进入的"视图编辑"界面，从工具箱中拖动 4 个 Label 控件、两个 TextBox 控件和两个 Button 控件。

04 双击网站目录下的 Default.aspx.cs 文件，编写代码如下：

```
1.   protected void btnMoveFile_Click(object sender, EventArgs e) {
2.       string pathSouce = txtSouce.Text.Trim();
3.       string pathTarget = txtTarget.Text.Trim();
4.       if ((pathSouce.Length > 0) && (pathTarget.Length > 0)){
5.           lblMessage.Text = MoveCopyFile(pathSouce, pathTarget, false);
6.       }
7.   }
8.   protected void btnCopyFile_Click(object sender, EventArgs e){
9.       string pathSouce = txtSouce.Text.Trim();
10.      string pathTarget = txtTarget.Text.Trim();
11.      if ((pathSouce.Length > 0) && (pathTarget.Length > 0)){
12.          lblMessage.Text = MoveCopyFile(pathSouce, pathTarget, true);
13.      }
14.  }
15.  private string MoveCopyFile(string pathSouce, string pathTarget, bool KeepSource){
16.      String resMsg = "";
17.      string pathRoot = Server.MapPath("");
18.      pathSouce = Path.Combine(pathRoot, pathSouce);
19.      pathTarget = Path.Combine(pathRoot, pathTarget);
20.      try{
21.          string directoryName = Path.GetDirectoryName(pathSouce);
```

```
22.        if (!Directory.Exists(directoryName)){
23.            Directory.CreateDirectory(directoryName);
24.            resMsg = resMsg + "1、源文件所在文件夹不存在，新建源文件所在的文件夹。<br />";
25.        }
26.        if (!File.Exists(pathSouce)){
27.            using (FileStream fs = File.Create(pathSouce)) { }
28.            resMsg = resMsg + "2、源文件不存在，新建源文件。<br />";
29.        }
30.        directoryName = Path.GetDirectoryName(pathTarget);
31.        if (!Directory.Exists(directoryName)){
32.            Directory.CreateDirectory(directoryName);
33.            resMsg = resMsg + "3、目标文件所在的文件夹不存在，新建目标文件所在的文件夹。<br />";
34.        }
35.        if (KeepSource){
36.            File.Copy(pathSouce, pathTarget, true);
37.            resMsg = resMsg + "5、复制文件。<br />";
38.        }
39.        else{
40.            if (File.Exists(pathTarget)){
41.                File.Delete(pathTarget);
42.                resMsg = resMsg + "4、目标文件存在，删除目标文件。<br />";
43.            }
44.            File.Move(pathSouce, pathTarget);
45.            resMsg = resMsg + "5、移动文件。<br />";
46.        }
47.        if (File.Exists(pathSouce)){
48.            resMsg = resMsg + "6-1、源文件存在，复制操作完成。<br />";
49.        }
50.        else{
51.            resMsg = resMsg + "6-2、源文件不存在，移动操作完成。<br />";
52.        }
53.    }
54.    catch (Exception e){
55.        resMsg = resMsg + "7、程序执行异常。错误信息：" + e.ToString();
56.    }
57.    return resMsg;
58. }
```

上面的代码中第 1 行定义处理移动按钮事件，执行移动文件操作的方法。第 2、3 行获取源文件和目标文件路径。第 4、5 行判断如果两个路径字符串不空则执行移动操作。

第 8 行定义处理复制按钮事件，执行复制文件操作的方法。第 9、10 行获取源文件和目标文件路径。第 11、12 行判断如果两个路径字符串不空则执行复制操作。第 15 行定义移动或复制文件的方法。第 17 行获取站点根文件夹。第 18 行组合获取源文件路径。第 19 行组合获取目标文件路径。第 21 行获取源文件所在的文件夹。第 22 行~第 25 行文件夹不存在则新建。第 26 行~第 29 行判断源文件是否存在，不存在则新建文件。第 30 行获取目标文件所在的文件夹。第 31 行~第 34 行判断如果文件夹不存在则新建。第 35 行~第 39 行判断 KeepSource 为 true 保留源文件则复制文件，否则移动文件，其中第 36 行复制文件，如果目标文件存在则覆盖。第 39 到 43 行判断目标文件是否存在，存在则删除文件。第 44 行移动文件。第 47 行~第 52 行查看源文件是否存在，区分移动和复制操作。第 57 行返回执行信息。

05 按快捷键 Ctrl+F5 运行程序，如图 14-4 所示。

图 14-4　运行结果

14.4　读写文件

前面介绍了用户管理文件夹和文件的类，本节将介绍用于读写文件的类，这些类表示一个通用的概念：流。

在.NET 4.5 框架中进行所有的输入和输出工作都要用到流。流是一个用于传输数据的对象，数据的传输有两个方向，对应着两种类型的流。

● 输出流：用于将数据从程序传输到外部源。这里的外部源可以是物理磁盘文件。网络位置、打印机和另一个程序。

● 输入流：用于将数据从外部源传输到程序中。这里的外部源有键盘、磁盘文件等。

对应文件的读写，最常用的类有以下两种：

● FileStream（文件流）：主要用于二进制文件中读写二进制数据，也可以用于读写任何的文件。

● StreamReader（流读取器）和 StreamWrite（流写入器）：专门用于读写文本文件。

14.4.1　FileStream 类

FileStream 类表示在磁盘上或网络路径上指定的文件流。这个类提供了在文件中读写二进制数据的方法。FileStream 类的构造函数如下：

```
1.    public FileStream(
2.    string path,
3.    FileMode mode,
4.    FileAccess access,
5.    );
```

以上代码中第 1 行定义 FileStream 构造函数。第 2 行的参数 path 用来指定要访问的文件；第 3 行的参数 mode 是 FileMode 类型的一个枚举成员，用于指定打开文件的模式，关于 FileMode 的成员可以参考表 14-4 。第 4 行的参数 access 是 FileAccess 枚举的一个成员，用于指定访问文件的方式，关于 FileAccess 枚举的成员参见表 14-3。如果在构造 FileStream 对象的时候没有指定 FileAccess 参数，则默认为 FileAccess.ReadWrite（读写）。

使用完一个流后，应该使用 FileStream.Close 方法将其关闭。关闭流会释放与它相关的资源，允许其他的应用程序为同一个文件设置流。在打开和关闭流之间，可以读写其中的数据，FileStream 有许多的方法都可以进行文件的读写，用到最多的有以下一些。

1. Read 方法

Read 是从 FileStream 对象所指定的文件中读取数据的主要方法，该方法的声明代码如下：

```
1.    public override int Read(
2.    byte[] array,
3.    int offset,
4.    int count
5.    );
```

以上代码中第 1 行定义一个重载的方法 Read，它有一个 int 类型的返回值表示读入缓冲区中的总字节数。如果当前的字节数没有所请求那么多，则总字节数可能小于所请求的字节数；如果已到达流的末尾，则为零。第 2 行的参数 array 是一个字节数组，此方法返回时包含指定的字节数组，数组中 offset 和 (offset + count - 1) 之间的值由从当前源中读取的字节替换。第二个参数 offset 表示 array 中的字节偏移量，从此处开始读取。第 3 行的参数 count 表示从文件中读取的字节数。

FileStream 对象只能处理二进制数据，这使得 FileStream 可以用于读写任何的文件，但是这使得 FileStream 不能直接读取字符串。然而，可以通过几种转换类把字节数组转换为字符串，或者将字符串转换成字节数组。System.Text 命名空间中的 Dcoder 类，可以实现这种转换。比如以下的代码：

```
1.    Dcoder d=Encoding.UTF8.GetDecoder();
2.    d.GetChars(byData,0,byData.Length,charData,0);
```

以上代码中第 1 行通过 Encoding 的 UTE8.GetDecoder 方法创建一个基于 UTF8 编码模式的 Dcoder 对象。第 2 行调用 GetChars 方法将指定的字节数组转换为字符数组。

2．Write 方法

Write 是使用从缓冲区读取的数据将字节块写入流的方法。写入数据与读取数据非常类似，首先将要写入的内容存入一个字符数组中，然后利用 System.Text.Encoder 对象将其转换为一个字节数组，最后调用 Write 方法将字节数组写入文件中去。Write 方法的声明代码如下：

```
1.    public override void Write(
2.    byte[] array,
3.    int offset,
4.    int count
5.    );
```

以上代码中第 1 行定义一个重载的方法 Write。它有三个参数，具体的含义和作用与 Read 方法相同，这里不再重复。

3．Seek 方法

Seek 是将该流的当前位置设置为给定值的方法。对文件进行读写操作的位置是由内部文件的指针决定。在大多数情况下，当打开文件时，就指向文件的开始位置，但是此指针是可以修改的，这使得应用程序可以在文件的任何位置进行读写操作，随机访问文件或跳到文件的指定位置上。当处理大型文件时会非常的省力。Seek 方法的声明代码如下：

```
1.    public override long Seek(
2.    long offset,
3.    SeekOrigin origin
4.    );
```

上面的代码中第 1 行定义一个重载的方法 Seek，它有一个 long 类型的返回值表示流中的新位置。第 2 行中的参数 offset 用于规定文件指针以字节单位的移动距离；第 3 行中的参数 origin 是 SeekOrigin 枚举的一个成员，用于规定开始计算的起始位置。SeekOrigin 包含了三个值 Begin、Current 和 End。下面的代码会将文件指针从文件的开始位置移动到文件的第 5 个字节。

```
1.    FileStream fs=new FileStream(@" C:\vs2012\New.text");
2.    fs.Seek(5, SeekOrigin. Begin);
```

上面的代码中第 1 行创建一个文件流 FileStream 的对象 fs 并指定要访问的文件。第 2 行调用 fs 对象的 Seek 方法，将文件指针从文件的开始位置移动到文件的第五个字节。

不仅如此，还可以指定负查找的位置，当 offset 参数为负时，表示向前移动。比如下面的代码实现将文件指针移动到倒数第 9 个字节。

```
1.    FileStream fs=new FileStream(@" C:. \vs2012\New.text");
2.    fs.Seek(-9, SeekOrigin. End);
```

以上代码中第 1 行创建一个文件流 FileStream 的对象 fs 并指定要访问的文件。第 2 行调用 fs 对象的 Seek 方法将文件指针从文件的结束位置移动到文件的倒数第 9 个字节。

【实例14-5】读写文件

本实例在 Web 应用程序的文件夹中新建文本文件并写入文本并显示，然后将文本框中的内容添加到文本末尾并显示所有文本内容，具体实现步骤如下。

01 启动 Visual Studio 2012，创建一个 ASP.NET Web 空应用程序，命名为"实例 14-5"。

02 在网站根目录下创建一个名为 chap14 的文件夹。

03 在网站根目录下创建一个名为 Default.aspx 的窗体文件。

04 单击网站目录下的 Default.aspx 文件，进入的"视图编辑"界面，从工具箱中拖动一个 Label 控件、一个 TextBox 控件和一个 Button 控件。

05 单击网站目录下的 Default.aspx.cs 文件，编写关键如下：

```
1.    protected void Page_Load(object sender, EventArgs e){
2.        string fileName = Path.Combine(Request.PhysicalApplicationPath, @"chap14\test.txt");
3.        if (File.Exists(fileName)){
4.            lblShow.Text = readText();
5.        }
6.        else    {
7.            appendText("The First Line!");
8.            lblShow.Text = "The First Line!";
9.        }
10.   }
11.   protected void btnAppend_Click(object sender, EventArgs e) {
12.        string appStr = this.txtAppend.Text.Trim();
13.        if (appStr.Length > 0){
14.            appendText(appStr);
15.            lblShow.Text = readText();
16.        }
17.   }
18.   private void appendText(string addText){
19.        string fileName = Path.Combine(Request.PhysicalApplicationPath, @"chap14\test.txt");
20.        FileStream sw = File.Open(fileName, FileMode.Append, FileAccess.Write, FileShare.None);
21.        byte[] data = Encoding.ASCII.GetBytes(addText);
22.        sw.Write(data, 0, data.Length);
23.        sw.Flush();
24.        sw.Close();
25.        }
26.        private string readText(){
27.            string fileName = Path.Combine(Request.PhysicalApplicationPath, @"chap14\test.txt");
28.            FileStream sr = File.Open(fileName, FileMode.Open, FileAccess.Read, FileShare.Read);
29.            byte[] data = new byte[sr.Length];
30.            sr.Read(data, 0, (int)sr.Length);
31.            sr.Close();
```

```
32.          return Encoding.ASCII.GetString(data);
33. }
```

上面的代码中第 1 行定义处理 Page 页面加载事件 Load 的方法，第 2 行获得应用程序根目录下的文件名。第 3 行判断文件如果存在，则第 4 行读写文件显示标签控件上。第 5 行判断如果文件不存在，则第 6 行新建文件并添加内容。

第 11 行处理添加按钮事件的方法，第 13 行判断用户输入不空，第 14 行调用添加到文件后面的方法。

第 18 行定义添加文件内容的方法，第 20 行创建一个输入流。第 22 调用 Write 方法将输入的文件内容写入文件。第 23 行调用 Flush 方法清空缓冲流。第 24 行关闭当前 StreamWriter 对象。

第 26 行定义读取文件内容的方法。第 28 行创建一个输出流。第 32 行返回内容字符串。

06 按快捷键 Ctrl+F5 运行程序，效果如图 14-5 所示。在文本框输入内容后单击"添加"按钮，显示文件中如图 14-6 所示的全部内容。

图 14-5　运行结果 1　　　　　　　　　　图 14-6　运行结果 2

14.4.2　读写文本文件

因为操作二进制数据比较麻烦，因此使得使用 FileStream 类非常困难，为此，.NET Framework 中提供了 StreamWrite 类和 StreamReader 类专门用来处理文本文件。

1. StreamWrite 类

StreamWrite 类允许将字符和字符串写入到文件中。有很多的方法可以用来创建 StreamWrite 对象，如果已经有了 FileStream 对象，则可以使用此对象来创建 StreamWrite 对象，代码如下所示：

```
1.   FileStream fs=new FileStream(@"C:\vs2010\WebSite",  FileMode.CreatNew);
2.   StreamWrite sw=new StreamWrite(fs);
```

以上代码中第 1 行创建一个 FileStream 类的对象 fs 并指定访问文件的路径，第 2 行实例化一个 StreamWrite 对象 sw，参数是第 1 行创建的 fs 对象。

还有一种是直接从文件中创建 StreamWrite 对象的方法，代码如下所示：

StreamWrite sw=new StreamWrite(@"C:\vs2012\WebSite",true);

以上代码中创建 StreamWrite 对象 sw 使用的构造函数有两个参数，一个是文件名，一个是布尔值，这个布尔值规定了是添加到文件的末尾还是创建新文件：值为 false 时，如果文件存在，则截取现有文件并打开该文件，否则创建一个新文件；值为 true 时，如果文件存在，则打开文件，保留原来的数据，否则创建一个新的文件。

与创建 FileStream 对象不同，创建 StreamWrite 对象不会提供一组类似的选项，除了使用布尔值时只是添加到文件的末尾或创建新文件之外，根本没有像 FileStream 类那样指定 FileMode、FileAccess 等属性的选项。如果需要使用这些高级参数，可以先在 FileStream 的构造函数中指定这些参数，然后利用 FileStream 对象来创建 StreamWrite 对象。

StreamWrite 对象提供了两个用于写入数据的方法——Write 和 WriteLine，这两个方法有许多的重载版本，可以完成高级的文件输出。Write 方法和 WriteLine 方法基本上相同，不同的是 WriteLine 方法在将传送给它的数据输出后，再输入一个换行符。表 14-7 列出了 WriteLine 的部分重载版本。

表 14-7　WriteLine 方法的重载版本

方法	说明
WriteLine()	将行结束符写入文本流
WriteLine(Boolean)	将后跟行结束符的 Boolean 的文本表示形式写入文本流
WriteLine(Char)	将后跟行结束符的字符写入文本流
WriteLine(Char[])	将后跟行结束符的字符数组写入文本流
WriteLine(Decimal)	将后面带有行结束符的十进制值的文本表示形式写入文本流
WriteLine(Double)	将后跟行结束符的 8 字节浮点值的文本表示形式写入文本流
WriteLine(Int32)	将后跟行结束符的 4 字节有符号整数的文本表示形式写入文本流
WriteLine(Int64)	将后跟行结束符的 8 字节有符号整数的文本表示形式写入文本流
WriteLine(Object)	通过在对象上调用 ToString 将后跟行结束符的此对象的文本表示形式写入文本流
WriteLine(String)	将后跟行结束符的字符串写入文本流

2. StreamReader 类

StreamReader 类的工作方式与 StreamWrite 类似，但 StreamReader 是用于从文件或另一个流中读取数据的。StreamReader 对象的创建方式非常类似于 StreamWrite 对象，最常见的方式是使用 StreamWrite 对象，代码如下所示：

```
1.    FileStream fs=new FileStream(@"C:\vs2012\WebSite", FileMode.CreatNew);
2.    StreamReader sr=new StreamWrite(fs);
```

以上代码中第 1 行创建一个 FileStream 类的对象 fs 并指定访问文件的路径。第 2 行实例化一个 StreamReader 对象 sr，参数是第 1 行创建的 fs 对象。

同样，StreamReader 类也可以直接使用包含具体文件路径的字符串来创建对象，代码如下：

```
StreamReader sr=new StreamWrite(@"C:\vs2012\WebSite");
```

StreamReader 类中提供了常用的几个方法用于读取文件的数据，表 14-8 列出了常用的方法。

表 14-8　StreamReader 类的常用方法

方法	说明
Read()	读取输入流中的下一个字符或下一组字符
ReadLine()	从当前流中读取一行字符并将数据作为字符串返回
ReadToEnd()	从流的当前位置到末尾读取流

【实例 14-6】 读写文本文件

本实例演示如何利用 FileInfo 和 StreamWriter 对象实现动态创建文件并输入文件内容的功能，具体实现步骤如下：

01 启动 Visual Studio 2012，创键一个 ASP.NET Web 空应用程序，命名为"实例 14-6"。
02 在网站根目录下创建一个文件夹，命名为 Resource。
03 在网站根目录下创建一个名为 Default.aspx 的窗体文件。
04 单击网站的目录下的 Default.aspx 文件，进入的"视图编辑"界面，从工具箱中拖动一个 Label 控件、两个 TextBox 控件和一个 Button 控件。
05 单击网站目录下的 Default.aspx.cs 文件，编写关键代码如下：

```
1.    protected void Button1_Click(object sender, EventArgs e) {
2.        string path = Server.MapPath("Resource/new_word.text");
3.        string word = TextBox2.Text;
4.        string title = TextBox1.Text;
5.        FileInfo fi = new FileInfo(path);
6.        if (!fi.Exists){
7.        StreamWriter sw = fi.CreateText();
8.        sw.WriteLine(title );
9.            sw.WriteLine(word);
10.       sw.Flush();
11.       sw.Close();
12.           Label1.Text = "创建和写入文件成功！";
13.       }
14.    }
```

上面的代码中第 1 行定义按钮控件 Button1 单击事件 Click 的方法。第 2 行获得根目录下文件夹中文件的路径。第 3 行和第 4 行获取用户输入的内容。第 5 行实例化一个 FileInfo 类的对象 fi 并指定文件路径。第 6 行判断如果要创建的文件不存在，就在第 7 行利用 fi 对象的 CreateText 方法实例化一个 StreamWriter 类的对象 sw。第 8 行调用 sw 的 WriteLine 方法将输入的文件内容写入文件。第 10 行调用 sw 的 Flush 方法清空缓冲流。第 11 行关闭当前 StreamWriter 对象。第 12 行在标签控件上显示提示操作成功的文字。

06 按快捷键 Ctrl+F5 运行程序，如图 14-7 所示。

图 14-7　运行结果

14.5　上机题

1. 使用 Visual Studio 2012 集成开发环境创建、运行本章所有的代码和实例并分析其执行结果。

2. 编写一个 ASP.NET Web 应用程序，实现查询本地磁盘驱动器的信息。当用户输入驱动器名称后，单击"查询"按钮，显示所查询驱动器的具体信息，运行程序后效果如图 14-8 所示。

3. 编写一个 ASP.NET Web 应用程序，使用 Directory 类提供的静态方法创建、读取目文件夹属性以及删除文件夹，运行程序后效果如图 14-9 所示。

图 14-8　运行结果

图 14-9　运行结果

4. 编写一个 ASP.NET Web 应用程序，实现当用户输入要检索的文件夹路径并单击"检索"

按钮时，下面的列表中会显示出该文件夹中所有子文件夹及文件，运行程序后效果如图 14-10 所示。

5. 编写一个 ASP.NET Web 应用程序，使用 File 和 FileInfo 类完成对文件的打开、新建、重命名、查看文件属性、删除、复制和移动的操作。程序运行后如图 14-11 所示。

图 14-10　运行结果

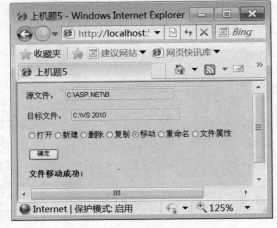

图 14-11　运行结果

6. 编写一个 ASP.NET Web 应用程序，向随机文件中写入数据，运行程序后，打开的文本文件如图 14-12 所示。

图 14-12　运行结果

7. 编写一个 ASP.NET Web 应用程序，从随机访问文件中读取数据，程序运行结果如图 14-13 所示。

图 14-13　运行结果

第 15 章　XML 数据管理

在利用 ASP.NET 4.5 开发的系统中，非常有必要利用 XML 中 Web 程序开发的重要技术。XML 可以作为数据资源的形式存在于服务器端，也可以作为服务器端与客户端的数据交换语言。而且，在.NET 框架中，提供了一系列应用程序接口来实现 XML 数据的读写，比如使用 XmlDocument 类来实现 DOM 等。这些应用程序接口非常方便于开发人员来操作 XML。本章主要介绍 XML 的基础知识，重点掌握在 ASP.NET 中操作数据库。

15.1　XML 概述

XML 的英文全称是 eXtensible Markup Language，中文的意思是"可扩展标记语言"。它同 HTML 一样，是一种标记语言，但是 XML 的数据描述的能力要比 HTML 强很多，XML 具有描述所有已知和未知数据的能力。XML 扩展性比较好，可以为新的数据类型制定新的数据描述规则，作为对标记集的扩展。

XML 目前已经成为不同系统之间数据交换的基础。它的商用前景之所以非常广阔，也是因为它满足了当前商务数据交换的需求，XML 具有以下特点：

- XML 数据可以跨平台使用并可以被人阅读理解；
- XML 数据的内容和结构有明确的定义；
- XML 数据之间的关系得以强化；
- XML 数据的内容和数据的表现形式分离；
- XML 使用的结构是开放的，可扩展的。

15.1.1　XML 语法

XML 语言对格式有着严格的要求，主要包括格式良好和有效性两种要求。格式良好有利于 XML 文档被正确地分析和处理，这一要求是相对于 HTML 语法混乱而提出的，它大大提高了 XML 的处理程序、处理 XML 数据的正确性和效率。XML 文档满足格式良好的要求后，会对文档进行有效性确认，有效性是通过对 DTD 或 Schema 的分析判断的。

一个 XML 文档有以下几个部分组成：

（1）XML 的声明

XML 声明具有如下形式：

```
<?xml version="1.0" encoding="GB2312"?>
```

XML 标准规定声明必须放在文档的第一行。声明其实也是处理指令的一种，一般都具有以上代码的形式。表 15-1 列举了声明的常用属性和其赋值。

表 15-1　XML 声明的属性列表

属性	常用值	说明
Version	1.0	声明中必须包括此属性，而且必须放在第一位。它指定了文档所采用的 XML 版本号，现在 XML 的最新版本为 1.0 版本
Encoding	GB2312	文档使用的字符集为简体中文
	BIG5	文档使用的字符集为繁体中文
	UTF-8	文档使用的字符集为压缩的 Unicode 编码
	UTF-16	文档使用的字符集为 UCS 编码
Standalone	yes	文档是独立文档，没有 DTD 文档与之配套
	no	表示可能有 DTD 文档为本文档进行位置声明

（2）处理指令 PI

处理指令 PI 为处理 XML 的应用程序提供信息。处理指令 PI 的格式为：

```
<? 处理指令名  处理指令信息?>
```

（3）XML 元素

元素是组成 XML 文档的核心，格式如下：

```
<标记>内容</标记>
```

XML 语法规则为每个 XML 文档都要包括至少一个根元素。根标记必须是非空标记，包括整个文档的数据内容，数据内容则是位于标记之间的内容。

下面示例代码是一个标准的 XML 文档：

```
1.   <?xml version="1.0" encoding="gb2312"?>
2.   <?xml-stylesheet type="text/xsl" href="style.xsl"?>
3.   <xinwen>
4.     <news>
5.       <news_id>1</news_id>
6.       <news_title>上海国际艺术节开幕</news_title>
7.       <news_author>wjn</news_author>
8.       <news_ly>原创</news_ly>
9.       <news_content>
10.         第十三届中国上海国际艺术节参演剧（节）目以及各项活动将于 10 月 18 日至
11.         11 月 18 日举办。
12.       </news_content>
13.       <news_adddate>2013-10-18 15:39:24</news_adddate>
14.     </news>
```

```
15.    <news>
16.       <news_id>2</news_id>
17.       <news_title>上海首批公租房下月起招租</news_title>
18.       <news_author>wsn</news_author>
19.       <news_ly>转载</news_ly>
20.       <news_content>
21.          两小区分别位于徐汇华泾和上体馆附近 租金每月每平方米 50 元左右
22.       </news_content>
23.       <news_adddate>2013-10-18 15:56:39</news_adddate>
24.    </news>
25. </xinwen>
```

代码说明：第 1 行为 XML 声明，表明该 XML 采用的版本是 1.0，字符编码为 gb2312。第 2 行为处理指令，表明该文档使用 xsl 进行转换，处理的文档是 style.xsl。第 3 行~第 25 行为 XML 元素。其中，第 4 行~第 14 行是定义第一个新闻的具体信息，包括了新闻的编号、标题、作者、类别、内容和发布时间 6 个节点。以下第 15 行~第 24 行又定义了另一个新闻的信息。

【实例 15-1】XML 文件的创建

本实例演示如何在 Visual Studio 2012 开发环境中创建一个 XML 文件，具体实现步骤如下：

01 启动 Visual Studio 2012，创建一个 ASP.NET Web 空应用程序，命名为 "实例 15-1"

02 用右键单击网站名称 "实例 12-1"，在弹出的快捷菜单选择 "添加" | "添加新项" 命令，弹出如图 15-1 的 "添加新项" 对话框。

03 选择 "已安装" 模板下的 "Visual C#" 模板，并在模板文件列表中选中 "XML 文件"，然后在 "名称" 文本框输入该文件的名称 XMLFile.xml，最后单击 "添加" 按钮。

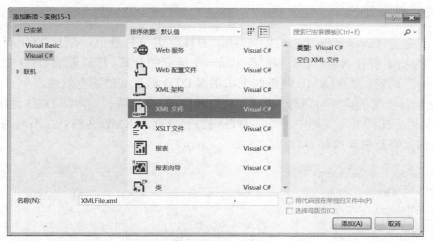

图 15-1 "添加新项" 对话框

04 在网站根目录自动生成一个如图 15-2 所示的 XMLFile.xml 文件。

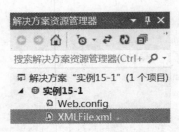

图 15-2　生成的 XML 文件

05 单击 XMLFile.xml 文件，编写上面 XML 示例代码。

06 按快捷键 Ctrl+F5 运行程序，如图 15-3 所示。

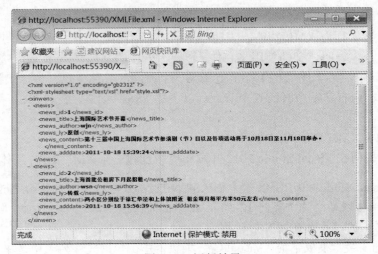

图 15-3　运行效果

15.1.2　文档类型定义

文档类型定义（Document Type Definition，DTD）是一种规范，在 DTD 中可以向别人或 XML 的语法分析器解释 XML 文档标记集中每一个标记的含义。这就要求 DTD 必须包含所有将要使用的词汇列表，否则 XML 解析器无法根据 DTD 验证文档的有效性。

DTD 根据其出现的位置可以分为内部 DTD 和外部 DTD 两种。内部 DTD 是指 DTD 和相应的 XML 文档处在同一个文档中，外部 DTD 就是 DTD 与 XML 文档处在不同的文档之中。

下面示例代码是包含内部 DTD 的 XML 文档：

```
1.    <?xml version="1.0" encoding="UTF-8"?>
2.    <!DOCTYPE xinwen[
3.    <!ELEMENT xinwen ANY>
4.    <!ELEMENT news
(news_id,news_title,news_author,news_ly,news_content,news_addd
ate)>
5.    <!ELEMENT news_id (#PCDATA)>
6.    <!ELEMENT news_title (#PCDATA)>
```

```
7.    <!ELEMENT news_author (#PCDATA)>
8.    <!ELEMENT news_ly (#PCDATA)>
9.    <!ELEMENT news_content (#PCDATA)>
10.   <!ELEMENT news_adddate (#PCDATA)>
11.   ]>
12.   <xinwen>
13.     <news>
14.       <news_id>1</news_id>
15.       <news_title>上海国际艺术节开幕</news_title>
16.       <news_author>wjn</news_author>
17.       <news_ly>原创</news_ly>
18.       <news_content>
19.           第十三届中国上海国际艺术节参演剧（节）目以及各项活动将于 10 月 18 日至 11 月 18 日举办。
20.       </news_content>
21.       <news_adddate>2013-10-18 15:39:24</news_adddate>
22.     </news>
23.   </xinwen>
```

上面的代码中第 2 行~第 11 行是该 XML 的文档类型定义，在这里定义了 XML 文档中包含的每一个标记元素，分别有 xinwen、news_id、news_title、news_author、news_ly、news_content 和 news_adddate。第 12 行~第 23 行的 XML 文档的标记元素组成的内容，也就 XML 文档的具体内容。

从以上代码可以看出描述 DTD 文档也需要一套语法结构，关键字是组成语法结构的基础，表 15-2 列举了构建 DTD 时常用的关键字。

表 15-2　DTD 中常用的关键字

关键字	说明
ANY	数据既可是纯文本也可是子元素，多用来修饰根元素
ATTLIST	定义元素的属性
DOCTYPE	描述根元素
ELEMENT	描述所有子元素
EMPTY	空元素
SYSTEM	表示使用外部 DTD 文档
#FIXED	ATTLIST 定义的属性的值时固定
#IMPLIED	ATTLIST 定义的属性不是必须赋值的
#PCDATA	数据为纯文本
#REQUIRED	ATTLIST 定义的属性是必须赋值的
INCLUDE	表示包括的内容有效，类似于条件编译
IGNORE	与 INCLUDE 相应，表示包括的内容无效

此外 DTD 还提供了一些运算表达式来描述 XML 文档中的元素，常用的 DTD 运算表达式如表 15-3 所示，其中 A、B、C 代表 XML 文档中的元素。

表 15-3　DTD 中定义的表达式

表达式	说明
A+	元素 A 至少出现一次
A*	元素 A 可以出现很多次，也可以不出现
A?	元素 A 出现一次或不出现
(A B C)	元素 A，B，C 的间隔是空格，表示它们是无序排列
(A,B,C)	元素 A，B，C 的间隔是逗号，表示它们是有序排列
A|B	元素 A，B 之间是逻辑或的关系

DTD 能够对 XML 文档结构进行描述，但 DTD 也有如下缺点：

● DTD 不支持数据类型，而在实际应用中往往会有多种复杂的数据类型，例如布尔型、时间等。
● DTD 的标记是固定的，用户不能扩充标记。
● DTD 使用不同于 XML 的独立的语法规则。

15.1.3　可扩展样式语言

XSL 的英文是 eXtensible Stylesheet Language，翻译成中文就是"可扩展样式语言"。它是 W3C 制定的另一种表现 XML 文档的样式语言。XSL 是 XML 的应用，符合 XML 的语法规范，可以被 XML 的分析器处理。

XSL 是一种语言，通过对 XML 文档进行转换，然后将转换的结果表现出来。转换的过程是根据 XML 文档特性运行 XSLT（XSL Transformation）将 XML 文档转换成带信息的树型结果。然后按照 FO（Formatted Object）分析树，从而将 XML 文档表现出来。

XSL 转换 XML 文档分为了几个步骤：建树和表现树。建树可以在服务器端执行，也可以在客户端执行。在服务器端执行时，把 XML 文档转换成 HTML 文档，然后发送到客户端。而在客户端执行建树的话，客户端必须支持 XML 和 XSL。

XSL 实际上就是通过模板将源文件文档按照模板的格式转换成结果文档的。模板定义了一系列的元素来描述源文档中的数据和属性等内容，在经过转换之后，建立树型结构。表 15-4 列举了 XSL 中常用的模板。

表 15-4　XSL 中常用的模板

关键字	说明
xsl:apply-import	调用导入的外部模板，可以应用为部分文档的模板
xsl:apply-templates	应用模板，通过 select，mode 两个属性确定要应用的模板
xsl:attribute	为元素输出定义属性节点
xsl:attribute-set	定义一组属性节点

（续表）

关键字	说明
xsl:call-template	调用由 call-template 指定的模板
xsl:choose	根据条件调用模板
xsl:comment	在输出加入注释
xsl:copy	复制当前节点到输出
xsl:element	在输出中创建新元素
xsl:for-each	循环调用模板匹配每个节点
xsl:if	模板在简单情况下的条件调用
xsl:message	发送文本信息给消息缓冲区或消息对话框
xsl:sort	排序节点
xsl:stylesheet	指定样式单
xsl:template	指定模板
xsl:value-of	为选定节点加入文本值

【实例 15-2】XSL 转换 XML 文档

本实例实现自定义的 XSL 可扩展样式对指定的 XML 文档进行格式转换，转换为浏览器可读的信息，具体实现步骤如下：

01 启动 Visual Studio 2012，创建一个 ASP.NET Web 空应用程序，命名为"实例 15-2"。

02 根据上例的步骤创建好 XMLFile.xml 文件。

03 用右键单击网站名称"实例 15-2"，在弹出的快捷菜单选择"添加"|"添加新项"命令，弹出如图 15-4 的"添加新项"对话框

04 选择"已安装"模板下的"Visual C#"模板，并在模板文件列表中选中"XSLT 文件"选项，然后在"名称"文本框输入该文件的名称 Trans.xslt，最后单击"添加"按钮。

图 15-4　"添加新项"对话框

05 在网站根目录自动生成一个如图 15-5 所示的 Trans.xslt 文件。

图 15-5   生成 xsl 文件

06 单击 Trans.xslt 文件，编写如下代码：

```
1.    <?xml version="1.0" encoding="utf-8" ?>
2.    <xsl:stylesheet version="1.0" xmlns:xsl="http://www.w3.org/1999/XSL/Transform">
3.      <xsl:template match="xinwen">
4.            <html>
5.                <body>
6.                    <table>
7.                        <tr>
8.                            <th>新闻编号</th>
9.                            <th>新闻标题</th>
10.                           <th>新闻作者</th>
11.                           <th>新闻类别</th>
12.                           <th>新闻内容</th>
13.                           <th>发布日期</th>
14.                        </tr>
15.                        <xsl:for-each select="news">
16.                            <tr>
17.                                <td>
18.                                    <xsl:value-of select="news_id"/>
19.                                </td>
20.                                <td>
21.                                    <xsl:value-of select="news_title"/>
22.                                </td>
23.                                <td>
24.                                    <xsl:value-of select="news_author"/>
25.                                </td>
26.                                <td>
27.                                    <xsl:value-of select="news_ly"/>
28.                                </td>
29.                                <td>
30.                                    <xsl:value-of select="news_content"/>
```

```
31.                              </td>
32.                              <td>
33.                                  <xsl:value-of select="news_adddate"/>
34.                              </td>
35.                          </tr>
36.                      </xsl:for-each>
37.                  </table>
38.              </body>
39.          </html>
40.      </xsl:template>
41. </xsl:stylesheet>
```

上面的代码中第 1 行为 XML 声明，表明该 XML 采用的版本是 1.0，字符编码为 gb2312。第 2 行为 XSL 声明，表明该 XSL 采用的版本是 1.0。

第 3 行~第 40 行定义转换 XML 的模板（template），这里定义的模板是一个 HTML 标记，该 HTML 标记中包含一个 table 标记的定义，按照该模板，XSL 将把 XML 数据放到 HTML 标记中进行显示。其中，第 3 行绑定 XML 文档的根节点 xinwen；第 7 行~第 14 行定义表格的 6 个列标题；第 14 行~第 36 行循环 news 节点，并读取其中的数据，根据表格的列标题，依次将数据值绑定到每个单元格中。

07 在"实例 15-2"中创建一个名为 Default.aspx 的窗体文件。

08 单击击网站的目录下的 Default.aspx 文件，进入的"视图编辑"界面，从工具箱中拖动一个 Xml 控件和一个 Button 控件。切换到"源视图"，在\<form>和\</form>标记之间编写代码如下：

```
1.   <asp:Xml ID="Xml1" runat="server"></asp:Xml><br />
2.   <asp:Button ID="Button1" runat="server" Font-Size="9pt" OnClick="Button1_Click" Text="文件转换" />
```

上述代码中第 1 行添加一个服务器 Xml 控件用于显示 Xml1 和 Xsl 文本的内容。第 2 行添加一个服务器按钮控件 Button1 并设置显示的文本和大小、单击事件 Click。

09 单击网站目录下的 Default.aspx.cs 文件，在该文件中编写如下逻辑代码：

```
1.  protected void Page_Load(object sender, EventArgs e){
2.          XmlDocument doc = new XmlDocument();
3.          doc.Load(Server.MapPath("XMLFile.xml"));
4.          Xml1.Document = doc;
5.      }
6.  protected void Button1_Click(object sender, EventArgs e) {
7.          XmlDocument xdoc = new XmlDocument();
8.          xdoc.Load(Server.MapPath("XMLFile.xml"));
9.          XslTransform xslt = new XslTransform();
10.         xslt.Load(Server.MapPath("Trans.xslt"));
```

```
11.            Xml1.Document = xdoc;
12.            Xml1.Transform = xslt;
13.        }
```

代码说明：第 1 行定义处理页面 Page 加载事件 Load 的方法。第 2 行创建一个 XmlDocument 对象。第 3 行载入存储信息的 XML 文件。第 4 行设置在 Xml1 控件中显示的的 Document。

第 6 行定义处理转换按钮 Button1 单击事件 Click 的方法。第 7 行创建一个 XmlDocument 对象。第 8 行载入存储信息的 XML 文件。第 9 行创建一个 XslTransform 对象。第 10 行导入 xslt 文件。第 11 行设置在 Xml1 控件中显示的 Document。第 12 行执行文档的转换操作。

10 按快捷键 Ctrl+F5 运行程序，运行效果如图 15-6 所示。

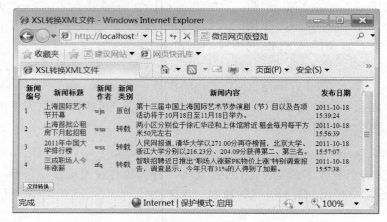

图 15-6　运行效果

15.1.4　XPath

XPath 是 XSLT 的重要组成部分。XPath 的作用在于为 XML 文档的内容定位，并通过 XPath 来访问指定的 XML 元素。在利用 XSL 进行转换的过程中，匹配的概念非常重要。在模板声明语句 xsl:template match = ""和模板应用语句 xsl:apply-templates select = ""中，用引号括起来的部分必须能够精确地定位节点。具体的定位方法则在 XPath 中给出。

之所以要在 XSL 中引入 XPath 的概念，目的就是为了在匹配 XML 文档结构树时能够准确地找到某一个节点元素。可以把 XPath 比作文件管理路径：通过文件管理路径，可以按照一定的规则查找到所需要的文件；同样，依据 XPath 所制定的规则，也可以很方便地找到 XML 结构文档树中的任何一个节点，显然这对 XSLT 来说是一个最基本的功能。

XPath 提供了一系列的节点匹配的方法。

● 路径匹配：路径匹配和文件路径的表示比较相似，通过一系列的符号来指定路径。
● 位置匹配：根据每个元素的子元素都是有序的原则来匹配。
● 亲属关系匹配：XML 是一个树型结构，因此在匹配时可以利用树型结构的"父子"关系。

● 条件匹配：利用一些函数的运算结果的布尔值来匹配符合条件的节点。

以上简要概述了一下有关 XML 的知识，有关 XML 的主要知识包括以上这些内容，有兴趣的读者可以按照以上的知识框架来深入学习。

15.2 操作 XML 数据

XML 数据格式是.Net 平台下面通用的数据格式，也就是说，在.NET 平台下，几乎所有的数据都是以 XML 数据进行传输的，从数据库操作到 Web Service 无一例外！而作为微软首推的.NET 编程语言 C#来说，它对 XML 数据的操作也是非常方便的。

15.2.1 DOM 概述

XML 语言仅仅是一种信息交换的载体，是一种信息交换的方法。而要使用 XML 文档则必须通过使用一种称为"接口"的技术。正如使用 ODBC 接口访问数据库一样，DOM 接口应用程序使得对 XML 文档的访问变得简单。

DOM（Document Object Model）是一个程序接口，应用程序和脚本可以通过这个接口访问和修改 XML 文档数据。

DOM 接口定义了一系列对象来实现对 XML 文档数据的访问和修改。DOM 接口将 XML 文档转换为树型的文档结构，应用程序通过树型文档对 XML 文档进行层次化的访问，从而实现对 XML 文档的操作，比如访问树的节点、创建新节点等。

微软大力支持 XML 技术，在.NET 框架中实现了对 DOM 规范的良好支持，并提供了一些扩展技术，使得程序员对 XML 文档的处理更加简便。而基于.NET 框架的 ASP.NET，可以充分使用.NET 类库来实现对 DOM 的支持。

.NET 类库中支持 DOM 的类主要存在于 System.Xml 和 System.Xml.XmlDocument 命名空间中。这些类分为两个层次：基础类和扩展类。基础类组包括了用来编写操作 XML 文档的应用程序所需要的类；扩展类被定义用来简化程序员的开发工作的类。

在基础类中包含了三个类：

● XmlNode 类用来表示文档树中的单个节点，它描述了 XML 文档中各种具体节点类型的共性，它是一个抽象类，在扩展类层次中有它的具体实现。
● XmlNodeList 类用来表示一个节点的有序集合，它提供了对迭代操作和索引器的支持。
● XmlNamedNodeMap 类用来表示一个节点的集合，该集合中的元素可以使用节点名或索引来访问，支持了使用节点名称和迭代器来对属性集合的访问，并且包含了对命名空间的支持。

扩展类中主要包括了以下几个由 XmlNode 类派生出来的类，如表 15-5 所示。

表 15-5　扩展类包含的类

类	说明
XmlAttribute	表示一个属性。此属性的有效值和默认值在 DTD 或架构中进行定义
XmlAttributeCollection	表示属性集合，这些属性的有效值和默认值在 DTD 或架构中进行定义
XmlComment	表示 XML 文档中的注释内容
XmlDocument	表示 XML 文档
XmlDocumentType	表示 XML 文档的 DOCTYPE 声明节点
XmlElement	表示一个元素
XmlEntity	表示 XML 文档中一个解析过或未解析过的实体
XmlEntityReference	表示一个实体的引用
XmlLinkedNode	获取紧靠该节点（之前或之后）的节点
XmlReader	表示提供对 XML 数据进行快速、非缓存、只进访问的读取器
XmlText	表示元素或属性的文本内容
XmlTextReader	表示提供对 XML 数据进行快速、非缓存、只进访问的读取器
XmlTextWriter	表示提供快速、非缓存、只进方法的编写器，该方法生成包含 XML 数据（这些数据符合 W3C 可扩展标记语言（XML）1.0 和 XML 命名空间的建议）的流或文件
XmlWriter	表示提供快速、非缓存、只进方法的编写器，该方法生成包含 XML 数据（这些数据符合 W3C 可扩展标记语言（XML）1.0 和 XML 命名空间的建议）的流或文件

15.2.2　创建 XML 文档

创建 XML 文档的方法有两种。

（1）创建不带参数的 XmlDocument，代码如下。

```
XmlDocument doc = new XmlDocument();
```

以上代码，使用了不带参数的构造函数创建一个 XmlDocument 对象 doc。

（2）创建一个 XmlDocument 并将 XmlNameTable 作为参数传递给它。

XmlNameTable 类是原子化字符串对象的表。该表为 XML 分析器提供了一种高效的方法，即对 XML 文档中所有重复的元素和属性名使用相同的字符串对象。创建文档时，将自动创建 XmlNameTable，并在加载此文档时用属性和元素名加载 XmlNameTable。如果已经有一个包含名称表的文档，且这些名称在另一个文档中会很有用，则可使用将 XmlNameTable 作为参数的 Load 方法创建一个新文档。使用此方法创建文档后，该文档使用现有 XmlNameTable，后者包含所有已从其他文档加载到此文档中的属性和元素。它可用于有效地比较元素和属性名。以下示例是创建带参数的 XmlDocument 的代码：

```
System.Xml.XmlDocument doc = new XmlDocument(xmlNameTable);
```

以上代码，使用带参数的构造函数创建一个 XmlDocument 对象 doc，其中 System.Xml 是 XmlDocument 的命名空间。

15.2.3 保存 XML 文档

XML 创建完毕必须使用 Save 方法保存 XML 文档。Save 方法有 4 个重载方法。

- Save（string filename）：将文档保存到文件 filename 的位置。
- Save（System.IO.Stream outStream）：保存到流 outStream 中，流的概念存在于文件操作中。
- Save（System.IO.TextWriter writer）：保存到 TextWriter 中，TextWriter 也是文件操作中的一个类。
- Save（XmlWriter w）：保存到 XmlWriter 中。

以下代码演示如向实现对 Xml 文档的保存：

```
1.   XmlDocument doc = new XmlDocument();
2.   doc.Save(Server.MapPath("XMLFile.xml"));
```

在以上代码中，第 1 行创建一个 XmlDocument 对象 doc。第 2 行调用 doc 对象的 Save 方法将文档数据到当前程序的 XMLFile.xml 文件中。

15.2.4 将 XML 读入文档

DOM 可以将不同格式的 XML 读入内存，这些格式可以是字符串、流、URL、文本读取器或 XmlReader 的派生类。

读取的 XML 数据的方法有两种。

（1）Load 方法，该方法加载指定的 XML 数据。总共包含 4 个重载函数。

- XmlDocument.Load（Stream）：从指定的流加载 XML 文档。
- XmlDocument.Load（String）：从指定的 URL 加载 XML 文档。
- XmlDocument.Load（TextReader）：从指定的 TextReader 加载 XML 文档。
- XmlDocument.Load（XmlReader）：从指定的 XmlReader 加载 XML 文档。

（2）LoadXML 方法，该方法没有重载函数，仅仅是 XmlDocument.LoadXML（String），从字符串中读取 XML。

【实例 15-3】读入 XML 文档

本实例使用 XmlDocument 对象加载 XML 字符串，然后将 XML 数据保存到一个 XML 的文件中，具体实现步骤如下：

01 启动 Visual Studio 2012，创建一个 ASP.NET Web 空应用程序，命名为"实例 15-3"。
02 在该网站中创建一个名为 XMLFile.xml 的 XML 文件。
03 在网站根目录下创建一个名为 Default.aspx 的窗体文件，单击自动生成的

Default.aspx.cs 文件，在该文件中编写如下逻辑代码：

```
1.    protected void Page_Load(object sender, EventArgs e){
2.            XmlDocument doc = new XmlDocument();
3.            doc.LoadXml(" <news>" +
4.                "<news_id>1</news_id>" +
5.                "<news_title>上海国际艺术节开幕</news_title>" +
6.                "<news_author>wjn</news_author>" +
7.                "<news_ly>原创</news_ly>" +
8.                "<news_content> 第十三届中国上海国际艺术节参演剧目以及各项活动将于 10 月 18
        日至 11 月 18 日举办。</news_content>" +
9.                "<news_adddate>2013-10-18 15:39:24</news_adddate>" +
10.               "</news>");
11.           doc.Save(Server.MapPath("XMLFile.xml"));
12.   }
```

上面的代码中第 1 行定义处理页面 Page 加载事件 Load 的方法。第 2 行创建一个 XmlDocument 对象 doc。第 3 行~第 10 行利用 doc 对象的 LoadXml 方法从字符串中把 XML 数据加载到 doc 中，分别添加了 6 个标签和标签的内容。第 11 行利用 doc 的 Save 方法把 XML 数据保存到 XMLFile.xml 文件中。

04 用右键单击 XMLFile.xml 文件，在弹出的菜单中选择"在浏览器中查看"命令。运行后的效果如图 15-7 所示。

图 15-7　运行效果

15.2.5　选择节点

ASP.NET 的 DOM 提供了基于 XPath 的导航方法，使用这些导航方法可以方便查询 DOM 中的信息。

DOM 提供了两种 XPath 导航方法。

- SelectSingleNode 方法：返回符合选择条件的第一个节点。
- SelectNodes 方法：返回包含匹配节点的 XmlNodeList。

【实例 15-4】选择节点

本实例使用 SelectNodes 方法从 XML 文档中获取 news 节点，并把获得每个节点的数据输出到页面上，具体实现步骤如下：

01 启动 Visual Studio 2012，创建一个 ASP.NET Web 空应用程序，命名为"实例 15-4"。

02 在该网站中创建一个 XMLFile.xml 文件，文件中的内容与本章"实例 15-1"中 XMLFile.xml 文件相同。

03 在网站根目录下创建一个名为 Default.aspx 的窗体文件，双击自动生成的 Default.aspx.cs 文件，在该文件中编写如下逻辑代码：

```
1.   protected void Page_Load(object sender, EventArgs e){
2.       XmlDocument doc = new XmlDocument();
3.       doc.Load(Server.MapPath("XMLFile.xml"));
4.       XmlNodeList nodeList;
5.       XmlNode root = doc.DocumentElement;
6.       nodeList = root.SelectNodes("//basic");
7.       foreach (XmlNode xmlNode in nodeList) {
8.       XmlNodeList list = xmlNode.ChildNodes;
9.       foreach (XmlNode xmlNode1 in list) {
10.              Response.Write(xmlNode1.InnerText);
11.              Response.Write("<br> ");
12.          }
13.      }
14.  }
```

上面的代码中第 1 行定义处理页面 Page 加载事件 Load 的方法。第 2 行创建 DOM 对象 doc。第 3 行把 XML 文档通过 Load 方法装入 doc。第 4 行定义节点列表 XmlNodeList 对象 nodeList。第 5 行通过 doc 对象的 DocumentElement 属性定义根节点对象 root。第 6 行查找 news 节点列表。第 7 行使用 foreach 循环遍历访问节点列表。第 8 行使用 ChildNodes 属性获得 news 节点下的所有的子节点。第 9 行使用 foreach 循环遍历子节点的内容。第 10 行输出子节点包含的数据内容。

04 按快捷键 Ctrl+F5 运行程序，运行结果如图 15-8 所示。

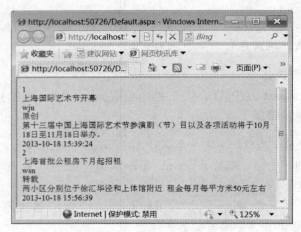

图 15-8　运行结果

15.2.6　创建新节点

XmlDocument 具有用于所有节点类型的 Create 方法。为该方法提供节点的名称、节点的内容或节点的参数就可创建节点。表 15-6 列举了 XmlDocument 常用的创建节点的方法。

表 15-6　XmlDocument 常用的创建节点的方法

方法	说明
CreateAttribute	创建具有指定名称的 XmlAttribute
CreateCDataSection	创建包含指定数据的 XmlCDataSection
CreateComment	创建包含指定数据的 XmlComment
CreateDocumentType	创建新的 XmlDocumentType 对象
CreateElement	创建 XmlElement
CreateEntityReference	创建具有指定名称的 XmlEntityReference
CreateNode	创建 XmlNode
CreateTextNode	创建具有指定文本的 XmlText

在创建新节点后，就可以用方法来给新创建的节点添加信息，将其插入到 XML 结构树中。下表 15-7 列出了这些常用的方法。

表 15-7　向 XML 结构树中插入节点的方法

方法	说明
InsertBefore	插入到引用节点之前
InsertAfter	插入到引用节点之后
AppendChild	将节点添加到给定节点的子节点列表的末尾
PrependChild	将节点添加到给定节点的子节点列表的开头
Append	将 XmlAttribute 节点追加到与元素关联的属性集合的末尾

【实例 15-5】 创建新节点

本实例实现动态创建 XML 数据节点，用户在文本空中输入节点的信息，单击"创建" 按钮，完成节点的创建，具体实现步骤如下：

01 启动 Visual Studio 2012，创建一个 ASP.NET Web 空应用程序，命名为"实例 15-5"。

02 在该网站中创建一个 XMLFile.xml 文件，文件中的内容与"实例 15-1"中 XMLFile.xml 文件相同。

03 双击网站的目录下的 Default.aspx 文件，进入"视图编辑"界面，从工具箱中拖动一个 Label 控件、一个 Button 控件和 6 个 TextBox 控件到"设计视图"。设计完成后的界面如图 15-9 所示。

图 15-9　设计界面

04 单击网站目录下的 Default.aspx.cs 文件，在该文件中编写如下逻辑代码：

```
1.      protected void Button1_Click(object sender, EventArgs e){
2.          XmlDocument doc = new XmlDocument();
3.          doc.Load(Server.MapPath("XMLFile.xml"));
4.          string str = "<news_id>" + TextBox1.Text + "</news_id>";
5.          string str1 = "<news_title>" + TextBox2.Text + "</news_title>";
6.          string str2 = "<news_author>" + TextBox3.Text + "</news_author>";
7.          string str3 = "<news_ly>" + TextBox6.Text + "</news_ly>";
8.          string str5 = "<news_content>" + TextBox4.Text + "</news_content>";
9.          string str6 = "<news_adddate>" + TextBox5.Text + "</news_adddate>";
10.         string str4 = "<xinwen>"+"<news>"+str+str1+str2+str3+str5+str6+"</news>"+"</xinwen>";
11.         XmlDocument doc1 = new XmlDocument();
12.         doc1.LoadXml(str4);
13.         XmlNode node = doc.ImportNode(doc1.DocumentElement.LastChild, true);
14.         doc.DocumentElement.AppendChild(node);
15.         doc.Save(Server.MapPath("XMLFile.xml"));
16.         Label1.Text = "创建新节点成功！ ";
17.     }
```

上面的代码中第 1 行定义处理按钮控件 Button1 单击事件 Click 的方法。第 2 行定义 XmlDocument 对象 doc。第 3 行使用 doc 对象把 XMLFile.xml 文件加载到内存中。第 4 行和第

9 行设置文件的标记和从用户输入文本框的内容。第 10 行通过拼接字符串将添加的 XML 文档内容赋给字符串对象 str4。第 11 行定义 XmlDocument 对象 doc1。第 12 行调用 doc1 的 LoadXml 方法将 str4 作为参数读入 XMLFile.xml 文件中。第 13 行调用 doc 对象的 ImportNode 方法将 doc1 对象的最后一根子节点导入 doc 对象加载的文档中并赋给一个创建的节点对象 node。第 14 行调用 doc 对象根节点添加子节点的方法 AppendChild 添加 node 节点。第 15 行把修改后 doc 对象保存到 XMLFile.xml。第 14 行在标签控件上显示创建成功的提示。

05 按快捷键 Ctrl+F5 运行程序，如图 15-10 所示。用户输入新节点的内容，单击"创建"按钮，显示创建节点成功的提示。

06 用右键单击 XMLFile.xml 文件，在弹出的菜单中选择"在浏览器中查看"命令。运行后的效果如图 15-11 所示。

图 15-10　运行结果 1

图 15-11　运行结果 2

15.2.7　修改 XML 文档

在.NET4.5 框架下，使用 DOM 开发人员可以有多种方法来修改 XML 文档的节点、内容和值。常用的修改 XML 文档的方法如下：

● 使用 XmlNode.Value 方法更改节点值。
● 通过用新节点替换节点来修改全部节点集。这可使用 XmlNode.InnerXml 属性来完成。
● 使用 XmlNode.ReplaceChild 方法用新节点替换现有节点。
● 使用 XmlCharacterData.AppendData 方法、XmlCharacterData.InsertData 方法或 XmlCharacterData.ReplaceData 方法将附加字符添加到从 XmlCharacter 类继承的节点。
● 对从 XmlCharacterData 继承的节点类型使用 DeleteData 方法移除某个范围的字符来修改内容。
● 使用 SetAttribute 方法更新属性值。如果不存在属性，SetAttribute 创建一个新属性；如果存在属性，则更新属性值。

【**实例 15-6**】修改 XML 节点

本实例实现修改 XML 文件的节点。当用户从下拉列表中选择要修改的节点，然后在文本框中输入要更新的新节点名称，单击"修改"按钮，完成修改文件操作，具体实现步骤如下：

01 启动 Visual Studio 2012，创建一个 ASP.NET Web 空应用程序，命名为"实例 15-6"。

02 在该网站中创建一个 XMLFile.xml 文件，文件中的内容与本章"实例 15-1"中的 XMLFile.xml 文件相同。

03 在网站根目录下创建一个名为 Default.aspx 的窗体文件，单击该文件，进入"视图编辑"界面，从工具箱中拖动一个 GridView 控件、一个 DropDownList 控件、一个 TextBox 控件和一个 Button 控件到"设计视图"，设计后的界面如图 15-12 所示。

图 15-12 设计后的界面

04 单击网站目录下的 Default.aspx.cs 文件，在该文件中编写如下逻辑代码：

```
1.   protected void Page_Load(object sender, EventArgs e){
2.       if (!IsPostBack){
3.           DataSet ds= new DataSet();
4.           ds.ReadXml(Server.MapPath("XMLFile.xml"));
5.           GridView1.DataSource = ds;
6.           GridView1.DataBind();
7.           DropDownList1.DataSource = ds;
8.           DropDownList1.DataTextField = "news_title";
9.           DropDownList1.DataBind();
10.      }
11.  }
12.  protected void Button1_Click(object sender, EventArgs e){
13.      XmlDocument doc = new XmlDocument();
14.      doc.Load(Server.MapPath("XMLFile.xml"));
15.      XmlNodeList xnl = doc.SelectSingleNode("xinwen").ChildNodes;
16.      foreach (XmlNode xn in xnl){
17.          XmlElement xe = (XmlElement)xn;
18.          if (xe.Name == "news"){
19.              XmlNodeList xnlChild = xe.ChildNodes;
20.              foreach (XmlNode xnChild in xnlChild){
```

```
21.                    XmlElement xeChild = (XmlElement)xnChild;
22.                    if (xeChild.Name == "news_title" && xeChild.InnerText ==
      this.DropDownList1.SelectedValue.Trim()){
23.                        xeChild.InnerText = TextBox1.Text.Trim();
24.                        Response.Write("<script>alert('修改成功')</script>");
25.                    }
26.                }
27.            }
28.        }
29.        doc.Save(Server.MapPath("XMLFile.xml"));
30.        Response.Write("<script>location='Default.aspx'</script>");
31.    }
```

上面的代码中第 1 行定义处理页面 Page 加载事件 Load 的方法。第 2 行判断如果当前加载的页面不是回传页面，则第 3 行创建 DataSet 对象 ds。第 4 行调用 ds 对象的 ReadXml 方法读取 XMLFile.xml 文件。第 5 行将 ds 作为列表控件 GridView1 的数据源。第 6 行绑定数据到 GridView1 控件。第 7 行将 ds 作为下拉列表控件 DropDownList1 的数据源。第 8 行绑定显示在 DropDownList1 的是 news_title 标记中的内容。第 9 行绑定数据到 DropDownList1 控件。

第 12 行定义处理按钮控件 Button1 单击事件 Click 的方法。第 13 行创建 XmlDocument 对象 doc。第 14 行加载 XMLFile.xml 文件。第 15 行获取 XML 文件中 xinwen 节点下所有子节点集合。第 16 行循环变量所有节点集合中的子节点。第 17 行获取每一个节点元素。第 18 行判断如果节点是 news。第 19 行获取 basic 节点下所有子节点的集合。第 20 行遍历所有子节点集合中的节点。第 21 行获取每一个节点元素。第 22 行判断如果节点元素的名称是 news_title，同时节点元素的内容和下拉列表控件 DropDownList1 中用户选择的值相同。则第 23 行将用户输入文本框的新节点值赋给要修改的节点元素。第 24 行在页面显示修改成功的对话框。第 29 行把修改后 doc 对象保存到 XMLFile.xml。第 30 行跳转页面到 Default.aspx。

05 按快捷键 Ctrl+F5 运行程序，如图 15-13 所示。用户选择要修改的节点，输入新节点名称，单击"修改"按钮。修改文档后列表中显示了新的节点，如图 15-14 所示。

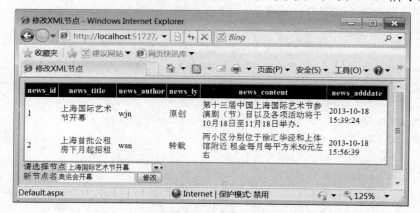

图 15-13　运行结果 1

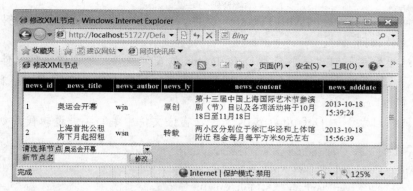

图 15-14　运行结果 2

15.2.8　删除 XML 文档的节点、属性和内容

当文档对象模型 DOM 在内存中之后，就可以删除 XML 中的节点，或删除特定节点类型中的内容和值。

（1）删除节点

如果要从 DOM 中移除节点，可以使用 RemoveChild 方法移除特定节点。移除节点时，此方法移除属于所移除节点的子树。如果要从 DOM 中移除多个节点，可以使用 RemoveAll 方法移除当前节点的所有子级和属性。

如果使用 XmlNamedNodeMap，则可以使用 RemoveNamedItem 方法移除节点。

（2）删除属性集合中的属性

可以使用 XmlAttributeCollection.Remove 方法移除特定属性；也可以使用 XmlAttributeCollection.RemoveAll 方法移除集合中的所有属性，使元素不具有任何属性；或者使用 XmlAttributeCollection.RemoveAt 方法移除属性集合中的属性（通过使用其索引号）。

（3）删除节点属性

使用 XmlElement.RemoveAllAttributes 移除属性集合；使用 XmlElement.RemoveAttribute 方法按名称移除集合中的单个属性；使用 XmlElement.RemoveAttributeAt 按索引号移除集合中的单个属性。

（4）删除节点内容

可以使用 DeleteData 方法移除字符，此方法从节点中移除某个范围的字符。如果要完全移除内容，则移除包含此内容的节点。如果要保留节点，但节点内容不正确，则修改内容。

【实例 15-7】删除 XML 节点

本实例实现删除 XML 文件的节点。当用户在下拉列表中选择要删除的节点后，单击"删除"按钮，即可完成删除节点的操作，具体实现步骤如下。

01 启动 Visual Studio 2012，创键一个 ASP.NET Web 空应用程序，命名为"实例 15-7"。

02 在该网站中创建一个 XMLFile.xml 文件，文件中的内容与本章"实例 15-2"中的 XMLFile.xml 文件相同。

03 在网站根目录下创建一个名为 Default.aspx 的窗体文件，单击该文件文件，进入 "视图编辑"界面，从工具箱中拖动一个 GridView 控件、一个 DropDownList 控件、和一个 Button 控件到"设计视图"。

04 单击网站目录下的 Default.aspx.cs 文件，在该文件中编写关键逻辑代码如下：

```
1.   protected void Button1_Click(object sender, EventArgs e){
2.          XmlDocument doc = new XmlDocument();
3.          doc.Load(Server.MapPath("XMLFile.xml"));
4.          XmlNodeList node;
5.          XmlElement root = doc.DocumentElement;
6.          node = root.SelectNodes("descendant::news[news_title='"+Drop ownList1 .Text .Trim ()+"']");
7.          foreach (XmlNode n in node){
8.                  root.RemoveChild(n);
9.          }
10.         Response.Write("<script>alert('删除节点成功!')</script>");
11.         doc.Save(Server.MapPath("XMLFile.xml"));
12.     }
```

上面的代码中第 1 行定义处理按钮控件 Button1 单击事件 Click 的方法。第 2 行创建 XmlDocument 对象 doc。第 3 行加载 XMLFile.xml 文件。第 4 行声明 XmlNodeList 对象 node。第 5 行定义调用 doc 对象的 DocumentElement 获得根节点对象 root。第 6 行通过根节点对象 root 的 SelectNodes 获得 news 节点下用户选择的 news_title 子节点元素。第 7 行循环遍历用户选择的子节点元素下的所有子节点。第 8 行调用 root 对象的 RemoveChild 方法删除这些子节点内容。第 10 行显示删除成功对话框。第 11 行把商场数据后的 doc 对象保存到 XMLFile.xml。

05 按快捷键 Ctrl+F5 运行程序，效果如图 15-15 所示。用户选择要删除的节点，单击"删除"按钮。删除节点后的列表中显示选择的节点已经被成功地删除，如图 15-16 所示。

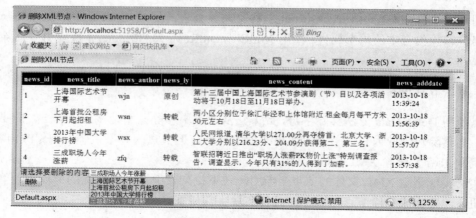

图 15-15 运行结果 1

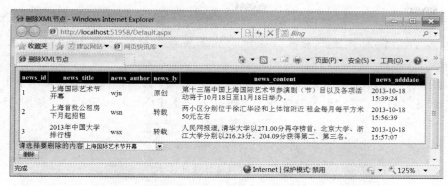

图 15-16　运行结果 2

15.3　XmlDataSource 数据源控件

XmlDataSource 控件是 ASP.NET 中提供的专门用于访问 XML 文件的数据源控件。它特别适用于分层的 ASP.NET 服务器控件，如 TreeView 或 Menu 控件。它支持使用 XPath 表达式来实现筛选功能，并允许对数据应用 XSLT 转换。同时允许通过保存更改后的整个 XML 文档来更新数据。

XmlDataSource 控件与前面介绍的 SqlDataSource 工作原理一样，不过 XmlDataSource 控件还是有以下两点不同：

● XmlDataSource 控件从 XML 文件中获取信息，而不是从数据库中获取信息。

● XmlDataSource 控件返回的信息是分层次的，而且级别可以是无限级别的，而 SqlDataSource 返回的信息只能是一个表格形式的。

除了以上两点不同，XmlDataSource 控件同其他数据源控件的特性和用法一样。

可以利用 XmlDataSource 控件把 XML 数据绑定到 GridView 控件等表格控件中。要在像 GridView 控件这样的表格控件中显示 XML 数据，就必须使用 XPath 来指定要在 GridView 控件中显示的数据项。这是因为 XML 文件是有层次的，XmlDataSource 控件只是把数据从 XML 文件中获得，并不能为 GridView 控件指明要显示的数据项，因此需要在 GridView 控件的列定义中利用 XPath 来指明要显示的数据项。

而利用 XmlDataSource 控件把 XML 数据绑定到 TreeView 控件等层次控件中就比较容易，由于 TreeView 控件是把数据分层次显示的，与 XML 描述的形式相似，因此这些控件显示 XML 数据就比较容易。

【实例 15-8】XmlDataSource 控件的使用

本实例实现如何利用 XmlDataSourc 控件把 XML 文件中的数据显示在 GridView 控件中，具体步骤如下：

01 启动 Visual Studio 2012，创键一个 ASP.NET Web 空应用程序，命名为"实例 15-8"。

02 在该网站中创建一个 XMLFile.xml 文件，文件中的内容与"实例 15-2"中的 XMLFile.xml 文件相同。

03 在网站根目录下创建一个名为 Default.aspx 的窗体文件，单击网站目录下的 Default.aspx 文件，进入"视图编辑"界面，从工具箱中拖动一个 GridView 控件、一个 XmlDataSourc 控件到"设计视图"。

04 将鼠标移到 GridView1 控件上，其上方会出现一个向右的黑色小三角。单击它，弹出"GridView 任务"列表。在"选择数据源"下拉列表中选中 XmlDataSourc1，如图 15-17 所示。

图 15-17　GridView 任务

05 将鼠标移到 XmlDataSourc1 控件上，其上方会出现一个向右的黑色小三角。单击它，弹出"XmlDataSourc 任务"列表，选择"配置数据源"选项，弹出如图 15-19 所示的"配置数据源"对话框。

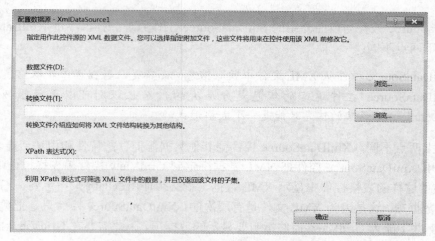

图 15-18　"配置数据源"对话框

06 单击"数据文件"文本框后的"浏览"按钮，弹出如图 15-19 所示的"选择 XML 文件"对话框。

07 在项目文件夹列表中选择"实例 15-8"，在文件夹内容列表中单击 XMLFile.xml 文件，最后单击"确定"按钮。

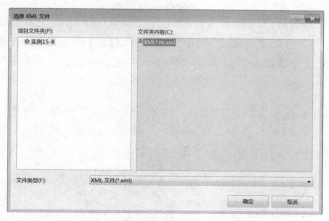

图 15-19 "选择 XML 文件"对话框

08 返回图 15-18 中单击"确定"按钮完成数据源的配置。

```
1.  <asp:GridView ID="GridView1" runat="server" BackColor="White"    BorderColor="#336666"
    BorderStyle="Double" BorderWidth="3px" CellPadding="4" GridLines="Horizontal">
2.    <Columns >
3.      <asp:TemplateField HeaderText="编号">
4.        <ItemTemplate><%# XPath("news_id") %></ItemTemplate>
5.      </asp:TemplateField>
6.      <asp:TemplateField HeaderText="标题">
7.        <ItemTemplate><%# XPath("news_title")%></ItemTemplate>
8.      </asp:TemplateField>
9.      <asp:TemplateField HeaderText="作者">
10.       <ItemTemplate><%# XPath("news_auther")%></ItemTemplate>
11.     </asp:TemplateField>
12.     <asp:TemplateField HeaderText="类别">
13.       <ItemTemplate><%# XPath("news_ly")%></ItemTemplate>
14.     </asp:TemplateField>
15.     <asp:TemplateField HeaderText="内容">
16.       <ItemTemplate><%# XPath("news_content")%></ItemTemplate>
17.     </asp:TemplateField>
18.     <asp:TemplateField HeaderText="发布时间">
19.       <ItemTemplate><%# XPath("news_adddate")%></ItemTemplate>
20.     </asp:TemplateField>
21.   </Columns>
22.  </asp:GridView>
23.  <asp:XmlDataSource ID="XmlDataSource1"runat="server"DataFile="~/XMLFile.xml"></asp:XmlDataSource>
```

上面的代码中第 1 行定义服务器列表控件 GridView1，设置其数据源控件为 XmlDataSource1 和禁止自动加载列。第 2 行~第 21 行定义 GridView1 的列设置，这里利用模板列把要显示字段与 XML 文件中节点对应起来，而数据则通过 XPath 来获得。其中，第 3 行

~第 5 行设置模板定义列的标题"编号"，第 4 行设置 XPath 来指明要显示的数据项绑定。按照以上的方法依次定义其余的 5 个数据列并分别设置 XPath 指定要在 GridView 控件中显示的数据项。第 23 行定义一个 XML 数据绑定控件 XmlDataSource1，通过属性 DataFile 指定要绑定数据文件是 XMLFile.xml。

09 打开"GridView 任务"列表，选择"自动套用格式"选项，弹出"自动套用格式"对话框，在左边的选择架构列表中选中"蓝黑 2"，单击"确定"按钮。

10 按快捷键 Ctrl+F5 运行程序，结果如图 15-20 所示。

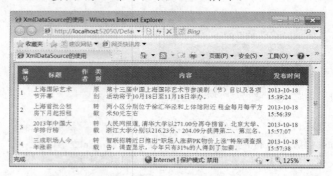

图 15-20　运行结果

15.4　上机题

1. 使用 Visual Studio 2012 集成开发环境创建、运行本章所有的代码和实例并分析其执行结果。

2. 编写一个 ASP.NET Web 应用程序，将 XML 读入文档 XML 文档，运行该文档后，在 IE 浏览器中显示如图 15-21 所示的页面。

图 15-21　创建的 XML 文档

3. 编写一个 ASP.NET Web 应用程序，将上机题 2 创建的 XML 文档读入数据集对象，运行程序后，网页中显示如图 15-22 所示的效果。

4．编写一个 ASP.NET Web 应用程序，使用 Document 对象向上机题 2 中所创建的 XML 文件中插入一条产品信息"编号：P004；品名：肥皂；价格：4 元；数量：200；产地：北京"。运行 XML 文件后显示的效果如图 15-23 所示。

图 15-22　显示 XML 文档内容　　　　　图 15-23　添加节点数据

5．编写一个 ASP.NET Web 应用程序，使用 Document 对象把在上机题 4 中向 XML 文件中插入的产品信息删除，运行该文档后的效果如图 15-21 所示。

6．编写一个 ASP.NET Web 应用程序，根据用户在文本框中输入的内容，从上机题 2 的 XML 文件中检索符合条件的节点，程序运行效果如图 15-24 所示。

7．编写一个 ASP.NET Web 应用程序，利用 XmlDataSourc 控件把上机题 2 中 XML 文件的数据显示在 GridView 控件中，程序运行后的效果如图 15-22 所示。

8．编写一个 ASP.NET Web 应用程序，编写一个 XSL 文件，利用该转换文件在应用程序中把上机题 2 创建的 XML 文件按照下图 15-25 的形式显示在页面上。

图 15-24　运行结果　　　　　　　　图 15-25　运行结果

第 16 章 Web 服务

Web 服务即 Web Service，它能使得运行在不同机器上的不同应用无须借助附加的、专门的第三方软件或硬件，就可相互交换数据或集成。依据 Web 服务规范实施的应用之间， 无论它们所使用的语言、平台或内部协议是什么，都可以相互交换数据。Web 服务是自描述、 自包含的可用网络模块，可以执行具体的业务功能。Web 服务也很容易部署，因为它们基于一些常规的产业标准以及已有的一些技术，诸如 XML 和 HTTP。Web 服务减少了应用接口的花费，为整个企业甚至多个组织之间的业务流程的集成提供了一个通用机制。本章将通过对 Web 服务的基本概念、协议和应用这三个方面介绍目前这一技术以及如何基于.NET4.5 框架来实现 Web 服务。

16.1 Web 服务的概念

Web 服务是一种可以从 Internet 上获取服务的总称，它使用标准的 XML 消息接发系统，并且不受任何操作系统和编程语言的约束。Web 服务既可以在内部由单个应用程序使用，也可通过 Internet 公开供任意数量的应用程序使用。由于可以通过标准接口访问，因此 Web 服务使异构系统能够作为一个计算网络协同运行。

开发人员过去在创建分布式应用程序时通常使用组件，现在可以使用与此大致相同的方式来创建将来自各种源的 Web 服务组合在一起的应用程序。Web 服务正在开创一个分布式应用程序开发的新时代。作为 Internet 下一个革命性的进步，Web 服务将成为把所有计算设备链接到一起的基本结构。

分布式计算是将应用程序逻辑分布到网络上的多台计算机上。要把应用程序逻辑进行分布的原因有许多，比如：

（1）分布式计算使得链接不同的机构或团体成为可能。

（2）应用程序访问的数据通常位于不同的计算机上，应用程序逻辑应当靠近数据所在的计算机。

（3）分布式应用程序逻辑可以在多个应用程序间重用，升级分布式应用程序块时不必升级整个应用程序。

（4）通过分布应用程序逻辑，使得负载分摊到不同的计算机，从而提供了潜在的性能优化。

（5）当新的需要产生时，应用程序逻辑可以重新分布或者重新连接。

（6）扩展一层比扩展整个应用程序容易。

随着 Internet 的不断发展，Internet 增强了分布式计算的重要性和适用性。Internet 的简单易用和无处不在的特性使得分布式计算作为分布式应用的重点成为必然的选择。

当前，已经发明出许多计算技术来支持分布和可重用应用程序逻辑，如基于组件的分布式计算协议有 CORBA（Common Object Request Broker Architecture，通用对象请求代理结构）、DCOM（Distributed Component Object Model，分布式组件对象模型）等。尽管 CORBA 和 DCOM 有许多相同之处，但是它们在细节上不同，使得协议间的互操作很难进行。

表 16-1 列出了 CORBA、DCOM 和 Web 服务之间的特点。

表 16-1　CORBA、DCOM 和 Web 服务之间的异同

特点	CORBA	DCOM	Web 服务
远程过程调用机制	Internet Inter-ORB 协议	分布式计算环境远程过程调用	超文本传输协议
编码	通过数据表	网络数据表示	扩展标记语言
接口描述	接口定义语言	接口定义语言	Web 服务描述语言
状态管理	面向连接	面向连接	无连接
发现	命名服务与交易服务	注册库	通用发现、描述和集成机制
防火墙的友好性	否	否	是
协议的复杂性	高	高	低
跨平台性	部分	否	是

从技术上看，Web 服务试图解决 CORBA 和 DCOM 所遇到的问题，比如，如何穿越防火墙、协议的复杂性、异类平台的集成等。

在 XML WebService 之前使用的其他协议，如 DCOM、CORBA、RMI 等技术，虽然也可以实现分布式计算，但是这些技术使用封闭的或受严格限制的 TCP/IP 端口，或者需要依赖附加的软件或操作系统，不适合在 Internet 环境下应用。

客户端调用远程服务时所传递的数据或对象，需要按照某种协议格式进行转换后再发送到网络上，这个过程称为串行化，反方向解构称为并行化。在串行化问题上，CORBA 和 DCOM 是基于复杂的格式，而 Web 服务是基于简单、易读、可扩展的 XML 协议的。

CORBA 和 DCOM 是面向连接的，客户端持有服务器的连接，服务器可以持有代表客户机的状态信息，它可以生成事件通知客户端，向客户机激发事件，这种面向连接的特性带来了灵活性和实时性。因而，CORBA 和 DCOM 在使用运行于相同平台的软件和紧密管理的局域网创建企业应用程序时非常优秀。然而，在创建跨 Internet、跨平台的适应 Internet 可伸缩性的应用程序时显得力不从心，因为客户机可能长时间不调用服务器，或者客户机在连接到服务器后由于某种原因崩溃了，它与服务器的连接没有释放，浪费了服务器的资源。Web 服务之所以会出现，就是为了克服上述的缺点。

从技术上而言，Web 服务的定义是：Web 服务是以独立于平台的方式，通过标准的 Web 协议，可由程序访问的应用程序逻辑单元。

下面对上面的定义中的专业术语作一个解释：

（1）应用程序逻辑单元

Web 服务包括一些应用程序逻辑单元或者代码。这些代码可以完成运算任务，可以完成数据库查询，可以完成计算机程序能够完成的任何工作。

（2）可由程序访问

当前大多数 Web 站点都是通过浏览器由人工访问的，Web 服务可以由计算机程序来访问。

（3）标准的 Web 协议

Web 服务的所有协议都是基于一组标准的 Web 协议，如 HTTP、XML、SOAP、WSDL、UDDI 等。

（4）平台独立性

Web 服务可以在任何平台上实现。因为标准协议不是由单个供应商专用的，它由大多数主要供应商支持。

Web 服务允许分布式应用程序通过网络（通常是 Internet）共享业务逻辑。例如，证券公司提供股票报价服务，咨询机构使用其报价服务。

Web 服务使用可以超越各种机器平台和操作系统的通用协议（HTTP/HTTPS）和通用语言（XML），因此它非常适合在 Internet 上实现业务逻辑的共享服务。

如图 16-1 演示了客户机调用 Web 服务方法时的工作流程，客户机可以是一个 Web 应用程序、另一个 Web 服务或 Windows 应用程序（如 WORD 等）。

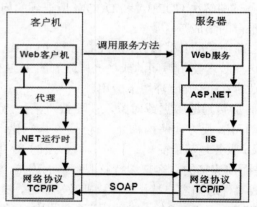

图 16-1　Web 服务工作流程

在介绍了 Web 服务的概念和工作流程后，来看一个比较常用的 Web 服务应用。大家都知道目前许多的网站特别是门户或者是网址导航的网站都有提供各个城市的天气预报，如图 16-2 所示，可以通过定制省份和相应城市来获取该城市的天气预报信息。事实上，这种天气预报并非该网站本身实现的功能，只是使用了互联网上其他提供天气预报网站的 Web 服务而已。

图 16-2　提供天气预报的网站

　　现在打开如图 16-3 所示这样一张页面。该页面的功能实现这样一种功能,在文本框中输入一个城市名称,然后单击"调用"按钮。

WeatherWebService

单击此处,获取完整的操作列表。

getWeatherbyCityName

根据城市或地区名称查询获得未来三天内天气情况、现在的天气实况、天气和生活指数

调用方法如下:输入参数:theCityName = 城市中文名称(国外城市可用英文)或城市代码(不输入默认为上海市),如:上海 或 58367,如有城市名称重复请使用城市代码查询(可通过 getSupportCity 或 getSupportDataSet 获得);返回数据: 一个一维数组 String(22),共有23个元素。String(0) 到 String(4):省份,城市,城市代码,城市图片名称,最后更新时间。String(5) 到 String(11):当天的 气温,概况,风向和风力,天气趋势开始图片名称(以下称:图标一),天气趋势结束图片名称(以下称:图标二),现在的天气实况,天气和生活指数。String(12) 到 String(16):第二天的 气温,概况,风向和风力,图标一,图标二。String(17) 到 String(21):第三天的 气温,概况,风向和风力,图标一,图标二。String(22)被查询的城市或地区的介绍

下载天气图标　　天气图标 (包含大、中、小尺寸)天气图例说明 调用此天气预报Web Services实例下载 (VB ASP.net 2.0)

测试

若要使用 HTTP POST 协议对操作进行测试,请单击"调用"按钮。

参数	值
theCityName:	北京

调用

图 16-3　天气查询 Web 服务

　　浏览器的网页中显示如图 16-4 所示的一个 XML 文件,内容是用户所选城市的天气预报的详细情况。

```xml
<?xml version="1.0" encoding="utf-8" ?>
- <ArrayOfString xmlns:xsi="http://www.w3.org/2001/XMLSchema-instance" xmlns:xsd="http://www.w3.org/2001/XMLSchema"
  xmlns="http://WebXml.com.cn/">
  <string>直辖市</string>
  <string>北京</string>
  <string>54511</string>
  <string>54511.jpg</string>
  <string>2010-10-28 14:38:55</string>
  <string>4℃/15℃</string>
  <string>10月28日 晴</string>
  <string>无持续风向微风</string>
  <string>0.gif</string>
  <string>0.gif</string>
  <string>今日天气实况: 气温: 17.3℃; 风向/风力: 西北风 小于3级; 湿度: 27%; 气压: 1022.2hPa; 空气质量: 中; 紫外线强度: 中等</string>
  <string>穿衣指数: 较凉爽, 建议着夹衣加薄羊毛衫等春秋服装。体弱者宜着夹衣加羊毛衫。因昼夜温差较大, 易发生感冒, 请适当增减衣服, 体质较弱的朋友请注意适当防护。 运动指数: 天气较好, 但炎热, 请注意当减少运动时间并降低运动强度, 又因紫外线强, 户外运动注意防晒。洗车指数: 适宜洗车, 未来持续两天无雨不沙尘, 适合擦洗汽车, 蓝天白云、风和日丽将伴您的车子连日洁净。旅游指数: 天气晴朗, 午后温暖的阳光仍能满足您享漫消荡杀菌的晾晒需求。旅游指数: 天气晴朗, 风和日丽, 温度适宜, 是个好天气哦。这样的天气很适宜旅游, 您可以尽情地享受大自然的风光。路况指数: 晴天, 其它条件适宜, 路面比较干燥, 路况较好。舒适度指数: 白天不太热也不太冷, 风力不大, 相信您在这样的天气条件下, 应会感到比较清爽和舒适。 </string>
  <string>4℃/16℃</string>
  <string>10月29日 晴</string>
  <string>无持续风向微风</string>
  <string>0.gif</string>
  <string>0.gif</string>
  <string>5℃/17℃</string>
  <string>10月30日 晴转多云</string>
  <string>无持续风向微风</string>
```

图 16-4　返回天气预报

　　现在知道了,原来在互联网上还存在着这样一种提供信息的途径,接下来就是如何利用这些信息,以需要的形式运用于自己的程序中。用这种方式提供的信息不但可以应用于 Web 应用程序,还可以用于 Windows 应用程序。返回的信息采用了 XML 的格式,这样做的好处在

于可以在不同的系统之间传递数据。

Web 服务就像组件一样，类似于一个封装了一定功能的黑匣子，用户可以重复用它而不用关心它是如何实现的。Web 服务提供了定义良好的接口，这些接口描述了它所提供的服务，用户可以通过这些接口来调用 Web 服务提供的功能。开发人员可以通过把远程服务、本地服务和用户代码结合在一起来创建应用程序。

16.2　Web 服务的基本构成

Web 服务在涉及到操作系统、对象模型和编程语言的选择时，不能带有任何的倾向性。要做到这一点必须使 Web 服务能够像其他基于 Web 的技术一样被广泛采用。所以它要求符合下列的前提条件。

● 松耦合：如果对两个系统的唯一要求是能彼此理解自我描述的文本消息，那么这两个系统就可以被认为是松耦合的。而紧耦合系统要求用大量自定义系统开销来进行通信以实现系统之间有更多的了解。

● 常见的通信：当今的计算机操作系统都是能够连接到 Internet 的，因此，需要提供常见的网络通信信道，并尽可能的具有能够将所有系统或设备连接到 Internet 的能力。

● 通用的数据格式：通过用现有的开放式标准而不是专用的通信方法，使任何支持同样开放式标准的系统都能够理解 Web 服务。同时，Web 服务在利用 XML 获得自我描述的文本消息时，它和客户端都不需要知道每个基础系统的构成就可以共享消息，这使得不同的系统之间的通信成为了一种可能。

Web 服务采用的基本结构提供了下列内容：定位 Web 服务的发现机制、定义如何使用这些服务的服务描述以及通信时使用的标准连网形式。Web 服务基本结构中的组件如表 16-2 所示。

表 16-2　Web 服务基本结构组件表

组件	角色
Web 服务目录	Web 服务目录（如 UDDI 注册表）用于定位其他组织提供的 Web 服
Web 服务发现	Web 服务发现是定位（或发现）使用 Web 服务描述语言 (WSDL) 描述特定 Web 服务的一个或多个相关文档的过程。DISCO 规范定义定位服务描述的算法。如果 Web 服务客户端知道服务描述的位置，则可以跳过发现过程
Web 服务描述	要了解如何与特定的 Web 服务进行交互，需要提供定义该 Web 服务支持的交互功能的服务描述。Web 服务客户端必须知道如何与 Web 服务进行交互才可以使用该服务
Web 服务连网形式	为实现通用的通信，Web 服务使用开放式联网形式进行通信，这些格式是任何能够支持最常见的 Web 标准的系统都可以理解的协议。SOAP 是 Web 服务通信的主要协议

Web 服务的设计是基于兼容性很强的开放式标准。为了确保最大限度的兼容性和可扩展性，Web 服务体系被建设的尽可能通用。这意味着需要对用于向 Web 服务发送和获取信息的格式和编码进行一些假设。而所有这些细节都是以一个灵活的方式来界定，使用诸如 SOAP 和 WSDL 标准来定义。为了使客户端能够连接上 Web 服务，在后台有很多繁琐工作需要进行以便能够执行和解释 SOAP 和 WSDL 信息。这些繁琐工作会占用一些性能上的开销，但它不会影响一个设计良好的 Web 服务。表 16-3 列举了 Web 服务的标准。

表 16-3 Web 服务的标准

标准	说明
WSDL	告诉客户端一个 Web 服务里都提供了什么方法，这些方法包含什么参数、将要返回什么值以及如何与这些方法进行交互
SOAP	在信息发送到一个 Web 服务之前，提供对信息进行编码的标准
HTTP	所有的 Web 服务交互发生时所遵循的协议，比如，SOAP 信息通过 HTTP 通道被发送
DISCO	该标准提供包含对 Web 服务的链接或以一种特殊的途径来提供 Web 服务的列表
UDDI	这个标准提供创建业务的信息，比如公司信息、提供的 Web 服务和用于 DISCO 或 WSDL 的相应的标准

Web 服务体系结构有三种角色：服务提供者（商）、服务注册和服务需求者，这三者之间的交互包括发布、查找和绑定等操作，其工作原理如图 16-5 所示。

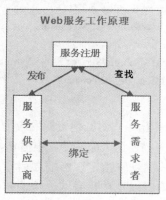

图 16-5 Web 服务工作原理

服务提供者是服务的拥有者，它为用户提供服务功能。服务提供者首先要向服务注册中心注册自己的服务描述和访问接口（发布操作）。服务注册中心可以把服务提供者和服务请求者绑定在一起，提供服务发布和查询功能。服务请求者是 Web 服务功能的使用者，它首先向注册中心查找所需要的服务，注册服务中心根据服务请求者的请求把相关的 Web 服务和服务请求者进行绑定，这样服务请求者就可以从服务器提供者那里获得需要的服务。

16.3　Web 服务协议

Web 服务需要一套协议来实现分布式应用程序的创建。任何平台都有它的数据表示方法和类型系统。要实现互操作性，Web 服务平台必须提供一套标准的类型系统，用于沟通不同平台、编程语言和组件模型中的不同类型系统。在 Web 服务体系结构中主要包括以下三个核心服务，分别表示了三种 Web 服务协议：SOAP，用于数据传输；WSDL，用于描述服务，UDDI，用于获取可用的服务。

16.3.1　Web 服务描述语言

Web 服务中的三个文件，它们都以服务的名字为文件名，分别以.disco、discomap、wsdl为扩展名。其中的 disco 文件能够发现每个 Web 服务的功能（通过文档），以及如何与它们进行交互（通过 WSDL）。该文件是 Visual Studio 2012 在"添加 Web 引用"时自动生成的。看以下这个文档的内容。它是一个 XML 文档，只包含了该 Web 服务链接到其他资源的地址。代码如下所示：

```
<?xml version="1.0" encoding="utf-8"?>
<discovery  xmlns:xsi=http://www.w3.org/2001/XMLSchema-instance  xmlns:xsd="http://www.w3.org/2001/
XMLSchema" xmlns="http://schemas.xmlsoap.org/disco/">
    <contractRef  ref=http://localhost:1856/Sample/Service.asmx?wsdl  docRef="http://localhost:1856/Sample/
Service.asmx" xmlns="http://schemas.xmlsoap.org/disco/scl/" />
    <soap  address=http://localhost:1856/Sample/Service.asmx  xmlns:q1="http://tempuri.org/"  binding="q1:
ServiceSoap" xmlns="http://schemas.xmlsoap.org/disco/soap/" />
    <soap  address=http://localhost:1856/Sample/Service.asmx  xmlns:q2="http://tempuri.org/"  binding="q2:
ServiceSoap12" xmlns="http://schemas.xmlsoap.org/disco/soap/" />
</discovery>
```

以上代码中<discovery>元素中指出了它对其他资源的应用。<contractRef>元素的 ref 属性指向了 Web 服务的 WSDL 文档，是用来描述这个服务的。根据 disco 文件可以获得 WSDL 文档。

WSDL 是一个基于 XML 的标准，它指定客户端如何与 Web 服务进行交互，包括诸如一条信息中的参数和返回值如何被编码以及在互联网上传输时应该使用何种协议等等。目前，有三种标准支持实际的 Web 服务信息的传送：HTTP GET、HTTP POST 和 SOAP。

读者可以在 http://www.w3.org/TR/wsdl 看到完整的 WSDL 标准。这个标准相当的复杂，但是这个标准背后的逻辑，对于进行 ASP.NET 开发的编程人员来说是隐藏的，这就像 ASP.NET的 Web 控件抽象行为被封装一样。开发人员不需要知道这个标准具体的逻辑关系，只需要知道如何使用这个标准即可，把那些复杂逻辑行为留给系统和框架来解释执行。ASP.NET 可以创建一个基于 WSDL 文档的代理类。这个代理类允许客户端调用 Web 服务，而不用担心网络或格式的问题。很多非.NET 平台提供了相似的工具来完成同样的事务，例如 VB 6.0 和 C++程序员也可以使用 SOAP 工具包。

WSDL 是一种规范，它定义了如何用共同的 XML 语法描述 Web 服务。WSDL 描述了 4种关键的数据：

- 描述所有公用函数的接口信息;
- 所有消息请求和消息响应的数据类型信息;
- 所使用的传输协议的绑定信息;
- 用来定位指定服务的地址信息。

总之，WSDL 在服务请求者和服务提供者之间提供一个协议。WSDL 独立于平台和语言，主要用于描述 SOAP 服务。客户端可以用 WSDL 找到 Web 服务，并调用其任何公用函数。还能够使用可识别 WSDL 的工具自动完成这个过程，使应用程序只需少量甚至不需手工编码就可以容易地连接新服务。WSDL 为描述服务提供了一种共同的语言，并为自动连接服务提供了一个平台，因此，它是 Web 服务结构中的基石。

WSDL 是描述 Web 服务的 XML 语法。这个规范本身分为 6 个主要的元素：

（1）definitions

definitions 元素必须是所有 WSDL 文档的根元素。它定义 Web 服务的名称，声明文档其他部分使用的多个名称空间，并包含这里描述的所有服务元素。

（2）types

types 元素描述在客户端和服务器之间使用的所有数据类型。虽然 WSDL 没有专门被绑定到某个特定的类型系统上，但它以 XML Schema 规范作为其默认的选择。如果服务只用到诸如字符串型或整型等 XML Schema 内置的简单类型，就不需要 types 元素。

（3）message

message 元素描述一个单向消息，无论是单一的消息请求还是单一的消息响应，它都进行描述。message 元素定义消息名称，它可以包含零个或更多的引用消息参数或消息返回值的消息 part 元素。

（4）portType

portType 元素结合多个 message 元素，形成一个完整的单向或往返操作。一个 portType 可以定义多个操作。

（5）binding

binding 元素描述了在 Internet 上实现服务的具体细节。WSDL 包含定义 SOAP 服务的内置扩展，因此，SOAP 特有的信息会转到这里。

（6）service

service 元素定义调用指定服务的地址，一般包含调用 SOAP 服务的 URL。

（7）documentation

documentation 元素用于提供一个可阅读的文档，可以将它包含在任何其他 WSDL 元素中。
除了上述主要的元素，WSDL 规范还定义了其他实用元素，但是没有以上这些元素用的多，这里就省略介绍了。

WSDL 文件中最重要的部分也就是对类型的定义。这一部分使用 XML 模式去描述数据交换的格式，数据交换的格式要通过使用 XML 元素和元素之间的关系来定义。这些主要元素的关系如图 16-6 所示。

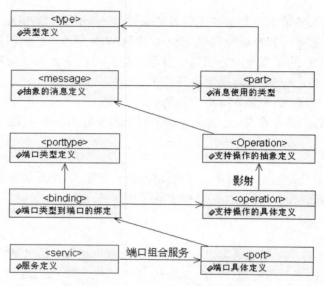

图 16-6　WSDL 元素关系

要查看 WSDL 文档的内容只需在 WebService 对话框中单击"服务说明"链接，就能进入如图 16-7 所示文档页面。

```xml
<?xml version="1.0" encoding="utf-8" ?>
<wsdl:definitions xmlns:soap="http://schemas.xmlsoap.org/wsdl/soap/"
  xmlns:tm="http://microsoft.com/wsdl/mime/textMatching/"
  xmlns:soapenc="http://schemas.xmlsoap.org/soap/encoding/"
  xmlns:mime="http://schemas.xmlsoap.org/wsdl/mime/" xmlns:tns="http://tempuri.org/"
  xmlns:s="http://www.w3.org/2001/XMLSchema"
  xmlns:soap12="http://schemas.xmlsoap.org/wsdl/soap12/"
  xmlns:http="http://schemas.xmlsoap.org/wsdl/http/" targetNamespace="http://tempuri.org/"
  xmlns:wsdl="http://schemas.xmlsoap.org/wsdl/">
  <wsdl:types>
    <s:schema elementFormDefault="qualified" targetNamespace="http://tempuri.org/">
      <s:element name="HelloWorld">
        <s:complexType />
      </s:element>
      <s:element name="HelloWorldResponse">
        <s:complexType>
          <s:sequence>
            <s:element minOccurs="0" maxOccurs="1" name="HelloWorldResult"
              type="s:string" />
          </s:sequence>
        </s:complexType>
      </s:element>
    </s:schema>
  </wsdl:types>
  <wsdl:message name="HelloWorldSoapIn">
    <wsdl:part name="parameters" element="tns:HelloWorld" />
  </wsdl:message>
```

图 16-7　WSDL 文档部分内容

16.3.2 简单对象访问协议

最早的时候，在.NET 框架中，客户端在与 Web 服务交互时有两种协议能够使用。

- HTTP GET：使用该协议与 Web 服务交互时，会把客户端发送的信息编码然后放在查询字符串里，而客户端获取的 Web 服务的信息则是以一个基本的 XML 文档的形式存在。
- HTTP POST：使用该协议与 Web 服务交互时，会把参数放在请求体里面，而获取的信息则是以一个基本的 XML 文档的形式存在。

但是，随着信息的丰富化，需要传输的数据往往是结构化的，这样就出现了简单对象访问协议 SOAP（Simple Object Access Protocol），这是一种轻量的、简单的、基于 XML 的协议，它被设计成在 Web 上交换结构化的和固化的信息。SOAP 可以和现存的许多因特网协议和格式结合使用。包括超文本传输协议（HTTP），简单邮件传输协议（SMTP），多用途网际邮件扩充协议（MIME）。HTTP 是 SOAP 消息反复发送的结果。它好比一个邮递员拿着 SOAP 信封去目的地一样。SOAP 消息基本上是从发送端到接收端的单向传输，但它们常常结合起来执行类似于请求/应答的模式。SOAP 使用基于 XML 的数据结构和超文本传输协议（HTTP）的组合定义了一个标准的方法来使用 Internet 上各种不同操作环境中的分布式对象。

SOAP 在 Web 服务的技术层次中起到的作用是：作为对应用共享的消息进行包装的标准协议。SOAP 规范定义了简单的基于 XML 包装传递信息和将与平台相关的应用数据类型转化成 XML 表示的一些规则。SOAP 的设计非常适合处理多种应用消息传递和集成模式。这一点是 SOAP 使用非常普遍的最主要的原因。

SOAP 规范主要定义了三个部分。

1. SOAP 信封规范

SOAP XML 信封（SOAP XML Envelope）对在计算机间传递的数据如何封装定义了具体的规则。这包括应用特定的数据，如要调用的方法名、方法参数或返回值；还包括哪部分将处理封装内容，失败时如何编码错误消息等信息。

2. 数据编码规则

为了交换数据，计算机必须在编码特定数据类型的规则上达成一致。SOAP 必须有一套自己的编码数据类型的约定，大部分约定都基于 W3C XML Schema 规范。

3. RPC 协定

SOAP 能用于单向和双向等各种消息接发系统。SOAP 为双向消息接发定义了一个简单的协定来进行远程过程调用和响应，这使得客户端应用可以指定远程方法名，获取任意多个参数并接收来自服务器的响应。

关于 SOAP 标准的更多、更详细的信息，读者可以到 http://www.w3.org/TR/SOAP 阅读全部的规范。

16.3.3 统一描述、发现和集成协议

UDDI（Universal Description Discovery and Integration）是 Web 服务家族中最新和发展最快的标准之一。它最初被设计出来的目的是能够让开发人员非常容易地定位到任何服务器上的 Web 服务。

要定位 Web 服务，客户端必须要知道特定的 URL 位置。通过发现文件把不同的 Web 服务放到一个文件中可以让这一过程变得相对容易一些。但是它并没有提供任何明显的方法来检测一个公司提供的 Web 服务。UDDI 的目的是：提供一个库，在这个库中，商业公司可以为他们所拥有的 Web 服务做广告。比如，一个公司可能列出所有用于业务文件交换的服务，这些业务文件交换服务具有提交购买定单和跟踪获取的信息等功能。但为了能让客户端获取这些 Web 服务，这些 Web 服务必须被注册在 UDDI 库中。

对于 Web 服务，UDDI 就相当于一个搜索引擎，比如互联网上的 Google。但 UDDI 却也有很大的不同，大部分搜索引擎试图搜索整个互连网，而为所有的 Web 服务建立一个 UDDI 注册却不需要达到那样的程度，因为不同的工业有着不同的需要，并且一个非组织的搜集并不能让所有人满意。相反，它更像是公司的组织和联盟，把他们这个领域的 UDDI 注册绑定在一起。

有趣的是，UDDI 注册定义了一个完全编程接口，这个接口说明了 SOAP 信息能够被用来获取一个商务信息或为一个商务注册 Web 服务。换句话说，UDDI 注册本身就是一个 Web 服务！这个标准虽然还没有被推广使用，但是读者在 http://uddi.microsoft.com 可以找到详细的说明。

16.4 Web 服务的实现

Web 服务的实现就是在支持 SOAP 通讯的类中建立一个或多个方法，简单的说是把一些信息或逻辑对其他计算机用户公开。

16.4.1 创建 Web 服务

在 Visual Studio2012 之中提供了创建 Web 服务的模板，只要使用这个模板，就可以很轻松的完成对 Web 服务的创建。

【实例 16-1】创建简单的 Web 服务

本实例创建一个简单的 Web 服务，在应用于程序中通过调用创建的 Web 服务方法获得 Web 服务中具体内容并显示在网页中，具体实现步骤如下：

01 用启动 Visual Studio 2012，创建一个 ASP.NET Web 空应用程序，命名为"实例 16-1"。

02 用右键单击网站名称。在弹出的快捷菜单中选择"添加"|"添加新项"命令，弹出如图 16-8 所示的"添加新项"对话框。

图 16-8 "添加新项"对话框

03 选择 "已安装"模板下的 "Visual C#"模板,并在模板文件列表中选中 "Web 服务",然后在 "名称"文本框输入该文件的名称 WebService.asmx,最后单击 "添加"按钮。

04 在解决方案资源管理器中出现如图 16-9 所示 Web 服务的文件。发现现在多了两个文件:一个是 App_Code 文件夹下的 Service.cs 的文件,另一个是 Service.asmx 文件。Service.asmx 就是刚才创建的 Web 服务文件,而 Service.cs 文件是该 Web 服务的后台代码文件,并且这个文件自动被放在了 App_Code 文件夹中。

图 16-9 解决方案资源管理器

05 双击进入 Service.cs 文件,文件中生成的代码如下所示:

```
1.    [WebService(Namespace = "http://tempuri.org/")]
2.    [WebServiceBinding(ConformsTo = WsiProfiles.BasicProfile1_1)]
3.    //若要允许使用 ASP.NET AJAX 从脚本中调用此 Web 服务,请取消对下行的注释。
4.    // [System.Web.Script.Services.ScriptService]
5.    public class Service : System.Web.Services.WebService {
6.      public Service () {
7.         //如果使用设计的组件,请取消注释以下行
8.         //InitializeComponent();
9.      }
```

```
10.      [WebMethod]
11.      public string HelloWorld() {
12.          return "Hello World";
13.      }
14.  }
```

上面的代码中第 1 行[WebService(Namespace = "http://tempuri.org/")]指出这个类是一个 Web 服务，并使用 Namespace 指出服务的唯一标示符即命名空间。第 2 行的 [WebServiceBinding(ConformsTo = WsiProfiles.BasicProfile1_1)]中 ConformsTo 属性指出了这个 Web 服务遵循的标准。第 5 行定义了一个名为 Service 的类，该类继承于 System.Web. WebService，在 ASP.NET 中，所有的 Web 服务类都会继承于 System.Web.WebService 类。该类包含一个构造函数，一般情况下可以不需要该构造函数。 第 11 行~第 13 行还包含一个服务方法 HelloWorld，这其实是一段示例代码，告诉开发人员如何编写 Web 服务。方法 HelloWorld 很简单，和一般类的方法没有什么区别。删除第 12 行代码，编写新的代码如下：

```
return "一个简单的 Web 服务！"
```

以上代码返回一个字符串文本对象。

这里要注意的是 HelloWorld 方法上面第 10 行添加了一个名为 WebMethod 的属性，该属性用来标志方法可以被远程的客户端访问。WebMethod 包含 6 个属性用来提供描述它所标识方法的接口，WebMethod 属性如表 16-4 所示。

表 16-4　WebMethod 的属性

属性	说明
Description	Web 服务方法描述的信息。对 Web 服务方法的功能注释，可以让调用者看见的注释
EnableSession	指示 Web 服务否启动 Session 标志，主要通过 Cookie 完成的，默认为 false
MessageName	主要实现方法重载后的重命名
TransactionOption	指示 XML Web services 方法的事务支持
CacheDuration	指定缓存时间的属性
BufferResponse	配置 Web 服务的方法是否等到响应被完全缓冲完，才发送信息给请求端

06 双击打开 Service.asmx 文件，生成代码如下：

```
<%@ WebService Language="C#" CodeBehind="~/App_Code/Service.cs" Class="Service" %>
```

在文件中只有一句代码，其中，@WebService 指令说明这是一个 Web 服务，Language 属性设置后台代码采用 C#来编写，CodeBehind 属性设置后台代码在程序中的目录地址。Class 属性设置 Web 服务类的名字。

16.4.2　测试 Web 中的操作

通过上面一节创建好了一个 Web 服务，接着将测试这个 Web 服务是否可用，具体步骤如下：

01 按 **Ctrl+F5** 快捷键运行程序，效果如图 16-10 所示。该页面显示了服务的名称和所有的操作列表即服务的目录。

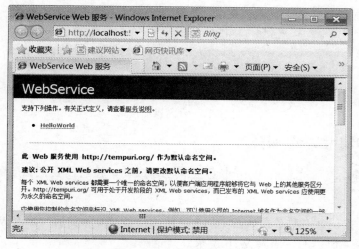

图 16-10 显示服务页面

02 单击图中仅有的一个名为 Hello World 的操作，弹出如图 16-11 所示的测试 Hello World 的操作页面。

图 16-11 Web 服务测试页面

03 单击"调用"按钮，显示该操作的结果，呈现一个包含如图 16-12 所示的 XML 文档信息的页面。返回了字符串"一个简单的 Web 服务！"。这是通过 Service.cs 文件中定义的方法 HelloWorld 实现的。

图 16-12　获得操作结果

16.4.3　引用和调用 Web 服务

通过以上步骤，一个完整的 Web 服务已经创建成功，接着需要把该服务添加到应用程序中，具体步骤如下：

01 用右键单击网站名称，在如图 16-13 所示的快捷菜单中选择"添加 Web 引用"菜单命令，弹出如图 16-14 所示的"添加 Web 引用"对话框。

图 16-13　添加 Web 引用

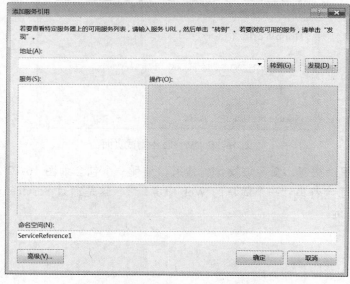

图 16-14　添加 Web 引用对话框

02 单击"高级"按钮，弹出如图 16-15 所示的"服务引用设置"对话框。

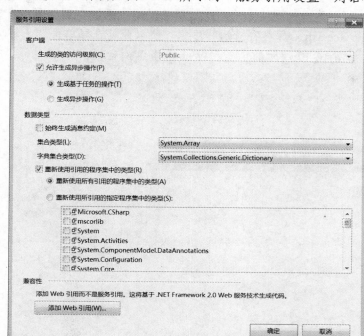

图 16-15 "服务引用设置"对话框

03 单击"添加 Web 引用"按钮，弹出如图 16-16 所示的"添加 Web 引用"对话框。

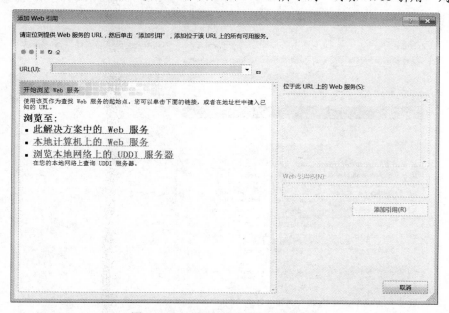

图 16-16 "添加服务引用"对话框

04 "添加服务引用"对话框中有三个选项链接："此解决方案中的 Web 服务"选项用

于添加创建在应用程序中的 Web 服务；"本地计算机上的 We 服务"用于添加在本地机器中存在的 Web 服务；"浏览本地网络上的 UDDI 服务"用于添加在互联网中存在的 Web 服务。由于前面创建的 Service.asmx 保存在应用程序中，所以此处选择单击"此解决方案中的 Web 服务"选项，弹出如图 16-17 所示的"显示 Web 服务"对话框。

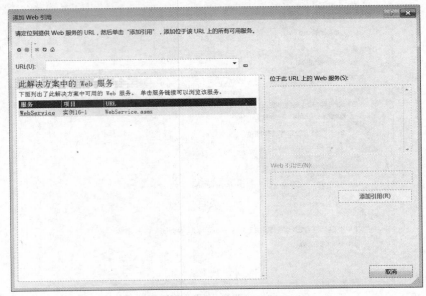

图 16-17　显示所有服务

05 在"显示 Web 服务"对话框中可以看到本解决方案中所有存在的 Web 服务。单击 WebService 服务名称，弹出如图 16-18 所示的"显示操作目录"对话框。

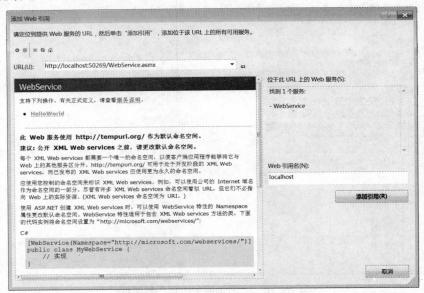

图 16-18　"显示操作目录"对话框

06 在对话框中可以看到 Web 服务所在的 URL 路径，Vistual Studio 2012 能够根据这个路径找到该 Web 服务。可以修改 Web 引用名为 localhost，最后单击"添加引用"按钮。

07 这时网站文件目录结构发生了如图 16-19 所示的变化。在"解决方案资源管理器"窗口中多了一个文件夹 App_WebReferences，其中还包含了一个子文件夹 MyWebService，里面有三个文件，都以服务的名字为文件名，分别以.disco、discomap、wsdl 为扩展名。这三个文件和前面介绍的 Web 服务标准相对应。

图 16-19　解决方案资源管理器

08 在网站根目录中创建一个名为 Default.aspx 的窗体文件。

09 单击 Default.aspx 文件，打开"视图设计器"，进入到"源视图"，编写代码如下：

```
<asp:Label ID="Label1" runat="server" Text=""></asp:Label>
```

以上代码在页面上添加了一个服务器标签控件 Label1。

10 单击网站根目录下的 Default.aspx.cs 文件，在窗体加载事件 Page_Load 事件中添加如下代码：

```
1.    localhost.WebService lw = new localhost.WebService();
2.    Label1.Text = lw.HelloWorld();
```

上面的代码中第 1 行先实例化 Web 服务 WebService 对象 lw，然后在第 2 行通过调用服务中的 HelloWorld 方法就能实现使用 Web 服务的功能。

11 按快捷键 Ctrl+F5 运行程序的结果如图 16-20 所示。

图 16-20　程序运行结果

16.5　Web 服务应用

Web 服务技术应用比人们预想的要广泛。许多大公司已经开始使用 Web 服务来通过互联网连接公司数据库和其他公司的数据系统，特别是用于改进客户服务和供应链。Web 服务包括企业内部和外部交易、B2B 以及 B2C 业务等，使用多种标准，允许不同软件组件之间相互通信。

16.5.1　使用存在的 Web 服务

使用存在的 Web 服务是指使用在互联网上由服务供应者提供的各种功能性的 Web 服务，比如查询某地的天气预报、查询火车时刻表等等。

【实例 16-2】使用网上提供的 Web 服务

本实例借助于提供证券行情的 Web 服务，通过股票代码查询相关沪深两市的股票即时价格信息并显示在页面中，具体实现步骤如下：

01 启动 Visual Studio 2012，创建一个 ASP.NET Web 空应用程序，命名为"实例 16-2"。

02 用右键单击该网站名称，在弹出的快捷菜单中选择"添加服务引用"选项，打开"添加服务引用"对话框，单击"高级"按钮，在弹出的"服务引用设置"对话框中单击"添加 Web 引用"按钮，弹出如图 16-21 所示的"添加 Web 引用"对话框。

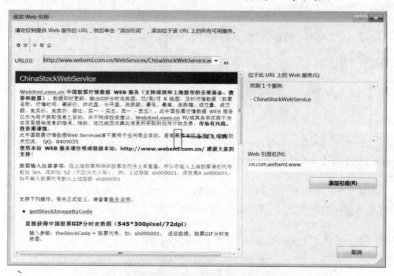

图 16-21　"添加 Web 引用"对话框

03 在 URL 地址栏中输入提供 Web 服务的地址：http://www.webxml.com.cn/WebServices/ ChinaStockWebService.asmx，单击"前往"按钮。进入服务操作列表窗口。服务详情窗口中共列出了 5 个获取股票行情的操作，这里需要用到的是其中一个获得中国股票及行情的操作 getStockInfoByCode。

输入参数 theStockCode=股票代号，如 sh000001；　返回数据为一个一维字符串数组

String(24)，结构为 String(0)股票代号、String(1)股票名称、String(2)行情时间、String(3)最新价（元）、String(4)昨收盘（元）、String(5)今开盘（元）、String(6)涨跌额（元）、String(7)最低（元）、String(8)最高（元）、String(9)涨跌幅（%）、String(10)成交量（手）、String(11)成交额（万元）、String(12)竞买价（元）、String(13)竞卖价（元）、String(14)委比（%）、String(15)-String(19)买一-买五（元）/手、String(20)-String(24)卖一-卖五（元）/手。应用程序中根据这个操作的要求对应编写调用的方法即可。

04 测试该服务是否能正常使用，单击 getStockInfoByCode 链接，进入如图 16-22 所示测试窗口。

图 16-22　测试窗口

05 根据说明在参数 theStockCode 后的文本框中输入要查询股票的完整代码 sh600543，单击"调用"按钮，在浏览器中出现如图 16-23 所示的 XML 格式测试结果页面，显示了所查询股票的即时行情信息。

图 16-23　测试结果页面

06 通过测试说明此 Web 服务能够正常使用，最后在前图 16-22 的"Web 引用名"文本框中输入 localhost，单击"添加引用"按钮，完成 Web 服务的创建。

07 在网站根目录下创建名为 Default.aspx 的窗体文件。

08 单击 Default.aspx 文件，打开"视图设计器"，进入到"源视图"，在\<form\>和\</form\>标记间添加如下代码：

```
1.    请输入股票代码：<asp:TextBox ID="TextBox1" runat="server"></asp:TextBox> 
2.    <asp:Button ID="Button1"
3.                 runat="server" Text="查询" onclick="Button1_Click" />
4.    <br /> <br />
5.    最新价：<asp:Label ID="Label1" runat="server" Text=""></asp:Label>
6.        
7.    今开盘：<asp:Label ID="Label2" runat="server" Text=""></asp:Label>
8.        
9.    涨跌幅：<asp:Label ID="Label3" runat="server" Text=""></asp:Label>
10.   <br />
11.   最低价：<asp:Label ID="Label4" runat="server" Text=""></asp:Label>
12.       
13.   最高价：<asp:Label ID="Label5" runat="server" Text=""></asp:Label>
14.       
15.   成交量：<asp:Label ID="Label6" runat="server" Text=""></asp:Label>
```

上面的代码中第 1 行添加一个服务器文本框控件 TextBox1，用于被用户输入股票的代码。第 2 行添加了一个服务器按钮控件 Button1 用于提交查询的请求。第 5、7、9、11、13 行分别添加一个服务器标签控件，用于显示查询的各项股票行情的结果。

09 单击网站根目录下的 Default.aspx.cs 文件，编写关键代码如下：

```
1.    protected void Button1_Click(object sender, EventArgs e){
2.        localhost.ChinaStockWebService csw = new localhost.ChinaStockWebService();
3.        string[] stock= csw.getStockInfoByCode(TextBox1.Text);
4.        Label1 .Text=stock [3];
5.        Label2. Text=stock [5];
6.        Label3 .Text =stock [9];
7.        Label4 .Text =stock [7];
8.        Label5 .Text =stock [8];
9.        Label6.Text = stock[10];
10.   }
```

上面的代码中第 1 行定义处理提交按钮 Button1 单击事件 Clink 的方法。第 2 行实例化 Web 服务 ChinaStockWebService 的对象 csw。第 3 行定义一个字符串数组对象 stock，通过调用 Web 服务中的 getStockInfoByCode 方法获得所要查询股票的即时行情信息。第 4 行~第 9 行分别将要显示的各种股票具体信息，如最高、最低、成交额等在标签控件上显示。

10 按快捷键 Ctrl+F5 运行程序，效果如图 16-24 所示。输入要查询股票的完整代码，单击"查询"按钮，显示该股票的各种行情信息。

图 16-24　运行结果

16.5.2　Web 服务实现数据库操作

除了使用已经存在的 Web 服务以外，大多数的时候需要创建特定的 Web 服务在特定的网络应用程序运用，比如对网页中数据库的操作等。

【实例 16-3】Web 服务操作数据库

本实例演示在程序中如何调用 Web 服务中的 DataSet 对象以获取第 6 章创建的数据表 tb_News 中的新闻信息，具体实现步骤如下：

01 启动 Visual Studio 2012，创建一个 ASP.NET Web 空应用程序，命名为"实例 16-3"。

02 用右键单击应用程序名"实例 16-3"，在弹出的快捷菜单中选择"添加"|"添加新项"命令。弹出"添加新项"对话框，选择"已安装模板"下的"Visual C#"模板，并在模板文件列表中选中"Web 服务"，然后在"名称"文本框输入该文件的名称 WebService.asmx，最后单击"添加"按钮。

03 单击生成的 WebService.cs 文件，编辑以下代码。

```
1.    [WebMethod]
2.    public DataSet getQuery(){
3.        string ConnectionString = "Data Source=WJN223-PC\\SQLEXPRESS;Initial Catalog=db_news;Integrated
      Security=True";
4.        SqlConnection con = new SqlConnection(ConnectionString);
5.        SqlCommand cmd = new SqlCommand("select * from tb_News", con);
6.        con.Open();
7.        SqlDataAdapter sda = new SqlDataAdapter(cmd);
8.        DataSet ds = new DataSet();
9.        sda.Fill(ds);
10.       con.Close();
11.       return ds;
12.   }
```

上面的代码中第 1 行添加了一个名为 WebMethod 的属性，该属性用来标志方法可以被远程的客户端访问。第 2 行定义了获得从数据库查询客户信息结果的方法 getQuery。第 3 行定义数据库连接字符串。第 4 行定义创建数据库连接对象 con。第 5 行创建数据库命令对象 cmd。第 6 行打开数据库连接。第 7 行创建 SqlDataAdapter 对象 sda。第 8 行创建 DataSet 对象 ds，第 9 行调用 ds 对象的 Fill 方法将查询的结果填充到数据集，第 10 行关闭数据库连接，第 11 行返回数据集对象 ds。

04 在网站根目录下添加一个名为 Defaule.aspx 的窗体文件。

05 单击 Default.aspx 文件，打开"视图编辑"界面，进入"设计"视图，从"工具箱"中拖动一个 Button 控件和一个 GridView 控件到编辑区中，设计后的界面如图 16-25 所示。

图 16-25　设计的界面

06 用右键单击该网站名称，在弹出的快捷菜单中选择"添加服务引用"选项，打开"添加服务引用"对话框，单击"高级"按钮，在弹出的"服务引用设置"对话框中单击"添加 Web 引用"按钮，弹出"添加 Web 引用"对话框，选择"此解决方案中的 Web 服务"，单击 WebService 服务名称。修改 Web 引用名为 localhost，单击"添加引用"按钮。

07 双击网站目录下的 Default.aspx.cs 文件，编写关键代码如下：

```
1.    protected void Button1_Click(object sender, EventArgs e){
2.        WebService ws = new WebService();
3.        DataSet ds = ws.getQuery();
4.        GridView1.DataSource = ds;
5.        GridView1.DataBind();
6.    }
```

上面的代码中第 1 行定义处理"获取"按钮控件单击事件的方法。第 2 行实例化 Web 服务对象 ws。第 3 行调用 Web 服务中的方法 getQuery 获得查询结果集对象。第 4 行将结果集对象作为 GridView 控件的数据源。第 5 行调用 GridView 控件的 DataBind 方法绑定数据并显示。

08 按快捷键 Ctrl+F5 运行程序，效果如图 16-26 所示。单击"获取"按钮，显示 tb_News 表中的数据信息。

图 16-26　运行结果

16.6　上机题

1. 使用 Visual Studio 2012 集成开发环境创建、运行本章所有的代码和实例并分析其执行结果。

2. 编写一个 ASP.NET Web 应用程序，利用网上提供的 QQ 是否在线 Web 服务，获得查询结果。运行程序后的效果如图 16-27 所示。

3. 编写一个 ASP.NET Web 应用程序，借助于网上提供的火车运行时刻表的 Web 服务，通过选择起始站和终点站，查询相关的火车运行信息并显示在列表中。运行程序后的效果如图 16-28 所示。

图 16-27　运行结果　　　　　　　　　图 16-28　运行结果

4. 编写一个 ASP.NET Web 应用程序，通过外汇-人民币即时报价的免费 Web 服务，建立一个显示该种服务的程序，当单击"获取"按钮时，在 GridView 控件上显示外汇-人民币即时报价的列表，程序运行后如图 16-29 所示。

5. 编写一个 ASP.NETWeb 应用程序，通过网上提供的天气预报 Web Service，选择省份和相应的城市来获取该城市的天气预报信息，程序运行结果如图 16-30 所示。

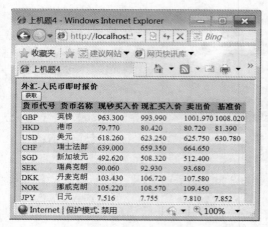

图 16-29　运行结果　　　　　　　　　图 16-30　运行结果

6. 编写一个 ASP.NET 应用程序，借助于网上提供的飞机航班时刻表 Web 服务，通过选择起始站、终点站和航班日期，查询相关的飞机航班信息并显示在列表中。程序运行结果如图 16-31 所示。

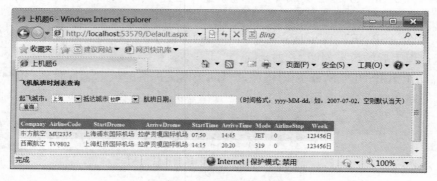

图 16-31　运行结果

7. 编写一个 ASP.NET Web 应用程序，定义一个实现删除数据库数据的 Web 服务，调用自定义的 Web 服务删除数据表的数据。数据表使用第 6 章上机题 2 中创建的 ShangPin，程序运行结果如图 16-32 所示。

图 16-32　运行结果

第 17 章　ASP.NET AJAX

ASP.NET AJAX 是一个完整的开发框架，其服务器端编程模型相对于客户端编程模型较为简单，而且容易与现有的 ASP.NET 程序相结合，通常实现复杂的功能只需要在页面中拖几个控件，而不必了解深层次的工作原理，除此之外服务器端编程的 ASP.NET AJAX Control Toolkit 含有大量的独立 AJAX 控件和对 ASP.NET 原有服务器控件的 AJAX 功能扩展，实现起来也非常简单。只要认真地对本章内容进行学习，就能够基本掌握好 ASP.NET AJAX 技术在网站开发中的运用。

17.1　ASP.NET AJAX 概述

在学习 ASP. NET AJAX 之前，首先要知道什么是 AJAX？AJAX 是 Asynchronous JavaScfipt and XML（异步 JavaScript 和 XML）的缩写，这个术语是由 Adaptive Path 公司的创办人之一兼董事长 Jesse James Garrett 发明的。Jesse Jarnes Garrett 在其论文 "AJAX：Web 应用程序的新途径" 中创造了这个术语，它描述了请求和提交额外信息时发生于客户端和服务器之间的高级交互。

AJAX 包括了多种数据通信的可能组合，但它们都围绕一个中心——附加的数据请求是在页面完全载入之后由客户端向服务器发起的。这允许应用程序开发者超越缓慢的、传统的应用程序流程，创建与用户相关的额外交互。

AJAX 并不是一种全新的技术，而是一种方法。使用几种现有技术，开发 Web 应用软件，使得 Web 应用程序就像桌面应用程序一样，可以使用动态用户界面和漂亮的控件。下面是 AJAX 应用程序所用到的基本技术：

- HTML 用于建立 Web 表单并确定应用程序其他部分使用的字段。
- JavaScript 代码是运行 AJAX 应用程序的核心代码，帮助改进与服务器应用程序的通信。
- DHTML 或 Dynamic HTML，用于动态更新表单。使用 div、span 和其他动态 HTML 元素来标记 HTML。
- 文档对象模型 DOM 用于处理 HTML 结构（通过 JavaScript 代码）和服务器返回的 XML。

AJAX 中，异步这个词是指 AJAX 应用软件与主机服务器进行联系的方式。在原来的模式中，每当用户执行某种操作向服务器请求获得新数据时，Web 浏览器就会更新当前窗口。如果使用 AJAX 的异步模式，浏览器就不必等用户请求操作全部完成，也不必更新整个窗口就可以显示新获取的数据，只要来回传送采用 XML 格式的数据。在浏览器里面运行的 JavaScript 代码就可以与服务器进行联系。JavaScript 代码还可以把样式表加到检索到的数据上，然后在现有网页的某个部分加以显示。

真正与 AJAX 相关的新名词应该是 XMLHttpRequest，它是一个 JavaScript 对象，最早在 IE 5 中出现，现在是在多数浏览器得到支持的用来实现异步通信的对象。如同名字所表示的，它允许一个客户端脚本来执行 HTTP 请求，并且将解析一个 XML 格式的服务器响应。大家都知道，B/S 模式是利用浏览器作为其通用的客户端，所以要想异步通信成为可能，必须要得到浏览器的支持。如果不是有了浏览器对 XMLHttpRequest 对象的广泛支持，可能不会看到 AJAX 的今天。

AJAX 处理过程中，首先需要创建一个 XMLHttpRequest 实例。使用 HTTP 方法（GET 或 POST）来处理请求，并将目标 URL 设置到 XMLHttpRequest 对象上。

当用户发送 HTTP 请求时，不希望浏览器挂起并等待服务器的响应，取而代之的是，希望通过页面继续响应其他的界面交互，并在服务器响应真正到达后处理它们。为了达到这个目的，用户需要向 XMLHttpRequest 注册一个回调函数，并异步发送 XMLHttpRequest 请求。请求发送完毕后，控制权马上被返回到浏览器，当服务器响应到达时，回调函数将会被调用。

在 Web 服务器上，到达的请求与任何其他 HttpRequest 一样．等待服务器处理。Web 应用程序解析请求参数后，执行必需的应用逻辑，将响应序列化到 XML 中。并将它返回给客户端。

在面向消费者的诸多应用当中，Google 的 Gmail 和 GoogleMaps 就是最常见的例子。在 Gmail 当中，AJAX 负责如何开启线程会话，以显示不同邮件的文本内容。而在 Maps 当中，AJAX 允许用户以一种似乎无缝的方式拖拉及滚动地图。

了解了 AJAX 的概念，再来看 ASP.NET AJAX。ASP.NET AJAX 是微软公司专门为 ASP.NET 应用程序提供 AJAX 技术支持的开发框架，通过它原有的 ASP.NET 应用程序可以很轻松地使用 ASP.NET AJAX 所提供的基础架构，开发出具有 AJAX 能力的 Web 应用程序。

ASP.NET AJAX 能够快速地创建具有丰富用户体验的页面，而且这些页面由安全的用户接口元素组成。ASP.NET AJAX 提供了一个客户端脚本（client-script）库，包含跨浏览器的 ECMAScript（如 JavaScript）和动态 HTML（DHTML）技术，而且 ASP.NET AJAX 把这些技术同 ASP.NET 开发平台结合起来。使用 ASP.NET AJAX，可以在很大程度上的善 Web 程序的用户体验和提高应用程序执行效率。

与那些完全基于服务器端的 Web 应用程序相比，ASP.NET AJAX 能够创建丰富的 Web 应用程序，它提供了以下优势：

● 提高浏览器中 Web 页面的执行效率。
● 包含了开发人员熟悉的 UI 元素，比如进程指标控件、Tooltips 控件和弹出式的窗口。
● 实现了页面的局部刷新，只刷新已被更新的页面。
● 实现客户端与 ASP.NET 应用服务的集成以进行表单认证和用户配置。
● 通过调用 Web 服务整合不同的数据源数据。

- 简化了服务器控件的定制来实现客户端功能。
- 支持最流行的和通用的浏览器，包括微软 IE、Firefox 和 Safari。
- 具有可视化的开发界面，使用 Visual Studio 2012 可以轻松自如地开发 AJAX 程序。

ASP.NET AJAX 包括客户端脚本（client-script）库和服务器端组件，这些都被集成到一个稳健的开发框架，如图 17-1 所示。此外，ASP.NET AJAX 还提供了控件工具包以支持 Web 程序的开发。

图 17-1　ASP.NET AJAX 体系结构

17.1.1　客户端特征

ASP.NET AJAX 客户端脚本库是 100% 面向对象的 JavaScript 客户端脚本框架并且是可扩展的，允许开发人员很容易地构建拥有丰富 UI 功能和连接 Web Service 的 AJAX 网页应用程序。通过 ASP.NET AJAX，开发人员能够使用 DHTML、JavaScript 和 XMLHTTP 来编写 Web 应用程序，而无需掌握这些技术的细节。

ASP.NET AJAX 客户端脚本框架可以在所有常用浏览器上运行，而不需要 Web 服务器。它不需要安装，只要在页面中引用正确的脚本文件即可。

ASP.NET AJAX 客户端脚本框架包括以下各层内容：

- 一个浏览器兼容层。这个层为 ASP.NET AJAX 脚本提供了各种常用浏览器的兼容性，这些浏览器包括微软的 IE、Mozilla 的 Firefox 和苹果的 Safari 等。
- ASP.NET AJAX 核心服务，这个核心服务扩展了 JavaScript，例如把类、命名空间、事件句柄、继承、数据类型、对象序列化扩展到 JavaScript 中。
- 一个 ASP.NET AJAX 的基础类库，这个类库包括组件，例如字符串创建器和扩展错误处理。
- 一个网络层，该层用来处理基于 Web 服务和应用程序的通信以及管理异步远程方法的调用。

17.1.2　服务器端特征

微软公司专门为 ASP.NET 应用程序设计了一组 AJAX 风格的服务器控件，并且加强了现有 ASP.NET 页面框架和控件，以便支持 ASP.NET AJAX 客户端脚本框架。

1. 脚本支持

"异步客户端回调"的特性，使得构建没有中断的页面变得很容易。"异步客户端回调"包装了 XMLHTTP，能够在很多浏览器上工作。ASP.NET 本身包括了很多使用回调的控件，包括具有客户端分页和排序功能的 GridView 和 DataView 控件，以及 TreeView 控件的虚拟列表支持。ASP.NET AJAX 客户端脚本框架将完全支持 ASP.NET 的回调，但微软希望进一步增强浏览器和服务器之间的集成性。例如，可以将 ASP.NET AJAX 客户端控件的数据绑定为服务器上的 ASP.NET 数据源控件，并且可以从客户端异步地控制 Web 页面的显示。

2. Web Service 集成

服务端框架使用了一套扩展的机制使程序中的 Web Service 可以被客户端 Java Script 直接访问。可以在 Web Service 上标记 [ScriptService]的属性，就可以简单地使该 Web Service 能够被客户端的 JavaScript 直接访问。

3. 应用程序服务

服务端框架提供了一些内置的应用服务，如授权服务 Authentication 和个性化支持服务 Prifile。

4. 服务器端控件

ASP.NET AJAX 服务器控件包括服务器和代码，以实现类似于 AJAX 的行为。表 17-1 列出了最常用的 ASP.NET AJAX 服务器控件。

表 17-1　最常用的 ASP.NET AJAX 服务器控件

控件	描述
ScriptManager	管理客户端组件的脚本资源，局部页面的绘制，本地化和全局文件，并且可以定制用户脚本。为了使用 UpdatePanel、Updateprogress 和 Timer 控件，ScriptManager 控件是必须的
UpdatePanel	通过异步调用来刷新部分页面而不是刷新整个页面
Updateprogress	提供 UpdatePanel 控件中部分页面更新的状态信息
Timer	定义执行回调的时间区间。可以使用 Timer 控件来发送整个页面，也可以把它和 UpdatePane 控件一起使用在一个时间区间以执行局部页面刷新

17.2　创建 ASP.NET AJAX 程序

在.NET 框架 4.5 中，ASP.NET AJAX 框架技术已经完全被集成。所以，在使用 Visual Studio 2012 开发 ASP.NET AJAX 程序的时候，就不需要在单独安装 ASP.NET AJAX 框架，而是可以直接创建 ASP.NET AJAX 程序。

【实例 17-1】创建 ASP.NET AJAX 程序

本实例演示如何在 Visual Studio 2012 中创建 ASP.NET AJAX 程序，具体实现步骤如下：

01 启动 Visual Studio 2012，创建一个 ASP.NET Web 空应用程序，命名为"实例 17-1"。

02 在网站根目录下创建一个名为 Default.aspx 的窗体文件。

03 单击网站根目录下的 Default.aspx 文件，切换到"设计"视图。打开"工具箱"窗口，可以看到 ASP.NET AJAX 服务器控件，它们在如图 17-2 所示的"AJAX 扩展"选项卡中。

04 可以像拖曳其他控件一样，把 ASP.NET AJAX 服务器控件拖动到页面内。现在向页面拖放一个 ScriptManager 控件、UpdatePanel 控件，在 UpdatePanel 控件中添加一个 Label 控件，如图 17-3 所示。

图 17-2　ASP.NET AJAX 服务器控件

图 17-3　设计视图

05 切换到"源视图"，在<form></form>标记之间生成代码如下所示：

```
1.    <asp:ScriptManager ID="ScriptManager1" runat="server">
2.    </asp:ScriptManager>
3.        <asp:UpdatePanel ID="UpdatePanel1" runat="server">
4.        <ContentTemplate>
5.            <asp:Label runat="server" Text="Label"></asp:Label>
6.        </ContentTemplate>
7.    </asp:UpdatePanel>
```

上面的代码中第 1、2 行定义一个服务器脚本管理控件 ScriptManager1。第 3 行~第 7 行定义一个服务器更新面板控件 UpdatePanel1。其中在第 5 行又定义了一个服务器标签控件 Label1。

06 然后，在 Default.aspx.cs 文件中编辑后台的逻辑代码中实现功能即可。

17.3　ASP.NET AJAX 核心控件

将 ASP.NET AJAX 控件添加到 ASP.NET 网页上后，再浏览这些网页会自动将支持的客户端 JavaScript 脚本发送到浏览器以获得 AJAX 功能，本节将分别介绍这 5 种最核心的服务器控件以及它们的用法。

17.3.1　ScriptManager 控件

ScriptManager 控件是 ASP.NET AJAX 的核心，它提供处理页面上所有 ASP.NET AJAX 控件的支持，没有该控件的存在，其他 ASP.NET AJAX 就无法工作。

1. ScriptManager 的结构

在支持 ASP.NET AJAX 的 ASP.NET 页面中，有且只能有一个 ScriptManager 控件来管理 ASP.NET AJAX 相关的控件和脚本。可以在 ScriptManager 控件中指定需要的脚本库，也可以通过注册 JavaScript 脚本来调用 Web 服务等。

一个 ScriptManager 的典型定义如下：

```
1.    <asp:ScriptManager ID="ScriptManager1" runat="server">
2.        <Scripts/>
3.    <ProfileService />
4.    <AuthenticationService />
5.    </asp:ScriptManager>
```

以上代码中 Scripts、ProfileService、AuthenticationService 等子标签都是可选的，这些子标签的意义如表 17-2 所示。

表 17-2　ScriptManager 子标签的含义

标签	描述
Scripts	对脚本的调用，其中可以嵌套多个 ScriptReference 模板以实现对多个脚本文件的调用
ProfileService	表示提供个性化服务的路径，Profile 是在.NET 3.5 新增的个性设置
AuthenticationService	用来表示提供验证服务的路径

表 17-2 中使用最多的是 Scripts 标签。Scripts 标签引用自定义的 Javascript 的语法为：

```
1.    <asp:ScriptManager ID="ScriptManager1" runat="server">
2.                <Scripts >
3.          <asp:ScriptReference Path ="Javascript 文件的路径" />
4.          ...........................
5.                </Scripts>
6.                </asp:ScriptManager>
```

以上代码中第 1 行定义服务器脚本管理控件 ScriptManager1。第 2 行~第 4 行定义 Scripts 标签。第 3 行定义 ScriptReference 标签来指定引用的 Javascript 脚本文件并设置属性 Path 获得脚本文件的路径。

Scripts 标签引用的 Javascript 脚本文件可以超过一个,只要逐一应用<asp:ScriptReference> 标签列出即可。如果引用的不是独立的 Javascript 文件,而是 Javascript 函数库中的某一个 Javascript 程序,则要使用<asp:ScriptReference>标签的另外两个属性 Assembly 和 Name。示例代码如下:

```
1.    <asp:ScriptManager ID="ScriptManager1" runat="server">
2.        <Scripts >
3.            <asp:ScriptReference Assembly="Javascript 文件的路径" Name="Javascript 文件"/>
4.            ............................
5.        </Scripts>
6.    </asp:ScriptManager>
```

上面的代码中第 1 行定义服务器脚本管理控件 ScriptManager1。第 2 行~第 4 行定义 Scripts 标签。第 3 行定义 ScriptReference 标签来指定引用的 Javascript 脚本文件并设置属性 Assembly 获得脚本函数库的名称、设置属性 Name 获得 Javascript 脚本文件。

Services 标签引用 Web Service 程序文件(*.asmx)的语法为:

```
1.    <asp:ScriptManager ID="ScriptManager1" runat="server">
2.        <Services >
3.            <asp:ScriptReference Path ="Web Service 程序的路径" />
4.            ............................
5.        </Services>
6.    </asp:ScriptManager>
```

以上代码中第 1 行定义服务器脚本管理控件 ScriptManager1。第 2 行~第 4 行定义 Services 标签。第 3 行定义 ScriptReference 标签来指定引用的 Web Service 程序并设置属性 Path 获得 Web Service 程序的路径。

另外,ScriptManager 还具有如表 17-3 所示的主要属性成员。

表 17-3 ScriptManager 的主要成员属性

属性	描述
AllowCustomError	和 Web.config 中的自定义错误配置区<customError>相联系,是否使用自定义的错误处理,默认值为 true
AsyncPostBackErrorMessage	获取或设置错误信息。当在一个异步回送过程中出现未处理的服务器异常时这个错误信息会被发送到客户端
AsyncPostBackTimeout	异步回送超时限制,默认值为 90,单位是秒
EnablePartialRendering	布尔值,可读写,当值为 True 时表示可使用 UpdatePanel 控件进行部分页面刷新,当值为 False 时表示不可以

属性	描述
ScriptMode	指定 ScriptManager 发送到客户端的脚本的模式，共有 4 种模式：Auto、Inheit、Debug 和 Release，默认值为 Auto
ScriptPath	设置所有的脚本块的根目录，做为全局属性，包括自定义脚本块或者引用第三方的脚本块
OnAsyncPostBackError	异步回传发生异常时的事件，用于指定一个服务端的处理函数，在这里可以捕获异常信息并做相应处理
OnResolveScriptReference	指定 ResolveScriptReference 事件的服务器端处理函数，在该函数中可以修改某一条脚本的相关信息，如路径、版本等

ScriptManager 控件可以管理为执行部分页面的控件创建的资源，这些资源包括脚本、样式、隐藏区域和数组。ScriptManager 控件包括脚本集合，在这个集合中包含了用于浏览器的脚本引用对象 ScriptReference，可以以声明或者编程的方式添加这些脚本，然后通过脚本引用来访问这些脚本。

ScriptManager 控件还包括了注册方法，使用这些方法可以以编程的方式来注册脚本和隐藏区域。

ScriptManager 控件的服务集合包括了 ServerReference 对象，ServerReference 对象绑定到每个注册到 ScriptManager 控件里 Web 服务。ASP.NET AJAX 框架为每个服务集合的 ServerReference 对象生成了一个代理对象，这些代理对象和它们提供的方法可以让在客户端脚本调用 Web 服务变得简单。

也可以以编程方式把 ServerReference 对象注册到服务集合中，从而把 Web 服务注册到 ScriptManager 控件中，这样客户端就可以调用注册的 Web 服务。

另外需要关注一下 ScriptMode，指定 ScriptManager 发送到客户端脚本的模式，有 4 种模式：Auto、Inheit、Debug 和 Release，默认值为 Auto。

- Auto 模式：会根据 Web 站点的 Web.config 配置文件来决定使用哪种模式，如果配置文件中的 retail 属性设置为 true，则把 Release 模式的脚本发送到客户端，反之，则发送 Debug 脚本。
- Debug 模式：若 retail 配置值不为 true，则发送 Debug 模式的客户端脚本。
- Release 模式：若 retail 配置值不为 false，则发送 Release 模式的客户端脚本。
- Inherit 模式：意义同默认值 Auto 的用法。

ScriptManager 控件处理处理程序发生异常时可以单独使用，其他情况下需要和别的 ASP.NET AJAX 服务器控件配合才能达到效果。

2. 调用 Web 服务

ScriptManager 的一个主要作用是在客户端注册一些服务器端的代码，最常用的就是将 Web Service 注册在客户端，这样就可以在 JavaScript 脚本中实现对 Web 服务的调用。要在

JavaScript 中调用 Web 服务需要经过三个步骤：

（1）创建 Web 服务；

（2）在客户端注册 Web 服务；

（3）在 JavaScript 中引用服务的方法。

【实例 17-2】调用 Web 服务

本实例演示使用 ScriptManager 控件在客户端调用 Web 服务，此 Web 服务实现网站欢迎用户的页面，具体实现步骤如下：

01 启动 Visual Studio 2012，创建一个 ASP.NET Web 空应用程序，命名为"实例 17-2"。

02 用右键单击网站名称。在弹出的快捷菜单中选择"添加"|"添加新项"菜单选项，在弹出的"添加新项"对话框中选择"已安装模板"下的"Visual C#"模板，并在模板文件列表中选中"Web 服务"，然后在"名称"文本框输入该文件的名称 WebService.asmx，最后单击"添加"按钮。

03 单击网站根目录下的文件夹 App_Code 中的 WebService.cs 文件。在其中添加关键代码如下：

```
1.  [System.Web.Script.Services.ScriptService]
2.  [WebMethod]
3.      public string Welcome(string _name) {
4.          string username = "";
5.          if (_name == ""){
6.              username = "游客";
7.          }
8.          else{
9.              username = _name;
10.         }
11.         string strMsg = "欢迎[ " + username + " ]访问万通奇迹网<br />";
12.         strMsg += "这里有企业简介、产品介绍、加盟商登录等有关方面的内容<br />";
13.         strMsg += "<a href=\"http://www.wcm777.hk\">我要访问</a>";
14.         return strMsg;
15.     }
```

上面的代码中第 1 行如果要允许使用 ASP.NET AJAX 从脚本中调用此 Web 服务必须添加这一属性。第 2 行定义一个名为 WebMethod 的属性，该属性用来标志方法可以被远程的客户端访问。第 3 行定义一个 Welcome 的方法，返回一个字符串对象，它有一个参数，就是用户输入的用户名。第 5 行判断如果用户没有输入用户名，则第 6 行设置 username 变量的值为"游客"。如果第 8 行判断用户输入了用户名，则第 9 行将用户名保存到 username 变量中。第 11 行~第 13 行在页面显示欢迎文本。第 14 行返回"欢迎"文本。

04 在网站根目录下添加一个名为 Default.aspx 的窗体文件。

05 单击 Default.aspx 文件，进入到 "视图设计器"，切换到 "源视图"，在<form>和</form>
标记间添加如下代码：

```
1.    <asp:ScriptManager ID="smWelcome" runat="server">
2.      <Services>
3.        <asp:ServiceReference Path="~/WebService.asmx"/>
4.      </Services>
5.    </asp:ScriptManager>
6.    <div>
7.    请输入你的姓名：
8.    <input type="text" id="iUserName" size="20"/>
9.    <input id="btOk" type="button" value="确定" onclick="return OnbtOk_Click()" />
10.   </div>
11.   <br />
12.   <div id="rMsg" ></div>
```

上面的代码中第 1 行定义一个服务器脚本管理控件 SmWelcome。第 2 行~第 4 行定义
Services 标签。其中，第 3 行定义 ServiceReference 标签来指定引用的 Web Service 程序并设置
属性 Path 获得 WebService.asmx 文件的路径。第 8 行定义了一个 HTML 文本框控件 iUserName
获取用户输入的用户名。第 9 行定义一个 HTML 按钮控件 btOk 设置显示的文本和设置该控件
的单击事件为 OnbtOk_Click()。由于是 HTML 控件，所以这个事件的方法不是在 aspx.cs 文件
中进行处理。

06 在 "源视图" 的<head>和</head>标记之间编写 JavaScrip 脚本代码：

```
1.    <script type="text/javascript" >
2.      function OnbtOk_Click() {
3.        var userName = document.getElementById("iUserName").value;
4.        var word=WebService.Welcome(userName,ShowMsg);
5.        return false;
6.      }
7.      function ShowMsg(result) {
8.        var sResult = result.toString();
9.        document.getElementById("rMsg").innerHTML = sResult;
10.     }
11.   </script>
```

上面的代码中第 1 行~第 11 行使用标记<script></script>定义标记之间的代码是 Javascrip
脚本代码。第 2 行定义处理按钮单击事件的方法 OnbtOk_Click。第 3 行通过
document.getElementById 方法获取页面文本框用户输入的值。第 4 行调用 WebService 服务中
的定义的 Welcome 方法，此方法比原来定义的多了一个参数，多的这个参数是第 7 行自定义的一
个获得结果方法 ShowMsg。第 7 行自定义一个获得结果的方法，它的参数 result 是 WebService 服
务中 Welcome 方法的一个 string 类型的返回值。第 9 行将值赋给 div 标签 rMsg 显示。

07 按快捷键 Ctrl+F5 运行程序，效果如图 17-4 所示。

图 17-4   运行结果

17.3.2   UpdatePanel 控件

局部更新是 ASP.NET AJAX 中最基本、最重要的技术。UpdatePanel 可以用来创建丰富的局部更新 Web 应用程序，其强大之处在于不用编写任何客户端脚本就可以自动实现局部更新。

协调服务器和客户端以更新一个页面的指定部位，通常需要对 ECMAScript（JavaScript）有很深刻的理解。然而，使用 UpdatePanel 控件可以让页面实现局部更新，而且不需要编写任何客户端脚本。此外，如果有必要的话，可以添加定制的客户端脚本以提高客户端的用户体验。当使用 UpdatePanel 控件时，页面上的行为具有浏览器独立性，并且能够减少潜在的客户端和服务器之间数据量的传输。

UpdatePanel 控件能够刷新指定的页面区域，而不是刷新整个页面。整个过程是由服务器控件 ScriptManager 和客户端类 PageRequestManager 来进行协调的。当部分页面更新被激活时，控件能够被异步地传递到服务器端。异步的传递行为就像通常的页面传递行为一样，所产生的服务器页面执行和控制页面生命周期。然而，随着一个异步的页面传递，页面更新局限于被 UpdatePanel 控件包含和被标识为要更新的页面区域。服务器只为那些受到影响的浏览器元素返回 HTML 标记。在浏览器中，客户端类 PageRequestManager 执行文档对象模型（DOM）的操纵，以使用更新的标记来替换当前存在的 HTML 片段。

UpdatePanel 控件用来控制页面的局部更新，这些更新依赖于 ScriptManager 的 EnablePartialRendering 属性，如果此属性设置为 false，则局部更新将失去作用。一个 UpdatePanel 的定义可以包括如下部分

```
<asp:UpdatePanel ID="UpdatePanel1" runat="server" ChildrenAsTriggers= "true"  UpdateMode= "always"
RenderMode= "Inline" >
    <ContentTemplate>
    <ContentTemplate>
    <Triggers>
    <asp:AsyncPostBackTrigger/>
    <asp:PostBackTrigger/>
    </Triggers>
```

</asp:UpdatePanel>

以上代码中 UpdatePanel 控件的各属性含义如表 17-4 所示。

表 17-4　UpdatePanel 主要属性

属性	描述
ChildrenAsTriggers	当属性 UpdateMode 为 Condition 时，UpdatePanel 中的子控件的异步传送是否引发 UpdatePanel 控件的更新
RenderMode	表示 UpdatePanel 控件最终呈现的 HTML 元素。其中值 Block 表示<div>，Inline 表示<span>
UpdateMode	表示 UpdatePanel 控件的更新模式。其中值 Always 是不管有没有 Trigger，其他控件都将更新该 UpdatePanel 控件，Conditional 表示只有当前 UpdatePanel 控件的 Trigger，或 ChildrenTriggers 属性为 true 时，当前 UpdatePanel 控件中的控件引发的异步回送或整页回送，或是服务器端调用 Update()方法才会引发更新该 UpdatePanel 控件的事件

对于 UpdatePanel 控件而言，有两个重要的子标签：

● ContentTemplate 子标签：在 UpdatePanel 控件的 ContentTemplate 标签中，开发人员能够放置任何 ASP.NET 控件，这些控件在 ContentTemplate 标签中，就能够实现页面无刷新的更新操作。可以毫不夸张的说这个标签是 UpdatePanel 控件最重要的组成部分。

● Triggers 子标签：表示局部更新的触发器，包括两种触发器：

➢ AsyncPostBackTrigge 异步回传触发器：来指定某个控件的某个事件引发异步回传（asynchronous postback），即部分更新。属性有 ControlID 和 EventName。分别用来指定控件 ID 和控件事件，若没有明确指定 EventName 的值，则自动采用控件的默认值，比如 Button 按钮就是 Click 单击事件。把 ContorlID 设为 UpdatePanel 外部控件的 ID，可以使用外部控件控制 UpdatePanel 的更新。

➢ PostBackTrigge 不使用异步回传触发器：用来指定在 UpdatePanel 中的某个服务端控件，它所引发的回送不使用异步回送，而仍然是传统的整页回送。

了解了 UpdatePanel 的结构，现在来演示 UpdatePanel 控件在网页的 AJAX 应用上带来的便利。

【实例 17-3】UpdatePanel 控件的使用

本实例通过 ASP.NET AJAX 控件，使用 GridView 控件和 DetailView 控件实现数据库数据主细表不刷新页面的功能，数据库使用第 7 章中创建的 db_news，具体实现步骤如下：

01 启动 Visual Studio 2012，创建一个 ASP.NET Web 应用程序，命名为"实例 17-3"。

02 在网站根目录下创建一个名为 Default.aspx 的窗体文件。

03 单击网站目录中的 Default.aspx 文件，打开"视图设计器"。进入到"源视图"，在<form>和</form>标记之间编辑关键代码如下：

```
1.    <asp:ScriptManager ID="ScriptManager1" runat="server"></asp:ScriptManager>
```

```
2.          <asp:UpdatePanel ID="UpdatePanel1" runat="server">
3.            <ContentTemplate>
4.              <asp:GridView ID="GridView1" runat="server" AllowPaging="True" AllowSorting="True"
   AutoGenerateColumns="False" DataKeyNames="ID" DataSourceID="SqlDataSource1" CellPadding="4"
   ForeColor="#333333" GridLines="None" OnSelectedIndexChanged="GridView1_SelectedIndexChanged"
   PageSize="5" Width="268px">
5.                <Columns>
6.                  <asp:CommandField ShowSelectButton="True" />
7.                  <asp:BoundField DataField="ID" HeaderText="ID"
8.                    InsertVisible="False" ReadOnly="True" SortExpression="ID" />
9.                  <asp:BoundField DataField="Title" HeaderText="Title" SortExpression="Title" />
10.               </Columns>
11.           </asp:GridView>
12.           <asp:SqlDataSource ID="SqlDataSource1" runat="server" ConnectionString="<%$  onnectionStrings:
   db_newsConnectionString %>" SelectCommand="SELECT * FROM    [tb_News]"></asp:SqlDataSource>
13.           </ContentTemplate>
14.         </asp:UpdatePanel>
15.         <asp:UpdatePanel ID="UpdatePanel2" runat="server">
16.           <ContentTemplate>
17.             <asp:DetailsView ID="DetailsView1" runat="server" Height="50px" Width="271px" AllowPaging=
   "True" AutoGenerateRows="False" CellPadding="4" DataSourceID="SqlDataSource1" ForeColor="#333333"
   GridLines="None">
18.           <Fields>
19.           <asp:BoundField DataField="ID" HeaderText="ID" />
20.           <asp:BoundField DataField="Title" HeaderText="Title" />
21.           <asp:BoundField DataField="Categories" HeaderText="Categories" />
22.           <asp:BoundField DataField="IssueDate" HeaderText="IssueDate" />
23.           </Fields>
24.         </asp:DetailsView>
25.         </ContentTemplate>
26.         </asp:UpdatePanel>
```

上面的代码中第 1 行添加一个脚本管理控件 ScriptManager1 对页面中的 AJAX 控件进行管理。第 2 行~第 14 行添加一个服务器更新面板控件 UpdatePanel1 用于页面的局部更新。其中，第 4 行~第 11 行以及第 12 行分别在 UpdatePanel11 的子标签 ContentTemplate 内添加一个服务器列表控件 GridView1 和一个 SqlDataSource1 控件。

第 15 行~第 26 行添加一个 UpdatePanel2 控件用于页面的第二处局部更新。其中，第 17 行~第 24 行在 UpdatePanel12 的子标签 ContentTemplate 内添加一个服务器列表控件 DetailView1。

04 在 GridView1 控件右上方有一个向右的黑色小三角，单击这个小按钮打开 "GridView 任务" 列表，选择 "自动套用格式"。弹出 "自动套用格式" 对话框，在左边的选择架构列表中选中"传统型"，最后，单击"确定"按钮。

05 在 DetailView1 控件右上方有一个向右的黑色小三角，单击这个小按钮打开"DetailView 任务"列表，选择"自动套用格式"。弹出"自动套用格式"对话框，在左边的选择架构列表中选中"传统型"，最后，单击"确定"按钮。

06 单击网站根目录下的 Default.aspx.cs 文件，编写代码如下。

```
1.  protected void GridView1_SelectedIndexChanged(object sender, EventArgs e) {
2.      DetailsView1.PageIndex = GridView1.SelectedRow.DataItemIndex;
3.  }
```

上面的代码中第 1 行处理 GridView1 控件的 SelectedIndexChanged1 事件。第 2 行将控件中选择行的数据项的索引作为 DetailsView1 的页面索引。

07 按快捷键 Ctrl+F5 运行程序，如图 17-5 所示。

08 选择 GrieView 控件中第三行数据，在 DetailView 控件中显示相应的详细信息，并且在程序运行时没有刷新页面，如图 17-6 所示。

图 17-5　运行结果 1

图 17-6　运行结果 2

17.3.3　UpdateProgress 控件

UpdateProgress 控件帮助开发人员设计一个直观的用户界面，这个用户界面用来显示一个页面中的一个或多个 UpdatePanel 控件实现部分页面刷新的过程信息。如果一个部分页面刷新过程是缓慢的，就可以利用 UpdateProgress 控件提供更新过程的可视化的状态信息。此外在一个页面可以使用多个 UpdateProgress 控件，每个与不同的 UpdatePanel 控件相配合。此外，可以使用一个 UpdateProgress 控件与页面上的所有 UpdatePanel 控件相配合。

UpdateProgress 结构非常简单，下面是一个使用的例子：

```
<asp:UpdateProgress ID="UpdateProgress1" runat="server" AssociatedUpdatePanelID ="UpdatePanel1">
<ProgressTemplate >
 正在更新数据，请等待。。。。。。
</ProgressTemplate>
</asp:UpdateProgress>
```

以上代码中，UpdateProgress 控件的常用属性如表 17-5 所示。

表 17-5　UpdateProgress 控件的常用属性

属性	说明
AssociatedUpdatePanelID	获取或设置 UpdateProgress 控件显示其状态的 UpdatePanel 控件的 ID
DisplayAfter	获取或设置显示 UpdateProgress 控件之前所经过的时间值（以毫秒为单位）
DynamicLayout	获取或设置一个值，该值可确定是否动态呈现进度模板
ProgressTemplate	获取或设置定义 UpdateProgress 控件内容的模板
Visible	获取或设置一个值，该值指示服务器控件是否作为 UI 呈现在页上

　　属性 AssociatedUpdatePanelID 默认值为空字符串，也就是说 UpdateProgress 控件不与特定的 UpdatePanel 控件关联，因此，对于源于任何 UpdatePanel 控件的异步回送或来自充当面板触发器的控件的回送，都会导致 UpdateProgress 控件显示其 ProgressTemplate 内容。此外，可以将 AssociatedUpdatePanelID 属性设置为同一命名容器、父命名容器或页中的控件。

　　属性 DynamicLayout 为布尔值，如果动态呈现进度模板，则为 true；否则为 false。默认值为 true。如果 DynamicLayout 属性为 true，则在首次呈现页时，不会为进度模板内容分配空间。但在显示内容时，就可以根据需要进行动态更改，包含进度模板 div 元素的 style 属性将被设置为 none。如果 DynamicLayout 属性为 false，则会在首次呈现页时为进度模板内容分配空间，并且 UpdateProgress 控件是页面布局的物理组成部分，包含进度模板的 div 元素的 style 属性将设置为 block，并且其可视性最初会设置为 hidden。

　　属性 ProgressTemplate 默认值为 null。必须为 UpdateProgress 控件定义模板。否则，在 UpdateProgress 控件的 Init 事件发生期间会引发异常。可通过将标记添加到 ProgressTemplate 元素，以声明方式指定 ProgressTemplate 属性。如果 ProgressTemplate 元素中没有标记，则不会为 UpdateProgress 控件显示任何内容。如果要动态创建 UpdateProgress 控件，则可以创建从 ITemplate 控件继承的自定义模板。在 InstantiateIn 方法中指定标记，然后将动态创建的 UpdateProgress 控件的 ProgressTemplate 属性设置为自定义模板的新实例。如果要动态创建 UpdateProgress 控件，则应在页的 PreRender 事件发生期间或发生之前进行创建。如果在页生命周期晚期创建 UpdateProgress 控件，则不显示进度。

　　UpdateProgress 实际上是一个 div，通过代码控制 div 的显示或隐藏来实现更新提示。在 B/S 应用程序中，如果需要大量的数据交换，则必须使用 UpdateProgress，同时设计良好的等待界面，这样才能保证与用户的交互。

　　【实例 17-4】UpdateProgress 控件的使用

　　本实例使用通过 UpdateProgress 控件给用户一个等待的提示图片，当单击命令按钮时会显示，请求结束后就不再显示进度条信息，具体实现步骤如下：

01 启动 Visual Studio 2012，创建一个 ASP.NET Web 空应用程序，命名为"实例 17-4"。

02 在网站根目录下添加一个名为 Default.aspx 的窗体文件。

03 单击网站目录中的 Default.aspx 文件，进入到"视图设计器"。打开"源视图"，在 <form>和</form>标记之间编辑关键代码如下：

```
1.    <div>
2.      <asp:ScriptManager ID="ScriptManager1" runat="server" />
3.    </div>
4.    <asp:UpdatePanel ID="UpdatePanel1" runat="server">
5.      <ContentTemplate>
6.      <div style="background-color: #FFFFE0; padding: 20px">
7.        <asp:Label ID="lblTime" runat="server" Font-Bold="True"></asp:Label>
8.        <br /><br />
9.        <asp:Button ID="btnRefreshTime" runat="server" OnClick="cmdRefreshTime_Click" Text="向服务器申
       请刷新" />
10.     </div>
11.     </ContentTemplate>
12.   </asp:UpdatePanel>
13.   <br />
14.   <asp:UpdateProgress runat="server" ID="updateProgress1">
15.     <ProgressTemplate>
16.       <div style="font-size: small">
17.           正在连接服务器 ...
18.         <img src="wait.gif" alt="" />
19.       </div>
20.     </ProgressTemplate>
21.   </asp:UpdateProgress>
```

上面的代码中第 2 行添加一个脚本管理控件 ScriptManager1 对页面中的 AJAX 控件进行管理。第 4 行~第 12 行定义一个服务器更新面板控件 UpdatePanel。其中，第 7 行在 UpdatePanel1 的子标签 ContentTemplate 内添加一个服务器标签控件 Label1 用于显示当前系统的时间。第 9 行在 UpdatePanel1 的子标签 ContentTemplate 内添加一个服务器按钮控件用于发送请求并设置触发单击的事件 cmdRefreshTime_Click。

第 14 行添加一个服务器更新进程控件 updateProgress1。第 18 行在 UpdateProgress1 的子标签 ProgressTemplate 中添加一个图片标记 img 并设置图片的路径和等待时提示的文字。

04 单击网站根目录下的 Default.aspx.cs 文件，编写代码如下：

```
1.    protected void cmdRefreshTime_Click(object sender, EventArgs e){
2.            System.Threading.Thread.Sleep(TimeSpan.FromSeconds(10));
3.            lblTime.Text = DateTime.Now.ToLongTimeString();
```

4. }

上面的代码中第1行定义处理按钮控件的单击事件的方法。第2行设置延时10s，以观看 UpdateProgres1 的效果。第3行将当前系统的时间显示在标签控件上。

05 按快捷键 Ctrl+F5 运行程序，效果如图 17-7 所示，单击"向服务器申请刷新"按钮，出现等待的图片和提示文字。当请求结束后，显示如图 17-8 所示的请求结束时的系统时间。

图 17-7 运行结果 1

图 17-8 运行结果 2

17.3.4 Timer 控件

定时器控件 Timer 属于无人管理自动完成任务的一种特殊控件。Timer 控件的功能与大多数编程工具中提供的 Timer 一样，都是按照特定的时间间隔执行指定的代码，ASP.NET AJAX 中的 Timer 也是如此。

Timer 的结构比较简单，下面是一个使用的例子：

```
<asp:Timer    ID="Timer1"    runat="server"    Interval ="3000"    Enabled="true"    ontick="Timer1_Tick"
Visible="true" >
    </asp:Timer>
```

以上代码中，Timer 控件的常用属性如表 17-6 所示。

表 17-6 Timer 控件的常用属性

属性	说明
Enabled	获取或设置一个值来指明 Timer 控件是否定时引发一个回送到服务器上，包含两个值：true 表示定时引发一个回送，false 则表示不引发回送
Interval	获取或设置定时引发一个回送的时间间隔，单位是毫秒。注意时间间隔要大于异步回送所消耗的时间，否则就会取消前一次异步刷新
Visible	获取或设置一个值，该值指示服务器控件是否作为 UI 呈现在页上

Timer 控件能够定时引发整个页面回送，当它与 UpdatePanel 控件搭配使用时，就可以定

时引发异步回送并局部刷新 UpdatePanel 控件的内容。

Timer 控件可以用在下列场合：

● 定期更新一个或多个 UpdatePanel 控件的内容，而且不需要刷新整个页面。
● 每当 Timer 控件引发回送时就运行服务器的代码。
● 定时同步地把整个页面发送到服务器。

Timer 控件是一个将 Javascript 组件绑定在 Web 页面中的服务器控件。而这些 Javascript 组件经过在 Interval 属性中定义的间隔后启动来自浏览器的回送。而程序员可以在服务器上运行的代码中设置 Timer 控件的属性，这些属性都会被传送给 Javascript 组件。

在使用 Timer 控件时，页面中必须包含一个 ScriptManager 控件，这是 ASP.NET AJAX 控件的基本要求。

当 Timer 控件启动一个回送时，Timer 控件在服务器端触发 Tick 事件，可以为 Tick 事件创建一个处理程序来执行页面发送回服务器的请求。

设置 Interval 属性以指定回送发生的频率，设置 Enabled 属性以开启或关闭 Timer。

如果不同的 UpdatePanel 必须以不同的时间间隔更新，那么就可以在同一页面中包含多个 Timer 控件。另一种选择是，单个 Timer 控件实例可以是同一页面中多个 UpdatePanel 控件的触发器。

此外，Timer 控件可以放在 UpdatePanel 控件内部，也可以放在 UpdatePanel 控件外部。当 Timer 控件位于 UpdatePanel 控件内部时，则 JavaScript 计时器组件只有在每一次回送完成时才会重新建立，也就是说，直到页面回送之前，定时器间隔时间不会从头计算，例如，若 Timer 控件的 Interval 属性设置为 10s，但是回送过程本身却花了 2s 才完成，这样下一次的回送将发生在前一次回送被引发之后的 12s。当 Timer 控件位于 UpdatePanel 控件之外时，当回送正在处理时，JavaScript 计时器组件仍然会持续计时，例如，若 Timer 控件的 Interval 属性设置为 10s，而回送过程本身花了 2s 完成，但下一次的回送仍将发生在前一次回送被引发之后的 10s，也就是说用户在看到 UpdatePanel 控件的内容被更新 8s 后，又会看到 UpdatePanel 控件再度被刷新。

【实例 17-5】Timer 控件的使用

本实例利用 Timer 控件来定时刷新网页上的汇率值以及该汇率的生成时间。初始情况下，Timer 控件每 5s 引发页面往返一次，从而更新一次 UpdatePanel 中的内容。用户可以选择 5s、60s 更新一次汇率值，或者根本不更新，具体实现步骤如下：

01 启动 Visual Studio 2012，创建一个 ASP.NET Web 空应用程序，命名为"实例 17-5"。
02 在网站根目录下添加一个名为 Default.aspx 的窗体文件。
03 单击网站目录中的 Default.aspx 文件，打开"视图设计器"，进入"源视图"，在<form>和</form>标记之间编辑关键代码如下：

```
1.    <asp:ScriptManager ID="ScriptManager1" runat="server" />
2.    <asp:Timer ID="Timer1" OnTick="Timer1_Tick" runat="server" Interval="11000" />
3.    <asp:UpdatePanel ID="StockPricePanel" runat="server" UpdateMode="Conditional">
```

```
4.      <Triggers>
5.          <asp:AsyncPostBackTrigger ControlID="Timer1" />
6.      </Triggers>
7.      <ContentTemplate>
8.              汇率:1$ 兑换 RMB 
9.      <asp:Label ID="StockPrice" runat="server"></asp:Label><br />
10.      时间:
11.      <asp:Label ID="TimeOfPrice" runat="server"></asp:Label><br/>
12.      </ContentTemplate>
13.   </asp:UpdatePanel>
14.   <div>
15.      <br />刷新频率:<br/>
16. <asp:RadioButton ID="RadioButton1" AutoPostBack="true" GroupName="TimerFrequency" runat="server"
    Text="5 秒" OnCheckedChanged="RadioButton1_CheckedChanged" /><br />
17.   <asp:RadioButton ID="RadioButton2" AutoPostBack="true" GroupName="TimerFrequency" runat="server"
    Text="60 秒" OnCheckedChanged="RadioButton2_CheckedChanged" /><br/>
18.   <asp:RadioButton ID="RadioButton3" AutoPostBack="true" GroupName="TimerFrequency"
    runat="server" Text="不刷新" OnCheckedChanged="RadioButton3_CheckedChanged" />
19.   <br />
20.   页面最后更新时间:
21.   <asp:Label ID="OriginalTime" runat="server"></asp:Label>
22.   </div>
```

上面的代码中第 1 行定义一个脚本管理控件 ScriptManager1。第 2 行定义一个时间控件 Timer1 并设置 Timer1 触发事件 Tick 以及时间间隔为 11s。第 3 行~第 13 定义一个更新面板控件 StockPricePanel 并设置更新模式属性。第 5 行在 StockPricePanel 的子标签 Triggers 内通过 AsyncPostBackTrigger 属性绑定 Timer1 控件来实现异步更新。第 9 行和第 11 行在 StockPricePanel 的子标签 ContentTemplate 中定义两个服务器标签控件,分别显示汇率的更新时间和更新后的价格。

第 17、18 和 19 行分别添加一个服务器单选按钮控件并设置它们各自的属性。第 21 行定义一个标签控件,显示页面的创建时间。

04 单击网站根目录下的 Default.aspx.cs 文件,编写代码如下:

```
1.  protected void Page_Load(object sender, EventArgs e){
2.      OriginalTime.Text = DateTime.Now.ToLongTimeString();
3.  }
4.  protected void Timer1_Tick(object sender, EventArgs e){
5.      StockPrice.Text = GetStockPrice();
6.      TimeOfPrice.Text = DateTime.Now.ToLongTimeString();
7.  }
8.  private string GetStockPrice(){
```

```
9.          double randomStockPrice = 6.7 + new Random().NextDouble();
10.            return randomStockPrice.ToString("C");
11.        }
12.    protected void RadioButton1_CheckedChanged(object sender, EventArgs e){
13.            Timer1.Enabled = true;
14.            Timer1.Interval = 5000;
15.    }
16.    protected void RadioButton2_CheckedChanged(object sender, EventArgs e){
17.            Timer1.Enabled = true;
18.            Timer1.Interval = 60000;
19.    }
20.    protected void RadioButton3_CheckedChanged(object sender, EventArgs e){
21.            Timer1.Enabled = false;
22.    }
```

上面的代码中第 1 行定义处理页面 Page 对象加载事件的 Load 方法。第 2 行将系统当前时间显示在标签控件 Label1 上。第 4 行定义处理 Timer1 控件 Tick 事件的方法。第 5 行调用自定义的 GetStockPrice 方法显示随机汇率值。第 6 行显示汇率时间。第 8 行自定义返回一个随机的汇率值的方法 GetStockPrice。第 9 行通过 random 对象的 NextDouble 方法随机产生数字。第 10 行将数字转换成带人民币符号的数字。

第 12 行~第 15 行处理单选按钮 RadioButton1 选择事件的方法，将刷新间隔时间设置为 5s。第 16 行~第 19 行处理单选按钮 RadioButton2 选择事件的方法，将刷新间隔时间设置为 60s。第 20 行~第 22 行处理单选按钮 RadioButton2 选择事件的方法，设置为不刷新。

05 按快捷键 Ctrl+F5 运行程序，效果如图 17-9 所示，用户选择不同的刷新频率，执行不同时间间隔的汇率值显示，同时实现页面无刷新状态。

图 17-9　运行结果

17.4　AJAX Control toolkit

AJAX Control toolkit 是一套基于 ASP.NET AJAX 框架的开源控件库，里面包含了 30 多

个非常好用的 AJAX 控件。这套控件最可爱的地方就是它们不是单独使用的新控件，而是作为现有服务器控件的 AJAX 功能扩展。也即是说，一个普普通通的使用了服务器控件的页面，只要向页面中拖放几个 AJAX 控件，简单设置几个属性，不需要多写一行代码，页面立即就拥有了 AJAX 功能。

17.4.1 AJAX Control toolkit 简介

AJAX Control Toolkit 是由 CodePlex 开源社区和 Microsoft 共同开发的一个 ASP.NET AJAX 扩展控件包，其中包含了 30 多种基于 ASP.NET AJAX 的、提供某专一功能的服务端控件。它可以在不重新载入整个页面的情况下实现最终更新页面或只刷新 Web 页中被更新的部分。并且它是一个免费的资源，任何程序开发人员都可以使用该资源。

AJAX Control Toolkit 构建在 ASP.NET AJAX Extensions 之上，满足了三个需要。首先，它提供了一个组件集，使网站开发者可以直接使用，从而快速完成 Web 应用程序的开发而不用写过多的代码，其次，它给那些希望写客户端代码的人提供了很好的范例，第三，它还能使最好的脚本开发者的工作脱颖而出。总而言之，AJAX Control Toolkit 是一组功能强大的 Web 客户端工具集，能大大地提高 Web 应用程序的开发效率及其质量。

Visual Studio 2012 本身并没有自带 AjaxControlToolkit 控件，必须下载安装后才能使用。下载地址为 http://asp.net/ajax/downloads/default.asxp，选择 AjaxControlToolkit-Framework3[1].5-NoSource.zip 文件下载。下载后解压缩文件，生成 AjaxControlExtender 文件夹和 SampleWebSite 文件夹。AjaxControlExtender 文件夹内是安装程序模板，安装程序文件名为 AjaxControlExtender.vsi。SampleWebSite 文件夹内是一个网站示例，包括所有的控件，可以在 Visual Studio 2012 中打开该网站了解这些控件的功能和使用方法，安装 AJAX Control Toolkit 的步骤如下：

01 单击 AjaxControlExtender.vsi 文件，出现如图 17-10 所示的"安装程序"对话框。

图 17-10 "Visual Stdio 内容安装程序"对话框

02 选择所需的模板，单击"下一步"按钮执行安装。安装完毕后，在如图 17-11 所示的 Vistual Studio 2012 Web 项目的工具箱中单击右键，选择"添加选项卡"选项，在出现的选项卡文本框中填写 AjaxControlToolkit，按 Enter 键。

03 在创建好的 AjaxControlToolkit 的选项卡上单击右键，选择"选择项"，弹出如图 17-12 所示"选择工具箱项"对话框。

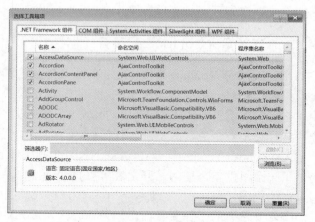

图 17-11　工具箱　　　　　　　　　图 17-12　"选择工具箱项"对话框

04 在对话框中选中 Accordion 和 AccordionPane 选项，单击"确定"按钮（如果在对话框中没有 Accordion 和 AccordionPane 这两个选项，则可以单击"浏览"按钮，在弹出的"打开"对话框中选择 SampleWebSite 文件夹下 bin 目录中的 AjaxControlToolkit.dll 文件，单击"打开"按钮，就引入了 Accordion 和 AccordionPane 这两个选项）。

05 这样就将 SampleWebSite 文件夹下 bin 目录中的 AjaxControlToolkit.dll 的组件引入了工具箱。

06 在如图 17-13 所示的 AjaxControlToolkit 选项卡下会出现 30 多个 AJAX 控件。

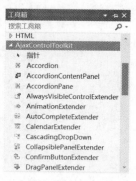

图 17-13　展开的 AjaxControlToolkit 选项卡

然后，就可以像使用工具箱中其他控件一样使用这些 AjaxControlToolkit 控件了。由于该控件集中控件较多，无法为大家一一介绍，所以下面仅介绍两个最为常用的控件。

17.4.2　CalendaeExtend 控件

在 Visual Studio 2012 的工具箱中，有一个常用的 Calendae 日历控件，但这个控件一直让用户感觉不好，因为在选择日期时会刷新页面。现在 AjaxControlToolkit 中针对 TextBox 控件设计了一个 Calendae 的扩展控件 CalendaeExtend，使日历与 TextBox 控件完全地结合，在 CalendaeExtend 中选择日期，会直接反应在 TextBox 控件上，不需要写任何程序代码。CalendaeExtend 控件改进了 ASP.NET 日历控件的多项缺陷：如原来日历在切换时，只能用月份转换，如果要输入距离现在很久的日期时，切换日历需要花费极多的时间，而在 CalendaeExtend 中可使用年份和月份切换，且采取了列表式的显示，保证用户可以在任何日期中转换。同时能够实现选择日期时页面的无刷新，功能很强大。

CalendaeExtend 控件有三个常用而重要的属性：

● TargetControlID 属性用于设置关联的文本框控件编号，当用户单击关联的文本框时，日历会自动弹出，当选择好日期后，日历会自动消失，所选的日期会显示在文本框中。
● Format 属性用于设置显示在关联文本框 TextBox 中日期的格式。
● CssClass 属性用于设置此日历控件的 CSS 外观格式。

【实例 17-6】CalendaeExtend 的使用

本实例演示使用 CalendarExtend 日历扩展控件配合 TextBox 控件实现 AJAX 弹出式日历供用户无刷新的选择日期并显示选择结果。具体实现步骤如下：

01 启动 Visual Studio 2012，创建一个 ASP.NET Web 空应用程序，命名为"实例 17-6"。
02 在网站的根目录下创建一个名为 Default.aspx 的窗体文件。
03 单击 Default.aspx 文件，打开"视图编辑"界面，进入到"源视图"，在<form>和</form>标记之间编辑关键代码如下：

```
1.    <asp:ScriptManager ID="ScriptManager1" runat="server">
2.    </asp:ScriptManager>
3.    <cc1:CalendarExtender ID="CalendarExtender1" runat="server" TargetControlID="TextBox1"
      Format="yyyy-MM-dd"></cc1:CalendarExtender>
4.    请输入查询的日期：<asp:TextBox ID="TextBox1" runat="server"></asp:TextBox>
5.     <asp:Button ID="Button1" runat="server" Text="提交"/>
```

在上面的代码中，第 1、2 行定义一个服务器脚本管理控件 ScriptManager1，管理页面中的 AJAX 控件。第 3 行定义一个服务器日历扩展控件 CalendarExtender1，设置其与文本框控件 TextBox1 关联、日期的显示格式为 yyyy-MM-dd。第 4 行定义一个服务器文本框控件 TextBox1，用于用户选择查询日期。第 5 行定义一个服务器按钮控件 Button1 并设置其显示的文字。

04 按快捷键 Ctrl+F5 运行程序，效果如图 17-14 所示。当用户将鼠标放置在文本框区域内单击，填出日历控件，选择查询日期后单击"提交"按钮。文本框中将显示如图 17-15 所示的日期。

图 17-14　运行结果 1　　　　　　　　图 17-15　运行结果 2

17.4.3　Accordion 控件

Accordion 是一个可以让页面显示多个 Panel 面板，用户可方便地展开或者关闭一系列页面 Panel，有点类似多个 CollapsiblePanels 控件的组合。但是在同一时间内，只能展开其中的一个 Panel，每一个 Accordion 控件包括若干个 AccordionPane 控件，AccordionPane 控件可以象 Panel 控件一样，用来作为其显示内容的载体。

另外，每一个 AccordionPane 又具有 Header 和 Content 部分，分别用于表示它的标题和其中的内容。

Accordion 控件具有保持其选中状态的功能，当页面发生提交的过程后，Accordion 保留其提交前选中的页面。

Accordion 控件的常用属性如表 17-7 所示。

表 17-7　Accordion 控件的常用属性

属性标签名	描述
SelectedIndex	该控件初次加载时展开 AccordionPane 面板的索引值
HeaderCssClass	该 Accordion 中包含的所有 AccordionPane 面板的标题区域所应用的 CSS Class
ContentCssClass	该 Accordion 中包含的所有 AccordionPane 面板的内容区域所应用的 CSS Class
AutoSize	在展开具有不同高度的 AccordionPane 面板时，该 Accordion 总高度的变化方式
FadeTransitions	若该属性值设置为 true，则在切换当前展开的 AccordionPane 面板时，将带有淡入淡出效果
TransitionDuration	展开/折叠一个 AccordionPane 面板的过程所花费的时间，单位为 ms
FramesPerSecond	播放展开/折叠 AccordionPane 面板动画的每秒钟帧数
DataSourceID	页面中某个 DataSource 控件的 ID，用于通过数据绑定自动生成 AccordionPane 面板
Panes	该标签内将包含一系列的<ajaxToolkit:AccordionPane>标签，即 Accordion-Pane 声明，用来表示 Accordion 中包含的面板
HeaderTemplate	在使用数据绑定功能自动生成 AccordionPane 面板时，该标签内将定义每个面板的标题区域中的内容模板
ContentTemplate	在使用数据绑定功能自动生成 AccordionPane 面板时，该标签内将定义每个面板的正文区域中的内容模板

表 17-7 中 AutoSize 属性支持以下三种显示和排版方式：

● None，Accordion 在其展开或者折叠过程中，将根据它内部显示的内容自动进行尺寸的变化，不受到任何的条件限制。如果将 AutoSize 属性设置为 None 它将可能造成页面上的其他元素跟随 Accordion 的尺寸变化产生向上或者向下的移动。

● Limit，它将使得 Accordion 控件永远不能将它的尺寸扩展到规定的高度（Height）属性之外，如果将 AutoSize 属性设置为 Limit，可能会造成在某种情况下，它里面的内容需要通过滚动条来滚动。

● Fill，它将使得 Accordion 控件永远都保持在其高度（Height）属性规定的高度。

Accordion 同样可以象 DataGrid 一样进行数据绑定，它同样可以通过设置 DataSource 属性和 DataSourceID 属性，并在 HeaderTemplate 和 ContentTemplate 属性中设置其绑定的模板即可将其进行数据绑定。

【实例 17-7】Accordion 控件的使用

利用 Accordion 控件实现多个导航菜单的展开与折叠，具体实现步骤如下：

01 启动 Visual Studio 2012，创建一个 ASP.NET Web 空应用程序，命名为 "实例 17-7"。

02 在网站根目录下创建一个名为 Default.aspx 窗体文件。

03 单击网站目录中的 Default.aspx 文件，打开 "视图设计器"，进入 "源视图" 中，在 <form> 和 </form> 标记之间编辑关键代码如下：

```
1.   <asp:ScriptManager ID="ScriptManager1" runat="server"></asp:ScriptManager>
2.   <cc1:Accordion ID="Accordion1" runat="server" Height="349px" Width="355px" AutoSize="None"
     BorderColor="LightSteelBlue" BorderStyle="Dotted" ForeColor="Black" HeaderCssClass="accordionHeader"
     ContentCssClass="accordionContent" SuppressHeaderPostbacks="true" equireOpenedPane="false">
3.      <Panes>
4.       <cc1:AccordionPane ID="AccordionPane1" runat="server" HeaderCssClass="aa" ContentCssClass="">
5.         <Header>日志管理</Header>
6.         <Content>
7.            <a href ="~/Default.aspx">发表日志</a><br />
8.            <a href ="~/Default1.aspx">管理日志</a>
9.         </Content>
10.      </cc1:AccordionPane>
11.      <cc1:AccordionPane ID="AccordionPane2" runat="server" HeaderCssClass="aa" ContentCssClass="">
12.        <Header>相册管理</Header>
13.        <Content>
14.           <a href ="~/Default2.aspx">管理相册</a><br />
15.           <a href ="~/Default3.aspx">创建相册</a><br />
16.           <a href ="~/Default4.aspx">上传照片</a>
17.        </Content>
18.      </cc1:AccordionPane>
19.      <cc1:AccordionPane ID="AccordionPane3" runat="server" HeaderCssClass="aa" ContentCssClass="">
```

```
20.        <Header>好友管理</Header>
21.        <Content>
22.            <a href ="~/Default5.aspx">添加好友</a><br />
23.            <a href ="~/Default6.aspx">更新好友</a><br />
24.            <a href ="~/Default7.aspx">删除好友</a>
25.        </Content>
26.      </cc1:AccordionPane>
27.    </Panes>
28.  </cc1:Accordion>
```

上面的代码中第 1 行添加一个脚本管理控件 ScriptManager1，对页面中的 AJAX 控件进行管理。第 2 行~第 28 行添加一个 Accordion 控件，其中，第 3 行到第 27 行使用 Panes 标签来包含 Accordion 控件中的面板。第 4 行~第 9 行、第 10 行~第 17 行、第 18 行~第 25 行分别添加了三个 AccordionPane 控件，第 5、11、19 行定义面板的标题，第 6 行~第 9 行、第 13 行~第 17 行、第 21~25 行定义面板的内容。

04 按快捷键 Ctrl+F5 运行程序，效果如图 17-16 所示。单击"相册管理"菜单，展开下面子菜单内容，而上题中已经展开的内容将折叠起来，如图 17-17 所示。

图 17-16　运行效果

图 17-17　运行效果

17.5　上机题

1. 使用 Visual Studio 2012 集成开发环境创建、运行本章所有的代码和实例，并分析其执行结果。

2.编写一个 ASP.NET Web 应用程序，使用 ScriptManager 控件在客户端调用 Web 服务，此 Web 服务实现一个四则运算的计算器的运算功能。运行程序的结果如图 17-18 所示。

3. 编写一个 ASP.NET Web 应用程序，在 UpdatePanel 控件内实现局部更新。运行程序后的界面如图 17-19 所示。

图 17-18 运行结果

图 17-19 运行结果

4. 编写一个 ASP.NET Web 应用程序，在网站注册页面中，使用 AJAX 技术检测注册用户名是否已经存在。用户名 admin、user1 和 user2 保存在一个数组中，当用户注册时输入的用户名和数组中任意一个相同时，提示用户已存在的提示，反之，提示注册成功的信息。运行程序后如图 17-20 所示。

图 17-20 运行结果

5. 编写一个 ASP.NET Web 应用程序，当用户选择下拉列表中某个商品的名称，在还没有从数据库中获得该商品的信息显示在列表控件 GridView 前，出现等待提示的图片和文字。获取数据完毕后，等待提示消失，数据显示在列表中。本题的数据库文件是第 6 章上机题 2 中创建的 CoffeeManagement。代码运行后的结果如图 14-21 和图 14-22 所示。

图 17-21 运行结果 1

图 17-22 运行结果 2

6. 编写一个 ASP.NET Web 应用程序，不使用 AjaxControlToolkit 控件集中的 CalendaeExtend 控件，使用普通的服务器日历控件 Calendaer 实现选择日期的无刷新页面效果，运行程序后的界面如图 17-23 所示。

7. 编写一个 ASP.NET Web 应用程序，使用 GridView 控件和 ASP.NET.AJAX 技术实现不刷新页面的表数据更新，本题的数据库文件是第 6 章上机题 2 中创建的 CoffeeManagement，运行代码结果如图 17-24 所示。

图 17-23　运行结果　　　　　　图 17-24　运行结果

8. 编写一个 ASP.NET Web 应用程序，使用 ASP.NET AJAX 控件实现网站用户注册时验证会员的密码安全程度的功能，运行效果如图 17-25 所示。

9. 编写一个 ASP.NET 应用程序，使用 ASP.NET AJAX 控件模仿实现搜索引擎的智能匹配搜索功能，只要输入部分关键字，就能够显示相关搜索提示信息列表。运行效果如图 17-26 所示。

图 17-25　运行结果　　　　　　图 17-26　运行效果

第 18 章　ASP.NET MVC 程序开发

MVC 模式的概念很早就提出来了，而且在 Java 中的应用非常成熟，其他 Web 编程语言也有其对应的 MVC 框架，像 PHP 和 Ruby 等。相比较而言，ASP.NET 的起步比较晚，算是后起之秀，它解决了 ASP.NET WebForm 编程具有的高度封装和制作高性能网站的效率瓶颈。通过本章的学习，读者可以在 Visual Studio 2012 中创建 ASP.NET MVC 应用程序，帮助读者快速入门。

18.1　ASP.NET MVC 简介

脱离任何一种开发语言来讲，MVC 是一个纯粹的设计模式、一种思想，也算是一种程序模块职责的划分方式。ASP.NET MVC 是微软官方提供的依据 MVC 模式编写的应用于 ASP.NET Web 应用程序的一个框架。

18.1.1　ASP.NET Web 开发中存在的不足

在 MVC 设计引进到 ASP.NET Web 应用开发中之前，编程人员都在采用 Web 表单的方式来开发应用程序。Web 表单的指导思想是把 Windows 桌面应用中的表单模型引入到 Web 应用程序的开发中。这种模型很快就吸引了大批的传统 Windows 桌面应用开发人员，特别是以前的 VB 6.0 开发人员。现在，许多 VB 6.0 开发者已经转到了 ASP.NET Web 开发领域，但是他们并没有基本的 HTTP 与 Web 基本知识。为了模拟传统型 Windows 桌面应用程序中的表单开发体验，Web 表单引入了事件驱动的方法，而且还引入了 Viewstate 和 Postback 等相关概念。最终，Web 表单技术彻底地攻克了 Web 中无状态特征这个难关。

但正是基于这种指导思想，Web 表单技术存在以下无法避免的缺点：

- Viewstate 和 Postback 提高了 Web 应用程序开发的复杂性。例如，即使一些非常简单的 Web 页面也有可能产生大于 100KB 的 Viewstate，这当然会在某些情况下严重影响系统的性能。
- 开发人员无法控制 Web 表单生成的 HTML。
- ASP.NET 服务器控件生成的 HTML 既混杂有内联方式也包含不符合标准的过时标签。
- 与 JavaScript 框架的集成比较困难，这主要是因为生成的 HTML 命名惯例所造成的。
- Web 表单相应的页面生命周期太复杂了，在整个 ASP.NET 框架中所有内容都是紧耦合型的，并且仅使用一个类来负责显示输出和处理用户输入。因而，单元测试几乎是一项不可能完成的任务。

● 随着 Web 应用越来越复杂化，不容易测试也越来越成为实际应用开发中的一个棘手的问题。

18.1.2　什么是MVC

MVC 英文为 Model-View-Controller，即把一个 Web 应用的输入、处理、输出流程按照 Model、View、Controller 的方式进行分离，这样一个应用被分成三个层——模型层、视图层、控制层。

视图（View）代表用户交互界面，对于 Web 应用来说，可以概括为 HTML 界面，但有可能为 XHTML、XML 和 Applet。随着应用的复杂性和规模性，界面的处理也变得具有挑战性。一个应用可能有很多不同的视图，MVC 设计模式对于视图的处理仅限于视图上数据的采集和处理，以及用户的请求，而不包括在视图上的业务流程的处理。业务流程的处理交予模型（Model）处理。比如一个查询的视图只接受来自模型的数据并显示给用户，以及将用户界面的输入数据和请求传递给控制和模型。

模型（Model）就是业务流程/状态的处理以及业务规则的制定。业务流程的处理过程对其他层来说是黑箱操作，模型接受视图请求的数据，并返回最终的处理结果。业务模型的设计可以说是 MVC 最主要的核心。目前流行的 EJB 模型就是一个典型的应用例子，它从应用技术实现的角度对模型做了进一步的划分，以便充分利用现有的组件，但它不能作为应用设计模型的框架。它仅仅告诉按这种模型设计就可以利用某些技术组件，从而减少了技术上的困难。对一个开发者来说，就可以专注于业务模型的设计。MVC 设计模式说明，把应用的模型按一定的规则抽取出来，抽取的层次很重要，这也是判断开发人员是否优秀的依据。抽象与具体不能隔得太远，也不能太近。MVC 并没有提供模型的设计方法，而只负责组织管理这些模型，以便于模型的重构和提高重用性。可以用对象编程来做比喻，MVC 定义了一个顶级类，通知它的子类能做这些，但没办法去限制子类仅仅只能够做这些，这点对编程的开发人员非常重要。

业务模型还有很重要的一点就是数据模型。数据模型主要指实体对象的数据保存（持续化）。比如将一张订单保存到数据库，从数据库获取订单。可以将这个模型单独列出，所有有关数据库的操作只限制在该模型中。

控制（Controller）可以理解为从用户接收请求，将模型与视图匹配在一起，共同完成用户的请求。划分控制层的作用也很明显，它就是一个分发器，选择什么样的模型，选择什么样的视图，可以完成什么样的用户请求。控制层并不做任何的数据处理。例如，用户单击一个链接，控制层接受请求后，并不处理业务信息，它只把用户的信息传递给模型，告诉模型做什么，选择符合要求的视图返回给用户。因此，一个模型可能对应多个视图，一个视图可能对应多个模型。

模型、视图与控制器的分离，使得一个模型可以具有多个显示视图。如果用户通过某个视图的控制器改变了模型的数据，所有其他依赖于这些数据的视图都应反应到这些变化。因此，无论何时发生了何种数据变化，控制器都会将变化通知所有的视图，导致显示的更新。这实际上是一种模型的变化-传播机制。模型、视图、控制器三者之间的关系和各自的主要功能如图 18-1 所示。

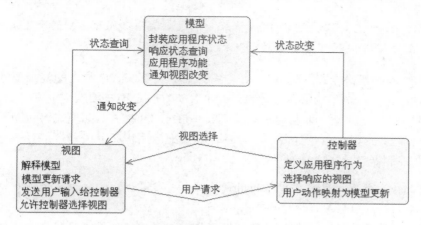

图 18-1　MVC 组件类型的关系和功能

MVC 设计模式具有如下的优点:

● 可以为一个模型在运行时同时建立和使用多个视图。变化-传播机制可以确保所有相关的视图及时得到模型数据变化,从而使所有关联的视图和控制器做到行为同步。

● 视图与控制器的可接插性,允许更换视图和控制器对象,而且可以根据需求动态地打开或关闭、甚至在运行期间进行对象替换。

● 模型的可移植性。因为模型是独立于视图的,所以可以把一个模型独立地移植到新的平台工作。需要做的只是在新平台上对视图和控制器进行新的修改。

● 潜在的框架结构。可以基于此模型建立应用程序框架,不仅仅用在设计界面的设计中。

18.1.3　ASP.NET MVC

ASP.NET MVC 框架为创建基于 MVC 设计模式的 Web 应用程序提供了设计框架和技术基础。它是一个轻量级的、高度可测试的演示框架,并且它结合了现有的 ASP.NET 特性(如母版页等)。MVC 框架被定义在 Sytem.Web.Mvc 命名空间,并且是被 Sytem.Web 命名空间所支持的。

ASP.NET MVC 框架具有如下一些特性:

● ASP.NET MVC 框架深度整合许多用户熟悉的平台特性,如运行时、身份验证、安全性、缓存和配置特性等。

● 整个架构是基于标准组件的,所以开发人员可以根据自己的需要分解或替换每个组件。

● ASP.NET MVC 框架使用用户熟悉的 ASPX 和 ASCX 文件进行开发,然后在运行时生成 HTML 的方式,并且在 Vistual Studio 2010 中支持母版嵌套的功能。

● 在这个框架中,URL 将不再映射到 ASPX 文件,而是映射到一些控制类(controller classes)。所谓控制类,是一些不包含 UI 组件的标准类。

● ASP.NET MVC 框架实现了 System.Web.IHttpRequest 和 IHttpResponse 接口,这使得单元测试能力得到了增强。

● 在进行测试时，不必再通过 Web 请求，单元测试可以撇开控制器而直接进行。
● 可以在没有 ASP.NET 运行环境的机器上进行单元测试。

　　ASP.NET MVC 架构能够简化 ASP.NET Web 表单方案编程中存在的复杂部分，但是在威力与灵活性方面将一点也不会逊色于后者。ASP.NET MVC 架构要实现的在 Web 应用程序开发中引入模型-视图-控制器（即 Model-View-Controller）UI 模式，此模式将有助于开发人员最大限度地以松耦合方式开发自己的程序。MVC 模式把应用程序分成三个部分——模型部分，视图部分以及控制器部分。

● 视图部分：负责生成应用程序的用户接口；也就是说，它仅仅是填充有自控制器部分传递而来的应用程序数据的 HTML 模板。
● 模型部分：负责实现应用程序的数据逻辑，它所描述的是应用程序（它使用视图部分来生成相应的用户接口部分）的业务对象。
● 控制器部分：对应一组处理函数，由控制器来响应用户的输入与交互情况。也就是说，Web 请求都将由控制器来处理，控制器会决定使用哪些模型以及生成哪些视图。

　　MVC 模型将使用其特定的控制器动作（Action）来代替 Web 表单事件。因此，使用 MVC 模型的主要优点在于，它能够更清晰地分离关注点，更便于进行单元测试，从而能够更好地控制 URL 和 HTML 内容。值得注意的是，MVC 模型不使用 Viewstate、Postback、服务器控件以及基于服务器技术的表单，因而能够使开发人员全面地控制视图部分所生成的 HTML 内容。MVC 模型使用了基于 REST（Representational state transfer）的 URL 来取代 Web 表单模型中所使用的文件名扩展方法，从而可以构造出更为符合搜索引擎优化（SEO）标准的 URL。
　　微软公司的 ASP.NET 在最开始的几个版中并没有提供支持 MVC 设计模式的框架，但是为了满足市场的需要和广大 ASP.NET 开发人员的要求，终于在 2008 年 3 月，微软发布了 ASP.NET MVC 预览版 2，在这个预览版中，提供了 MVC routing，并对测试功能进行了改进。另外，它还提供了 Vistual Studio 2008 开发环境中第一个支持 MVC 的模板，而且对动态数据进行了改进。这个版本才是真正意义上的 ASP.NET MVC 框架。此后，这个框架经过不断更新，目前集成在 Vistual Studio 2012 开发环境中的是 ASP.NET MVC 4 正式版。

18.2　ASP.NET MVC 应用程序

　　ASP.NET MVC 框架应用程序把 URLS 映射到服务器代码，它不是把 URLS 映射到存储在硬盘上的.aspx 文件或处理器，而是把 URLS 映射到控制器类。控制器类处理传入的诸如用户输入和交互请求，并执行相应的应用程序和数据逻辑，最后控制器类通常调用视图组件来生成 HTML 输出。

18.2.1　MVC 应用程序的创建

　　ASP.NET MVC 框架包含一个 Visual Studio 项目模板，这个模板可以为创建基于 MVC 设计模式的 Web 应用程序提供帮助。它创建一个新的 MVC Web 应用程序，并且提供了需要的文件夹、项模板和配置文件入口。

【实例 18-1】 MVC 程序的创建

本实例在 Vistual Studio 2010 开发环境中创建一个的基于 ASP.NET MVC 框架的 Web 应用程序并运行结果，具体实现步骤如下：

01 启动 Vistual Studio 2012，选择如图 18-2 所示菜单栏上的"文件" | "新建项目"命令，弹出如图 18-3 所示的"新建项目"对话框。

图 18-2　新建项目

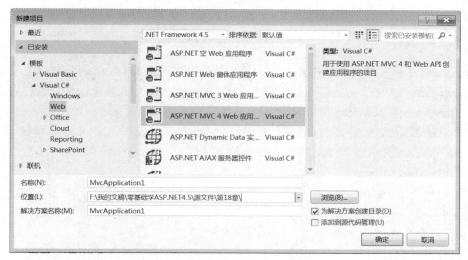

图 18-3　"新建项目"对话框

02 选择"已安装"模板下的"Visual C#"模板中的 Web 选项，并在模板文件列表中选中"ASP.NET MVC 4 Web 应用程序"，然后在"名称"和"解决方案名称"文本框输入 MvcApplication1，在"位置"文本框中输入保存文件的目录，最后单击"确定"按钮，弹出如图 18-4 所示的"新 ASP.NET MVC 4 项目"对话框。

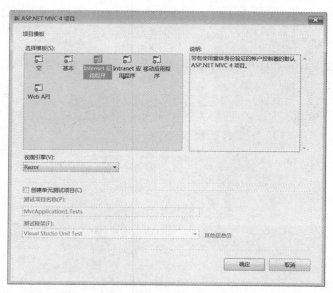

图 18-4　"新 ASP.NET MVC 4 项目"对话框

03 在"选择模板"列表框中列出了可以选择的模板：

● Internet 应用程序模板，包含 MVC Web 应用程序的开始部分，这样可以在创建好应用程序之后，就可以马上运行应用程序了。这个模板包含了基于 ASP.NET Membership system 的一些基本账号管理功能。

● Intranet 应用程序模板，在 ASP.NET MVC 3 Tools Update 中增加了这个模板，和 Internet Application 模板相似，但是账号管理功能是基于 Windows 账号的，而不是基于 ASP.NET Membership system。

● 基本（Basic）模板，这个模板非常小，包含有基本的文件夹，CSS 和 MVC 应用程序基础架构。运行该模板创建的项目将出现错误。基本模板适用于有经验的 MVC 开发人员，开发人员希望按照自己的需要设置和配置应用程序。

● 空（Empty）模板，在 ASP.NET MVC 4 中，之前的空模板更名为基本模板，新的空模板则是空的，它包含有程序集和基本的目录结构。

● 移动应用程序模板（Mobile Application template），移动应用程序模板配置为 jQuery Mobile，用来创建面向移动终端的网站。它包含有移动可视化主题、触摸优化用户界面和支持 AJAX 导航。

● Web API 模板，ASP.NET Web API 是用来创建 HTTP services 框架的。Web API 模板和 Internet 应用程序模板比较相似，但为 Web API 开发进行了简化。例如，它没有用户账号管理功能，因为 Web API 账号管理通常和标准 MVC 账号管理不同。在其他 MVC 项目模板中也有 Web API 功能，甚至在非 MVC 项目类型中。

　　在"视图引擎"下拉列表中提供了在 MVC 应用程序中不同模板语言来生成 HTML 标记，包括 ASPX 和 Razor 两种视图引擎。

　　所有内置项目模板都提供选项创建一个单元测试项目，并提供了示例单元测试。如果不选中"创建单元测试项目"复选框，则项目不会创建任何单元测试。在选择"创建单元测试项目"复选框后，可以看到如下选择：

● 单元测试项目的名称，可以修改；
● 选择测试框架，默认只有一个测试框架选项，如果按照其他单元测试框架，如 xUnit、NUnit、MbUnit 等等，就可以在下拉列表中看到了。

这里选择其中的"Internet 应用程序"选项，在"视图引擎"下拉列表中选择 Razor 选项，使用默认的 Razor 试图引擎，不选中"创建单元测试项目"复选框，然后单击"确定"按钮。

04 此时，在"解决方案资源管理器"中会自动生成一个如图 18-5 所示的基本 ASP.NET MVC 4 的 Web 应用项目 MvcApplication1。

图 18-5　ASP.NET MVC 应用程序

05 按快捷键 Ctrl+F5 运行程序，效果如图 18-6 所示。程序显示了 MvcApplication1 项目首页。细心的读者会问还没有编写任何的代码，怎么就会出现设计好的页面呢。其实在 Visual Studio 2012 开发环境中创建的每一个 ASP.NET MVC 项目都是一个模板也就是一个示例，为开发基于 MVC 设计模式的 Web 应用程序提供帮助。

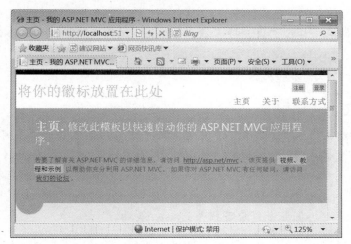

图 18-6　程序首页

18.2.2 MVC 应用程序的结构

在使用 Visual Studio 2012 创建一个新 ASP.NET MVC 应用程序时，它将自动添加一些文件和目录到项目中。通过 Internet 应用程序模板创建的 ASP.NET MVC 项目有 9 个一级目录，如图 18-7 所示。

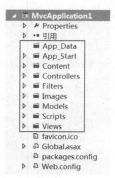

图 18-7 网站目录结构

从网站目录结构图中可以看到，在新创建的网站项目中包含了很多自动生成的文件夹和文件，有些在创建其他类型的网站项目中已经介绍过，有些则是第一次看到的。为了能够方便代码的管理，利用 ASP.NET MVC 框架创建出的网站项目会自动生成这些文件夹和文件。

- App_Data 文件夹：用来存储可读写数据文件，与基于 Web 表单的 ASP.NET Web 应用程序中的 App_Data 文件夹具有相同的功能。
- App_Start 文件夹：存放功能配置代码，如 Routing、Bundling、Web API 等等。
- Content 文件夹：存放 CSS 和其他非 Scripts 和图像的网站内容。
- Controllers 文件夹：存放负责处理 URL 请求的控制器类，控制器组件一般存放在 Controllers 文件夹中，控制器的命名约定采用 XXXController 的方式。
- Filters：存放过滤器代码，过滤器是 ASP.NET MVC 中的一个高级特性。
- Images：存放网站中使用到的图像文件。
- Models 文件夹：模型组件一般存放在 Models 文件夹中，例如 LINQ to SQL 类或者 ADO.NET Entity Data Model 就可以存放在该目录中。该目录还可以存放有关数据访问操作的一些类和对象的定义等。
- Scripts 文件夹：存放 JavaScript 类库文件和脚本文件.js。
- Views 文件夹：视图组件一般存放在 Views 文件夹中，可以存放的类型包括.aspx 页面、.ascx 控件及.master 母版页等。这里需要说明的是对每一个控制器，在 View 文件夹中都有一个与控制器对应的目录。例如，存在一个控制器 HomeController，那么在 Views 文件夹中，就必须创建一个 Home（控制器 HomeController 名称的前面部分）的目录，这样当 ASP.NET MVC 框架通过控制器 HomeController 加载相关的视图时，就会自动寻找 Views/Home 目录下相关的.aspx 页面。

除了上面的一些一级文件夹，还有两个比较重要的目录。这个只是 ASP.NET MVC 4 的默认项目结构，开发人员可以根据实际需要进行调整。如在大型应用程序中，一般使用多个项目，如将数据模型类存放在一个独立的 Class Library 项目中，让项目更易于管理。然而，默认的项目结构提供了一个很好的默认目录约定，使应用程序的关注点很清晰。

除了默认的目录结构之外，Visual Studio 2012 还创建了一些默认的文件：如在/Controllers 目录下，有两个控制器（Controller）类，分别为 HomeController 和 AccountController；在/Views 目录下，有三个子目录，分别为/Account、/Home 和/Shared，以及一些模板文件；还有/Content 和/Scripts 目录，Site.css 文件用来设置站点的 HTML 样式，JavaScript 类库则让应用程序支持 jQuery 应用；在/View 目录下，有一个 Shared 的文件夹，该目录不属于单个的控制器，而是属于所有的控制器，在 Shared 中可以存放母版页、CSS 样式表等文件。

另外，Global.asax 这一文件非常的重要，因为在 ASP.NET MVC 中，使用了 Global.asax 文件中的后置代码文件 Global.asax.cs，在它里面默认生成了相关的路由逻辑。打开该文件可以看到如下的代码：

```
1    public class MvcApplication : System.Web.HttpApplication{
2       protected void Application_Start(){ //在程序启动时执行这个事件
3          AreaRegistration.RegisterAllAreas();
4          WebApiConfig.Register(GlobalConfiguration.Configuration);
5          FilterConfig.RegisterGlobalFilters(GlobalFilters.Filters);
6          RouteConfig.RegisterRoutes(RouteTable.Routes);
7          BundleConfig.RegisterBundles(BundleTable.Bundles);
8          AuthConfig.RegisterAuth();
9       }
10   }
```

以上代码中第 1 行定义了一个 MvcApplication 类继承于 System.Web.HttpApplication。第 4 行在 Application 的开始事件 Start 中调用 RegisterRoutes 方法。当程序运行后，程序就会按照方法 RegisterRoute 定义的寻址功能来实现应用程序的寻址。

18.2.3 URL 路由

在这一节中，介绍 ASP.NET MVC 应用程序的一个重要的特点叫做"URL 路由"。URL 路由负责映射从浏览器请求到特定的控制器动作。

1. 定义 URL 路由

定义 URL 路由，就是设置 URL 模式。在 URL 路由中，通过大括号"{}"定义占位符，这些占位符就是 URL 路由的参数，而字符中的"/"、"."等符号则被作为分隔符被 URL 路由解析这些离散的数据，对于不在小括号或者方括号中的信息则被视为一个常量。表 18-1 说明了如何定义 URL 路由。

表 18-1　定义 URL 路由

有效的 URL 路由定义	匹配的 URL 例子
{controller}/{action}/{id}	/Products/show/beverages
{table}/Details.aspx	/Products/Details.aspx
blog/{action}/{entry}	/blog/show/123
{reporttype}/{year}/{month}/{day}	/sales/2008/1/5

在表 18-1 中可以看到，第一行定义了含有三个 URL 路由参数的 URL 路由，此时例子中的 Products 就是控制器的名称，show 就是该控制器中所定义的一个方法，而 beverages 则是一个 id 变量。对于第 2 行所定义的 URL 路由来说，例中的 Products 是一个数据表名称，而 Details.aspx 则是一个常量。第 3 行定义了一个含有两个 URL 路由参数的 URL 路由，此时例子中的 blog 是一个常量，show 是相关控制器中所定义的一个方法，而 123 则是一个 enty 变量。第 4 行定义了含有 4 个 URL 路由参数的 URL 路由，此时 sales 是一个 repotrtype 变量，2008 是一个 year 变量，1 是一个 month 的变量，5 是 day 的变量。因此，通过定义 URL 路由，非常有利于对相关页面功能的理解。

通常情况下，路由的添加是在文件 Global.asax 的 Application_Start 事件处理器函数中进行的，这样可以确保当应用程序启动时路由是可用的，并且在对应用程序进行单元测试时还支持直接调用该方法。如果想在单元测试应用程序时直接调用它，那么，必须把注册路由的方法设置为静态的并且为其提供一个参数 RouteCollection。

一般是通过把各个路由添加到 RouteTable 类的静态 Routes 属性中实现最终添加路由的。其中，属性 Routes 是一个 RouteCollection 对象集合，其中存储了 ASP.NET 应用程序所有的路由。

下面代码展示了来自于文件 Global.asax 中的代码片断，在代码中添加一个 Route 对象，此对象中定义了两个名字分别为 action 和 categoryName 的 URL 参数。

```
1    protected void Application_Start(object sender, EventArgs e){
2          RegisterRoutes(RouteTable.Routes);
3    }
4    public static void RegisterRoutes(RouteCollection routes){
5       routes.Add(new Route
6          (
7          "Category/{action}/{categoryName}"//定义路由方式
8          , new CategoryRouteHandler()//默认路由
9          ));
10    }
```

在上述代码中，第 1 行定义处理 Application 对象开始事件 Start 的方法，调用下面定义的 RegisterRoutes 方法。第 2 行调用第 4 行所定义的 RegisterRoutes 方法，在该方法中定义了一个 URL 路由，其中定义了两个 URL 路由参数，它们分别是 Action 变量和 categoryName。当 URL 路由处理 URL 请求时，首先去寻找匹配的 URL 路由，例如被请求的 URL 为

http://server/application/Category/Show/Tools 时,根据代码中所定义的 URL 路由,被请求的 URL 是匹配该 URL 路由的,因此 URL 路由参数中的 Action 变量为对应控制器中的 Show 方法,categoryName 变量则为 Tools。如果被请求的 URL 为 http://server/application/Category/Add,此时该 URL 与代码中所定义的 URL 路由不匹配,并且也没有定义默认的 URL 路由,那么此时的 URL 路由将不处理该请求,这个 URL 请求被当做普通的页面由传统的 ASP.NET 应用程序处理。

2. 默认的 URL 路由

通过 ASP.NET MVC 项目模板所建立的一个基本 MVC 网站,在 Global.asax 文件中就已经设定了默认的 URL 路由,以便我们即刻运行所建立的 MVC 网站。表 18-2 说明了所设定的默认 URL 路由。

表 18-2　ASP.NET MVC 支持的默认的 URL 模式

默认的 URL 模式	匹配 URL 的例子
{controller}/{action}/{id}	http://server/application/Products/show/beverages
Default.aspx	http://server/application/Default.aspx

从表 18-2 中可以看到,第 1 行设定了 URL 路由应当包括三个部分的路径参数,对于右边匹配的 URL 来说,对应的控制器名称为 ProductsController,控制器 ProductsController 中的执行方法为 show,而 id 变量则为 beverages。第二行设定了默认的 URL 路由为 Default.aspx 页面,该页面所对应的 URL 为 http://server/application/Default.aspx。

在设定了默认路径之后,如果被请求的 URL 没有包括相关的 URL 路由参数,那么 ASP.NET MVC 框架会设置默认的 URL 路由参数,表 18-3 说明了如何使用默认的 URL 路由参数。

表 18-3　对应两种模式默认的 URL 路由参数

默认的 URL 模式	默认值
{controller}/{action}/{id}	action="Index"　id=null
Default.aspx	controller="Home"　action="Index"　id=null

从表 18-3 中可以看到,如果使用第 1 行所定义的 URL 路由,那么,默认的执行方法为 Index,而 id 变量则为 null。如果被请求的页面是第二行的 Default.aspx,那么 ASP.NET MVC 框架使用默认的控制器为 HomeController,默认的执行方法为 Index,而 id 变量则为 null。

3. 设定 URL 路由参数的默认值

当定义好一个路由后,可以把一个默认的值赋给一个参数。如果 URL 中没有提供此参数值,那么将使用此默认值。为一个路由设置默认值,可以通过把一个字典赋值给 Route 类的 Defaults 属性来实现。

下面代码演示了如何为 URL 路由的参数设置默认值:

```
1    void Application_Start(object sender, EventArgs e){
2        RegisterRoutes(RouteTable.Routes);
3    }
4    public static void RegisterRoutes(RouteCollection routes){
5        routes.Add(new Route
6            (
7            //定义新的路由，寻址模式 Category/{action}/{categoryName}
8        "Category/{action}/{categoryName}",
9            new CategoryRouteHandler()
10           )
11           {
12        Defaults = new RouteValueDictionary      //默认的地址
13        {{"categoryName", "food"}, {"action", "show"}}
14           }
15           );
```

以上代码中，第 5 行~第 10 行创建了带两个参数 action 和 categoryName 的 URL 路由。第 12 行~第 14 行为创建好的 URL 路由中的参数设置默认值，即 categoryNam 变量的默认值是 food，而 Action 方法则是对应控制器中的 show 方法。表 18-4 说明如何使用 URL 路由参数的默认值。

表 18-4　URL 路由参数的默认值

被请求的 URL	参数值
/Category	action = "show"　categoryName = "food"
/Category/add	action = "add"　categoryName = "food"
/Category/add/beverages	action = "add"　categoryName= "beverages"

从表 18-4 中可以看到，第 1 行被请求的的 URL 中没有包括任何的 URL 路由参数，因此 URL 路由将使用设定的默认值，此时 categoryName 变量的默认值是 food，而 Action 方法则是对应控制器中的 show 方法。第 2 行中被请求的 URL 中包括一个 URL 路由参数，因此 URL 路由解析该 URL 后，此时 categoryName 变量的默认值是 food。而 Action 方法则是对应控制器中的 add 方法。第 3 行中被请求的 URL 中包括完整的 URL 路由参数，因此 URL 路由解析该 URL 后，此时 categoryName 变量的默认值是 beverages。而 Action 方法则是对应控制器中的 add 方法。

4. 使用 URL 路由

在 ASP.NET 4.5 中，包括了一个命名空间 System.Web.Routing，该程序集下的各个类主要实现路由的定义、解析、匹配等功能。也就是说，路由并不是专门服务于 ASP.NET MVC 框架，它同样可以运用在 WebForm 程序中。

（1）Route 类

Route 类是抽象类 RouteBase 的子类，在 Route 类中，设置了路由中的 5 个基本属性，它们分别是路由的约束 Constraints、路由的命名空间 Constraints、路由参数的默认值 Defaults、路由处理程序 RouteHandler 和路由 URL。Route 类还定义了 4 个重载的构造函数，如表 18-5 所示。

表 18-5　Route 类的构造函数列表

Route 类的构造函数	说明
public Route(string url, IRouteHandler routeHandler)	使用指定的 URL 模式和处理程序类初始化 System.Web.Routing.Route 类的新实例
public Route(string url, RouteValueDictionary defaults, IRouteHandler routeHandler)	使用指定的 URL 模式、默认参数值和处理程序类初始化 System.Web.Routing.Route 类的新实例
public Route(string url, RouteValueDictionary defaults, RouteValueDictionary constraints, IRouteHandler routeHandler)	使用指定的 URL 模式、默认参数值、约束和处理程序类初始化 System.Web.Routing.Route 类的新实例
public Route(string url, RouteValueDictionary defaults, RouteValueDictionary constraints, RouteValueDictionary dataTokens, IRouteHandler routeHandler)	使用指定的 URL 模式、默认参数值、约束、自定义值和处理程序类初始化 System.Web.Routing.Route 类的新实例

从表 18-5 中可以看出，在最简单的构造函数中，需要输入 URL 路由和路由处理程序两个参数；在最复杂的构造函数中，则需要输入 Route 类中的 5 个基本属性。

以下示例说明如何使用包括 Route 类中 5 个基本属性的构造函数：

```
1   Route route=new Route("Archive/{entryDate}");
2   new RouteValueDictionary{{"controller","Blog"}, {"action","Archive"}},
3   new RouteValueDictionary{{"entryDate",@"\d{2}-d{2}-\d{4}"}},
4   new RouteValueDictionary {{"namespace","Spencer.Route}},
5   new MvcRouteHandler()
6   );
```

以上代码分别定义：一个路由"Archive/{entryDate}"、一个 URL 路由参数的默认值 new RouteValueDictionary{{"controller","Blog"}, {"action","Archive"}}、一个利用正则表达式定义输入参数 entryDate 为指定日期格式的约束 new RouteValueDictionary{{"entryDate",@"\d{2}-d{2}-\d{4}"}}、一个定义命名空间的new RouteValueDictionary {{"namespace","Spencer.Route"}}以及路由处理程序 new MvcRouteHander()。

（2）RouteCollection 类

在实际的路由运用中，有时候需要创建多个路由，而 RouteCollection 类就是用来管理这些路由集合的。通过 RouteTable 类的静态属性 Routes 可以获得 RouteCollection 类的实例化对象。利用这一特性，可以在 Global.asax 文件中设置多个路由，设置的代码如下：

```
1   protected void Application_Start(){
```

```
2              RegisterRoutes(RouteTable.Routes);
3      }
4      public static void RegisterRoutes(RouteCollection routes){
5          routes.Add(new Route("{controller}/{active}/{id}",
6                  new RouteValueDictionary{{"controller","Home"},
7                      {"action","Index"}, {"id"," "},
8                  new MvcRouteHandler())
9      );
10         routes.Add(new Route("Category/{Active}/{categoryName}",
11                 new RouteValueDictionary{{"categoryName","food"},
12                     {"Action","show"}},
13                 new MvcRouteHandler())
14     );
15     }
```

以上代码中，第2行中的方法参数使用了 RouteTable.Routes 属性，以便获得 RouteCollection 类的实例化对象，然后通过第 5 行、第 10 行 RouteCollection 类的 Add 方法在集合类中添加新的路由。

（3） MapRoute 扩展方法

添加路由最简单的方法是使用位于命名空间 System.Web.Mvc 中的 RouteCollectionExtension 静态类，在这个类中针对路由集合类 RouteCollection 扩展了二个方法，他们分别是 IgnoreRoute 方法和 MapRoute 方法：IgnoreRoute()方法主要用于设置不需要使用路由解析的 URL 地址，有二个重载的方法。MapRoute()方法则用于设置各种的路径，一共有 6 个重载的方法。RouteCollectionExtension 类的扩展方法列表如表 18-6 所示。

表 18-6　RouteCollectionExtension 类的扩展方法

扩展方法名称	说明
IgnoreRoute(this RouteCollection routes, string url)	忽略给定可用路由列表和约束列表的指定 URL 路由，需要输入 URL 路由参数
IgnoreRoute(this RouteCollection routes, string url, object constraints)	映射指定的 URL 路由，需要输入 URL 路由参数和约束路由
MapRoute(this RouteCollection routes, string name, string url)	映射指定的 URL 路由并设置默认路由值，需要输入 URL 路由名称和路由参数
MapRoute(this RouteCollection routes, string name, string url, object defaults)	映射指定的 URL 路由并设置命名空间，需要输入 URL 路由名称、路由和路由默认参数
MapRoute(this RouteCollection routes, string name, string url, string[] namespaces)	映射指定的 URL 路由并设置默认路由值和约束，需要输入 URL 路由名称、路由和命名空间参数

（续表）

扩展方法名称	说明
MapRoute(this RouteCollection routes, string name, string url, object defaults, object constraints)	映射指定的 URL 路由并设置默认的路由值和命名空间，需要输入 URL 路由名称、路由、路由默认值和约束参数
MapRoute(this RouteCollection routes, string name, string url, object defaults, string[] namespaces)	映射指定的 URL 路由并设置默认的路由值、约束和命名空间，需要输入 URL 路由名称、路由、路由默认值和命名空间参数
MapRoute(this RouteCollection routes, string name, string url, object defaults, object constraints, string[] namespaces)	需要输入 URL 路由名称、路由、路由默认值、约束和命名空间参数

从表 18-6 中可以看出，各种扩展方法中的输入参数仍然是 Route 类中的 5 个基本属性，不过通过定义新的扩展方法，这些基本属性的变量类型有所改变，以便开发者可以更加方便地设置这些属性。如路由的默认值由原来的 RouteValueDictionary 类型，改变为现在的 object 类型；命名空间也由原来的 RouteValueDictionary 类型，改变为现有的 string[] 类型。

【**实例 18-2**】路由的使用

本实例演示如何在 ASP.NET MVC 项目中添加一个 .aspx 页面的路由，并由路由解析该页面。具体实现步骤如下：

01 启动 Vistual Studio 2012，创建一个基于 ASP.NET MVC 4 的 Web 应用项目"实例 18-2"。

02 在应用程序根目录下添加一个名为 WebForm1.aspx 的窗体文件。

03 单击网站根目录下的 App_Start 文件夹中的 RouteConfig.cs 文件，在文件中编写代码如下：

```
1    public static void RegisterRoutes(RouteCollection routes){
2        routes.IgnoreRoute("{resource}.axd/{*pathInfo}");
3            routes.MapRoute(
4                "Start",
5                "WebForm1.aspx",
6                 new { controller = "Home", action = "Index", id = "" }
7            );
8            routes.MapRoute(
9                "Default",
10               "{controller}/{action}/{id}",
11               new{controller="Home",action="Index",id="" }
12           );
13    }
```

上面的代码中，第 1 行定义了静态方法 RegisterRoutes 添加路由，参数是 RouteCollection 类的对象 routes。第 2 行使用 RouteCollection 类对象 routes 的 IgnoreRoute 方法设置不需要使

用路由解析的 URL 地址。第 3 行~第 7 行使用 routes 对象的 MapRoute 方法添加了 WebForm1.asxp 页面的路由。其中第 4 行的 Start 是 URL 路由的名称。第 5 行设置具体的路由。第 6 行设置路由的参数。第 8 行~第 12 行使用 routes 对象的 MapRoute 方法添加网站默认的路由，同样使用了三个参数的方法。

04 单击网站根目录下的 Global.asax 文件夹中的 Global.asax.cs 文件，在文件中编写代码如下：

```
1    protected void Application_Start(){
2        AreaRegistration.RegisterAllAreas();
3        WebApiConfig.Register(GlobalConfiguration.Configuration);
4        FilterConfig.RegisterGlobalFilters(GlobalFilters.Filters);
5        BundleConfig.RegisterBundles(BundleTable.Bundles);
6        AuthConfig.RegisterAuth();
7        RouteConfig.RegisterRoutes(RouteTable.Routes);
8        RouteTable.Routes.RouteExistingFiles = true ;
9    }
10   }
```

上面的代码中第 1 行~第 8 行定义处理 Application 对象开始事件 Start 的方法，其中，最关键的是第 7 行调用 RouteConfig.cs 文件中定义的 RegisterRoutes 的注册路由的方法 RegisterRoutes。第 8 行设置了 RouteExistingFiles 的属性为 true，表示 ASP.NET MVC 框架中的路由将要解析被请求的 Default.aspx 页面，如果设置了 RouteExistingFiles 的属性为 false（RouteExistingFiles 属性的默认值）表示 ASP.NET MVC 框架中的路由并不处理 MVC 网站中现有的 Web 文件页面，也就是说，在默认情况下，路由没有解析 Default.aspx 页面，把该页面当做普通 WebFom 页面来执行。

05 按快捷键 Ctrl+F5 运行程序，效果如图 18-6 所示。由于路由没有解析 Default.aspx 页面，而是找到匹配的路由 Start，打开指定视图的 Index.aspx 页面。

18.2.4 MVC 应用程序的执行过程

当请求一个 ASP.NET MVC 应用程序时，请求首先要传递到 UrlRoutingModule 对象，这个对象是一个 HTTP 模块，它解析请求并执行路由选择。UrlRoutingModule 对象选择第一个与当前请求匹配的路由对象，路由对象通常是 Route 类的实例，并实现 RouteBase 基类。如果没有匹配的路由，UrlRoutingModule 对象将不会做任何事情，并让请求返回到常规的 ASP.NET 或 IIS 请求处理程序中。

UrlRoutingModule 对象从被选择 Route 对象中获取 IRouteHandler 对象。通常，在一个 MVC 应用程序中，IRouteHandler 对象将会是 MvcRouteHandler 类的一个实例。IRouteHandler 实例创建一个 IHttpHandler 对象并把它传递给 IHttpContext 对象。默认情况下，IHttpHandler 实例是一个 MvcHandler 对象。接着，MvcHandler 对象选择能够处理请求的控制器。

以上模块和处理器是进入 ASP.NET MVC 框架的入口，进入 MVC 框架后将执行如下的行为：

- 选择适当的控制器。
- 获得指定的控制器实例。
- 调用控制器的可执行方法。

总之，在一个 MVC Web 项目执行过程中，将经历如下几个阶段：

（1）获取第一个请求。在 Global.asax 文件中，Route 对象被添加到 RouteTable 对象中。

（2）执行路由。UrlRoutingModule 对象使用 RouteTable 集合中第一个匹配的 Route 对象以创建 RouteData 对象，利用这个对象以生成 RequestContext 对象（IHttpContext 对象）。

（3）创建 MVC 请求处理。MvcRouteHandler 对象创建一个 MvcHandler 类的实例，并把它传递到 RequestContext 实例。

（4）创建控制器。MvcHandler 对象使用 RequestContext 实例去确认 IControllerFactory 对象以创建控制器实例。

（5）执行控制器。MvcHandler 实例调用控制器的可执行方法。

（6）触发行为。很多控制器都继承自 Controller 基础类，而同控制器结合在一起的 ControllerActionInvoker 对象来决定控制器类调用哪个方法并调用。

（7）执行结果。一个典型的行为方法可能接收用户输入，准备适当响应数据，并通过返回一个结果类型来执行结果。可被执行的内置的结果类型包括 ViewResult（用来渲染视图，并且是最常用的结果类型）、RedirectToRouteResult、RedirectResult、ContentResult、JsonResult 和 EmptyResult。

18.2.5　构建模型

在 ASP.NET MVC 框架中，模型主要实现应用程序中数据访问和业务逻辑，按照规定，这些模型类均存放在 Models 文件夹中。可以使用各种各样不同的技术来实现数据访问和业务逻辑。比如 Microsoft Entity Framework、NHibernate、Subsonic 或者 ADO.NET 类来构建的数据访问类。当然，最为常用的实体数据模型（ADO.NET Entity Data Model）。下面以 ADO.NET 实体数据模型为例来实现 ASP.NET MVC 程序中模型的创建。

【实例 18-3】构件模型

本实例在 ASP.NET MVC 4 Web 应用程序的 Models 文件夹中构建在第 6 章中创建的 db_news 数据库和 tb_News 数据表的实体数据模型，具体实现步骤如下：

01 打开 Vistual Studio 2012，创建一个名为 MvcApplication3 的 ASP.NET MVC4 Web 应用程序。

02 在"解决方案资源管理"窗口中的 MvcApplication3 项目内的 Models 文件夹上单击鼠标右键，在弹出的快捷菜单中选择"添加"|"新建项"命令，打开的"添加新项"对话框。

03 选择"已安装模板"下的"Visual C#"，并在模板文件列表中选中"ADO.NET 实体数据模型"，然后在"名称"文本框输入 Model1.edmx，最后单击"添加"按钮，弹出"实体数据模型向导"对话框。

04 在"模型将包含哪些内容"列表中选择"从数据库生成"选项，单击"下一步"按钮，进入"选择您的数据连接"对话框。

05 单击"新建连接"按钮，弹出"连接属性"对话框。

06 在"数据源"文本框中输入 Microsoft SQL Server（SqlClient），在"服务器名"下拉列表中选择 SQL Server 服务器的名称，选择"选择或输入数据库名称"单选按钮，在其下的下拉列表中选中 db_news 数据库的名称，最后单击"确定"按钮，返回"实体数据模型向导"对话框。

07 选中"将 Web.Config 中的实体连接设置另存为"多选框，单击"下一步"按钮，弹出"选择您的数据库对象和设置"对话框。

08 展开"表"|dbo，选择 tb_News 数据表，最后单击"完成"按钮。

09 此时在网站根目录下的 Models 会自动生成一些如图 18-8 文件，将其中的 Model1.Context.tt 和 Model1.tt 从程序中删除，剩下的是一个包含模型信息的 Model1.edmx 文件。该文件由实体设计器使用，通过该设计器可以以图形方式查看和编辑概念模型和映射。此外，实体数据模型设计器还会创建一个源代码文件 Model1.Designer.cs，其中包含基于.edmx 文件的 CSDL 内容而生成的类。该源代码文件是自动生成的，并在.edmx 文件发生更改时随之更新。

10 单击 Model1.edmx 文件，出现如图 18-9 所示"实体数据模型设计器"界面，可以看到可视化的 tb_News 数据表。使用实体设计器可以直观地创建和修改实体、关联、映射和继承关系，还可以验证.edmx 文件。

图 18-8　生成的文件

图 18-9　实体模型设计器

11 在"实体数据模型设计器"界面的空白处单击右键，在弹出的快捷菜单中选择"属性"命令，弹出实体属性模型"属性"窗口。

12 将"代码生成"属性组下的"代码生成策略"的属性值从"无"修改为"默认值"。

至此，ASP.NET MVC 4 Web 应用程序中的实体数据模型就创建完毕了。

18.2.6　控制器

MVC 控制器负责响应对 ASP.NET MVC 网站发起的请求，每个浏览器请求都将被映射到一个专门的控制器。

1. 控制器类

所有控制器的基类都是 Controller 类，这个类提供通用的 ASP.NET MVC 处理功能。Controller 类实现了 IController、IActionFilter 和 IDisposable 接口。

Controller 基类负责以下处理阶段：

- 定位适当的行为方法。
- 获取行为方法参数的值。
- 处理在执行行为方法过程中可能出现的所有错误。
- 提供默认的 WebFormViewFactory 类以用来渲染 ASP.NET 页面类型（视图）。

ASP.NET MVC 框架默认在项目的 Controller 文件夹下创建 HomeController.cs 类文件来实现 Home 视图的控制器，下面的代码展示了 HomeController 控制器类的定义：

```
1   public class HomeController : Controller{
2       public ActionResult Index(){
3         ViewBag.Message = "修改此模板以快速启动你的 ASP.NET MVC 应用程序。";
4         return View();
5       }
6       public ActionResult About(){
7          ViewBag.Message = "你的应用程序说明页。";
8          return View();
9       }
10      public ActionResult Contact(){
11         ViewBag.Message = "你的联系方式页。";
12         return View();
13      }
14  }
```

在上面的代码中，第 1 行定义了控制器 HomeController，所有控制器的名称命名必须形如 XXXController 的格式，并且必须实现接口 IController 或者继承抽象类 Controller 类。第 2 行定义了一个动作方法 Index，该方法的返回类型是 ActionResult。第 3 行设置了 dynamic 类型对象 ViewBig 的 Message 属性的内容，以便将控制器中指定的数据传递到视图。第 4 行调用 Controller 类中的 View 方法，返回的是一个 ViewResult 的实例化对象，将指定的内容输出到浏览器中。第 6 行和第 10 行定义了另外两个行为方法 About 和 Contact，该方法的返回类型也是是 ActionResult。

ActionResult 是一个抽象类，因此实际返回的类型是该抽象类的子类。ActionResult 的子类列表见表 18-7 所示。

表 18-7　ActionResult 的子类列表

ActionResult 的子类列表	说明
ViewResult	表示 HTML 的页面内容
EmptyResult	表示空白的页面内容
RedirectResult	表示定位到另一个 URL
JsonResult	表示可以运用到 AJAX 程序中 Json 结果
JavaScriptResult	表示一个 JavaScript 对象
ContentResult	表示一个文本内容
FileContentResult	表示一个可以下载的、二进制内容的文件
FilePathResult	表示一个可以下载的、指定路径的文件
FileStreamResult	表示一个可以下载的、流式的文件

2. 行为方法

在不使用 MVC 框架的 ASP.NET 应用程序中，用户交互都是围绕着页面以及引发和处理这些页面的事件进行组织的。相比之下，使用 ASP.NET MVC 应用程序的用户交互则围绕控制器及其中的行为方法进行组织。

行为方法是在控制器中定义的。通常，行为中针对每一个用户的交互都会创建一一对应的映射，用户的交互包括在浏览器中输入一个 URL，单击一个链接，以及提交一个表单，等等。每一个此类用户交互都会把一个请求发送到服务器。而请求 URL 中都会包括相应的信息以便 MVC 框架来调用一个相应的行为方法。

例如，当用户在浏览器输入一个 URL 时，MVC 应用程序使用定义于 Global.asax 文件中的路由规则来分析该 URL 并决定指向控制器的路径。然后，该控制器定位适当的行为方法来处理这一请求。根据具体需要，控制器中可以定义尽可能多的行为方法。

默认情况下，一个请求 URL 被当作一个子路径被解析，其中包括控制器名，后面跟着行为名。例如，一个用户输入 URLhttp://contoso.com/MyWebSite/Products/Categories，则子路径为"/Products/Categories"。默认的路由规则总是把 Products 作为控制器名，而把 Categories 作为行为名。于是，该路由规则将调用 Products 控制器的 Categories 方法来处理该请求。如果 URL 以"/Products/Detail/5"结尾，则默认的路由规则把 Detail 作为行为名，并且调用 Products 控制器的 Detail 方法来处理请求。默认情况下，URL 中的 5 将被传递为 Detail 方法的一个参数。

下面这段代码定义了一个控制器，并在该控制器中定义一个行为方法：

```
1    public class MyController : Controller{
2        public ActionResult Hello(){   //控制器方法
3            return View("HelloWorld");
4        }
5    }
```

以上代码中第 2 行定义了一个名为 Hello 的行为方法，它的返回类型是 ActionResult 抽象类的一个子类。

在 Controller 类中的相关方法和返回对象的列表如表 18-8 所示。

表 18-8　控制器中的方法与返回对象列表

控制器中的方法	返回对象
View	ViewResult
Redirect	RedirectResult
RedirectToAction	RedirectToRouteResult
RedirectToRoute	RedirectToRouteResult
Json	JsonResult
JavaScriptResult	JavaScriptResult
Content	ContentResult
File	FileContentResult、FilePathResult 和 FileStreamResult

在定义控制器中的行为方法时要留意，因为 ASP.NET MVC 框架认为所有的 public 方法都是行为方法。所以如果控制器类包含一个不是 public 的行为方法，那么必须使用 NonActionAttribute 属性标记它。

在 ASP.NET MVC 应用程序中创建一个控制器可以使用以下步骤：

01 用鼠标右键单击解决资源管理器中的 Controllers 文件夹，弹出如图 18-10 所示的快捷菜单。

控制器(T)...	Ctrl+M, Ctrl+C	添加(D)	▶
新建项(W)...	Ctrl+Shift+A	限定为此范围(S)	
现有项(G)...	Shift+Alt+A	新建 解决方案资源管理器 视图(N)	
新建文件夹(D)		从项目中排除(J)	

图 18-10　快捷菜单

02 选择"添加" | "控制器"菜单项，弹出如图 18-11 所示的"添加控制器"对话框。

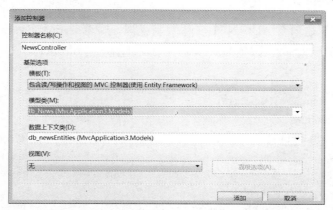

图 18-11　"添加控制器"对话框

03 在"控制器名称"文本框中输入控制器的名称，在"模板"下拉列表中列出了可供选择的多种模板，可以根据项目的实际需要进行选择，同样，在"模型类"和"数据上下文类"两个下拉列表中也列出了各自的候选项供用户选择。通常，在"模板"下拉列表框中选择"包含读/写操作和视图的 MVC 控制器（使用 Entity Framework）"。在"模型类"下拉列表框中选择实体数据模型中的模型类，在"数据上下文类"下拉列表框中选择实体数据模型中创建的上下文类。例如前面创建的实体数据模型，在"模型类"下拉列表框中应选择 tb_News (MvcApplication3.Models)；在"数据上下文类"下拉列表框中应选择 db_newsEntities (MvcApplication3.Models)，最后单击"添加"按钮。

04 在"解决方案资源管理器"中的 Controllers 文件夹下自动生成如图 18-12 所示的控制器文件 NewsController.cs 文件。

图 18-12　控制器文件

然后，就可以在该文件中编写控制器的代码了。

【实例 18-4】创建控制器

本实例为上例创建好的 tb_News 数据表的实体数据模建立控制器实现对该数据表的显示、编辑、添加、删除和查询详情的业务逻辑，在控制器中创建相关的动作方法 Index、Edit、Create、Details 和 Delete，具体实现步骤如下：

01 打开 Vistual Studio 2012，创建一个名为 MvcApplication4 的 ASP.NET MVC4 Web 应用程序。

02 在该项目中创建一个 ADO.NET 实体数据模型，命名为 db_newsEntities。

03 单击项目根目录下的 Controllers 文件夹中的 HomeController.cs 文件，在文件中编写如下代码：

```
1    public class HomeController : Controller {
2        private db_newsEntities db = new db_newsEntities();
3        public ActionResult Index(){
4            return View(db.tb_News.ToList());
5        }
6        public ActionResult Details(int id=0){
7            tb_News tb_news = db.tb_News.Single(t => t.ID == id);
```

```
8           if (tb_news == null){
9                return HttpNotFound();
10          }
11       return View(tb_news);
12    }
13    public ActionResult Create(){
14         return View();
15    }
16    [HttpPost]
17    public ActionResult Create(tb_News tb_news) {
18       if (ModelState.IsValid) {
19           db.tb_News.AddObject(tb_news);
20           db.SaveChanges();
21           return RedirectToAction("Index");
22       }
23      return View(tb_news);
24    }
25     public ActionResult Edit(int id = 0) {
26        tb_News tb_news = db.tb_News.Single(t => t.ID == id);
27        if (tb_news == null) {
28             return HttpNotFound();
29        }
30        return View(tb_news);
31    }
32    [HttpPost]
33    public ActionResult Edit(tb_News tb_news){
34        if (ModelState.IsValid) {
35         db.tb_News.Attach(tb_news);
36         db.ObjectStateManager.ChangeObjectState(tb_news, EntityState.Modified);
37         db.SaveChanges();
38         return RedirectToAction("Index");
39      }
40        return View(tb_news);
41    }
42    public ActionResult Delete(int id = 0) {
43       tb_News tb_news = db.tb_News.Single(t => t.ID == id);
44        if (tb_news == null) {
45             return HttpNotFound();
46        }
47        return View(tb_news);
48    }
49    [HttpPost, ActionName("Delete")]
```

```
50          public ActionResult DeleteConfirmed(int id) {
51              tb_News tb_news = db.tb_News.Single(t => t.ID == id);
52              db.tb_News.DeleteObject(tb_news);
53              db.SaveChanges();
54              return RedirectToAction("Index");
55          }
56          protected override void Dispose(bool disposing){
57              db.Dispose();
58              base.Dispose(disposing);
59          }
60      }
```

上面的代码中第 1 行定义 Home 视图控制器类 HomeController 并继承于 Controller 抽象类。第 2 行实例化实体模型类 db_newsEntities 的 db 对象。第 3 行定义动作方法 Index，对应的视图是 Index.cshtml。第 4 行调用 bs 的 tb_News 对象的 ToList 方法获得全部的新闻信息，调用控制器的 View 方法将获得的信息传递到对应的 Index 视图显示。

第 6 行定义动作方法 Details，对应的视图是 Details.cshtml, 方法的参数是新闻编号 id。第 7 行获得数据表 tb_News 中指定新闻编号 ID 的新闻实体对象。第 8 行判断如果该对象为空，则第 9 行返回定义一个用于指示未找到所请求资源的对象的方法 HttpNotFound，否则，第 11 行调用控制器的 View 方法获得实体对象传递到对应的 Details 视图显示。

第 13 行定义动作方法 Create，对应的视图为 Create.cshtml。第 16 行设置属性[HttpPost]，表示下面的方法只接受用户通过 Post 方法发送表单数据。第 17 行定义一个重载的 Create 动作方法，对应的视图为 Create.cshtml，方法的参数是一个要创建的新闻实体类对象。第 18 行判断如果模型和模型绑定状态通过验证，则第 19 行调用数据实体模型对象 db 的 AddObject 方法将新的对象添加到数据实体中。第 20 行调用 SaveChanges 方法将修改的数据保存到数据库。第 21 行程序跳转页面到 Index 视图。最后通过第 23 行将数据传递到对应的 Index 视图页面中显示。

第 25 行定义动作方法 Edit，对应的视图是 Edit.cshtml，方法的参数是新闻的编号 id。第 26 行调用实体类对象 tb_News 的 Single 方法获得 tb_News 数据表中指定新闻编号的实体对象。第 27 行判断如果该对象为空，则第 28 行返回定义一个用于指示未找到所请求资源的对象的方法 HttpNotFound，否则，第 30 行调用控制器的 View 方法将获得的实体对象传递到对应的 Edit 视图显示。

第 32 行设置[HttpPost]属性表示下面的方法只接受用户通过 Post 方法发的送表单数据。第 33 行定义了一个重载的 Edit 动作方法，对应的视图是 Edit.cshtml，方法的参数是实体类新闻对象。第 34 行判断如果模型和模型绑定状态通过验证，则第 35 行调用数据实体模型对象 db 的 Attach 方法将新的对象附加到上下文对象实体集中。第 36 行调用 db 对象的 ObjectStateManager.ChangeObjectState 方法对实体对象的状态进行修改。第 37 行调用 SaveChanges 方法将修改的数据保存到数据库。第 38 行程序跳转页面到 index 视图。最后通过第 40 行将数据传递到对应的 Index 视图页面中显示。

第 42 行定义动作方法 Delete，对应的视图 Delete.cshtml, 方法的参数是新闻编号 id。第 43 行调用实体类对象 tb_news 的 Single 方法获得 tb_News 数据表中指定新闻编号的实体对象。第 44 行判断如果该对象为空，则第 45 行返回一个用于指示未找到所请求资源的对象的方法 HttpNotFound，否则，第 47 行调用控制器的 View 方法将获得的实体对象传递到对应的 Delete 视图显示。

第 49 行设置属性[HttpPost, ActionName("Delete")]表示下面的方法只接受用户通过 Post 方法发送表单数据和执行动作的名称。第 50 行定义了一个重载的 Delete 动作方法，对应的视图是 Delete.cshtml，方法的参数是新闻编号 id。第 51 行调用实体类对象 tb_news 的 Single 方法获得 tb_News 数据表中指定新闻编号的实体对象。第 52 行调用 db 对象的 DeleteObject 方法删除获得的实体对象。第 53 行调用 SaveChanges 方法将修改的数据保存到数据库。通过第 54 行将数据传递到对应的 Index 视图页面中显示。

第 50 行定义了一个重写 Dispose 的方法，第 51 行调用 db 对象的 Dispose 方法释放对象上下文的资源。

18.2.7　视图

ASP.NET MVC 框架提供一个视图引擎以生成视图。默认情况下，MVC 框架使用定制的类型来生成视图，而这个类型继承自已经存在的 ASP.NET 页面（.aspx）、母版页（.master）和用户控件（.ascx）。在一个 ASP.NET MVC Web 应用程序的工作流程中，控制器行为方法处理收到的 Web 请求。这些行为方法使用收到的参数值来执行程序代码，并从数据库的模型中获取或更新数据。最后，他们选择一个视图来渲染用户界面。

ASP.NET MVC 4 内置了两种常用的视图引擎: 传统的 ASPX 视图引擎和 Razor 视图引擎。

1．ASPX 视图引擎

ASPX 视图引擎是 ASP.NET Web 窗体使用的.aspx/.ascx/.master 文件模板。它可以追溯到遥远的 ASP。使用 "<%= %>" 和 "<%: %>" 语法的占位符在这类风格中占据了统治地位。随着时间的推移，ASPC 控件被加入进来，之后是母版页（Master Page），但这同时也带来了昂贵的页面生命周期。

2．Razor 视图引擎

Razor 视图引擎支持两种文件类型，分别是.cshtml 和.vbhtml，其中.cshtml 的服务器代码使用了 C#的语法，.vbhtml 的服务器代码使用了 VB.net 的语法。由此也可以看出，Razor 其实是一种服务器代码和 HTML 代码混写的代码模板，类似于没有后置代码的.aspx 文件。因为 Razor 使用了现有的 VB 或 C#语法，微软预计它将很容易学习。任何文本编辑器都可以用来编辑 Razor 文件，而 Visual Studio 2012 也将更新加入对 Razor 文件智能提示的完整支持。

Razor 的另一个重要特点是它与单元测试框架的兼容性。Razor 模板不需要 Controller 或 Web 服务器作为宿主（host），所以用它写出来的视图应该是充分可测的。对于 ASPX，虽然理论上一切皆可测试，但实际上却是相当困难。

一般情况下，在基于 MVC 的 Web 工程构架中，推荐把视图全部放到 Views 文件夹的下面。根据 MVC 框架要求，视图中不应该包含任何应用程序逻辑或数据库检索代码。所有的应用程序逻辑都应该由控制器来负责处理。

借助于控制器行为方法提供的与 MVC 视图相关的数据对象，由视图负责渲染相应的用户接口界面。

视图页面是一个 ViewPage 类，这个类继承自 Page 类，并实现 IViewDataContainer 接口。IViewDataContainer 接口提供了一个 ViewData 属性，这个属性返回一个 ViewDataDictionary 对象，这个对象包含视图要显示的数据。

可以使用 ASP.NET MVC Web 应用程序项目中提供的模板来创建视图，MVC 框架利用 URL 路由来决定调用哪个控制器行为，而控制器行为决定要渲染哪个视图。

【实例 18-5】创建视图

本实例在上例的基础上，为 HomeController 控制器的各种行为方法创建相关的视图页面，具体实现步骤如下：

01 删除解决资源管理器中 Views 文件夹下 Home 子文件夹下的 Index.cshtml 文件。

02 单击解决资源管理器中 Controllers 文件夹下的 HomeController.cs 文件，打开 HomeController 控制器，选中 Index()方法，然后单击鼠标右键，弹出如图 18-13 所示的快捷菜单。

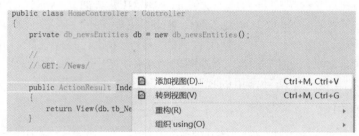

图 18-13   添加视图

03 选择"添加视图"命令，打开如图 18-14 所示的"添加视图"对话框。在"视图引擎"下拉列表中选择 Razor(CSHTML)；选中"创建强类型视图"多选按钮，之所以要选择这个，是因为是通过实体数据模型来创建数据访问的；在"视图数据类"下拉列表中找到实体数据类 tb_News(MvcApplication4.Modes)；在"支架模板"下拉列表中选择 List 列表，在这个下拉列表中有 6 个选项，每一个选项就是一个视图的模板：Create 选项用于创建新建数据的视图、Delete 选项用于创建删除数据的视图、Details 选项用于创建单条数据详情的视图、Edit 选项用于创建编辑数据的视图。Empty 选项用于创建一个空的模板视图、List 选项用于创建显示数据的视图。选中"引用脚本库"复选按钮；然后选中"选择母版页"多选按钮，在下面的文本框中输入母版页的路径。如果不使用母版页这些都可以不选，最后单击"添加"按钮。

04 ASP.NET MVC 4 框架就会自动的在如图 18-15 所示的网站根目录 Views 文件夹下的 Home 子文件夹下创建一个 Index.cshtml 视图页面。

图 18-14 "添加视图"对话框

图 18-15 生成视图文件

05 单击 Index.cshtml 文件，在文件中生成的实现代码如下：

```
1   @model IEnumerable<MvcApplication4.Models.tb_News>
2   @{
3       ViewBag.Title = "新闻标题";
4       Layout = "~/Views/Shared/_Layout.cshtml";
5   }
6   <h2>新闻标题列表</h2>
7   <p>@Html.ActionLink("添加新闻", "Create")</p>
8   <table>
9       <tr>
10          <th>
11              @Html.DisplayNameFor(model => model.Title)
12          </th>
13          <th>
14              @Html.DisplayNameFor(model => model.Categories)
15          </th>
16          <th>
17              @Html.DisplayNameFor(model => model.Type)
18          </th>
19          <th>
20              @Html.DisplayNameFor(model => model.IssueDate)
21          </th>
22          <th></th>
23      </tr>
24      @foreach (var item in Model) {
```

```
25        <tr>
26            <td>
27                @Html.DisplayFor(modelItem => item.Title)
28            </td>
29            <td>
30                @Html.DisplayFor(modelItem => item.Categories)
31            </td>
32            <td>
33                @Html.DisplayFor(modelItem => item.Type)
34            </td>
35            <td>
36                @Html.DisplayFor(modelItem => item.IssueDate)
37            </td>
38            <td>
39                @Html.ActionLink("编辑", "Edit", new { id=item.ID }) |
40                @Html.ActionLink("详情", "Details", new { id=item.ID }) |
41                @Html.ActionLink("删除", "Delete", new { id=item.ID })
42            </td>
43        </tr>
44    }
45 </table>
```

在上面的代码中，第 1 行在页面引用实体数据模型中的实体类 tb_News 作为一个枚举类型的集合。第 3 行设置 ViewBag.Title 属性设置页面的标题。第 4 行设置 LayoutPage 属性，它指明了我们期望用 SiteLayout.cshtml 作为这个视图的版面设计模板。第 7 行设置"添加新闻"链接，用于添加新的新闻数据。第 8 行~第 45 行设置了一个表格来显示数据表 tb_News 的数据。其中，第 9 行~第 23 行设置了表格的第一行，分为 4 列。第 24 行~第 44 行通过常用的 foreach 循环语句，在从控制器传递到视图的 Model 数据中，分别读取 tb_News 数据表中的 Title 字段（第 11 行）、Categories 字段（第 30 行）、Type 字段（第 33 行）和 IssueDate 字段（第 36 行）。其中第 29 行~第 41 行使用了 HTML 中的扩展方法 ActionLink，设置"编辑"、"详情"和"删除"链接，用于编辑指定记录或查看该记录的详细信息。

06 视图 Index.cshtml 的运行界面如图 18-16 所示。用户单击"编辑"按钮，就会进入编辑新闻的页面；如果单击"详情"按钮，可以进入新闻详情页面；如果单击"删除"按钮将进入删除新闻的页面；单击"添加新闻"链接将进入添加新闻的页面。

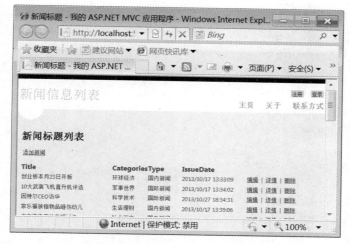

图 18-16　Index 视图运行结果

07 选择控制器 HomeController 中的 Edit()方法，然后单击鼠标右键，在弹出的快捷菜单中选择"添加视图"命令，打开如图 18-17 所示的"添加视图"对话框。在"视图引擎"下拉列表中选择 Razor(CSHTML)；选中"创建强类型视图"多选框；在"模型类"下拉列表中找到实体数据类 tb_News（MvcApplication4.Modes）；在"支架模板"下拉列表中选择 Edit 列表；选中"引用脚本库"复选按钮；然后选中"使用布局或母版页"多选按钮，在下面的文本框中输入母版页的路径；最后单击"添加"按钮。ASP.NET MVC 4 就会自动的在网站根目录 Views 文件夹下的 Home 子文件夹下创建 Edit.cshtml 页面。

图 18-17　"添加视图"对话框

08 单击 Edit.cshtml 文件，在文件中生成的实现代码如下：

```
1    @model MvcApplication4.Models.tb_News
```

```
2    @{
3        ViewBag.Title = "编辑新闻";
4        Layout = "~/Views/Shared/_Layout.cshtml";
5    }
6    <h2>编辑新闻</h2>
7    @using (Html.BeginForm()) {
8        @Html.ValidationSummary(true)
9        <fieldset>
10           <legend>修改新闻</legend>
11           @Html.HiddenFor(model => model.ID)
12           <div class="editor-label">
13               @Html.LabelFor(model => model.Title)
14           </div>
15           <div class="editor-field">
16               @Html.EditorFor(model => model.Title)
17               @Html.ValidationMessageFor(model => model.Title)
18           </div>
19           <div class="editor-label">
20               @Html.LabelFor(model => model.Content)
21           </div>
22           <div class="editor-field">
23               @Html.EditorFor(model => model.Content)
24               @Html.ValidationMessageFor(model => model.Content)
25           </div>
26           <div class="editor-label">
27               @Html.LabelFor(model => model.Categories)
28           </div>
29           <div class="editor-field">
30               @Html.EditorFor(model => model.Categories)
31               @Html.ValidationMessageFor(model => model.Categories)
32           </div>
33           <div class="editor-label">
34               @Html.LabelFor(model => model.Type)
35           </div>
36           <div class="editor-field">
37               @Html.EditorFor(model => model.Type)
38               @Html.ValidationMessageFor(model => model.Type)
39           </div>
40           <div class="editor-label">
41               @Html.LabelFor(model => model.IssueDate)
42           </div>
43           <div class="editor-field">
```

```
44              @Html.EditorFor(model => model.IssueDate)
45              @Html.ValidationMessageFor(model => model.IssueDate)
46          </div>
47          <p><input type="submit" value="保存" /></p>
48      </fieldset>
49  }
50  <div>
51      @Html.ActionLink("返回新闻列表", "Index")
52  </div>
53  @section Scripts {
54      @Scripts.Render("~/bundles/jqueryval")
55  }
```

上面的代码中第 7 行引入 Html 的 BeginForm 方法定义表单的开始部分。第 8 行设置一个验证摘要信息控件 ValidationSummary，当表单的文本框中含有空白输入时，该控件就会在表单页面中输入指定的错误信息。第 9 行~第 48 行设置了一个边框，边框内分别显示了数据表 tb_News 中的 Title 标签和字段、Categories 标签和字段、Type 标签和字段以及 IssueDate 标签和字段，第 47 行设置了提交请求的"保存"按钮。在边框下面，第 51 行还设置了一个"返回新闻列表"的链接，单击它会返回到 Index.cshtml 视图页面。

09 视图 Edit. cshtml 页面的运行界面如图 18-18 所示，用户可以选择修改新闻的各项具体信息，然后单击"保存"按钮，就会保存修改的内容并打开前面所示的 Index.cshtml 页面。

图 18-18　Edit 视图运行结果

10 选择控制器 HomeController 中的 Create()方法，然后单击鼠标右键，在弹出的快捷菜单中选择"添加视图"命令，打开"添加视图"对话框，在"视图引擎"下拉列表中选择 Razor(CSHTML)；选中"创建强类型视图"多选按钮；在"视图数据类"下拉列表中找到实体数据类 tb_News(MvcApplication4.Modes)；在"支架模板"下拉列表中选择 Create 列表；选中"引用脚本库"复选按钮；然后选中"选择母版页"多选按钮，在下面的文本框中输入母版页的路径；最后单击"添加"按钮。ASP.NET MVC 4 就会自动的在网站根目录 Views 文件夹下的 Home 子文件夹下创建 Create.cshtml 页面。

11 Create. cshtml 文件中生成的实现代码与 Edit. cshtml 极其类似这里就不再重复介绍。

12 视图 Create.cshtml 页面的运行界面如图 18-19 所示。用户在文本框中输入新闻的各项具体内容，然后单击"新建"按钮，就会添加一条新的新闻数据并打开前面的 Index. cshtml 页面。

13 选择控制器 HomeController 中的 Details()方法，然后单击鼠标右键，在弹出的快捷菜单中选择"添加视图"命令，在"视图引擎"下拉列表中选择 Razor(CSHTML)；选中"创建强类型视图"多选按钮；在"视图数据类"下拉列表中找到实体数据类 tb_News(MvcApplication4.Modes)；在"支架模板"下拉列表中选择 Details 列表；选中"引用脚本库"复选按钮；然后选中"选择母版页"多选按钮，在下面的文本框中输入母版页的路径；最后单击"添加"按钮。ASP.NET MVC 4 就会自动地在网站根目录 Views 文件夹下的 Home 子文件夹下创建一个 Details.cshtml 页面。

14 视图 Details.cshtml 页面的运行界面如图 18-20 所示。用户单击"编辑"链接能够回到前面的 Edit.cshtml 页面。单击"回到列表"链接，可以回到前面的 Index.cshtml 页面。

图 18-19　Create 视图运行结果

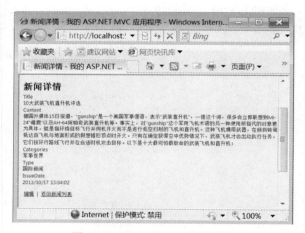

图 18-20　Detail.aspx 运行结果

15 选择控制器 HomeController 中的 Delete()方法，然后单击鼠标右键，在弹出的快捷菜单中选择"添加视图"命令，打开"添加视图"对话框，在"视图引擎"下拉列表中选择 Razor(CSHTML)；选中"创建强类型视图"多选按钮；在"视图数据类"下拉列表中找到实体数据类 tb_News(MvcApplication4.Modes)；在"支架模板"下拉列表中选择 Delete 列表；选中"引用脚本库"复选按钮；然后选中"选择母版页"多选按钮，在下面的文本框中输入母版页的路径；最后单击"添加"按钮。ASP.NET MVC 4 就会自动的在网站根目录 Views 文件夹下的 Home 子文件夹下创建 Delete.cshtml 页面。

16 单击 Detail.cshtml 文件，在文件中生成的实现代码如下：

```
1   @model MvcApplication4.Models.tb_News
2   @{
3       ViewBag.Title = "删除新闻";
4       Layout = "~/Views/Shared/_Layout.cshtml";
5   }
6   <h2>删除新闻</h2>
7   <h3>确认要删除该新闻信息吗?</h3>
8   <fieldset>
9       <legend>删除</legend>
10      <div class="display-label">
11          @Html.DisplayNameFor(model => model.Title)
12      </div>
13      <div class="display-field">
14          @Html.DisplayFor(model => model.Title)
15      </div>
16      <div class="display-label">
17          @Html.DisplayNameFor(model => model.Content)
18      </div>
19      <div class="display-field">
20          @Html.DisplayFor(model => model.Content)
21      </div>
22      <div class="display-label">
23          @Html.DisplayNameFor(model => model.Categories)
24      </div>
25      <div class="display-field">
26          @Html.DisplayFor(model => model.Categories)
27      </div>
28      <div class="display-label">
29          @Html.DisplayNameFor(model => model.Type)
30      </div>
31      <div class="display-field">
32          @Html.DisplayFor(model => model.Type)
33      </div>
34      <div class="display-label">
35          @Html.DisplayNameFor(model => model.IssueDate)
36      </div>
37      <div class="display-field">
38          @Html.DisplayFor(model => model.IssueDate)
39      </div>
40  </fieldset>
```

```
41   @using (Html.BeginForm()) {
42       <p>
43           <input type="submit" value="删除" /> |
44           @Html.ActionLink("返回新闻列表", "Index")
45       </p>
46   }
```

以上代码中第 8 行~第 40 行设置了一个边框，边框内分别显示了数据表 tb_News 中 4 个字段的内容。第 43 行设置了提交请求的"删除"按钮。第 44 行设置了一个"返回新闻列表"的链接。

17 视图 Delete.cshtml 文件运行的结果如图 18-21 所示。单击"删除"按钮，将显示的该条数据从数据库表中删除并回到 Index.cshtml 页面。

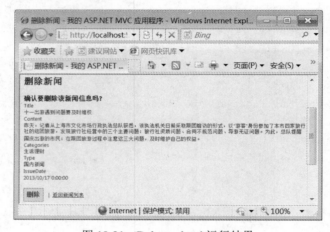

图 18-21　Delete.cshtml 运行结果

18.3　ASP.NET MVC 中的数据传递

在 ASP.NET MVC 中，数据传递是指控制器和视图之间的数据交互，它包括两个方向上数据的交互，一个是将控制器中设置的数据传递到视图中，在视图中如何显示这些数据，另一个是将视图中的数据传递到控制器中，如何在控制器中读取、处理这些数据。

18.3.1　使用 ViewData 传递数据

在 ASP.NET MVC 框架中，所有的控制器必须继承 Controller 类，而 Controller 类又是 ControllerBase 的子类。根据 ControllerBase 类中的 ViewData 属性，可以在控制器中的相关动作方法中设置该视图数据字典（ViewDataDictonary）的值，例如在控制器 Index 动作方法中，对 ViewData 视图数据字典设置如下代码：

```
public   ActionResult   Index(){
    ViewData["message"] = "欢迎学习 ASP.NET MVC！ ";
```

```
        return View();
    }
```

而要在视图页面 Index 中，读取上述控制器中被设置的 ViewData 数据，也就是说实现数据从控制器到视图的传递，只需要设置如下代码：

```
<P><%=Html.Encode(ViewData["Message"])%></p>
```

从上述代码中可以看出，在视图页面 Index 中只需要通过读取该页面 ViewPage 类中的 ViewData 属性，即可获得控制器中所设置的 ViewData 属性值。而 ViewData["Message"]实际上是 this.ViewDataD["Message"]的简化形式。

18.3.2　使用 ViewBag 传递数据

ViewBag 视图包主要是为了从 Controller 到 View 传值用的，类似有此功能的 ViewData。ViewBag 能动态地 Set/Get 值，增加任何数量的额外字段而不需要强类型的检测。

ViewBag 的使用就相当于 ViewData，它跟 ViewData 一样，都是字典值，但是内在的实现却完全不一样。ViewBag 最大的优点就是它不需要转型就可以使用里面的值，因为 ViewBag 存放的不是键值对，而是 dynamic 动态类型。例如在控制器 Index 动作方法中，对 ViewBag 设置如下代码：

```
public  ActionResult  Index(){
        ViewBig. Message = "欢迎学习 ASP.NET MVC！";
        return View();
}
```

而要在视图页面 Index 中，读取上述控制器中被设置的 ViewData 数据，实现数据从控制器到视图的传递，只需要设置如下代码：

```
<P><%=Html.Encode(ViewBag.Message)%> </p>
```

ViewBag 就是封装了的 ViewData，它是顺应 C# 4 的 dynamic 关键字而诞生的。

ViewBag 在使用上与 ViewData 并没有孰优孰劣的说法，但是可以肯定，ViewBag 比 ViewData 要慢，但这个可以忽略。值得注意的是，ViewBag 可以直接访问存储在 ViewData 里面的数据（因为它本来就只是封装了的 ViewData）。更加重要的是，ViewBag 无法作为扩展方法的参数，因为编译器为了确保所选择的扩展方法是正确的，编译时必须知道参数的真正类型，所以，HTML 辅助方法无法使用 ViewBag。

18.3.3　使用 TempData 传递数据

根据 ControllerBase 类中的 TempData 属性，同样可以在控制器中的相关动作方法中设置该 TempData 属性的值。在控制器的 Index 动作方法中，可以对 TempData 属性设置如下代码：

```
TempData["Message"]= "欢迎学习 ASP.NET MVC！";
```

而要在视图页面 Index 中，读取上述控制器中被设置的 TempData 数据，实现数据从控制器到视图的传递，只需要设置如下代码：

```
<%=Html.Encode(TempData ["Message"])%>
```

从上述代码中可以看出，在视图页面 Index 中只需要通过读取该页面 ViewPage 类中的 TempData 属性，即可获得控制器中所设置的 TempData 属性值。

需要说明的是，ViewDate 和 TempData 是两个完全不同的数据类型，ViewDate 的数据类型是 ViewDataDictionary 类的实例化对象，而 TempData 的数据类型则是 TempDataDictionary 类的实例化对象；ViewDate 只能在一个动作方法中或者多个页面中设置、读取，只对当前的视图页面有效，而 TempData 则可以在多个动作方法中或者多个页面中设置、读取。

18.3.4　使用 Model 传递数据

通过在控制器的 View 方法中传递实例化的对象，可以将该对象传递到视图中。当在视图中读取该对象的某些属性时，由于是强类型的，所以书写代码时具有代码智能感知功能，有利于代码书写与查错。

当在控制器 View 方法中传递实例化对象时，控制器就会将 ViewDataDictionary 类的实例化对象的 Model 属性设置成为需要被传递的对象。在视图中，只需要读取 ViewPage 类中的 Model 属性，就可以获得控制器中所设置的实例化对象。

例如在 HomeController 控制器中，设置如下代码：

```
public    ActionResult    newsInfo(){
        newsInfoDataContext    nid=new newsInfoDataContext();
        var model=nid.tb_News;
        return View(model);
    }
```

以上代码将 nid.tb_News 对象设置为需要被传递的对象，传入 View 方法中，完成了在控制器端设置需要被传递对象的工作。

然后通过"添加视图"对话框来完成对 newsInfo 视图的创建。在视图中通过循环遍历 model 对象就能得到其中的数据。这里需要说明的是在视图页面中设置了 ViewPage 的类型为 IEnumerable<实体数据模型命名空间 .tb_News>，正是由于设置了该代码，才使得 ViewPage 的 Model 属性为可遍历的 tb_News 实例化对象。

【实例 18-6】使用 Model 传递数据

本实例在项目的 Home 文件夹中创建一个视图 Categories.aspx 显示 tb_New 数据表中的新闻类别和对应该类别下的所有新闻标题。

01 打开 Vistual Studio 2012，创建一个使用 ASPX 视图引擎的 ASP.NET MVC 4 Web 应用程序，命名为实例 18-6。

02 在该项目中创建一个 ADO.NET 实体数据模型，命名为 db_newsEntities。

03 单击项目根目录下 Controllers 文件夹中的 HomeController.cs 文件，在文件中编写如下

代码:

```
1    public ActionResult Categories(){
2        db_newsEntities db = new db_newsEntities();
3        var model =db.tb_News ;
4        return View(model);
5    }
```

在上面的代码中,第 1 行定义一个名为 Categories 的动作方法。第 2 行实例化实体数据模型对象 db。第 3 行创建需要被传递的对象 model。第 4 行将实例化对象 model 传入 View 方法中,这样就完成了在控制器中设置需要被传递实例化对象的工作。

04 选择 Categorie 方法,然后单击鼠标右键,在弹出的快捷菜单中选择"添加视图"命令。

05 打开"添加视图"对话框在"视图引擎"下拉列表中选择 ASPX(C#);选中"创建强类型视图"多选按钮;在"视图数据类"下拉列表中找到实体数据类 tb_News(MvcApplication4. Modes);在"支架模板"下拉列表中选择 Empty 列表;选中"引用脚本库"复选按钮;然后选中"选择母版页"多选按钮,在下面的文本框中输入母版页的路径;最后单击"添加"按钮。ASP.NET MVC 4 就会自动地在网站根目录 Views 文件夹下的 Home 子文件夹下创建 Categorie.aspx 页面。

06 单击 Categories.aspx 文件,编辑关键代码如下:

```
1    <%@ Page Title="" Language="C#" MasterPageFile="~/Views/Shared/Site.Master" Inherits=
     "System.Web.Mvc.ViewPage<IEnumerable<MvcApplication6.Models.tb_News>> " %>
2    <asp:Content ID="Content1" ContentPlaceHolderID="TitleContent" runat="server">Categories
3    </asp:Content>
4    <asp:Content ID="Content2" ContentPlaceHolderID="MainContent" runat="server">
5        <h2>新闻目录</h2>
6        <table>
7            <tr>
8                <th></th>
9            </tr>
10           <% foreach (var item in Model){ %>
11           <tr>
12           <td>
13               <%=item.Categories%> <br />
14               <% foreach (var item1 in Model){ %>
15               <%if (item. Categories   == item1. Categories){ %>
16                   <%=item1.Title %>  
17               <% } }%>
18           </td>
19           </tr>
```

```
20        <% }%>
21      </table>
22   </asp:Content>
```

上面的代码中第 1 行设置@Page 指令，由于 Model 属性被设置为 tb_News 类的实例化对象，所以 ViewPage 的类型必须为 IEnumerable<MvcApplication6.Models.tb_News。第 6 行~第 21 行通过一个表格来显示新闻目录和新闻标题，第 10 行~第 20 行设置 foreach 循环语句遍历数据实体对象 Model，其中第 13 行获得新闻类别，第 14 行~第 17 行嵌套 foreach 循环语句遍历实体数据对象 Model；第 15 行和第 16 行获取指定新闻类别下的新闻标题。

07 修改程序根目录下 App_Start 文件夹中的 RouteConfig.cs 文件，在文件中编写如下代码：

```
1    public static void RegisterRoutes(RouteCollection routes){
2        routes.IgnoreRoute("{resource}.axd/{*pathInfo}");
3        routes.MapRoute(
4           name: "Default",
5           url: "{controller}/{action}/{id}",
6           defaults: new { controller = "Home", action = "Categories", id = UrlParameter.Optional }
7        );
8    }
```

上面的代码中第 3 行~第 7 行设置程序的默认 URL 路由，其中最关键的是将 ation 属性设置为创建的 Categories 行为方法。

08 按快捷键 Ctrl+F5 运行程序的界面如图 18-22 所示。

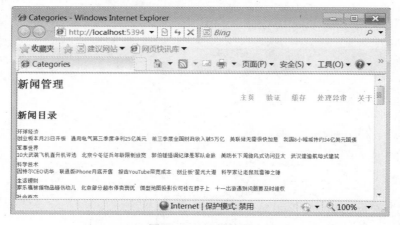

图 18-22　运行结果

18.4　表单数据绑定

在 ASP.NET MVC 的框架中，将视图中的数据传递到控制器中，主要通过发送表单的方式来实现，通常使用 Request.Form、FormCollection 读取表单数据或者直接读取表单数据对象。

18.4.1　Request.Form 读取表单数据

Request.Form 用于获取 ASP.NET 中窗体变量集合。它的基本语法：

```
变量名=Request.Form("element")
Name= Request.Form("name");
```

代码中参数 element 指定集合要检索的表格元素的名称。Form 集合按请求正文中参数的名称来索引。Request.Form(element) 的值是请求正文中所有 element 值的数组。通过调用 Request.Form(element).Count 来确定参数中值的个数。如果参数未关联多个值，则计数为 1。如果找不到参数，计数为 0。

要引用有多个值的表格元素中的单个值，必须指定 index 值。index 参数可以是从 1 到 Request.Form(element).Count 中的任意数字。如果引用多个表格参数中的一个，而未指定 index 值，返回的数据将是以逗号分隔的字符串。

在使用 Request.Form 参数时，Web 服务器将分析 HTTP 请求正文并返回指定的数据。如果应用程序需要未分析的表格数据，可以通过调用不带参数的 Request.Form 访问该数据。

下面的代码示例如何使用 Request.Form 读取表单数据，先定义一个 Employee 员工类。

```
1    public class Employee{
2        public string Name{get ;set}
3        public int Age{get ;set}
4    }
```

上面的代码中定义了 Employee 类的两个属性，分别是 Name 和 Age，并设置了它们的自动实现属性。

然后在视图页面中设置表单，代码如下：

```
1    <% using (Html.BeginForm("RequestForm", "Home")){ %>
2      Name: <% =Html.TextBox("Name ")%><br/>
3      Age:  <% =Html.TextBox("Age")%><br/>
4      <input type="submit"   name="submit" value="RequestForm" /><br/>
5    <%} %>
```

在上面的表单中处理表单数据的动作方法为控制器中的 RequestForm 方法，发送的表单数据是两个文本框 Name 和 Age 中的数据。

最后在控制器的 RequestForm 方法中实现获取表单中数据的代码如下：

```
1    [AcceptVerbs(HttpVerbs.Post)]
2            public ActionResult RequestForm() {
3                Employee e = new Employee ();
4                e.Name =Request.Form["Name"];
5                e.Age = Request.Form["Age "];
```

```
6              return View(e);
7          }
```

上面的代码中第 1 行设置[AcceptVerbs(HttpVerbs.Post)]属性表示下面的方法只接受用户通过 Post 方法发送的表单数据。第 4 行和第 5 行通过 Request.Form 来分别读取两个文本框 Name 和 Age 中的数据，然后得到 Employee 类的实例化对象 e。

18.4.2　FormCollection 读取表单数据

FormCollection 是用于获取 Form 表单中元素的集合。以上面创建的 Employee 类为例，以 FormCollection 获取表单数据在视图页面中的表单代码如下：

```
1    <% using (Html.BeginForm("FormCollection", "Home")){ %>
2     Name: <% =Html.TextBox("Name ")%><br/>
3     Age:   <% =Html.TextBox("Age")%><br/>
4     <input type="submit"    name="submit" value=" FormCollection" /><br/>
5    <%} %>
```

以上代码中处理表单数据动作方法为控制器中的 FormCollection 方法，发送的表单数据仍然是两个文本框 Name 和 Age 中的数据。代码中的粗体处显示与 RequestForm 表单的区别。

然后在控制器的 FormCollection 方法中实现获取表单中的数据代码如下：

```
1    [AcceptVerbs(HttpVerbs.Post)]
2     public ActionResult FormCollection (FormCollection    formCollection){
3              Employee e = new Employee ();
4              e.Name = formCollection["Name"];
5              e.Age = formCollection ["Age"];
6              return View(e);
7          }
```

上面的代码中第 1 行设置[AcceptVerbs(HttpVerbs.Post)]属性，表示下面的方法只接受用户通过 Post 方法发送的表单数据。第 2 行在 FormCollection 方法中传入了 FormCollection 方法类型的参数 formCollection，该参数会自动绑定表单中所有的数据。第 4 行和第 5 行通过 formCollection 参数可以分别读取两个文本框 Name 和 Age 中的数据，然后就可以得到 Employee 类的实例化对象 e。

在 ASP.NET MVC 项目中，通过 FormCollection 可以读取表单中指定的数据，借助控制器中的 UpdateModel 方法或 TryUpdateModel 方法，可以非常方便地对数据对象中相关属性的数据进行更新，比如下面的示例代码：

```
1    [AcceptVerbs(HttpVerbs.Post)]
2     public ActionResult FormCollection (FormCollection    formCollection){
3              Employee e = new Employee t ();
4              e.Name = "NewName";
5              e.Age = "NewAge";
```

```
6          UpdateModel(e,new []{"Name"});
7          return View(e);
8       }
```

以上代码中第 4 行和第 5 行给 e 的两个属性赋值。第 6 行使用 UpdateModel 方法，第一个参数指定需要更新数据的对象为 e，第二个参数指定需要被更新的对象中的属性名称，即只更新 e 对象中的 Name 属性，因此上面的代码的执行结果是，只读取表单发送过来的 Name 文本框中的数据。

18.4.3 直接读取表单数据对象

还是以上面创建的 Employee 对象为例，直接读取表单数据对象时在视图页面中的表单代码如下：

```
1  <% using (Html.BeginForm("Employee", "Home")){ %>
2    Name: <% =Html.TextBox("Name ")%><br/>
3    Age:  <% =Html.TextBox("Age")%><br/>
4    <input type="submit"   name="submit" value="Employee " /><br/>
5  <%} %>
```

以上代码中处理表单数据动作方法为控制器中的 Employee 方法，发送的表单数据仍然是二个文本框 Name 和 Age 中的数据。代码中的粗体处显示与前二种读取方式的区别。

然后在控制器的 Employee 方法中实现读取表单中的数据代码如下：

```
1  [AcceptVerbs(HttpVerbs.Post)]
2    public ActionResult Employee (Employee   e){
3        return View(e);
4    }
```

在上面的代码中，Employee 方法中传入了 Employee 类型的参数，其内部读取了二个文本框 Name 和 Age 中的数据，直接得到 Employee 类的实例化对象 stu。

这里要注意的是直接读取表单对象时，发送表单的文本框名称必须与数据对象的熟悉名称相一致。

18.5 过滤器

APS.NET MVC 中的每一个请求，都会分配给相应的控制器和对应的行为方法去处理，而在这些处理的前前后后如果想再加一些额外的逻辑处理，这时候就用到了过滤器。

在 ASP.NET MVC 应用程序中，控制器定义的行为方法都和可能的用户交互（单击一个链接或提交一个表单等）具有一对一的关系。例如，当用户单击一个链接，一个请求被路由到指定的控制器，相应的行为方法就会被调用。

然而，有时可能需要在调用行为方法之前或之后执行逻辑操作。为了支持这样的操作，

ASP.NET MVC 提供了过滤器，过滤器提供了一种向控制器行为方法中添加前行为（Pre-action）和后行为（Post-action）的方法。

过滤器是 ASP.NET MVC 中一个非常有用的扩展，它最初是在 Prevew 2 版本中出现的，允许在对 MVC 控制器的请求中注入拦截代码，这些代码在 Controller 和它的 Action 方法执行的前后执行，这样就可以以一种非常干净、声明的方式轻松地封装和重用功能。过滤器继承自 ActionFilterAttribute 的类。可以通过过滤器特性来标记任何行为方法或控制器以表明过滤器应用于该方法或该控制器内的所有方法。

ASP.NET MVC 提供了 4 种类型的过滤器：

- 授权（Authorize），该过滤器用来限制进入控制器或控制器行为。
- 处理错误（HandleError），该过滤器用来指定一个行为，这个行为用来处理某个行为方法中抛出的异常。
- 缓存输出（OutputCache），该过滤器用来为行为方法提供输出缓存。
- 自定义过滤器，自定义过滤器允许开发人员自己创建行为过滤器以执行所需要的功能。比如自定义的过滤器包括日志、权限、本地化以及认证功能。

18.5.1　Authorize 过滤器

很多 Web 应用程序要求用户在使用限制内容之前必须先进行登录。为了限制进入某个 ASP.NET MVC 视图，可以限制对渲染该视图的行为方法的进入。ASP.NET MVC 提供的 Authorize 过滤器特性可是实现这个功能。

当使用 Authorize 特性标记一个行为方法时候，该方法的进入就被限制为被认证和被授权的用户。如果一个控制器被 Authorize 过滤器特性所标记，则该控制器内所有行为方法的访问都具有限制性。

Authorize 特性让开发人员指明行为方法被限制于那些预定义的角色或用户，这样程序员就具有了允许用户查看网站内页面的最大控制权限。

如果一个未被授权的用户试图进入被 Authorize 特性标记的行为方法，MVC 框架就会抛出 401 HTTP 状态码。如果网站被配置为使用 ASP.NET 表单认证，401 状态码将会把用户导航到登录页面。

Authorize 过滤器的实现依赖于 AuthorizeAttribute 类。该类设置了二个属性，分别是 Users 和 Roles，分别表示成员的用户名和角色。通过对这二个属性的控制完成成员和角色的验证功能。

【实例 18-7】使用 Authorize 过滤器

本实例使用 Authorize 过滤器完成指定页面的成员管理功能，不是注册的用户无法登录访问该页面，具体实现步骤如下：

01 启动 Visual Studio 2012，创建一个 ASP.NET MVC 4 Web 应用程序，命名为"实例 18-7"。

02 双击程序中 Controller 文件夹下的 HomeController 控制器文件，并添加以下代码：

```
1    [Authorize]
2    public ActionResult Authorize(){
3        ViewBag.Message = "该页面只有注册用户才能访问!";
4        return View();
5    }
```

上面的代码中第1行使用[Authorize]属性实现对访问视图的用户验证。第2行添加了一个动作方法Authorize对应于视图页面Authorize.cshtml。如果运行该页面，由于[Authorize]属性设置在Authorize的方法上，所以Authorize.cshtml只有注册用户可以，登录后才可以访问，因此网站将转移到登录页面。

03 选择Authorize方法，然后单击鼠标右键，在弹出的快捷菜单中选择"添加视图"命令。打开"添加视图"对话框，在"视图引擎"下拉列表中选择Razor(CSHTML)选项；然后选中"选择母版页"多选按钮，在下面的文本框中输入母版页的路径；最后单击"添加"按钮。ASP.NET MVC 4就会自动的在网站根目录Views文件夹下的Home子文件夹下创建一个Authorize.cshtml页面。

04 单击打开Authorize. Cshtml页面，在文件中编写如下代码：

```
1    @{
2        ViewBag.Title = "验证";
3        Layout = "~/Views/Shared/_Layout.cshtml";
4    }
5    <h2>@ViewBag.Message</h2>
```

上面的代码中第2行设置页面标题，母版页的路径。第5行通过ViewBag数据字典在视图中接受控制器中传递Message属性的值。

05 单击程序中Shared文件夹下的_Layout.cshtml母版页文件，添加以下代码，在页面菜单栏项中添加一个用于运行Authorize.cshtml页面的"验证"链接。

```
<li>@Html.ActionLink("验证", "Authorize", "Home")</li>
```

06 按Ctrl+F5快捷键，运行程序，进入首页后，单击"验证"链接，会发现无法进入该页面，而是转到了如图18-23所示的Login. cshtml登录页面。

07 因为还不是注册用户，所以要单击"注册"链接。进入如图18-24所示的注册页面，输入注册信息后，单击"注册"按钮。

08 当完成注册，成员用户后，会进入项目的首页。此时再单击"验证"链接，就可以进入如图18-25所示的Authorize. cshtml页面。

图 18-23　登录页面　　　　　　　　　　　图 18-24　注册页面

图 18-25　验证页面

上面需要验证的 Authorize.aspx 页面，任何注册用户均可以登录后访问，如果需要只有指定的用户名才能访问，可以设置如下的 Authorize 属性。

[Authorize（Users="用户名 1,用户名 2,用户名 3…"）]

上面的代码中 User 参数可以设置一个或多个的已注册用户名，只有这些用户才能登录后访问需要验证的页面。

如果需要指定的用户名太多，可以将这些用户设置为一类角色，通过如下的角色参数来设置。

[Authorize（Roles="角色名 1,角色名 2,角色名 3"）]

上面的代码中，Roles 参数可以设置一个或多个已注册的角色名，只有属于这些角色的注册用户才能登录访问需要验证的页面。

18.5.2　OutputCache 过滤器

OutputCache 过滤器实现的主要功能是借用了 ASP.NET 中的页面缓存机制，实现 ASP.NET MVC 网站中指定页面的缓存，从而提高网站的性能。

一般来说，在控制器或者控制器内的行为方法上，设置[OutputCache]属性，以便在该属性中指定相关的缓存参数；还可以在视图页面中直接设置缓存参数；或者在 Web.config 配置文件中设置相关的缓存参数。

OutputCach 过滤器的实现是通过 OutputCachAttribute 类，该类中有多个属性，这些属性的使用说明如表 18-9 所示。

表 18-9　OutputCachAttribute 类的属性

属性名称	说明
Duration	输出缓存的时间，单位是秒
Location	指定输出缓存的位置。其属性是 OutputCacheLoaction 的枚举值，它们分别 Any、Client、Downstream、None、Server 和 ServerAnd Client，默认是 Any
Shared	布尔值，用来决定输出页面是否进行共享。默认是 false
VaryByCustom	设置自定义输出缓存请求的任意文本
VaryByHeader	设置用户已改变缓存输出的所有以逗号分开的 HTTP 标头的列表
VaryByParam	设置影响缓存的参数列表，这些参数由 HTTP GET 或 HTTP POST 接收。以逗号分开的字符串对应于 GET 方法的查询字符串值或 POST 方法的参数值
VaryByContentEncoding	设置用于改变输出缓存的 ContentEncoding 标头列表。以逗号分开的字符串被用于不同的输出缓存
CacheProfile	定义该缓存的名称。一般在配置文件 Web.config 中设置该属性，就可以在页面，或者控制器中引用该名称来设置缓存
CacheSettings	获取缓存参数 OutputCacheParameters 类的实例化对象
NoStore	一个布尔值，设置是否阻止缓存信息的二级缓存
SqlDependency	设置输出缓存的相关数据库和数据表

【实例 18-8】使用 OutputCach 过滤器

本实例使用 OutputCache 过滤器实现视图页面的缓存功能，具体实现步骤如下：

01 启动 Visual Studio 2012，创建一个使用 ASPX 视图引擎的 ASP.NET MVC 4 Web 应用程序，命名为"实例 18-8"。

02 单击打开项目中 Controller 文件夹下的 HomeController 控制器文件并添加以下代码：

```
1    public ActionResult OutputCache(){
2            ViewData["Message"]= "当前时间是：" + DateTime.Now.ToString();
3            return View();
4        }
```

上面的代码中第 1 行添加了一个 OutputCache 动作方法。第 2 行通过 ViewData 字典属性 Message 储存了系统当前时间。

03 选择 OutputCache 方法，单击鼠标右键，在弹出的快捷菜单中选择"添加视图"命令。打开"添加视图"对话框，在"视图引擎"下拉列表中选择 ASPX(C#)；选中"选择母版页"多选按钮，在下面的文本框中输入母版页的路径，最后单击"添加"按钮。ASP.NET MVC 4 就会自动的在网站根目录 Views 文件夹下的 Home 子文件夹下创建一个 OutputCache.aspx 页面。

04 单击打开 OutputCache.cshtml 文件，在代码中编写关键代码如下。

```
1    <asp:Content ID="Content1" ContentPlaceHolderID="TitleContent" runat="server">
2        缓存
3    </asp:Content>
4    <asp:Content ID="Content2" ContentPlaceHolderID="MainContent" runat="server">
5        <h2><%: ViewData["Message"] %></h2>
6    </asp:Content>
```

上面的代码中第 5 行通过 ViewData 数据字典在视图中接受控制器中传递的值。

05 双击程序中 Shared 文件夹下的 Site.Master 母版页文件，添加以下代码，在页面菜单栏项中添加一个用于运行 OutputCache 页面的"缓存"链接：

```
<li><%: Html.ActionLink("缓存", "OutputCache", "Home") %></li>
```

06 按 Ctrl+F5 快捷键，运行程序，进入首页后，单击"缓存"链接，进入 OutputCache.aspx 页面显示如图 18-26 的效果。如果用户多次单击浏览器的"刷新"按钮，则系统的当前时间将会不断地更新。

图 18-26　运行结果

07 在 HomeController 控制器中的 OutputCache 动作方法上添加如下一行代码：

```
[OutputCache(Duration = 10, VaryByParam = "None")]
```

以上代码在动作方法 OutputCache 上设置[OutputCache]属性，使得 OutputCache.aspx 页面具有缓存功能，指定属性 Duration 的值为 10s，属性 VaryByParam 的值为 none。

08 通过首页再次进入 OutputCache.aspx 页面，此时如果单击浏览器中的"刷新"按钮，则系统的当前时间将不会马上更新。因为 OutputCache.aspx 页面被设置为缓存 10s，10s 后，如果再单击浏览器中的"刷新"按钮，系统时间才会被更新。

09 还可以直接在 OutputCache.aspx 页面设置缓存，双击打开 OutputCache.aspx 文件，在 @Page 指令下面添加如下代码：

```
<% @OutputCache Duration ="10" VaryByParam ="None" %>
```

以上代码通过@OutputCache 指令设置该页面 OutputCache 属性，使得该页面也具有了缓存的功能。

为了方便开发人员修改缓存特性中的相关属性参数，可以在配置文件 Web.config 中的 <outputCacheProfiles></ outputCacheProfiles >节点设置如下代码：

```
1    <caching>
2       <outputCacheSetting>
3          <outputCacheProfiles>
4             <add name="OutputCache" duration="10" varyByParam="none" />
5          <outputCacheProfiles>
6       </outputCacheProfiles>
7       </ outputCacheSetting >
8    </caching>
```

上面的代码中，第 1 行和第 8 行的<caching>和</caching>节点必须位于 Web.config 文件的 <system.web>和</system.web>节点之中。在第 3 行~第 5 行设置缓存。其中第 4 行设置缓存的名称 OutputCache、输出缓存的时间 10 和没有缓存参数。这样在控制器或者相关的缓存页面中，就可以通过 outputCacheProfile 属性直接引用了。

在 OutputCache.aspx 视图页面@Page 指令下面添加如下代码：

```
<% @OutputCache   CacheProfile="OutputCache"%>
```

以上代码仍然通过 OutputCache 属性直接在页面中设置缓存，但是通过设置 CacheProfile 属性，引用了配置文件中名称为 OutputCache 的缓存，便于开发人员在配置文件中修改缓存参数，不需要重新编译页面或控制器，可以提高网站的性能。

18.5.3 HandleError 过滤器

通过 ASP.NET MVC 应用程序中的 HandleError 过滤器可以指定如何处理行为方法中抛出的异常。默认情况下，如果一个被标记了 HandleError 属性的行为方法抛出任何异常，MVC 框架都会显示应用程序目录下 View 文件夹的 Shared 文件夹内的 Error.aspx 或 Error.cshtml 视图。

HandleError 过滤器是通过 HandleErrorAttribute 类实现的，该类提供了如下几个属性：

● ExceptionType，指定过滤器要处理的异常类型。如果该属性未被指定，则过滤器处理所有的异常。
● View，指定要显示的视图名称。
● Master，指定要使用的母版视图名称。
● Order，指定过滤器被应用的顺序。

其中，Order 属性用来决定用哪个 HandleError 过滤器来处理一个异常。可以把 Order 属性设置为整数值以指定优先级，整数值的范围是从-1 开始到任何正整数，整数值越高优先级越低，属性 Order 遵循如下规则：

● 应用于控制器的过滤器自动应用于控制器的每个方法。
● 当应用于控制器的过滤器与应用于行为方法的过滤器具有相同的 Order 值时，应用于控制器的过滤器优先级高。
● 如果没有指定 Order 值，默认为-1，这就意味着该过滤器比其他 Order 值不是-1 的过滤器具有较高的优先级。
● 错误处理停止后，第一个 HandleError 过滤器就会被调用。

【实例 18-9】使用 HandleError 过滤器

本实例使用 HandleError 过滤器实现处理控制器动作方法的异常情况，具体实现的步骤如下所示：

01 启动 Visual Studio 2012，创建一个 ASP.NET MVC 4 Web 应用程序，命名为"实例 18-9"。
02 双击打开项目中 Controller 文件夹下的 HomeController 控制器文件并添加以下代码：

```
1    public ActionResult HandleError(){
2        throw new Exception("运行出现异常！");
3    }
```

在上面的代码中，第 1 行添加了一个 HandleError 的动作方法。第 2 行人为抛出一个运行出现的异常。

03 选择 HandleError 方法，然后单击鼠标右键，在弹出的快捷菜单中选择"添加视图"命令。打开"添加视图"对话框，在"视图引擎"下拉列表中选择 Razor(CSHTML)；选中"选择母版页"多选按钮，在下面的文本框中输入母版页的路径；最后单击"添加"按钮。ASP.NET MVC 4 就会自动的在网站根目录 Views 文件夹下的 Home 子文件夹下创建一个 HandleError.cshtml 页面。

04 双击程序中 Shared 文件夹下的_Layout.cshtml 母版页文件，添加以下代码，在页面菜单栏项中添加一个用于运行 HandleError 页面的"处理异常"链接：

```
<li>@Html.ActionLink("处理异常", "HandleError", "Home")</li>
```

05 按 Ctrl+F5 快捷键运行程序，进入首页后，单击"处理异常"链接，由于在执行动作方法 HandleError 中抛出了异常，将会显示如图 18-27 所示的页面。

图 18-27　HandleError 页面运行结果

06 以上的运行结果对用户来说感觉会很不友好，所以有必要做一些处理。在 HomeController 控制器中的 HandleError 动作方法上添加如下代码：

[HandleError]

这行代码使用[HandleError]属性设置了动作方法 HandleError 的异常处理页面为 Share 目录下的个性化异常处理页面 Error.cshtml。

07 在配置文件 Web.config 中的<system.web>和</system.web>节点之中，添加如下代码：

<customErrors   mode ="On"></customErrors>

以上代码将异常处理的模式设置为自定义。

08 通过首页再次进入 HandleError.cshtml 页面，此时就会打开如图 18-28 所示的人性化异常处理页面 Error.cshtml。

图 18-28　出现异常的运行结果

18.6　上机题

1．使用 Visual Studio 2012 集成开发环境创建、运行本章所有的代码和实例并分析其执行结果。

2．创建 ASP.NET MVC 4 Web 应用程序，在生成的 Models 文件夹中创建数据实体模型 ShangPin.edmx，数据库表使用本书第 6 章上机题 2 创建的数据库 CoffeeManagement 中的 ShangPin 数据表。

3．创建一个 ASP.NET MVC4 We 应用程序，在 Controllers 文件夹下的 HomeController.cs 控制器文件中定义一个 Index 动作方法，实现获取上题 ShangPin 数据表中所有商品信息，并传递到 Views 文件夹下 Home 子文件夹下的 Index.aspx 视图页面列表中显示，在列表中添加"编辑"、"详情"、"删除"和"新建"4 个链接，运行程序后界面如图 18-29 所示。

4．在上机题 3 的 HomeController.cs 控制器文件中，定义两个 Edix 动作方法。一个是获取指定编号商品的信息并进入要求创建的 Edit.aspx 视图页面；另一个是修改指定商品的信息并返回 Index.aspx 视图页面。在 Edit.aspx 视图中能显示指定商品的信息并添加"修改"的按钮。运行程序后，在 Index.aspx 视图页面单击"编辑"按钮，进入如图 18-30 所示的 Edit.aspx 视图进行修改操作，最后回到 Index.aspx 视图可看到修改的结果。

图 18-29　Index 视图显示页面　　　　　图 18-30　Edit 视图显示页面

5. 在上题的 HomeController.cs 控制器文件中，定义一个 Details 动作方法获取指定编号商品的信息并显示在要求创建的 Details.aspx 视图页面。运行程序后，在 Index.aspx 视图页面单击"详情"按钮，进入如图 18-31 所示的 Details.aspx 视图的界面。

6. 在上题的 HomeController.cs 控制器文件中，定义两个 Create 动作方法。一个是创建一个 ShangPin 对象并传递到要求创建的 Create.aspx 视图；另一个是新建一个商品的信息，并返回信息 Index.aspx 视图页面。在 Create.aspx 视图中添加"新建"按钮，运行程序后，在 Index.aspx 视图页面单击"新建"按钮，进入如图 18-32 所示的 Create.aspx 视图输入新商品的信息，单击"新建"按钮后回到 Index.aspx 视图可看到添加的商品信息。

图 18-31　Details 视图显示页面　　　　　图 18-32　Create 视图显示页面

7. 在上题的 HomeController.cs 控制器文件中，定义两个 Delete 动作方法。一个是获取指定编号商品的信息并进入要求创建的 Delete.aspx 视图页面；另一个是删除指定商品的信息并返回信息 Index.aspx 视图页面。在 Delete.aspx 视图中显示要删除商品的信息并添加"删除"按钮。运行程序后，在 Index.aspx 视图页面单击"删除"按钮，进入如图 18-34 所示的 Delete.aspx 视图进行删除操作，最后回到 Index.aspx 视图可看到删除后的结果。

图 18-33　Delete 视图显示页面

图 18-34　登录视图页面

8. 在上题的项目中实现用户登录的功能。在 AccountController 控制器类中定义 Login 的动作方法实现登录的业务逻辑。相应的在 Account 文件夹中创建 Login.aspx 视图文件实现如图 18-35 所示的登录界面。用户在该界面中输入用户名和密码。选择是否要让网站记住自己，然后单击"登录"按钮进入 Index.aspx 视图页面。

9. 实现上题项目中用户注销的功能。在 AccountController 控制器类中定义 LogOff 的动作方法实现退出登录的业务逻辑。在 Index.aspx 视图页面中设置名为"注销"的链接，单击该链接，已经登录的用户退出登录状态，界面如图 18-35 所示。

图 18-35　注销链接

第 19 章　电子商务网站

近年来，随着 Internet 的迅速发展，电子商务开始流行起来。电子商务就是通过计算机网络来购买、销售和交换商品、服务和信息的过程。目前，越来越多的商家在网上建立起电子商务网站，因为它具有强大的交互功能，可以使商家和用户方便地传递信息，完成电子贸易，同时它也向消费者展示出一种新颖的购物理念。本章介绍的实战项目就是这一背景下的产物，它是一个具备基本功能的 B2C 电子商务网站。

19.1　系统分析与设计

本系统是一个基于 Internet 的轻量级的 B2C 电子商务网站，使用 ASP.NET 4.5 中的 ASP.NET MVC 4 框架进行开发。运用完整的 ASP.NET MVC 4 功能和数据实体模型来访问 SQL Server2008 数据库，使用 Razor 视图引擎作为页面显示，同时利用 AJAX 辅助方法实现了部分页面的局部刷新功能。

19.1.1　系统需求分析

根据电子商务网站的日常运行和管理。本系统的用户主要有三种：第一种是游客，即随意浏览网站的未注册会员；第二种是注册会员；第三种是系统管理员。三者的身份不同，权限不同，所以具体的功能需求也不同。

（1）对于游客来说，实现的具体功能如下：

● 进入网站的首页，在首页中可以浏览商店中商品分类和当前最为热买的商品。
● 选择不同的商品分类可以进入相应分类的页面浏览该类下的商品。
● 通过单击商品的图片或名称可以查看该商品详细信息。
● 如果想购买商品，可以将选择的商品添加到购物车中。
● 在购物车中可以进行清除购买的商品或继续添加商品的操作，选择完毕可以进行结账，但由于是游客，系统不开放结账功能，必须注册成为会员后才能继续下一步操作。

（2）对于注册会员来时，实现的具体功能如下：

● 具有游客所有的操作权限。
● 在登录页面中输入用户号和密码，通过会员的身份验证后才能进入结账页面。
● 在结账页面输入送货的配送信息，提交订单并获得订单号码。
● 可以修改登录密码。

（3）对于系统管理员而言，主要对网站的后台进行日常的管理。实现的具体功能如下：

● 必须在登录页面登录系统，输入用户名和密码。只有通过管理员的身份验证后才能进入后台商品管理的页面。
● 能够对网站的商品进行管理。包括添加商品、编辑现有商品和删除商品的操作。
● 管理员可以通过网站配置工具对网站的用户进行管理。包括角色和用户信息的管理。

19.1.2 系统模块设计

根据上述的系统需求分析和功能，把本系统分成数据访问、实体类、用户登录、购物车和后台管理 5 个主要的模块。其中，数据访问模块使用 ASP.NET MVC 4 中的 Controller 控制器来实现，实体类模块主要使用 ASP.NET MVC4 中的 Model 模型来实现。而页面的显示则使用 ASP.NET MVC 4 中的 View 视图来实现。

各模块所包含的文件及其功能如表 19-1 所示。

表 19-1　电子商务网站各模块一览表

模块名	文件名	功能描述
数据访问模块	Controllers/AccountController.cs	用户账户管理控制器文件
	Controllers/CheckoutController.cs	用户结账控制器文件
	Controllers/HomeController.cs	首页控件器文件
	Controllers/ShoppingCartController.cs	购物车控制器文件
	Controllers/StoreController.cs	商店唱片浏览控制器文件
	Controllers/StoreManagerController.cs	后台管理控制器文件
实体类模块	Models/AccountModels.cs	用户账户模型文件
	Models/ Order.cs	订单详情实体类文件
	Models/ShoppingCart.cs	购物车实体类文件
	Models/WebshopEntities.cs	数据库实体数据文件
	ViewModels/ShoppingCartRemoveViewModel.cs	删除购物车视图模型
	ViewModels/ShoppingCartViewModel.cs	购物车视图模型
	Models/ Product.cs	商品模型文件
	Models/Cart.cs	购物车模型文件
	Models/Category.cs	商品类别模型文件
	Models/OrderDetail.cs	商品详情模型文件
用户登录模块	Views/Account/ LogOn.cshtml	用户登录视图页面
	Views/Account/Register. cshtml	用户注册视图页面
	Views/Home/Index. cshtml	网站首页视图页面
	Views/Account/ ChangePassword.cshtml	用户修改密码视图页面
	Views/Account/ ChangePasswordSuccess.cshtml	用户修改密码成功视图页面

（续表）

模块名	文件名	功能描述
购物车模块	Views/Store/ Browse. cshtml	商品类别浏览视图页面
	Views/Store/ Details. cshtml	商品详情浏览视图页面
	Views/Store/ Index. cshtml	根据类型浏览商品视图页面
	Views/Store/CategoryMenu. cshtml	商品分类菜单视图页面
	Views/ShoppingCart/ CartSummary.cshtml	购物车信息汇总视图页面
	Views/ShoppingCart/Index. cshtml	购物车视图页面
	Views/Account/ Order. cshtml	订单视图页面
	Views/Account/OrderDetails. cshtml	订单详情视图页面
	Views/Checkout/Complete. cshtml	完成结账视图页面
	Views/Checkout/AddressAndPayment. cshtml	填写订单视图页面
后台管理模块	Views/StoreManager/Create. cshtml	新建商品视图页面
	Views/StoreManager/Delete. cshtml	删除商品视图页面
	Views/StoreManager/Details. cshtml	商品详情视图页面
	Views/StoreManager/Edit. cshtml	编辑商品视图页面
	Views/StoreManager/Index. cshtml	管理商品视图页面
	Scripts	JQuery 和 ASP.NET AJAX 脚本库
	Views/Shared/_LogOnPartial. cshtml	登录分部视图页面
	Views/ Shared/Error. cshtml	显示错误的视图页面
	Views/ Shared/ _Layout. cshtml	系统母版页文件
	App_Data/ ASPNETDB .mdf	网站自动生成配置用户角色的数据库文件（SQL Server 2008）
	App_Data/Webshop .sdf	本系统的数据库文件
	Content/ Images	网站图片文件夹
	Content/ Site.css	网站样式表文件
	Web.config	网站配置文件
	Global.asax/ Global.asax.cs	应用程序文件

19.1.3 系统运行演示

运行本系统，出现的首先是如图 19-1 所示网站首页。

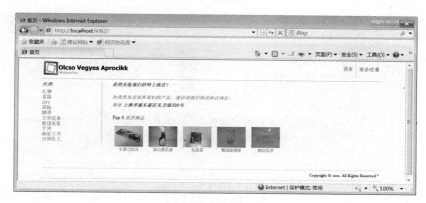

图 19-1 系统首页

在首页中显示了菜单、商品分类和热卖商品。顾客可以选择某一个商品分类的链接，进入如图 19-2 所示的该类商品的浏览页面。

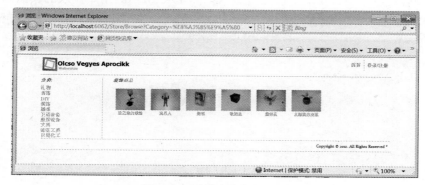

图 19-2 浏览分类商品页面

在商品浏览页面，顾客可以单击所选商品的图片或文字链接进入如图 19-3 所示的商品详情浏览界面。

图 19-3 唱片详情页面

在商品详情页面，单击"添加到购物车"按钮。可进入如图 19-4 所示购物车界面。

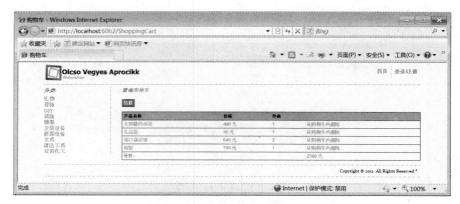

图 19-4　购物车页面

在购物车页面，顾客可以浏览自己购物的内容、进行移除商品或继续购买商品的操作。购物完毕后，顾客可以单击"结算"按钮，进入如图 19-5 所示的用户登录的页面。

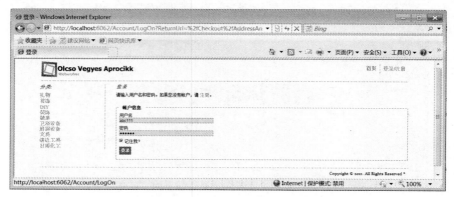

图 19-5　登录页面

由于没有在网站注册过用户身份的游客无法登录结账。顾客必须在登录界面中单击"注册"链接进入如图 19-6 所示注册页面注册成为网站的会员。

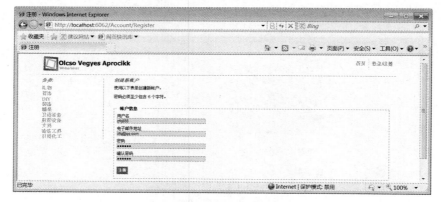

图 19-6　注册页面

在注册页面，输入用户名、密码、确认密码和电子邮件地址，单击"注册"按钮，完成注册操作，进入如图 19-7 所示的结账页面。

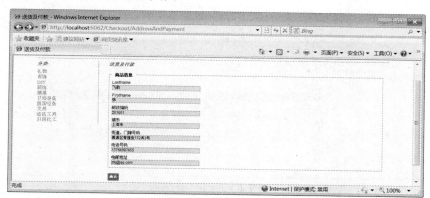

图 19-7　结账页面

在结账页面，填写送货信息，最后单击"确认"按钮，进入如图 19-8 所示的完成结账界面，在该页面中用户可以得到订单的编号和选择是否购物。

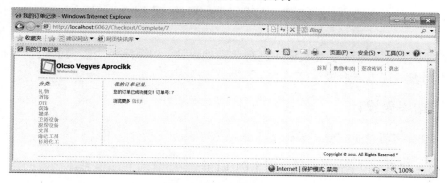

图 19-8　完成结账页面

对本系统的另一类用户——管理员来说，同样必须在登录页面中输入用户名和密码，通过身份验证后才能进入后台管理页面。由于管理员的权限，所以在菜单上显示了和游客以及会员不同的选项，多出了对产品和订单管理的菜单项。单击"产品"菜单，进入如图 19-9 所示的商品管理页面。选择不同的操作链接可以对商品进行添加、编辑、查看和删除操作。

图 19-9　管理商品页面

在后台管理页面单击"订单"菜单，管理员可进入如图 19-10 所示的订单查看页面。

图 19-10　查看订单页面

本系统中其他页面与上述的演示相似，所以，不再一一演示。读者可以运行随书光盘的源代码进行学习。

19.2　系统数据库设计

根据系统的需求分析，要对数据库进行合理的设计。本系统至少需要的数据包括商品信息表、商品类别表、订单详情表、订单表、购物车信息表。

19.2.1　数据库表设计

为满足本系统功能的需要，设计的 5 张数据库表如下所示。

（1）商品信息表（Products），用来存放网站中所有的商品信息，该表的字段结构如表 19-2 所述。

表 19-2　Products 表结构

字段	中文描述	数据类型	是否为空	备注
ProductId	商品编号	int	否	主键
CategoryId	类型编号	int	否	
Name	商品名称	nvarchar(160)	否	
Unit	单位	int	否	
Price	商品价格	int	否	
Url	商品图片路径	nvarchar(1024)	是	

（2）商品类别表（Category），用来记录所有商品类型的详细信息。该表的字段结构如表 19-3 所述。

表 19-3　Category 表结构

字段	中文描述	数据类型	是否为空	备注
CategoryId	类型编号	int	否	主键
Name	类型名称	nvarchar(4000)	是	

（3）订单详情表（OrderDetails），用于保存所有用户购买订单的详细信息。该表的字段结构如表 19-4 所述。

表 19-4　OrderDetails 表结构

字段	中文描述	数据类型	是否为空	备注
OrderDetailId	订单详情编号	int	否	主键
OrderId	订单编号	int	否	
ProductId	商品编号	int	否	
UnitPrice	商品单价	numeric(18.2)	否	
Quantity	订单数量	int	否	

（4）订单表（Order），用于保存用户购买唱片订单的信息，该表的字段结构如表 19-5 所述。

表 19-5　Order 表结构

字段	中文描述	数据类型	是否为空	备注
OrderId	订单编号	int	否	主键
Username	用户姓名	nvarchar(400)	是	
OrderDate	订单生成日期	datetime	否	
FirstName	用户的姓	nvarchar(160)	否	
LastName	用户的名	nvarchar(160)	否	
Address	用户地址	nvarchar(100)	否	
City	用户所在城市	nvarchar(50)	否	
PostalCode	用户邮政编码	nvarchar(4)	否	
Phone	用户联系电话	nvarchar(24)	否	
Email	用户电子邮件	nvarchar(4000)	否	
Total	订单总价	numeric(18,2)	否	

（5）购物车信息表（Carts），用于保存用户购物车中所选择的唱片信息信息，该表的字段结构如表 19-6 所述。

表 19-6　Carts 表结构

字段	中文描述	数据类型	是否为空	备注
RecordId	记录编号	int	否	主键
CartId	购物车编号	nvarchar(400)	是	
ProductId	商品编号	int	否	
Count	数量	int	否	
DateCreated	创建日期	datetime	否	

19.2.2　Visual Studio 2012 自动生成的数据库

本系统使用了 ASP.NET 网站配置工具来实现网站用户身份的验证和角色管理。所以，在 Visual Studio 2012 中会自动生成一个系统自带数据库 ASPNETDB，保存所需要的数据，所有的用户信息、个性化信息和基本配置等都保存在该数据库中。

在该数据库中共有 11 张数据表，表的名称都以"aspnet_"开头。 本系统中主要使用到了其中的 4 张表。

（1）aspnet_Users 表，用于快速提取记用户的信息，该表的字段结构如表 19-7 所述。

表 19-7　aspnet_Users 表结构

字段	中文描述	数据类型	是否为空	备注
ApplicationId	应用程序编号	uniqueidentifier	否	外键
UserId	用户编号	uniqueidentifier	否	主键
UserName	用户名称	nvarchar(256)	否	
LoweredUserName	小写用户名	nvarchar(256)	否	
MobileAlias	移动用户别名	nvarchar(16)	是	
IsAnonymous	是否是匿名用户	bit	否	

（2）aspnet_Roles 表，用于保存系统设置的角色信息，该表的字段结构如表 19-8 所述。

表 19-8　aspnet_Roles 表结构

字段	中文描述	数据类型	是否为空	备注
ApplicationId	应用程序编号	uniqueidentifier	否	外键
RoleId	角色编号	uniqueidentifier	否	主键
RoleName	角色名称	nvarchar(256)	否	
LoweredRoleName	小写的角色名称	nvarchar(256)	否	
Description	角色描述	int	是	

（3）aspnet_Membership 表，用于记录用户的详细信息。该表的字段结构如表 19-9 所述。

表 19-9　aspnet_Membership 表结构

字段	中文描述	数据类型	是否为空	备注
ApplicationId	应用程序编号	uniqueidentifier	否	外键
UserId	用户编号	uniqueidentifier	否	主键
Password	用户密码	nvarchar(128)	否	
PasswordFormat	密码格式	int	否	
PasswordSalt	密码加密格式	nvarchar(128)	否	
MobilePIN	移动用户 PIN 码	nvarchar(16)	是	
Email	邮件	nvarchar(256)	是	
LoweredEmail	小写的邮件	nvarchar(256)	是	
PasswordQuestion	找回密码问题	nvarchar(256)	是	
PasswordAnswer	找回密码答案	nvarchar(128)	是	
IsApproved	是否可进行验证	bit	否	
IsLockedOut	是否因锁定不验证	bit	否	
CreateDate	创建时间	datetime	否	
LastLoginDate	最后登录时间	datetime	否	
LastPasswordChangedDate	最后更改密码时间	datetime	否	
LastLockoutDate	最后锁定时间	datetime	否	
FailedPasswordAttemptCount	失败尝试次数	int	否	
FailedPasswordAttemptWindowStart	密码失败尝试窗口打开时间	datetime	否	
FailedPasswordAnswerAttemptCount	找回密码时尝试次数	int	否	
FailedPasswordAnswerAttemptWindowStart	找回密码时尝试窗口打开时间	datetime	否	
Comment	最后修改时间	ntext	是	

（4）aspnet_UsersInRoles 表，是用户和角色的关联表，该表的字段结构如表 19-10 所述。

表 19-10　aspnet_UsersInRoles 表结构

字段	中文描述	数据类型	是否为空	备注
UserId	用户编号	uniqueidentifier	否	主键
RoleId	角色编号	uniqueidentifier	否	主键

19.3　实体类模块

以上在 Models 文件夹中自定义了 8 个实体类：账户模型类 AccountModels、购物车 Cart、商品类别 Category、订单类 OrderOrder、订单详情类 OrderDetailOrder、商品类 Product、购物车操作类 ShoppingCart、网站实体类 WebshopEntities。其中，购物车操作类 ShoppingCart 是比较重要的，它定义了购物车操作类的属性和各种操作方法，代码保存在 Models 文件夹下的 ShoppingCart.cs 文件中，下面进行详细的介绍。

（1）定义该类的属性和获得购物车编号的方法，关键代码如下：

```
1.      WebshopEntities storeDB = new WebshopEntities();
2.      string shoppingCartId { get; set; }
3.      public const string CartSessionKey = "CartId";
4.      public static ShoppingCart GetCart(HttpContextBase context){
5.          var cart = new ShoppingCart();
6.          cart.shoppingCartId = cart.GetCartId(context);
7.          return cart;
8.      }
9.      public String GetCartId(HttpContextBase context){
10.     if (context.Session[CartSessionKey] == null){
11.     if (!string.IsNullOrWhiteSpace(context.User.Identity.Name)){
12.     context.Session[CartSessionKey] = context.User.Identity.Name;
13.         }
14.     else {
15.         Guid tempCartId = Guid.NewGuid();
16.         context.Session[CartSessionKey] = tempCartId.ToString();
17.         }
18.     }
19.         return context.Session[CartSessionKey].ToString();
20.     }
```

上面的代码中，第 1 行实例化实体数据模型 WebshopEntities 的上下文对象 storeDB。第 2 行定义购物车操作类的编号属性。第 3 行定义一个字符串类型的常量 CartSessionKey 赋值为 CartId，表示购物车 Session 的键名称。第 4 行定义 GetCart 方法，参数是一个包含 HTTP 请求信息的对象，返回值是购物车操作类对象。第 5 行创建一个购物车操作类的对象 cart。第 6 行通过调用 GetCartId 方法获得购物车操作类对象 cart 的编号。第 7 行返回该购物车操作类对象。

第 9 行定义获得购物车编号的方法 GetCartId，参数是一个包含 HTTP 请求信息的对象。第 10 行判断传递的 HTTP 请求信息中 Session 集合中 CartId 键的值如果为空，第 11 行再判断如果 HTTP 请求信息中的用户名如果不为空则第 12 行将用户姓名保存到 Session 集合中作为 CartId 键的值。第 14 行判断如果如果 HTTP 请求信息中的用户名为空则第 15 行通过 Guid 了的 NewGuid 方法实例化一个 Guid 类对象 tempCartId 获得一个唯一的临时标识。第 16 行将该临时标识保存到 Session 集合中作为 CartId 键的值。第 19 行返回 Session 集合中作为 CartId 键的值。

（2）定义将商品添加到购物车和从购物车中移除唱片的方法。关键代码如下：

```
1.      public void AddToCart(Product product){
2.        var cartItem = storeDB.Carts.SingleOrDefault(
3.         c => c.CartId == shoppingCartId &&c.ProductId == product.ProductId);
4.            if (cartItem == null){
5.                cartItem = new Cart{
6.                ProductId = product.ProductId, CartId = shoppingCartId,
7.                Count = 1,DateCreated = DateTime.Now
8.                };
9.                storeDB.AddToCarts(cartItem);
10.            }
11.            else{
12.                cartItem.Count++;
13.            }
14.            storeDB.SaveChanges();
15.        }
16.        public void RemoveFromCart(int id){
17.        var cartItem = storeDB.Carts.Single(
18.         cart => cart.CartId == shoppingCartId&& cart.RecordId == id);
19.          int itemCount = 0;
20.          if (cartItem != null){
21.              if (cartItem.Count > 1){
22.                  cartItem.Count--;                           }
23.                  itemCount = cartItem.Count;
24.              else{
25.                  storeDB.Carts.Remove(cartItem);
26.              }
27.              storeDB.SaveChanges();
28.          }
29.      }
```

　　上面的代码中第 1 行定义将商品添加到购物车 AddToCart 方法，参数是商品类 product 的对象。第 2 行使用实体数据上下文对象 storeDB.Carts 的方法 SingleOrDefault 通过商品对象的购物车编号和商品编号获得该购物车对象。第 4 行判断如果该对象不存在则在第 5 行~第 8 行创建一个新的购物车对象，给该对象的属性赋值。第 9 行调用实体数据上下文对象 storeDB 的 AddToCarts 方法将新创建的购物车类添加到 Cart 数据表中。如果第 11 行判断前面第 2 行查询的商品对象已经存在，则第 12 行将该对象的购物数量加 1。第 14 行调用实体数据上下文对象 storeDB 的 SaveChanges 方法保存数据库的修改。

　　第 16 行定义从购物车中移除商品对象的方法 RemoveFromCart，参数是购物车记录编号。第 17 行使用实体数据上下文对象 storeDB.Carts 的方法 Single 通过商品对象的购物车编号和购物车记录编号获得该购物车对象。第 20 行判断该对象如果存在，则在第 21 行继续判断如果该对象的购物数量大于 1，第 22 行将该对象的购物数量减 1。如果第 24 行判断该购物车对象不存在，第25行调用实体数据上下文对象 storeDB.Carts 的 Remove 方法将该购物车对象从购物车表中移除。第27行调用实体数据上下文对象 storeDB 的 SaveChanges 方法保存数据库的修改。

（3）定义清空购物车和获得购物车内商品信息的方法。关键代码如下：

```
1.      public void EmptyCart(){
2.      var cartItems = storeDB.Carts.Where(cart => cart.CartId == shoppingCartId);
3.              foreach (var cartItem in cartItems){
4.                  storeDB.DeleteObject(cartItem);
5.              }
6.              storeDB.SaveChanges();
7.          }
8.          public List<Cart> GetCartItems() {
9.              return storeDB.Carts.Where(cart => cart.CartId == ShoppingCartId).ToList();
10.         }
```

代码说明：第1行定义了清空购物车的方法 EmptyCart。第2行使用实体数据上下文对象 storeDB.Carts 方法的 Where 子句通过购物车操作类编号获得指定购物车对象中商品的集合。第3行~第5行使用 foreach 循环遍历删除该购物车对象集合中所有的对象。第6行保存数据库的更改。第8行定义获得购物车内商品信息的方法。第9行通过购物车操作类编号获得指定购物车对象中商品的集合列表并返回。

（4）定义获得购物车中商品购买数量和总价的方法，关键代码如下：

```
1.          public int GetCount(){
2.              int? count = (from cartItems in storeDB.Carts
3.                      where cartItems.CartId == shoppingCartId
4.                      select (int?)cartItems.Count).Sum();
5.              return count ?? 0;
6.          }
7.          public decimal GetTotal(){
8.              decimal? total =(from cartItems in storeDB.Carts
9.                      where cartItems.CartId == shoppingCartId
10.                     select (int?)cartItems.Count * cartItems.Product.Price)
11.                     .Sum();
12.             return total ?? decimal.Zero;
13.         }
```

上面的代码中第1行定义获得购物车中商品购买数量的方法 GetCount。第2行~第4行使用实体数据上下文对象 storeDB.Carts 方法的 Where 子句通过购物车操作类编号获得指定购物车对象中商品购买数量的总数。第5行返回该总数。第7行定义获得购物车中商品总价的方法 GetTotal。第8行~第11行使用实体数据上下文对象 storeDB.Carts 方法的 Where 子句通过购物车操作类编号获得指定购物车对象中商品购买的总价。第12行返回该总价。

（5）定义创建订单和迁移购物车的方法。关键代码如下：

```
1.      public int CreateOrder(Order order){
2.              decimal orderTotal = 0;
3.              var cartItems = GetCartItems();
4.              foreach (var cartItem in cartItems){
5.                  var orderDetails = new OrderDetail{
6.                          ProductId = item.ProductId,
7.                          OrderId = order.OrderId,
8.                          UnitPrice = item.Product.Price,
9.                          Quantity = item.Count
10.                     };
11.                 storeDB.OrderDetails.Add(orderDetails);
12.                 orderTotal += (cartItem.Count * cartItem. Product.Price);
13.             }
14.             order.Total = orderTotal;
15.             storeDB.Orders.Add(order);
16.             storeDB.SaveChanges();
17.             EmptyCart();
18.             return order.OrderId;
19.         }
20.     public void MigrateCart(string userName){
21.             var shoppingCart = storeDB.Carts
22.                 .Where(c => c.CartId == shoppingCartId);
23.             foreach (Cart item in shoppingCart){
24.                 item.CartId = userName;
25.             }
26.         storeDB.SaveChanges();
27. }
```

上面的代码中第 1 行创建订单的方法 CreateOrder，参数是一个订单类 Order 对象。第 2 行初始化订单总价变量 orderTotal 为 0。第 3 行调用 GetCartItems 方法获得购物车内商品信息并创建一个列表集合对象 cartItems。第 4 行使用循环遍历 cartItems 对象。第 5 行创建一个订单详情类的对象 orderDetails。第 6 行~第 9 行给 orderDetails 对象的商品编号、订单编号和商品单价三个属性赋值。第 11 行通过实体数据上下文对象 storeDB. OrderDetails 的方法 Add 将 orderDetails 对象添加到 orderDetails 数据表中。第 12 行计算获得订单总价。第 16 行保存数据库的修改。第 17 行调用 EmptyCart 方法清空当前购物车中的对象。第 18 行返回订单的编号。

第 20 行定义迁移购物车的方法 MigrateCart，参数是用户名。第 21 行~第 22 行使用实体数据上下文对象 storeDB.Carts 方法的 Where 子句通过购物车操作类编号获得指定购物车对象中商品的集合。第 23 行~第 25 行使用 foreach 循环遍历将用户名作为购物车对象的购物车编号属性的值。第 26 行保存购物车的修改。

19.4　用户登录模块

用户登录模块包括系统的首页、用户登录和用户注册这三个功能组成。每个功能由控制器和视图共同来实现，这里主要介绍系统首页的实现。

19.4.1　使用母版页

为了满足系统页面设计需要，这里使用了母版页机制，在 Shared 文件夹下的 _Layout.cshtml 母版页文件中设计了整个网站的结构布局。

母版页整个界面由三个 div 组成，关键的代码如下：

```
1.   <body>
2.   <div id="header">
3.       <h1><a href="/"><img alt="Logo" src= "../../Content/Images/logo.png" /></a>
4.       </h1>
5.       <ul id="navlist">
6.           <li class="first">
7.                   <a href="@Url.Content("~")" id="current">首页</a>
8.           </li>
9.       @if(!User.Identity.IsAuthenticated){
10.        <li><a href="@Url.Content("~/Account/LogOn")">登录/注册</a>
11.        </li>
12.        }
13.      else{
14.        if(User.IsInRole("Admin")){
15.        <li><a href="@Url.Content("~/StoreManager/")">产品</a></li>
16.        <li><a href="@Url.Content("~/Account/Orders")">订单</a></li>
17.        }
18.        if (User.IsInRole("User")){
19.    <li><a href="@Url.Content("~/Account/Orders")">订单记录</a></li>
20.        }
21.        <li>@{Html.RenderAction("CartSummary", "ShoppingCart");}</li>
22.        <li><a href="@Url.Content("~/Account/ChangePassword")">更改密
23.                                                  码</a></li>
24.        <li><a href="@Url.Content("~/Account/LogOff")">退出</a></li>
25.        }
26.      </ul>
27.  </div>
28.  @{Html.RenderAction("CategoryMenu", "Store");}
29.  <div id="main">@RenderBody()</div>
30.  <div id="footer">Copyright © 2012. All Rights Reserved ® </div>
31.  </body>
```

上面的代码中第 3 行~第 27 行是第一个 div。其中第 3 行和第 4 行使用 HTML 的 h1 标题标记。第 5 行~第 26 行使用 HTML 的无序列表，其中，第 6 行~第 8 行使用 li 标记显示首页的链接。第 9 行判断如果用户通过身份验证，第 10 行和第 11 行在菜单栏中显示登录和注册的链接；第 13 行~第 17 行判断如果用户的角色是 Admin，则第 15 行和第 16 行菜单栏中显示产品和订单的链接；第 18 行~第 25 行判断如果用户的角色是 User，则在菜单栏中显示订单记录、购物车、更改密码和退出的链接。第 28 行执行 CategoryMenu 控制器中的 Store 新闻方法将商品类别显示在主页。

第 29 行是第二个 div，第 30 行是第三个 div，显示页尾的文本。

19.4.2　首页

首页作为内容页面被包含在母版页_Layout.cshtml 的占位符控件中，首页的控制器动作方法 Index 定义在 Controllers 文件夹下的 HomeController.cs 文件夹中，具体代码如下：

```
1.    WebshopEntities storeDB = new WebshopEntities();
2.    public ActionResult Index(){
3.         var products = GetTopSellingProducts(5);
4.         return View(products);      }
5.    private List<Product> GetTopSellingProducts (int count){
6.         return storeDB.Products.OrderByDescending(a =>a.OrderDetails.Count()).Take(count).ToList();
7.    }
```

上面的代码中第 1 行实例化数据实体模型 WebshopEntities 的上下文对象 storeDB。第 2 行定义 ActionResult 返回类型的动作方法 Index。第 3 行调用 GetTopSellingProducts 方法获得 Products 唱片对象集合。第 4 行将 Products 返回到首页视图。

第 5 行定义获得热门商品列表的方法 GetTopSellingProducts，参数是显示商品的数量。第 6 行使用 storeDB. Products 的 OrderByDescending 方法获得排序后热门商品的列表对象。

接着就要设计对应与首页动作方法 Index 的视图，该视图定义在 Views 文件夹下 Home 子文件夹下的 Indexd.cshtml 文件中，关键的代码如下：

```
1.    @model List<Webshop.Models.Product>
2.    @{ViewBag.Title = "首页";}
3.    <h3><em>欢迎光临我们的网上商店！</em></h3>
4.    <h3><br />如果您亲自选择我们的产品，请访问我们的实体店地址：</h3>
5.    <h3>地址  <em>上海市浦东新区东方路 320 号</em></h3>
6.    <h3><br /><em>Top 5 </em> 热卖商品</h3>
7.    <ul id="product-list">
8.    @foreach (var product in Model){
9.     <li><a href="@Url.Action("Details", "Store",
10.     new { id = product.ProductId })">
11.      <img alt="@product.Name" src="@product.Url" width = "100px" height = "75px"/>
12.        <span>@product.Name</span></a>
```

```
13.     </li>
14.    }
15. </ul>
```

上面的代码中第 1 行使用@model 指令设置视图页面引用的模型实体类 Product。第 2 行设置页面的标题。第 3 行~第 6 行使用标题标签 h3 来显示文本。第 7 行~第 15 行定义无序列表。第 8 行~第 14 行使用 foreach 循环显示列表的内容，其中第 9 行通过 Url.Action 方法设置路由，参数为动作方法、控制器和传递的参数，第 11 行设置显示图片的路径，第 12 行设置图片的标题。

19.5　购物车模块

购物车模块是本系统中逻辑最为复杂的模块。它由根据类型浏览商品功能、商品类型浏览功能、商品详情浏览功能、购物车功能、填写订单功能和完成结账功能组成。每个功能由控制器和视图共同来实现。

19.5.1　根据类型浏览商品页面

根据类型浏览商品页面的控制器动作方法 Browse 定义在 Controllers 文件夹下的 StoreController.cs 文件夹中，关键代码如下：

```
1.  public ActionResult Browse(string category){
2.      var categoryModel = storeDB.Categories.Include("Products").Single(c => c.Name == category);
3.      return View(categoryModel);
4.  }
```

上面的代码中第 1 行定义返回值为 ActionResult 类型的动作方法 Browse，参数是商品类型的名称。通过数据实体模型 WebshopEntities 的上下文对象 storeDB 中的商品类型对象 Categories 的 Include 方法将获得指定商品类型的包含商品对象 Products 信息的产品类型，并查询出与传递参数相同的所有类型下的商品对象 categoryModel。第 3 行将对象返回到 Browse 视图。

设计对应与动作方法 Browse 的视图，该视图定义在 Views 文件夹下 Store 子文件夹下的 Browse.cshtml 文件中，关键代码如下：

```
1.  @model Webshop.Models.Category
2.  @{ViewBag.Title = "浏览";}
3.  <div class="category">
4.     <h3><em>@Model.Name</em>商品</h3>
5.       <ul id="product-list">
6.       @foreach (var product in Model.Products) {
7.        if (product.Unit > 0){
8.         <li>
```

```
9.        <a href="@Url.Action("Details", new { id = product.ProductId })">
10.         <img alt="@product.Name" src="@product.Url" width = "100px" height = "75px" />
11.         <span>@product.Name</span>
12.       </a>
13.      </li>
14.     }
15.    }
16.   </ul>
17. </div>
```

上面的代码中第 6 行~第 15 行通过循环遍历从控制器传递的 Model 对象中的元素，其中第 8 行~第 13 行使用列表内容标签显示唱片详情的链接和唱片的图片；第 11 行在段落标记中显示唱片的标题。

19.5.2 唱片详情浏览页面

唱片详情浏览页面的控制器动作方法 Details.aspx 定义在 Controllers 文件夹下的 StoreController.cs 文件夹中，关键代码如下：

```
1.    public ActionResult Details(int id) {
2.        var product = storeDB.Products.Find(id);
3.            return View(product);
4.        }
```

代码说明：第 1 行定义返回值为 ActionResult 类型的动作方法 Details，参数是商品的编号。第 2 行通过数据实体模型 WebshopEntities 的上下文对象 storeDB 中商品对象 Products 的 Find 方法查询获得指定商品编号的商品对象。第 3 行返回该对象到视图。

设计对应与动作方法 Details 的视图，该视图定义在 Views 文件夹下 Store 子文件夹下的 Details.aspx 文件中，关键代码如下：

```
1.    @model Webshop.Models.Product
2.    @{ViewBag.Title = "产品 - " + Model.Name;}
3.    <h2>@Model.Name</h2>
4.    <p><img alt="@Model.Name" src="@Model.Url" /></p>
5.    <div id="Adatok">
6.     <p><em>类别：</em>@Model.Category.Name</p>
7.     <p><em>价格:</em>@Model.Price 元 RMB</p>
8.     <p><em>库存:</em>@Model.Unit 件</p>
9.    @if (Model.Unit > 0){
10.   <p class="button">
11.     @Html.ActionLink("添加到购物车", "AddToCart", "ShoppingCart", new { id = Model.ProductId }, "")
12.   </p>
13.   }
```

14. </div>

上面代码中第 2 行定义页面标题。第 3 行显示商品的名称。第 4 行在段落标记中显示商品的图片。第 5 行~第 14 行在一个 div 中。第 6 行~第 8 行用三个段落标记来显示商品的类别、价格和库存。第 10 行~第 12 行在段落标记中显示一个"添加到购物车"的超链接并指定了显示的文本、动作方法、控制器和传递的参数。

19.5.3　购物车页面

购物车页面的控制器动作方法 Index、AddToCart 和 RemoveFromCart 定义在 Controllers 文件夹下的 ShoppingCartController.cs 文件夹中，关键代码如下：

```
1.    public ActionResult Index(){
2.              var cart = ShoppingCart.GetCart(this.HttpContext);
3.              var viewModel = new ShoppingCartViewModel{
4.                  CartItems = cart.GetCartItems(),
5.                  CartTotal = cart.GetTotal()
6.              };
7.              return View(viewModel);
8.          }
9.    public ActionResult AddToCart(int id){
10.              var addedProduct = storeDB.Products
11.               .Single(product => product.ProductId == id);
12.              var cart = ShoppingCart.GetCart(this.HttpContext);
13.             cart.AddToCart(addedProduct);
14.             return RedirectToAction("Index");
15.          }
16.    public ActionResult RemoveFromCart(int id){
17.          var cart = ShoppingCart.GetCart(this.HttpContext);
18.           string productName = storeDB.Carts
19.                  .Single(item => item.RecordId == id).Product.Name;
20.          int itemCount = cart.RemoveFromCart(id);
21.          var results = new ShoppingCartRemoveViewModel {
22.           Message = Server.HtmlEncode(albumName) +" 已从您的购物车移除.",
23.           CartTotal = cart.GetTotal(),
24.           CartCount = cart.GetCount(),
25.           ItemCount = itemCount,
26.           DeleteId = id
27.          };
28.             return Json(results);
29.          }
```

以上代码中第 1 行定义返回值为 ActionResult 类型的动作方法 Index。

第 2 行通过购物车操作类的 GetCart 获得购物车对象 cart。

第 3 行~第 6 行实例化购物车视图模型类的对象 viewModel，第 4 行通过 cart 对象的 GetCartItems 方法获得购物车中所有对象并赋给 viewModel 对象属性 CartItems。第 5 行通过 cart 对象的 GetTotal 方法获得购物车的总价并赋给 viewModel 对象属性 CartTotal。

第 7 行返回 viewModel 购物车视图。

第 9 行定义返回值为 ActionResult 类型的动作方法 AddToCart，参数是商品的编号。

第 10 行~第 11 行获取指定商品编号的唱片对象 addedProduct。

第 12 行通过购物车操作类的 GetCart 获得购物车对象 cart。

第 13 行调用 cart 对象的 AddToCart 方法将 addedProduct 商品添加到购物车。

第 14 行重新定向到购物车视图。

第 16 行定义动作方法 RemoveFromCart，参数是购物车的记录编号。

第 17 行通过购物车操作类的 GetCart 获得购物车对象 cart。

第 18 行~第 19 行获取要移除的购物车内商品的名称。

第 20 行调用 cart 对象的 RemoveFromCart 从购物车中移除指定的商品对象。

第 21 行~第 27 行实例化一个移除购物车模型视图类的对象 results。第 22 行设置其显示文本属性的值。第 23 行调用 cart 对象的 GetTotal 方法设置其购物车总价属性的值。第 24 行调用 cart 对象的 GetCount 方法设置其购物车商品数量属性的值。第 26 行设置其移除编号属性的值。

第 28 行将 viewModel 对象以 Json 的数据类型返回到视图购物车视图。

设计对应与动作方法 Index 的视图，该视图定义在 Views 文件夹下 ShoppingCart 子文件夹下的 Index.cshtml 文件中。在该视图中使用 ASP.NET AJAX 和 JQuery 技术实现异步调用移除购物车中商品的方法来实现页面的局部刷新，关键的代码如下。

```
1.    @model Webshop.ViewModels.ShoppingCartViewModel
2.    @{ViewBag.Title = "购物车";}
3.    <h3><em>查询</em>购物车</h3>
4.    @if(Model.CartItems.Count != 0){
5.    <p class="button">
6.    @Html.ActionLink("结算", "AddressAndPayment", "Checkout")
7.    </p>
8.    }
9.    <div id="update-message"></div>
10.   <table>
11.   <tr>
12.   <th>产品名称</th>
13.   <th>价格</th>
14.   <th>件数</th>
15.   <th></th>
16.   </tr>
17.   @foreach (var item in Model.CartItems){
```

```
18.    <tr id="row-@item.RecordId">
19.    <td>
20.    @Html.ActionLink(item.Product.Name, "Details", "Store", new
           { id = item.ProductId }, null)
21.    </td>
22.    <td>@item.Product.Price  元</td>
23.    <td id="item-count-@item.RecordId">@item.Count</td>
24.    <td><a href="#" class="RemoveLink" data-id="@item.RecordId">从购物车内删除</a>
25.    </td>
26.    </tr>
27.    }
28.    <tr>
29.    <td>所有：  </td>
30.    <td></td>
31.    <td></td>
32.    <td id="cart-total">@Model.CartTotal  元</td>
33.    </tr>
34.    </table>
```

上面的代码第 4 行判断如果购物车不为空，则第 6 行显示"结算"链接并设置其显示文本、动作方法和控制器。第 10 行~第 34 行定义一个表格，其中，第 11 行~第 16 行定义表格的标题。第 17 行~第 24 行使用循环动态生成表格要显示的数据内容，每行分为 4 列，第 20 行为第 1 列，显示一个商品对象的超链接；第 22 行是第 2 列显示商品的价格；第 23 行是第 3 列显示商品的数量；第 24 行是第 4 列显示"从购物车内删除"的链接。第 32 行显示购物车的总价。

19.5.4　填写订单页面

填写订单页面控制器动作方法 AddressAndPayment 定义在 Controllers 文件夹下的 CheckoutController.cs 文件夹中，关键代码如下：

```
1.    [HttpPost]
2.    public ActionResult AddressAndPayment(FormCollection values){
3.            var order = new Order();
4.            TryUpdateModel(order);
5.            try{
6.                    order.Username = User.Identity.Name;
7.                    order.OrderDate = DateTime.Now;
8.                var cart = ShoppingCart.GetCart(this.HttpContext);
9.                cart.CreateOrder(order);
10.               return RedirectToAction("Complete",
11.                        new { id = order.OrderId});
12.            }
```

```
13.        catch{
14.                return View(order);
15.        }
16.    }
```

上面的代码中第1行属性表示下面的方法只接受用户通过Post方法发送的表单数据。第2行定义动作方法AddressAndPayment，参数是表单集合对象。第3行实例化一个订单对象Order。第4行调用TryUpdateModel方法更新订单对象。第6行获取用户名作为订单中用户名属性的值。第7行将当前系统时间作为订单中订单时间属性的值。第8行通过购物车操作类ShoppingCart的GetCart方法得到购物车对象cart。第9行调用CreateOrder方法根据order对象创建订单详情。第10行重新定向到订单完成页面。如果以上操作失败，在第14行返回填写订单页面。

设计对应与动作方法AddressAndPayment的视图，该视图在Views文件夹下Checkout子文件夹下的AddressAndPayment.aspx文件中定义。关键的HTML代码如下：

```
1.  <asp:Content ID="Content2" ContentPlaceHolderID="MainContent" runat="server">
2.  <script src="/Scripts/MicrosoftAjax.js" type="text/javascript"></script>
3.    <script src="/Scripts/MicrosoftMvcAjax.js" type="text/javascript"></script>
4.    <script src="/Scripts/MicrosoftMvcValidation.js" type="text/javascript"></script>
5.    <script src="/Scripts/jquery-1.4.1.min.js" type="text/javascript"></script>
6.      <% Html.EnableClientValidation(); %>
7.      <% using (Html.BeginForm()) {%>
8.      <fieldset>
9.          <legend>送货地址信息</legend>
10.         <%: Html.EditorForModel() %>
11.     </fieldset>
12.     <input type="submit" value="提交订单" />
13.     <% } %>
14. </asp:Content>
```

代码说明：第2行~第5.行导入ASP.NET AJAX和JQuery脚本库用来实现客户端验证功能。第6行指定使用客户端验证用户输入的数据。第7行定义一个表单。第8行~第11行定义一个边框。第9行定义边框的标题。第10行使用HTML的EditorForMode方法以自定义的Order订单类的数据类型为模板，在该模板中定义了显示填写订单的HTML代码。第12行定义"提交订单"的按钮。

设计后填写订单视图的界面如图19-11所示。

图19-11　设计后填写订单界面

本模块中完成结账功能的控制器和视图上面的功能类似，这里就不再进行详细的说明，读者可参考光盘中的源代码进行学习。

19.6　后台管理模块

后台管理模块由管理唱片、编辑唱片、创建唱片、删除唱片和删除成功这 5 个功能组成。每个功能由控制器和视图共同实现。

19.6.1　管理唱片页面

管理唱片页面控制器动作方法 Index 在 Controllers 文件夹下的 StoreManagerController.cs 文件夹中定义，关键代码如下：

```
1.   public ActionResult Index(){
2.       var albums = storeDB.Albums.Include("Genre").Include("Artist")
3.                   .ToList();
4.           return View(albums);
5.       }
```

以上代码中，第 1 行定义动作方法 Index。第 2 行获取包含演唱者对象数据的唱片类型的列表集合。第 4 行将该对象返回到视图。

设计对应与动作方法 Index 的视图，该视图在 Views 文件夹下 StoreManager 子文件夹下的 Index.aspx 文件中定义，关键的 HTML 代码如下：

```
1.   <asp:Content ID="Content2" ContentPlaceHolderID="MainContent" runat="server">
2.       <table>
3.           <tr> <th></th><th>标题</th><th>艺术家</th><th>类型</th></tr>
4.       <% foreach (var item in Model) { %>
5.           <tr>
6.               <td>
7.   <%: Html.ActionLink("编辑", "Edit", new { id=item.AlbumId }) %> |
8.   <%: Html.ActionLink("删除", "Delete", new { id=item.AlbumId })%>
9.               </td>
10.              <td><%: Html.Truncate(item.Title, 125) %></td>
11.              <td><%: Html.Truncate(item.Artist.Name, 125) %></td>
12.              <td><%: item.Genre.Name %></td>
13.          </tr>
14.      <% } %>
15.      </table><br />
16.      <p><%: Html.ActionLink("添加新唱片", "Create") %></p>
17.  </asp:Content>
```

代码说明：第 2 行~第 15 行用一个表格来显示唱片的数据。第 3 行设置表格的标题。第 4

行通过常用的 foreach 循环语句，在从控制器传递到视图的 Model 数据中，分别获取唱片的标题、演唱者和唱片类型。其中第 7 行~第 8 行使用了 HTML 中的扩展方法 ActionLink，设置"编辑"和"删除"链接，用于编辑指定记录或删除该记录。第 16 行设置"添加新唱片"链接，用于添加新的唱片数据。

设计后唱片管理视图的界面如图 19-12 所示。

图 19-12   设计后唱片管理界面

19.6.2   编辑唱片页面

编辑唱片页面控制器动作方法 Edit 在 Controllers 文件夹下的 StoreManagerController.cs 文件夹中定义，关键代码如下：

```
1.  public ActionResult Edit(int id){
2.      var viewModel = new StoreManagerViewModel{
3.          Album = storeDB.Albums.Single(a => a.AlbumId == id),
4.          Genres = storeDB.Genres.ToList(),
5.          Artists = storeDB.Artists.ToList()
6.      };
7.      return View(viewModel);
8.  }
9.  public ActionResult Edit(int id, FormCollection formValues){
10.     var album = storeDB.Albums.Single(a => a.AlbumId == id);
11.     try{
12.         UpdateModel(album, "Album");
13.         storeDB.SaveChanges();
14.         return RedirectToAction("Index");
15.     }
16.     catch {
17.         var viewModel = new StoreManagerViewModel{
18.             Album = album,
19.             Genres = storeDB.Genres.ToList(),
20.             Artists = storeDB.Artists.ToList()
21.         };
22.         return View(viewModel);
23.     }
24.     }
```

代码说明：第 1 行定义动作方法 Edit，参数是唱片的编号。第 2 行~第 6 行实例化唱片管理模型视图类的对象 viewModel，其中，第 3 行获得指定产品编号的唱片对象作为 viewModel 对象 Album 属性的值。第 4 行获得唱片类型列表集合作为 viewModel 对象 Genres 属性的值。第 5 行获得演唱者对象列表作为 viewModel 对象 Artists 属性的值。第 7 行返回 viewModel 对象到视图。

第 9 行定义一个重载的动作方法 Edit，参数是唱片的编号和表单集合对象。第 10 行指定唱片编号的唱片对象 album。第 12 行调用 UpdateModel 方法更新唱片对象 album。第 13 行保存数据库的更改。第 14 行重定向到管理产品的视图。如果第 12 更新失败则第 17 行~第 21 行实例化唱片管理模型视图类的对象 viewModel，其中，第 18 行获得指定产品编号的唱片对象作为 viewModel 对象 Album 属性的值。第 19 行获得唱片类型列表集合作为 viewModel 对象 Genres 属性的值。第 22 行返回 viewModel 对象到编辑唱片视图。

该视图定义在 Views 文件夹下 StoreManager 子文件夹下的 Edit.aspx 文件中。关键的 HTML 代码如下：

```
1.   <asp:Content ID="Content2" ContentPlaceHolderID="MainContent" runat="server">
2.   <% Html.EnableClientValidation(); %>
3.       <% using (Html.BeginForm()) {%>
4.           <%: Html.ValidationSummary(true) %>
5.       <fieldset>
6.           <legend>编辑专辑</legend>
7.           <%: Html.EditorFor(model => model.Album,
8.               new { Artists = Model.Artists, Genres = Model.Genres}) %>
9.           <p> <input type="submit" value="保存" /></p>
10.      </fieldset>
11.      <% } %>
12.      <div><%: Html.ActionLink("返回目录", "Index") %></div>
13.  </asp:Content>
```

代码说明：第 2 行指定启用客户端脚本来执行输入验证。第 3 行定义使用一个表单。第 4 行启用显示验证错误的列表。第 5 行~第 10 行定义一个边框。第 7 行和第 8 行使用 Html 的 EditorFor 方法显示 EditorTemplates 文件夹下的模板 Album.ascx 用户控件模板，在该模板中定义了显示唱片对象的 HTML 代码。第 9 行定义一个"保存"按钮。第 12 行定义一个"返回列表"的超链接。

设计后编辑唱片视图的界面如图 19-13 所示。

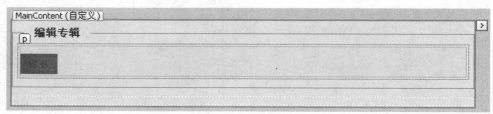

图 19-13　设计后编辑唱片界面

19.6.3 删除唱片页面

删除唱片页面控制器动作方法 Delete 定义在 Controllers 文件夹下的 StoreManagerController.cs 文件夹中，关键代码如下：

```
1.  public ActionResult Delete(int id){
2.      var album = storeDB.Albums.Single(a => a.AlbumId == id);
3.          return View(album);
4.      }
5.  [HttpPost]
6.  public ActionResult Delete(int id, string confirmButton){
7.      var album = storeDB.Albums
8.          .Include("OrderDetails").Include("Carts")
9.          .Single(a => a.AlbumId == id);
10.     storeDB.DeleteObject(album);
11.     storeDB.SaveChanges();
12.     return View("Deleted");
13. }
```

代码说明：第 1 行定义动作方法 Delete，方法的参数是唱片的编号 id。第 2 行调用实体数据模型上下文对象 storeDB 中唱片对象 Albums 的 Single 方法获得指定唱片编号的唱片对象 album。第 3 行将该对象传递到对应的 Delete 视图中。

第 5 行属性表示下面的方法只接受用户通过 Post 方法发送表单数据。第 6 行定义了一个重载的 Delete 动作方法，方法的参数是唱片编号 id 和 FormCollection 窗体传递值的集合对象。第 7 到第 9 行行获取包含订单详情和购物车数据的指定唱片编号的唱片对象 album。第 10 行调用 DeleteObject 方法删除该唱片对象。第 11 行调用 SaveChanges 方法将修改的数据保存到数据库。通过第 12 行将数据传递到对应的 Deleted 视图。

设计对应与动作方法 Delete 的视图，该视图定义在 Views 文件夹下 StoreManager 子文件夹下的 Delete.aspx 文件中。关键的 HTML 代码如下。

```
1.  <asp:Content ID="Content2" ContentPlaceHolderID="MainContent" runat="server">
2.      <p> 你确定要删除该专辑名为
3.          <strong><%: Model.Title %></strong>?
4.      </p>
5.      <div>
6.              <% using (Html.BeginForm()) {%>
7.              <input type="submit" value="删除" />
8.          <% } %>
9.      </div>
10. </asp:Content>
```

代码说明：第 2 行~第 4 行在段落标记中显示删除确认唱片的标题。第 6 行定义一个表单。第 7 行显示一个"删除"按钮。

设计后删除唱片视图的界面如图 19-14 所示。

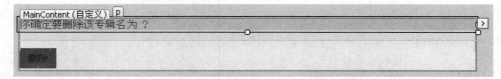

图 19-14　设计后删除唱片界面

本模块中创建唱片、删除成功这两个功能的控制器和视图与以上介绍的三个功能类似，这里不再进行详细说明，读者可参考光盘中的源代码进行学习。

第 20 章　实用案例解析

20.1　图书管理系统

图书馆作为大量图书流动的场所，对图书管理的好坏，直接影响到知识的传播问题。过去从新书的购买、编码、入库、上架，到借阅、续借、归还、查询，全部是手工处理，需要大量的工作量与劳动力。并且，在此过程中由人为因素造成的失误也是不可避免的。图书馆要做到顺利而有效地运转，就必须有信息管理系统的支持和帮助。通过软系统可实现对图书馆便捷、高效、合理的管理。本章将介绍一个具备基本功能的图书管理系统。

20.1.1　系统分析与设计

本系统是一个具备基本功能的图书管理系统。首先进行的是系统需求分析和系统功能模块的划分。

1.系统需求分析

根据图书管理的功能要求，结合图书馆的实际情况，本系统可以实现的用户需求描述如下：

- 系统管理员从登录界面进入系统，在登录页面输入用户名和密码，通过身份验证后，方可进入系统的首页。
- 系统管理员在首页可以进行图书信息和图书类型的管理。
- 系统管理员最常用的操作就是借阅图书和归还图书。
- 系统管理员可以根据需要，选择不同的条件对图书信息和借阅信息进行查询。
- 系统管理员可以对读者进行统一的管理，包括对读者信息的管理和读者类型的管理。
- 系统管理员可以对系统进行设置，包括对管理员进行添加以及对书架进行添加、修改和删除的操作。
- 系统管理员还能够对自己的密码进行重新设定。

2. 系统模块设计

根据上述的系统需求分析，对本系统的模块划分如下 5 个部分。

- 图书借还模块：主要包括处理图书的借出和归还操作。
- 图书信息管理模块：主要包括对图书信息的查看、添加、修改和删除操作。
- 系统查询模块：主要包括对借阅信息和图示信息的多条件查询操作。
- 系统设置模块：主要包括对管理员信息和书架信息的管理。

● 读者管理模块：对读者信息进行管理，包括读者信息的添加、修改、查看和删除等。

20.1.2 系统数据库设计

根据系统需求分析和模块设计，至少需要以下 8 张数据表来保存系统运行的数据信息：

● 用户信息表（tb_admin），用来记录使用本系统用户的信息。
● 用户权限表（tb_authority），用来记录使用本系统用户拥有的权限信息。
● 图书信息表（tb_bookinfo），用来记录所有图书的详细信息。
● 书架信息表（tb_bookshelf），用来记录放置图书的所有书架信息。
● 图书类别表（tb_booktype），用来记录所有图书的类别信息。
● 图书借还表（tb_borrowback），用来记录图书借阅和归还的详细信息。
● 读者信息表（tb_reader），用来记录所有读者的详细信息。
● 读者类型表（tb_readertype），用来记录所有读者的类型信息。

20.1.3 系统运行演示

系统运行后，在登录页面输入用户名 admin，密码 111 以及正确的验证码，就能进入如图 20-1 所示的系统首页。

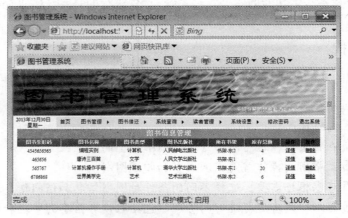

图 20-1　系统首页

在首页中，把鼠标放到菜单栏的"图书借还"上，在弹出的二级菜单中的选择"图书借阅"子菜单，进入如图 20-2 所示图书借阅的界面。在页面中输入读者的编号，读者的信息会出现在右边的文本框中。当单击页面中间图书信息列表中的借书按钮，可以进行借书的操作。

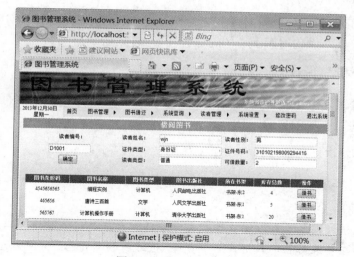

图 20-2　图书借阅界面

在首页中，把鼠标放到菜单栏的"图书借还"上，在弹出的二级菜单中选择"图书归还"子菜单，进入如图 20-3 所示图书借归还的界面。在页面中输入读者的编号，读者的信息会出现在右边的文本框中。同时，所借的图书信息会显示页面下部，当单击页面中图书信息列表中的"还书"按钮时，可以进行还书的操作。

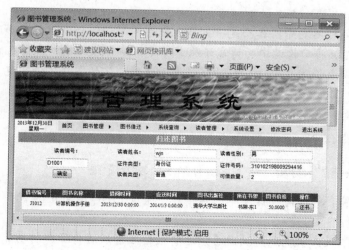

图 20-3　图书归还界面

由于篇幅所限，本系统其他页面这里就不一一演示了，大家可以运行光盘中的源代码进行学习。

20.2　网上个人博客

Blog 是 Weblog 的简称，而 Weblog 则是由 Web 和 Log 两个英文单词组合而成的，就是在网络上发布和阅读的流水记录，通常称为"网络日志"，简称为"网志"。它是继 Email、

BBS、IM 之后出现的第四种全新的网络交流方式。它绝不仅仅是一种单向的发布系统，而是以网络作为载体，集个性化展示于一体的综合性平台。

20.2.1　系统分析与设计

本系统是一个具备基本功能的网上个人博客空间，能迅速、便捷地发布自己心得，达到及时有效地与他人进行交流的目的。

1．系统需求分析

本系统的用户包括普通游客和博客主人（简称博主），两者身份不同，所拥有的操作权限也有所不同。

- 普通游客进入网站后可以浏览博客文章和博客相册并对浏览博客后进行留言。
- 博主必须在登录页面输入用户名、密码，通过身份验证后，才可以进入博客管理界面。如果未能通过系统的身份验证，系统自动给出登录错误的提示信息。
- 如果博主用户无法成功登录必须先进行注册，输入个人信息，然后重新登录。
- 在博客管理界面，博主可以对自己的博客类型进行管理，包括添加、编辑和删除博客类型。
- 博主可以对博客进行管理，添加新的博客、编辑现有的博客、将博客放入回收站等操作。
- 博主可以暂时不发布博客而是将文章先保存到草稿箱等以后要发布时，再从草稿箱中提出。还能够将回收站中的博客还原或者是将博客从回收站中彻底的删除。
- 博主还可以上传图片文件，同时可以管理这些上传的图片文件，包括浏览和删除的操作。
- 博主能够对游客的留言进行管理，包括查询和删除的操作。

2．系统模块设计

根据上面的系统需求分析，将本系统分为 5 个功能模块。

- 实体类模块，对应与数据库中的 6 张表，通过 LINQ to SQL 类的形式实现数据库实体的完全映射。
- 用户登录模块：实现用户注册后经过登录验证进入后台管理的功能。
- 浏览博客模块：实现对网站前台博客内容进行浏览的功能。
- 管理博客模块：实现用户对网站博客进行后台管理的操作。
- 系统首页：实现系统的首页。

20.2.2　系统数据库设计

1．数据库表设计

根据前面的系统需求分析和模块设计，至少需要以下 6 张数据表来保存系统运行的数据信息。

- 用户注册表（Register）：用来保存系统中注册用户的信息。
- 博客类别表（Class）：用来保存网站中博客文章的分类目录信息。
- 博客文章表（News）：用来保存网站中博客文章的详细信息。
- 博客留言表（Message）：用来保存网站中留言的信息。
- 图片文件表（Photo）：用来保存网站中的图片文件信息。

2. 系统运行演示

运行本系统，首先出现的是如图 20-4 所示的博客网站的首页。

用户可以在首页中单击菜单栏上的"相册"按钮，进入如图 20-5 所示的博客相册界面。

图 20-4　网站首页

图 20-5　博客相册界面

用户可以在首页中单击菜单栏上的"留言"按钮，进入如 20-6 所示的留言界面。

用户可以在首页中单击菜单栏上的"管理"按钮，进入后台管理登录界面。输入用户名和密码，单击"登录"按钮，通过身份验证后，进入后台管理界面，单击"添加文章"链接，可以进入如图 20-7 所示的添加博客文章的界面。用户可以选择博客文章的类型、填写文章的标题和内容。最后单击"添加文章"按钮完成博客文章的发布。或者暂时不发布而是通过单击"添加到草稿箱"按钮将文章保存起来，以后再发布。

图 20-6　游客留言界面

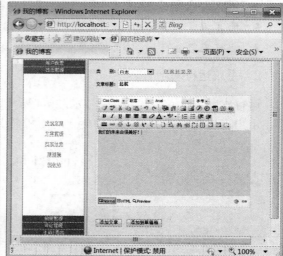

图 20-7　添加博客界面

由于篇幅所限，本系统其他页面这里就不一一演示了，大家可以运行光盘中的源代码进行学习。

20.3　新闻发布系统

新闻发布系统是对新闻信息进行综合管理的平台，它将网页上的某些需要经常变动的新闻信息集中管理，并通过对其进行分类，最后发布到网站上的一种网站应用程序。新闻内容通过一个操作简单的界面加入数据库，然后通过设计的网页模板格式与审核流程发布到网站上，它的出现大大减轻了网站更新维护的工作量。

20.3.1　系统分析与设计

本系统设计的目标是实现网站新闻的动态管理，能高效、及时地对新闻信息进行发布和管理。

1．系统需求分析

依据本系统的设计思路，实现的需求功能综述如下：

- 本系统的用户主要有两类，一类是在网站浏览新闻的普通用户，他们无需经过身份验证就可以在网站浏览各种类型的新闻信息。
- 普通用户在页面可以将网站添加到收藏夹，也能够将本网站设为自己的首页。
- 普通用户能够在页面通过选择不同类型的新闻标题关键字阅读新闻。
- 本系统还有一类用户是系统管理员，系统管理员从页面的后台管理进入登录界面。在登录页面输入用户名和密码，通过身份验证后，方可进入后台管理的页面。如果未能通过系统的身份验证，系统自动给出登录错误的提示信息。

● 通过身份验证的系统管理员进入后台管理页面。在该页面中可以进行所有对新闻的和用户的管理。
● 系统管理员可以对各种类型的新闻进行添加。
● 系统管理员能够通过新闻管理的页面对各种类型的新闻进行查询或者根据关键字进行单条的新闻进行查询。同时，可以对查询到的新闻进行编辑和查询的操作。
● 系统管理员另外有一个重要的操作就是对用户进行管理。包括添加新的用户信息、编辑原来用户的信息和删除用户的信息。

2. 系统模块设计

根据上面的系统需求分析。我们对本系统的模块进行划分，将系统分为以下 4 大模块。

● 数据库管理模块：完成系统对数据库公共访问的功能。
● 前台模块：实现了前台的首页、显示新闻详情、查询新闻和显示新闻信息等功能。
● 后台模块：实现添加新闻、添加用户、后台首页框架设计、后台首页、首页菜单、新闻管理、编辑新闻和管理用户等功能。
● 登录模块：实现了后台登录等功能。

20.3.2 系统数据库设计

根据前面的系统需求分析和模块设计，至少有以下两张数据表来保存系统的各种数据信息：

● 新闻信息表（tb_News），用来记录所有新闻的详细信息。
● 用户信息表（tb_User），用来记录所有使用本系统用户的详细信息。

20.3.3 系统运行演示

系统运行后，出现系统首页，如图 20-8 所示。

在首页中，单击菜单栏中各种不同类别的新闻，进入分类新闻页面，如图 20-9 所示。

图 20-8　系统首页

图 20-9　分类新闻显示页面

在页面中，单击表中新闻的标题，进入如图 20-10 所示具体新闻的阅读页面。

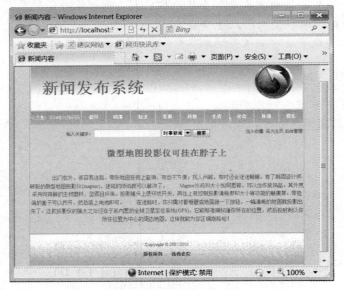

图 20-10　阅读新闻页面

在首页中，单击"后台管理"链接，进入后台登录页面，输入用户名、密码和验证码，单击"登录"按钮，通过身份验证后，进入后台管理页面，如图 20-11 所示。在该页面中可以进行新闻添加，新闻管理和用户管理等操作。

图 20-11　后台管理页面

由于篇幅所限，本系统其他页面这里就不一一演示，大家可以运行光盘中的源代码进行学习。

20.4　物业管理系统

管理住宅小区的物业公司在实际工作中，需要登记、录入的物业管理信息量非常大，并且无法准确及时地查阅到所需要的物业信息。为此，开发出适合用于小区物业管理的软件，实现对住宅小区电子化管理，不仅可以让物业从现有繁重的信息手工录入和查询中解脱出来，提高工作效率，而且可以方便、快速、准确地管理整个小区。

20.4.1　系统分析与设计

本系统分析和设计的原则是通过操作本系统，能使小区物业工作人员准确、方便、快捷地管理整个小区，减少手工管理的复杂性和易错性，方便用户和物业公司的查询，以及公司对用户信息的管理。

1．系统需求分析

根据住宅小区物业管理的实际需求，本系统可实现的功能如下：

● 操作人员首先必须进入登录页面，在页面中输入用户账号和密码，通过身份验证才能进入操作界面。

● 进入操作界面后可以了解所负责小区的详细信息，也可以针对不同小区进行查看和修改。

● 操作人员能够通过菜单选择对小区设施信息的操作，包括对小区设施的添加、修改、删除和查询。

● 操作人员可以通过系统查看小区中楼栋的信息，同样能够对小区的楼房进行添加、修改和删除的操作。

- 操作人员能够根据楼栋名称和房间号码对每一个楼房中的任意一个房间的信息进行多条件地查询。在需要的时候可进行添加、修改和删除房间的操作。
- 操作人员还能够对住户的详细信息管理，包括查询、添加、修改和删除住户详细信息的操作。

2．系统模块设计

根据上述的系统需求分析和功能，把本系统分成以下 6 大模块。

- 登录模块：操作人员必须进行登录，通过身份验证，才能进入相应的操作界面。
- 小区信息模块：通过该模块对小区的信息进行管理，包括查看小区信息和更新小区信息的功能。
- 设施信息模块：通过该模块对小区的设施进行综合管理，包括对小区设施的添加、修改、删除和查询的功能。
- 楼房信息模块：通过该模块对小区的楼房信息进行综合管理，包括对楼房信息的查看、修改、添加和删除的操作。
- 房间模块：通过该模块对楼栋所属房间的信息进行综合管理，包括对房间信息的查看、修改、添加和删除的功能。
- 住户信息模块：通过该模块对小区住户的信息进行综合管理，包括查询、添加、修改和删除住户详细信息的操作。

20.4.2　系统数据库设计

为满足本系统功能的需要，至少有以下 11 张数据表来保存系统的各种数据信息：

- 小区信息表（Area），用来记录物业所管理小区的详细信息。
- 小区设施表（AreaFacilities），用来记录小区中所有设施的详细信息。
- 楼栋信息表（Building），用来记录小区中所有楼栋的详细信息。
- 楼栋类型表（BuildingType），用于记录小区中所有楼栋的类型信息。
- 房间信息表（House），用于记录小区中所有房间的详细信息。
- 房主信息表（Household），用于存放小区所有房主的详细信息。
- 设施类别表（PlaceType），用于记录小区内所有设施的类型信息。
- 房间朝向类型表（RoomFace），用于记录小区房间的朝向类型信息。
- 房间房型表（RoomType），用于记录小区所有房间房型的信息。
- 单元类型表（Unit），用于记录小区所有房间的单元类型信息。
- 用户信息表（members），用于记录使用本系统用户的详细信息。

20.4.3　系统运行演示

运行本系统，最先出现的是登录界面，如图 20-12 所示。

在登录界面中，输入账号和密码，单击"登录"按钮后，进入系统首页，如图 12-13 所示。

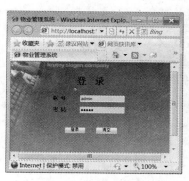

图 20-12　登录页面

图 12-13　系统首页

在首页中，可以选择下拉列表框中的小区名称，页面就会显现出所选小区的详细信息。还可以选择页面左侧菜单"小区信息"中的"设施信息"子菜单，进入"设施信息"的页面，如图 20-14 所示。

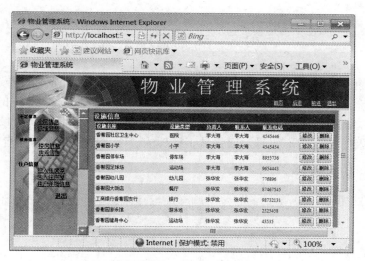

图 20-14　设施信息页面

选择首页页面左侧菜单"住户信息"中的"已入住房屋"子菜单，进入已入住房屋信息页面，如图 20-15 所示。在该页面中，可以通过房间编号、房主、单元号码、房间类型、实用面积和房间朝向等一个或多个条件进行查询并进行显示。

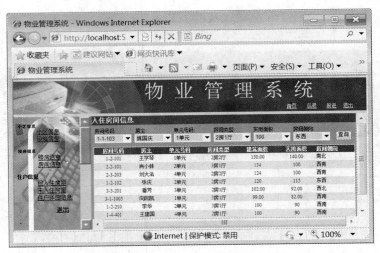

图 20-15　已入住房屋信息页面

由于篇幅所限，本系统其他页面这里就不一一演示，大家可以运行光盘中的源代码进行学习。

20.5　考勤管理系统

考勤是一个企业最基本的管理内容，是企业对员工工作评定的基本依据。在实际的管理中需要快速获得每一个员工每一个工作日的考勤，以便及时向管理者反映员工的出勤、缺勤情况。为此，考勤管理系统需要基本实现企业考勤的智能化管理，提高考勤管理的效率，每个员工的工作状态能得到及时的反应。同时，增强员工管理的透明度以及约束员工自觉遵守出勤制度。

20.5.1　系统分析与设计

本系统是基于 B/S 结构的小型网络考勤管理系统，实现了网上考勤任务，以减轻考勤人员的工作量。

1．系统需求分析

本系统的用户主要有两种，一种是考勤管理人员，一种是被考勤的员工，实现的需求功能综述如下：

- 考勤管理人员和普通员工在登录页面通过身份验证后，才可以进入系统的首页。
- 考勤管理人员在首页中可以通过不同条件对员工的考勤记录进行查询。
- 考勤管理人员能够选择不同的条件对员工的信息进行查询。同时，也可以添加新员工信息和对老员工的信息进行修改。
- 考勤管理员可以根据需要，添加新的部门信息和修改原来的部门信息。
- 考勤管理员能够添加新的职位信息并对该职位的上下班打卡时间进行设置。同样的，也可以对职位信息进行修改操作。

- 员工在上班和下班时通过本系统进行打卡考勤。
- 考勤人员和员工都可以修改自己的登录密码。

2．系统模块设计

根据上述的系统需求分析，将系统分为以下 5 大模块。

- 数据库管理模块。实现系统所有实体类与数据库的交互访问。
- 实体类模块。构造本系统中所有与数据库表进行映射的类。
- 考勤管理模块。包括员工考勤信息的多条件查询和员工上、下班打卡的功能。
- 员工管理模块。实现了员工信息的查看、添加、修改和删除的操作。
- 系统设置模块。实现了部门信息管理和职位信息管理的功能。

20.5.2　系统数据库设计

根据前面的系统需求分析和模块设计，至少需要以下 6 张数据表才能保证系统数据正常的运行。

- 管理员信息表（admin）：用来记录所有使用本系统的管理员信息。
- 考勤信息表（attendanceInfo）：用来记录所有员工的考勤信息。
- 部门信息表（departmentInfo）：用来记录所有部门的详细信息。
- 员工信息表（employeeInfo）：用来记录所有员工的信息。
- 学历信息表（educationInfo）：用来记录所有员工的学历信息。
- 职位类别表（positionInfo）：用来记录职位的详细信息。

20.5.3　系统运行演示

系统运行后，在登录页面输入用户名 admin，密码 111，就能进入系统首页。将鼠标放到菜单栏的"考勤管理"菜单上，在弹出的二级菜单中选择"查询考勤记录"命令，进入如图 20-16 所示的查询考勤信息的页面。在该页面中，可以根据员工编号、考勤年度和考勤月度进行查询考勤的信息并显示在下面的数据列表中。

图 20-16　查询考勤信息

在首页中，用户将鼠标放到菜单栏的"系统设置"菜单上，在弹出的二级菜单中选择"添加职位设置"命令，进入如图 20-17 所示设置职位的页面。用户在该页面中，填写员工的各种详细的个人信息后，单击"提交"按钮，完成操作。

在首页中，用户将鼠标放到菜单栏的"管理员工信息"菜单上，在弹出的二级菜单中选择"查询员工信息"，进入如图 20-18 所示的查询员工信息的页面。用户在该页面中，输入员工编号、员工姓名、选择职位和所属部门，单击"查询"按钮，员工的信息就显示在下面的数据列表中，还可以单击列表"操作"列中的"修改"链接，对员工的信息进行修改。

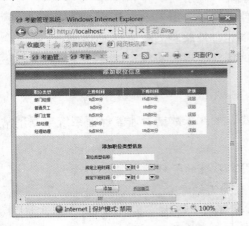
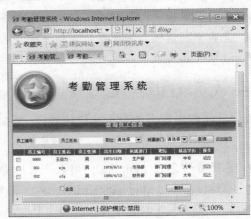

图 20-17　添加职位信息　　　　　　　图 20-18　查询员工信息

由于篇幅所限，本系统其他页面这里就不一一演示了，大家可以运行光盘中的源代码进行学习。

20.6　在线考试系统

考试是教育中一个重要的环节。传统的考试由于涉及到组织命题、试卷印刷、考场安排、组织阅卷等诸多环节，考试时间周期长、效率低下，同时人工阅卷等主观因素也影响到考试的公正性。随着网络技术再教育领域应用的普及，应用现代信息技术构架的在线考试系统展现出了越来越多的优越性。在线考试系统从根本上解决了传统考试过程中工作量大、效率低、反馈周期长、资源浪费等问题。

20.6.1　系统分析与设计

本系统是一个基于 Internet 的具备基本功能的在线考试系统，使用 ASP.NET 4.5 中的 ASP.NET MVC 4 框架进行开发，系统开发环境是 Visual Studio 2012 和 SQL Server 2008 数据库，底层数据使用 LINQ 查询语言。

1.　系统需求分析

本系统主要面对两类用户：考试的学生和教师，两者身份不同，所拥有的系统权限也各不相同。

对于学生来说，可以通过在线考试系统实现如下功能：

- 学生通过登录界面，输入账号和密码后，进入考试页面。
- 在考试页面选择考卷，进行答题，考试完毕后，可以查看答题内容。
- 可以查询历次考试的信息。
- 可以查看个人资料信息并进行修改。
- 如果学生还未进行过注册，必须先进行注册才能登录考试系统。

对于教师而言，可以通过在线考试系统实现如下功能：

- 老师通过登录界面，输入账号和密码后，进入试卷页面。
- 老师可以进行试卷管理，包括添加试卷信息、修改试卷信息、删除试卷信息、添加试题、修改试题、删除试题。
- 老师能够进行学生管理，包括查看、添加、修改和删除学生信息。
- 老师通过系统进行审卷，对学生的考卷进行阅卷打分，还可以查询所有的已审或未审的试卷。

2. 系统模块设计

根据上述的系统需求分析，将系统分为 4 大模块。

- 登录模块：各种用户按照权限进行登录，进入不同的操作页面。
- 考试模块：包括学生考试和考试查询的功能以及教师阅卷打分的功能。
- 试卷管理模块：教师通过该模块进行对试卷和试题的综合管理。
- 用户管理模块：实现对学生和教师进行个人信息的综合管理。

3. 数据库表设计

根据前面的系统需求分析和模块设计，至少需要以下 8 张数据表来保存系统的各种数据信息。

- 试题答案表（Answers）：用来保存每一道试题的答案。
- 试卷信息表（paper）：用来保存每一份试卷的详细信息。
- 试题信息表（questions）：用来保存每一道考题。
- 选择题选项表（selections）：用来保存每一道选择题的选项内容。
- 用户信息表（Users）：用来保存系统注册用户的信息。
- 角色表（Roles）：用来保存使用本系统的角色信息。
- 用户试卷表（user_paper）：用来保存每一个学生和所考试卷的关联信息。
- 用户角色表（UserRole）：用来保存每一个用户所属角色的关联信息。

20.6.2 系统运行演示

运行本在线考试系统，进入如图 20-19 所示的登录页面，系统默认是学生登录，但是可以在该页面选择老师登录和学生注册的链接。

在登录页面输入学生的登录名和密码，单击"登录"按钮，进入如图 20-20 所示的试卷列表页面。

图 20-19　登录页面

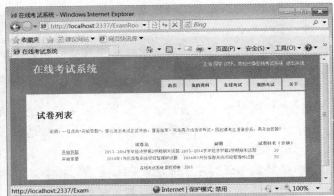

图 20-20　试卷列表页面

选择要考试的试卷前的"开始答题"链接，进入如图 20-21 所示的在线考试页面。

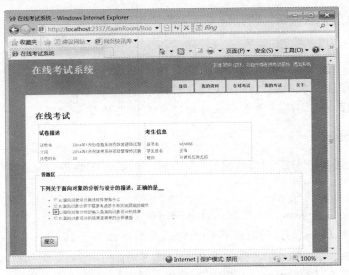

图 20-21　在线考试页面

在"在线考试"页面的答题区中进行所有考题的回答，最后，单击"提交"按钮完成考试。选择"我的考试"链接，进入如图 20-22 所示的"我的考试"页面，在页面中列出了所有的考试试卷，分为"已批卷"和"未批卷"两种，单击"查看详情"链接可以进行对试卷的浏览。

图 20-22　我的考试页面

由于篇幅所限，本系统其他页面这里就不一一演示，大家可以运行光盘中的源代码进行学习。

20.7　家庭账务管理系统

家庭账务管理系统是为了适应目前家庭理财管理的信息化需求而开发的软件，适用于个人和家庭进行账务管理。解决了传统家庭理财的繁杂性和理财计算难、工作量大的问题，为用户提供科学、简便、实用的工资管理新模式。

20.7.1　系统分析与设计

本系统是一个基于 ASP.NET 4.5、Visual Studio 2012 和 SQL Server 2008 数据库开发的具备基本功能的家庭账务管理系统，其中使用了 ADO.NET 数据库、LINQ 查询和 AjaxControlToolkit 控件技术。

1．系统需求分析

本系统主要用户针对的是普通家庭中的成员，考虑到系统的安全性，也进行了简单的权限限制，主要分为两级用户，其中，一级用户具有对系统所有的操作权限。本系统具体实现的功能如下：

- 所有用户都需要通过登录页面，输入用户名和密码后，才能进入主界面。
- 所有用户都可以进行收支记录的查看、添加和删除，包括对收支记录的查询。
- 所有用户都能够查看、添加、删除和编辑家庭成员信息，包括修改用户的登录密码。
- 所有用户都可以查看、添加和删除收支项目的主类别和子类别。
- 所有用户都可以查看年度收支统计表。
- 一级用户还可以对用户的权限进行设置和修改。

2．系统模块设计

根据上面的系统需求分析，设计一个简单的家庭账务管理系统，一般包括以下 6 个最为基本的功能模块。

- 登录管理模块：用户必须在登录页面，经过身份验证后才能登录到系统主界面。
- 收支项目管理模块：用户可以添加收支项目的类别，能够对收支项目类别进行细分，并能对收支项目类别进行修改和删除。
- 账簿管理模块：用户可以添加收支信息，选择收支类型，并能够对收支信息进行修改或者删除。
- 报表管理模块：用户可以统计一定时间内的收支情况，并且按时间进行对比分析。
- 家庭成员管理模块：用户可以对使用本系统的家庭成员进行添加、修改和删除。
- 权限管理模块：一级用户具有设置所有用户操作权限的权利。

3. 数据库表设计

根据前面的系统需求分析和模块设计，至少需要以下 4 张数据表来保存系统的各种数据信息。

- 家庭人员信息表（familyInformation）：用来保存家庭成员的具体信息。
- 收支项目类别表（rdParentItem）：用来保存收支项目的主类别信息。
- 收支记录信息表（rdStatement）：用来保存每一条具体的收支信息。
- 收支子项目表（rdSubItem）：用来保存收支项目主类别下的每一个子项目信息。

20.7.2 系统运行演示

系统运行后，出现如图 20-23 所示的家庭财务管理系统的"用户登录"页面，在此页面中可以进行登录系统的操作。

图 20-23 "用户登录"页面

在"登录"页面中输入用户名、密码，单击"登录"按钮，进入如图 20-24 所示的系统主界面。

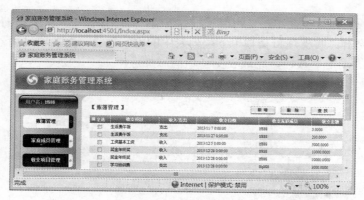

图 20-24　系统主界面

　　在主界面默认显示"账簿管理"的操作页面。页面上显示了所有的支出和消费的明细。单击"新增"按钮，可以进入如图 20-25 所示的"新增收支记录"的页面。在该页面中可以进行添加收支记录信息的操作

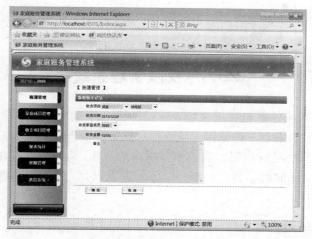

图 20-25　"新增收支记录"页面

　　在主界面中选择"收支项目管理"按钮，弹出如图 20-26 所示的"收支项目管理"页面。

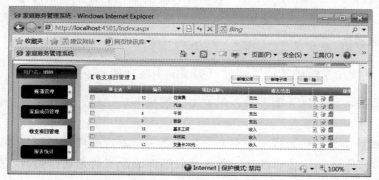

图 20-26　所示的"收支项目管理"页面

在"收支项目管理"页面单击"新增子项"按钮，进入如图 20-27 所示的"新增收支子项"页面，在页面中选择"收支项目父项"下拉列表中的收支项目，输入项目编号，输入收支项目名称，最后单击"确定"按钮，完成收支子项的添加。

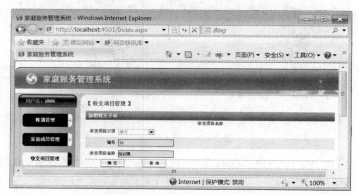

图 20-27　"新增收支子项"页面

由于篇幅所限，本系统其他页面这里就不一一演示了，大家可以运行光盘中的源代码进行学习。

20.8　权限管理系统

权限管理一直以来是计算机应用系统不可缺少的一个部分，为了保证系统安全稳定地运行，针对每一位用户的级别和工作范围，系统要对其做好恰当的权限分配。建立权限管理机制可以保证每一位用户只能进行自己本职工作范围内的操作，防止进行越权操作，可为应用系统提供有效的安全保障。同时有了授权机制，也可以防范无关人员对服务器的非法操作，保证服务器的长期稳定的运行。

20.8.1　系统分析与设计

本系统是一个基于 Visual Studio 2012 和 SQL Server 2008 数据库开发的具备基本功能的权限管理系统，其中主要使用了 ADO.NET 数据库和三层架构的开发模式，基本上满足了基于角色的权限管理要求。

1．系统需求分析

本系统用户是应用系统的超级管理员，实现的主要功能如下所述：

● 管理员需要通过登录页面，输入用户名、密码和验证码，通过身份验证后，才能进入主界面。

● 权限管理最主要的是为每一个用户分配角色，所以，管理员必须能够添加新的角色、对已有的角色进行信息的修改，并且也能够删除原有的角色。同时，管理员可以查看所有角色的信息

● 管理员需要对所有的系统用户进行管理，包括查询用户信息、新增用户信息、修改和

删除用户信息。

- 管理员能够对系统的菜单进行管理，也就是每一种权限所对应的页面操作权限，需要管理员添加新菜单，修改和删除菜单。
- 管理员还要能为每一个角色分配相应的权限，包括设置和修改的功能。

2．**系统模块设计**

根据上面的系统需求分析，一个基本的权限管理系统一般包括了以下 4 个最为基础的功能模块。

- 登录管理模块：管理员通过登录模块，经过身份验证后才能登录到系统主界面。
- 用户管理模块：管理员通过该模块完成对用户信息的查询、修改、添加和删除操作。
- 角色管理模块：管理员通过该模块实现对角色信息的查看、修改、添加和删除操作。
- 菜单管理模块：管理员通过该模块完成对每一种权限所对应的页面操作权限的查看、修改、添加和删除操作。
- 权限管理模块：管理员通过该模块实现对角色权限分配的设置和修改。

3　**数据库表设计**

根据前面的系统需求分析和模块设计，至少需要以下 4 张数据表来保存系统的各种数据信息。

- 用户信息表（UserInfo）：用来保存所有系统用户的具体信息。
- 用户菜单表（UserMenu）：用来保存系统菜单的信息，即每一种权限所对应的页面操作信息。
- 用户权限分配表（UserPermission）：用来保存每一个角色所对应的权限信息。
- 角色信息表（UserRole）：用来保存所有角色的信息。

20.8.2　系统运行演示

系统运行后，出现如图 20-28 所示的权限管理系统的"登录"页面，在此页面中可以进行登录系统的操作。

图 20-28　"登录"页面

在"登录"页面中输入用户名、密码和验证码，单击"登录"按钮，进入如图 20-29 所示的系统主界面。

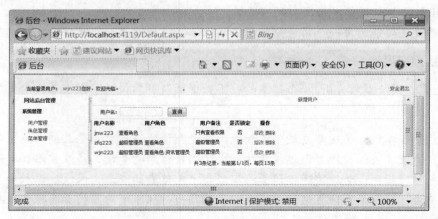

图 20-29　系统主界面

单击页面左侧树状导航菜单中的"用户管理"命令，页面上显示了所有用户的列表信息，可以在该页面中进行查询用户、修改用户和删除用户的操作。单击"新增用户"按钮，可以进入如图 20-30 所示的新增用户页面，输入用户名称、选中用户所属的角色、设置登录初始密码，最后，单击"保存"按钮，完成添加用户的操作。

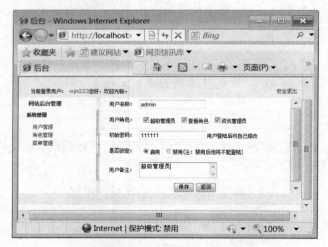

图 20-30　新增用户页面

在系统主界面单击树状菜单中的"菜单管理"命令，进入"菜单管理"页面，单击"新增菜单"链接，弹出如图 20-31 所示的"编辑菜单"对话框，输入菜单名称，选择上级菜单，输入菜单地址，输入菜单排序序号，单击"保存"按钮，完成添加菜单的操作。

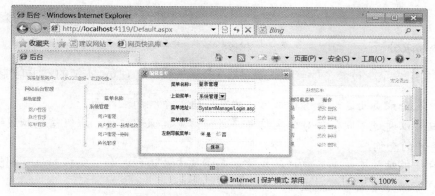

图 20-31　"编辑菜单"对话框

在系统主界面单击树状菜单中的"角色管理",进入 "角色管理"页面,在角色列表"操作"列中单击"分配权限"链接,进入如图 20-32 所示的"权限分配"页面,在该页面中选中所需权限前的复选框进行设置和修改,最后单击"保存"按钮,完成对角色权限分配的操作。

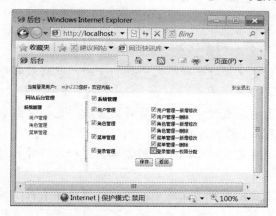

图 20-32　"权限分配"页面

由于篇幅所限,本系统其他页面这里就不一一演示了,大家可以运行光盘中的源代码进行学习。

20.9　教务管理系统

教务管理系统是一个教育单位不可或缺的部分,对于学校的决策者和管理者来说至关重要。目前学校的规模不断扩大,学生数量急剧增加,信息量也成倍增长。面对如此庞大的信息量,需要教务管理系统来提高学校管理工作的效率。通过这样的系统,可以做到信息的规范管理、科学统计和快速查询,从而减少管理工作方面的工作量。

20.9.1　系统分析与设计

本系统是基于 B/S 结构的小型教务管理系统,实现了手工管理所无法比拟的优点,达到了检索迅速、查找方便、可靠性高、存储量大、保密性好、使用寿命长和成本低廉的作用。

1．系统需求分析

本系统的用户是学校教务的管理人员，该用户属于系统管理员，实现的需求功能综述如下：

- 用户在登录页面通过身份验证后，才可以进入系统的主界面。
- 用户可以通过不同条件对学生信息、教师信息、课程信息、班级信息和成绩信息进行多条件的查询。
- 用户能够对学生信息，包括所在院系和所属专业进行添加、编辑和批量删除。
- 用户可以对学生的成绩进行录入、编辑和删除。
- 用户可以对班级信息进行添加、编辑和删除。
- 用户可以对课程信息，包括课程类别进行添加、编辑和批量删除。
- 用户能够对教师信息进行添加、编辑和批量删除。
- 用户可以添加新的管理员并设置密码和用户类型。

2．系统模块设计

根据上述的系统需求分析，将系统分为以下 5 大模块。

- 教师管理模块：主要完成对教师个人资料的管理，包括教师资料的查询、添加、修改和删除。
- 学生管理模块：主要完成对学生个人资料的管理，包括学生资料、所在院系和所属专业信息的查询、添加、修改和删除。
- 班级管理模块：主要完成对班级资料的管理，包括班级资料的查询、添加、修改和删除。
- 成绩管理模块：主要完成对学生成绩的管理，包括学生成绩的录入、编辑和删除。
- 课程管理模块：主要完成对课程资料的管理，包括课程和课程类别的查询、添加、修改和删除。

20.9.2　系统数据库设计

根据前面的系统需求分析和模块设计，至少需要以下 9 张数据表才能保证系统数据正常的运行。

- 班级信息表（Class）：用来记录学校所有班级的详细信息。
- 课程信息表（Course）：用来记录学校所有课程的详细信息。
- 课程类型表（departmentInfo）：用来记录学校所有课程类型的详细信息。
- 系别信息表（Department）：用来记录学校所有系别的信息。
- 成绩表（Grade）：用来记录学生所有成绩的信息。
- 专业信息表（Speciality）：用来记录所有专业的详细信息。
- 学生信息表（Student）：用来记录学校所有学生的详细信息。
- 教师信息表（Teacher）：用来记录学校所有教师的详细信息。

● 用户信息表（Users）：用来记录所有用户的详细信息。

20.9.3 系统运行演示

系统运行后，在如图 20-33 所示的登录页面输入用户名 zfq888，密码 111111，就能进入如图 20-34 所示的系统主界面，在该页面以列表的方式显示了学生的详细信息。可以根据所在班级、学生学号、学生姓名进行多条件的查询，也可以添加学生信息、单击类别中学号、姓名链接对信息进行修改，并且支持反选、全选的批量删除。

图 20-33　登录页面

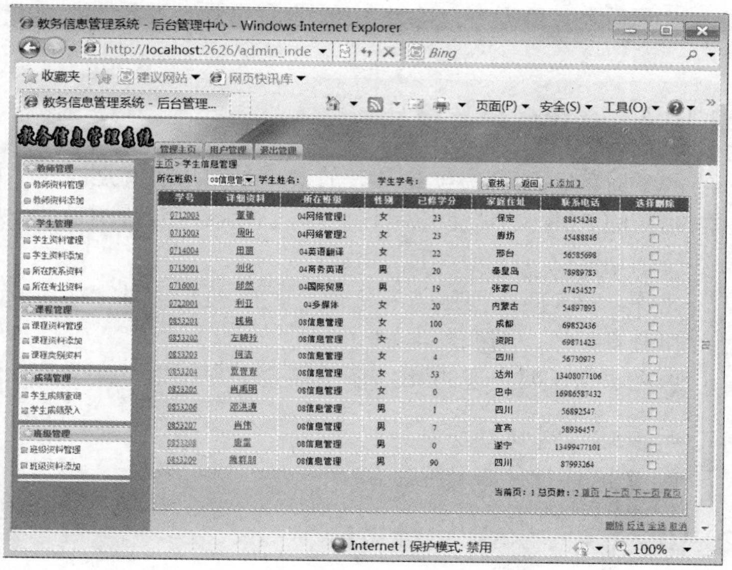

图 20-34　系统主界面

单击该页面上的"添加"链接，进入如图 20-35 所示的"学生信息添加"页面，输入学生的各项信息，单击"添加"按钮，可以完成添加学生信息的操作。

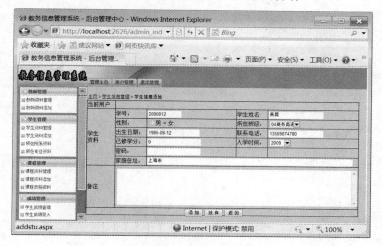

图 20-35　查询考勤信息

由于篇幅所限，本系统其他页面这里就不一一演示了，大家可以运行光盘中的源代码进行
学习。

20.10　在线 RSS 阅读器

这里介绍一个利用 ASP.NET 技术和 XML 技术来共同实现的在线 RSS 阅读器，该在线 RSS
阅读器主要是基于 ASP.NET AJAX 技术来实现客户端与服务器端的通信，而 ASP.NET 则用来
实现页面和服务器程序。此外 RSS 本身也是一种技术，是一种用来对信息进行聚合的简单方
式。

20.10.1　系统分析与设计

一个简单的 RSS 阅读器具有的最基本的功能就是能够根据用户提供的 RSS 频道的地址来
读取相应的 RSS 文件，并以可读的形式展现给用户，这就是 RSS 阅读器的最基本功能——RSS
文件阅读功能。

此外，RSS 阅读器还需要具有简单的 RSS 频道管理功能，即提供给用户添加频道、修改、
删除和查看频道的功能。

总之，这里要实现的 RSS 阅读器主要包括以下两部分功能：

- RSS 文件阅读功能。
- RSS 频道管理功能。

20.10.2　系统 XML 文件设计

根据系统的设计要求和模块功能分析，本小节将进行系统中用于存储数据的 XML 文件的
分析和设计。根据系统中所要存储的信息，需要创建 RSSUrl 文件，关键代码如下：

```
1.    <?xml version="1.0" encoding="utf-8"?>
2.    <RSSUrl>
3.      <SingleUrl>
4.        <ID>1</ID>
5.        <Name>csdn news</Name>
6.        <Url>
7.          http://temp.csdn.net/Feed.aspx?
Column=04f49ae7-d41b-41ab-ae9b-87c41b833b2a
8.        </Url>
9.        <CreateDate>2013-7-22</CreateDate>
10.     </SingleUrl>
11.     <SingleUrl>
12.       <ID>2</ID>
13.       <Name>订阅的 Sina 新闻</Name>
14.       <Url>http://rss.sina.com.cn/news/allnews/tech.xml</Url>
```

```
15.          <CreateDate>2013-7-23</CreateDate>
16.      </SingleUrl>
17.      <SingleUrl>
18.          ……
19.      <SingleUrl>
20.  </RSSUrl>
```

上面的代码中第 2 行的< RSSUrl >是 XML 文件的根标签。第 3 行<SingleUrl>标记代表一个 RSS 的频道。第 4 行~第 9 行的 4 个标记表示 RSS 频道的 4 个信息，其中，<ID>标记表示频道的编号；<Name >标记表示频道的名称；<Url>标记表示频道的网址；<CreateDate>标记表示频道的创建时间，如果上述标记为空标签时则表示该标记对应的内容为空。第 11 行~第 16 行是另一个 RSS 频道的信息，其标记结构和第一个用户完全相同，只是标记的文本内容是不同。通过以上 XML 文件的结构来保存每一个 RSS 频道的信息。

20.10.3 系统运行演示

01 运行本系统后，首先出现的是如图 20-36 所示的 RSS 阅读器主界面。

02 在图 20-36 中，最上侧为头部分，这里显示系统的名称，中间为系统的功能展示区，下侧为尾部分，显示一些与系统相关的信息。其中，中间部分又分为两个部分，左侧为功能导航区域，右侧为功能显示区域，在左侧上部为新增频道和频道管理功能的链接，下部为频道导航列表。单击左侧中"订阅的 Sina 新闻"链接，在右侧显示如图 20-37 所示的用户订阅的 Sina 新闻标题列表。

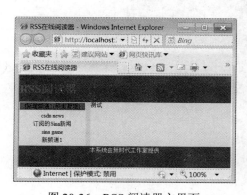

图 20-36　RSS 阅读器主界面

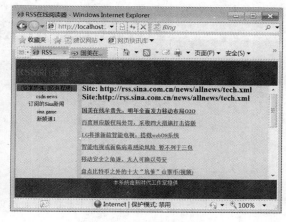

图 20-37　新闻标题列表

03 单击新闻标题，可以进入如图 20-38 所示相应网页，浏览详细的新闻内容。

04 单击 RSS 阅读器主界面中左侧的"新增频道"链接，则进入如图 20-39 所示的新增频道功能界面，在新增频道中，输入频道名，输入频道地址，单击"添加"按钮，显示添加成功的提示。

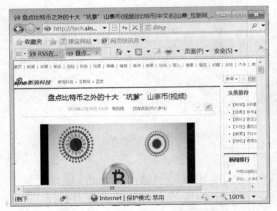

图 20-38　显示新闻详情页面

图 20-39　新增频道界面

05 单击 RSS 阅读器主界面左侧中"频道管理"链接则进入如图 20-40 所示的频道管理功能界面，新的频道显示在频道列表中。

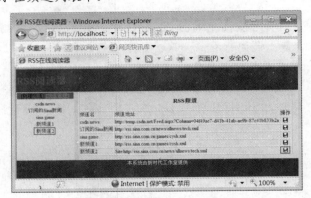

图 20-40　管理频道界面

由于篇幅所限，本系统其他页面这里就不一一演示了，大家可以运行光盘中的源代码进行学习。